江苏省“道德发展智库”成果
江苏省“公民道德与社会风尚协同创新中心”成果

国家社科基金重大招标项目
“现代伦理学诸理论形态研究”（10&ZD072) 成果

2018 年国家社会科学基金重大项目
“改革开放 40 年中国伦理道德数据库建设研究”
（18ZDA022）成果

中国伦理道德发展数据库

第五卷（中）

樊浩 王珏 等著

中国社会科学出版社

第五卷目录

（上）

（中）

（下）

江苏省伦理道德评价的收入差异

B1a by K6

过去一年，您对纸质报纸的使用情况是＊ 收入 Crosstabulation

	无收入	1—1999 元	2000—3999 元	4000 元以上	总计
从不	64. 5%	71. 0%	53. 6%	41. 5%	56. 0%
很少	27. 2%	18. 8%	28. 3%	36. 5%	28. 1%
有时	6. 4%	6. 2%	10. 8%	13. 4%	9. 8%
经常	1. 6%	3. 0%	5. 5%	6. 7%	4. 7%
非常频繁	0. 3%	1. 0%	1. 7%	1. 9%	1. 4%
总计	100. 0%	100. 0%	100. 0%	100. 0%	100. 0%
列总计	629	954	1478	1105	4166

Chi-square test：df = 12，卡方值为 222. 323，sig = 0. 000 < 0. 05，所以不同收入的居民对于“过去一年，您对纸质报纸的使用情况是”的回答有显著差异。

B1b by K6

过去一年，您对纸质杂志的使用情况是＊ 收入 Crosstabulation

	无收入	1—1999 元	2000—3999 元	4000 元以上	总计
从不	65. 0%	78. 7%	62. 1%	46. 8%	62. 3%
很少	23. 8%	14. 6%	24. 5%	33. 0%	24. 4%
有时	8. 7%	4. 4%	9. 8%	14. 3%	9. 6%
经常	1. 9%	2. 1%	2. 8%	4. 9%	3. 1%
非常频繁	0. 5%	0. 2%	0. 8%	1. 0%	0. 7%
总计	100. 0%	100. 0%	100. 0%	100. 0%	100. 0%
列总计	629	954	1476	1103	4162

Chi-square test：df = 12，卡方值为 232. 605，sig = 0. 000 < 0. 05，所以不同收入的居民对于“过去一年，您对纸质杂志的使用情况是”的回答有显著差异。

B1c by K6

过去一年，您对广播的使用情况是＊ 收入 Crosstabulation

	无收入	1—1999 元	2000—3999 元	4000 元以上	总计
从不	69. 9%	72. 3%	63. 2%	49. 9%	62. 8%
很少	19. 3%	15. 4%	21. 6%	29. 8%	22. 0%

续表

	无收入	1—1999 元	2000—3999 元	4000 元以上	总计
有时	6.8%	7.6%	9.4%	13.2%	9.6%
经常	3.5%	3.6%	4.5%	5.8%	4.5%
非常频繁	0.5%	1.2%	1.3%	1.4%	1.2%
总计	100.0%	100.0%	100.0%	100.0%	100.0%
列总计	628	952	1473	1095	4148

Chi-square test：df = 12，卡方值为 133.264，sig = 0.000 < 0.05，所以不同收入的居民对于“过去一年，您对广播的使用情况是”的回答有显著差异。

B1d by K6

过去一年，您对电视的使用情况是 * 收入 Crosstabulation

	无收入	1—1999 元	2000—3999 元	4000 元以上	总计
从不	2.1%	0.7%	1.0%	2.4%	1.5%
很少	8.7%	4.9%	4.8%	10.2%	6.9%
有时	21.3%	14.1%	21.6%	32.7%	22.8%
经常	42.3%	57.4%	51.2%	40.9%	48.5%
非常频繁	25.6%	22.9%	21.4%	13.8%	20.4%
总计	100.0%	100.0%	100.0%	100.0%	100.0%
列总计	629	952	1478	1104	4163

Chi-square test：df = 12，卡方值为 201.114，sig = 0.000 < 0.05，所以不同收入的居民对于“过去一年，您对电视的使用情况是”的回答有显著差异。

B1e by K6

过去一年，您对各种政府网站的使用情况是 * 收入 Crosstabulation

	无收入	1—1999 元	2000—3999 元	4000 元以上	总计
从不	70.1%	85.0%	64.8%	46.5%	65.3%
很少	19.8%	8.8%	20.5%	28.8%	19.9%
有时	7.5%	3.9%	8.2%	13.7%	8.6%
经常	2.2%	2.2%	5.5%	9.6%	5.4%
非常频繁	0.3%	0.1%	1.0%	1.5%	0.8%
总计	100.0%	100.0%	100.0%	100.0%	100.0%
列总计	626	947	1469	1102	4144

Chi-square test：df = 12，卡方值为 360.306，sig = 0.000 < 0.05，所以不同收入的居民对于“过去一年，您对各种政府网站的使用情况是”的回答有显著差异。

B1f by K6

过去一年，您对社交媒体（微博、微信、博客、播客等）的使用情况是 * 收入 Crosstabulation

	无收入	1—1999 元	2000—3999 元	4000 元以上	总计
从不	36.1%	57.8%	24.2%	7.4%	29.2%
很少	4.8%	7.7%	5.8%	4.8%	5.8%
有时	11.3%	10.7%	15.9%	15.9%	14.0%
经常	21.8%	15.6%	33.2%	38.1%	28.7%
非常频繁	26.0%	8.2%	21.0%	33.8%	22.2%
总计	100.0%	100.0%	100.0%	100.0%	100.0%
列总计	628	951	1477	1105	4161

Chi-square test：df = 12，卡方值为 762.478，sig = 0.000 < 0.05，所以不同收入的居民对于“过去一年，您对社交媒体的使用情况是”的回答有显著差异。

B1g by K6

过去一年，您对新媒体（如数字报纸、移动电视等）的使用情况是 * 收入 Crosstabulation

	无收入	1—1999 元	2000—3999 元	4000 元以上	总计
从不	51.8%	74.0%	48.5%	28.1%	49.4%
很少	13.0%	9.6%	15.6%	15.6%	13.8%
有时	10.7%	6.1%	14.6%	19.8%	13.5%
经常	13.3%	6.6%	14.6%	22.1%	14.6%
非常频繁	11.2%	3.7%	6.6%	14.4%	8.7%
总计	100.0%	100.0%	100.0%	100.0%	100.0%
列总计	625	950	1476	1104	4155

Chi-square test：df = 12，卡方值为 478.842，sig = 0.000 < 0.05，所以不同收入的居民对于“过去一年，您对新媒体的使用情况是”的回答有显著差异。

B2 by K6

跟五年前相比，您觉得自己的社会经济地位有什么变化 * 收入 Crosstabulation

	无收入	1—1999 元	2000—3999 元	4000 元以上	总计
上升了	53.5%	50.7%	57.7%	64.9%	57.4%
差不多	39.2%	42.3%	38.5%	31.5%	37.6%
下降了	7.2%	7.0%	3.8%	3.7%	5.0%

续表

	无收入	1—1999 元	2000—3999 元	4000 元以上	总计
总计	100.0%	100.0%	100.0%	100.0%	100.0%
列总计	581	889	1406	1065	3941

Chi-square test：df = 6，卡方值为 56.342，sig = 0.000 < 0.05，所以不同收入的居民对于“跟五年前相比，您觉得自己的社会经济地位有什么变化”的回答有显著差异。

B3 by K6

您感觉在未来的五年中，您的生活水平将会有什么变化＊ 收入 Crosstabulation

	无收入	1—1999 元	2000—3999 元	4000 元以上	总计
上升很多	23.3%	14.1%	21.2%	28.2%	21.8%
略有上升	56.6%	57.6%	59.5%	56.9%	58.0%
没有变化	16.5%	23.6%	16.8%	13.2%	17.3%
略有下降	2.5%	3.5%	2.2%	1.7%	2.4%
下降很多	1.1%	1.2%	0.4%	0.1%	0.6%
总计	100.0%	100.0%	100.0%	100.0%	100.0%
列总计	553	830	1347	1026	3756

Chi-square test：df = 12，卡方值为 93.224，sig = 0.000 < 0.05，所以不同收入的居民对于“您感觉在未来的五年中，您的生活水平将会有什么变化”的回答有显著差异。

B4 by K6

总的来说，您觉得目前的生活幸福吗＊ 收入 Crosstabulation

	无收入	1—1999 元	2000—3999 元	4000 元以上	总计
非常不幸福	1.0%	0.6%	0.6%	0.5%	0.6%
不太幸福	4.3%	4.3%	2.8%	3.4%	3.5%
谈不上幸福不幸福	18.3%	21.7%	17.7%	16.7%	18.5%
比较幸福	60.1%	63.0%	66.7%	65.3%	64.5%
非常幸福	16.3%	10.5%	12.1%	14.1%	12.9%
总计	100.0%	100.0%	100.0%	100.0%	100.0%
列总计	627	956	1482	1107	4172

Chi-square test：df = 12，卡方值为 29.251，sig = 0.004 < 0.05，所以不同收入的居民对于“总的来说，您觉得目前的生活幸福吗”的回答有显著差异。

B5 by K6

您对自己目前的生活状态满意吗＊ 收入 Crosstabulation

	无收入	1—1999 元	2000—3999 元	4000 元以上	总计
非常满意	13.8%	9.3%	10.9%	11.5%	11.1%
比较满意	71.3%	76.5%	78.8%	76.6%	76.6%
不太满意	14.3%	14.2%	10.1%	11.4%	12.0%
非常不满意	0.6%		0.2%	0.5%	0.3%
总计	100.0%	100.0%	100.0%	100.0%	100.0%
列总计	623	950	1474	1107	4154

Chi-square test：df = 9，卡方值为 29.236，sig = 0.001 < 0.05，所以不同收入的居民对于“您对自己目前的生活状态满意吗”的回答有显著差异。

B6 by K6

社会上发生的一些事情，您一般是从什么渠道最先知道 ＊ 收入 Crosstabulation

	无收入	1—1999 元	2000—3999 元	4000 元及以上	总计
电视	58.3%	84.4%	65.2%	45.2%	63.2%
报纸	1.9%	4.3%	5.1%	4.8%	4.3%
电台广播	1.4%	2.8%	1.9%	2.3%	2.1%
微博微信等网络社交媒介	41.3%	18.3%	43.3%	57.5%	41.0%
网络	29.8%	13.0%	30.7%	44.0%	30.1%
和朋友亲友同事交谈	36.2%	51.2%	34.1%	22.1%	35.2%
单位传达		0.3%	1.1%	3.2%	1.3%
列总计	630	955	1480	1108	4173

据上表所示，不同收入的居民对于“社会上发生的一些事情，您一般是从什么渠道最先知道”的回答有显著差异。

B7 by K6

从网络中获得的信息对您的思想行为有多大程度的影响＊ 收入 Crosstabulation

	无收入	1—1999 元	2000—3999 元	4000 元以上	总计
影响很大	24.6%	15.1%	20.2%	24.8%	21.6%
有一些影响	56.2%	55.7%	56.2%	55.8%	56.0%
影响很小	15.1%	22.9%	19.8%	15.4%	18.1%
完全没有影响	4.1%	6.2%	3.8%	4.1%	4.3%
总计	100.0%	100.0%	100.0%	100.0%	100.0%
列总计	418	449	1145	1022	3034

Chi-square test：df = 9，卡方值 35.161，sig = 0.000 < 0.05，所以不同收入的居民对于“从网络中获得的信息对您的思想行为有多大程度的影响”的回答有显著差异。

B8 by K6

您认为中国梦和您个人、家庭追求美好生活有多大程度的关系＊收入 Crosstabulation

	无收入	1—1999元	2000—3999元	4000元以上	总计
关系很大	31.2%	24.3%	37.4%	46.2%	35.8%
关系不大	37.2%	35.1%	40.1%	39.2%	38.3%
根本没有关系	8.1%	10.9%	8.8%	6.8%	8.6%
不清楚什么是中国梦	23.5%	29.7%	13.7%	7.8%	17.3%
总计	100.0%	100.0%	100.0%	100.0%	100.0%
列总计	629	955	1480	1104	4168

Chi-square test：df = 9，卡方值为256.206，sig = 0.000 < 0.05，所以不同收入的居民对于“您认为中国梦和个人、家庭追求美好生活有多大程度的关系”的回答有显著差异。

B9 by K6

您对当前我国社会道德状况的总体满意度是＊收入 Crosstabulation

	无收入	1—1999元	2000—3999元	4000元以上	总计
非常满意	5.1%	3.9%	5.2%	4.6%	4.7%
比较满意	69.2%	73.2%	69.2%	65.8%	69.2%
不太满意	24.0%	21.7%	23.6%	27.2%	24.2%
非常不满意	1.8%	1.2%	1.9%	2.4%	1.9%
总计	100.0%	100.0%	100.0%	100.0%	100.0%
列总计	613	918	1450	1095	4076

Chi-square test：df = 9，卡方值为16.704，sig = 0.054 > 0.05，所以不同收入的居民对于“您对当前我国社会道德状况的总体满意度”的回答没有显著差异。

B10 by K6

您对当前我国社会人与人之间的关系的总体满意度是＊收入 Crosstabulation

	无收入	1—1999元	2000—3999元	4000元以上	总计
非常满意	5.9%	4.7%	4.8%	4.2%	4.8%
比较满意	68.7%	73.8%	69.5%	67.0%	69.7%
不太满意	23.8%	20.8%	24.1%	26.8%	24.0%
非常不满意	1.6%	0.8%	1.6%	2.1%	1.5%
总计	100.0%	100.0%	100.0%	100.0%	100.0%
列总计	614	924	1456	1099	4093

Chi-square test：df = 9，卡方值为19.242，sig = 0.023 < 0.05，所以不同收入的居民对于“您对当前我国社会人与人之间的关系的总体满意度”的回答有显著差异。

B11 by K6

您对自己的道德状况的满意度是 * 收入 Crosstabulation

	无收入	1—1999 元	2000—3999 元	4000 元以上	总计
非常满意	19.8%	15.4%	15.5%	15.3%	16.1%
比较满意	74.4%	77.8%	79.4%	78.6%	78.1%
不太满意	5.5%	6.5%	5.0%	5.4%	5.5%
非常不满意	0.3%	0.3%	0.2%	0.7%	0.4%
总计	100.0%	100.0%	100.0%	100.0%	100.0%
列总计	617	928	1468	1102	4115

Chi-square test：df = 9，卡方值为 14.689，sig = 0.100 > 0.05，所以不同收入的居民对于“您对自己的道德状况的满意度”的回答没有显著差异。

B12 by K6

您觉得今后中国社会的道德状况会变成什么样 * 收入 Crosstabulation

	无收入	1—1999 元	2000—3999 元	4000 元以上	总计
越来越差	5.1%	5.2%	5.5%	5.8%	5.4%
不变	8.4%	7.7%	10.3%	11.4%	9.7%
越来越好	74.8%	73.7%	76.6%	75.1%	75.3%
不知道	11.6%	13.4%	7.6%	7.7%	9.6%
总计	100.0%	100.0%	100.0%	100.0%	100.0%
列总计	628	954	1481	1104	4167

Chi-square test：df = 9，卡方值为 37.523，sig = 0.000 < 0.05，所以不同收入的居民对于“您觉得今后中国社会的道德状况会变成什么样”的回答有显著差异。

B13 by K6

您认为我国目前人与人之间的关系受什么影响 * 收入 Crosstabulation

	无收入	1—1999 元	2000—3999 元	4000 元及以上	总计
利益	68.6%	62.3%	65.1%	68.7%	66.0%
情感	49.3%	54.7%	45.2%	44.1%	47.6%
国家倡导的主流价值观	20.8%	27.2%	30.2%	26.3%	27.1%
中国传统价值观	22.5%	30.0%	30.2%	25.6%	27.7%
西方价值观	3.8%	1.9%	3.9%	4.3%	3.5%
列总计	601	880	1427	1094	4002

据上表所示，不同收入的居民对于“您认为我国目前人与人之间的关系受什么影响”的回答有显著差异。

B14 by K6

对中国社会，您最担忧的问题是 * 收入 Crosstabulation

	无收入	1—1999 元	2000—3999 元	4000 元及以上	总计
腐败不能根治	34.6%	39.3%	43.8%	44.6%	41.7%
生态环境恶化	39.7%	34.6%	39.7%	41.7%	39.1%
分配不公，两极分化	28.3%	28.2%	33.7%	33.9%	31.7%
老无所养，未来没有把握	24.2%	32.6%	25.3%	20.1%	25.3%
生活水平下降	18.8%	21.0%	12.7%	12.3%	15.4%
道德滑坡，社会风气恶化	20.6%	17.6%	20.2%	21.3%	20.0%
人际关系紧张	10.9%	11.3%	10.9%	10.8%	11.0%
列总计	607	908	1449	1096	4060

据上表所示，不同收入的居民对于“对中国社会，您最担忧的问题是”的回答有显著差异。

B15 by K6

对伦理关系和道德生活，您最向往的是 * 收入 Crosstabulation

	无收入	1—1999 元	2000—3999 元	4000 元以上	总计
传统社会的伦理和道德（如仁、义、礼、智、信）	59.3%	54.8%	56.5%	58.2%	57.0%
战争年代为理想而献身的革命精神（如革命烈士无私献身精神）	15.5%	23.8%	20.2%	19.1%	20.0%
新中国成立后到“文化大革命”前的大公无私的集体主义精神	7.6%	10.9%	9.8%	7.0%	9.0%
追求个人利益的市场经济下的道德	10.5%	7.6%	8.6%	9.4%	8.9%
西方道德（如个人主义、实用主义、功利主义）	5.5%	1.6%	3.1%	4.6%	3.5%
其他	1.6%	1.3%	1.8%	1.6%	1.6%
总计	100.0%	100.0%	100.0%	100.0%	100.0%
列总计	619	944	1472	1102	4137

Chi-square test：df = 15，卡方值为 52.955，sig = 0.000 < 0.05，所以不同收入的居民对于“对伦理关系和道德生活，您最向往的是”的回答有显著差异。

B16a by K6

您认为当前我国社会道德生活中最重要的内容是什么？第一重要 * 收入 Crosstabulation

	无收入	1—1999 元	2000—3999 元	4000 元以上	总计
意识形态中所提倡的社会主义道德	30.0%	36.0%	32.1%	32.4%	32.8%

续表

	无收入	1—1999 元	2000—3999 元	4000 元以上	总计
中国传统道德	54.5%	49.8%	49.4%	48.5%	50.0%
西方文化影响而形成的道德	5.0%	4.6%	5.8%	6.3%	5.5%
市场经济中形成的道德	10.6%	9.4%	12.7%	12.8%	11.7%
其他		0.2%			
总计	100.0%	100.0%	100.0%	100.0%	100.0%
列总计	624	945	1475	1101	4145

Chi-square test：df = 12，卡方值为 25.057，sig = 0.015 < 0.05，所以不同收入的居民对于“您认为当前我国社会道德生活中最重要的内容是什么？第一重要”的回答有显著差异。

B16b by K6

您认为当前我国社会道德生活中最重要的内容是什么？第二重要 * 收入 Crosstabulation

	无收入	1—1999 元	2000—3999 元	4000 元以上	总计
意识形态中所提倡的社会主义道德	43.5%	38.6%	40.9%	39.9%	40.5%
中国传统道德	25.4%	29.5%	29.0%	29.4%	28.6%
西方文化影响而形成的道德	11.2%	9.2%	10.4%	10.4%	10.2%
市场经济中形成的道德	19.9%	22.7%	19.8%	20.3%	20.6%
总计	100.0%	100.0%	100.0%	100.0%	100.0%
列总计	618	916	1447	1086	4067

Chi-square test：df = 9，卡方值为 9.313，sig = 0.409 > 0.05，所以不同收入的居民对于“您认为当前我国社会道德生活中最重要的内容是什么？第二重要”的回答没有显著差异。

B16c by K6

您认为当前我国社会道德生活中最重要的内容是什么？第三重要 * 收入 Crosstabulation

	无收入	1—1999 元	2000—3999 元	4000 元以上	总计
意识形态中所提倡的社会主义道德	22.3%	19.7%	22.2%	22.7%	21.8%
中国传统道德	13.9%	13.6%	14.5%	14.0%	14.1%
西方文化影响而形成的道德	17.6%	16.3%	15.9%	18.8%	17.1%
市场经济中形成的道德	46.2%	50.3%	47.3%	44.5%	47.1%

续表

	无收入	1—1999 元	2000—3999 元	4000 元以上	总计
总计	100.0%	100.0%	100.0%	100.0%	100.0%
列总计	597	894	1424	1067	3982

Chi-square test：df=9，卡方值为 9.739，sig=0.372>0.05，所以不同收入的居民对于“您认为当前我国社会道德生活中最重要的内容是什么？第三重要”的回答没有显著差异。

B17 by K6

您认为目前我国社会中伦理道德对人际关系的调节能力如何 * 收入 Crosstabulation

	无收入	1—1999 元	2000—3999 元	4000 元以上	总计
良好	24.1%	17.9%	16.2%	19.4%	18.6%
一般	63.1%	66.1%	65.9%	61.8%	64.4%
很差	6.5%	7.1%	9.0%	10.8%	8.7%
几乎没有，一切都听从利益支配	6.2%	8.8%	8.9%	8.0%	8.2%
总计	100.0%	100.0%	100.0%	100.0%	100.0%
列总计	597	871	1430	1091	3989

Chi-square test：df=9，卡方值为 32.925，sig=0.000<0.05，所以不同收入的居民对于“您认为目前我国社会中伦理道德对人际关系的调节能力如何”的回答有显著差异。

B18 by K6

您认为目前我国社会中伦理道德对个人行为的约束能力如何 * 收入 Crosstabulation

	无收入	1—1999 元	2000—3999 元	4000 元以上	总计
良好	26.1%	18.2%	16.5%	17.9%	18.7%
一般	60.7%	65.0%	64.7%	61.7%	63.4%
很差	7.4%	9.1%	10.7%	12.5%	10.3%
几乎没有，一切都听从利益支配	5.9%	7.6%	8.2%	7.9%	7.6%
总计	100.0%	100.0%	100.0%	100.0%	100.0%
列总计	598	878	1427	1092	3995

Chi-square test：df=9，卡方值为 38.071，sig=0.000<0.05，所以不同收入的居民对于“您认为目前我国社会中伦理道德对个人行为的约束能力如何”的回答有显著差异。

B19 by K6

您认为当今中国社会最基本的伦理冲突是 ＊ 收入 Crosstabulation

	无收入	1—1999 元	2000—3999 元	4000 元及以上	总计
人与自然的冲突	18.8%	15.5%	17.2%	17.4%	17.1%
人与自身的冲突	21.1%	23.9%	25.6%	25.0%	24.4%
人与人之间的冲突	60.5%	64.6%	62.5%	61.8%	62.5%
个人与社会的冲突	42.6%	46.8%	48.5%	43.6%	46.0%
个人与政府的冲突	9.1%	13.0%	10.2%	11.4%	11.0%
列总计	592	921	1455	1084	4052

据上表所示，不同收入的居民对于“您认为当今中国社会最基本的伦理冲突是”的回答没有显著差异。

B20a by K6

在下列关系中，您认为哪些关系对您来说最重要？第一位 ＊ 收入 Crosstabulation

	无收入	1—1999 元	2000—3999 元	4000 元以上	总计
父母与子女	75.6%	56.0%	66.4%	69.5%	66.2%
夫妇	16.0%	26.3%	20.6%	16.2%	20.0%
兄弟姐妹	0.5%	0.4%	0.4%	0.6%	0.5%
同事或同学		0.4%	0.7%	1.0%	0.6%
上级或下级	0.2%	0.2%	0.5%	0.4%	0.4%
与自然的关系	0.5%	0.6%	0.5%	0.3%	0.5%
个人与社会	1.1%	3.8%	1.8%	2.3%	2.3%
个人与国家	4.6%	9.9%	7.1%	8.0%	7.6%
个人与工作单位	0.2%	1.0%	0.6%	0.5%	0.6%
通过网络建立的各种“群”的关系	0.2%	0.4%	0.1%	0.1%	0.2%
朋友	0.8%	0.2%	0.5%	0.5%	0.5%
个人与自身的关系（身心和谐）	0.5%	0.7%	0.8%	0.5%	0.7%
总计	100.0%	100.0%	100.0%	100.0%	100.0%
列总计	630	956	1482	1108	4176

Chi-square test：df = 33，卡方值为 112.461，sig = 0.000 < 0.05，所以不同收入的居民对于“在下列关系中，您认为哪些关系对您来说最重要？第一位”的回答有显著差异。

B20b by K6

在下列关系中，您认为哪些关系对您来说最重要？第二位 ＊ 收入 Crosstabulation

	无收入	1—1999 元	2000—3999 元	4000 元以上	总计
父母与子女	18.6%	29.2%	22.5%	21.2%	23.1%
夫妇	53.2%	45.2%	51.5%	54.1%	51.0%
兄弟姐妹	16.7%	10.4%	11.3%	10.9%	11.8%
同事或同学	2.5%	2.0%	2.2%	2.8%	2.3%
上级或下级	0.8%	1.3%	2.1%	0.7%	1.3%
师生	0.5%	0.1%	0.1%	0.1%	0.2%
与自然的关系	0.5%	1.9%	1.3%	0.8%	1.2%
个人与社会	1.8%	2.9%	3.7%	2.7%	3.0%
个人与国家	1.4%	3.0%	2.3%	3.3%	2.6%
个人与工作单位	0.6%	1.4%	1.1%	1.4%	1.2%
通过网络建立的各种“群”的关系	0.2%	0.1%	0.1%		0.1%
朋友	3.0%	1.7%	1.2%	1.4%	1.7%
个人与自身的关系（身心和谐）	0.2%	0.8%	0.6%	0.5%	0.6%
总计	100.0%	100.0%	100.0%	100.0%	100.0%
列总计	628	955	1482	1106	4171

Chi-square test：df = 36，卡方值为 101.452，sig = 0.000 < 0.05，所以不同收入的居民对于“在下列关系中，您认为哪些关系对您来说最重要？第二位”的回答有显著差异。

B20c by K6

在下列关系中，您认为哪些关系对您来说最重要？第三位 ＊ 收入 Crosstabulation

	无收入	1—1999 元	2000—3999 元	4000 元以上	总计
父母与子女	2.4%	5.1%	4.4%	4.5%	4.3%
夫妇	10.9%	13.5%	11.1%	14.1%	12.4%
兄弟姐妹	55.4%	51.5%	52.6%	50.9%	52.3%
同事或同学	8.3%	4.7%	6.6%	7.2%	6.6%
上级或下级	1.0%	2.4%	2.3%	1.7%	2.0%
师生	1.4%	0.3%	0.7%	1.2%	0.9%
与自然的关系	2.1%	2.3%	2.3%	1.5%	2.1%

续表

	无收入	1—1999 元	2000—3999 元	4000 元以上	总计
个人与社会	3.2%	4.9%	4.3%	3.4%	4.0%
个人与国家	7.2%	6.6%	6.6%	4.8%	6.2%
个人与工作单位	0.3%	1.2%	2.4%	3.3%	2.0%
通过网络建立的各种“群”的关系	0.3%		0.2%	0.3%	0.2%
朋友	6.4%	6.2%	5.1%	6.4%	5.9%
个人与自身的关系（身心和谐）	0.8%	0.8%	1.4%	0.6%	1.0%
其他	0.3%	0.3%			0.1%
总计	100.0%	100.0%	100.0%	100.0%	100.0%
列总计	625	953	1480	1103	4161

Chi-square test：df = 39，卡方值为 87.113，sig = 0.000 < 0.05，所以不同收入的居民对于“在下列关系中，您认为哪些关系对您来说最重要？第三位”的回答有显著差异。

B20d by K6

在下列关系中，您认为哪些关系对您来说最重要？第四位 ＊ 收入 Crosstabulation

	无收入	1—1999 元	2000—3999 元	4000 元以上	总计
父母与子女	0.5%	3.4%	2.7%	1.6%	2.3%
夫妇	2.3%	3.1%	4.4%	4.1%	3.7%
兄弟姐妹	9.9%	14.6%	12.4%	16.1%	13.5%
同事或同学	24.1%	15.5%	21.8%	21.5%	20.6%
上级或下级	2.1%	3.4%	4.4%	3.9%	3.7%
师生	5.2%	1.8%	3.0%	3.0%	3.0%
与自然的关系	2.9%	4.9%	2.2%	3.1%	3.1%
个人与社会	11.9%	13.7%	9.4%	9.5%	10.8%
个人与国家	10.6%	12.1%	9.0%	8.5%	9.8%
个人与工作单位	3.7%	4.3%	6.3%	7.6%	5.8%
通过网络建立的各种“群”的关系	0.2%	0.3%	0.6%	1.4%	0.7%
朋友	25.5%	20.3%	22.2%	17.7%	21.1%
个人与自身的关系（身心和谐）	1.0%	2.0%	1.5%	2.0%	1.7%
其他	0.2%	0.6%	0.1%	0.1%	0.2%
总计	100.0%	100.0%	100.0%	100.0%	100.0%
列总计	615	946	1474	1098	4133

Chi-square test：df = 39，卡方值为 162.182，sig = 0.000 < 0.05，所以不同收入的居民对于“在下列关系中，您认为哪些关系对您来说最重要？第四位”的回答有显著差异。

B20e by K6

在下列关系中，您认为哪些关系对您来说最重要？第五位 * 收入 Crosstabulation

	无收入	1—1999 元	2000—3999 元	4000 元以上	总计
父母与子女	0.3%	1.1%	0.9%	0.9%	0.9%
夫妇	1.3%	2.9%	1.9%	1.8%	2.0%
兄弟姐妹	3.3%	5.6%	5.6%	5.3%	5.2%
同事或同学	14.9%	12.5%	15.3%	13.3%	14.1%
上级或下级	5.8%	5.1%	8.1%	7.5%	6.9%
师生	7.3%	2.8%	3.2%	5.9%	4.4%
与自然的关系	4.1%	5.4%	3.7%	2.7%	3.9%
个人与社会	15.0%	20.2%	15.3%	13.6%	15.9%
个人与国家	17.2%	15.3%	13.1%	13.2%	14.2%
个人与工作单位	4.6%	5.1%	8.1%	9.3%	7.2%
通过网络建立的各种“群”的关系	2.5%	0.6%	1.4%	2.4%	1.6%
朋友	18.8%	19.4%	19.2%	19.6%	19.3%
个人与自身的关系（身心和谐）	4.3%	3.2%	4.3%	4.4%	4.1%
其他	0.7%	0.7%		0.1%	0.3%
总计	100.0%	100.0%	100.0%	100.0%	100.0%
列总计	606	936	1455	1091	4088

Chi-square test：df = 39，卡方值为 134.972，sig = 0.000 < 0.05，所以不同收入的居民对于“在下列关系中，您认为哪些关系对您来说最重要？第五位”的回答有显著差异。

B21 by K6

您认为哪一种关系对社会秩序最具根本性意义 * 收入 Crosstabulation

	无收入	1—1999 元	2000—3999 元	4000 元以上	总计
家庭关系或血缘关系	37.2%	24.3%	24.7%	27.2%	27.2%
个人与社会的关系	39.1%	44.6%	42.7%	41.5%	42.3%
职业关系	1.5%	1.7%	3.6%	5.4%	3.3%
个人与国家民族的关系	17.5%	23.6%	22.8%	20.9%	21.7%
人与自然的关系	1.0%	1.7%	2.1%	1.5%	1.7%
个人与自身的关系	3.8%	4.1%	4.0%	3.5%	3.8%

续表

	无收入	1—1999 元	2000—3999 元	4000 元以上	总计
总计	100.0%	100.0%	100.0%	100.0%	100.0%
列总计	611	942	1467	1101	4121

Chi-square test：df = 15，卡方值为 72.328，sig = 0.000 < 0.05，所以不同收入的居民对于“您认为哪一种关系对社会秩序最具根本性意义”的回答有显著差异。

B22 by K6

您认为哪一种关系对个人生活最具根本性意义 ＊ 收入 Crosstabulation

	无收入	1—1999 元	2000—3999 元	4000 元以上	总计
家庭关系或血缘关系	71.0%	58.2%	56.5%	59.4%	59.8%
个人与社会的关系	13.6%	15.9%	17.1%	16.9%	16.2%
职业关系	3.7%	2.7%	5.0%	6.4%	4.7%
个人与国家民族的关系	5.4%	11.7%	13.6%	11.6%	11.4%
人与自然的关系	1.0%	2.0%	1.8%	1.2%	1.5%
个人与自身的关系	5.3%	9.4%	6.1%	4.4%	6.3%
总计	100.0%	100.0%	100.0%	100.0%	100.0%
列总计	624	947	1472	1102	4145

Chi-square test：df = 15，卡方值为 87.714，sig = 0.000 < 0.05，所以不同收入的居民对于“您认为哪一种关系对个人生活最具根本性意义”的回答有显著差异。

B23a by K6

对于个人而言，您认为家庭、社会和国家三者的重要性程度如何？第一位 ＊ 收入 Crosstabulation

	无收入	1—1999 元	2000—3999 元	4000 元以上	总计
国家	44.7%	57.6%	54.5%	51.7%	53.0%
社会	1.9%	2.7%	3.2%	3.3%	2.9%
家庭	53.4%	39.7%	42.3%	45.0%	44.1%
总计	100.0%	100.0%	100.0%	100.0%	100.0%
列总计	627	955	1480	1106	4168

Chi-square test：df = 6，卡方值为 34.124，sig = 0.000 < 0.05，所以不同收入的居民对于“对于个人而言，您认为家庭、社会和国家三者的重要性程度如何？第一位”的回答有显著差异。

B23b by K6

对于个人而言，您认为家庭、社会和国家三者的重要性程度如何？第二位 * 收入 Crosstabulation

	无收入	1—1999 元	2000—3999 元	4000 元以上	总计
国家	42.9%	33.5%	33.7%	35.0%	35.4%
社会	18.8%	17.5%	23.0%	23.6%	21.3%
家庭	38.4%	49.0%	43.3%	41.4%	43.4%
总计	100.0%	100.0%	100.0%	100.0%	100.0%
列总计	623	951	1476	1092	4142

Chi-square test：df = 6，卡方值为 36.900，sig = 0.000 < 0.05，所以不同收入的居民对于“对于个人而言，您认为家庭、社会和国家三者的重要性程度如何？第二位”的回答有显著差异。

B24a by K6

信息技术、网络技术的发展对伦理道德的影响 * 收入 Crosstabulation

	无收入	1—1999 元	2000—3999 元	4000 元以上	总计
消极影响	16.7%	13.0%	15.5%	13.7%	14.6%
没有影响	27.0%	20.6%	22.3%	22.5%	22.6%
积极影响	56.3%	66.4%	62.2%	63.8%	62.7%
总计	100.0%	100.0%	100.0%	100.0%	100.0%
列总计	407	631	1138	845	3021

Chi-square test：df = 6，卡方值为 12.311，sig = 0.055 > 0.05，所以不同收入的居民对于“信息技术、网络技术的发展对伦理道德的影响”的回答没有显著差异。

B24b by K6

市场经济对我国伦理道德的影响 * 收入 Crosstabulation

	无收入	1—1999 元	2000—3999 元	4000 元以上	总计
消极影响	18.8%	12.8%	18.0%	17.6%	16.9%
没有影响	25.8%	21.4%	21.6%	20.5%	21.8%
积极影响	55.4%	65.8%	60.4%	61.9%	61.3%
总计	100.0%	100.0%	100.0%	100.0%	100.0%
列总计	426	658	1117	863	3064

Chi-square test：df = 6，卡方值为 17.272，sig = 0.008 < 0.05，所以不同收入的居民对于“市场经济对我国伦理道德的影响”的回答有显著差异。

B24c by K6

西方文化对我国伦理道德的影响 * 收入 Crosstabulation

	无收入	1—1999 元	2000—3999 元	4000 元以上	总计
消极影响	22.8%	19.1%	20.3%	22.8%	21.1%
没有影响	30.5%	35.0%	28.8%	24.7%	29.1%
积极影响	46.7%	45.9%	50.9%	52.5%	49.7%
总计	100.0%	100.0%	100.0%	100.0%	100.0%
列总计	390	551	984	769	2694

Chi-square test：df = 6，卡方值为 18.796，sig = 0.005 < 0.05，所以不同收入的居民对于"西方文化对我国伦理道德的影响"的回答有显著差异。

B25 by K6

如果国外报道与国家主流媒体的宣传内容不一致，您倾向于相信 * 收入 Crosstabulation

	无收入	1—1999 元	2000—3999 元	4000 元以上	总计
主流媒体	75.1%	72.7%	70.3%	66.9%	70.6%
国外报道	2.6%	0.9%	2.5%	4.8%	2.8%
谁都不相信，自己判断	22.2%	26.4%	27.2%	28.3%	26.6%
总计	100.0%	100.0%	100.0%	100.0%	100.0%
列总计	571	853	1399	1056	3879

Chi-square test：df = 6，卡方值为 36.283，sig = 0.000 < 0.05，所以不同收入的居民对于"如果国外报道与国家主流媒体的宣传内容不一致，您倾向于相信"的回答有显著差异。

B26 by K6

如果朋友圈的消息与国家主流媒体的报道不一致，您会相信哪一个 * 收入 Crosstabulation

	无收入	1—1999 元	2000—3999 元	4000 元以上	总计
主流媒体	66.1%	61.3%	62.0%	61.9%	62.4%
朋友圈/亲朋圈子	8.6%	14.7%	11.5%	8.8%	11.1%
都不相信，自己比较判断	24.8%	23.2%	26.0%	29.1%	26.0%
其他	0.5%	0.8%	0.4%	0.3%	0.5%
总计	100.0%	100.0%	100.0%	100.0%	100.0%
列总计	625	950	1478	1104	4157

Chi-square test：df = 9，卡方值为 32.987，sig = 0.000 < 0.05，所以不同收入的居民对于"如果朋友圈的消息与国家主流媒体的报道不一致，您会相信哪一个"的回答有显著差异。

C1 by K6

您认为当前中国社会个人道德素质的主要问题是 * 收入 Crosstabulation

	无收入	1—1999 元	2000—3999 元	4000 元以上	总计
道德上无知	11.5%	9.2%	9.5%	9.3%	9.7%
有道德知识，但不见诸行动	78.9%	78.4%	80.3%	80.3%	79.7%
道德上既无知，也不见道德行动	9.4%	12.0%	10.0%	10.1%	10.4%
其他	0.2%	0.4%	0.1%	0.3%	0.2%
总计	100.0%	100.0%	100.0%	100.0%	100.0%
列总计	626	949	1474	1104	4153

Chi-square test：df = 9，卡方值为 8.323，sig = 0.502 > 0.05，所以不同收入的居民对于“您认为当前中国社会个人道德素质的主要问题”的回答没有显著差异。

C2 by K6

您根据什么来判断某种行为是否符合伦理或道德 * 收入 Crosstabulation

	无收入	1—1999 元	2000—3999 元	4000 元及以上	总计
传统道德观念	53.7%	56.3%	61.2%	61.1%	58.9%
风俗习惯	35.4%	36.4%	33.7%	31.8%	34.0%
大多数人认同的道德规范	40.9%	49.1%	48.0%	48.1%	47.2%
当事人共同利益和意志	14.4%	18.1%	21.5%	18.7%	18.9%
自己的良心	68.5%	66.0%	61.1%	59.0%	62.8%
意识形态的要求	9.6%	10.4%	13.2%	14.3%	12.3%
列总计	616	949	1468	1096	4129

据上表所示，不同收入的居民对于“您根据什么来判断某种行为是否符合伦理或道德”的回答没有显著差异。

C3a by K6

我会经常关心比我不幸的人 * 收入 Crosstabulation

	无收入	1—1999 元	2000—3999 元	4000 元以上	总计
完全不符合	6.2%	2.9%	3.2%	1.9%	3.2%
有点符合	24.4%	19.0%	20.1%	21.2%	20.8%
一般	30.2%	36.8%	32.7%	35.4%	34.0%
比较符合	31.9%	34.6%	33.2%	30.3%	32.6%
完全符合	7.2%	6.6%	10.9%	11.2%	9.4%

续表

	无收入	1—1999 元	2000—3999 元	4000 元以上	总计
总计	100.0%	100.0%	100.0%	100.0%	100.0%
列总计	626	953	1481	1108	4168

Chi-square test：df = 12，卡方值 57.410，sig = 0.000 < 0.05，所以不同收入的居民对于“我会经常关心比我不幸的人”的回答有显著差异。

C3b by K6

我时常会同情他人的难处 ＊ 收入 Crosstabulation

	无收入	1—1999 元	2000—3999 元	4000 元以上	总计
完全不符合	4.6%	1.9%	1.6%	1.5%	2.1%
有点符合	24.7%	20.3%	20.3%	18.5%	20.5%
一般	29.3%	35.2%	31.9%	32.2%	32.4%
比较符合	34.0%	36.0%	37.5%	38.0%	36.7%
完全符合	7.3%	6.6%	8.7%	9.8%	8.3%
总计	100.0%	100.0%	100.0%	100.0%	100.0%
列总计	627	955	1478	1104	4164

Chi-square test：df = 12，卡方值为 43.560，sig = 0.000 < 0.05，所以不同收入的居民对于“我时常会同情他人的难处”的回答有显著差异。

C3c by K6

在做决定前，我会试着从每个人的立场去考虑问题 ＊ 收入 Crosstabulation

	无收入	1—1999 元	2000—3999 元	4000 元以上	总计
完全不符合	6.3%	2.3%	3.2%	3.0%	3.4%
有点符合	20.6%	19.0%	19.8%	19.7%	19.7%
一般	33.8%	42.0%	35.8%	33.3%	36.2%
比较符合	31.3%	30.4%	32.4%	33.4%	32.0%
完全符合	7.9%	6.3%	8.8%	10.6%	8.6%
总计	100.0%	100.0%	100.0%	100.0%	100.0%
列总计	630	952	1474	1105	4161

Chi-square test：df = 12，卡方值为 46.157，sig = 0.000 < 0.05，所以不同收入的居民对于“在做决定前，我会试着从每个人的立场去考虑问题”的回答有显著差异。

C3d by K6

当我看到有人被利用时，时常想要保护他们 * 收入 Crosstabulation

	无收入	1—1999 元	2000—3999 元	4000 元以上	总计
完全不符合	6.1%	3.5%	4.3%	4.2%	4.3%
有点符合	23.8%	22.9%	20.5%	21.4%	21.8%
一般	34.7%	40.6%	36.8%	37.4%	37.5%
比较符合	30.2%	28.4%	31.0%	31.2%	30.3%
完全符合	5.1%	4.6%	7.5%	5.9%	6.0%
总计	100.0%	100.0%	100.0%	100.0%	100.0%
列总计	625	948	1475	1104	4152

Chi-square test：df = 12，卡方值为 23.525，sig = 0.024 < 0.05，所以不同收入的居民对于“当我看到有人被利用时，时常想要保护他们”的回答有显著差异。

C3e by K6

我有时会试图站在他人的角度，以更好地理解我的朋友 * 收入 Crosstabulation

	无收入	1—1999 元	2000—3999 元	4000 元以上	总计
完全不符合	3.5%	3.1%	2.6%	2.3%	2.7%
有点符合	20.4%	19.0%	19.0%	20.3%	19.5%
一般	30.9%	37.3%	31.8%	29.7%	32.4%
比较符合	36.5%	32.7%	37.4%	35.7%	35.8%
完全符合	8.8%	7.9%	9.3%	11.9%	9.6%
总计	100.0%	100.0%	100.0%	100.0%	100.0%
列总计	628	948	1477	1106	4159

Chi-square test：df = 12，卡方值为 27.418，sig = 0.007 < 0.05，所以不同收入的居民对于“我有时会试图站在他人的角度，以更好地理解朋友”的回答有显著差异。

C3f by K6

他人的不幸通常不会给我带来很大的不安 * 收入 Crosstabulation

	无收入	1—1999 元	2000—3999 元	4000 元以上	总计
完全不符合	13.6%	10.1%	12.1%	13.3%	12.2%
有点符合	24.1%	21.7%	20.6%	19.5%	21.1%
一般	34.0%	38.6%	35.2%	35.7%	35.9%
比较符合	24.9%	26.1%	24.8%	25.8%	25.4%
完全符合	3.5%	3.5%	7.4%	5.7%	5.5%

续表

	无收入	1—1999 元	2000—3999 元	4000 元以上	总计
总计	100. 0%	100. 0%	100. 0%	100. 0%	100. 0%
列总计	627	945	1478	1105	4155

Chi-square test：df = 12，卡方值为 34. 411，sig = 0. 001 < 0. 05，所以不同收入的居民对于“他人的不幸通常不会给我带来很大的不安”的回答有显著差异。

C3g by K6

在观看电视剧或电影之后，我会感觉到自己仿佛成了其中的一个角色 * 收入 Crosstabulation

	无收入	1—1999 元	2000—3999 元	4000 元以上	总计
完全不符合	25. 0%	18. 4%	17. 2%	16. 6%	18. 5%
有点符合	20. 0%	21. 4%	19. 4%	21. 7%	20. 5%
一般	27. 5%	34. 1%	31. 8%	31. 0%	31. 5%
比较符合	21. 9%	20. 9%	24. 7%	22. 9%	22. 9%
完全符合	5. 6%	5. 2%	7. 0%	7. 8%	6. 6%
总计	100. 0%	100. 0%	100. 0%	100. 0%	100. 0%
列总计	621	949	1475	1101	4146

Chi-square test：df = 12，卡方值为 35. 686，sig = 0. 000 < 0. 05，所以不同收入的居民对于“在观看电视剧或电影之后，我会感觉到自己仿佛成了其中的一个角色”的回答有显著差异。

C3h by K6

当我对某人很不耐烦的时候，我通常会暂时站在他/她的位置上 * 收入 Crosstabulation

	无收入	1—1999 元	2000—3999 元	4000 元以上	总计
完全不符合	9. 4%	6. 4%	8. 9%	8. 4%	8. 3%
有点符合	25. 9%	23. 5%	22. 6%	24. 4%	23. 8%
一般	34. 4%	39. 6%	36. 4%	33. 4%	36. 1%
比较符合	23. 5%	24. 8%	25. 5%	28. 6%	25. 9%
完全符合	6. 7%	5. 7%	6. 6%	5. 1%	6. 0%
总计	100. 0%	100. 0%	100. 0%	100. 0%	100. 0%
列总计	625	950	1476	1101	4152

Chi-square test：df = 12，卡方值为 22. 106，sig = 0. 036 < 0. 05，所以不同收入的居民对于“当我对某人很不耐烦的时候，我通常会暂时站在他/她的位置上”的回答有显著差异。

C3i by K6

读故事会想象如果这些事情发生在自己身上，我会是怎样的感受 * 收入 Crosstabulation

	无收入	1—1999 元	2000—3999 元	4000 元以上	总计
完全不符合	16.0%	15.5%	12.3%	12.7%	13.7%
有点符合	20.5%	20.8%	19.1%	20.7%	20.1%
一般	30.9%	35.6%	34.4%	31.1%	33.3%
比较符合	25.7%	22.5%	27.6%	27.2%	26.0%
完全符合	6.9%	5.6%	6.6%	8.4%	6.9%
总计	100.0%	100.0%	100.0%	100.0%	100.0%
列总计	611	936	1469	1104	4120

Chi-square test：df = 12，卡方值为 26.127，sig = 0.010 < 0.05，所以不同收入的居民对于“读故事会想象如果这些事情发生在自己身上，我会是怎样的感受”的回答有显著差异。

C3j by K6

在批评他人之前，我会尝试想象一下如果我处于那个位置会是什么感受 * 收入 Crosstabulation

	无收入	1—1999 元	2000—3999 元	4000 元以上	总计
完全不符合	5.8%	3.0%	3.3%	3.3%	3.6%
有点符合	20.0%	18.8%	18.9%	18.7%	19.0%
一般	35.4%	38.4%	35.8%	36.5%	36.5%
比较符合	30.4%	33.1%	34.7%	34.5%	33.6%
完全符合	8.3%	6.8%	7.3%	7.0%	7.2%
总计	100.0%	100.0%	100.0%	100.0%	100.0%
列总计	624	948	1471	1103	4146

Chi-square test：df = 12，卡方值为 15.817，sig = 0.200 > 0.05，所以不同收入的居民对于“在批评他人之前，我会尝试想象一下如果我处于那个位置会是什么感受”的回答没有显著差异。

C4a by K6

您认为当今中国社会最重要和最需要的德性是？第一位 * 收入 Crosstabulation

	无收入	1—1999 元	2000—3999 元	4000 元以上	总计
爱（仁爱、博爱、友爱）	23.2%	21.1%	24.6%	29.4%	24.9%
义（道义、义务）	4.6%	3.3%	3.8%	3.4%	3.7%

续表

	无收入	1—1999元	2000—3999元	4000元以上	总计
宽容	4.0%	3.9%	4.2%	3.3%	3.9%
责任	5.9%	4.6%	5.7%	5.6%	5.5%
公正	14.1%	14.3%	14.7%	15.3%	14.7%
诚信	16.3%	18.6%	16.4%	16.8%	17.0%
忠恕（将心比心）	1.7%	2.2%	1.4%	2.1%	1.8%
理智	0.8%	0.5%	0.5%	0.3%	0.5%
节制	1.3%	1.2%	1.1%	0.4%	0.9%
谦让	2.9%	3.9%	3.3%	1.8%	3.0%
勇敢	2.7%	1.5%	1.1%	1.4%	1.5%
正直	1.7%	2.7%	4.2%	2.9%	3.1%
善良	8.4%	7.4%	6.5%	5.2%	6.6%
孝敬	12.1%	14.3%	11.9%	11.7%	12.4%
敬业	0.3%	0.3%	0.5%	0.5%	0.4%
其他		0.2%	0.1%		0.1%
总计	100.0%	100.0%	100.0%	100.0%	100.0%
列总计	630	951	1479	1107	4167

Chi-square test：df=45，卡方值为74.191，sig=0.004<0.05，所以不同收入的居民对于“您认为当今中国社会最重要和最需要的德性是？第一位”的回答有显著差异。

C4b by K6

您认为当今中国社会最重要和最需要的德性是？第二位 * 收入 Crosstabulation

	无收入	1—1999元	2000—3999元	4000元以上	总计
爱（仁爱、博爱、友爱）	8.7%	9.8%	12.3%	11.7%	11.0%
义（道义、义务）	9.5%	10.6%	12.9%	15.6%	12.6%
宽容	5.9%	5.1%	7.2%	6.8%	6.4%
责任	10.2%	6.8%	7.5%	8.7%	8.1%
公正	11.3%	14.9%	13.3%	12.0%	13.0%
诚信	17.8%	16.9%	14.3%	18.8%	16.6%
忠恕（将心比心）	2.5%	2.8%	2.4%	2.2%	2.5%
理智	2.1%	0.8%	1.1%	1.2%	1.2%
节制	2.7%	4.3%	2.7%	1.5%	2.8%
谦让	3.2%	3.3%	3.0%	2.7%	3.0%
勇敢	4.1%	2.3%	1.8%	1.2%	2.1%

续表

	无收入	1—1999 元	2000—3999 元	4000 元以上	总计
正直	2.5%	2.6%	3.4%	2.2%	2.8%
善良	9.8%	9.8%	8.0%	7.1%	8.5%
孝敬	8.6%	8.6%	8.9%	7.2%	8.3%
敬业	1.1%	1.2%	1.1%	1.2%	1.1%
其他		0.1%			
总计	100.0%	100.0%	100.0%	100.0%	100.0%
列总计	630	949	1479	1107	4165

Chi-square test：df = 45，卡方值为 100.649，sig = 0.000 < 0.05，所以不同收入的居民对于“您认为当今中国社会最重要和最需要的德性是？第二位”的回答有显著差异。

C4c by K6

您认为当今中国社会最重要和最需要的德性是？第三位 * 收入 Crosstabulation

	无收入	1—1999 元	2000—3999 元	4000 元以上	总计
爱（仁爱、博爱、友爱）	6.5%	7.2%	7.1%	7.9%	7.2%
义（道义、义务）	4.9%	5.4%	7.2%	8.0%	6.7%
宽容	15.9%	16.4%	19.7%	17.8%	17.9%
责任	10.8%	11.8%	14.8%	15.1%	13.6%
公正	9.0%	7.6%	6.8%	8.3%	7.7%
诚信	14.3%	11.2%	10.4%	10.1%	11.1%
忠恕（将心比心）	2.9%	3.9%	3.3%	3.1%	3.3%
理智	5.2%	3.6%	3.7%	3.3%	3.8%
节制	2.7%	2.7%	1.7%	1.4%	2.0%
谦让	2.1%	2.5%	2.6%	1.8%	2.3%
勇敢	4.9%	2.7%	3.0%	2.6%	3.1%
正直	5.6%	6.9%	5.1%	5.8%	5.8%
善良	8.9%	9.5%	6.2%	5.1%	7.1%
孝敬	5.1%	7.1%	5.8%	7.5%	6.5%
敬业	1.3%	1.4%	2.6%	2.2%	2.0%
总计	100.0%	100.0%	100.0%	100.0%	100.0%
列总计	630	943	1476	1105	4154

Chi-square test：df = 42，卡方值为 91.798，sig = 0.000 < 0.05，所以不同收入的居民对于“您认为当今中国社会最重要和最需要的德性是？第三位”的回答有显著差异。

C4d by K6

您认为当今中国社会最重要和最需要的德性是？第四位 ＊ 收入 Crosstabulation

	无收入	1—1999 元	2000—3999 元	4000 元以上	总计
爱（仁爱、博爱、友爱）	7.2%	5.9%	5.3%	5.3%	5.7%
义（道义、义务）	4.8%	4.5%	4.9%	6.3%	5.2%
宽容	9.4%	7.2%	9.4%	7.2%	8.3%
责任	16.6%	20.4%	19.7%	19.0%	19.2%
公正	7.8%	8.4%	8.3%	9.1%	8.5%
诚信	8.6%	9.4%	10.4%	11.7%	10.2%
忠恕（将心比心）	2.7%	2.5%	2.5%	2.0%	2.4%
理智	3.0%	3.0%	3.3%	2.7%	3.0%
节制	4.0%	3.2%	2.4%	2.2%	2.8%
谦让	4.0%	5.8%	3.9%	4.6%	4.5%
勇敢	2.6%	2.4%	1.7%	1.6%	2.0%
正直	4.5%	4.0%	5.2%	4.9%	4.7%
善良	13.2%	12.7%	12.5%	12.5%	12.7%
孝敬	10.2%	9.4%	8.6%	8.1%	8.9%
敬业	1.4%	1.3%	1.8%	2.9%	1.9%
总计	100.0%	100.0%	100.0%	100.0%	100.0%
列总计	627	935	1475	1103	4140

Chi-square test：df = 42，卡方值为 51.115，sig = 0.158 > 0.05，所以不同收入的居民对于“您认为当今中国社会最重要和最需要的德性是？第四位”的回答没有显著差异。

C4e by K6

您认为当今中国社会最重要和最需要的德性是？第五位 ＊ 收入 Crosstabulation

	无收入	1—1999 元	2000—3999 元	4000 元以上	总计
爱（仁爱、博爱、友爱）	6.8%	7.6%	8.0%	7.2%	7.5%
义（道义、义务）	8.5%	9.0%	6.6%	7.7%	7.7%
宽容	3.2%	4.8%	4.2%	4.1%	4.2%
责任	10.0%	7.4%	6.8%	7.9%	7.7%
公正	8.0%	9.2%	11.5%	9.8%	10.0%
诚信	8.7%	8.7%	9.7%	8.7%	9.1%
忠恕（将心比心）	3.2%	3.6%	4.2%	4.7%	4.1%
理智	4.3%	3.0%	2.8%	3.9%	3.4%

续表

	无收入	1—1999 元	2000—3999 元	4000 元以上	总计
节制	2.1%	2.5%	2.5%	2.6%	2.4%
谦让	5.0%	4.6%	5.6%	5.3%	5.2%
勇敢	3.4%	4.4%	3.1%	3.4%	3.5%
正直	8.7%	5.7%	4.9%	6.9%	6.2%
善良	14.1%	14.2%	14.6%	12.6%	13.9%
孝敬	11.3%	10.7%	11.2%	10.3%	10.8%
敬业	2.7%	4.6%	4.4%	5.0%	4.3%
总计	100.0%	100.0%	100.0%	100.0%	100.0%
列总计	622	934	1469	1102	4127

Chi-square test：df = 42，卡方值为 52.483，sig = 0.129 > 0.05，所以不同收入的居民对于“您认为当今中国社会最重要和最需要的德性是？第五位”的回答没有显著差异。

C5 by K6

一个制药厂做药品销售时，出资五十万元请您向公众介绍自己服药后的良好效果，您过去服用这药时并没有效果，但也没有发现有很大的副作用，您将如何决定 * 收入 Crosstabulation

	无收入	1—1999 元	2000—3999 元	4000 元以上	总计
接受邀请，心安理得	11.1%	15.7%	13.0%	9.1%	12.3%
接受邀请，心里不安，但这笔巨款很有吸引力	11.0%	12.3%	14.4%	17.0%	14.1%
拒绝，这是虚假广告欺骗大众	77.8%	71.7%	72.3%	73.8%	73.4%
其他	0.2%	0.3%	0.3%		0.2%
总计	100.0%	100.0%	100.0%	100.0%	100.0%
列总计	630	954	1480	1105	4169

Chi-square test：df = 9，卡方值为 38.534，sig = 0.000 < 0.05，所以不同收入的居民对于“一个制药厂做药品销售时，出资五十万元请您向公众介绍自己服药后的良好效果，您过去服用这药时并没有效果，但也没有发现有很大的副作用，您将如何决定”的回答有显著差异。

C6 by K6

您正在申请一个重要的职位，如果具有两次以上在敬老院做义工的经历（不需要出具证据），将可能优先获得这个职位，您将如何决定 * 收入 Crosstabulation

	无收入	1—1999 元	2000—3999 元	4000 元以上	总计
如实填报，没做过义工，今后多参加这类活动	76.5%	78.2%	76.8%	73.0%	76.1%

续表

	无收入	1—1999 元	2000—3999 元	4000 元以上	总计
填报参加过两次义工，这机会太重要了，反正不需要出具证据	14.1%	14.6%	14.2%	16.6%	14.9%
先填报，交表之后去做两次义工	9.3%	7.0%	8.8%	10.1%	8.8%
其他	0.2%	0.3%	0.2%	0.3%	0.2%
总计	100.0%	100.0%	100.0%	100.0%	100.0%
列总计	626	948	1475	1105	4154

Chi-square test：df = 9，卡方值为 11.513，sig = 0.242 > 0.05，所以不同收入的居民对于“您正在申请一个重要的职位，如果具有两次以上在敬老院做义工的经历（不需要出具证据），将可能优先获得这个职位，您将如何决定”的回答没有显著差异。

C7 by K6

如果您全权代表本单位与另一单位进行项目谈判，对方要求您给予一千万元的优惠，事成之后将您正在寻找工作的女儿安排到这一单位并且获得较好职位，您将如何决定 * 收入 Crosstabulation

	无收入	1—1999 元	2000—3999 元	4000 元以上	总计
拒绝，不能以公谋私	75.0%	74.7%	79.6%	75.4%	76.7%
接受，女儿前途重要，并且我有权决定	23.9%	25.0%	19.9%	24.0%	22.8%
其他	1.1%	0.3%	0.5%	0.6%	0.6%
总计	100.0%	100.0%	100.0%	100.0%	100.0%
列总计	623	947	1472	1097	4139

Chi-square test：df = 6，卡方值为 15.778，sig = 0.015 < 0.05，所以不同收入的居民对于“如果您全权代表本单位与另一单位进行项目谈判，对方要求您给予一千万元的优惠，事成之后将您正在寻找工作的女儿安排到这一单位并且获得较好职位，您将如何决定”的回答有显著差异。

C8 by K6

现在社会上有些人不守道德反而占了便宜，您会不会仿效？ * 收入 Crosstabulation

	无收入	1—1999 元	2000—3999 元	4000 元以上	总计
从来不这么做	56.2%	48.9%	56.3%	53.2%	53.8%
通常不这么做，关键时刻会这么做	28.9%	28.5%	25.8%	27.7%	27.4%
经常这么做	1.0%	0.8%	0.7%	1.3%	0.9%

续表

	无收入	1—1999 元	2000—3999 元	4000 元以上	总计
相信善有善报，恶有恶报，终将会善恶报应	13.7%	21.8%	17.2%	17.6%	17.8%
其他	0.3%		0.1%	0.2%	0.1%
总计	100.0%	100.0%	100.0%	100.0%	100.0%
列总计	630	955	1480	1107	4172

Chi-square test：df = 12，卡方值为 30.339，sig = 0.002 < 0.05，所以不同收入的居民对于“现在社会上有些人不守道德反而占了便宜，您会不会仿效”的回答有显著差异。

C9a by K6

下列说法您是否认同：目前大多数人将职业当作谋生的手段，缺乏责任感和奉献精神 * 收入 Crosstabulation

	无收入	1—1999 元	2000—3999 元	4000 元以上	总计
完全不同意	4.3%	3.1%	3.3%	3.3%	3.4%
不太同意	32.4%	30.3%	30.9%	30.0%	30.8%
比较同意	55.0%	57.0%	53.6%	55.2%	55.0%
完全同意	8.3%	9.6%	12.3%	11.5%	10.9%
总计	100.0%	100.0%	100.0%	100.0%	100.0%
列总计	602	904	1460	1099	4065

Chi-square test：df = 9，卡方值为 11.708，sig = 0.230 > 0.05，所以不同收入的居民对于“下列说法您是否认同：目前大多数人将职业当作谋生的手段，缺乏责任感和奉献精神”的回答没有显著差异。

C9b by K6

下列说法您是否认同：企业老板剥削员工，利益关系不公正 * 收入 Crosstabulation

	无收入	1—1999 元	2000—3999 元	4000 元以上	总计
完全不同意	4.3%	6.0%	5.3%	4.9%	5.2%
不太同意	30.2%	33.6%	33.0%	33.8%	33.0%
比较同意	56.9%	51.6%	50.3%	51.2%	51.8%
完全同意	8.6%	8.8%	11.4%	10.1%	10.1%
总计	100.0%	100.0%	100.0%	100.0%	100.0%
列总计	583	872	1438	1088	3981

Chi-square test：df = 9，卡方值为 12.751，sig = 0.174 > 0.05，所以不同收入的居民对于“下列说法您是否认同：企业老板剥削员工，利益关系不公正”的回答没有显著差异。

C9c by K6

下列说法您是否认同：老板和员工、上级和下级相互勾结，共同对社会不负责任 * 收入 Crosstabulation

	无收入	1—1999 元	2000—3999 元	4000 元以上	总计
完全不同意	5.7%	5.2%	7.0%	8.6%	6.8%
不太同意	36.9%	42.0%	41.5%	42.8%	41.3%
比较同意	48.7%	43.7%	40.8%	39.8%	42.3%
完全同意	8.7%	9.2%	10.7%	8.8%	9.6%
总计	100.0%	100.0%	100.0%	100.0%	100.0%
列总计	561	851	1405	1059	3876

Chi-square test：df = 9，卡方值为 23.932，sig = 0.004 < 0.05，所以不同收入的居民对于“下列说法您是否认同：老板和员工、上级和下级相互勾结，共同对社会不负责任”的回答有显著差异。

C9d by K6

下列说法您是否认同：是否离婚主要考虑自己的感受和利益 * 收入 Crosstabulation

	无收入	1—1999 元	2000—3999 元	4000 元以上	总计
完全不同意	22.3%	25.6%	24.6%	25.0%	24.6%
不太同意	55.0%	51.6%	55.0%	49.4%	52.7%
比较同意	19.3%	21.2%	17.6%	21.3%	19.7%
完全同意	3.3%	1.6%	2.8%	4.3%	3.0%
总计	100.0%	100.0%	100.0%	100.0%	100.0%
列总计	600	919	1448	1086	4053

Chi-square test：df = 9，卡方值为 24.582，sig = 0.003 < 0.05，所以不同收入的居民对于“下列说法您是否认同：是否离婚主要考虑自己的感受和利益”的回答有显著差异。

C9e by K6

下列说法您是否认同：是否离婚应该从家庭整体（包括子女）考虑 * 收入 Crosstabulation

	无收入	1—1999 元	2000—3999 元	4000 元以上	总计
完全不同意	1.5%	0.5%	0.6%	1.5%	1.0%
不太同意	6.1%	5.5%	5.8%	5.8%	5.8%
比较同意	57.1%	60.5%	54.8%	57.7%	57.2%
完全同意	35.4%	33.5%	38.8%	35.1%	36.1%
总计	100.0%	100.0%	100.0%	100.0%	100.0%
列总计	608	934	1464	1094	4100

Chi-square test：df = 9，卡方值为 16.892，sig = 0.051 > 0.05，所以不同收入的居民对于“下列说法您是否认同：是否离婚应该从家庭整体（包括子女）考虑”的回答没有显著差异。

C9f by K6

下列说法您是否认同：婚姻是社会的事，应当兼顾社会评价和社会后果 * 收入 Crosstabulation

	无收入	1—1999 元	2000—3999 元	4000 元以上	总计
完全不同意	6.0%	4.3%	3.7%	6.1%	4.8%
不太同意	21.6%	18.4%	21.2%	23.1%	21.1%
比较同意	51.1%	59.2%	53.0%	49.7%	53.2%
完全同意	21.3%	18.1%	22.1%	21.1%	20.8%
总计	100.0%	100.0%	100.0%	100.0%	100.0%
列总计	597	925	1446	1089	4057

Chi-square test：df = 9，卡方值为 28.734，sig = 0.001 < 0.05，所以不同收入的居民对于“下列说法您是否认同：婚姻是社会的事，应当兼顾社会评价和社会后果”的回答有显著差异。

C9g by K6

下列说法您是否认同：婚姻应当是自由的，如果有更满意或更合适的人就与现在的配偶离婚 * 收入 Crosstabulation

	无收入	1—1999 元	2000—3999 元	4000 元以上	总计
完全不同意	39.6%	48.2%	48.4%	44.1%	45.9%
不太同意	51.6%	45.0%	43.4%	46.0%	45.7%
比较同意	7.4%	6.1%	7.2%	8.1%	7.2%
完全同意	1.5%	0.6%	1.0%	1.8%	1.2%
总计	100.0%	100.0%	100.0%	100.0%	100.0%
列总计	609	946	1466	1096	4117

Chi-square test：df = 9，卡方值为 25.132，sig = 0.003 < 0.05，所以不同收入的居民对于“下列说法您是否认同：现婚姻应当是自由的，如果有更满意或更合适的人就与现在的配偶离婚”的回答有显著差异。

C9h by K6

下列说法您是否认同：婚姻意味着责任，要考虑给对方造成什么后果，不能轻率地选择离婚 * 收入 Crosstabulation

	无收入	1—1999 元	2000—3999 元	4000 元以上	总计
完全不同意	1.8%	0.7%	0.9%	1.2%	1.1%
不太同意	4.6%	1.6%	2.8%	3.8%	3.1%
比较同意	50.2%	51.3%	50.5%	48.2%	50.0%
完全同意	43.4%	46.3%	45.8%	46.8%	45.8%
总计	100.0%	100.0%	100.0%	100.0%	100.0%
列总计	615	945	1477	1099	4136

Chi-square test：df = 9，卡方值为 20.172，sig = 0.017 < 0.05，所以不同收入的居民对于“下列说法您是否认同：婚姻意味着责任，要考虑给对方造成什么后果，不能轻率地选择离婚”的回答有显著差异。

C9i by K6

下列说法您是否认同：遇到困难的时候，兄弟姐妹通常都会给予力所能及的帮助 * 收入 Crosstabulation

	无收入	1—1999 元	2000—3999 元	4000 元以上	总计
完全不同意	1.1%	0.2%	0.5%	0.8%	0.6%
不太同意	7.5%	3.7%	4.4%	4.4%	4.7%
比较同意	51.2%	59.3%	52.8%	52.5%	54.0%
完全同意	40.1%	36.7%	42.3%	42.2%	40.7%
总计	100.0%	100.0%	100.0%	100.0%	100.0%
列总计	623	942	1471	1103	4139

Chi-square test：df = 9，卡方值为 30.963，sig = 0.000 < 0.05，所以不同收入的居民对于“下列说法您是否认同：遇到困难的时候，兄弟姐妹通常都会给予力所能及的帮助”的回答有显著差异。

C9j by K6

下列说法您是否认同：无论父母对自己如何，都应当尽赡养义务 * 收入 Crosstabulation

	无收入	1—1999 元	2000—3999 元	4000 元以上	总计
完全不同意	0.6%	0.3%	0.5%	1.0%	0.6%
不太同意	3.0%	1.4%	3.8%	5.1%	3.5%
比较同意	43.0%	43.2%	42.5%	39.9%	42.0%
完全同意	53.4%	55.1%	53.2%	54.1%	53.9%
总计	100.0%	100.0%	100.0%	100.0%	100.0%
列总计	626	951	1475	1104	4156

Chi-square test：df = 9，卡方值为 27.876，sig = 0.001 < 0.05，所以不同收入的居民对于“下列说法您是否认同：无论父母对自己如何，都应当尽赡养义务”的回答有显著差异。

C9k by K6

下列说法您是否认同：为了家庭利益可以一定程度上牺牲国家利益 * 收入 Crosstabulation

	无收入	1—1999 元	2000—3999 元	4000 元以上	总计
完全不同意	16.2%	16.5%	16.1%	19.6%	17.1%
不太同意	54.2%	51.4%	50.9%	46.6%	50.3%

续表

	无收入	1—1999 元	2000—3999 元	4000 元以上	总计
比较同意	24.0%	26.0%	26.1%	27.6%	26.2%
完全同意	5.6%	6.1%	6.9%	6.2%	6.3%
总计	100.0%	100.0%	100.0%	100.0%	100.0%
列总计	587	897	1404	1051	3939

Chi-square test：df = 9，卡方值为 13.159，sig = 0.156 > 0.05，所以不同收入的居民对于“下列说法您是否认同：为了家庭利益可以一定程度上牺牲国家利益”的回答没有显著差异。

C91 by K6

下列说法您是否认同：为了国家利益可以一定程度上牺牲家庭利益 * 收入 Crosstabulation

	无收入	1—1999 元	2000—3999 元	4000 元以上	总计
完全不同意	6.4%	2.9%	5.0%	6.2%	5.1%
不太同意	27.1%	23.9%	24.0%	26.3%	25.1%
比较同意	48.7%	52.5%	50.9%	50.9%	50.9%
完全同意	17.8%	20.7%	20.1%	16.6%	18.9%
总计	100.0%	100.0%	100.0%	100.0%	100.0%
列总计	591	891	1396	1048	3926

Chi-square test：df = 9，卡方值为 22.454，sig = 0.008 < 0.05，所以不同收入的居民对于“下列说法您是否认同：为了国家利益可以一定程度上牺牲家庭利益”的回答有显著差异。

C10 by K6

假设您的上司或老板是外国人，他侮辱了中国，您会选择 * 收入 Crosstabulation

	无收入	1—1999 元	2000—3999 元	4000 元以上	总计
当面抗议	66.7%	68.1%	64.7%	67.3%	66.5%
保持沉默	19.1%	15.1%	19.8%	19.6%	18.6%
暗地里报复	3.2%	1.9%	2.7%	2.3%	2.5%
以屈求伸，背后骂几句就行了	7.7%	9.8%	9.6%	7.8%	8.9%
无所谓	3.2%	5.1%	3.1%	3.1%	3.6%
总计	100.0%	100.0%	100.0%	100.0%	100.0%
列总计	622	946	1473	1106	4147

Chi-square test：df = 12，卡方值为 24.597，sig = 0.017 < 0.05，所以不同收入的居民对于“假设您的上司或老板是外国人，他侮辱了中国，您会选择”的回答有显著差异。

C11 by K6

如果条件允许的话，您希望您的孩子生活在国内，还是到国外定居 * 收入 Crosstabulation

	无收入	1—1999元	2000—3999元	4000元以上	总计
还是在国内生活好	57.2%	60.9%	60.3%	55.1%	58.6%
到国外定居	8.9%	5.9%	9.6%	12.8%	9.5%
走一步看一步	13.0%	8.3%	8.7%	14.9%	10.9%
没考虑过	20.8%	24.9%	21.4%	17.1%	21.0%
总计	100.0%	100.0%	100.0%	100.0%	100.0%
列总计	629	955	1482	1108	4174

Chi-square test：df=9，卡方值为76.877，sig=0.000<0.05，所以不同收入的居民对于“如果条件允许的话，您希望您的孩子生活在国内，还是到国外定居”的回答有显著差异。

C12a by K6

您常常体验到自己身上一种“伦理感”的存在吗？人与人之间 * 收入 Crosstabulation

	无收入	1—1999元	2000—3999元	4000元以上	总计
没有，只感受到自己实实在在的生活	19.6%	19.8%	21.6%	18.2%	20.0%
偶尔有，但主要是因为那种情况下我的利益与它高度一致	30.1%	30.8%	30.8%	33.5%	31.4%
偶尔有，是在受某种作品或生活情境的影响之后	22.8%	19.6%	20.4%	22.5%	21.1%
时常有，它是一种内在的信念	27.5%	29.8%	27.2%	25.8%	27.5%
总计	100.0%	100.0%	100.0%	100.0%	100.0%
列总计	628	949	1479	1105	4161

Chi-square test：df=9，卡方值为12.166，sig=0.204>0.05，所以不同收入的居民对于“常常体验到自己身上一种‘伦理感’的存在吗？人与人之间”的回答没有显著差异。

C12b by K6

您常常体验到自己身上一种“伦理感”的存在吗？家庭 * 收入 Crosstabulation

	无收入	1—1999元	2000—3999元	4000元以上	总计
没有，只感受到自己实实在在的生活	16.6%	20.0%	17.6%	15.6%	17.4%
偶尔有，但主要是因为那种情况下我的利益与它高度一致	16.7%	15.7%	17.4%	17.6%	17.0%

续表

	无收入	1—1999 元	2000—3999 元	4000 元以上	总计
偶尔有，是在受某种作品或生活情境的影响之后	19.5%	14.1%	15.3%	17.3%	16.2%
时常有，它是一种内在的信念	47.2%	50.3%	49.6%	49.6%	49.4%
总计	100.0%	100.0%	100.0%	100.0%	100.0%
列总计	627	951	1479	1105	4162

Chi-square test：df = 9，卡方值为 16.372，sig = 0.059 > 0.05，所以不同收入的居民对于“常常体验到自己身上一种‘伦理感’的存在吗？家庭”的回答没有显著差异。

C12c by K6

您常常体验到自己身上一种“伦理感”的存在吗？单位 * 收入 Crosstabulation

	无收入	1—1999 元	2000—3999 元	4000 元以上	总计
没有，只感受到自己实实在在的生活	23.8%	24.4%	19.9%	19.0%	21.2%
偶尔有，但主要是因为那种情况下我的利益与它高度一致	31.7%	32.1%	32.4%	33.7%	32.6%
偶尔有，是在受某种作品或生活情境的影响之后	28.0%	26.8%	29.4%	26.5%	27.8%
时常有，它是一种内在的信念	16.5%	16.7%	18.4%	20.9%	18.4%
总计	100.0%	100.0%	100.0%	100.0%	100.0%
列总计	625	944	1476	1102	4147

Chi-square test：df = 9，卡方值为 19.709，sig = 0.020 < 0.05，所以不同收入的居民对于“常常体验到自己身上一种‘伦理感’的存在吗？单位”的回答有显著差异。

C12d by K6

您常常体验到自己身上一种“伦理感”的存在吗？社区、城市 * 收入 Crosstabulation

	无收入	1—1999 元	2000—3999 元	4000 元以上	总计
没有，只感受到自己实实在在的生活	24.6%	25.5%	21.9%	18.9%	22.4%
偶尔有，但主要是因为那种情况下我的利益与它高度一致	23.2%	27.6%	29.7%	30.8%	28.5%
偶尔有，是在受某种作品或生活情境的影响之后	32.1%	27.9%	27.9%	28.6%	28.7%
时常有，它是一种内在的信念	20.1%	19.0%	20.5%	21.6%	20.4%

续表

	无收入	1—1999元	2000—3999元	4000元以上	总计
总计	100.0%	100.0%	100.0%	100.0%	100.0%
列总计	626	949	1478	1103	4156

Chi-square test：df = 9，卡方值为25.628，sig = 0.002 < 0.05，所以不同收入的居民对于“常常体验到自己身上一种‘伦理感’的存在吗？社区、城市”的回答有显著差异。

C13 by K6

您常常体验到自己身上有一种“道德感”的存在和满足吗 * 收入 Crosstabulation

	无收入	1—1999元	2000—3999元	4000元以上	总计
没有，只是凭自己的感觉和利益办事	13.4%	15.5%	14.3%	13.2%	14.2%
在有监督的环境中或有别人在场时有，其他环境中没有	13.6%	11.3%	14.7%	14.2%	13.6%
经常有，问心无愧、不做亏心事最重要	50.2%	49.8%	51.0%	52.4%	51.0%
没有特别的感觉，但从来不做不道德的事	22.6%	23.3%	19.9%	20.1%	21.1%
其他	0.2%		0.1%	0.2%	0.1%
总计	100.0%	100.0%	100.0%	100.0%	100.0%
列总计	627	952	1481	1107	4167

Chi-square test：df = 12，卡方值为14.994，sig = 0.242 > 0.05，所以不同收入的居民对于“常常体验到自己身上有一种‘道德感’的存在和满足吗”的回答没有显著差异。

C14 by K6

您认为国家对于个人存在的意义是 * 收入 Crosstabulation

	无收入	1—1999元	2000—3999元	4000元以上	总计
国家离我们很遥远，个人最重要	20.7%	24.0%	21.3%	17.6%	20.8%
国家最重要，是我们的安身之地，国家富强个人才能过得好	78.5%	75.9%	78.7%	82.2%	78.9%
其他	0.8%	0.1%	0.1%	0.2%	0.2%
总计	100.0%	100.0%	100.0%	100.0%	100.0%
列总计	629	955	1482	1105	4171

Chi-square test：df = 6，卡方值为24.545，sig = 0.000 < 0.05，所以不同收入的居民对于“认为国家对于个人存在的意义”的回答有显著差异。

C15 by K6

您认为对社会生活而言，个体德性和社会公正哪个更重要 * 收入 Crosstabulation

	无收入	1—1999 元	2000—3999 元	4000 元以上	总计
个体德性最重要	15.1%	15.9%	14.6%	14.6%	15.0%
社会公正最重要	32.2%	36.3%	34.5%	27.0%	32.6%
二者应当统一，但二者矛盾时应先追求个体德性	30.2%	24.8%	23.3%	28.5%	26.0%
二者应当统一，但二者矛盾时应先追求社会公正	22.5%	23.0%	27.6%	29.9%	26.4%
总计	100.0%	100.0%	100.0%	100.0%	100.0%
列总计	630	954	1482	1107	4173

Chi-square test：df = 9，卡方值为 42.377，sig = 0.000 < 0.05，所以不同收入的居民对于“认为对社会生活而言，个体德性和社会公正哪个更重要”的回答有显著差异。

C16 by K6

在公共生活中，个人之所以要遵守道德，是因为 * 收入 Crosstabulation

	无收入	1—1999 元	2000—3999 元	4000 元以上	总计
遵守道德有利于自身利益的实现	19.6%	23.4%	20.9%	19.8%	21.0%
个人是社会的一分子，应当遵守道德	35.9%	38.0%	40.5%	41.0%	39.4%
遵守道德社会才能有序和美好	40.4%	33.3%	33.7%	35.5%	35.1%
不遵守道德会被别人议论或谴责	4.1%	5.4%	4.8%	3.4%	4.5%
其他			0.1%	0.3%	0.1%
总计	100.0%	100.0%	100.0%	100.0%	100.0%
列总计	627	953	1481	1105	4166

Chi-square test：df = 12，卡方值为 23.112，sig = 0.027 < 0.05，所以不同收入的居民对于“公共生活中，个人之所以要遵守道德，是因为”的回答有显著差异。

C17 by K6

关于职业劳动的说法，您最认同的是 * 收入 Crosstabulation

	无收入	1—1999 元	2000—3999 元	4000 元以上	总计
职业劳动是个人和家庭谋生的手段	58.0%	59.5%	51.1%	50.9%	54.0%
职业劳动是为社会创造财富	21.3%	24.5%	26.5%	24.8%	24.8%
职业劳动是个人兴趣和价值实现的方式	20.0%	15.9%	22.3%	24.0%	20.9%

续表

	无收入	1—1999元	2000—3999元	4000元以上	总计
其他	0.8%	0.1%	0.1%	0.3%	0.3%
总计	100.0%	100.0%	100.0%	100.0%	100.0%
列总计	621	946	1477	1103	4147

Chi-square test：df = 9，卡方值为43.173，sig = 0.000 < 0.05，所以不同收入的居民对于“关于职业劳动的说法，您最认同的是”的回答有显著差异。

C18a by K6

您认为造成有些人忧郁、自杀的原因是？欲望过多过大，不能知足常乐 * 收入 Crosstabulation

	无收入	1—1999元	2000—3999元	4000元以上	总计
未选中	69.2%	72.4%	69.8%	66.3%	69.4%
选中	30.8%	27.6%	30.2%	33.7%	30.6%
总计	100.0%	100.0%	100.0%	100.0%	100.0%
列总计	623	943	1475	1100	4141

Chi-square test：df = 3，卡方值为9.277，sig = 0.026 < 0.05，所以不同收入的居民对于“您认为造成有些人忧郁、自杀的原因是？欲望过多过大，不能知足常乐”的回答有显著差异。

C18b by K6

您认为造成有些人忧郁、自杀的原因是？对自己和未来没有把握 * 收入 Crosstabulation

	无收入	1—1999元	2000—3999元	4000元以上	总计
未选中	76.2%	71.9%	68.6%	68.4%	70.4%
选中	23.8%	28.1%	31.4%	31.6%	29.6%
总计	100.0%	100.0%	100.0%	100.0%	100.0%
列总计	623	943	1475	1100	4141

Chi-square test：df = 3，卡方值为15.692，sig = 0.001 < 0.05，所以不同收入的居民对于“您认为造成有些人忧郁、自杀的原因是？对自己和未来没有把握”的回答有显著差异。

C18c by K6

您认为造成有些人忧郁、自杀的原因是？竞争激烈，工作压力过大，身心疲惫 * 收入 Crosstabulation

	无收入	1—1999元	2000—3999元	4000元以上	总计
未选中	49.0%	52.8%	49.8%	48.1%	49.9%

续表

	无收入	1—1999 元	2000—3999 元	4000 元以上	总计
选中	51.0%	47.2%	50.2%	51.9%	50.1%
总计	100.0%	100.0%	100.0%	100.0%	100.0%
列总计	623	943	1475	1100	4141

Chi-square test：df = 3，卡方值为 4.867，sig = 0.182 > 0.05，所以不同收入的居民对于“您认为造成有些人忧郁、自杀的原因是？竞争激烈，工作压力过大，身心疲惫”的回答没有显著差异。

C18d by K6

您认为造成有些人忧郁、自杀的原因是？人与人之间缺乏信任感，人际关系紧张 ＊ 收入 Crosstabulation

	无收入	1—1999 元	2000—3999 元	4000 元以上	总计
未选中	66.6%	60.1%	61.3%	61.7%	61.9%
选中	33.4%	39.9%	38.7%	38.3%	38.1%
总计	100.0%	100.0%	100.0%	100.0%	100.0%
列总计	623	943	1475	1100	4141

Chi-square test：df = 3，卡方值为 7.737，sig = 0.061 > 0.05，所以不同收入的居民对于“您认为造成有些人忧郁、自杀的原因是？人与人之间缺乏信任感，人际关系紧张”的回答没有显著差异。

C18e by K6

您认为造成有些人忧郁、自杀的原因是？有烦恼很难找到人倾诉和排解 ＊ 收入 Crosstabulation

	无收入	1—1999 元	2000—3999 元	4000 元以上	总计
未选中	75.3%	77.4%	76.4%	74.0%	75.8%
选中	24.7%	22.6%	23.6%	26.0%	24.2%
总计	100.0%	100.0%	100.0%	100.0%	100.0%
列总计	623	943	1475	1100	4141

Chi-square test：df = 3，卡方值为 3.668，sig = 0.300 > 0.05，所以不同收入的居民对于“您认为造成有些人忧郁、自杀的原因是？有烦恼很难找到人倾诉和排解”的回答没有显著差异。

C18f by K6

您认为造成有些人忧郁、自杀的原因是？缺乏自我理解和自我调节能力 ＊ 收入 Crosstabulation

	无收入	1—1999 元	2000—3999 元	4000 元以上	总计
未选中	76.6%	75.7%	76.3%	75.4%	76.0%

续表

	无收入	1—1999 元	2000—3999 元	4000 元以上	总计
选中	23.4%	24.3%	23.7%	24.6%	24.0%
总计	100.0%	100.0%	100.0%	100.0%	100.0%
列总计	623	943	1475	1100	4141

Chi-square test：df = 3，卡方值为 4.486，sig = 0.922 > 0.05，所以不同收入的居民对于“您认为造成有些人忧郁、自杀的原因是？缺乏自我理解和自我调节能力”的回答没有显著差异。

C18g by K6

您认为造成有些人忧郁、自杀的原因是？现代人缺乏安顿自己、化解内心矛盾的能力 * 收入 Crosstabulation

	无收入	1—1999 元	2000—3999 元	4000 元以上	总计
未选中	74.5%	76.7%	74.2%	71.6%	74.1%
选中	25.5%	23.3%	25.8%	28.4%	25.9%
总计	100.0%	100.0%	100.0%	100.0%	100.0%
列总计	623	943	1475	1100	4141

Chi-square test：df = 3，卡方值为 6.777，sig = 0.079 > 0.05，所以不同收入的居民对于“您认为造成有些人忧郁、自杀的原因是？现代人缺乏安顿自己、化解内心矛盾的能力”的回答没有显著差异。

C18h by K6

您认为造成有些人忧郁、自杀的原因是？缺乏道德公正，没有道德的人总是占便宜 * 收入 Crosstabulation

	无收入	1—1999 元	2000—3999 元	4000 元以上	总计
未选中	81.2%	74.9%	73.6%	77.6%	76.1%
选中	18.8%	25.1%	26.4%	22.4%	23.9%
总计	100.0%	100.0%	100.0%	100.0%	100.0%
列总计	623	943	1475	1100	4141

Chi-square test：df = 3，卡方值为 16.161，sig = 0.001 < 0.05，所以不同收入的居民对于“您认为造成有些人忧郁、自杀的原因是？缺乏道德公正，没有道德的人总是占便宜”的回答有显著差异。

C18i by K6

您认为造成有些人忧郁、自杀的原因是？缺乏理想和信念支持，精神没有寄托和归宿 * 收入 Crosstabulation

	无收入	1—1999 元	2000—3999 元	4000 元以上	总计
未选中	81.4%	81.3%	76.6%	73.7%	77.6%

续表

	无收入	1—1999 元	2000—3999 元	4000 元以上	总计
选中	18.6%	18.7%	23.4%	26.3%	22.4%
总计	100.0%	100.0%	100.0%	100.0%	100.0%
列总计	623	943	1475	1100	4141

Chi-square test：df = 3，卡方值为 23.042，sig = 0.000 < 0.05，所以不同收入的居民对于“您认为造成有些人忧郁、自杀的原因是？缺乏理想和信念支持，精神没有寄托和归宿”的回答有显著差异。

C18j by K6

您认为造成有些人忧郁、自杀的原因是？生活压力大 * 收入 Crosstabulation

	无收入	1—1999 元	2000—3999 元	4000 元以上	总计
未选中	47.8%	44.2%	42.3%	44.4%	44.1%
选中	52.2%	55.8%	57.7%	55.6%	55.9%
总计	100.0%	100.0%	100.0%	100.0%	100.0%
列总计	623	943	1475	1100	4141

Chi-square test：df = 3，卡方值为 5.485，sig = 0.140 > 0.05，所以不同收入的居民对于“您认为造成有些人忧郁、自杀的原因是？生活压力大”的回答没有显著差异。

C18k by K6

您认为造成有些人忧郁、自杀的原因是？生活孤独无聊 * 收入 Crosstabulation

	无收入	1—1999 元	2000—3999 元	4000 元以上	总计
未选中	88.9%	90.9%	91.1%	89.6%	90.3%
选中	11.1%	9.1%	8.9%	10.4%	9.7%
总计	100.0%	100.0%	100.0%	100.0%	100.0%
列总计	623	943	1475	1100	4141

Chi-square test：df = 3，卡方值为 3.395，sig = 0.335 > 0.05，所以不同收入的居民对于“您认为造成有些人忧郁、自杀的原因是？生活孤独无聊”的回答没有显著差异。

C18l by K6

您认为造成有些人忧郁、自杀的原因是？其他 * 收入 Crosstabulation

	无收入	1—1999 元	2000—3999 元	4000 元以上	总计
未选中	88.9%	90.9%	91.1%	89.6%	90.3%
选中	11.1%	9.1%	8.9%	10.4%	9.7%
总计	100.0%	100.0%	100.0%	100.0%	100.0%

续表

	无收入	1—1999 元	2000—3999 元	4000 元以上	总计
列总计	623	943	1475	1100	4141

Chi-square test：df = 3，卡方值为 13. 577，sig = 0. 004 < 0. 05，所以不同收入的居民对于“您认为造成有些人忧郁、自杀的原因是？其他”的回答有显著差异。

C19a by K6

如果您与家庭成员之间发生重大利益冲突，您会首先选择哪种途径来解决 * 收入 Crosstabulation

	无收入	1—1999 元	2000—3999 元	4000 元以上	总计
诉诸法律，打官司	1. 8%	0. 3%	0. 8%	0. 9%	0. 9%
直接找对方沟通但得理让人，适可而止	61. 5%	51. 7%	48. 3%	55. 7%	53. 0%
通过第三方（如社会机构、朋友等）从中调解，尽量不伤和气	7. 9%	8. 9%	10. 2%	10. 7%	9. 7%
能忍则忍	28. 9%	39. 1%	40. 8%	32. 7%	36. 4%
总计	100. 0%	100. 0%	100. 0%	100. 0%	100. 0%
列总计	620	934	1465	1094	4113

Chi-square test：df = 9，卡方值为 52. 961，sig = 0. 000 < 0. 05，所以不同收入的居民对于“如果您与家庭成员之间发生重大利益冲突，您会首先选择哪种途径来解决”的回答有显著差异。

C19b by K6

如果您与朋友之间发生重大利益冲突，您会首先选择哪种途径来解决 * 收入 Crosstabulation

	无收入	1—1999 元	2000—3999 元	4000 元以上	总计
诉诸法律，打官司	2. 2%	1. 5%	2. 2%	2. 7%	2. 2%
直接找对方沟通但得理让人，适可而止	62. 1%	53. 3%	50. 5%	52. 7%	53. 5%
通过第三方（如社会机构、朋友等）从中调解，尽量不伤和气	15. 1%	20. 7%	22. 5%	25. 3%	21. 7%
能忍则忍	20. 5%	24. 6%	24. 7%	19. 3%	22. 6%
总计	100. 0%	100. 0%	100. 0%	100. 0%	100. 0%
列总计	623	920	1467	1100	4110

Chi-square test：df = 9，卡方值为 45. 565，sig = 0. 000 < 0. 05，所以不同收入的居民对于“如果您与朋友之间发生重大利益冲突，您会首先选择哪种途径来解决”的回答有显著差异。

C19c by K6

如果您与同事之间发生重大利益冲突，您会首先选择哪种途径来解决 * 收入 Crosstabulation

	无收入	1—1999 元	2000—3999 元	4000 元以上	总计
诉诸法律，打官司	4.7%	2.7%	3.7%	4.9%	4.0%
直接找对方沟通但得理让人，适可而止	58.9%	54.0%	52.0%	51.9%	53.4%
通过第三方（如社会机构、朋友等）从中调解，尽量不伤和气	23.7%	30.1%	30.8%	29.5%	29.3%
能忍则忍	12.7%	13.2%	13.5%	13.7%	13.4%
总计	100.0%	100.0%	100.0%	100.0%	100.0%
列总计	528	854	1424	1087	3893

Chi-square test：df = 9，卡方值为 18.024，sig = 0.035 < 0.05，所以不同收入的居民对于“如果您与同事之间发生重大利益冲突，您会首先选择哪种途径来解决”的回答有显著差异。

C19d by K6

如果您与商业伙伴之间发生重大利益冲突，您会首先选择哪种途径来解决 * 收入 Crosstabulation

	无收入	1—1999 元	2000—3999 元	4000 元以上	总计
诉诸法律，打官司	34.8%	40.5%	41.6%	41.4%	40.4%
直接找对方沟通但得理让人，适可而止	31.8%	27.4%	23.7%	27.3%	26.6%
通过第三方（如社会机构、朋友等）从中调解，尽量不伤和气	23.9%	29.2%	29.6%	25.7%	27.6%
能忍则忍	9.4%	2.8%	5.1%	5.6%	5.3%
总计	100.0%	100.0%	100.0%	100.0%	100.0%
列总计	468	740	1266	1017	3491

Chi-square test：df = 9，卡方值为 43.263，sig = 0.000 < 0.05，所以不同收入的居民对于“如果您与商业伙伴之间发生重大利益冲突，您会首先选择哪种途径来解决”的回答有显著差异。

C20 by K6

您认为在自己的成长中得到道德训练的最重要场所或机构是 * 收入 Crosstabulation

	无收入	1—1999 元	2000—3999 元	4000 元以上	总计
家庭	38.1%	36.4%	32.6%	31.0%	33.9%
学校	30.5%	19.2%	21.6%	25.7%	23.5%

续表

	无收入	1—1999 元	2000—3999 元	4000 元以上	总计
社会（如工作单位、社区等）	22.0%	31.8%	34.4%	32.4%	31.4%
国家或政府	5.1%	9.5%	7.3%	5.0%	6.9%
媒体	1.1%	1.0%	2.3%	1.9%	1.7%
其他	3.2%	2.0%	1.9%	4.0%	2.7%
总计	100.0%	100.0%	100.0%	100.0%	100.0%
列总计	627	955	1473	1105	4160

Chi-square test：df = 15，卡方值为 94.290，sig = 0.000 < 0.05，所以不同收入的居民对于“认为在自己的成长中得到道德训练的最重要场所或机构是”的回答有显著差异。

C21 by K6

您的思想行为受什么人影响最大 ＊ 收入 Crosstabulation

	无收入	1—1999 元	2000—3999 元	4000 元及以上	总计
政府官员	23.1%	32.8%	24.5%	21.5%	25.3%
企业家	18.7%	23.7%	22.7%	18.5%	21.2%
演艺明星	7.4%	5.1%	9.9%	7.4%	7.8%
教师	43.0%	41.2%	46.9%	48.1%	45.3%
知识精英	14.1%	16.1%	16.4%	17.2%	16.2%
公众人物	17.9%	28.6%	31.1%	26.3%	27.3%
农民	6.7%	10.6%	7.4%	5.3%	7.5%
工人	1.5%	4.7%	3.2%	2.9%	3.2%
先哲先贤	13.4%	12.3%	13.4%	17.3%	14.2%
父母	71.1%	66.2%	68.0%	70.7%	68.8%
网络大 V	2.6%	2.1%	4.0%	4.2%	3.4%
宗教人士	0.2%	0.8%	0.6%	1.2%	0.7%
列总计	610	908	1423	1083	4024

据上表所示，不同收入的居民对于“您的思想行为受什么人影响最大”的回答有显著差异。

C22 by K6

影响您道德判断和道德选择的最主要的因素是 ＊ 收入 Crosstabulation

	无收入	1—1999 元	2000—3999 元	4000 元及以上	总计
自己的良心	73.9%	74.2%	72.2%	70.3%	72.4%
大多数人持有的观点	38.1%	40.9%	39.2%	38.0%	39.1%

续表

	无收入	1—1999 元	2000—3999 元	4000 元及以上	总计
公众人士和权威人物的观点	6.6%	6.1%	7.0%	9.0%	7.3%
国外媒体的观点	6.1%	5.1%	5.0%	4.7%	5.1%
自己的利益	14.1%	14.5%	15.6%	14.0%	14.7%
他人的评价	5.9%	8.6%	6.8%	5.3%	6.7%
社会后果	9.1%	11.2%	16.0%	16.6%	14.1%
大多数人认可的道德规范	19.4%	19.1%	17.7%	19.0%	18.6%
先贤教导	6.3%	4.0%	4.5%	7.0%	5.3%
“朋友圈”的观点	1.8%	3.4%	2.6%	1.9%	2.5%
列总计	624	920	1458	1101	4103

据上表所示，不同收入的居民对于“影响您道德判断和道德选择的最主要的因素”的回答有显著差异。

C23 by K6

现在经常有一些网民在网络上曝光别人的隐私，您怎么看待这种行为 * 收入 Crosstabulation

	无收入	1—1999 元	2000—3999 元	4000 元以上	总计
这是违法行为，应该制止	39.0%	42.4%	43.2%	48.2%	43.8%
这是不道德行为，应该进行谴责	47.7%	47.4%	44.6%	39.1%	44.2%
这是社会监督的重要途径，不必完全禁止，但需要规范和引导	11.9%	7.7%	10.9%	11.4%	10.5%
这是网民的自由，别人不应该干涉	1.4%	2.5%	1.2%	1.3%	1.6%
总计	100.0%	100.0%	100.0%	100.0%	100.0%
列总计	589	878	1444	1084	3995

Chi-square test：df = 9，卡方值为 33.528，sig = 0.000 < 0.05，所以不同收入的居民对于“现在经常有一些网民在网络上曝光别人的隐私，您怎么看待这种行为”的回答有显著差异。

C24a by K6

您最近两年是否参加过以下活动？志愿者活动 * 收入 Crosstabulation

	无收入	1—1999 元	2000—3999 元	4000 元以上	总计
是	20.0%	10.1%	17.0%	23.4%	17.6%
否	80.0%	89.9%	83.0%	76.6%	82.4%
总计	100.0%	100.0%	100.0%	100.0%	100.0%

续表

	无收入	1—1999 元	2000—3999 元	4000 元以上	总计
列总计	630	954	1482	1106	4172

Chi-square test：df = 3，卡方值为 66. 134，sig = 0. 000 < 0. 05，所以不同收入的居民对于“最近两年是否参加过以下活动？志愿者活动”的回答有显著差异。

C24b by K6

您参加的频率：志愿者活动 ＊ 收入 Crosstabulation

	无收入	1—1999 元	2000—3999 元	4000 元以上	总计
从来没有	80. 0%	89. 9%	83. 0%	76. 6%	82. 4%
参加过一两次	11. 6%	4. 0%	8. 0%	11. 1%	8. 4%
偶尔参加一次	6. 2%	4. 0%	6. 6%	9. 6%	6. 7%
经常参加	2. 2%	2. 1%	2. 4%	2. 7%	2. 4%
总计	100. 0%	100. 0%	100. 0%	100. 0%	100. 0%
列总计	630	954	1482	1106	4172

Chi-square test：df = 9，卡方值为 76. 569，sig = 0. 000 < 0. 05，所以不同收入的居民对于“您参加的频率：志愿者活动”的回答有显著差异。

C24c by K6

您最近两年是否参加过以下活动？无偿献血 ＊ 收入 Crosstabulation

	无收入	1—1999 元	2000—3999 元	4000 元以上	总计
是	9. 4%	5. 7%	11. 1%	19. 6%	11. 8%
否	90. 6%	94. 3%	88. 9%	80. 4%	88. 2%
总计	100. 0%	100. 0%	100. 0%	100. 0%	100. 0%
列总计	630	955	1482	1106	4173

Chi-square test：df = 3，卡方值为 103. 706，sig = 0. 000 < 0. 05，所以不同收入的居民对于“您最近两年是否参加过以下活动？无偿献血”的回答有显著差异。

C24d by K6

您参加的频率：无偿献血 ＊ 收入 Crosstabulation

	无收入	1—1999 元	2000—3999 元	4000 元以上	总计
从来没有	90. 6%	94. 3%	88. 9%	80. 4%	88. 2%
参加过一两次	4. 8%	2. 8%	5. 1%	9. 4%	5. 7%
偶尔参加一次	3. 8%	2. 4%	5. 1%	8. 4%	5. 2%

续表

	无收入	1—1999 元	2000—3999 元	4000 元以上	总计
经常参加	0.8%	0.4%	0.9%	1.8%	1.0%
总计	100.0%	100.0%	100.0%	100.0%	100.0%
列总计	630	955	1482	1106	4173

Chi-square test：df = 9，卡方值为 104.682，sig = 0.000 < 0.05，所以不同收入的居民对于“您参加的频率：无偿献血”的回答有显著差异。

C24e by K6

您最近两年是否参加过以下活动？捐款、捐物 ＊ 收入 Crosstabulation

	无收入	1—1999 元	2000—3999 元	4000 元以上	总计
是	47.0%	29.7%	40.2%	52.7%	42.2%
否	53.0%	70.3%	59.8%	47.3%	57.8%
总计	100.0%	100.0%	100.0%	100.0%	100.0%
列总计	630	955	1482	1106	4173

Chi-square test：df = 3，卡方值为 119.249，sig = 0.000 < 0.05，所以不同收入的居民对于“您最近两年是否参加过以下活动？捐款、捐物”的回答有显著差异。

C24f by K6

您参加的频率：捐款、捐物 ＊ 收入 Crosstabulation

	无收入	1—1999 元	2000—3999 元	4000 元以上	总计
从来没有	53.0%	70.3%	59.8%	47.3%	57.8%
参加过一两次	20.8%	13.6%	17.5%	23.9%	18.8%
偶尔参加一次	19.8%	10.8%	15.7%	18.7%	16.0%
经常参加	6.3%	5.3%	7.0%	10.1%	7.3%
总计	100.0%	100.0%	100.0%	100.0%	100.0%
列总计	630	955	1482	1106	4173

Chi-square test：df = 9，卡方值为 126.881，sig = 0.000 < 0.05，所以不同收入的居民对于“您参加的频率：捐款、捐物”的回答有显著差异。

C25 by K6

目前中国社会的两性关系日益开放，它对社会风尚的影响是 ＊ 收入 Crosstabulation

	无收入	1—1999 元	2000—3999 元	4000 元以上	总计
是社会进步的表现	13.8%	9.8%	10.7%	11.4%	11.1%

续表

	无收入	1—1999 元	2000—3999 元	4000 元以上	总计
两性关系混乱必然导致道德沦丧、污染社会风气	56.6%	62.4%	62.2%	60.7%	61.0%
个人选择，无所谓好坏	29.6%	27.7%	27.0%	27.7%	27.7%
其他		0.1%	0.1%	0.3%	0.1%
总计	100.0%	100.0%	100.0%	100.0%	100.0%
列总计	625	949	1478	1103	4155

Chi-square test：df = 9，卡方值为 11.664，sig = 0.233 > 0.05，所以不同收入的居民对于“目前中国社会的两性关系日益开放，它对社会风尚的影响是”的回答没有显著差异。

C26 by K6

您对一些重要事情所持的观点和回答与其他人一致的时候有多少 ＊ 收入 Crosstabulation

	无收入	1—1999 元	2000—3999 元	4000 元以上	总计
非常少	2.4%	2.1%	1.9%	2.5%	2.2%
比较少	12.8%	9.0%	10.7%	9.4%	10.3%
一般	46.9%	50.9%	49.5%	46.2%	48.5%
比较多	34.3%	32.4%	33.7%	37.5%	34.5%
非常多	3.7%	5.5%	4.2%	4.4%	4.5%
总计	100.0%	100.0%	100.0%	100.0%	100.0%
列总计	595	851	1369	1059	3874

Chi-square test：df = 12，卡方值为 16.657，sig = 0.163 > 0.05，所以不同收入的居民对于“您对一些重要事情所持的观点和回答与其他人一致的时候有多少”的回答没有显著差异。

C27 by K6

您对待目前社会上一部分人的奢侈消费行为的回答是 ＊ 收入 Crosstabulation

	无收入	1—1999 元	2000—3999 元	4000 元以上	总计
钞票是他们自己的，他们愿意怎么花就怎么花	32.9%	28.9%	30.1%	32.7%	30.9%
他们应该遵守勤俭的传统美德，适度消费	52.8%	60.8%	57.5%	54.1%	56.6%
过度消费行为只要对别人无害，就不应干涉	14.3%	10.3%	12.3%	12.8%	12.3%
其他		0.1%	0.1%	0.4%	0.1%

续表

	无收入	1—1999 元	2000—3999 元	4000 元以上	总计
总计	100.0%	100.0%	100.0%	100.0%	100.0%
列总计	629	956	1482	1107	4174

Chi-square test：df = 9，卡方值为 20.378，sig = 0.016 < 0.05，所以不同收入的居民对于“对待目前社会上一部分人的奢侈消费行为的回答是”的回答有显著差异。

C28 by K6

孝敬、礼让、仁爱、节俭等优良传统，您认为现在还需要这些吗 * 收入 Crosstabulation

	无收入	1—1999 元	2000—3999 元	4000 元以上	总计
这些好传统什么时候都不能丢	85.4%	85.7%	83.3%	82.8%	84.0%
可有可无	6.0%	5.9%	7.2%	5.8%	6.3%
已经过时，没必要讲这些	2.1%	1.7%	2.6%	3.8%	2.6%
有些要，有些不要	6.5%	6.8%	7.0%	7.7%	7.0%
总计	100.0%	100.0%	100.0%	100.0%	100.0%
列总计	630	955	1481	1108	4174

Chi-square test：df = 9，卡方值为 14.383，sig = 0.109 > 0.05，所以不同收入的居民对于“孝敬、礼让、仁爱、节俭等优良传统，您认为现在还需要这些吗”的回答没有显著差异。

C29 by K6

民族英雄和新时期的先进人物，您觉得他们的精神还值得在全社会大力倡导吗 * 收入 Crosstabulation

	无收入	1—1999 元	2000—3999 元	4000 元以上	总计
我很佩服他们，现在社会就缺这种精神，要加大宣传	73.3%	69.1%	70.6%	72.5%	71.2%
以前知道一些，现在不太关注了	20.3%	24.3%	21.1%	20.9%	21.7%
时过境迁，这些典型的影响力越来越小了，没太多人关心了	4.8%	3.8%	6.2%	5.6%	5.3%
不知道，也不关心	1.6%	2.8%	2.0%	1.0%	1.9%
总计	100.0%	100.0%	100.0%	100.0%	100.0%
列总计	629	955	1480	1106	4170

Chi-square test：df = 9，卡方值为 22.139，sig = 0.008 < 0.05，所以不同收入的居民对于“民族英雄和新时期的先进人物，您觉得他们的精神还值得在全社会大力倡导吗”的回答有显著差异。

C30 by K6

当在公交车上遇到小偷正在偷乘客钱包时，您会选择以下哪种做法 * 收入 Crosstabulation

	无收入	1—1999 元	2000—3999 元	4000 元以上	总计
马上冲上去制止	21.2%	18.1%	21.7%	27.8%	22.4%
出于害怕，装作什么都没有看到	5.9%	8.7%	6.4%	5.1%	6.5%
不敢直接与小偷对抗，但以适当方式悄悄提醒当事人或报警	66.3%	64.7%	66.8%	62.7%	65.2%
只要偷的不是我，不用多管闲事，免得惹麻烦	5.4%	7.8%	4.5%	3.9%	5.2%
其他	1.1%	0.7%	0.5%	0.6%	0.7%
总计	100.0%	100.0%	100.0%	100.0%	100.0%
列总计	626	952	1481	1106	4165

Chi-square test：df = 12，卡方值为 55.546，sig = 0.000 < 0.05，所以不同收入的居民对于“当在公交车上遇到小偷正在偷乘客钱包时，您会选择以下哪种做法”的回答有显著差异。

C31 by K6

小王知道做某件事是道德的但没去行动，哪种因素是他采取行动最大障碍 * 收入 Crosstabulation

	无收入	1—1999 元	2000—3999 元	4000 元以上	总计
采取行动会损害自己利益	22.8%	16.7%	18.4%	20.1%	19.1%
采取行动也难以取得预期效果	15.2%	17.3%	16.5%	16.8%	16.6%
大家都不做，我何必管闲事	15.1%	16.1%	19.2%	17.7%	17.5%
自身能力有限，心有余而力不足	34.1%	35.7%	33.9%	35.1%	34.7%
即使我不做，相信还会有别人去做	8.8%	9.4%	8.4%	7.4%	8.4%
明白就行，让别人去做吧	3.5%	4.4%	2.9%	2.4%	3.2%
其他	0.5%	0.5%	0.5%	0.5%	0.5%
总计	100.0%	100.0%	100.0%	100.0%	100.0%
列总计	624	939	1471	1106	4140

Chi-square test：df = 18，卡方值为 24.506，sig = 0.139 > 0.05，所以不同收入的居民对于“小王知道做某件事是道德的但没去行动，哪种因素是他采取行动最大障碍”的回答没有显著差异。

C32 by K6

当与他人发生分歧时，能否体谅宽容他人 * 收入 Crosstabulation

	无收入	1—1999 元	2000—3999 元	4000 元以上	总计
不宽容，必须弄清是非曲直	6.4%	6.5%	6.7%	9.1%	7.2%
偶尔	27.4%	27.3%	27.0%	25.5%	26.7%
有时	41.9%	43.3%	45.1%	43.5%	43.8%
经常	24.4%	23.0%	21.2%	21.9%	22.3%
总计	100.0%	100.0%	100.0%	100.0%	100.0%
列总计	628	954	1478	1103	4163

Chi-square test：df = 9，卡方值为 11.285，sig = 0.257 > 0.05，所以不同收入的居民对于“当与他人发生分歧时，能否体谅宽容他人”的回答没有显著差异。

C33 by K6

您认为解决当前我国的公民道德和社会风尚问题，最关键的途径是 * 收入 Crosstabulation

	无收入	1—1999 元	2000—3999 元	4000 元及以上	总计
加强法制	45.9%	44.9%	44.3%	46.2%	45.2%
弘扬优秀传统道德	53.0%	52.2%	51.5%	48.4%	51.1%
建设伦理道德的核心价值	13.2%	14.5%	17.7%	19.9%	16.9%
惩治官员腐败	25.0%	27.4%	24.2%	20.3%	24.0%
解决分配不公问题	7.8%	12.8%	16.0%	14.3%	13.6%
提高个人道德素质	34.6%	36.6%	32.2%	32.5%	33.6%
列总计	628	950	1477	1105	4160

据上表所示，不同收入的居民对于“认为解决当前我国的公民道德和社会风尚问题，最关键的途径”的回答有显著差异。

C34 by K6

您知道社会主义核心价值观吗？请您把它们选出来 * 收入 Crosstabulation

	无收入	1—1999 元	2000—3999 元	4000 元及以上	总计
文明	77.7%	84.5%	83.6%	83.1%	82.8%
诚信	87.4%	88.6%	91.2%	88.5%	89.3%
勇敢	33.2%	43.4%	35.2%	28.0%	34.8%
爱国	76.8%	74.7%	79.8%	84.6%	79.5%
创新	29.5%	32.7%	28.8%	29.5%	29.9%

续表

	无收入	1—1999 元	2000—3999 元	4000 元及以上	总计
友善	56. 0%	45. 9%	52. 8%	57. 9%	53. 1%
勤劳	22. 1%	21. 9%	20. 5%	17. 6%	20. 3%
列总计	587	878	1434	1089	3988

据上表所示，不同收入的居民对于“您知道的社会主义核心价值观”的回答有显著差异。

C35 by K6

您认为社会主义核心价值观与您的工作、生活有关系吗 ＊ 收入 Crosstabulation

	无收入	1—1999 元	2000—3999 元	4000 元以上	总计
对改变社会风气有好处，每个人都应该这样做人做事	86. 2%	81. 1%	86. 3%	87. 8%	85. 5%
与个人工作、生活没关系	13. 8%	18. 9%	13. 7%	12. 2%	14. 5%
总计	100. 0%	100. 0%	100. 0%	100. 0%	100. 0%
列总计	564	861	1363	1039	3827

Chi-square test：df = 3，卡方值为 18. 854，sig = 0. 000 < 0. 05，所以不同收入的居民对于“认为社会主义核心价值观与您的工作、生活有关系吗”的回答有显著差异。

C36 by K6

在全社会特别是青少年中开展革命传统教育，您认为有没有这个必要 ＊ 收入 Crosstabulation

	无收入	1—1999 元	2000—3999 元	4000 元以上	总计
很有必要，什么时候都不能忘本	91. 3%	90. 9%	91. 0%	88. 3%	90. 3%
可有可无	5. 4%	5. 8%	5. 8%	6. 2%	5. 8%
没有必要，已经过时了	3. 3%	3. 4%	3. 2%	5. 5%	3. 9%
总计	100. 0%	100. 0%	100. 0%	100. 0%	100. 0%
列总计	629	954	1482	1107	4172

Chi-square test：df = 6，卡方值为 11. 490，sig = 0. 074 > 0. 05，所以不同收入的居民对于“在全社会特别是青少年中开展革命传统教育，您认为有没有这个必要”的回答没有显著差异。

C37 by K6

当您途经一场所，正遇到升国旗仪式，看到国旗在国歌声中升起的时候，您会怎么做 * 收入 Crosstabulation

	无收入	1—1999 元	2000—3999 元	4000 元以上	总计
原地站立，面向国旗行注目礼	27.1%	18.3%	21.8%	30.3%	24.0%
停下来看一看	62.4%	66.3%	68.0%	60.5%	64.8%
只当没看见，该干吗干吗	10.5%	15.4%	10.3%	9.2%	11.2%
总计	100.0%	100.0%	100.0%	100.0%	100.0%
列总计	627	956	1480	1107	4170

Chi-square test：df = 6，卡方值为 63.120，sig = 0.000 < 0.05，所以不同收入的居民对于“当您途经一场所，正遇到升国旗仪式，看到国旗在国歌声中升起的时候，您会怎么做”的回答有显著差异。

C38 by K6

今年您参加过纪念中国共产党成立 96 周年等主题教育活动吗 * 收入 Crosstabulation

	无收入	1—1999 元	2000—3999 元	4000 元以上	总计
参加过，很受教育	8.3%	5.5%	8.8%	11.4%	8.7%
听说过，但是没有参加过	59.8%	59.6%	65.7%	66.4%	63.6%
这种活动基本都是形式大于内容	9.2%	10.8%	9.9%	10.7%	10.2%
不关心这些	22.7%	24.1%	15.6%	11.6%	17.5%
总计	100.0%	100.0%	100.0%	100.0%	100.0%
列总计	629	955	1481	1107	4172

Chi-square test：df = 9，卡方值为 86.504，sig = 0.000 < 0.05，所以不同收入的居民对于“今年您参加过纪念中国共产党成立 96 周年等主题教育活动吗”的回答有显著差异。

D1 by K6

您认为现代家庭关系中最令人担忧的问题是 * 收入 Crosstabulation

	无收入	1—1999 元	2000—3999 元	4000 元及以上	总计
只有一个孩子，对家庭的未来没把握	25.5%	24.5%	25.6%	25.4%	25.3%
独生子女难以承担养老责任，老无所养	33.6%	35.4%	35.2%	32.2%	34.2%
年轻人不愿结婚，或不愿生孩子，家族传承危机	14.9%	18.3%	16.8%	16.3%	16.7%
婚姻不稳定，年轻人缺乏守护婚姻的意识和能力	24.5%	25.4%	28.1%	25.0%	26.1%

续表

	无收入	1—1999 元	2000—3999 元	4000 元及以上	总计
子女尤其是独生子女缺乏责任感，孝道意识薄弱	13.3%	16.7%	18.2%	18.9%	17.3%
代沟严重，父母与子女之间难以沟通	23.2%	23.5%	23.0%	23.0%	23.1%
婆媳关系紧张	7.0%	9.8%	5.5%	4.3%	6.4%
父母不民主，不能容忍差异	9.4%	7.1%	6.8%	7.2%	7.4%
“啃老”现象严重	10.6%	11.4%	11.5%	12.0%	11.5%
父母只培养孩子的知识和技能，忽视良好品德的养成	10.6%	10.8%	11.8%	14.9%	12.2%
两性关系过度开放	4.9%	3.5%	3.8%	5.1%	4.2%
列总计	596	902	1447	1084	4029

据上表所示，不同收入的居民对于“认为现代家庭关系中最令人担忧的问题”的回答有显著差异。

D2 by K6

您对家庭的感觉是 * 收入 Crosstabulation

	无收入	1—1999 元	2000—3999 元	4000 元以上	总计
温馨幸福	24.3%	14.7%	17.4%	21.4%	18.9%
比较幸福	65.5%	72.8%	73.7%	70.8%	71.5%
不太幸福	2.9%	4.9%	2.1%	2.4%	2.9%
一般，没感觉	6.7%	7.3%	6.5%	5.2%	6.4%
很不幸福，希望逃离	0.5%	0.1%	0.3%	0.1%	0.2%
其他	0.2%	0.2%	0.1%	0.1%	0.1%
总计	100.0%	100.0%	100.0%	100.0%	100.0%
列总计	629	955	1479	1106	4169

Chi-square test：df = 15，卡方值为 55.041，sig = 0.000 < 0.05，所以不同收入的居民对于“对家庭的感觉是”的回答有显著差异。

D3a by K6

您对以下现象的态度是？不婚 * 收入 Crosstabulation

	无收入	1—1999 元	2000—3999 元	4000 元以上	总计
完全赞同	1.4%	0.6%	0.3%	0.8%	0.7%
比较赞同	4.8%	2.3%	2.8%	2.7%	3.0%
中立	44.4%	29.1%	42.9%	49.0%	41.6%

续表

	无收入	1—1999 元	2000—3999 元	4000 元及以上	总计
比较反对	32.1%	44.8%	37.1%	33.6%	37.2%
强烈反对	17.3%	23.2%	16.9%	13.9%	17.6%
总计	100.0%	100.0%	100.0%	100.0%	100.0%
列总计	626	945	1477	1103	4151

Chi-square test：df = 12，卡方值为 116.793，sig = 0.000 < 0.05，所以不同收入的居民对于“对以下现象的态度是？不婚”的回答有显著差异。

D3b by K6

您对以下现象的态度是？试婚 ＊ 收入 Crosstabulation

	无收入	1—1999 元	2000—3999 元	4000 元以上	总计
完全赞同	0.8%	0.3%	0.3%	0.5%	0.4%
比较赞同	5.5%	2.4%	4.0%	4.7%	4.0%
中立	40.1%	26.0%	38.0%	44.7%	37.4%
比较反对	36.8%	47.5%	40.1%	35.3%	40.0%
强烈反对	16.9%	23.8%	17.6%	14.9%	18.2%
总计	100.0%	100.0%	100.0%	100.0%	100.0%
列总计	623	936	1472	1095	4126

Chi-square test：df = 12，卡方值为 108.962，sig = 0.000 < 0.05，所以不同收入的居民对于“对以下现象的态度是？试婚”的回答有显著差异。

D3c by K6

您对以下现象的态度是？同居 ＊ 收入 Crosstabulation

	无收入	1—1999 元	2000—3999 元	4000 元以上	总计
完全赞同	0.8%	0.2%	0.5%	1.7%	0.8%
比较赞同	5.6%	2.9%	5.4%	6.5%	5.1%
中立	49.1%	37.8%	49.1%	51.9%	47.3%
比较反对	31.9%	43.7%	30.3%	29.3%	33.3%
强烈反对	12.6%	15.4%	14.8%	10.5%	13.5%
总计	100.0%	100.0%	100.0%	100.0%	100.0%
列总计	627	938	1474	1102	4141

Chi-square test：df = 12，卡方值为 107.900，sig = 0.000 < 0.05，所以不同收入的居民对于“对以下现象的态度是？同居”的回答有显著差异。

D3d by K6

您对以下现象的态度是？同性恋 ＊ 收入 Crosstabulation

	无收入	1—1999 元	2000—3999 元	4000 元以上	总计
完全赞同	1. 4%	0. 3%	0. 3%	0. 6%	0. 6%
比较赞同	2. 1%	0. 5%	0. 5%	1. 7%	1. 1%
中立	25. 9%	9. 5%	18. 1%	22. 7%	18. 6%
比较反对	36. 2%	40. 1%	39. 7%	37. 2%	38. 6%
强烈反对	34. 3%	49. 6%	41. 3%	37. 7%	41. 2%
总计	100. 0%	100. 0%	100. 0%	100. 0%	100. 0%
列总计	621	936	1465	1101	4123

Chi-square test：df = 12，卡方值为 125. 779，sig = 0. 000 < 0. 05，所以不同收入的居民对于“您对以下现象的态度是？同性恋”的回答有显著差异。

D3e by K6

您对以下现象的态度是？婚外恋 ＊ 收入 Crosstabulation

	无收入	1—1999 元	2000—3999 元	4000 元以上	总计
完全赞同			0. 1%	0. 2%	0. 1%
比较赞同	0. 6%	0. 3%	0. 6%	0. 7%	0. 6%
中立	11. 0%	3. 5%	5. 6%	8. 9%	6. 8%
比较反对	37. 2%	33. 5%	36. 7%	41. 0%	37. 2%
强烈反对	51. 1%	62. 7%	56. 9%	49. 2%	55. 3%
总计	100. 0%	100. 0%	100. 0%	100. 0%	100. 0%
列总计	626	944	1475	1104	4149

Chi-square test：df = 12，卡方值为 73. 459，sig = 0. 000 < 0. 05，所以不同收入的居民对于“对以卜现象的态度是？婚外恋”的回答有显著差异。

D3f by K6

您对以下现象的态度是？丁克家庭 ＊ 收入 Crosstabulation

	无收入	1—1999 元	2000—3999 元	4000 元以上	总计
完全赞同	1. 2%	0. 4%	0. 2%	0. 7%	0. 5%
比较赞同	1. 9%	0. 7%	1. 2%	2. 2%	1. 5%
中立	37. 5%	19. 3%	32. 6%	39. 5%	32. 2%
比较反对	31. 9%	43. 3%	37. 1%	31. 9%	36. 3%
强烈反对	27. 5%	36. 3%	28. 8%	25. 7%	29. 5%

续表

	无收入	1—1999 元	2000—3999 元	4000 元以上	总计
总计	100.0%	100.0%	100.0%	100.0%	100.0%
列总计	592	891	1419	1074	3976

Chi-square test：df = 12，卡方值为 127.471，sig = 0.000 < 0.05，所以不同收入的居民对于“对以下现象的态度是？丁克家庭”的回答有显著差异。

D3g by K6

您对以下现象的态度是？代孕 ＊ 收入 Crosstabulation

	无收入	1—1999 元	2000—3999 元	4000 元以上	总计
完全赞同	0.2%		0.1%	0.5%	0.2%
比较赞同	1.5%	0.6%	1.5%	1.6%	1.3%
中立	30.2%	20.0%	26.1%	31.7%	26.8%
比较反对	36.9%	43.7%	38.8%	34.6%	38.5%
强烈反对	31.2%	35.8%	33.6%	31.7%	33.2%
总计	100.0%	100.0%	100.0%	100.0%	100.0%
列总计	602	900	1427	1074	4003

Chi-square test：df = 12，卡方值为 54.529，sig = 0.000 < 0.05，所以不同收入的居民对于“对以下现象的态度是？代孕”的回答有显著差异。

D4 by K6

您如何看待为了应对拆迁、征地、买房等而出现的“假离婚”现象 ＊ 收入 Crosstabulation

	无收入	1—1999 元	2000—3999 元	4000 元以上	总计
完全赞同	1.5%	0.9%	0.8%	1.4%	1.1%
比较赞同	9.4%	6.4%	9.7%	11.9%	9.5%
不太赞同	48.3%	42.4%	43.7%	49.0%	45.5%
坚决反对	40.8%	50.3%	45.7%	37.7%	43.9%
总计	100.0%	100.0%	100.0%	100.0%	100.0%
列总计	615	917	1434	1076	4042

Chi-square test：df = 9，卡方值为 45.654，sig = 0.700 > 0.05，所以不同收入的居民对于“如何看待为了应对拆迁、征地、买房等而出现的‘假离婚’现象”的回答没有显著差异。

D5 by K6

如果夫妻中需要一方为对方或家庭做出牺牲，您的态度是 ＊ 收入 Crosstabulation

	无收入	1—1999 元	2000—3999 元	4000 元以上	总计
非常不愿意	3.2%	1.4%	1.3%	1.5%	1.7%
不太愿意	15.7%	11.2%	14.0%	17.6%	14.6%
比较愿意	57.8%	57.8%	57.5%	58.6%	57.9%
愿意，时常这么做	23.3%	29.6%	27.2%	22.4%	25.9%
总计	100.0%	100.0%	100.0%	100.0%	100.0%
列总计	592	917	1429	1081	4019

Chi-square test：df = 9，卡方值为 37.066，sig = 0.000 < 0.05，所以不同收入的居民对于“如果夫妻中需要一方为对方或家庭做出牺牲”的态度有显著差异。

D6 by K6

在恋爱或婚姻中，您有为对方而改变自己的意识吗 ＊ 收入 Crosstabulation

	无收入	1—1999 元	2000—3999 元	4000 元以上	总计
有，经常这样做	42.7%	47.4%	46.0%	44.7%	45.5%
有，但做起来有些困难	29.5%	31.9%	36.0%	37.0%	34.4%
没想过这个问题	22.3%	17.4%	14.8%	13.8%	16.2%
无须改变，只有找到愿为我改变的人才是真爱	4.7%	2.4%	2.7%	4.3%	3.3%
其他	0.8%	0.8%	0.5%	0.3%	0.6%
总计	100.0%	100.0%	100.0%	100.0%	100.0%
列总计	623	949	1480	1103	4155

Chi-square test：df = 12，卡方值为 46.328，sig = 0.000 < 0.05，所以不同收入的居民对于“在恋爱或婚姻中，您有为对方而改变自己的意识吗”的回答有显著差异。

D7 by K6

在恋爱或婚姻中，你与对方相处的原则是 ＊ 收入 Crosstabulation

	无收入	1—1999 元	2000—3999 元	4000 元以上	总计
我首先对他/她好，然后希望他/她对我好	65.0%	64.6%	70.0%	72.9%	68.8%
他/她对我好，我才对他/她好	20.6%	20.1%	16.2%	14.2%	17.2%
他/她对我好就行了	7.1%	6.7%	7.4%	6.6%	7.0%

续表

	无收入	1—1999 元	2000—3999 元	4000 元以上	总计
总是我对他/她好，他/她对我不那么好	1.9%	2.0%	1.8%	2.6%	2.1%
他/她对我不好，我没必要对他/她好	1.8%	1.0%	1.2%	0.8%	1.1%
其他	3.7%	5.6%	3.3%	2.9%	3.8%
总计	100.0%	100.0%	100.0%	100.0%	100.0%
列总计	622	944	1473	1102	4141

Chi-square test：df = 15，卡方值为 40.041，sig = 0.000 < 0.05，所以不同收入的居民对于“在恋爱或婚姻中，与对方相处的原则是”的回答有显著差异。

D8 by K6

您认为生育孩子是否是一种人生义务 * 收入 Crosstabulation

	无收入	1—1999 元	2000—3999 元	4000 元以上	总计
是，如果大家都不生育，人种会灭绝	22.6%	26.7%	29.6%	27.4%	27.3%
是，不生孩子家族延续会中断	43.4%	45.5%	40.7%	37.0%	41.2%
不是，但没有孩子将老无所养也过于孤独	23.5%	21.0%	22.7%	24.5%	22.9%
不是，自己觉得快乐就行，有孩子负担过重	9.8%	6.4%	6.4%	9.8%	7.8%
其他	0.8%	0.4%	0.6%	1.3%	0.8%
总计	100.0%	100.0%	100.0%	100.0%	100.0%
列总计	625	952	1478	1104	4159

Chi-square test：df = 12，卡方值为 40.778，sig = 0.000 < 0.05，所以不同收入的居民对于“认为生育孩子是否是一种人生义务?”的回答有显著差异。

D9 by K6

如果孩子面临重大问题（婚姻、升学、就业等）时，您的态度是 * 收入 Crosstabulation

	无收入	1—1999 元	2000—3999 元	4000 元以上	总计
全部包办，替他们做决定或搞定	4.1%	3.0%	4.1%	4.3%	3.9%
积极建议，努力说服他们采纳	25.4%	24.0%	27.9%	28.5%	26.8%
只提建议，让他们自己选择	40.4%	47.4%	45.3%	40.4%	43.8%
不表态，免得子女将来埋怨	5.6%	15.1%	5.4%	2.8%	7.0%
经常提出建议，但大多不起作用	1.4%	4.9%	2.7%	2.3%	2.9%

续表

	无收入	1—1999 元	2000—3999 元	4000 元以上	总计
没孩子/孩子太小	23. 1%	5. 1%	14. 3%	21. 5%	15. 4%
其他		0. 3%	0. 3%	0. 3%	0. 2%
总计	100. 0%	100. 0%	100. 0%	100. 0%	100. 0%
列总计	627	953	1482	1107	4169

Chi-square test：df = 18，卡方值为 280. 094，sig = 0. 000 < 0. 05，所以不同收入的居民对于“如果孩子面临重大问题（婚姻、升学、就业等）时，您的态度是”的回答有显著差异。

D10 by K6

您对子女所提出的有关人生发展方面的建议，是否经常被采纳 ＊ 收入 Crosstabulation

	无收入	1—1999 元	2000—3999 元	4000 元以上	总计
经常被采纳	18. 0%	10. 1%	14. 8%	17. 6%	14. 7%
较多被采纳	63. 7%	55. 5%	63. 3%	68. 8%	62. 7%
基本不采纳	17. 3%	32. 9%	21. 2%	12. 8%	21. 7%
从不被采纳并遭到嘲讽	0. 9%	1. 5%	0. 7%	0. 7%	1. 0%
总计	100. 0%	100. 0%	100. 0%	100. 0%	100. 0%
列总计	433	863	1257	812	3365

Chi-square test：df = 9，卡方值为 120. 236，sig = 0. 000 < 0. 05，所以不同收入的居民对于“对子女所提出的有关人生发展方面的建议，是否经常被采纳”的回答有显著差异。

D11 by K6

您认为现在孩子价值观的形成受何种因素影响最大 ＊ 收入 Crosstabulation

	无收入	1—1999 元	2000—3999 元	4000 元及以上	总计
父母	65. 2%	59. 7%	59. 7%	64. 0%	61. 6%
老师	54. 0%	54. 2%	52. 7%	50. 5%	52. 7%
同伴	21. 6%	35. 6%	27. 3%	24. 1%	27. 5%
网络，朋友圈	20. 1%	18. 4%	21. 6%	23. 9%	21. 3%
明星	3. 2%	1. 2%	2. 8%	3. 8%	2. 8%
道德模范	7. 8%	11. 1%	12. 0%	11. 3%	11. 0%
伟大人物	7. 6%	7. 2%	9. 4%	6. 2%	7. 8%
列总计	617	933	1445	1080	4075

据上表所示，不同收入的居民对于“认为现在孩子价值观的形成受何种因素影响最大”的回答有显著差异。

D12 by K6

您认为老人是否有义务帮子女带孩子 * 收入 Crosstabulation

	无收入	1—1999 元	2000—3999 元	4000 元以上	总计
有，天经地义的	28.1%	25.1%	17.9%	15.1%	20.4%
没有，老人帮助带孙辈，子女应感恩	38.6%	38.8%	44.8%	45.5%	42.7%
没有义务，不过带孙辈也是天伦之乐，应该帮助带	29.3%	33.4%	34.6%	36.2%	33.9%
没想过	4.0%	2.7%	2.6%	3.2%	3.0%
总计	100.0%	100.0%	100.0%	100.0%	100.0%
列总计	629	956	1482	1107	4174

Chi-square test：df = 9，卡方值为 67.134，sig = 0.000 < 0.05，所以不同收入的居民对于“认为老人是否有义务帮子女带孩子”的回答有显著差异。

D13 by K6

您认为最理想的养老方式是哪种 * 收入 Crosstabulation

	无收入	1—1999 元	2000—3999 元	4000 元以上	总计
敬老院、护理院等专业养老机构	16.7%	11.4%	15.3%	15.9%	14.8%
与子女同住	51.9%	62.7%	54.1%	48.8%	54.3%
自己单住，生活难以自理时找护工	15.7%	14.3%	13.2%	15.7%	14.5%
与兄弟姐妹抱团养老	4.1%	4.1%	6.2%	5.4%	5.2%
与志趣相投的人一起养老	10.6%	6.7%	10.4%	13.4%	10.4%
其他	1.0%	0.8%	0.9%	0.8%	0.9%
总计	100.0%	100.0%	100.0%	100.0%	100.0%
列总计	630	956	1478	1107	4171

Chi-square test：df = 15，卡方值为 61.569，sig = 0.000 < 0.05，所以不同收入的居民对于“认为最理想的养老方式是哪种”的回答有显著差异。

D14 by K6

当父母一方长期生活不能自理时，主要承担照顾工作的人应该是 * 收入 Crosstabulation

	无收入	1—1999 元	2000—3999 元	4000 元以上	总计
子女照顾	58.1%	61.5%	56.2%	52.3%	56.7%
父母中还有能力的另一方（老伴儿）	29.5%	26.8%	27.9%	29.5%	28.3%

续表

	无收入	1—1999 元	2000—3999 元	4000 元以上	总计
雇保姆，老伴儿协助	4. 1%	2. 7%	4. 5%	5. 6%	4. 3%
雇保姆，子女协助	3. 7%	3. 3%	6. 1%	6. 6%	5. 2%
送护理机构，家人经常探望	4. 4%	5. 4%	5. 0%	5. 9%	5. 2%
其他	0. 2%	0. 4%	0. 3%	0. 1%	0. 2%
总计	100. 0%	100. 0%	100. 0%	100. 0%	100. 0%
列总计	630	953	1480	1105	4168

Chi-square test：df = 15，卡方值为 40. 282，sig = 0. 000 < 0. 05，所以不同收入的居民对于“当父母一方长期生活不能自理时，主要承担照顾工作的人应该是”的回答有显著差异。

D15 by K6

在过去的十天里，您为父母做过以下哪些事情 * 收入 Crosstabulation

	无收入	1—1999 元	2000—3999 元	4000 元及以上	总计
看望	16. 4%	18. 0%	23. 5%	28. 2%	22. 4%
打电话	32. 6%	19. 8%	34. 3%	45. 3%	33. 6%
买东西	28. 0%	22. 6%	31. 0%	34. 7%	29. 6%
陪看病	3. 0%	3. 2%	4. 5%	5. 1%	4. 2%
生活照料	23. 2%	21. 3%	30. 0%	32. 2%	27. 6%
做家务	37. 5%	26. 7%	33. 7%	32. 0%	32. 2%
谈心聊天	28. 8%	17. 1%	30. 0%	38. 4%	29. 1%
给钱	3. 0%	5. 9%	6. 3%	8. 8%	6. 4%
外出游玩	1. 7%	0. 6%	1. 3%	2. 1%	1. 4%
无	6. 8%	8. 4%	7. 2%	4. 8%	6. 8%
父母已去世	24. 2%	41. 9%	19. 8%	7. 3%	22. 2%
列总计	629	956	1482	1107	4174

据上表所示，不同收入的居民对于“在过去的十天里，为父母做过以下哪些事情”的回答有显著差异。

D16 by K6

您是否觉得孤独 * 收入 Crosstabulation

	无收入	1—1999 元	2000—3999 元	4000 元以上	总计
经常	5. 6%	4. 3%	2. 6%	2. 3%	3. 3%
有时	24. 8%	21. 1%	20. 4%	20. 0%	21. 1%
不太觉得	27. 1%	35. 5%	34. 4%	34. 6%	33. 6%

续表

	无收入	1—1999 元	2000—3999 元	4000 元以上	总计
不觉得	42.5%	39.1%	42.7%	43.1%	42.0%
总计	100.0%	100.0%	100.0%	100.0%	100.0%
列总计	630	954	1481	1106	4171

Chi-square test：df = 93，卡方值为 35.386，sig = 0.000 < 0.05，所以不同收入的居民对于“是否觉得孤独”的回答有显著差异。

D17 by K6

现在开展的弘扬好家风好家训活动，您认为有意义吗 * 收入 Crosstabulation

	无收入	1—1999 元	2000—3999 元	4000 元以上	总计
很有意义	80.9%	85.6%	84.5%	81.2%	83.3%
可有可无	11.1%	8.6%	8.9%	11.3%	9.8%
没有必要	8.1%	5.7%	6.5%	7.6%	6.9%
总计	100.0%	100.0%	100.0%	100.0%	100.0%
列总计	606	905	1436	1084	4031

Chi-square test：df = 6，卡方值为 11.580，sig = 0.072 > 0.05，所以不同收入的居民对于“现在开展的弘扬好家风好家训活动，您认为有意义吗”的回答没有显著差异。

D18 by K6

您所在的地方发生过虐待儿童的事件吗 * 收入 Crosstabulation

	无收入	1—1999 元	2000—3999 元	4000 元以上	总计
经常会发生	1.1%	0.4%	0.9%	1.3%	0.9%
偶尔发生	8.6%	3.8%	7.2%	8.5%	7.0%
没听说过	90.3%	95.8%	91.9%	90.2%	92.1%
总计	100.0%	100.0%	100.0%	100.0%	100.0%
列总计	628	954	1480	1107	4169

Chi-square test：df = 6，卡方值为 26.586，sig = 0.000 < 0.05，所以不同收入的居民对于“所在的地方发生过虐待儿童的事件吗”的回答有显著差异。

D19 by K6

在大街或社区里，看到行走或生活困难的老人，您经常的反应是 * 收入 Crosstabulation

	无收入	1—1999 元	2000—3999 元	4000 元以上	总计
想到自己的（祖）父母或自己的未来，情不自禁地想帮助他	39.3%	34.6%	42.3%	47.4%	41.4%
出于义务责任感，想帮助他	31.3%	27.9%	27.1%	26.1%	27.7%
有同情感，但没有想帮助的冲动	26.1%	32.5%	27.1%	23.4%	27.2%
没有感觉，习以为常	3.3%	4.8%	3.1%	3.1%	3.5%
其他		0.2%	0.3%	0.1%	0.2%
总计	100.0%	100.0%	100.0%	100.0%	100.0%
列总计	629	951	1481	1108	4169

Chi-square test：df = 12，卡方值为 51.013，sig = 0.000 < 0.05，所以不同收入的居民对于“在大街或社区里，看到行走或生活困难的老人，经常的反应是”的回答有显著差异。

D20 by K6

如果您的父母或兄妹偷了别人的东西，您的行为反应可能是 * 收入 Crosstabulation

	无收入	1—1999 元	2000—3999 元	4000 元以上	总计
批评他，但不会告发	21.3%	17.4%	18.0%	21.6%	19.3%
批评他，陪他送回原处或去承认错误	57.8%	61.6%	62.7%	63.7%	62.0%
默认，因为他得到的东西正是家庭所急需	6.5%	4.2%	4.8%	3.8%	4.7%
告发，因为出于正义感	7.6%	9.4%	8.8%	7.2%	8.4%
告发，因为可能会连累自己	1.6%	2.2%	1.6%	0.5%	1.4%
不管不问，由他自己决定	4.8%	4.9%	3.8%	2.9%	4.0%
其他	0.3%	0.2%	0.3%	0.3%	0.3%
总计	100.0%	100.0%	100.0%	100.0%	100.0%
列总计	628	953	1481	1104	4166

Chi-square test：df = 18，卡方值为 37.359，sig = 0.005 < 0.05，所以不同收入的居民对于“如果您的父母或兄妹偷了别人的东西，您的行为反应可能是”的回答有显著差异。

D21 by K6

当独生子女单独组成家庭后，父母和子女哪一种居住方式更好 ＊ 收入 Crosstabulation

	无收入	1—1999 元	2000—3999 元	4000 元以上	总计
单独居住	31.4%	28.0%	31.0%	30.7%	30.3%
和父母同住	30.0%	34.1%	30.8%	25.9%	30.1%
和父母及祖辈共同居住	7.9%	7.7%	5.6%	6.2%	6.6%
和父母靠近居住	30.3%	29.7%	32.0%	36.8%	32.5%
其他	0.3%	0.6%	0.5%	0.4%	0.5%
总计	100.0%	100.0%	100.0%	100.0%	100.0%
列总计	630	951	1476	1106	4163

Chi-square test：df = 12，卡方值为 30.664，sig = 0.002 < 0.05，所以不同收入的居民对于“当独生子女单独组成家庭后，父母和子女哪一种居住方式更好”的回答有显著差异。

D22 by K6

您是否认为把老人送到养老院是不孝行为 ＊ 收入 Crosstabulation

	无收入	1—1999 元	2000—3999 元	4000 元以上	总计
是	20.5%	20.4%	15.7%	11.3%	16.3%
相对而言，部分是	44.3%	41.2%	43.8%	51.1%	45.2%
不是	35.2%	38.0%	40.4%	37.1%	38.2%
其他		0.4%	0.1%	0.5%	0.3%
总计	100.0%	100.0%	100.0%	100.0%	100.0%
列总计	630	952	1481	1107	4170

Chi-square test：df = 9，卡方值为 55.356，sig = 0.000 < 0.05，所以不同收入的居民对于“是否认为把老人送到养老院是不孝行为”的回答有显著差异。

E1 by K6

您认为企业最重要的社会责任是什么 ＊ 收入 Crosstabulation

	无收入	1—1999 元	2000—3999 元	4000 元以上	总计
为企业和企业股东自身赚钱	23.1%	20.7%	16.8%	18.1%	19.0%
通过依法纳税为国家积累财富	17.8%	19.8%	22.4%	22.6%	21.2%
通过诚信经营提供质量可靠的产品，满足社会大众生活需求	52.2%	52.1%	55.3%	54.8%	54.0%
为员工谋福利	6.7%	7.4%	5.3%	4.2%	5.7%

续表

	无收入	1—1999 元	2000—3999 元	4000 元以上	总计
其他	0. 2%		0. 1%	0. 3%	0. 1%
总计	100. 0%	100. 0%	100. 0%	100. 0%	100. 0%
列总计	594	894	1431	1088	4007

Chi-square test：df = 12，卡方值为 30. 618，sig = 0. 002 < 0. 05，所以不同收入的居民对于“认为企业最重要的社会责任是什么”的回答有显著差异。

E2a by K6

关于企业的说法，您的同意程度是：只要能为员工谋福利就是一个好单位 * 收入 Crosstabulation

	无收入	1—1999 元	2000—3999 元	4000 元以上	总计
完全同意	6. 1%	6. 6%	8. 7%	7. 6%	7. 5%
比较同意	49. 3%	57. 9%	44. 4%	45. 7%	48. 5%
不太同意	39. 4%	28. 3%	35. 1%	37. 4%	34. 8%
完全不同意	5. 3%	7. 2%	11. 8%	9. 3%	9. 1%
总计	100. 0%	100. 0%	100. 0%	100. 0%	100. 0%
列总计	609	929	1465	1105	4108

Chi-square test：df = 9，卡方值为 71. 606，sig = 0. 000 < 0. 05，所以不同收入的居民对于“只要能为员工谋福利就是一个好单位”的同意程度有显著差异。

E2b by K6

关于企业的说法，您的同意程度是：经济效益好坏是衡量企业成败的唯一标准 * 收入 Crosstabulation

	无收入	1—1999 元	2000—3999 元	4000 元以上	总计
完全同意	3. 4%	3. 3%	3. 6%	4. 4%	3. 7%
比较同意	28. 4%	36. 5%	30. 8%	27. 7%	30. 9%
不太同意	58. 2%	52. 7%	51. 4%	56. 8%	54. 2%
完全不同意	10. 1%	7. 5%	14. 2%	11. 1%	11. 2%
总计	100. 0%	100. 0%	100. 0%	100. 0%	100. 0%
列总计	596	910	1452	1098	4056

Chi-square test：df = 9，卡方值为 45. 124，sig = 0. 000 < 0. 05，所以不同收入的居民对于“经济效益好坏是衡量企业成败的唯一标准”的同意程度有显著差异。

E2c by K6

关于企业的说法，您的同意程度是：企业做慈善都是做做样子，其实还是为自己做广告 * 收入 Crosstabulation

	无收入	1—1999 元	2000—3999 元	4000 元以上	总计
完全同意	3.2%	3.7%	3.8%	4.7%	3.9%
比较同意	44.1%	36.2%	39.1%	36.4%	38.4%
不太同意	43.2%	48.8%	45.1%	51.0%	47.3%
完全不同意	9.4%	11.3%	11.9%	8.0%	10.4%
总计	100.0%	100.0%	100.0%	100.0%	100.0%
列总计	562	846	1409	1075	3892

Chi-square test：df = 9，卡方值为 26.800，sig = 0.002 < 0.05，所以不同收入的居民对于“企业做慈善都是做做样子，其实还是为自己做广告”的同意程度有显著差异。

E2d by K6

关于企业的说法，您的同意程度是：企业和员工之间只是合同关系，效益好就好好干，效益不好就跳槽 * 收入 Crosstabulation

	无收入	1—1999 元	2000—3999 元	4000 元以上	总计
完全同意	3.0%	2.9%	3.2%	2.2%	2.8%
比较同意	26.5%	34.5%	28.5%	25.0%	28.6%
不太同意	56.9%	46.4%	48.2%	55.3%	51.0%
完全不同意	13.5%	16.3%	20.2%	17.5%	17.6%
总计	100.0%	100.0%	100.0%	100.0%	100.0%
列总计	592	923	1458	1102	4075

Chi-square test：df = 9，卡方值为 45.280，sig = 0.000 < 0.05，所以不同收入的居民对于“企业和员工之间只是合同关系，效益好就好好干，效益不好就跳槽”的同意程度有显著差异。

E2e by K6

关于企业的说法，您的同意程度是：企业不需要对员工讲什么伦理关怀，员工表现好就发奖金，不好就辞退 * 收入 Crosstabulation

	无收入	1—1999 元	2000—3999 元	4000 元以上	总计
完全同意	2.5%	2.2%	1.8%	2.1%	2.1%
比较同意	20.1%	20.8%	18.3%	16.6%	18.7%
不太同意	58.4%	57.6%	52.9%	59.1%	56.5%
完全不同意	19.0%	19.4%	27.0%	22.2%	22.8%

续表

	无收入	1—1999 元	2000—3999 元	4000 元以上	总计
总计	100.0%	100.0%	100.0%	100.0%	100.0%
列总计	601	927	1461	1099	4088

Chi-square test：df = 9，卡方值为 31.742，sig = 0.000 < 0.05，所以不同收入的居民对于“企业不需要对员工讲什么伦理关怀，员工表现好就发奖金，不好就辞退”的同意程度有显著差异。

E2f by K6

关于企业的说法，您的同意程度是：企业为了履行社会责任，应当放弃一些自身利益 * 收入 Crosstabulation

	无收入	1—1999 元	2000—3999 元	4000 元以上	总计
完全同意	19.8%	23.9%	23.3%	23.3%	22.9%
比较同意	55.5%	55.3%	56.4%	53.6%	55.3%
不太同意	19.4%	17.4%	16.2%	18.5%	17.6%
完全不同意	5.3%	3.3%	4.1%	4.6%	4.2%
总计	100.0%	100.0%	100.0%	100.0%	100.0%
列总计	602	927	1462	1095	4086

Chi-square test：df = 9，卡方值为 11.161，sig = 0.265 > 0.05，所以不同收入的居民对于“企业为了履行社会责任，应当放弃一些自身利益”的同意程度没有显著差异。

E2g by K6

关于企业的说法，您的同意程度是：讲信用、遵循道德规范的企业能够获得更好的利益 * 收入 Crosstabulation

	无收入	1—1999 元	2000—3999 元	4000 元以上	总计
完全同意	25.3%	26.3%	26.2%	29.7%	27.0%
比较同意	59.2%	57.9%	57.6%	54.8%	57.2%
不太同意	11.9%	13.2%	12.3%	12.3%	12.4%
完全不同意	3.6%	2.6%	3.9%	3.2%	3.4%
总计	100.0%	100.0%	100.0%	100.0%	100.0%
列总计	605	932	1461	1098	4096

Chi-square test：df = 9，卡方值为 9.573，sig = 0.386 > 0.05，所以不同收入的居民对于“讲信用、遵循道德规范的企业能够获得更好的利益”的同意程度没有显著差异。

E2h by K6

关于企业的说法，您的同意程度是：企业只是一台赚钱的机器，能赚钱就行，无所谓社会责任，声誉也不重要 ＊ 收入 Crosstabulation

	无收入	1—1999 元	2000—3999 元	4000 元以上	总计
完全同意	0.7%	0.8%	1.1%	1.8%	1.2%
比较同意	11.4%	11.4%	11.7%	8.9%	10.8%
不太同意	65.1%	67.2%	64.1%	62.1%	64.4%
完全不同意	22.8%	20.7%	23.1%	27.2%	23.6%
总计	100.0%	100.0%	100.0%	100.0%	100.0%
列总计	604	920	1452	1104	4080

Chi-square test：df = 9，卡方值为 23.800，sig = 0.005 < 0.05，所以不同收入的居民对于“企业只是一台赚钱的机器，能赚钱就行，无所谓社会责任，声誉也不重要”的同意程度有显著差异。

E2i by K6

关于企业的说法，您的同意程度是：同样的产品，国企生产的比私企的更有保障＊ 收入 Crosstabulation

	无收入	1—1999 元	2000—3999 元	4000 元以上	总计
完全同意	7.0%	6.9%	5.4%	7.8%	6.6%
比较同意	43.7%	40.8%	39.8%	37.1%	39.9%
不太同意	40.8%	41.0%	44.5%	46.0%	43.6%
完全不同意	8.5%	11.3%	10.3%	9.0%	9.9%
总计	100.0%	100.0%	100.0%	100.0%	100.0%
列总计	574	902	1414	1072	3962

Chi-square test：df = 9，卡方值为 18.261，sig = 0.032 < 0.05，所以不同收入的居民对于“同样的产品，国企生产的比私企的更有保障”的同意程度有显著差异。

E3 by K6

下面哪种说法更符合或接近您的个人想法 ＊ 收入 Crosstabulation

	无收入	1—1999 元	2000—3999 元	4000 元以上	总计
个人和工作单位之间是聘用或雇用关系，通过工资和付出劳动满足彼此需求	48.5%	46.7%	38.5%	41.1%	42.5%
不只是利益关系，应当还有很多情感的联系，应当共命运	35.7%	32.7%	40.7%	39.4%	37.8%

续表

	无收入	1—1999 元	2000—3999 元	4000 元以上	总计
个人是单位的一分子，单位如同个人的另一个家	15. 5%	20. 5%	20. 7%	19. 5%	19. 6%
其他	0. 3%	0. 1%		0. 1%	0. 1%
总计	100. 0%	100. 0%	100. 0%	100. 0%	100. 0%
列总计	621	945	1475	1105	4146

Chi-square test：df = 9，卡方值为 37. 972，sig = 0. 000 < 0. 05，所以不同收入的居民对于“下面哪种说法更符合或接近您的个人想法”的回答有显著差异。

E4a by K6

您对自己所在企业履行下列责任的满意情况如何？劳动安全保障 * 收入 Crosstabulation

	无收入	1—1999 元	2000—3999 元	4000 元以上	总计
非常不满意	2. 6%	3. 8%	2. 8%	2. 9%	3. 0%
不太满意	25. 0%	27. 4%	27. 0%	22. 9%	25. 6%
比较满意	67. 5%	62. 0%	63. 6%	66. 5%	64. 6%
非常满意	4. 8%	6. 9%	6. 6%	7. 7%	6. 8%
总计	100. 0%	100. 0%	100. 0%	100. 0%	100. 0%
列总计	456	771	1376	1066	3669

Chi-square test：df = 9，卡方值为 13. 342，sig = 0. 148 > 0. 05，所以不同收入的居民对于“对自己所在企业履行下列责任的满意情况如何？劳动安全保障”的回答没有显著差异。

E4b by K6

您对自己所在企业履行下列责任的满意情况如何？员工薪酬合理 * 收入 Crosstabulation

	无收入	1—1999 元	2000—3999 元	4000 元以上	总计
非常不满意	2. 8%	5. 9%	3. 6%	3. 6%	4. 0%
不太满意	29. 8%	34. 5%	35. 8%	28. 2%	32. 5%
比较满意	61. 5%	54. 7%	54. 5%	59. 8%	57. 0%
非常满意	6. 0%	5. 0%	6. 1%	8. 4%	6. 5%
总计	100. 0%	100. 0%	100. 0%	100. 0%	100. 0%
列总计	467	763	1376	1068	3674

Chi-square test：df = 9，卡方值为 36. 866，sig = 0. 000 < 0. 05，所以不同收入的居民对于“对自己所在企业履行下列责任的满意情况如何？员工薪酬合理”的回答有显著差异。

E4c by K6

您对自己所在企业履行下列责任的满意情况如何？关心员工生活 * 收入 Crosstabulation

	无收入	1—1999 元	2000—3999 元	4000 元以上	总计
非常不满意	3.9%	4.1%	3.3%	3.9%	3.7%
不太满意	29.5%	30.6%	31.4%	29.6%	30.5%
比较满意	57.5%	57.1%	56.5%	57.4%	57.0%
非常满意	9.1%	8.2%	8.8%	9.1%	8.8%
总计	100.0%	100.0%	100.0%	100.0%	100.0%
列总计	461	758	1373	1063	3655

Chi-square test：df = 9，卡方值为 2.484，sig = 0.981 > 0.05，所以不同收入的居民对于“对自己所在企业履行下列责任的满意情况如何？关心员工生活”的回答没有显著差异。

E4d by K6

您对自己所在企业履行下列责任的满意情况如何？诚实守法经营 * 收入 Crosstabulation

	无收入	1—1999 元	2000—3999 元	4000 元以上	总计
非常不满意	1.7%	1.5%	1.8%	2.5%	1.9%
不太满意	16.1%	16.6%	18.6%	15.1%	16.8%
比较满意	76.2%	69.5%	71.5%	71.9%	71.8%
非常满意	6.0%	12.5%	8.1%	10.6%	9.5%
总计	100.0%	100.0%	100.0%	100.0%	100.0%
列总计	484	809	1388	1059	3740

Chi-square test：df = 9，卡方值为 27.430，sig = 0.001 < 0.05，所以不同收入的居民对于“对自己所在企业履行下列责任的满意情况如何？诚实守法经营”的回答有显著差异。

E4e by K6

您对自己所在企业履行下列责任的满意情况如何？产品质量可靠 * 收入 Crosstabulation

	无收入	1—1999 元	2000—3999 元	4000 元以上	总计
非常不满意	1.9%	1.7%	1.7%	2.2%	1.9%
不太满意	15.3%	17.2%	17.5%	14.8%	16.4%
比较满意	76.4%	71.2%	71.3%	71.0%	71.9%

续表

	无收入	1—1999 元	2000—3999 元	4000 元以上	总计
非常满意	6.4%	9.9%	9.4%	12.0%	9.9%
总计	100.0%	100.0%	100.0%	100.0%	100.0%
列总计	483	812	1388	1058	3741

Chi-square test：df = 9，卡方值为 16.646，sig = 0.056 > 0.05，所以不同收入的居民对于“对自己所在企业履行下列责任的满意情况如何？产品质量可靠”的回答没有显著差异。

E4f by K6

您对自己所在企业履行下列责任的满意情况如何？环境保护措施 ＊ 收入 Crosstabulation

	无收入	1—1999 元	2000—3999 元	4000 元以上	总计
非常不满意	3.9%	2.6%	2.5%	3.3%	2.9%
不太满意	26.2%	28.5%	27.3%	24.4%	26.6%
比较满意	58.6%	58.9%	59.9%	61.8%	60.1%
非常满意	11.3%	9.9%	10.4%	10.5%	10.4%
总计	100.0%	100.0%	100.0%	100.0%	100.0%
列总计	461	755	1339	1018	3573

Chi-square test：df = 9，卡方值为 7.768，sig = 0.558 > 0.05，所以不同收入的居民对于“对自己所在企业履行下列责任的满意情况如何？环境保护措施”的回答没有显著差异。

E4g by K6

您对自己所在企业履行下列责任的满意情况如何？慈善公益事业 ＊ 收入 Crosstabulation

	无收入	1—1999 元	2000—3999 元	4000 元以上	总计
非常不满意	2.5%	4.9%	2.7%	3.9%	3.5%
不太满意	25.9%	24.4%	24.5%	25.6%	25.0%
比较满意	59.2%	59.1%	61.5%	60.0%	60.3%
非常满意	12.3%	11.5%	11.3%	10.6%	11.3%
总计	100.0%	100.0%	100.0%	100.0%	100.0%
列总计	397	668	1215	927	3207

Chi-square test：df = 9，卡方值为 9.429，sig = 0.399 > 0.05，所以不同收入的居民对于“对自己所在企业履行下列责任的满意情况如何？慈善公益事业”的回答没有显著差异。

E5 by K6

您对本地的或自己熟悉的企业家的道德状况怎么评价 * 收入 Crosstabulation

	无收入	1—1999 元	2000—3999 元	4000 元以上	总计
总体还不错	48.4%	53.3%	55.1%	55.3%	53.9%
普遍比较差	19.1%	14.6%	16.1%	15.0%	15.9%
和普通群众没有太大差别	32.5%	32.0%	28.8%	29.8%	30.3%
总计	100.0%	100.0%	100.0%	100.0%	100.0%
列总计	498	799	1342	1028	3667

Chi-square test：df=6，卡方值为 10.885，sig=0.092>0.05，所以不同收入的居民对于“对本地的或自己熟悉的企业家的道德状况怎么评价”的回答没有显著差异。

E6a by K6

对公务员道德状况的满意度 * 收入 Crosstabulation

	无收入	1—1999 元	2000—3999 元	4000 元以上	总计
非常满意	3.4%	2.8%	3.8%	4.7%	3.8%
比较满意	64.6%	63.9%	60.5%	59.5%	61.6%
不太满意	26.9%	28.3%	32.3%	30.0%	30.0%
非常不满意	5.1%	5.0%	3.4%	5.9%	4.7%
总计	100.0%	100.0%	100.0%	100.0%	100.0%
列总计	553	898	1384	1058	3893

Chi-square test：df=9，卡方值为 21.135，sig=0.012<0.05，所以不同收入的居民对于“对公务员道德状况的满意度”的回答有显著差异。

E6b by K6

对医生道德状况的满意度 * 收入 Crosstabulation

	无收入	1—1999 元	2000—3999 元	4000 元以上	总计
非常满意	4.5%	4.0%	2.6%	3.1%	3.3%
比较满意	65.2%	66.8%	62.0%	58.9%	62.7%
不太满意	26.2%	25.9%	31.6%	32.1%	29.6%
非常不满意	4.1%	3.4%	3.8%	5.9%	4.3%
总计	100.0%	100.0%	100.0%	100.0%	100.0%
列总计	606	936	1447	1087	4076

Chi-square test：df=9，卡方值为 31.266，sig=0.000<0.05，所以不同收入的居民对于“对医生道德状况的满意度”的回答有显著差异。

E6c by K6

对教师道德状况的满意度 ＊ 收入 Crosstabulation

	无收入	1—1999元	2000—3999元	4000元以上	总计
非常满意	8.0%	4.3%	4.3%	6.1%	5.3%
比较满意	66.9%	70.0%	66.2%	64.9%	66.8%
不太满意	21.4%	22.2%	25.7%	22.5%	23.4%
非常不满意	3.7%	3.6%	3.8%	6.5%	4.5%
总计	100.0%	100.0%	100.0%	100.0%	100.0%
列总计	599	929	1440	1084	4052

Chi-square test：df = 9，卡方值为35.746，sig = 0.000 < 0.05，所以不同收入的居民对于“对教师道德状况的满意度”的回答有显著差异。

E6d by K6

对个体工商户道德状况的满意度 ＊ 收入 Crosstabulation

	无收入	1—1999元	2000—3999元	4000元以上	总计
非常满意	3.2%	3.0%	2.5%	2.9%	2.8%
比较满意	59.1%	62.2%	57.3%	58.2%	58.9%
不太满意	29.2%	28.0%	31.5%	32.6%	30.7%
非常不满意	8.5%	6.7%	8.7%	6.3%	7.6%
总计	100.0%	100.0%	100.0%	100.0%	100.0%
列总计	599	921	1439	1092	4051

Chi-square test：df = 6，卡方值为13.859，sig = 0.127 > 0.05，所以不同收入的居民对于“对个体工商户道德状况的满意度”的回答没有显著差异。

E7a by K6

怎么称呼周围那些经营企业或做生意发了财的人？企业家 ＊ 收入 Crosstabulation

	无收入	1—1999元	2000—3999元	4000元以上	总计
未选中	86.3%	80.9%	79.6%	78.0%	80.5%
选中	13.7%	19.1%	20.4%	22.0%	19.5%
总计	100.0%	100.0%	100.0%	100.0%	100.0%
列总计	629	955	1482	1107	4173

Chi-square test：df = 3，卡方值为19.101，sig = 0.000 < 0.05，所以不同收入的居民对于“怎么称呼周围那些经营企业或做生意发了财的人？企业家”的回答有显著差异。

E7b by K6

怎么称呼周围那些经营企业或做生意发了财的人？老板 * 收入 Crosstabulation

	无收入	1—1999 元	2000—3999 元	4000 元以上	总计
未选中	7.3%	3.8%	4.4%	7.8%	5.6%
选中	92.7%	96.2%	95.6%	92.2%	94.4%
总计	100.0%	100.0%	100.0%	100.0%	100.0%
列总计	629	955	1482	1107	4173

Chi-square test：df = 3，卡方值为 23.589，sig = 0.000 < 0.05，所以不同收入的居民对于“怎么称呼周围那些经营企业或做生意发了财的人？老板”的回答有显著差异。

E7c by K6

怎么称呼周围那些经营企业或做生意发了财的人？商人 * 收入 Crosstabulation

	无收入	1—1999 元	2000—3999 元	4000 元以上	总计
未选中	76.8%	64.3%	66.6%	74.5%	69.7%
选中	23.2%	35.7%	33.4%	25.5%	30.3%
总计	100.0%	100.0%	100.0%	100.0%	100.0%
列总计	629	955	1482	1107	4173

Chi-square test：df = 3，卡方值为 47.147，sig = 0.000 < 0.05，所以不同收入的居民对于“怎么称呼周围那些经营企业或做生意发了财的人？商人”的回答有显著差异。

E7d by K6

怎么称呼周围那些经营企业或做生意发了财的人？生意人 * 收入 Crosstabulation

	无收入	1—1999 元	2000—3999 元	4000 元以上	总计
未选中	73.0%	54.3%	56.0%	59.9%	59.2%
选中	27.0%	45.7%	44.0%	40.1%	40.8%
总计	100.0%	100.0%	100.0%	100.0%	100.0%
列总计	629	955	1482	1107	4173

Chi-square test：df = 3，卡方值为 66.205，sig = 0.000 < 0.05，所以不同收入的居民对于“怎么称呼周围那些经营企业或做生意发了财的人？生意人”的回答有显著差异。

E7e by K6

怎么称呼周围那些经营企业或做生意发了财的人？土豪 * 收入 Crosstabulation

	无收入	1—1999 元	2000—3999 元	4000 元以上	总计
未选中	92.1%	93.3%	89.3%	87.2%	90.1%

续表

	无收入	1—1999 元	2000—3999 元	4000 元以上	总计
选中	7.9%	6.7%	10.7%	12.8%	9.9%
总计	100.0%	100.0%	100.0%	100.0%	100.0%
列总计	629	955	1482	1107	4173

Chi-square test：df = 3，卡方值为 25.186，sig = 0.000 < 0.05，所以不同收入的居民对于“怎么称呼周围那些经营企业或做生意发了财的人？土豪”的回答有显著差异。

E7f by K6

怎么称呼周围那些经营企业或做生意发了财的人？暴发户 ＊ 收入 Crosstabulation

	无收入	1—1999 元	2000—3999 元	4000 元以上	总计
未选中	93.6%	89.0%	89.1%	90.2%	90.0%
选中	6.4%	11.0%	10.9%	9.8%	10.0%
总计	100.0%	100.0%	100.0%	100.0%	100.0%
列总计	629	955	1482	1107	4173

Chi-square test：df = 3，卡方值为 11.799，sig = 0.008 < 0.05，所以不同收入的居民对于“怎么称呼周围那些经营企业或做生意发了财的人？暴发户”的回答有显著差异。

E7g by K6

怎么称呼周围那些经营企业或做生意发了财的人？其他 ＊ 收入 Crosstabulation

	无收入	1—1999 元	2000—3999 元	4000 元以上	总计
未选中	99.4%	99.6%	99.6%	100.0%	99.7%
选中	0.6%	0.4%	0.4%		0.3%
总计	100.0%	100.0%	100.0%	100.0%	100.0%
列总计	628	955	1482	1107	4172

Chi-square test：df = 3，卡方值为 5.844，sig = 0.119 > 0.05，所以不同收入的居民对于“怎么称呼周围那些经营企业或做生意发了财的人？其他”的回答没有显著差异。

E8 by K6

如果您有一个不错的家庭企业，儿子或女儿缺乏经营能力或经营兴趣，难以交班，您可能选择 ＊ 收入 Crosstabulation

	无收入	1—1999 元	2000—3999 元	4000 元以上	总计
培养儿媳或女婿，交给她/他经营	48.5%	47.6%	41.6%	40.6%	43.7%

续表

	无收入	1—1999 元	2000—3999 元	4000 元以上	总计
交给儿媳和女婿有风险，离婚了怎么办，还是自己撑到有第三代接管	8.8%	16.7%	13.2%	9.6%	12.4%
找一个懂经营的职业经理人，我们家庭成员做董事长	32.9%	26.4%	38.1%	41.0%	35.5%
做一天是一天，最后将钞票留给子孙，但外人不可靠，不能交给外人	9.7%	8.8%	6.5%	8.3%	8.0%
其他	0.2%	0.4%	0.5%	0.5%	0.4%
总计	100.0%	100.0%	100.0%	100.0%	100.0%
列总计	617	928	1472	1102	4119

Chi-square test：df = 12，卡方值为 82.581，sig = 0.000 < 0.05，所以不同收入的居民对于“儿子或女儿缺乏经营能力或经营兴趣，难以交班，可能选择”的回答有显著差异。

E9 by K6

在市场上购买食品、衣物、家用电器等商品时，您觉得有安全感吗 ＊ 收入 Crosstabulation

	无收入	1—1999 元	2000—3999 元	4000 元以上	总计
有安全感，相信产品质量	27.9%	23.8%	26.0%	28.5%	26.4%
没安全感，不相信他们的标签，常担心质量问题影响自己的健康	18.3%	19.5%	19.6%	19.7%	19.4%
没安全感，担心在价格上被欺骗，要货比三家	14.3%	19.9%	18.7%	15.0%	17.3%
一般还可以，相信大商店的产品，不相信小商店和地摊货	39.5%	36.9%	35.7%	36.7%	36.8%
其他				0.1%	
总计	100.0%	100.0%	100.0%	100.0%	100.0%
列总计	630	955	1481	1108	4174

Chi-square test：df = 12，卡方值为 22.259，sig = 0.035 < 0.05，所以不同收入的居民对于“在市场上购买食品、衣物、家用电器等商品时，觉得有安全感吗”的回答有显著差异。

E10 by K6

您怎么看待电视、报纸和其他主流媒体上的广告 ＊ 收入 Crosstabulation

	无收入	1—1999 元	2000—3999 元	4000 元以上	总计
相信，因为是明星们推荐	8.1%	10.1%	8.3%	7.9%	8.6%

续表

	无收入	1—1999 元	2000—3999 元	4000 元以上	总计
将信将疑，眼见为真	51.3%	52.5%	49.7%	52.3%	51.3%
不相信，是企业和那些明星联合起来忽悠大众	32.9%	28.2%	29.3%	26.6%	28.9%
讨厌，既欺骗大众，又占用公共媒体资源	7.6%	8.8%	12.4%	12.9%	11.0%
其他	0.2%	0.4%	0.2%	0.2%	0.2%
总计	100.0%	100.0%	100.0%	100.0%	100.0%
列总计	630	951	1476	1108	4165

Chi-square test：df = 12，卡方值为 28.816，sig = 0.004 < 0.05，所以不同收入的居民对于“怎么看待电视、报纸和其他主流媒体上的广告”的回答有显著差异。

E11 by K6

您怎么看待现在一些企业做公益和慈善 ＊ 收入 Crosstabulation

	无收入	1—1999 元	2000—3999 元	4000 元以上	总计
是做善事，把赚的公众的钱还给社会	22.9%	22.0%	22.0%	22.6%	22.3%
是在作秀，为自己树牌坊	14.9%	17.6%	17.8%	17.0%	17.1%
是做广告，把弱势群体当作宣传自己的工具	21.9%	24.5%	27.5%	26.8%	25.8%
做总比不做好，随他去吧	40.0%	35.7%	32.6%	33.1%	34.5%
其他	0.3%	0.2%	0.2%	0.5%	0.3%
总计	100.0%	100.0%	100.0%	100.0%	100.0%
列总计	625	939	1470	1105	4139

Chi-square test：df = 12，卡方值为 18.452，sig = 0.103 > 0.05，所以不同收入的居民对于“怎么看待现在一些企业做公益和慈善”的回答没有显著差异。

E12 by K6

一些政府机关、企事业单位利用权力为本单位的职工子女在入学、招工中提供特殊政策，您认为这种行为道德吗 ＊ 收入 Crosstabulation

	无收入	1—1999 元	2000—3999 元	4000 元以上	总计
为本单位人员谋福利，符合道德	13.4%	13.8%	12.4%	12.3%	12.9%
以权谋私，不道德	50.7%	45.3%	45.6%	43.8%	45.8%
是对社会公众的不公平，严重不道德	24.4%	23.6%	28.7%	30.4%	27.3%

续表

	无收入	1—1999 元	2000—3999 元	4000 元以上	总计
符合本单位员工利益，但严重侵蚀社会道德	6.9%	6.2%	7.0%	8.7%	7.2%
无所谓道德不道德	4.6%	11.1%	6.2%	4.9%	6.7%
总计	100.0%	100.0%	100.0%	100.0%	100.0%
列总计	627	955	1482	1106	4170

Chi-square test：df = 12，卡方值为 59.737，sig = 0.000 < 0.05，所以不同收入的居民对于"一些政府机关、企事业单位利用权力为本单位的职工子女在入学、招工中提供特殊政策，您认为这种行为道德吗"的回答有显著差异。

E13 by K6

如果您所在的单位有一项举措可以提高集体福利并使您个人得到利益，但会造成环境污染或社会公害，您会举报吗 ＊ 收入 Crosstabulation

	无收入	1—1999 元	2000—3999 元	4000 元以上	总计
会	75.4%	74.8%	76.9%	76.5%	76.1%
不会	24.6%	25.2%	23.1%	23.5%	23.9%
总计	100.0%	100.0%	100.0%	100.0%	100.0%
列总计	627	947	1480	1104	4158

Chi-square test：df = 3，卡方值为 1.710，sig = 0.635 > 0.05，所以不同收入的居民对于"如果您所在的单位有一项举措可以提高集体福利并使您个人得到利益，但会造成环境污染或社会公害，您会举报吗"的回答没有显著差异。

E14 by K6

您认为您所工作的单位同事之间是何种关系 ＊ 收入 Crosstabulation

	无收入	1—1999 元	2000—3999 元	4000 元以上	总计
平等合作关系	62.3%	73.6%	76.7%	75.3%	73.5%
利益竞争关系	13.9%	13.4%	15.8%	18.2%	15.6%
彼此没有关系	14.5%	9.0%	6.6%	5.0%	7.9%
其他	9.3%	4.0%	0.9%	1.5%	3.0%
总计	100.0%	100.0%	100.0%	100.0%	100.0%
列总计	612	943	1474	1107	4136

Chi-square test：df = 9，卡方值为 186.817，sig = 0.000 < 0.05，所以不同收入的居民对于"您认为您所工作的单位同事之间是何种关系"的回答有显著差异。

E15 by K6

为了单位组织的利益，你的单位是否会默认员工做违背道德的事情 ＊ 收入 Crosstabulation

	无收入	1—1999 元	2000—3999 元	4000 元以上	总计
常常	1.8%	2.5%	3.1%	3.8%	3.0%
较多	7.1%	7.8%	8.1%	8.2%	7.9%
一般	28.9%	28.0%	24.7%	23.7%	25.6%
较少	30.3%	18.4%	25.2%	26.2%	24.7%
从来没有	31.8%	43.3%	38.9%	38.1%	38.7%
总计	100.0%	100.0%	100.0%	100.0%	100.0%
列总计	380	642	1192	944	3158

Chi-square test：df = 12，卡方值为 33.795，sig = 0.001 <0.05，所以不同收入的居民对于“为了单位组织的利益，你的单位是否会默认员工做违背道德的事情”的回答有显著差异。

E16a by K6

您所工作的单位是否存在如下现象：给领导干部送礼讨好 ＊ 收入 Crosstabulation

	无收入	1—1999 元	2000—3999 元	4000 元以上	总计
未选中	60.0%	64.3%	59.5%	61.7%	61.3%
选中	40.0%	35.7%	40.5%	38.3%	38.7%
总计	100.0%	100.0%	100.0%	100.0%	100.0%
列总计	602	924	1454	1098	4078

Chi-square test：df = 3，卡方值为 6.016，sig = 0.111 >0.05，所以不同收入的居民对于“所工作的单位是否存在如下现象：给领导干部送礼讨好”的回答没有显著差异。

E16b by K6

您所工作的单位是否存在如下现象：背后互相告恶状 ＊ 收入 Crosstabulation

	无收入	1—1999 元	2000—3999 元	4000 元以上	总计
未选中	74.6%	74.6%	71.8%	72.9%	73.1%
选中	25.4%	25.4%	28.2%	27.1%	26.9%
总计	100.0%	100.0%	100.0%	100.0%	100.0%
列总计	602	924	1454	1098	4078

Chi-square test：df = 3，卡方值为 2.965，sig = 0.397 >0.05，所以不同收入的居民对于“所工作的单位是否存在如下现象：背后互相告恶状”的回答没有显著差异。

E16c by K6

您所工作的单位是否存在如下现象：拉帮结派 * 收入 Crosstabulation

	无收入	1—1999 元	2000—3999 元	4000 元以上	总计
未选中	79.6%	82.8%	78.7%	79.1%	79.9%
选中	20.4%	17.2%	21.3%	20.9%	20.1%
总计	100.0%	100.0%	100.0%	100.0%	100.0%
列总计	602	924	1454	1098	4078

Chi-square test：df = 3，卡方值为 6.583，sig = 0.086 > 0.05，所以不同收入的居民对于“所工作的单位是否存在如下现象：拉帮结派”的回答没有显著差异。

E16d by K6

您所工作的单位是否存在如下现象：为谋私利找关系走后门 * 收入 Crosstabulation

	无收入	1—1999 元	2000—3999 元	4000 元以上	总计
未选中	57.1%	60.2%	59.8%	60.3%	59.6%
选中	42.9%	39.8%	40.2%	39.7%	40.4%
总计	100.0%	100.0%	100.0%	100.0%	100.0%
列总计	602	924	1454	1098	4078

Chi-square test：df = 3，卡方值为 1.870，sig = 0.600 > 0.05，所以不同收入的居民对于“所工作的单位是否存在如下现象：为谋私利找关系走后门”的回答没有显著差异。

E16e by K6

您所工作的单位是否存在如下现象：奖惩制度不公平 * 收入 Crosstabulation

	无收入	1—1999 元	2000—3999 元	4000 元以上	总计
未选中	82.6%	82.9%	80.6%	79.2%	81.0%
选中	17.4%	17.1%	19.4%	20.8%	19.0%
总计	100.0%	100.0%	100.0%	100.0%	100.0%
列总计	602	924	1454	1098	4078

Chi-square test：df = 3，卡方值为 5.493，sig = 0.139 > 0.05，所以不同收入的居民对于“所工作的单位是否存在如下现象：奖惩制度不公平”的回答没有显著差异。

E16f by K6

您所工作的单位是否存在如下现象：领导干部滥用职权 ＊ 收入 Crosstabulation

	无收入	1—1999 元	2000—3999 元	4000 元以上	总计
未选中	72.4%	74.5%	74.6%	73.3%	73.9%
选中	27.6%	25.5%	25.4%	26.7%	26.1%
总计	100.0%	100.0%	100.0%	100.0%	100.0%
列总计	602	924	1454	1098	4078

Chi-square test：df = 3，卡方值为 1.344，sig = 0.719 > 0.05，所以不同收入的居民对于“所工作的单位是否存在如下现象：领导干部滥用职权”的回答没有显著差异。

E16g by K6

您所工作的单位是否存在如下现象：都不存在 ＊ 收入 Crosstabulation

	无收入	1—1999 元	2000—3999 元	4000 元以上	总计
未选中	63.6%	58.9%	65.5%	66.5%	64.0%
选中	36.4%	41.1%	34.5%	33.5%	36.0%
总计	100.0%	100.0%	100.0%	100.0%	100.0%
列总计	602	924	1454	1098	4078

Chi-square test：df = 3，卡方值为 15.019，sig = 0.002 < 0.05，所以不同收入的居民对于“所工作的单位是否存在如下现象：都不存在”的回答有显著差异。

E17a by K6

关于企业履行社会责任的说法，您的同意程度是：只有国企才应该履行社会责任 ＊ 收入 Crosstabulation

	无收入	1—1999 元	2000—3999 元	4000 元以上	总计
完全同意	2.5%	2.1%	2.3%	1.9%	2.2%
比较同意	15.8%	18.4%	15.1%	12.1%	15.1%
不太同意	65.9%	60.6%	58.5%	63.4%	61.3%
完全不同意	15.8%	18.9%	24.1%	22.6%	21.3%
总计	100.0%	100.0%	100.0%	100.0%	100.0%
列总计	589	900	1447	1095	4031

Chi-square test：df = 9，卡方值为 35.853，sig = 0.000 < 0.05，所以不同收入的居民对于“只有国企才应该履行社会责任”的同意程度有显著差异。

E17b by K6

关于企业履行社会责任的说法，您的同意程度是：只有大企业才应该履行社会责任 ＊ 收入 Crosstabulation

	无收入	1—1999 元	2000—3999 元	4000 元以上	总计
完全同意	2.4%	2.9%	2.1%	1.3%	2.1%
比较同意	14.0%	16.5%	16.0%	12.2%	14.8%
不太同意	67.9%	61.0%	57.6%	60.3%	60.6%
完全不同意	15.7%	19.6%	24.3%	26.2%	22.5%
总计	100.0%	100.0%	100.0%	100.0%	100.0%
列总计	592	903	1453	1101	4049

Chi-square test：df = 9，卡方值为 46.974，sig = 0.000 < 0.05，所以不同收入的居民对于“只有大企业才应该履行社会责任”的同意程度有显著差异。

E17c by K6

关于企业履行社会责任的说法，您的同意程度是：只有盈利多的企业才需要履行社会责任 ＊ 收入 Crosstabulation

	无收入	1—1999 元	2000—3999 元	4000 元以上	总计
完全同意	1.5%	3.4%	2.2%	1.6%	2.2%
比较同意	14.9%	19.5%	14.9%	13.7%	15.6%
不太同意	63.0%	58.4%	54.7%	57.7%	57.6%
完全不同意	20.6%	18.6%	28.2%	27.0%	24.6%
总计	100.0%	100.0%	100.0%	100.0%	100.0%
列总计	592	912	1452	1096	4052

Chi-square test：df = 9，卡方值为 53.152，sig = 0.000 < 0.05，所以不同收入的居民对于“只有盈利多的企业才需要履行社会责任”的同意程度有显著差异。

E17d by K6

关于企业履行社会责任的说法，您的同意程度是：污染类企业要履行更多的社会责任 ＊ 收入 Crosstabulation

	无收入	1—1999 元	2000—3999 元	4000 元以上	总计
完全同意	23.5%	25.3%	26.0%	27.2%	25.8%
比较同意	46.2%	49.2%	45.7%	43.7%	46.0%
不太同意	23.2%	20.0%	19.6%	19.2%	20.1%
完全不同意	7.1%	5.6%	8.7%	9.8%	8.1%
总计	100.0%	100.0%	100.0%	100.0%	100.0%
列总计	604	917	1454	1102	4077

Chi-square test：df = 9，卡方值为 21.640，sig = 0.010 < 0.05，所以不同收入的居民对于“污染类企业要履行更多的社会责任”的同意程度有显著差异。

E17e by K6

关于企业履行社会责任的说法，您的同意程度是：小企业只要管好自己就行了，不要履行社会责任 ＊ 收入 Crosstabulation

	无收入	1—1999元	2000—3999元	4000元以上	总计
完全同意	2.0%	1.3%	0.7%	1.5%	1.3%
比较同意	9.3%	13.3%	11.2%	8.5%	10.6%
不太同意	62.1%	62.4%	57.9%	61.1%	60.4%
完全不同意	26.6%	23.0%	30.2%	28.9%	27.7%
总计	100.0%	100.0%	100.0%	100.0%	100.0%
列总计	593	904	1448	1097	4042

Chi-square test：df = 9，卡方值为32.981，sig = 0.000 < 0.05，所以不同收入的居民对于“小企业只要管好自己就行了，不要履行社会责任”的同意程度有显著差异。

E18a by K6

您觉得下列哪类单位最讲道德 ＊ 收入 Crosstabulation

	无收入	1—1999元	2000—3999元	4000元以上	总计
国有（控股）企业	20.5%	25.3%	22.3%	21.1%	22.4%
民营企业	1.5%	2.6%	2.2%	2.4%	2.2%
私营企业	1.5%	1.9%	2.2%	1.8%	2.0%
外资企业	5.8%	8.7%	10.2%	11.0%	9.4%
学校	47.0%	34.0%	35.8%	38.2%	37.7%
医院	2.7%	2.6%	2.6%	3.6%	2.9%
政府机关	18.8%	22.6%	22.0%	18.8%	20.8%
民间组织	2.1%	2.4%	2.7%	3.1%	2.7%
总计	100.0%	100.0%	100.0%	100.0%	100.0%
列总计	521	780	1254	973	3528

Chi-square test：df = 21，卡方值为43.283，sig = 0.003 < 0.05，所以不同收入的居民对于“觉得下列哪类单位最讲道德”的回答有显著差异。

E18b by K6

您觉得下列哪类单位道德水平最差 ＊ 收入 Crosstabulation

	无收入	1—1999元	2000—3999元	4000元以上	总计
国有（控股）企业	2.8%	4.0%	3.1%	3.4%	3.3%

续表

	无收入	1—1999 元	2000—3999 元	4000 元以上	总计
民营企业	12.1%	16.3%	12.3%	12.9%	13.3%
私营企业	41.8%	37.1%	36.3%	35.0%	37.0%
外资企业	2.3%	3.6%	3.3%	3.6%	3.3%
学校	3.2%	2.2%	3.7%	1.7%	2.8%
医院	17.0%	18.0%	24.6%	23.3%	21.7%
政府机关	10.4%	8.1%	6.6%	10.3%	8.5%
民间组织	10.4%	10.6%	10.1%	9.8%	10.2%
总计	100.0%	100.0%	100.0%	100.0%	100.0%
列总计	471	668	1123	858	3120

Chi-square test：df = 21，卡方值为 46.269，sig = 0.001 < 0.05，所以不同收入的居民对于“觉得下列哪类单位道德水平最差”的回答有显著差异。

E19a by K6

关于学校的说法，您的同意程度是：学校越来越以营利为目的 ＊ 收入 Crosstabulation

	无收入	1—1999 元	2000—3999 元	4000 元以上	总计
完全同意	7.1%	8.5%	14.2%	14.0%	11.8%
比较同意	45.3%	51.0%	45.3%	42.5%	45.8%
不太同意	39.4%	34.8%	33.2%	35.2%	35.0%
完全不同意	8.1%	5.6%	7.3%	8.3%	7.3%
总计	100.0%	100.0%	100.0%	100.0%	100.0%
列总计	602	907	1434	1094	4037

Chi-square test：df = 9，卡方值为 49.420，sig = 0.000 < 0.05，所以不同收入的居民对于“学校越来越以营利为目的”的同意程度有显著差异。

E19b by K6

关于学校的说法，您的同意程度是：学校主要传授知识和技能，培养道德不重要 ＊ 收入 Crosstabulation

	无收入	1—1999 元	2000—3999 元	4000 元以上	总计
完全同意	1.0%	0.6%	0.9%	1.4%	1.0%
比较同意	9.2%	8.4%	8.4%	7.4%	8.3%
不太同意	60.1%	59.2%	54.6%	50.9%	55.5%
完全不同意	29.7%	31.8%	36.1%	40.3%	35.3%
总计	100.0%	100.0%	100.0%	100.0%	100.0%

续表

	无收入	1—1999 元	2000—3999 元	4000 元以上	总计
列总计	617	929	1461	1102	4109

Chi-square test：df = 9，卡方值为 30. 490，sig = 0. 000 < 0. 05，所以不同收入的居民对于“学校主要传授知识和技能，培养道德不重要”的同意程度有显著差异。

E19c by K6

关于学校的说法，您的同意程度是：学校升学率高比素质教育更重要 ＊ 收入 Crosstabulation

	无收入	1—1999 元	2000—3999 元	4000 元以上	总计
完全同意	1. 8%	1. 4%	1. 7%	2. 1%	1. 7%
比较同意	11. 9%	9. 3%	9. 0%	8. 9%	9. 5%
不太同意	58. 2%	56. 7%	50. 6%	51. 9%	53. 5%
完全不同意	28. 1%	32. 7%	38. 8%	37. 1%	35. 3%
总计	100. 0%	100. 0%	100. 0%	100. 0%	100. 0%
列总计	613	928	1454	1103	4098

Chi-square test：df = 9，卡方值为 30. 197，sig = 0. 000 < 0. 05，所以不同收入的居民对于“学校升学率高比素质教育更重要”的同意程度有显著差异。

E19d by K6

关于学校的说法，您的同意程度是：青少年儿童行为不端，主要是学校没教好 ＊ 收入 Crosstabulation

	无收入	1—1999 元	2000—3999 元	4000 元以上	总计
完全同意	0. 5%	1. 5%	1. 6%	1. 1%	1. 3%
比较同意	6. 8%	10. 8%	11. 1%	10. 2%	10. 2%
不太同意	61. 5%	60. 5%	54. 6%	57. 5%	57. 7%
完全不同意	31. 2%	27. 2%	32. 6%	31. 3%	30. 8%
总计	100. 0%	100. 0%	100. 0%	100. 0%	100. 0%
列总计	618	933	1455	1100	4106

Chi-square test：df = 9，卡方值为 24. 157，sig = 0. 004 < 0. 05，所以不同收入的居民对于“青少年儿童行为不端，主要是学校没教好”的同意程度有显著差异。

E19e by K6

关于学校的说法，您的同意程度是：要想孩子培养得好，就要多给老师送礼 ＊ 收入 Crosstabulation

	无收入	1—1999 元	2000—3999 元	4000 元以上	总计
完全同意	1. 0%	1. 3%	1. 0%	2. 1%	1. 4%

续表

	无收入	1—1999 元	2000—3999 元	4000 元以上	总计
比较同意	6.0%	4.4%	5.9%	6.4%	5.7%
不太同意	48.2%	47.4%	43.5%	41.2%	44.5%
完全不同意	44.8%	47.0%	49.6%	50.3%	48.5%
总计	100.0%	100.0%	100.0%	100.0%	100.0%
列总计	618	937	1452	1102	4109

Chi-square test：df = 9，卡方值为 20.184，sig = 0.017 < 0.05，所以不同收入的居民对于“要想孩子培养得好，就要多给老师送礼”的同意程度有显著差异。

E20 by K6

您所在单位当员工或村民受到不应该的对待时，员工或村民有没有申诉的机会 ＊ 收入 Crosstabulation

	无收入	1—1999 元	2000—3999 元	4000 元以上	总计
有	69.6%	76.7%	78.3%	78.7%	76.6%
没有	30.4%	23.3%	21.7%	21.3%	23.4%
总计	100.0%	100.0%	100.0%	100.0%	100.0%
列总计	381	425	736	654	2196

Chi-square test：df = 3，卡方值为 13.367，sig = 0.004 < 0.05，所以不同收入的居民对于“当员工或村民受到不应该的对待时，员工或村民有没有申诉的机会”的回答有显著差异。

E21 by K6

您所在单位当员工或村民受到不应该的对待时，员工或村民有没有申诉的地方或渠道 ＊ 收入 Crosstabulation

	无收入	1—1999 元	2000—3999 元	4000 元以上	总计
有	72.8%	76.2%	79.4%	80.1%	77.8%
没有	27.2%	23.8%	20.6%	19.9%	22.2%
总计	100.0%	100.0%	100.0%	100.0%	100.0%
列总计	372	407	703	639	2121

Chi-square test：df = 3，卡方值为 8.9251，sig = 0.030 < 0.05，所以不同收入的居民对于“当员工或村民受到不应该的对待时，员工或村民有没有申诉的地方或渠道”的回答有显著差异。

E22 by K6

您所在单位当员工或村民受到不应该的对待时，有没有人进行过申诉 ＊ 收入 Crosstabulation

	无收入	1—1999 元	2000—3999 元	4000 元以上	总计
全部会申诉	2.8%	2.1%	2.5%	2.6%	2.5%
大部分会申诉	17.8%	16.8%	19.7%	26.8%	21.2%
小部分会申诉	57.8%	59.8%	56.7%	51.7%	55.8%
无人申诉	21.6%	21.3%	21.0%	19.0%	20.5%
总计	100.0%	100.0%	100.0%	100.0%	100.0%
列总计	287	291	552	542	1672

Chi-square test：df = 9，卡方值为 16.702，sig = 0.054 > 0.05，所以不同收入的居民对于“当员工或村民受到不应该的对待时，有没有人进行过申诉”的回答没有显著差异。

E23 by K6

您所在的单位在多大程度上认真对待员工或村民的申诉 ＊ 收入 Crosstabulation

	无收入	1—1999 元	2000—3999 元	4000 元以上	总计
完全不认真	9.5%	8.2%	7.2%	2.8%	6.4%
不太认真	21.7%	19.6%	17.8%	20.9%	19.8%
一般	35.6%	40.7%	36.7%	37.0%	37.4%
比较认真	29.5%	27.1%	31.4%	34.3%	31.2%
非常认真	3.7%	4.4%	6.9%	4.9%	5.2%
总计	100.0%	100.0%	100.0%	100.0%	100.0%
列总计	295	317	539	530	1681

Chi-square test：df = 12，卡方值为 28.493，sig = 0.005 < 0.05，所以不同收入的居民对于“所在的单位在多大程度上认真对待员工或村民的申诉”的回答有显著差异。

E24 by K6

您所在单位是否有道德方面的教育或活动 ＊ 收入 Crosstabulation

	无收入	1—1999 元	2000—3999 元	4000 元以上	总计
有	7.7%	7.6%	11.9%	13.6%	10.7%
没有	42.0%	35.3%	31.4%	37.3%	35.4%
不知道	50.3%	57.1%	56.7%	49.1%	53.8%
总计	100.0%	100.0%	100.0%	100.0%	100.0%

续表

	无收入	1—1999 元	2000—3999 元	4000 元以上	总计
列总计	612	946	1466	1088	4112

Chi-square test：df = 6，卡方值为 49. 565，sig = 0. 000 < 0. 05，所以不同收入的居民对于“所在单位是否有道德方面的教育或活动”的回答有显著差异。

E25a by K6

对当地企业道德状况的满意度是 * 收入 Crosstabulation

	无收入	1—1999 元	2000—3999 元	4000 元以上	总计
非常不满意	2. 1%	2. 7%	2. 3%	2. 3%	2. 4%
不太满意	25. 8%	24. 8%	25. 5%	26. 1%	25. 6%
比较满意	69. 3%	69. 7%	69. 5%	69. 4%	69. 5%
非常满意	2. 9%	2. 8%	2. 6%	2. 2%	2. 6%
总计	100. 0%	100. 0%	100. 0%	100. 0%	100. 0%
列总计	524	826	1364	1039	3753

Chi-square test：df = 9，卡方值为 1. 645，sig = 0. 996 > 0. 05，所以不同收入的居民对于“对当地企业道德状况的满意度是”的回答没有显著差异。

E25b by K6

对当地医院道德状况的满意度是 * 收入 Crosstabulation

	无收入	1—1999 元	2000—3999 元	4000 元以上	总计
非常不满意	3. 6%	4. 7%	4. 2%	4. 5%	4. 3%
不太满意	24. 1%	27. 2%	30. 2%	30. 4%	28. 7%
比较满意	68. 4%	63. 7%	61. 7%	61. 0%	62. 9%
非常满意	3. 9%	4. 5%	3. 9%	4. 1%	4. 1%
总计	100. 0%	100. 0%	100. 0%	100. 0%	100. 0%
列总计	589	919	1436	1081	4025

Chi-square test：df = 9，卡方值为 12. 968，sig = 0. 164 > 0. 05，所以不同收入的居民对于“对当地医院道德状况的满意度是”的回答没有显著差异。

E25c by K6

对当地政府道德状况的满意度是 * 收入 Crosstabulation

	无收入	1—1999 元	2000—3999 元	4000 元以上	总计
非常不满意	4. 4%	4. 6%	3. 7%	3. 9%	4. 1%

续表

	无收入	1—1999 元	2000—3999 元	4000 元以上	总计
不太满意	22.1%	25.9%	26.1%	25.6%	25.3%
比较满意	68.0%	63.8%	63.4%	65.0%	64.6%
非常满意	5.4%	5.7%	6.7%	5.4%	6.0%
总计	100.0%	100.0%	100.0%	100.0%	100.0%
列总计	569	909	1395	1065	3938

Chi-square test：df = 9，卡方值为 7.647，sig = 0.570 > 0.05，所以不同收入的居民对于“对当地政府道德状况的满意度是”的回答没有显著差异。

E25d by K6

对当地学校的道德状况的满意度是 ＊ 收入 Crosstabulation

	无收入	1—1999 元	2000—3999 元	4000 元以上	总计
非常不满意	2.2%	3.2%	2.1%	3.3%	2.7%
不太满意	16.2%	19.1%	21.4%	18.6%	19.3%
比较满意	71.4%	70.9%	67.0%	69.1%	69.1%
非常满意	10.2%	6.7%	9.6%	9.1%	8.9%
总计	100.0%	100.0%	100.0%	100.0%	100.0%
列总计	587	904	1408	1060	3959

Chi-square test：df = 9，卡方值为 19.777，sig = 0.019 < 0.05，所以不同收入的居民对于“对当地学校的道德状况的满意度是”的回答有显著差异。

E25e by K6

对当地的 NGO 组织（如红十字会等）道德状况的满意度是 ＊ 收入 Crosstabulation

	无收入	1—1999 元	2000—3999 元	4000 元以上	总计
非常不满意	1.4%	2.1%	1.4%	2.8%	2.0%
不太满意	12.8%	18.3%	19.5%	18.5%	18.1%
比较满意	73.3%	70.8%	67.0%	69.2%	69.3%
非常满意	12.5%	8.7%	12.1%	9.5%	10.6%
总计	100.0%	100.0%	100.0%	100.0%	100.0%
列总计	352	562	952	782	2648

Chi-square test：df = 9，卡方值为 19.587，sig = 0.021 < 0.05，所以不同收入的居民对于“对当地的 NGO 组织（如红十字会等）道德状况的满意度是”的回答有显著差异。

F1a by K6

您认为以下行为是否关乎道德？随地吐痰 ＊ 收入 Crosstabulation

	无收入	1—1999 元	2000—3999 元	4000 元以上	总计
有关	95.2%	88.4%	94.5%	95.4%	93.5%
无关	4.8%	11.6%	5.5%	4.6%	6.5%
总计	100.0%	100.0%	100.0%	100.0%	100.0%
列总计	629	951	1479	1106	4165

Chi-square test：df = 3，卡方值为 52.077，sig = 0.000 < 0.05，所以不同收入的居民对于“认为以下行为是否关乎道德？随地吐痰”的回答有显著差异。

F1b by K6

您认为以下行为是否关乎道德？插队 ＊ 收入 Crosstabulation

	无收入	1—1999 元	2000—3999 元	4000 元以上	总计
有关	95.9%	90.6%	94.7%	94.8%	94.0%
无关	4.1%	9.4%	5.3%	5.2%	6.0%
总计	100.0%	100.0%	100.0%	100.0%	100.0%
列总计	629	951	1479	1105	4164

Chi-square test：df = 3，卡方值为 25.660，sig = 0.000 < 0.05，所以不同收入的居民对于“认为以下行为是否关乎道德？插队”的回答有显著差异。

F1c by K6

您认为以下行为是否关乎道德？公交或地铁上大声打电话 ＊ 收入 Crosstabulation

	无收入	1—1999 元	2000—3999 元	4000 元以上	总计
有关	93.9%	85.5%	90.5%	93.5%	90.7%
无关	6.1%	14.5%	9.5%	6.5%	9.3%
总计	100.0%	100.0%	100.0%	100.0%	100.0%
列总计	628	950	1478	1105	4161

Chi-square test：df = 3，卡方值为 48.710，sig = 0.000 < 0.05，所以不同收入的居民对于“认为以下行为是否关乎道德？公交或地铁上大声打电话”的回答有显著差异。

F1d by K6

您认为以下行为是否关乎道德？餐馆里说话声音很大 ＊ 收入 Crosstabulation

	无收入	1—1999 元	2000—3999 元	4000 元以上	总计
有关	92.5%	84.6%	90.0%	92.7%	89.9%

续表

	无收入	1—1999 元	2000—3999 元	4000 元以上	总计
无关	7.5%	15.4%	10.0%	7.3%	10.1%
总计	100.0%	100.0%	100.0%	100.0%	100.0%
列总计	627	951	1477	1108	4163

Chi-square test：df = 3，卡方值为 42.936，sig = 0.000 < 0.05，所以不同收入的居民对于“认为以下行为是否关乎道德？餐馆里说话声音很大”的回答有显著差异。

F1e by K6

您认为以下行为是否关乎道德？在公共场所的椅子或沙发上躺着睡觉 ＊ 收入 Crosstabulation

	无收入	1—1999 元	2000—3999 元	4000 元以上	总计
有关	94.0%	87.6%	90.4%	93.1%	91.0%
无关	6.0%	12.4%	9.6%	6.9%	9.0%
总计	100.0%	100.0%	100.0%	100.0%	100.0%
列总计	629	950	1478	1108	4165

Chi-square test：df = 3，卡方值为 26.643，sig = 0.000 < 0.05，所以不同收入的居民对于“认为以下行为是否关乎道德？在公共场所的椅子或沙发上躺着睡觉”的回答有显著差异。

F1f by K6

您本人是否做出过这些行为？随地吐痰 ＊ 收入 Crosstabulation

	无收入	1—1999 元	2000—3999 元	4000 元以上	总计
经常做	3.8%	5.0%	3.2%	2.2%	3.4%
偶尔做	28.0%	35.1%	34.4%	34.5%	33.6%
从来不做	68.1%	59.9%	62.3%	63.3%	62.9%
总计	100.0%	100.0%	100.0%	100.0%	100.0%
列总计	624	948	1466	1096	4134

Chi-square test：df = 6，卡方值为 22.961，sig = 0.000 < 0.05，所以不同收入的居民对于“本人是否做出过这些行为？随地吐痰”的回答有显著差异。

F1g by K6

您本人是否做出过这些行为？插队 ＊ 收入 Crosstabulation

	无收入	1—1999 元	2000—3999 元	4000 元以上	总计
经常做	0.5%	0.7%	0.9%	1.2%	0.9%

续表

	无收入	1—1999 元	2000—3999 元	4000 元以上	总计
偶尔做	17.0%	16.9%	16.8%	14.1%	16.1%
从来不做	82.5%	82.4%	82.3%	84.7%	83.0%
总计	100.0%	100.0%	100.0%	100.0%	100.0%
列总计	624	947	1465	1094	4130

Chi-square test：df = 6，卡方值为 6.974，sig = 0.323 > 0.05，所以不同收入的居民对于“本人是否做出过这些行为？插队”的回答没有显著差异。

F1h by K6

您本人是否做出过这些行为？公交或地铁上大声打电话 * 收入 Crosstabulation

	无收入	1—1999 元	2000—3999 元	4000 元以上	总计
经常做	0.3%	1.2%	1.2%	1.5%	1.1%
偶尔做	17.0%	20.2%	20.5%	18.7%	19.4%
从来不做	82.7%	78.6%	78.3%	79.9%	79.4%
总计	100.0%	100.0%	100.0%	100.0%	100.0%
列总计	624	945	1464	1093	4126

Chi-square test：df = 6，卡方值为 9.372，sig = 0.154 > 0.05，所以不同收入的居民对于“本人是否做出过这些行为？公交或地铁上大声打电话”的回答没有显著差异。

F1i by K6

您本人是否做出过这些行为？餐馆里说话声音很大 * 收入 Crosstabulation

	无收入	1—1999 元	2000—3999 元	4000 元以上	总计
经常做	1.3%	1.4%	1.3%	1.5%	1.4%
偶尔做	17.8%	19.3%	19.3%	22.3%	19.9%
从来不做	81.0%	79.3%	79.4%	76.2%	78.8%
总计	100.0%	100.0%	100.0%	100.0%	100.0%
列总计	625	944	1462	1094	4125

Chi-square test：df = 6，卡方值为 6.623，sig = 0.357 > 0.05，所以不同收入的居民对于“本人是否做出过这些行为？餐馆里说话声音很大”的回答没有显著差异。

F1j by K6

您本人是否做出过这些行为？在公共场所的椅子或沙发上躺着睡觉 * 收入 Crosstabulation

	无收入	1—1999 元	2000—3999 元	4000 元以上	总计
经常做	0.5%	0.5%	1.4%	1.3%	1.0%
偶尔做	10.3%	5.4%	8.0%	10.1%	8.3%
从来不做	89.3%	94.1%	90.6%	88.7%	90.7%
总计	100.0%	100.0%	100.0%	100.0%	100.0%
列总计	624	950	1467	1093	4134

Chi-square test：df = 6，卡方值为 25.296，sig = 0.000 < 0.05，所以不同收入的居民对于“本人是否做出过这些行为？在公共场所的椅子或沙发上躺着睡觉”的回答有显著差异。

F2 by K6

入夜后，很多中老年朋友在广场上伴着录音机的音乐跳舞，产生噪声。有人向政府或物管投诉，要求阻止。对这件事您怎么看 * 收入 Crosstabulation

	无收入	1—1999 元	2000—3999 元	4000 元以上	总计
在广场上跳舞是居民的自由，不应干预	12.2%	7.0%	7.3%	6.8%	7.8%
跳舞如果破坏了别人的清静，就应该停止	19.3%	21.4%	20.1%	21.3%	20.6%
中老年人没地方活动，即便跳舞构成干扰，也应尽量容忍和理解	14.1%	22.4%	23.3%	22.4%	21.5%
请跳舞者降低音量，大家相互妥协	54.3%	48.6%	49.0%	49.0%	49.7%
其他（请说明）	0.2%	0.5%	0.4%	0.5%	0.4%
总计	100.0%	100.0%	100.0%	100.0%	100.0%
列总计	623	952	1479	1107	4161

Chi-square test：df = 12，卡方值为 42.738，sig = 0.000 < 0.05，所以不同收入的居民对于“入夜后，很多中老年朋友在广场上伴着录音机的音乐跳舞，产生噪声。有人向政府或物管投诉，要求阻止。对这件事您怎么看”的回答有显著差异。

F3a by K6

因个人认为自身受到不公正待遇而导致的社会泄愤事件，您对于下列回答的评价是：这是暴徒行为，无论何种情况下，都不应该采取暴力手段 * 收入 Crosstabulation

	无收入	1—1999 元	2000—3999 元	4000 元以上	总计
完全同意	39.5%	35.1%	35.2%	40.6%	37.3%

续表

	无收入	1—1999 元	2000—3999 元	4000 元以上	总计
比较同意	54.4%	58.2%	52.2%	47.5%	52.6%
不太同意	4.4%	5.3%	6.1%	6.1%	5.6%
完全不同意	1.8%	1.4%	6.5%	5.9%	4.5%
总计	100.0%	100.0%	100.0%	100.0%	100.0%
列总计	620	943	1468	1102	4133

Chi-square test：df = 9，卡方值为 69.946，sig = 0.000 < 0.05，所以不同收入的居民对于“个人的社会泄愤行为是暴徒行为，无论何种情况下，都不应该采取暴力手段”的评价有显著差异。

F3b by K6

因个人认为自身受到不公正待遇而导致的社会泄愤事件，您对于下列回答的评价是：其他社会成员在需要的时候没有及时给予帮助，因此我们每个人都有责任 * 收入 Crosstabulation

	无收入	1—1999 元	2000—3999 元	4000 元以上	总计
完全同意	18.7%	15.7%	16.7%	16.0%	16.6%
比较同意	60.7%	52.7%	56.1%	59.4%	56.9%
不太同意	18.4%	28.3%	23.3%	20.8%	23.0%
完全不同意	2.3%	3.4%	3.9%	3.8%	3.5%
总计	100.0%	100.0%	100.0%	100.0%	100.0%
列总计	621	938	1470	1106	4135

Chi-square test：df = 9，卡方值为 31.359，sig = 0.000 < 0.05，所以不同收入的居民对于“当社会泄愤事件发生时其他社会成员在需要的时候没有及时给予帮助，因此我们每个人都有责任”的评价有显著差异。

F3c by K6

因个人认为自身受到不公正待遇而导致的社会泄愤事件，您对于下列回答的评价是：应该去报复那些给予他们不公待遇的人，而不是伤及无辜 * 收入 Crosstabulation

	无收入	1—1999 元	2000—3999 元	4000 元以上	总计
完全同意	13.3%	7.8%	8.8%	11.2%	9.9%
比较同意	43.0%	30.0%	31.5%	31.7%	33.0%
不太同意	32.1%	45.8%	41.4%	41.3%	41.0%
完全不同意	11.6%	16.3%	18.2%	15.9%	16.2%
总计	100.0%	100.0%	100.0%	100.0%	100.0%

续表

	无收入	1—1999 元	2000—3999 元	4000 元以上	总计
列总计	623	932	1470	1103	4128

Chi-square test：df = 9，卡方值为 67. 306，sig = 0. 000 < 0. 05，所以不同收入的居民对于“当社会泄愤事件发生时应该去报复那些给予他们不公待遇的人，而不是伤及无辜”的评价有显著差异。

F3d by K6

因个人认为自身受到不公正待遇而导致的社会泄愤事件，你对于下列回答的评价是：受到不公平待遇，应该充分相信政府，积极寻求相关部门的帮助 * 收入 Crosstabulation

	无收入	1—1999 元	2000—3999 元	4000 元以上	总计
完全同意	22. 2%	21. 3%	26. 4%	26. 2%	24. 6%
比较同意	65. 5%	66. 7%	62. 5%	62. 1%	63. 8%
不太同意	10. 1%	10. 2%	10. 0%	10. 0%	10. 1%
完全不同意	2. 1%	1. 7%	1. 1%	1. 6%	1. 5%
总计	100. 0%	100. 0%	100. 0%	100. 0%	100. 0%
列总计	621	937	1464	1099	4121

Chi-square test：df = 9，卡方值为 14. 303，sig = 0. 112 > 0. 05，所以不同收入的居民对于“受到不公平待遇，应该充分相信政府，积极寻求相关部门的帮助”的评价没有显著差异。

F4 by K6

总的来说，您认为当今的社会公不公平 * 收入 Crosstabulation

	无收入	1—1999 元	2000—3999 元	4000 元以上	总计
完全不公平	5. 3%	3. 9%	5. 3%	5. 1%	4. 9%
比较不公平	34. 0%	27. 9%	31. 1%	27. 6%	29. 9%
说不上公平但也不能说不公平	29. 8%	38. 3%	36. 7%	36. 9%	36. 1%
比较公平	30. 3%	29. 2%	25. 5%	28. 8%	28. 0%
非常公平	0. 5%	0. 7%	1. 4%	1. 6%	1. 2%
总计	100. 0%	100. 0%	100. 0%	100. 0%	100. 0%
列总计	620	920	1464	1103	4107

Chi-square test：df = 12，卡方值为 30. 814，sig = 0. 002 < 0. 05，所以不同收入的居民对于“总的来说，认为当今的社会公不公平”的回答有显著差异。

F5 by K6

和前几年相比，您认为目前我国社会的分配不公、两极分化现象 * 收入 Crosstabulation

	无收入	1—1999 元	2000—3999 元	4000 元以上	总计
有较大改善	33.2%	28.6%	28.9%	32.1%	30.3%
没什么变化	40.0%	46.0%	46.2%	43.5%	44.5%
更加恶化	26.8%	25.4%	24.9%	24.4%	25.2%
总计	100.0%	100.0%	100.0%	100.0%	100.0%
列总计	567	866	1419	1077	3929

Chi-square test：df = 6，卡方值为 9.411，sig = 0.152 > 0.05，所以不同收入的居民对于“和前几年相比，您认为目前我国社会的分配不公、两极分化现象”的回答没有显著差异。

F6 by K6

您认为目前我国社会成员之间的收入差距 * 收入 Crosstabulation

	无收入	1—1999 元	2000—3999 元	4000 元以上	总计
合理，可以接受	13.8%	10.4%	12.3%	16.4%	13.2%
不合理，但可以接受	56.0%	56.2%	55.7%	57.2%	56.2%
不合理，不能接受	30.3%	33.4%	32.0%	26.4%	30.6%
总计	100.0%	100.0%	100.0%	100.0%	100.0%
列总计	588	888	1430	1074	3980

Chi-square test：df = 6，卡方值为 24.363，sig = 0.000 < 0.05，所以不同收入的居民对于“认为目前我国社会成员之间的收入差距”的回答有显著差异。

F7a by K6

请问您是否同意当前的社会是人人为自己 * 收入 Crosstabulation

	无收入	1—1999 元	2000—3999 元	4000 元以上	总计
完全同意	17.5%	12.6%	13.8%	16.6%	14.8%
比较同意	58.4%	57.5%	59.6%	56.8%	58.2%
不太同意	22.3%	27.9%	23.8%	24.0%	24.6%
完全不同意	1.8%	2.0%	2.7%	2.6%	2.4%
总计	100.0%	100.0%	100.0%	100.0%	100.0%
列总计	623	950	1466	1105	4144

Chi-square test：df = 9，卡方值为 18.866，sig = 0.026 < 0.05，所以不同收入的居民对于“请问是否同意当前的社会是人人为自己”的回答有显著差异。

F7b by K6

请问您是否同意现在社会的大多数人是见利忘义的 * 收入 Crosstabulation

	无收入	1—1999 元	2000—3999 元	4000 元以上	总计
完全同意	14.3%	10.4%	10.3%	11.7%	11.3%
比较同意	49.5%	48.4%	47.9%	45.1%	47.5%
不太同意	33.4%	37.2%	38.3%	39.1%	37.5%
完全不同意	2.8%	4.0%	3.5%	4.1%	3.7%
总计	100.0%	100.0%	100.0%	100.0%	100.0%
列总计	616	945	1470	1101	4132

Chi-square test：df = 9，卡方值为 15.120，sig = 0.088 > 0.05，所以不同收入的居民对于“请问是否同意现在社会的大多数人是见利忘义的”的回答没有显著差异。

F7c by K6

请问您是否同意现在社会是一个物欲横流的社会 * 收入 Crosstabulation

	无收入	1—1999 元	2000—3999 元	4000 元以上	总计
完全同意	15.3%	11.6%	13.4%	16.8%	14.2%
比较同意	52.9%	49.4%	46.3%	48.5%	48.6%
不太同意	29.4%	35.0%	35.5%	31.2%	33.3%
完全不同意	2.4%	4.0%	4.8%	3.5%	3.9%
总计	100.0%	100.0%	100.0%	100.0%	100.0%
列总计	613	911	1452	1094	4070

Chi-square test：df = 9，卡方值为 28.549，sig = 0.001 < 0.05，所以不同收入的居民对于“请问是否同意现在社会是一个物欲横流的社会”的回答有显著差异。

F7d by K6

请问您是否同意当前大多数人都是以集体利益为重 * 收入 Crosstabulation

	无收入	1—1999 元	2000—3999 元	4000 元以上	总计
完全同意	4.9%	5.1%	5.7%	4.9%	5.2%
比较同意	34.4%	39.5%	37.3%	36.6%	37.2%
不太同意	53.8%	51.1%	50.8%	53.9%	52.1%
完全不同意	6.9%	4.4%	6.3%	4.6%	5.5%
总计	100.0%	100.0%	100.0%	100.0%	100.0%
列总计	613	930	1456	1096	4095

Chi-square test：df = 9，卡方值为 12.733，sig = 0.175 > 0.05，所以不同收入的居民对于“请问是否同意当前大多数人都是以集体利益为重”的回答没有显著差异。

F7e by K6

请问您是否同意当前大多数人都是家庭利益至上 * 收入 Crosstabulation

	无收入	1—1999 元	2000—3999 元	4000 元以上	总计
完全同意	17.8%	17.5%	16.2%	17.4%	17.0%
比较同意	62.5%	62.6%	62.7%	64.5%	63.1%
不太同意	18.1%	17.8%	18.3%	16.2%	17.6%
完全不同意	1.6%	2.1%	2.8%	1.9%	2.2%
总计	100.0%	100.0%	100.0%	100.0%	100.0%
列总计	619	944	1468	1100	4131

Chi-square test：df = 9，卡方值为 6.934，sig = 0.644 > 0.05，所以不同收入的居民对于“请问是否同意当前大多数人都是家庭利益至上”的回答没有显著差异。

F7f by K6

请问您是否同意当前的社会是个金钱至上的社会 * 收入 Crosstabulation

	无收入	1—1999 元	2000—3999 元	4000 元以上	总计
完全同意	17.7%	19.2%	19.9%	21.2%	19.8%
比较同意	55.9%	51.6%	49.7%	50.4%	51.2%
不太同意	24.3%	26.6%	27.0%	25.0%	26.0%
完全不同意	2.1%	2.6%	3.3%	3.5%	3.0%
总计	100.0%	100.0%	100.0%	100.0%	100.0%
列总计	621	945	1464	1100	4130

Chi-square test：df = 9，卡方值为 11.397，sig = 0.249 > 0.05，所以不同收入的居民对于“请问是否同意当前的社会是个金钱至上的社会”的回答没有显著差异。

F7g by K6

请问您是否同意现在社会守道德的人大都吃亏，不守道德的人占便宜 * 收入 Crosstabulation

	无收入	1—1999 元	2000—3999 元	4000 元以上	总计
完全同意	10.4%	9.2%	8.8%	8.6%	9.1%
比较同意	43.8%	47.3%	41.3%	41.2%	43.0%
不太同意	41.2%	38.8%	44.6%	44.6%	42.8%
完全不同意	4.6%	4.7%	5.3%	5.6%	5.1%
总计	100.0%	100.0%	100.0%	100.0%	100.0%

续表

	无收入	1—1999 元	2000—3999 元	4000 元以上	总计
列总计	607	933	1447	1092	4079

Chi-square test：df = 9，卡方值为 14. 280，sig = 0. 113 > 0. 05，所以不同收入的居民对于“请问是否同意现在社会守道德的人大都吃亏，不守道德的人占便宜”的回答没有显著差异。

F7h by K6

请问您是否同意现在社会中好人有好报，恶人终归会受到惩罚 * 收入 Crosstabulation

	无收入	1—1999 元	2000—3999 元	4000 元以上	总计
完全同意	16. 1%	20. 5%	17. 8%	16. 1%	17. 7%
比较同意	56. 7%	57. 8%	51. 4%	53. 4%	54. 2%
不太同意	23. 6%	19. 5%	26. 7%	26. 8%	24. 6%
完全不同意	3. 6%	2. 2%	4. 1%	3. 7%	3. 5%
总计	100. 0%	100. 0%	100. 0%	100. 0%	100. 0%
列总计	615	946	1459	1098	4118

Chi-square test：df = 9，卡方值为 33. 369，sig = 0. 000 < 0. 05，所以不同收入的居民对于“请问是否同意现在社会中好人有好报，恶人终归会受到惩罚”的回答有显著差异。

F7i by K6

请问您是否同意人们的生活水平越高，就越幸福 * 收入 Crosstabulation

	无收入	1—1999 元	2000—3999 元	4000 元以上	总计
完全同意	18. 2%	22. 4%	17. 6%	18. 4%	19. 0%
比较同意	50. 4%	54. 3%	51. 2%	49. 2%	51. 2%
不太同意	28. 5%	21. 3%	28. 2%	29. 5%	27. 0%
完全不同意	2. 9%	2. 0%	3. 0%	2. 9%	2. 7%
总计	100. 0%	100. 0%	100. 0%	100. 0%	100. 0%
列总计	625	948	1478	1102	4153

Chi-square test：df = 9，卡方值为 28. 065，sig = 0. 001 < 0. 05，所以不同收入的居民对于“请问是否同意人们的生活水平越高，就越幸福”的回答有显著差异。

F7j by K6

请问您是否同意我们的社会中道德能够很好地约束人们的行为 ＊ 收入 Crosstabulation

	无收入	1—1999 元	2000—3999 元	4000 元以上	总计
完全同意	11.8%	11.5%	11.0%	11.5%	11.4%
比较同意	52.9%	55.7%	53.2%	54.0%	53.9%
不太同意	31.7%	30.1%	32.9%	32.1%	31.8%
完全不同意	3.6%	2.7%	3.0%	2.5%	2.9%
总计	100.0%	100.0%	100.0%	100.0%	100.0%
列总计	609	928	1461	1097	4095

Chi-square test：df = 9，卡方值为 4.609，sig = 0.867 > 0.05，所以不同收入的居民对于“请问是否同意我们的社会中道德能够很好地约束人们的行为”的回答没有显著差异。

F7k by K6

请问您是否同意现有的规范和习俗能够很好地调节人与人的关系 ＊ 收入 Crosstabulation

	无收入	1—1999 元	2000—3999 元	4000 元以上	总计
完全同意	8.5%	9.0%	9.5%	8.9%	9.1%
比较同意	54.5%	57.6%	54.2%	57.0%	55.8%
不太同意	33.1%	29.9%	32.7%	31.1%	31.7%
完全不同意	3.9%	3.5%	3.6%	2.9%	3.4%
总计	100.0%	100.0%	100.0%	100.0%	100.0%
列总计	611	922	1455	1098	4086

Chi-square test：df = 9，卡方值为 5.392，sig = 0.799 > 0.05，所以不同收入的居民对于“请问是否同意现有的规范和习俗能够很好地调节人与人的关系”的回答没有显著差异。

F7l by K6

请问您是否同意现在社会大多数人都有荣辱感 ＊ 收入 Crosstabulation

	无收入	1—1999 元	2000—3999 元	4000 元以上	总计
完全同意	5.2%	5.5%	6.5%	8.4%	6.6%
比较同意	55.8%	57.2%	54.8%	58.2%	56.4%
不太同意	33.7%	33.6%	33.9%	30.6%	32.9%
完全不同意	5.3%	3.8%	4.8%	2.7%	4.1%
总计	100.0%	100.0%	100.0%	100.0%	100.0%

续表

	无收入	1—1999 元	2000—3999 元	4000 元以上	总计
列总计	599	915	1434	1092	4040

Chi-square test：df = 9，卡方值为 22. 119，sig = 0. 009 < 0. 05，所以不同收入的居民对于“请问是否同意现在社会大多数人都有荣辱感”的回答有显著差异。

F8 by K6

您听说过或参加过道德讲堂吗 ＊ 收入 Crosstabulation

	无收入	1—1999 元	2000—3999 元	4000 元以上	总计
参加过	6. 7%	4. 0%	8. 0%	9. 9%	7. 4%
听说过，但没参加过	37. 0%	36. 1%	45. 7%	50. 1%	43. 4%
没听说过	56. 3%	59. 9%	46. 2%	40. 0%	49. 2%
总计	100. 0%	100. 0%	100. 0%	100. 0%	100. 0%
列总计	630	955	1482	1108	4175

Chi-square test：df = 6，卡方值为 107. 399，sig = 0. 000 < 0. 05，所以不同收入的居民对于“听说过或参加过道德讲堂吗”的回答有显著差异。

F9 by K6

如果您参加过道德讲堂，您觉得开展这样的活动有意义吗 ＊ 收入 Crosstabulation

	无收入	1—1999 元	2000—3999 元	4000 元以上	总计
很有意义	92. 9%	100. 0%	97. 4%	90. 8%	94. 7%
可有可无	7. 1%		2. 6%	7. 3%	4. 6%
没有必要				1. 8%	0. 7%
总计	100. 0%	100. 0%	100. 0%	100. 0%	100. 0%
列总计	42	38	114	109	303

Chi-square test：df = 6，卡方值为 9. 000，sig = 0. 174 > 0. 05，所以不同收入的居民对于“如果参加过道德讲堂，觉得开展这样的活动有意义吗”的回答没有显著差异。

F10 by K6

您对您生活的地方（您所在的社区）社会公德状况满意吗 ＊ 收入 Crosstabulation

	无收入	1—1999 元	2000—3999 元	4000 元以上	总计
非常满意	6. 0%	6. 1%	6. 6%	7. 8%	6. 7%

续表

	无收入	1—1999 元	2000—3999 元	4000 元以上	总计
比较满意	74. 2%	76. 3%	75. 7%	71. 0%	74. 3%
不太满意	18. 5%	16. 3%	16. 5%	19. 1%	17. 5%
非常不满意	1. 3%	1. 3%	1. 2%	2. 1%	1. 5%
总计	100. 0%	100. 0%	100. 0%	100. 0%	100. 0%
列总计	600	847	1406	1076	3929

Chi-square test：df = 9，卡方值为 12. 543，sig = 0. 184 > 0. 05，所以不同收入的居民对于“对生活的地方（所在的社区）社会公德状况满意吗”的回答没有显著差异。

F11a by K6

当前社会坑蒙拐骗现象的严重程度如何 * 收入 Crosstabulation

	无收入	1—1999 元	2000—3999 元	4000 元以上	总计
非常不严重	10. 4%	5. 6%	6. 9%	6. 0%	6. 9%
比较不严重	39. 3%	40. 5%	42. 4%	39. 8%	40. 8%
比较严重	36. 1%	40. 5%	38. 2%	42. 2%	39. 5%
非常严重	14. 2%	13. 5%	12. 5%	12. 0%	12. 8%
总计	100. 0%	100. 0%	100. 0%	100. 0%	100. 0%
列总计	618	944	1467	1101	4130

Chi-square test：df = 9，卡方值为 22. 585，sig = 0. 007 < 0. 05，所以不同收入的居民对于“当前社会坑蒙拐骗现象的严重程度如何”的回答有显著差异。

F11b by K6

当前社会人际关系冷漠，见危不救的严重程度如何 * 收入 Crosstabulation

	无收入	1—1999 元	2000—3999 元	4000 元以上	总计
非常不严重	6. 9%	4. 8%	4. 2%	4. 5%	4. 8%
比较不严重	47. 2%	47. 6%	43. 5%	39. 3%	43. 9%
比较严重	36. 5%	40. 6%	42. 6%	46. 6%	42. 3%
非常严重	9. 4%	7. 1%	9. 7%	9. 6%	9. 0%
总计	100. 0%	100. 0%	100. 0%	100. 0%	100. 0%
列总计	625	942	1468	1101	4136

Chi-square test：df = 93，卡方值为 32. 199，sig = 0. 000 < 0. 05，所以不同收入的居民对于“当前社会人际关系冷漠，见危不救的严重程度如何”的回答有显著差异。

F11c by K6

当前社会诚信缺乏，不讲信用的严重程度如何 ＊ 收入 Crosstabulation

	无收入	1—1999 元	2000—3999 元	4000 元以上	总计
非常不严重	6. 4%	4. 5%	4. 7%	4. 7%	4. 9%
比较不严重	44. 8%	43. 4%	41. 7%	40. 1%	42. 1%
比较严重	39. 9%	43. 4%	42. 5%	45. 2%	43. 0%
非常严重	8. 9%	8. 6%	11. 1%	9. 9%	9. 9%
总计	100. 0%	100. 0%	100. 0%	100. 0%	100. 0%
列总计	627	949	1475	1101	4152

Chi-square test：df = 9，卡方值为 12. 624，sig = 0. 180 > 0. 05，所以不同收入的居民对于“当前社会诚信缺乏，不讲信用的严重程度如何”的回答没有显著差异。

F11d by K6

当前社会人与人之间缺乏信任，社会安全度低的严重程度如何 ＊ 收入 Crosstabulation

	无收入	1—1999 元	2000—3999 元	4000 元以上	总计
非常不严重	5. 0%	4. 6%	4. 5%	4. 5%	4. 6%
比较不严重	35. 6%	36. 6%	32. 7%	33. 9%	34. 4%
比较严重	48. 6%	46. 6%	47. 8%	49. 9%	48. 2%
非常严重	10. 9%	12. 1%	15. 0%	11. 7%	12. 8%
总计	100. 0%	100. 0%	100. 0%	100. 0%	100. 0%
列总计	626	947	1464	1101	4138

Chi-square test：df = 9，卡方值为 12. 842，sig = 0. 170 > 0. 05，所以不同收入的居民对于“当前社会人与人之间缺乏信任，社会安全度低的严重程度如何”的回答没有显著差异。

F11e by K6

当前社会缺乏公德，如公共场所大声喧哗、随地吐痰等的严重程度如何 ＊ 收入 Crosstabulation

	无收入	1—1999 元	2000—3999 元	4000 元以上	总计
非常不严重	5. 6%	4. 8%	4. 5%	5. 7%	5. 1%
比较不严重	51. 6%	53. 6%	54. 0%	48. 2%	52. 0%
比较严重	37. 2%	34. 7%	33. 1%	37. 7%	35. 3%
非常严重	5. 6%	7. 0%	8. 4%	8. 4%	7. 6%
总计	100. 0%	100. 0%	100. 0%	100. 0%	100. 0%

续表

	无收入	1—1999 元	2000—3999 元	4000 元以上	总计
列总计	626	943	1473	1101	4143

Chi-square test：df = 9，卡方值为 17. 162，sig = 0. 046 < 0. 05，所以不同收入的居民对于“当前社会缺乏公德，如公共场所大声喧哗、随地吐痰等的严重程度如何”的回答有显著差异。

F11f by K6

当前社会自私自利，损人利己的严重程度如何 * 收入 Crosstabulation

	无收入	1—1999 元	2000—3999 元	4000 元以上	总计
非常不严重	5. 1%	5. 1%	5. 0%	6. 6%	5. 5%
比较不严重	46. 3%	48. 0%	43. 9%	44. 3%	45. 3%
比较严重	39. 7%	39. 8%	42. 9%	41. 2%	41. 3%
非常严重	8. 8%	7. 0%	8. 2%	8. 0%	8. 0%
总计	100. 0%	100. 0%	100. 0%	100. 0%	100. 0%
列总计	624	939	1468	1098	4129

Chi-square test：df = 9，卡方值为 9. 302，sig = 0. 410 > 0. 05，所以不同收入的居民对于“当前社会自私自利，损人利己的严重程度如何”的回答没有显著差异。

F11g by K6

当前社会缺乏公正心和正义感的严重程度如何 * 收入 Crosstabulation

	无收入	1—1999 元	2000—3999 元	4000 元以上	总计
非常不严重	6. 4%	4. 4%	5. 1%	5. 6%	5. 3%
比较不严重	45. 6%	47. 8%	41. 6%	40. 7%	43. 4%
比较严重	40. 0%	40. 3%	40. 8%	43. 1%	41. 2%
非常严重	8. 0%	7. 6%	12. 4%	10. 5%	10. 2%
总计	100. 0%	100. 0%	100. 0%	100. 0%	100. 0%
列总计	625	936	1465	1100	4126

Chi-square test：df = 9，卡方值为 28. 853，sig = 0. 001 < 0. 05，所以不同收入的居民对于“当前社会缺乏公正心和正义感的严重程度如何”的回答有显著差异。

F11h by K6

当前社会私欲膨胀，物欲横流的严重程度如何 * 收入 Crosstabulation

	无收入	1—1999 元	2000—3999 元	4000 元以上	总计
非常不严重	4. 0%	4. 2%	4. 2%	4. 8%	4. 3%

续表

	无收入	1—1999 元	2000—3999 元	4000 元以上	总计
比较不严重	39.4%	44.1%	38.6%	35.2%	39.1%
比较严重	45.2%	42.4%	42.6%	45.6%	43.8%
非常严重	11.3%	9.3%	14.7%	14.4%	12.9%
总计	100.0%	100.0%	100.0%	100.0%	100.0%
列总计	619	913	1440	1094	4066

Chi-square test：df = 9，卡方值为 28.875，sig = 0.001 < 0.05，所以不同收入的居民对于“当前社会私欲膨胀，物欲横流的严重程度如何”的回答有显著差异。

F11i by K6

当前社会缺乏羞耻感的严重程度如何 ＊ 收入 Crosstabulation

	无收入	1—1999 元	2000—3999 元	4000 元以上	总计
非常不严重	5.2%	4.6%	5.4%	7.5%	5.8%
比较不严重	50.8%	54.3%	49.3%	47.5%	50.2%
比较严重	36.4%	34.1%	36.3%	37.1%	36.0%
非常严重	7.6%	7.0%	8.9%	7.9%	8.0%
总计	100.0%	100.0%	100.0%	100.0%	100.0%
列总计	618	925	1450	1095	4088

Chi-square test：df = 9，卡方值为 17.250，sig = 0.045 < 0.05，所以不同收入的居民对于“当前社会缺乏羞耻感的严重程度如何”的回答有显著差异。

F11j by K6

当前社会干部贪污受贿，以权谋利的严重程度如何 ＊ 收入 Crosstabulation

	无收入	1—1999 元	2000—3999 元	4000 元以上	总计
非常不严重	1.5%	2.5%	3.2%	3.1%	2.8%
比较不严重	35.3%	31.6%	32.0%	33.6%	32.8%
比较严重	42.6%	47.5%	46.8%	45.5%	46.0%
非常严重	20.6%	18.4%	18.0%	17.8%	18.4%
总计	100.0%	100.0%	100.0%	100.0%	100.0%
列总计	587	885	1412	1074	3958

Chi-square test：df = 9，卡方值为 10.754，sig = 0.293 > 0.05，所以不同收入的居民对于“当前社会干部贪污受贿，以权谋利的严重程度如何”的回答没有显著差异。

F11k by K6

当前社会生活奢侈，铺张浪费的严重程度如何 * 收入 Crosstabulation

	无收入	1—1999 元	2000—3999 元	4000 元以上	总计
非常不严重	2.3%	3.0%	4.3%	4.8%	3.8%
比较不严重	43.1%	39.9%	41.7%	41.9%	41.6%
比较严重	39.6%	43.3%	38.6%	40.9%	40.4%
非常严重	15.0%	13.8%	15.3%	12.4%	14.2%
总计	100.0%	100.0%	100.0%	100.0%	100.0%
列总计	599	909	1447	1093	4048

Chi-square test：df = 9，卡方值为 16.792，sig = 0.052 > 0.05，所以不同收入的居民对于“当前社会生活奢侈，铺张浪费的严重程度如何”的回答没有显著差异。

F11l by K6

当前社会干部不作为，扯皮推诿的严重程度如何 * 收入 Crosstabulation

	无收入	1—1999 元	2000—3999 元	4000 元以上	总计
非常不严重	2.2%	2.5%	3.2%	3.7%	3.0%
比较不严重	30.4%	30.5%	29.8%	31.5%	30.5%
比较严重	45.1%	50.9%	47.0%	42.9%	46.5%
非常严重	22.3%	16.1%	20.0%	21.9%	20.0%
总计	100.0%	100.0%	100.0%	100.0%	100.0%
列总计	583	892	1413	1067	3955

Chi-square test：df = 9，卡方值为 21.372，sig = 0.011 < 0.05，所以不同收入的居民对于“当前社会干部不作为，扯皮推诿的严重程度如何”的回答有显著差异。

F12a by K6

您怎么看待周围那些经营企业或做生意发了财的人：他们自己有本事，应该发财 * 收入 Crosstabulation

	无收入	1—1999 元	2000—3999 元	4000 元以上	总计
未选中	28.5%	19.7%	21.8%	24.0%	22.9%
选中	71.5%	80.3%	78.2%	76.0%	77.1%
总计	100.0%	100.0%	100.0%	100.0%	100.0%
列总计	629	951	1480	1106	4166

Chi-square test：df = 3，卡方值为 18.321，sig = 0.000 < 0.05，所以不同收入的居民对于“怎么看待周围那些经营企业或做生意发了财的人：他们自己有本事，应该发财”的回答有显著差异。

F12b by K6

您怎么看待周围那些经营企业或做生意发了财的人：尊重他们，他们为社会做了贡献 * 收入 Crosstabulation

	无收入	1—1999 元	2000—3999 元	4000 元以上	总计
未选中	57.4%	48.4%	43.4%	45.0%	47.1%
选中	42.6%	51.6%	56.6%	55.0%	52.9%
总计	100.0%	100.0%	100.0%	100.0%	100.0%
列总计	629	951	1480	1106	4166

Chi-square test：df = 3，卡方值为 37.4963，sig = 0.000 < 0.05，所以不同收入的居民对于“怎么看待周围那些经营企业或做生意发了财的人：尊重他们，他们为社会做了贡献”的回答有显著差异。

F12c by K6

您怎么看待周围那些经营企业或做生意发了财的人：没什么了不起，他们常用不正当手段发财 * 收入 Crosstabulation

	无收入	1—1999 元	2000—3999 元	4000 元以上	总计
未选中	95.5%	93.3%	94.1%	93.1%	93.9%
选中	4.5%	6.7%	5.9%	6.9%	6.1%
总计	100.0%	100.0%	100.0%	100.0%	100.0%
列总计	629	951	1480	1106	4166

Chi-square test：df = 3，卡方值为 4.806，sig = 0.187 > 0.05，所以不同收入的居民对于“怎么看待周围那些经营企业或做生意发了财的人：没什么了不起，他们常用不正当手段发财”的回答没有显著差异。

F12d by K6

您怎么看待周围那些经营企业或做生意发了财的人：是土豪，没文化，没教养 * 收入 Crosstabulation

	无收入	1—1999 元	2000—3999 元	4000 元以上	总计
未选中	92.2%	91.5%	93.6%	92.1%	92.5%
选中	7.8%	8.5%	6.4%	7.9%	7.5%
总计	100.0%	100.0%	100.0%	100.0%	100.0%
列总计	629	951	1480	1106	4166

Chi-square test：df = 3，卡方值为 4.207，sig = 0.240 > 0.05，所以不同收入的居民对于“怎么看待周围那些经营企业或做生意发了财的人：是土豪，没文化，没教养”的回答没有显著差异。

F12e by K6

您怎么看待周围那些经营企业或做生意发了财的人：是他们运气好 ＊ 收入 Crosstabulation

	无收入	1—1999 元	2000—3999 元	4000 元以上	总计
未选中	82.7%	80.2%	81.3%	81.1%	81.2%
选中	17.3%	19.8%	18.7%	18.9%	18.8%
总计	100.0%	100.0%	100.0%	100.0%	100.0%
列总计	629	951	1480	1106	4166

Chi-square test：df = 3，卡方值为 1.490，sig = 0.685 > 0.05，所以不同收入的居民对于“怎么看待周围那些经营企业或做生意发了财的人：是他们运气好”的回答没有显著差异。

F12f by K6

您怎么看待周围那些经营企业或做生意发了财的人：有钱没钱，这都是命 ＊ 收入 Crosstabulation

	无收入	1—1999 元	2000—3999 元	4000 元以上	总计
未选中	81.9%	79.7%	81.6%	87.7%	82.8%
选中	18.1%	20.3%	18.4%	12.3%	17.2%
总计	100.0%	100.0%	100.0%	100.0%	100.0%
列总计	629	951	1480	1106	4166

Chi-square test：df = 3，卡方值为 27.073，sig = 0.000 < 0.05，所以不同收入的居民对于“怎么看待周围那些经营企业或做生意发了财的人：有钱没钱，这都是命”的回答有显著差异。

F12g by K6

您怎么看待周围那些经营企业或做生意发了财的人：天道不公，希望他们明天就破产 ＊ 收入 Crosstabulation

	无收入	1—1999 元	2000—3999 元	4000 元以上	总计
未选中	99.5%	99.1%	98.9%	98.9%	99.0%
选中	0.5%	0.9%	1.1%	1.1%	1.0%
总计	100.0%	100.0%	100.0%	100.0%	100.0%
列总计	629	951	1480	1106	4166

Chi-square test：df = 3，卡方值为 2.201，sig = 0.532 > 0.05，所以不同收入的居民对于“怎么看待周围那些经营企业或做生意发了财的人：天道不公，希望他们明天就破产”的回答没有显著差异。

F12h by K6

您怎么看待周围那些经营企业或做生意发了财的人：其他 ＊ 收入 Crosstabulation

	无收入	1—1999 元	2000—3999 元	4000 元以上	总计
未选中	100.0%	99.8%	99.7%	99.5%	99.7%

续表

	无收入	1—1999 元	2000—3999 元	4000 元以上	总计
选中		0.2%	0.3%	0.5%	0.3%
总计	100.0%	100.0%	100.0%	100.0%	100.0%
列总计	629	951	1480	1106	4166

Chi-square test：df = 3，卡方值为 3.181，sig = 0.365 > 0.05，所以不同收入的居民对于“怎么看待周围那些经营企业或做生意发了财的人：其他”的回答没有显著差异。

F13a by K6

企业损害社会利益，如污染环境、以虚假广告误导公众等严重程度如何 ＊ 收入 Crosstabulation

	无收入	1—1999 元	2000—3999 元	4000 元以上	总计
非常不严重	2.2%	2.5%	2.5%	2.8%	2.5%
比较不严重	37.3%	38.9%	37.0%	38.5%	37.9%
比较严重	46.6%	43.5%	43.8%	43.2%	44.0%
非常严重	13.9%	15.1%	16.7%	15.5%	15.6%
总计	100.0%	100.0%	100.0%	100.0%	100.0%
列总计	582	876	1416	1080	3954

Chi-square test：df = 9，卡方值为 4.672，sig = 0.862 > 0.05，所以不同收入的居民对于“企业损害社会利益，如污染环境、以虚假广告误导公众等严重程度如何”的回答没有显著差异。

F13b by K6

娱乐界以丑闻、绯闻炒作，污染社会风气严重程度如何 ＊ 收入 Crosstabulation

	无收入	1—1999 元	2000—3999 元	4000 元以上	总计
非常不严重	1.5%	1.2%	1.6%	1.6%	1.5%
比较不严重	23.5%	20.4%	22.4%	22.6%	22.2%
比较严重	59.9%	59.8%	55.1%	57.9%	57.6%
非常严重	15.2%	18.7%	21.0%	17.9%	18.8%
总计	100.0%	100.0%	100.0%	100.0%	100.0%
列总计	541	776	1331	1053	3701

Chi-square test：df = 9，卡方值为 12.713，sig = 0.176 > 0.05，所以不同收入的居民对于“娱乐界以丑闻、绯闻炒作，污染社会风气严重程度如何”的回答没有显著差异。

F13c by K6

媒体缺乏社会责任，炒作新闻严重程度如何 ＊ 收入 Crosstabulation

	无收入	1—1999 元	2000—3999 元	4000 元以上	总计
非常不严重	1.1%	1.6%	1.9%	1.5%	1.6%
比较不严重	24.9%	23.3%	23.9%	23.1%	23.7%
比较严重	55.3%	52.8%	47.6%	55.4%	52.0%
非常严重	18.7%	22.4%	26.6%	20.0%	22.7%
总计	100.0%	100.0%	100.0%	100.0%	100.0%
列总计	539	774	1341	1058	3712

Chi-square test：df = 9，卡方值为 26.7918，sig = 0.002 < 0.05，所以不同收入的居民对于“媒体缺乏社会责任，炒作新闻严重程度如何”的回答有显著差异。

F13d by K6

社会财富分配不公，贫富悬殊过大严重程度如何 ＊ 收入 Crosstabulation

	无收入	1—1999 元	2000—3999 元	4000 元以上	总计
非常不严重	1.2%	0.8%	1.4%	1.4%	1.2%
比较不严重	20.7%	17.7%	17.8%	20.7%	19.0%
比较严重	50.2%	44.4%	44.9%	46.5%	46.0%
非常严重	28.0%	37.2%	35.9%	31.4%	33.8%
总计	100.0%	100.0%	100.0%	100.0%	100.0%
列总计	608	928	1451	1100	4087

Chi-square test：df = 9，卡方值为 23.119，sig = 0.006 < 0.05，所以不同收入的居民对于“社会财富分配不公，贫富悬殊过大严重程度如何”的回答有显著差异。

F13e by K6

教师不尽职严重程度如何 ＊ 收入 Crosstabulation

	无收入	1—1999 元	2000—3999 元	4000 元以上	总计
非常不严重	10.4%	7.8%	7.6%	8.6%	8.3%
比较不严重	61.1%	57.2%	51.8%	55.3%	55.4%
比较严重	22.2%	28.7%	30.6%	25.8%	27.6%
非常严重	6.3%	6.3%	9.9%	10.3%	8.6%
总计	100.0%	100.0%	100.0%	100.0%	100.0%
列总计	617	938	1451	1092	4098

Chi-square test：df = 9，卡方值为 40.655，sig = 0.000 < 0.05，所以不同收入的居民对于“教师不尽职严重程度如何”的回答有显著差异。

F13f by K6

医生不守职业道德严重程度如何 ＊ 收入 Crosstabulation

	无收入	1—1999 元	2000—3999 元	4000 元以上	总计
非常不严重	10.1%	9.2%	7.3%	5.7%	7.8%
比较不严重	55.9%	51.2%	48.2%	51.3%	50.9%
比较严重	25.9%	32.4%	34.2%	31.8%	31.9%
非常严重	8.1%	7.2%	10.3%	11.1%	9.5%
总计	100.0%	100.0%	100.0%	100.0%	100.0%
列总计	621	945	1453	1097	4116

Chi-square test：df = 9，卡方值为 38.662，sig = 0.000 < 0.05，所以不同收入的居民对于“医生不守职业道德严重程度如何”的回答有显著差异。

F13g by K6

公众人物用知名度攫取财富严重程度如何 ＊ 收入 Crosstabulation

	无收入	1—1999 元	2000—3999 元	4000 元以上	总计
非常不严重	2.6%	3.0%	3.2%	3.1%	3.0%
比较不严重	34.0%	37.0%	33.3%	34.6%	34.5%
比较严重	46.1%	41.8%	41.9%	42.8%	42.8%
非常严重	17.3%	18.3%	21.6%	19.5%	19.7%
总计	100.0%	100.0%	100.0%	100.0%	100.0%
列总计	544	800	1340	1039	3723

Chi-square test：df = 9，卡方值为 9.304，sig = 0.410 > 0.05，所以不同收入的居民对于“公众人物用知名度攫取财富严重程度如何”的回答没有显著差异。

F13h by K6

两性关系过度开放导致婚姻不稳定严重程度如何 ＊ 收入 Crosstabulation

	无收入	1—1999 元	2000—3999 元	4000 元以上	总计
非常不严重	2.4%	2.8%	2.3%	2.5%	2.5%
比较不严重	38.0%	40.6%	38.2%	39.4%	39.0%
比较严重	45.6%	41.4%	43.6%	43.4%	43.3%
非常严重	14.0%	15.3%	15.9%	14.7%	15.2%
总计	100.0%	100.0%	100.0%	100.0%	100.0%
列总计	579	870	1400	1068	3917

Chi-square test：df = 9，卡方值为 4.171，sig = 0.900 > 0.05，所以不同收入的居民对于“两性关系过度开放导致婚姻不稳定严重程度如何”的回答没有显著差异。

F13i by K6

年轻人缺乏责任感，不孝敬父母严重程度如何 * 收入 Crosstabulation

	无收入	1—1999 元	2000—3999 元	4000 元以上	总计
非常不严重	3.9%	7.8%	6.6%	5.4%	6.2%
比较不严重	55.6%	53.6%	50.4%	51.4%	52.2%
比较严重	30.3%	29.5%	32.2%	33.2%	31.6%
非常严重	10.1%	9.0%	10.8%	10.1%	10.1%
总计	100.0%	100.0%	100.0%	100.0%	100.0%
列总计	611	921	1448	1092	4072

Chi-square test：df = 9，卡方值为 17.663，sig = 0.039 < 0.05，所以不同收入的居民对于“年轻人缺乏责任感，不孝敬父母严重程度如何”的回答有显著差异。

F14 by K6

您是否知道您生活的社区（村）有社区公约、村规民约 * 收入 Crosstabulation

	无收入	1—1999 元	2000—3999 元	4000 元以上	总计
知道有	43.3%	48.6%	51.9%	55.4%	50.8%
知道没有	10.2%	8.2%	9.3%	8.8%	9.0%
不知道有没有	46.5%	43.2%	38.9%	35.8%	40.2%
总计	100.0%	100.0%	100.0%	100.0%	100.0%
列总计	626	952	1479	1103	4160

Chi-square test：df = 6，卡方值为 28.800，sig = 0.000 < 0.05，所以不同收入的居民对于“是否知道您生活的社区（村）有社区公约、村规民约”的回答有显著差异。

F15a by K6

您周围的人在日常生活中遵守步行、骑车不闯红灯的规则吗 * 收入 Crosstabulation

	无收入	1—1999 元	2000—3999 元	4000 元以上	总计
不遵守	7.1%	7.5%	7.9%	7.4%	7.6%
基本遵守	70.5%	67.4%	68.7%	65.9%	67.9%
自觉遵守	22.4%	25.1%	23.4%	26.6%	24.5%
总计	100.0%	100.0%	100.0%	100.0%	100.0%
列总计	630	957	1481	1107	4175

Chi-square test：df = 6，卡方值为 5.872，sig = 0.438 > 0.05，所以不同收入的居民对于“周围的人在日常生活中遵守步行、骑车不闯红灯的规则吗”的回答没有显著差异。

F15b by K6

您周围的人在日常生活中遵守乘车、购物自觉排队的规则吗 ＊ 收入 Crosstabulation

	无收入	1—1999 元	2000—3999 元	4000 元以上	总计
不遵守	3.3%	3.8%	4.1%	3.4%	3.7%
基本遵守	72.9%	73.5%	71.8%	69.6%	71.8%
自觉遵守	23.8%	22.8%	24.0%	27.0%	24.5%
总计	100.0%	100.0%	100.0%	100.0%	100.0%
列总计	630	957	1481	1107	4175

Chi-square test：df = 6，卡方值为 6.623，sig = 0.375 > 0.05，所以不同收入的居民对于“周围的人在日常生活中遵守乘车、购物自觉排队的规则吗”的回答没有显著差异。

F15c by K6

您周围的人在日常生活中遵守文明游览的规则吗 ＊ 收入 Crosstabulation

	无收入	1—1999 元	2000—3999 元	4000 元以上	总计
不遵守	4.4%	3.3%	4.5%	2.8%	3.8%
基本遵守	74.4%	76.4%	75.1%	72.1%	74.5%
自觉遵守	21.1%	20.4%	20.4%	25.1%	21.7%
总计	100.0%	100.0%	100.0%	100.0%	100.0%
列总计	630	953	1481	1107	4171

Chi-square test：df = 6，卡方值为 16.813，sig = 0.015 < 0.05，所以不同收入的居民对于“周围的人在日常生活中遵守文明游览的规则吗”的回答有显著差异。

F15d by K6

您周围的人在日常生活中遵守社区公约、村规民约的规则吗 ＊ 收入 Crosstabulation

	无收入	1—1999 元	2000—3999 元	4000 元以上	总计
不遵守	4.6%	2.9%	3.4%	3.6%	3.5%
基本遵守	74.6%	79.1%	76.9%	73.2%	76.1%
自觉遵守	20.8%	18.0%	19.7%	23.2%	20.4%
总计	100.0%	100.0%	100.0%	100.0%	100.0%
列总计	629	951	1475	1097	4152

Chi-square test：df = 6，卡方值为 13.284，sig = 0.039 < 0.05，所以不同收入的居民对于“周围的人在日常生活中遵守社区公约、村规民约的规则吗”的回答有显著差异。

F16a by K6

您对下列关于网络说法是否赞同：网络是个虚拟空间，不受现实生活中的道德规范约束 * 收入 Crosstabulation

	无收入	1—1999 元	2000—3999 元	4000 元以上	总计
非常不赞同	34.2%	28.9%	34.6%	38.5%	34.3%
不太赞同	51.2%	56.0%	49.6%	47.9%	50.8%
比较赞同	12.8%	12.5%	12.1%	11.2%	12.0%
非常赞同	1.8%	2.6%	3.6%	2.5%	2.8%
总计	100.0%	100.0%	100.0%	100.0%	100.0%
列总计	617	930	1461	1101	4109

Chi-square test：df = 9，卡方值为 28.469，sig = 0.001 < 0.05，所以不同收入的居民对于“您对下列关于网络说法是否赞同：网络是个虚拟空间，不受现实生活中的道德规范约束”的回答有显著差异。

F16b by K6

您对下列关于网络说法是否赞同：人肉搜索侵犯个人隐私，应该杜绝 * 收入 Crosstabulation

	无收入	1—1999 元	2000—3999 元	4000 元以上	总计
非常不赞同	7.0%	2.9%	1.9%	3.2%	3.2%
不太赞同	15.3%	8.0%	9.0%	12.5%	10.6%
比较赞同	60.3%	69.0%	61.8%	58.5%	62.3%
非常赞同	17.4%	20.1%	27.3%	25.9%	23.8%
总计	100.0%	100.0%	100.0%	100.0%	100.0%
列总计	614	934	1459	1098	4105

Chi-square test：df = 9，卡方值为 95.706，sig = 0.000 < 0.05，所以不同收入的居民对于“您对下列关于网络说法是否赞同：人肉搜索侵犯个人隐私，应该杜绝”的回答有显著差异。

F16c by K6

您对下列关于网络说法是否赞同：明知网络谣言仍转发的，应该受到惩罚 * 收入 Crosstabulation

	无收入	1—1999 元	2000—3999 元	4000 元以上	总计
非常不赞同	4.8%	1.4%	1.5%	2.5%	2.2%
不太赞同	13.2%	6.6%	6.2%	7.5%	7.7%
比较赞同	59.1%	67.6%	60.6%	57.2%	61.1%
非常赞同	22.9%	24.4%	31.7%	32.8%	29.0%
总计	100.0%	100.0%	100.0%	100.0%	100.0%
列总计	621	939	1468	1102	4130

Chi-square test：df = 9，卡方值为 89.869，sig = 0.000 < 0.05，所以不同收入的居民对于“您对下列关于网络说法是否赞同：明知网络谣言仍转发的，应该受到惩罚”的回答有显著差异。

F17 by K6

假如您走在街上被陌生人不小心踩到并发出“哎哟”一声后，您认为对方会做何种反应 ＊ 收入 Crosstabulation

	无收入	1—1999 元	2000—3999 元	4000 元以上	总计
用言语或手势表达歉意	82.7%	81.0%	82.8%	85.4%	83.1%
不会有任何表示	12.8%	14.4%	12.5%	10.6%	12.4%
反而说你大惊小怪	4.5%	4.6%	4.7%	4.0%	4.5%
总计	100.0%	100.0%	100.0%	100.0%	100.0%
列总计	602	904	1420	1070	3996

Chi-square test：df = 6，卡方值为 7.789，sig = 0.254 > 0.05，所以不同收入的居民对于“假如您走在街上被陌生人不小心踩到并发出‘哎哟’一声后，您认为对方会做何种反应”的回答没有显著差异。

F18 by K6

您觉得您周围大多数人工作生活的精神状态怎么样 ＊ 收入 Crosstabulation

	无收入	1—1999 元	2000—3999 元	4000 元以上	总计
精神饱满、积极向上	45.3%	50.1%	46.0%	48.5%	47.5%
安于现状、按部就班	52.5%	48.2%	51.9%	50.1%	50.7%
精神萎靡、无所事事	2.2%	1.8%	2.1%	1.4%	1.8%
总计	100.0%	100.0%	100.0%	100.0%	100.0%
列总计	627	957	1481	1107	4172

Chi-square test：df = 62，卡方值为 7.483，sig = 0.278 > 0.05，所以不同收入的居民对于“觉得您周围大多数人工作生活的精神状态怎么样”的回答没有显著差异。

F19a by K6

这些现象在您身边常见吗？占卜算命 ＊ 收入 Crosstabulation

	无收入	1—1999 元	2000—3999 元	4000 元以上	总计
经常见到	11.0%	8.2%	7.8%	9.6%	8.8%
偶尔见到	53.4%	49.2%	49.1%	50.0%	50.0%
没见到	35.6%	42.6%	43.1%	40.4%	41.2%
总计	100.0%	100.0%	100.0%	100.0%	100.0%
列总计	629	957	1482	1106	4174

Chi-square test：df = 6，卡方值为 14.743，sig = 0.022 < 0.05，所以不同收入的居民对于“这些现象在您身边常见吗？占卜算命”的回答有显著差异。

F19b by K6

这些现象在您身边常见吗？操办喜事比富斗阔 ＊ 收入 Crosstabulation

	无收入	1—1999 元	2000—3999 元	4000 元以上	总计
经常见到	13.5%	12.1%	11.7%	15.7%	13.2%
偶尔见到	44.7%	38.3%	42.2%	44.8%	42.4%
没见到	41.8%	49.6%	46.0%	39.5%	44.5%
总计	100.0%	100.0%	100.0%	100.0%	100.0%
列总计	629	956	1482	1106	4173

Chi-square test：df = 6，卡方值为 28.230，sig = 0.000 < 0.05，所以不同收入的居民对于“这些现象在您身边常见吗？操办喜事比富斗阔”的回答有显著差异。

F19c by K6

这些现象在您身边常见吗？在父母生前不尽孝却对父母的丧事大操大办 ＊ 收入 Crosstabulation

	无收入	1—1999 元	2000—3999 元	4000 元以上	总计
经常见到	9.7%	6.2%	8.2%	12.2%	9.0%
偶尔见到	41.7%	43.0%	40.8%	41.6%	41.6%
没见到	48.6%	50.8%	51.1%	46.2%	49.3%
总计	100.0%	100.0%	100.0%	100.0%	100.0%
列总计	630	956	1482	1105	4173

Chi-square test：df = 6，卡方值为 27.046，sig = 0.000 < 0.05，所以不同收入的居民对于“这些现象在您身边常见吗？在父母生前不尽孝却对父母的丧事大操大办”的回答有显著差异。

F19d by K6

这些现象在您身边常见吗？赌博或变相赌博 ＊ 收入 Crosstabulation

	无收入	1—1999 元	2000—3999 元	4000 元以上	总计
经常见到	19.7%	10.9%	14.1%	17.9%	15.2%
偶尔见到	44.0%	47.3%	46.7%	51.9%	47.8%
没见到	36.2%	41.8%	39.3%	30.2%	37.0%
总计	100.0%	100.0%	100.0%	100.0%	100.0%
列总计	629	957	1479	1107	4172

Chi-square test：df = 6，卡方值为 56.143，sig = 0.000 < 0.05，所以不同收入的居民对于“这些现象在您身边常见吗？赌博或变相赌博”的回答有显著差异。

F19e by K6

这些现象在您身边常见吗？封建迷信活动 * 收入 Crosstabulation

	无收入	1—1999 元	2000—3999 元	4000 元以上	总计
经常见到	5.9%	4.7%	5.3%	7.5%	5.8%
偶尔见到	31.9%	32.0%	31.5%	33.8%	32.3%
没见到	62.2%	63.3%	63.2%	58.7%	61.9%
总计	100.0%	100.0%	100.0%	100.0%	100.0%
列总计	630	956	1482	1104	4172

Chi-square test：df = 6，卡方值为 11.685，sig = 0.069 > 0.05，所以不同收入的居民对于“这些现象在您身边常见吗？封建迷信活动”的回答没有显著差异。

F19f by K6

这些现象在您身边常见吗？非法宗教活动 * 收入 Crosstabulation

	无收入	1—1999 元	2000—3999 元	4000 元以上	总计
经常见到	2.1%	0.7%	1.2%	1.6%	1.3%
偶尔见到	9.9%	8.8%	11.5%	12.7%	11.0%
没见到	88.1%	90.5%	87.2%	85.7%	87.7%
总计	100.0%	100.0%	100.0%	100.0%	100.0%
列总计	628	956	1482	1104	4170

Chi-square test：df = 6，卡方值为 15.620，sig = 0.016 < 0.05，所以不同收入的居民对于“这些现象在您身边常见吗？非法宗教活动”的回答有显著差异。

F20 by K6

您认为目前我国社会中道德和幸福的现实关系是 * 收入 Crosstabulation

	无收入	1—1999 元	2000—3999 元	4000 元以上	总计
总体上道德和幸福能够一致，能惩恶扬善	75.1%	70.8%	70.4%	75.0%	72.4%
有道德讲伦理的人大都吃亏，不守道德的人更能讨便宜	20.9%	22.1%	23.6%	20.5%	22.0%
道德与幸福没有关系，能挣钱有发展无论怎样行动都行	4.0%	7.1%	6.0%	4.5%	5.5%
总计	100.0%	100.0%	100.0%	100.0%	100.0%
列总计	594	861	1401	1067	3923

Chi-square test：df = 6，卡方值为 14.469，sig = 0.025 < 0.05，所以不同收入的居民对于“认为目前我国社会中道德和幸福的现实关系是”的回答有显著差异。

F21a by K6

您在所在单位，有没有一种亲切和踏实的感觉 * 收入 Crosstabulation

	无收入	1—1999 元	2000—3999 元	4000 元以上	总计
有	30. 7%	24. 1%	29. 4%	34. 7%	29. 8%
还可以	53. 9%	63. 2%	62. 6%	59. 0%	60. 5%
没有	15. 4%	12. 8%	7. 9%	6. 3%	9. 7%
总计	100. 0%	100. 0%	100. 0%	100. 0%	100. 0%
列总计	625	948	1474	1106	4153

Chi-square test：df = 62，卡方值为 74. 222，sig = 0. 000 < 0. 05，所以不同收入的居民对于“在所在单位，有没有一种亲切和踏实的感觉”的回答有显著差异。

F21b by K6

您在所在社区/村，有没有一种亲切和踏实的感觉 * 收入 Crosstabulation

	无收入	1—1999 元	2000—3999 元	4000 元以上	总计
有	36. 9%	25. 7%	29. 7%	33. 4%	30. 8%
还可以	55. 1%	69. 4%	64. 0%	60. 5%	62. 9%
没有	8. 0%	4. 9%	6. 4%	6. 1%	6. 2%
总计	100. 0%	100. 0%	100. 0%	100. 0%	100. 0%
列总计	628	956	1477	1108	4169

Chi-square test：df = 6，卡方值为 38. 138，sig = 0. 000 < 0. 05，所以不同收入的居民对于“在所在社区/村，有没有一种亲切和踏实的感觉”的回答有显著差异。

F21c by K6

您在所在城市，有没有一种亲切和踏实的感觉 * 收入 Crosstabulation

	无收入	1—1999 元	2000—3999 元	4000 元以上	总计
有	34. 1%	24. 1%	28. 4%	31. 6%	29. 1%
还可以	56. 0%	66. 8%	64. 5%	63. 3%	63. 4%
没有	9. 9%	9. 1%	7. 2%	5. 1%	7. 5%
总计	100. 0%	100. 0%	100. 0%	100. 0%	100. 0%
列总计	627	954	1477	1105	4163

Chi-square test：df = 6，卡方值为 40. 726，sig = 0. 000 < 0. 05，所以不同收入的居民对于“在所在城市，有没有一种亲切和踏实的感觉”的回答有显著差异。

F22 by K6

您认为您目前的状况是 * 收入 Crosstabulation

	无收入	1—1999 元	2000—3999 元	4000 元以上	总计
生活富裕，但不感到幸福和快乐	2.2%	1.4%	2.0%	2.8%	2.1%
生活富裕，幸福也快乐	8.1%	9.3%	9.4%	12.4%	10.0%
生活小康，幸福且快乐	61.0%	51.0%	57.0%	59.7%	56.9%
生活小康，但不感到幸福和快乐	6.0%	5.5%	6.5%	7.5%	6.5%
生活清贫，幸福且快乐	18.6%	28.3%	21.7%	14.7%	20.9%
生活贫困，既不幸福也不快乐	4.0%	4.5%	3.4%	2.9%	3.6%
总计	100.0%	100.0%	100.0%	100.0%	100.0%
列总计	629	955	1482	1107	4173

Chi-square test：df = 15，卡方值为 78.185，sig = 0.005 < 0.05，所以不同收入的居民对于“您认为您目前的状况是”的回答有显著差异。

F23 by K6

最近这些年，您的生活水平对幸福感的影响是怎样的 * 收入 Crosstabulation

	无收入	1—1999 元	2000—3999 元	4000 元以上	总计
生活水平提高了，但幸福感和快乐感降低了	8.1%	6.6%	7.2%	8.9%	7.6%
生活水平提高了，幸福感和快乐感提高了	69.3%	55.9%	59.4%	66.8%	62.0%
生活水平没变，幸福感和快乐感提高了	15.7%	29.9%	25.5%	17.4%	22.9%
生活水平没变，幸福感和快乐感降低了	2.4%	4.1%	6.1%	6.0%	5.0%
生活水平下降，但幸福感和快乐感提高了	1.0%	0.9%	0.7%	0.5%	0.8%
生活水平下降，幸福感和快乐感也降低了	3.5%	2.6%	1.1%	0.5%	1.7%
总计	100.0%	100.0%	100.0%	100.0%	100.0%
列总计	629	954	1482	1107	4172

Chi-square test：df = 15，卡方值为 121.458，sig = 0.000 < 0.05，所以不同收入的居民对于“最近这些年，您的生活水平对幸福感的影响是怎样的”的回答有显著差异。

F24a by K6

近十年来，您认为下列哪一类人获得的利益最多 * 收入 Crosstabulation

	无收入	1—1999 元	2000—3999 元	4000 元以上	总计
工人	0.2%	0.9%	0.8%	0.2%	0.6%

续表

	无收入	1—1999 元	2000—3999 元	4000 元以上	总计
农民	2.2%	1.6%	1.3%	1.9%	1.7%
公务员	10.9%	12.4%	12.2%	12.1%	12.0%
国有企业的经营管理者	7.3%	11.1%	10.2%	10.8%	10.1%
集体企业的经营管理者	1.2%	1.8%	2.0%	3.0%	2.1%
私营企业家	24.9%	20.8%	20.0%	23.0%	21.7%
外商、境外来大陆的投资者	7.8%	9.0%	10.5%	10.5%	9.8%
个体户	6.2%	5.3%	4.8%	5.0%	5.2%
私营、外资企业中的管理人员	6.9%	6.6%	6.9%	7.2%	6.9%
专家学者、专业技术人员	4.8%	6.3%	7.3%	5.2%	6.1%
政府官员	27.0%	24.3%	23.7%	20.6%	23.5%
其他	0.5%		0.4%	0.5%	0.3%
总计	100.0%	100.0%	100.0%	100.0%	100.0%
列总计	578	890	1416	1081	3965

Chi-square test：df = 33，卡方值为 52.702，sig = 0.016 < 0.05，所以不同收入的居民对于“近十年来，认为下列哪一类人获得的利益最多”的回答有显著差异。

F24b by K6
近十年来，您认为下列哪一类人获得的利益最少 * 收入 Crosstabulation

	无收入	1—1999 元	2000—3999 元	4000 元以上	总计
工人	17.6%	20.0%	27.8%	28.0%	24.6%
农民	78.0%	74.9%	66.9%	66.1%	70.1%
公务员	0.2%	0.7%	0.8%	1.0%	0.7%
国有企业的经营管理者	0.5%	0.1%	0.5%	0.5%	0.4%
集体企业的经营管理者	0.2%	0.3%	0.3%	0.3%	0.3%
私营企业家	0.8%	0.8%	0.1%	0.7%	0.5%
外商、境外来大陆的投资者		0.3%	0.4%	0.3%	0.3%
个体户	0.8%	1.4%	1.6%	1.0%	1.3%
私营、外资企业中的管理人员		0.7%	0.4%	0.2%	0.3%
专家学者、专业技术人员	0.8%	0.1%	0.6%	1.2%	0.7%
政府官员	1.0%	0.8%	0.4%	0.6%	0.6%
其他	0.2%		0.1%	0.2%	0.1%
总计	100.0%	100.0%	100.0%	100.0%	100.0%
列总计	613	915	1444	1096	4068

Chi-square test：df = 33，卡方值为 82.626，sig = 0.000 < 0.05，所以不同收入的居民对于“近十年来，认为下列哪一类人获得的利益最少”的回答有显著差异。

F25 by K6

您认为弱势群体产生的最主要原因是 * 收入 Crosstabulation

	无收入	1—1999 元	2000—3999 元	4000 元及以上	总计
制度不合理，社会关怀不够	41.0%	37.7%	39.0%	41.7%	39.7%
收入分配不公	44.8%	50.5%	50.9%	44.3%	48.1%
机会不平等	32.1%	36.8%	33.4%	32.6%	33.7%
弱势群体自己不努力	19.2%	20.8%	19.8%	21.9%	20.5%
缺乏生存技能	28.0%	38.2%	35.3%	35.2%	34.9%
列总计	610	922	1457	1098	4087

据上表所示，所以不同收入的居民对于“认为弱势群体产生的最主要原因”的回答没有显著差异。

F26 by K6

我们经常看到一些老人或流浪者在垃圾桶中找东西，弄得满身污物，您认为我们是否应该改造城市的垃圾桶，如调整垃圾桶的角度、集中放矿泉水瓶等，以为他们提供方便 * 收入 Crosstabulation

	无收入	1—1999 元	2000—3999 元	4000 元以上	总计
应该，社会有义务为他们提供一种有尊严的生活	87.7%	83.6%	83.7%	84.7%	84.6%
不应该，这些人本来就与城市不和谐	8.3%	11.2%	10.2%	9.8%	10.0%
做这样的事不值得，应该将钱花到更重要的地方	4.0%	5.1%	6.0%	4.8%	5.1%
其他		0.1%	0.2%	0.7%	0.3%
总计	100.0%	100.0%	100.0%	100.0%	100.0%
列总计	627	948	1476	1106	4157

Chi-square test：df = 9，卡方值为 18.571，sig = 0.029 < 0.05，所以不同收入的居民对于“认为我们是否应该改造城市的垃圾桶，以为老人及流浪者提供方便”的回答有显著差异。

F27 by K6

对当今中国社会，您更担忧哪种问题 * 收入 Crosstabulation

	无收入	1—1999 元	2000—3999 元	4000 元以上	总计
坑蒙拐骗，不守信用	32.2%	28.9%	31.9%	32.9%	31.5%
人与人之间互不信任，相互提防，没有安全感	42.9%	47.4%	47.1%	45.5%	46.1%

续表

	无收入	1—1999 元	2000—3999 元	4000 元以上	总计
可信任的人很少，遇到问题难以找到人倾诉和帮助	21.0%	17.7%	17.8%	18.2%	18.4%
其他	4.0%	6.0%	3.1%	3.3%	4.0%
总计	100.0%	100.0%	100.0%	100.0%	100.0%
列总计	625	953	1475	1108	4161

Chi-square test：df = 9，卡方值为 21.472，sig = 0.011 < 0.05，所以不同收入的居民对于“对当今中国社会，您更担忧哪种问题”的回答有显著差异。

F28 by K6

您觉得大多数人都是可以相信的吗？如果 1 分代表“大多数人都可以相信”，5 分代表“对其他人都应该小心防备”，您会选几分 * 收入 Crosstabulation

	无收入	1—1999 元	2000—3999 元	4000 元以上	总计
大多数人都可以相信	10.8%	10.4%	7.4%	9.8%	9.2%
2	36.6%	35.2%	33.0%	33.8%	34.3%
3	38.0%	40.0%	44.5%	42.6%	42.0%
4	11.8%	12.8%	13.7%	12.1%	12.8%
对其他人都应小心防备	2.9%	1.7%	1.4%	1.6%	1.7%
总计	100.0%	100.0%	100.0%	100.0%	100.0%
列总计	629	955	1478	1107	4169

Chi-square test：df = 12，卡方值为 24.526，sig = 0.017 < 0.05，所以不同收入的居民对于“觉得大多数人都是可以相信的吗”的回答有显著差异。

F29a by K6

您对下面这些人的信任程度如何？您的家人 * 收入 Crosstabulation

	无收入	1—1999 元	2000—3999 元	4000 元以上	总计
完全信任	83.8%	82.9%	78.9%	80.9%	81.1%
比较信任	16.1%	16.8%	20.6%	18.8%	18.6%
不太信任		0.1%	0.4%	0.4%	0.3%
根本不信任	0.2%	0.1%	0.1%		0.1%
总计	100.0%	100.0%	100.0%	100.0%	100.0%
列总计	629	956	1479	1108	4172

Chi-square test：df = 9，卡方值为 14.368，sig = 0.110 > 0.05，所以不同收入的居民对于“对下面这些人的信任程度如何？您的家人”的回答没有显著差异。

F29b by K6

您对下面这些人的信任程度如何？您的邻居 ＊ 收入 Crosstabulation

	无收入	1—1999 元	2000—3999 元	4000 元以上	总计
完全信任	15.9%	12.1%	11.5%	11.4%	12.3%
比较信任	72.9%	80.3%	81.4%	78.6%	79.1%
不太信任	10.7%	7.2%	6.5%	9.3%	8.1%
根本不信任	0.5%	0.3%	0.6%	0.7%	0.6%
总计	100.0%	100.0%	100.0%	100.0%	100.0%
列总计	624	955	1473	1106	4158

Chi-square test：df = 9，卡方值为 26.857，sig = 0.001 < 0.05，所以不同收入的居民对于“对下面这些人的信任程度如何？您的邻居”的回答有显著差异。

F29c by K6

您对下面这些人的信任程度如何？外地人 ＊ 收入 Crosstabulation

	无收入	1—1999 元	2000—3999 元	4000 元以上	总计
完全信任	1.5%	0.5%	0.8%	1.6%	1.1%
比较信任	19.2%	16.8%	19.2%	23.1%	19.7%
不太信任	63.0%	53.2%	56.8%	60.0%	57.8%
根本不信任	16.3%	29.5%	23.2%	15.4%	21.5%
总计	100.0%	100.0%	100.0%	100.0%	100.0%
列总计	613	925	1455	1080	4073

Chi-square test：df = 9，卡方值为 80.717，sig = 0.000 < 0.05，所以不同收入的居民对于“对下面这些人的信任程度如何？外地人”的回答有显著差异。

F29d by K6

您对下面这些人的信任程度如何？陌生人 ＊ 收入 Crosstabulation

	无收入	1—1999 元	2000—3999 元	4000 元以上	总计
完全信任	1.5%	0.2%	0.3%	1.2%	0.7%
比较信任	11.2%	7.2%	6.6%	8.7%	8.0%
不太信任	58.6%	49.9%	55.0%	61.4%	56.1%
根本不信任	28.7%	42.6%	38.1%	28.7%	35.2%
总计	100.0%	100.0%	100.0%	100.0%	100.0%
列总计	614	917	1443	1075	4049

Chi-square test：df = 9，卡方值为 78.602，sig = 0.000 < 0.05，所以不同收入的居民对于“对下面这些人的信任程度如何？陌生人”的回答有显著差异。

F29e by K6

您对下面这些人的信任程度如何？外国人 ＊ 收入 Crosstabulation

	无收入	1—1999 元	2000—3999 元	4000 元以上	总计
完全信任	1.6%	0.4%	0.5%	1.2%	0.8%
比较信任	15.3%	9.2%	9.4%	12.7%	11.1%
不太信任	59.7%	52.0%	53.8%	59.5%	55.8%
根本不信任	23.4%	38.5%	36.3%	26.6%	32.2%
总计	100.0%	100.0%	100.0%	100.0%	100.0%
列总计	556	837	1315	1010	3718

Chi-square test：df = 9，卡方值为 74.684，sig = 0.000 < 0.05，所以不同收入的居民对于“对下面这些人的信任程度如何？外国人”的回答有显著差异。

F29f by K6

您对下面这些人的信任程度如何？同事或同学 ＊ 收入 Crosstabulation

	无收入	1—1999 元	2000—3999 元	4000 元以上	总计
完全信任	10.2%	6.5%	5.6%	7.4%	7.0%
比较信任	79.8%	78.1%	79.5%	80.6%	79.5%
不太信任	9.0%	14.3%	13.5%	10.9%	12.3%
根本不信任	1.0%	1.1%	1.4%	1.1%	1.2%
总计	100.0%	100.0%	100.0%	100.0%	100.0%
列总计	610	932	1470	1098	4110

Chi-square test：df = 9，卡方值为 25.861，sig = 0.002 < 0.05，所以不同收入的居民对于“您对下面这些人的信任程度如何？同事或同学”的回答有显著差异。

F29g by K6

您对下面这些人的信任程度如何？您的上司或领导 ＊ 收入 Crosstabulation

	无收入	1—1999 元	2000—3999 元	4000 元以上	总计
完全信任	10.1%	6.4%	6.2%	7.5%	7.1%
比较信任	71.9%	77.7%	75.9%	74.3%	75.3%
不太信任	17.3%	14.8%	16.7%	16.4%	16.3%
根本不信任	0.7%	1.1%	1.3%	1.8%	1.3%
总计	100.0%	100.0%	100.0%	100.0%	100.0%

续表

	无收入	1—1999 元	2000—3999 元	4000 元以上	总计
列总计	565	893	1438	1086	3982

Chi-square test：df = 9，卡方值为 17.351，sig = 0.043 < 0.05，所以不同收入的居民对于“对下面这些人的信任程度如何？您的上司或领导”的回答有显著差异。

F29h by K6

您对下面这些人的信任程度如何？您的朋友 ＊ 收入 Crosstabulation

	无收入	1—1999 元	2000—3999 元	4000 元以上	总计
完全信任	19.0%	12.7%	15.2%	15.1%	15.2%
比较信任	78.5%	83.8%	80.2%	80.2%	80.8%
不太信任	1.9%	2.9%	4.1%	3.8%	3.4%
根本不信任	0.6%	0.5%	0.5%	0.9%	0.6%
总计	100.0%	100.0%	100.0%	100.0%	100.0%
列总计	627	951	1474	1104	4156

Chi-square test：df = 9，卡方值为 20.048，sig = 0.018 < 0.05，所以不同收入的居民对于“对下面这些人的信任程度如何？您的朋友”的回答有显著差异。

F30 by K6

您是否同意“在这个社会上，您一不小心别人就会想办法占您的便宜” ＊ 收入 Crosstabulation

	无收入	1—1999 元	2000—3999 元	4000 元以上	总计
非常不同意	6.6%	4.1%	3.4%	4.6%	4.4%
比较不同意	32.2%	23.4%	28.8%	28.2%	27.9%
说不上同意不同意	22.8%	33.7%	32.1%	30.3%	30.6%
比较同意	35.0%	37.4%	32.5%	32.9%	34.1%
非常同意	3.4%	1.5%	3.2%	4.1%	3.1%
总计	100.0%	100.0%	100.0%	100.0%	100.0%
列总计	609	929	1455	1104	4097

Chi-square test：df = 12，卡方值为 53.255，sig = 0.000 < 0.05，所以不同收入的居民对于“是否同意在这个社会上，您一不小心别人就会想办法占您的便宜”的回答有显著差异。

F31 by K6

您对所生活的地方道德建设满意吗 ＊ 收入 Crosstabulation

	无收入	1—1999 元	2000—3999 元	4000 元以上	总计
满意	11.5%	13.4%	10.6%	11.1%	11.5%
基本满意	78.7%	78.0%	79.6%	79.2%	79.0%
不满意	9.8%	8.6%	9.9%	9.7%	9.5%
总计	100.0%	100.0%	100.0%	100.0%	100.0%
列总计	601	918	1438	1087	4044

Chi-square test：df = 6，卡方值为 5.348，sig = 0.500 > 0.05，所以不同收入的居民对于“对所生活的地方道德建设满意吗”的回答没有显著差异。

F32a by K6

您对下面群体的信任程度如何？商人 ＊ 收入 Crosstabulation

	无收入	1—1999 元	2000—3999 元	4000 元以上	总计
完全信任	1.6%	1.1%	1.2%	1.5%	1.3%
比较信任	45.3%	46.8%	43.6%	44.5%	44.8%
不太信任	48.0%	46.2%	49.6%	50.1%	48.7%
根本不信任	5.1%	6.0%	5.6%	4.0%	5.2%
总计	100.0%	100.0%	100.0%	100.0%	100.0%
列总计	611	923	1446	1088	4068

Chi-square test：df = 9，卡方值为 9.211，sig = 0.418 > 0.05，所以不同收入的居民对于“对下面群体的信任程度如何？商人”的回答没有显著差异。

F32b by K6

您对下面群体的信任程度如何？单位领导/社区（村）干部 ＊ 收入 Crosstabulation

	无收入	1—1999 元	2000—3999 元	4000 元以上	总计
完全信任	4.2%	4.8%	4.6%	5.1%	4.7%
比较信任	63.8%	64.4%	62.9%	64.9%	63.9%
不太信任	27.9%	28.0%	29.7%	25.8%	28.0%
根本不信任	4.1%	2.7%	2.8%	4.2%	3.3%
总计	100.0%	100.0%	100.0%	100.0%	100.0%
列总计	613	928	1452	1093	4086

Chi-square test：df = 9，卡方值为 10.637，sig = 0.301 > 0.05，所以不同收入的居民对于“对下面群体的信任程度如何？单位领导/社区（村）干部”的回答没有显著差异。

F32c by K6

您对下面群体的信任程度如何？公务员 ＊ 收入 Crosstabulation

	无收入	1—1999 元	2000—3999 元	4000 元以上	总计
完全信任	7.5%	7.6%	6.6%	7.1%	7.1%
比较信任	67.4%	63.7%	59.3%	58.1%	61.2%
不太信任	22.1%	26.5%	30.5%	29.5%	28.1%
根本不信任	3.0%	2.2%	3.6%	5.2%	3.6%
总计	100.0%	100.0%	100.0%	100.0%	100.0%
列总计	601	918	1442	1091	4052

Chi-square test：df = 9，卡方值为 34.203，sig = 0.000 < 0.05，所以不同收入的居民对于"对下面群体的信任程度如何？公务员"的回答有显著差异。

F32d by K6

您对下面群体的信任程度如何？教师 ＊ 收入 Crosstabulation

	无收入	1—1999 元	2000—3999 元	4000 元以上	总计
完全信任	15.0%	12.6%	9.4%	12.7%	11.8%
比较信任	72.8%	71.1%	70.4%	68.6%	70.4%
不太信任	11.1%	14.7%	17.5%	15.8%	15.4%
根本不信任	1.1%	1.6%	2.7%	3.0%	2.3%
总计	100.0%	100.0%	100.0%	100.0%	100.0%
列总计	621	944	1475	1104	4144

Chi-square test：df = 9，卡方值为 35.764，sig = 0.000 < 0.05，所以不同收入的居民对于"对下面群体的信任程度如何？教师"的回答有显著差异。

F32e by K6

您对下面群体的信任程度如何？警察 ＊ 收入 Crosstabulation

	无收入	1—1999 元	2000—3999 元	4000 元以上	总计
完全信任	23.6%	21.8%	19.8%	18.8%	20.6%
比较信任	67.2%	65.4%	64.6%	66.1%	65.6%
不太信任	8.2%	11.3%	13.2%	11.8%	11.6%
根本不信任	1.0%	1.5%	2.4%	3.4%	2.2%
总计	100.0%	100.0%	100.0%	100.0%	100.0%
列总计	622	948	1469	1104	4143

Chi-square test：df = 9，卡方值为 29.144，sig = 0.001 < 0.05，所以不同收入的居民对于"对下面群体的信任程度如何？警察"的回答有显著差异。

F32f by K6

您对下面群体的信任程度如何？医生 ＊ 收入 Crosstabulation

	无收入	1—1999 元	2000—3999 元	4000 元以上	总计
完全信任	13.7%	10.5%	9.0%	10.2%	10.4%
比较信任	69.3%	68.7%	65.2%	64.5%	66.4%
不太信任	15.1%	18.2%	22.3%	21.8%	20.1%
根本不信任	1.9%	2.5%	3.5%	3.5%	3.1%
总计	100.0%	100.0%	100.0%	100.0%	100.0%
列总计	622	949	1473	1107	4151

Chi-square test：df = 9，卡方值为 31.200，sig = 0.000 < 0.05，所以不同收入的居民对于“对下面群体的信任程度如何？医生”的回答有显著差异。

F32g by K6

您对下面群体的信任程度如何？法官 ＊ 收入 Crosstabulation

	无收入	1—1999 元	2000—3999 元	4000 元以上	总计
完全信任	17.5%	18.3%	17.0%	16.5%	17.2%
比较信任	71.8%	70.5%	70.2%	70.5%	70.6%
不太信任	9.1%	10.1%	11.2%	11.0%	10.6%
根本不信任	1.6%	1.1%	1.6%	2.0%	1.6%
总计	100.0%	100.0%	100.0%	100.0%	100.0%
列总计	613	940	1455	1088	4096

Chi-square test：df = 9，卡方值为 6.299，sig = 0.710 > 0.05，所以不同收入的居民对于“对下面群体的信任程度如何？法官”的回答没有显著差异。

F32h by K6

您对下面群体的信任程度如何？农民 ＊ 收入 Crosstabulation

	无收入	1—1999 元	2000—3999 元	4000 元以上	总计
完全信任	12.8%	12.4%	11.1%	10.7%	11.5%
比较信任	75.8%	76.0%	76.9%	76.6%	76.5%
不太信任	10.3%	10.1%	10.9%	11.2%	10.7%
根本不信任	1.1%	1.5%	1.2%	1.5%	1.3%
总计	100.0%	100.0%	100.0%	100.0%	100.0%
列总计	623	951	1464	1103	4141

Chi-square test：df = 9，卡方值为 4.308，sig = 0.890 > 0.05，所以不同收入的居民对于“对下面群体的信任程度如何？农民”的回答没有显著差异。

F32i by K6

您对下面群体的信任程度如何？工人 ＊ 收入 Crosstabulation

	无收入	1—1999 元	2000—3999 元	4000 元以上	总计
完全信任	8. 8%	11. 5%	11. 8%	9. 3%	10. 6%
比较信任	78. 5%	75. 7%	75. 1%	76. 7%	76. 2%
不太信任	11. 9%	12. 0%	11. 8%	12. 5%	12. 1%
根本不信任	0. 8%	0. 7%	1. 4%	1. 5%	1. 2%
总计	100. 0%	100. 0%	100. 0%	100. 0%	100. 0%
列总计	623	947	1460	1101	4131

Chi-square test：df = 9，卡方值为 11. 380，sig = 0. 251 > 0. 05，所以不同收入的居民对于“对下面群体的信任程度如何？工人”的回答没有显著差异。

F32j by K6

您对下面群体的信任程度如何？专家学者 ＊ 收入 Crosstabulation

	无收入	1—1999 元	2000—3999 元	4000 元以上	总计
完全信任	9. 5%	11. 0%	11. 1%	10. 2%	10. 6%
比较信任	67. 8%	68. 4%	61. 3%	59. 9%	63. 4%
不太信任	20. 5%	18. 9%	24. 0%	26. 4%	23. 0%
根本不信任	2. 2%	1. 7%	3. 6%	3. 6%	3. 0%
总计	100. 0%	100. 0%	100. 0%	100. 0%	100. 0%
列总计	581	869	1405	1062	3917

Chi-square test：df = 9，卡方值为 32. 376，sig = 0. 000 < 0. 05，所以不同收入的居民对于“对下面群体的信任程度如何？专家学者”的回答有显著差异。

F32k by K6

您对下面群体的信任程度如何？演艺娱乐圈 ＊ 收入 Crosstabulation

	无收入	1—1999 元	2000—3999 元	4000 元以上	总计
完全信任	2. 1%	1. 6%	1. 5%	1. 7%	1. 6%
比较信任	36. 5%	43. 0%	32. 7%	27. 9%	34. 1%
不太信任	48. 3%	41. 8%	47. 1%	52. 0%	47. 5%
根本不信任	13. 1%	13. 6%	18. 8%	18. 3%	16. 7%
总计	100. 0%	100. 0%	100. 0%	100. 0%	100. 0%
列总计	534	770	1298	1003	3605

Chi-square test：df = 9，卡方值为 54. 822，sig = 0. 000 < 0. 05，所以不同收入的居民对于“对下面群体的信任程度如何？演艺娱乐圈”的回答有显著差异。

F321 by K6

您对下面群体的信任程度如何？公众人物 ＊ 收入 Crosstabulation

	无收入	1—1999 元	2000—3999 元	4000 元以上	总计
完全信任	3.9%	2.7%	2.4%	4.4%	3.2%
比较信任	49.5%	55.6%	47.5%	40.7%	47.7%
不太信任	39.4%	35.4%	41.1%	43.7%	40.3%
根本不信任	7.2%	6.3%	9.0%	11.1%	8.8%
总计	100.0%	100.0%	100.0%	100.0%	100.0%
列总计	543	789	1320	1014	3666

Chi-square test：df = 9，卡方值为 51.290，sig = 0.000 < 0.05，所以不同收入的居民对于“对下面群体的信任程度如何？公众人物”的回答有显著差异。

F33 by K6

您在生活中经常买到假冒伪劣商品吗 ＊ 收入 Crosstabulation

	无收入	1—1999 元	2000—3999 元	4000 元以上	总计
经常	5.2%	4.3%	5.5%	5.1%	5.1%
偶尔	65.7%	66.7%	71.7%	68.9%	68.9%
没有	29.1%	29.0%	22.8%	26.0%	26.0%
总计	100.0%	100.0%	100.0%	100.0%	100.0%
列总计	598	847	1385	1031	3861

Chi-square test：df = 3，卡方值为 15.286，sig = 0.018 < 0.05，所以不同收入的居民对于“在生活中经常买到假冒伪劣商品吗”的回答有显著差异。

F34 by K6

您在购物、就医、理财等方面经常遇到虚假广告吗 ＊ 收入 Crosstabulation

	无收入	1—1999 元	2000—3999 元	4000 元以上	总计
经常	15.2%	11.6%	14.2%	17.4%	14.7%
偶尔	56.2%	58.6%	59.9%	54.9%	57.7%
没有	28.7%	29.8%	25.9%	27.7%	27.7%
总计	100.0%	100.0%	100.0%	100.0%	100.0%
列总计	593	816	1341	1014	3764

Chi-square test：df = 6，卡方值为 16.259，sig = 0.012 < 0.05，所以不同收入的居民对于“在购物、就医、理财等方面经常遇到虚假广告吗”的回答有显著差异。

F35 by K6

如果在路边看到一个老人摔倒，您的反应是 * 收入 Crosstabulation

	无收入	1—1999 元	2000—3999 元	4000 元以上	总计
立即扶起	40.3%	36.6%	34.6%	41.6%	37.8%
等有证人时再扶	27.7%	25.7%	29.2%	25.4%	27.2%
先拍照，再扶起	10.4%	8.0%	12.5%	14.6%	11.7%
不扶，避免惹是生非	11.3%	11.8%	8.8%	6.4%	9.3%
报警	9.4%	17.0%	14.6%	10.8%	13.4%
其他	1.0%	0.9%	0.2%	1.1%	0.7%
总计	100.0%	100.0%	100.0%	100.0%	100.0%
列总计	628	954	1481	1106	4169

Chi-square test：df = 15，卡方值为 87.274，sig = 0.000 < 0.05，所以不同收入的居民对于“如果在路边看到一个老人摔倒，您的反应是”的回答有显著差异。

F36 by K6

我们都听说过或见证过好心人救助老人却反被诬陷。假如您是这位好心人，您会 * 收入 Crosstabulation

	无收入	1—1999 元	2000—3999 元	4000 元以上	总计
我是多管闲事，下次再也不会帮助别人了	25.3%	27.5%	22.2%	20.3%	23.4%
我正直善良真心待人，对得起良知和良心	37.4%	46.1%	44.1%	42.9%	43.2%
下次还是会伸出援手，但是会提高警惕，注意保护自己	37.1%	26.1%	33.6%	36.7%	33.2%
其他	0.2%	0.3%	0.1%	0.1%	0.2%
总计	100.0%	100.0%	100.0%	100.0%	100.0%
列总计	628	953	1481	1102	4164

Chi-square test：df = 9，卡方值为 43.075，sig = 0.000 < 0.05，所以不同收入的居民对于“我们都听说过或见证过好心人救助老人却反被诬陷。假如您是这位好心人，您会”的回答有显著差异。

F37a by K6

您对下列群体的伦理道德整体状况的满意度？政府官员 * 收入 Crosstabulation

	无收入	1—1999 元	2000—3999 元	4000 元以上	总计
非常不满意	5.6%	4.9%	4.4%	6.2%	5.2%

续表

	无收入	1—1999 元	2000—3999 元	4000 元以上	总计
比较不满意	32.3%	34.6%	38.8%	36.3%	36.2%
比较满意	59.8%	58.2%	53.2%	54.1%	55.5%
非常满意	2.4%	2.2%	3.6%	3.4%	3.0%
总计	100.0%	100.0%	100.0%	100.0%	100.0%
列总计	592	912	1424	1074	4002

Chi-square test：df = 9，卡方值为 19.776，sig = 0.019 < 0.05，所以不同收入的居民对于“对下列群体的伦理道德整体状况的满意度？政府官员”的回答有显著差异。

F37b by K6

您对下列群体的伦理道德整体状况的满意度？一般公务员 ＊ 收入 Crosstabulation

	无收入	1—1999 元	2000—3999 元	4000 元以上	总计
非常不满意	3.4%	4.9%	4.0%	4.1%	4.1%
比较不满意	27.8%	30.5%	34.0%	30.9%	31.4%
比较满意	66.1%	60.7%	57.8%	61.2%	60.6%
非常满意	2.7%	3.9%	4.2%	3.8%	3.8%
总计	100.0%	100.0%	100.0%	100.0%	100.0%
列总计	590	907	1425	1075	3997

Chi-square test：df = 9，卡方值为 15.009，sig = 0.091 > 0.05，所以不同收入的居民对于“对下列群体的伦理道德整体状况的满意度？一般公务员”的回答没有显著差异。

F37c by K6

您对下列群体的伦理道德整体状况的满意度？企业家 ＊ 收入 Crosstabulation

	无收入	1—1999 元	2000—3999 元	4000 元以上	总计
非常不满意	1.7%	3.8%	2.4%	2.5%	2.6%
比较不满意	26.3%	28.6%	30.0%	28.0%	28.6%
比较满意	68.6%	60.4%	61.8%	64.7%	63.3%
非常满意	3.3%	7.2%	5.7%	4.9%	5.5%
总计	100.0%	100.0%	100.0%	100.0%	100.0%
列总计	574	877	1398	1058	3907

Chi-square test：df = 9，卡方值为 23.403，sig = 0.005 < 0.05，所以不同收入的居民对于“对下列群体的伦理道德整体状况的满意度？企业家”的回答有显著差异。

F37d by K6

您对下列群体的伦理道德整体状况的满意度？演艺娱乐界 ＊ 请收入

	无收入	1—1999 元	2000—3999 元	4000 元以上	总计
非常不满意	6.5%	9.8%	12.6%	12.2%	11.0%
比较不满意	38.7%	40.5%	44.1%	46.2%	43.2%
比较满意	52.7%	45.1%	39.1%	38.1%	42.0%
非常满意	2.2%	4.6%	4.1%	3.6%	3.8%
总计	100.0%	100.0%	100.0%	100.0%	100.0%
列总计	509	723	1265	985	3482

Chi-square test：df = 9，卡方值为 47.258，sig = 0.000 < 0.05，所以不同收入的居民对于“对下列群体的伦理道德整体状况的满意度？演艺娱乐界”的回答有显著差异。

F37e by K6

您对下列群体的伦理道德整体状况的满意度？教师 ＊ 收入 Crosstabulation

	无收入	1—1999 元	2000—3999 元	4000 元以上	总计
非常不满意	1.3%	2.3%	2.2%	2.6%	2.2%
比较不满意	14.2%	17.0%	21.7%	19.1%	18.8%
比较满意	74.5%	71.6%	67.1%	67.3%	69.3%
非常满意	10.0%	9.0%	9.0%	11.0%	9.7%
总计	100.0%	100.0%	100.0%	100.0%	100.0%
列总计	620	941	1461	1100	4122

Chi-square test：df = 9，卡方值为 26.559，sig = 0.002 < 0.05，所以不同收入的居民对于“对下列群体的伦理道德整体状况的满意度？教师”的回答有显著差异。

F37f by K6

您对下列群体的伦理道德整体状况的满意度？青少年 ＊ 收入 Crosstabulation

	无收入	1—1999 元	2000—3999 元	4000 元以上	总计
非常不满意	0.8%	1.7%	1.8%	2.6%	1.8%
比较不满意	13.9%	13.6%	18.3%	17.6%	16.3%
比较满意	71.4%	73.9%	70.0%	68.2%	70.6%
非常满意	13.9%	10.9%	9.9%	11.7%	11.2%
总计	100.0%	100.0%	100.0%	100.0%	100.0%

续表

	无收入	1—1999 元	2000—3999 元	4000 元以上	总计
列总计	618	937	1445	1087	4087

Chi-square test：df = 9，卡方值为 26.860，sig = 0.001 < 0.05，所以不同收入的居民对于“对下列群体的伦理道德整体状况的满意度？青少年”的回答有显著差异。

F37g by K6

您对下列群体的伦理道德整体状况的满意度？弱势群体 * 收入 Crosstabulation

	无收入	1—1999 元	2000—3999 元	4000 元以上	总计
非常不满意	1.4%	3.0%	2.5%	2.0%	2.3%
比较不满意	15.1%	23.5%	22.8%	22.1%	21.6%
比较满意	81.8%	71.5%	73.1%	74.0%	74.3%
非常满意	1.7%	2.1%	1.6%	2.0%	1.8%
总计	100.0%	100.0%	100.0%	100.0%	100.0%
列总计	582	869	1369	1022	3842

Chi-square test：df = 9，卡方值为 24.853，sig = 0.003 < 0.05，所以不同收入的居民对于“对下列群体的伦理道德整体状况的满意度？弱势群体”的回答有显著差异。

F37h by K6

您对下列群体的伦理道德整体状况的满意度？自由职业者 * 收入 Crosstabulation

	无收入	1—1999 元	2000—3999 元	4000 元以上	总计
非常不满意	1.3%	1.8%	2.0%	1.1%	1.6%
比较不满意	15.8%	19.7%	18.6%	18.1%	18.3%
比较满意	80.5%	73.9%	75.7%	77.4%	76.5%
非常满意	2.5%	4.5%	3.7%	3.4%	3.6%
总计	100.0%	100.0%	100.0%	100.0%	100.0%
列总计	558	836	1341	1005	3740

Chi-square test：df = 9，卡方值为 12.766，sig = 0.173 > 0.05，所以不同收入的居民对于“对下列群体的伦理道德整体状况的满意度？自由职业者”的回答没有显著差异。

F37i by K6

您对下列群体的伦理道德整体状况的满意度？农民 ＊ 收入 Crosstabulation

	无收入	1—1999 元	2000—3999 元	4000 元以上	总计
非常不满意	0.8%	2.6%	1.7%	1.3%	1.7%
比较不满意	10.0%	9.1%	10.9%	11.8%	10.6%
比较满意	81.8%	75.9%	76.0%	77.6%	77.3%
非常满意	7.4%	12.4%	11.4%	9.3%	10.5%
总计	100.0%	100.0%	100.0%	100.0%	100.0%
列总计	620	946	1455	1089	4110

Chi-square test：df = 9，卡方值为 26.652，sig = 0.002 < 0.05，所以不同收入的居民对于“对下列群体的伦理道德整体状况的满意度？农民”的回答有显著差异。

F37j by K6

您对下列群体的伦理道德整体状况的满意度？商人 ＊ 收入 Crosstabulation

	无收入	1—1999 元	2000—3999 元	4000 元以上	总计
非常不满意	1.9%	2.8%	2.8%	2.4%	2.6%
比较不满意	28.1%	28.3%	31.2%	34.9%	31.0%
比较满意	67.9%	63.7%	61.9%	59.2%	62.5%
非常满意	2.1%	5.2%	4.2%	3.6%	3.9%
总计	100.0%	100.0%	100.0%	100.0%	100.0%
列总计	616	922	1443	1087	4068

Chi-square test：df = 9，卡方值为 25.189，sig = 0.003 < 0.05，所以不同收入的居民对于“对下列群体的伦理道德整体状况的满意度？商人”的回答有显著差异。

F37k by K6

您对下列群体的伦理道德整体状况的满意度？工人 ＊ 收入 Crosstabulation

	无收入	1—1999 元	2000—3999 元	4000 元以上	总计
非常不满意	0.3%	1.1%	1.2%	1.1%	1.0%
比较不满意	9.7%	9.9%	12.3%	13.0%	11.5%
比较满意	84.1%	82.1%	80.9%	79.2%	81.2%
非常满意	6.0%	7.0%	5.7%	6.7%	6.3%
总计	100.0%	100.0%	100.0%	100.0%	100.0%
列总计	621	942	1450	1092	4105

Chi-square test：df = 9，卡方值为 13.653，sig = 0.135 > 0.05，所以不同收入的居民对于“对下列群体的伦理道德整体状况的满意度？工人”的回答没有显著差异。

F37l by K6

您对下列群体的伦理道德整体状况的满意度？专家学者 ＊ 收入 Crosstabulation

	无收入	1—1999 元	2000—3999 元	4000 元以上	总计
非常不满意	1.0%	1.1%	1.6%	2.2%	1.6%
比较不满意	12.8%	13.7%	18.4%	21.1%	17.2%
比较满意	78.3%	76.4%	71.3%	70.1%	73.2%
非常满意	7.9%	8.8%	8.6%	6.6%	8.0%
总计	100.0%	100.0%	100.0%	100.0%	100.0%
列总计	585	888	1399	1054	3926

Chi-square test：df = 9，卡方值为 36.855，sig = 000 < 0.05，所以不同收入的居民对于“对下列群体的伦理道德整体状况的满意度？专家学者”的回答有显著差异。

F37m by K6

您对下列群体的伦理道德整体状况的满意度？医生 ＊ 收入 Crosstabulation

	无收入	1—1999 元	2000—3999 元	4000 元以上	总计
非常不满意	2.7%	2.9%	3.4%	4.3%	3.4%
比较不满意	18.4%	19.7%	24.6%	24.7%	22.5%
比较满意	71.8%	72.1%	66.2%	64.1%	67.8%
非常满意	7.1%	5.4%	5.9%	6.9%	6.2%
总计	100.0%	100.0%	100.0%	100.0%	100.0%
列总计	621	945	1462	1097	4125

Chi-square test：df = 9，卡方值为 27.027，sig = 0.001 < 0.05，所以不同收入的居民对于“对下列群体的伦理道德整体状况的满意度？医生”的回答有显著差异。

F38 by K6

下列哪些因素可能影响人际关系紧张 ＊ 收入 Crosstabulation

	无收入	1—1999 元	2000—3999 元	4000 元及以上	总计
社会资源缺乏，引发恶性竞争	25.0%	22.8%	21.7%	25.4%	23.4%
过度宣扬竞争意识	19.2%	22.7%	23.9%	24.0%	23.0%
社会财富分配不公，贫富差距过大	34.0%	31.3%	33.7%	36.8%	34.1%
个人主义盛行	23.6%	22.1%	23.0%	20.9%	22.3%
缺乏爱心	23.7%	26.5%	26.3%	23.1%	25.1%

续表

	无收入	1—1999元	2000—3999元	4000元及以上	总计
缺乏相互理解和沟通的意识和能力	17.1%	15.8%	19.0%	15.7%	17.1%
制度安排不公正，机会不平等	21.8%	21.1%	26.1%	25.6%	24.2%
以权谋私，官员腐败	22.6%	26.3%	24.1%	24.0%	24.3%
缺乏道德信用	24.2%	30.7%	26.4%	23.1%	26.1%
人与人、人与社会之间缺乏信任	35.3%	37.0%	35.8%	35.6%	35.9%
传统伦理瓦解，社会缺乏统一的价值观	6.8%	9.6%	7.3%	8.7%	8.1%
一切诉诸利益或法律，人际关系缺乏伦理调节的机制和能力	4.6%	4.5%	3.8%	6.2%	4.7%
列总计	615	913	1462	1097	4087

据上表所示，不同收入的居民对于“哪些因素可能影响人际关系紧张”的回答有显著差异。

F39 by K6

您认为在现代中国社会实际奉行的道德价值是 * 收入 Crosstabulation

	无收入	1—1999元	2000—3999元	4000元以上	总计
义利合一，用符合道德的方式谋利	64.0%	55.6%	56.4%	61.5%	58.8%
见利忘义，唯利是图	27.0%	32.4%	34.0%	29.8%	31.4%
不计较利害得失，道德至上	8.7%	11.7%	9.5%	8.6%	9.6%
其他	0.3%	0.2%	0.1%	0.1%	0.2%
总计	100.0%	100.0%	100.0%	100.0%	100.0%
列总计	611	913	1437	1090	4051

Chi-square test：df=9，卡方值为22.329，sig=0.008<0.05，所以不同收入的居民对于“认为在现代中国社会实际奉行的道德价值是”的回答有显著差异。

F40 by K6

对形成我国当前各种新型伦理关系和道德观念，哪些因素影响最大 * 收入 Crosstabulation

	无收入	1—1999元	2000—3999元	4000元及以上	总计
网络和媒体	59.9%	39.7%	59.1%	68.2%	57.5%
政府	59.7%	70.6%	61.4%	56.3%	61.7%
大学及其文化	21.1%	20.1%	20.9%	24.5%	21.7%
市场	34.3%	46.2%	40.2%	35.5%	39.3%
企业	22.2%	30.6%	26.2%	17.7%	24.2%

续表

	无收入	1—1999 元	2000—3999 元	4000 元及以上	总计
社会团体	17.6%	26.3%	22.0%	19.1%	21.5%
列总计	563	834	1370	1055	3822

据上表所示，不同收入的居民对于“对形成我国当前各种新型伦理关系和道德观念，哪些因素影响最大”的回答有显著差异。

F41 by K6

对当前我国伦理关系和道德风尚造成最大负面影响的因素是＊收入 Crosstabulation

	无收入	1—1999 元	2000—3999 元	4000 元及以上	总计
传统文化的崩坏	42.7%	35.7%	35.9%	39.5%	37.8%
外来文化的冲击	32.1%	35.5%	36.6%	37.8%	36.0%
市场经济导致的个人主义	26.7%	27.2%	26.9%	27.0%	27.0%
网络技术的发展	19.9%	17.5%	24.3%	24.7%	22.3%
分配不公，两极分化	32.8%	40.8%	40.2%	34.2%	37.6%
以权谋私，官员腐败	25.2%	32.0%	25.0%	24.5%	26.4%
其他	0.5%	0.2%	0.1%	0.2%	
列总计	588	871	1417	1074	3950

据上表所示，不同收入的居民对于“对当前我国伦理关系和道德风尚造成最大负面影响的因素”的回答有显著差异。

F42 by K6

造成当今不良道德风尚的最主要原因是＊收入 Crosstabulation

	无收入	1—1999 元	2000—3999 元	4000 元及以上	总计
以权谋私，官员腐败	58.7%	59.6%	58.8%	62.7%	60.0%
企业不讲诚信和损害社会利益	34.8%	39.0%	38.3%	40.1%	38.4%
学校道德教育功能弱化	20.8%	23.1%	24.9%	28.6%	24.9%
家庭伦理功能弱化	18.7%	17.0%	18.3%	16.1%	17.4%
个人缺乏道德自觉	47.6%	49.4%	47.5%	44.4%	47.1%
分配不公，两极分化	32.3%	36.4%	36.9%	32.7%	34.9%
社会的不良影响	36.8%	43.3%	41.3%	38.5%	40.3%
列总计	595	901	1430	1077	4003

据上表所示，不同收入的居民对于“造成当今不良道德风尚的最主要原因”的回答有显著差异。

F43a by K6

导致当前医患关系紧张的主要原因是 ＊ 收入 Crosstabulation

	无收入	1—1999 元	2000—3999 元	4000 元以上	总计
医生缺乏职业道德，对病人不负责任	38.6%	39.7%	36.1%	36.9%	37.5%
医疗制度不合理，看病难看病贵	43.6%	46.1%	48.3%	48.3%	47.1%
医生腐败，不送红包不认真看病	12.8%	10.4%	11.8%	10.9%	11.4%
“医闹”，病人蓄意闹事	4.5%	3.8%	3.5%	3.4%	3.7%
其他	0.5%		0.3%	0.6%	0.3%
总计	100.0%	100.0%	100.0%	100.0%	100.0%
列总计	603	904	1419	1090	4016

Chi-square test：df = 12，卡方值为 13.661，sig = 0.323 > 0.05，所以不同收入的居民对于“导致当前医患关系紧张的主要原因是”的回答没有显著差异。

F43b by K6

导致当前医患关系紧张的次要原因是 ＊ 收入 Crosstabulation

	无收入	1—1999 元	2000—3999 元	4000 元以上	总计
医生缺乏职业道德，对病人不负责任	37.2%	36.9%	38.8%	39.9%	38.4%
医疗制度不合理，看病难看病贵	31.8%	34.6%	31.6%	31.2%	32.2%
医生腐败，不送红包不认真看病	20.7%	19.7%	19.1%	19.5%	19.6%
“医闹”，病人蓄意闹事	9.9%	8.7%	10.3%	9.2%	9.6%
其他	0.3%	0.1%	0.3%	0.2%	0.2%
总计	100.0%	100.0%	100.0%	100.0%	100.0%
列总计	584	873	1383	1066	3906

Chi-square test：df = 12，卡方值为 6.745，sig = 0.874 > 0.05，所以不同收入的居民对于“导致当前医患关系紧张的次要原因是”的回答没有显著差异。

F44 by K6

您是否曾经与医生（医院）发生过矛盾或纠纷 ＊ 收入 Crosstabulation

	无收入	1—1999 元	2000—3999 元	4000 元以上	总计
是	4.9%	2.6%	3.0%	4.3%	3.6%
否	95.1%	97.4%	97.0%	95.7%	96.4%
总计	100.0%	100.0%	100.0%	100.0%	100.0%
列总计	630	954	1482	1106	4172

Chi-square test：df = 3，卡方值为 8.963，sig = 0.030 < 0.05，所以不同收入的居民对于“是否曾经与医生（医院）发生过矛盾或纠纷”的回答有显著差异。

F45a by K6

您采取了哪些方式来解决医患纠纷？与医院协商 ＊ 收入 Crosstabulation

	无收入	1—1999 元	2000—3999 元	4000 元以上	总计
未选中	36.7%	56.0%	50.0%	59.6%	51.4%
选中	63.3%	44.0%	50.0%	40.4%	48.6%
总计	100.0%	100.0%	100.0%	100.0%	100.0%
列总计	30	25	42	47	144

Chi-square test：df = 3，卡方值为 4.109，sig = 0.250 > 0.05，所以不同收入的居民对于“采取了哪些方式来解决医患纠纷？与医院协商”的回答没有显著差异。

F45b by K6

您采取了哪些方式来解决医患纠纷？寻求卫生局的调解或介入 ＊ 收入 Crosstabulation

	无收入	1—1999 元	2000—3999 元	4000 元以上	总计
未选中	76.7%	80.0%	85.7%	70.2%	77.8%
选中	23.3%	20.0%	14.3%	29.8%	22.2%
总计	100.0%	100.0%	100.0%	100.0%	100.0%
列总计	30	25	42	47	144

Chi-square test：df = 3，卡方值为 3.180，sig = 0.365 > 0.05，所以不同收入的居民对于“采取了哪些方式来解决医患纠纷？寻求卫生局的调解或介入”的回答没有显著差异。

F45c by K6

您采取了哪些方式来解决医患纠纷？医学鉴定 ＊ 收入 Crosstabulation

	无收入	1—1999 元	2000—3999 元	4000 元以上	总计
未选中	86.7%	88.0%	92.9%	87.2%	88.9%
选中	13.3%	12.0%	7.1%	12.8%	11.1%
总计	100.0%	100.0%	100.0%	100.0%	100.0%
列总计	30	25	42	47	144

Chi-square test：df = 3，卡方值为 0.970，sig = 0.809 > 0.05，所以不同收入的居民对于“采取了哪些方式来解决医患纠纷？医学鉴定”的回答没有显著差异。

F45d by K6

您采取了哪些方式来解决医患纠纷？司法诉讼 * 收入 Crosstabulation

	无收入	1—1999 元	2000—3999 元	4000 元以上	总计
未选中	90. 0%	76. 0%	85. 7%	78. 7%	82. 6%
选中	10. 0%	24. 0%	14. 3%	21. 3%	17. 4%
总计	100. 0%	100. 0%	100. 0%	100. 0%	100. 0%
列总计	30	25	42	47	144

Chi-square test：df = 3，卡方值为 2. 680，sig = 0. 444 > 0. 05，所以不同收入的居民对于“采取了哪些方式来解决医患纠纷？司法诉讼”的回答没有显著差异。

F45e by K6

您采取了哪些方式来解决医患纠纷？寻求媒体曝光 * 收入 Crosstabulation

	无收入	1—1999 元	2000—3999 元	4000 元以上	总计
未选中	96. 7%	92. 0%	95. 2%	80. 9%	90. 3%
选中	3. 3%	8. 0%	4. 8%	19. 1%	9. 7%
总计	100. 0%	100. 0%	100. 0%	100. 0%	100. 0%
列总计	30	25	42	47	144

Chi-square test：df = 3，卡方值为 7. 416，sig = 0. 060 > 0. 05，所以不同收入的居民对于“采取了哪些方式来解决医患纠纷？寻求媒体曝光”的回答没有显著差异。

F45f by K6

您采取了哪些方式来解决医患纠纷？信访 * 收入 Crosstabulation

	无收入	1—1999 元	2000—3999 元	4000 元以上	总计
未选中	93. 3%	96. 0%	92. 9%	95. 7%	94. 4%
选中	6. 7%	4. 0%	7. 1%	4. 3%	5. 6%
总计	100. 0%	100. 0%	100. 0%	100. 0%	100. 0%
列总计	30	25	42	47	144

Chi-square test：df = 3，卡方值为 0. 539，sig = 0. 910 > 0. 05，所以不同收入的居民对于“采取了哪些方式来解决医患纠纷？信访”的回答没有显著差异。

F45g by K6

您采取了哪些方式来解决医患纠纷？寻求第三方医疗纠纷调解委员会调解 * 收入 Crosstabulation

	无收入	1—1999 元	2000—3999 元	4000 元以上	总计
未选中	90. 0%	84. 0%	90. 5%	87. 2%	88. 2%

续表

	无收入	1—1999 元	2000—3999 元	4000 元以上	总计
选中	10.0%	16.0%	9.5%	12.8%	11.8%
总计	100.0%	100.0%	100.0%	100.0%	100.0%
列总计	30	25	42	47	144

Chi-square test：df = 3，卡方值为 0.768，sig = 0.857 > 0.05，所以不同收入的居民对于“采取了哪些方式来解决医患纠纷？寻求第三方医疗纠纷调解委员会调解”的回答没有显著差异。

F45h by K6

您采取了哪些方式来解决医患纠纷？直接找医生或医院算账 * 收入 Crosstabulation

	无收入	1—1999 元	2000—3999 元	4000 元以上	总计
未选中	90.0%	68.0%	81.0%	80.9%	80.6%
选中	10.0%	32.0%	19.0%	19.1%	19.4%
总计	100.0%	100.0%	100.0%	100.0%	100.0%
列总计	30	25	42	47	144

Chi-square test：df = 3，卡方值为 4.231，sig = 0.238 > 0.05，所以不同收入的居民对于“采取了哪些方式来解决医患纠纷？直接找医生或医院算账”的回答没有显著差异。

F46 by K6

某些患者会在手术前给医生红包，您认为送红包的主要理由是 * 收入 Crosstabulation

	无收入	1—1999 元	2000—3999 元	4000 元以上	总计
不相信医生能平等地对待每个病人，送红包能提高关注度，必须送	27.7%	26.2%	26.9%	27.1%	26.9%
医生很辛苦，送红包是表示尊敬和感谢	10.8%	7.6%	9.9%	8.9%	9.2%
大家都送，我不送会吃亏，不送心里不踏实	16.8%	17.9%	20.2%	25.1%	20.5%
送红包能让医生对我更用心，但我不会这么做	25.8%	17.9%	19.7%	22.3%	21.0%
大家都送红包，事实上无助于提高治疗效果，我不会这么做	12.3%	18.4%	16.6%	13.5%	15.5%
想送，但我没有能力送	6.7%	11.9%	6.8%	3.0%	6.9%
总计	100.0%	100.0%	100.0%	100.0%	100.0%
列总计	585	842	1358	1050	3835

Chi-square test：df = 15，卡方值为 100.166，sig = 0.000 < 0.05，所以不同收入的居民对于“某些患者会在手术前给医生红包，您认为送红包的主要理由是”的回答有显著差异。

G1 by K6

和前几年相比，您认为目前我国官员腐败现象有什么变化 * 收入 Crosstabulation

	无收入	1—1999 元	2000—3999 元	4000 元以上	总计
有很大改善	12.8%	11.4%	11.9%	13.1%	12.3%
有较大改善	64.7%	60.0%	62.7%	66.9%	63.5%
没什么变化	17.7%	25.2%	21.7%	16.8%	20.6%
更加恶化	4.1%	2.7%	3.0%	2.5%	3.0%
其他	0.7%	0.7%	0.6%	0.7%	0.7%
总计	100.0%	100.0%	100.0%	100.0%	100.0%
列总计	586	865	1398	1066	3915

Chi-square test：df = 124，卡方值为 28.393，sig = 0.005 < 0.05，所以不同收入的居民对于“和前几年相比，您认为目前我国官员腐败现象有什么变化”的回答有显著差异。

G2a by K6

您认为干部当官的目的是？为国家与社会做贡献 * 收入 Crosstabulation

	无收入	1—1999 元	2000—3999 元	4000 元以上	总计
未选中	70.4%	71.6%	67.6%	64.7%	68.1%
选中	29.6%	28.4%	32.4%	35.3%	31.9%
总计	100.0%	100.0%	100.0%	100.0%	100.0%
列总计	611	890	1418	1087	4006

Chi-square test：df = 3，卡方值为 12.464，sig = 0.006 < 0.05，所以不同收入的居民对于“认为干部当官的目的是？为国家与社会做贡献”的回答有显著差异。

G2b by K6

您认为干部当官的目的是？为人民服务，为百姓做好事做实事 * 收入 Crosstabulation

	无收入	1—1999 元	2000—3999 元	4000 元以上	总计
未选中	54.3%	55.1%	52.1%	48.4%	52.1%
选中	45.7%	44.9%	47.9%	51.6%	47.9%
总计	100.0%	100.0%	100.0%	100.0%	100.0%
列总计	611	890	1418	1087	4006

Chi-square test：df = 3，卡方值为 10.337，sig = 0.016 < 0.05，所以不同收入的居民对于“认为干部当官的目的是？为人民服务，为百姓做好事做实事”的回答有显著差异。

G2c by K6

您认为干部当官的目的是？为家庭增光，光宗耀祖 ＊ 收入 Crosstabulation

	无收入	1—1999 元	2000—3999 元	4000 元以上	总计
未选中	75.6%	64.3%	64.7%	67.3%	67.0%
选中	24.4%	35.7%	35.3%	32.7%	33.0%
总计	100.0%	100.0%	100.0%	100.0%	100.0%
列总计	611	890	1418	1087	4006

Chi-square test：df = 3，卡方值为 26.840，sig = 0.000 < 0.05，所以不同收入的居民对于“认为干部当官的目的是？为家庭增光，光宗耀祖”的回答有显著差异。

G2d by K6

您认为干部当官的目的是？为自己升官发财 ＊ 收入 Crosstabulation

	无收入	1—1999 元	2000—3999 元	4000 元以上	总计
未选中	52.0%	42.6%	49.8%	54.2%	49.7%
选中	48.0%	57.4%	50.2%	45.8%	50.3%
总计	100.0%	100.0%	100.0%	100.0%	100.0%
列总计	611	890	1418	1087	4006

Chi-square test：df = 3，卡方值为 28.124，sig = 0.000 < 0.05，所以不同收入的居民对于“认为干部当官的目的是？为自己升官发财”的回答有显著差异。

G2e by K6

您认为干部当官的目的是？没特殊目的，一个稳定而待遇高的职业而已 ＊ 收入 Crosstabulation

	无收入	1—1999 元	2000—3999 元	4000 元以上	总计
未选中	80.4%	78.2%	79.9%	79.2%	79.4%
选中	19.6%	21.8%	20.1%	20.8%	20.6%
总计	100.0%	100.0%	100.0%	100.0%	100.0%
列总计	611	890	1418	1087	4006

Chi-square test：df = 3，卡方值为 1.367，sig = 0.713 > 0.05，所以不同收入的居民对于“认为干部当官的目的是？没特殊目的，一个稳定而待遇高的职业而已”的回答没有显著差异。

G2f by K6

您认为干部当官的目的是？其他 ＊ 收入 Crosstabulation

	无收入	1—1999 元	2000—3999 元	4000 元以上	总计
未选中	100. 0%	99. 9%	99. 8%	99. 7%	99. 8%
选中		0. 1%	0. 2%	0. 3%	0. 2%
总计	100. 0%	100. 0%	100. 0%	100. 0%	100. 0%
列总计	611	890	1418	1087	4006

Chi-square test：df = 3，卡方值为 2. 017，sig = 0. 569 > 0. 05，所以不同收入的居民对于“认为干部当官的目的是？其他”的回答没有显著差异。

G3 by K6

与前几年相比，您对政府官员的信任度有什么变化 ＊ 收入 Crosstabulation

	无收入	1—1999 元	2000—3999 元	4000 元以上	总计
信任度提高了	40. 9%	39. 4%	42. 5%	44. 2%	42. 0%
更加不信任	10. 0%	7. 4%	9. 5%	7. 9%	8. 7%
没什么变化	48. 7%	53. 0%	47. 7%	47. 8%	49. 1%
其他	0. 3%	0. 2%	0. 3%		0. 2%
总计	100. 0%	100. 0%	100. 0%	100. 0%	100. 0%
列总计	628	955	1479	1108	4170

Chi-square test：df = 9，卡方值为 15. 169，sig = 0. 086 > 0. 05，所以不同收入的居民对于“与前几年相比，对政府官员的信任度有什么变化”的回答没有显著差异。

G4 by K6

在生活中或媒体上看到政府官员时，您首先想到的是 ＊ 收入 Crosstabulation

	无收入	1—1999 元	2000—3999 元	4000 元以上	总计
公仆，为老百姓谋福利	17. 9%	14. 3%	19. 7%	18. 9%	18. 0%
官僚，根本不了解我们的情况	18. 4%	18. 5%	19. 6%	21. 2%	19. 6%
有权有势的人	26. 4%	30. 9%	27. 7%	25. 0%	27. 5%
有本事的人	11. 8%	10. 1%	8. 7%	8. 5%	9. 4%
领导，决定我们命运的人	7. 7%	11. 1%	8. 0%	10. 0%	9. 2%
贪官	11. 5%	5. 9%	9. 1%	8. 1%	8. 4%
惹不起，但躲得起的人	3. 0%	3. 8%	2. 1%	2. 3%	2. 7%
遇到大事可以信任的人	2. 6%	4. 5%	2. 9%	3. 7%	3. 4%
其他	0. 8%	0. 9%	2. 3%	2. 3%	1. 8%

续表

	无收入	1—1999 元	2000—3999 元	4000 元以上	总计
总计	100.0%	100.0%	100.0%	100.0%	100.0%
列总计	626	952	1479	1100	4157

Chi-square test：df = 24，卡方值为 73.570，sig = 0.000 < 0.05，所以不同收入的居民对于“在生活中或媒体上看到政府官员时，首先想到的是”的回答有显著差异。

G5 by K6

您觉得当前我国政府官员道德问题最严重的是 * 收入 Crosstabulation

	无收入	1—1999 元	2000—3999 元	4000 元及以上	总计
贪污受贿	59.8%	58.8%	54.6%	54.4%	56.3%
以权谋私	64.8%	71.4%	64.6%	66.7%	66.7%
生活作风腐败	31.5%	34.0%	37.8%	33.5%	34.8%
官僚主义	15.1%	19.6%	21.1%	20.3%	19.7%
平庸，不作为，只保护自己不解决实际问题	39.2%	33.1%	35.8%	40.2%	36.9%
乱作为，搞政绩工程折腾百姓	17.6%	24.4%	27.3%	24.3%	24.4%
铺张浪费	10.9%	13.5%	13.4%	10.1%	12.1%
拉帮结派	8.5%	11.4%	8.7%	8.5%	9.2%
骄横跋扈，欺压百姓	4.7%	6.6%	5.7%	6.4%	5.9%
列总计	597	868	1409	1062	3936

据上表所示，不同收入的居民对于“当前我国政府官员道德问题最严重的”的回答有显著差异。

G6 by K6

政府在制定政策和决策时充分考虑到伦理道德方面的要求了吗 * 收入 Crosstabulation

	无收入	1—1999 元	2000—3999 元	4000 元以上	总计
有考虑，能够从日常生活中感受到	39.0%	30.5%	31.2%	34.1%	33.0%
有考虑，能够从政策文件中体会到	28.5%	29.4%	29.9%	31.2%	29.9%
只是口头上说说，没有实质性行动	24.9%	31.6%	29.0%	26.1%	28.2%
没有考虑，政策制度都是从自己的政绩和富人的利益着想	7.4%	8.2%	9.6%	8.2%	8.6%
其他	0.2%	0.3%	0.3%	0.4%	0.3%
总计	100.0%	100.0%	100.0%	100.0%	100.0%

续表

	无收入	1—1999元	2000—3999元	4000元以上	总计
列总计	610	935	1467	1098	4110

Chi-square test：df = 12，卡方值为23.132，sig = 0.027 < 0.05，所以不同收入的居民对于“政府在制定政策和决策时充分考虑到伦理道德方面的要求了吗”的回答有显著差异。

G7a by K6

残疾人、留守儿童、孤寡老人等弱势群体需要来自全社会的关爱与帮助，您认为本地区做得怎么样？社区提供的服务 ＊ 收入 Crosstabulation

	无收入	1—1999元	2000—3999元	4000元以上	总计
很好	7.8%	6.6%	7.9%	7.6%	7.5%
比较好	74.9%	70.2%	71.5%	72.0%	71.9%
不太好	15.9%	21.7%	19.4%	19.8%	19.5%
很差	1.5%	1.5%	1.2%	0.6%	1.1%
总计	100.0%	100.0%	100.0%	100.0%	100.0%
列总计	605	931	1423	1055	4014

Chi-square test：df = 9，卡方值为13.782，sig = 0.130 > 0.05，所以不同收入的居民对于“残疾人、留守儿童、孤寡老人等弱势群体需要来自全社会的关爱与帮助，您认为本地区做得怎么样？社区提供的服务”的回答没有显著差异。

G7b by K6

残疾人、留守儿童、孤寡老人等弱势群体需要来自全社会的关爱与帮助，您认为本地区做得怎么样？周围人的尊重和关爱 ＊ 收入 Crosstabulation

	无收入	1—1999元	2000—3999元	4000元以上	总计
很好	10.5%	12.5%	10.1%	9.1%	10.4%
比较好	78.2%	71.0%	73.9%	71.8%	73.3%
不太好	10.0%	15.0%	15.1%	18.3%	15.1%
很差	1.3%	1.5%	1.0%	0.8%	1.1%
总计	100.0%	100.0%	100.0%	100.0%	100.0%
列总计	620	939	1455	1079	4093

Chi-square test：df = 9，卡方值为29.070，sig = 0.001 < 0.05，所以不同收入的居民对于“残疾人、留守儿童、孤寡老人等弱势群体需要来自全社会的关爱与帮助，您认为本地区做得怎么样？周围人的尊重和关爱”的回答有显著差异。

G7c by K6

残疾人、留守儿童、孤寡老人等弱势群体需要来自全社会的关爱与帮助，您认为本地区做得怎么样？社会服务机构提供专业化服务 ＊ 收入 Crosstabulation

	无收入	1—1999 元	2000—3999 元	4000 元以上	总计
很好	10.9%	9.3%	9.7%	9.0%	9.6%
比较好	58.5%	55.5%	55.2%	55.0%	55.7%
不太好	25.2%	29.7%	30.6%	30.3%	29.5%
很差	5.4%	5.5%	4.4%	5.6%	5.2%
总计	100.0%	100.0%	100.0%	100.0%	100.0%
列总计	552	869	1354	1010	3785

Chi-square test：df = 9，卡方值为 8.768，sig = 0.459 > 0.05，所以不同收入的居民对于“残疾人、留守儿童、孤寡老人等弱势群体需要来自全社会的关爱与帮助，您认为本地区做得怎么样？社会服务机构提供专业化服务”的回答没有显著差异。

G7d by K6

残疾人、留守儿童、孤寡老人等弱势群体需要来自全社会的关爱与帮助，您认为本地区做得怎么样？政府实施的社会援助 ＊ 收入 Crosstabulation

	无收入	1—1999 元	2000—3999 元	4000 元以上	总计
很好	10.0%	9.6%	11.3%	9.2%	10.1%
比较好	60.5%	61.5%	60.7%	60.6%	60.8%
不太好	25.2%	25.3%	24.7%	27.3%	25.6%
很差	4.3%	3.7%	3.3%	2.9%	3.5%
总计	100.0%	100.0%	100.0%	100.0%	100.0%
列总计	552	867	1350	1022	3791

Chi-square test：df = 9，卡方值为 6.831，sig = 0.655 > 0.05，所以不同收入的居民对于“残疾人、留守儿童、孤寡老人等弱势群体需要来自全社会的关爱与帮助，您认为本地区做得怎么样？政府实施的社会援助”的回答没有显著差异。

G7e by K6

残疾人、留守儿童、孤寡老人等弱势群体需要来自全社会的关爱与帮助，您认为本地区做得怎么样？公益与慈善事业 ＊ 收入 Crosstabulation

	无收入	1—1999 元	2000—3999 元	4000 元以上	总计
很好	9.8%	8.3%	9.0%	8.8%	8.9%
比较好	63.4%	63.8%	60.5%	59.0%	61.2%

续表

	无收入	1—1999 元	2000—3999 元	4000 元以上	总计
不太好	23.5%	23.1%	26.5%	28.2%	25.8%
很差	3.3%	4.8%	4.0%	4.0%	4.1%
总计	100.0%	100.0%	100.0%	100.0%	100.0%
列总计	519	806	1289	973	3587

Chi-square test：df = 9，卡方值为 10.752，sig = 0.293 > 0.05，所以不同收入的居民对于“残疾人、留守儿童、孤寡老人等弱势群体需要来自全社会的关爱与帮助，您认为本地区做得怎么样？公益与慈善事业”的回答没有显著差异。

G7f by K6

残疾人、留守儿童、孤寡老人等弱势群体需要来自全社会的关爱与帮助，您认为本地区做得怎么样？志愿者帮助 ＊ 收入 Crosstabulation

	无收入	1—1999 元	2000—3999 元	4000 元以上	总计
很好	9.8%	10.7%	10.1%	9.9%	10.2%
比较好	62.7%	61.1%	63.4%	59.1%	61.6%
不太好	24.1%	24.7%	23.3%	27.0%	24.7%
很差	3.3%	3.5%	3.1%	3.9%	3.4%
总计	100.0%	100.0%	100.0%	100.0%	100.0%
列总计	518	795	1291	965	3569

Chi-square test：df = 9，卡方值为 6.561，sig = 0.683 > 0.05，所以不同收入的居民对于“残疾人、留守儿童、孤寡老人等弱势群体需要来自全社会的关爱与帮助，您认为本地区做得怎么样？志愿者帮助”的回答没有显著差异。

G8 by K6

现在有的地方建了“好人馆”“好人广场”“好人公园”，您认为有必要为好人树碑立传吗 ＊ 收入 Crosstabulation

	无收入	1—1999 元	2000—3999 元	4000 元以上	总计
很有必要，可以让更多的人知道他们、学习他们	84.6%	84.3%	81.4%	78.3%	81.7%
可有可无	10.1%	9.8%	10.7%	11.2%	10.5%
没有必要	5.3%	5.9%	7.9%	10.5%	7.8%
总计	100.0%	100.0%	100.0%	100.0%	100.0%
列总计	604	881	1426	1092	4003

Chi-square test：df = 6，卡方值为 23.449，sig = 0.001 < 0.05，所以不同收入的居民对于“有必要为好人树碑立传吗”的回答有显著差异。

G9 by K6

党中央出台了一系列治国理政的新举措，给社会生活带来了什么变化 * 收入 Crosstabulation

	无收入	1—1999 元	2000—3999 元	4000 元以上	总计
社会在向好的方面发展，对未来生活更有信心	57.2%	54.4%	59.3%	61.2%	58.4%
目前没看出有什么影响	18.6%	20.8%	20.5%	19.3%	19.9%
虽然出台了一些政策，感觉解决不了什么问题	14.1%	15.5%	14.1%	16.9%	15.2%
不关心这些，说不清楚	10.0%	9.2%	6.1%	2.5%	6.4%
其他		0.1%	0.1%	0.1%	0.1%
总计	100.0%	100.0%	100.0%	100.0%	100.0%
列总计	629	954	1480	1108	4171

Chi-square test：df = 12，卡方值为 60.630，sig = 0.000 < 0.05，所以不同收入的居民对于“党中央出台了一系列治国理政的新举措，给社会生活带来了什么变化”的回答有显著差异。

G10a by K6

以下政策措施对促进社会公平有效果吗？就业政策 * 收入 Crosstabulation

	无收入	1—1999 元	2000—3999 元	4000 元以上	总计
有较大效果	8.6%	6.6%	8.2%	8.7%	8.0%
有点效果	67.0%	67.2%	64.8%	67.4%	66.3%
没有效果	22.5%	24.3%	25.0%	22.0%	23.7%
更不公平	1.3%	1.7%	1.9%	1.5%	1.7%
大大加剧了不公平	0.5%	0.2%	0.1%	0.4%	0.3%
总计	100.0%	100.0%	100.0%	100.0%	100.0%
列总计	546	844	1398	1057	3845

Chi-square test：df = 12，卡方值为 10.226，sig = 0.596 > 0.05，所以不同收入的居民对于“以下政策措施对促进社会公平有效果吗？就业政策”的回答没有显著差异。

G10b by K6

以下政策措施对促进社会公平有效果吗？教育政策 * 收入 Crosstabulation

	无收入	1—1999 元	2000—3999 元	4000 元以上	总计
有较大效果	12.1%	11.6%	11.6%	9.8%	11.2%
有点效果	70.8%	69.2%	66.4%	67.8%	68.0%
没有效果	11.8%	15.2%	17.3%	15.6%	15.6%
更不公平	3.2%	2.4%	3.6%	3.7%	3.3%
大大加剧了不公平	2.1%	1.6%	1.2%	3.1%	1.9%

续表

	无收入	1—1999 元	2000—3999 元	4000 元以上	总计
总计	100.0%	100.0%	100.0%	100.0%	100.0%
列总计	585	870	1427	1071	3953

Chi-square test：df = 12，卡方值为 27.196，sig = 0.007 < 0.05，所以不同收入的居民对于“以下政策措施对促进社会公平有效果吗？教育政策”的回答有显著差异。

G10c by K6

以下政策措施对促进社会公平有效果吗？医疗卫生政策 * 收入 Crosstabulation

	无收入	1—1999 元	2000—3999 元	4000 元以上	总计
有较大效果	13.8%	12.3%	12.4%	12.2%	12.5%
有点效果	64.6%	61.9%	58.9%	59.2%	60.5%
没有效果	15.3%	20.4%	22.0%	21.3%	20.5%
更不公平	3.5%	3.2%	4.8%	3.8%	4.0%
大大加剧了不公平	2.9%	2.2%	1.9%	3.5%	2.5%
总计	100.0%	100.0%	100.0%	100.0%	100.0%
列总计	596	916	1440	1084	4036

Chi-square test：df = 12，卡方值为 25.203，sig = 0.014 < 0.05，所以不同收入的居民对于“以下政策措施对促进社会公平有效果吗？医疗卫生政策”的回答有显著差异。

G10d by K6

以下政策措施对促进社会公平有效果吗？低保政策 * 收入 Crosstabulation

	无收入	1—1999 元	2000—3999 元	4000 元以上	总计
有较大效果	13.3%	12.4%	13.9%	15.1%	13.8%
有点效果	63.4%	60.3%	59.7%	60.7%	60.6%
没有效果	16.9%	20.9%	20.2%	17.4%	19.1%
更不公平	4.6%	4.5%	4.5%	3.8%	4.3%
大大加剧了不公平	1.8%	1.9%	1.6%	3.0%	2.1%
总计	100.0%	100.0%	100.0%	100.0%	100.0%
列总计	549	841	1355	1015	3760

Chi-square test：df = 12，卡方值为 14.815，sig = 0.252 > 0.05，所以不同收入的居民对于“以下政策措施对促进社会公平有效果吗？低保政策”的回答没有显著差异。

G10e by K6

以下政策措施对促进社会公平有效果吗？房地产政策 ＊ 收入 Crosstabulation

	无收入	1—1999 元	2000—3999 元	4000 元以上	总计
有较大效果	7.2%	4.4%	5.2%	4.9%	5.2%
有点效果	50.6%	45.8%	41.7%	39.2%	43.0%
没有效果	27.3%	33.2%	31.9%	32.2%	31.7%
更不公平	8.1%	9.9%	13.9%	15.0%	12.6%
大大加剧了不公平	6.8%	6.8%	7.3%	8.7%	7.5%
总计	100.0%	100.0%	100.0%	100.0%	100.0%
列总计	472	710	1290	987	3459

Chi-square test：df = 12，卡方值为 40.774，sig = 0.000 < 0.05，所以不同收入的居民对于“以下政策措施对促进社会公平有效果吗？房地产政策”的回答有显著差异。

G10f by K6

以下政策措施对促进社会公平有效果吗？拆迁安置政策 ＊ 收入 Crosstabulation

	无收入	1—1999 元	2000—3999 元	4000 元以上	总计
有较大效果	8.6%	5.9%	6.1%	5.5%	6.2%
有点效果	51.9%	45.9%	44.8%	44.9%	46.0%
没有效果	24.4%	27.4%	26.6%	26.9%	26.5%
更不公平	8.6%	11.3%	14.1%	14.1%	12.8%
大大加剧了不公平	6.4%	9.4%	8.5%	8.6%	8.5%
总计	100.0%	100.0%	100.0%	100.0%	100.0%
列总计	451	679	1231	938	3299

Chi-square test：df = 12，卡方值为 23.076，sig = 0.027 < 0.05，所以不同收入的居民对于“以下政策措施对促进社会公平有效果吗？拆迁安置政策”的回答有显著差异。

G11 by K6

如果遭遇重大公共事件，您相信政府公布的信息和采取的措施吗 ＊ 收入 Crosstabulation

	无收入	1—1999 元	2000—3999 元	4000 元以上	总计
相信，大都是可靠的，比网络流传的可靠	72.6%	71.7%	72.0%	74.2%	72.6%
不相信，都是安抚百姓的策略措施	13.9%	15.1%	14.7%	13.9%	14.5%
将信将疑，走一步看一步	13.5%	13.3%	13.1%	11.8%	12.9%

续表

	无收入	1—1999 元	2000—3999 元	4000 元以上	总计
其他			0.1%		
总计	100.0%	100.0%	100.0%	100.0%	100.0%
列总计	628	956	1480	1106	4170

Chi-square test：df = 9，卡方值为 6.231，sig = 0.717 > 0.05，所以不同收入的居民对于“如果遭遇重大公共事件，相信政府公布的信息和采取的措施吗”的回答没有显著差异。

G12a by K6

政府推动或倡导的下列活动效果如何？文明城市创建 * 收入 Crosstabulation

	无收入	1—1999 元	2000—3999 元	4000 元以上	总计
完全没效果	1.6%	1.8%	1.7%	2.3%	1.8%
效果较差	13.3%	13.3%	13.0%	14.8%	13.6%
效果较好	68.6%	66.2%	66.4%	66.3%	66.6%
效果很好	16.6%	18.7%	18.9%	16.6%	17.9%
总计	100.0%	100.0%	100.0%	100.0%	100.0%
列总计	579	899	1438	1089	4005

Chi-square test：df = 3，卡方值为 4.298，sig = 0.231 > 0.05，所以不同收入的居民对于“政府推动或倡导的下列活动效果如何？文明城市创建”的回答没有显著差异。

G12b by K6

政府推动或倡导的下列活动效果如何？学雷锋活动 * 收入 Crosstabulation

	无收入	1—1999 元	2000—3999 元	4000 元以上	总计
完全没效果	2.0%	2.0%	2.3%	3.1%	2.4%
效果较差	17.4%	16.6%	18.2%	21.8%	18.7%
效果较好	66.7%	67.5%	65.1%	61.5%	64.9%
效果很好	13.9%	13.9%	14.3%	13.6%	14.0%
总计	100.0%	100.0%	100.0%	100.0%	100.0%
列总计	547	836	1376	1034	3793

Chi-square test：df = 9，卡方值为 13.828，sig = 0.129 > 0.05，所以不同收入的居民对于“政府推动或倡导的下列活动效果如何？学雷锋活动”的回答没有显著差异。

G12c by K6

政府推动或倡导的下列活动效果如何？典型人物的宣传 * 收入 Crosstabulation

	无收入	1—1999 元	2000—3999 元	4000 元以上	总计
完全没效果	1.5%	1.7%	2.4%	2.2%	2.0%
效果较差	14.4%	18.7%	18.1%	21.5%	18.6%
效果较好	67.6%	60.5%	59.1%	59.9%	60.9%
效果很好	16.6%	19.2%	20.4%	16.4%	18.5%
总计	100.0%	100.0%	100.0%	100.0%	100.0%
列总计	543	777	1335	1016	3671

Chi-square test：df = 9，卡方值为 23.433，sig = 0.005 < 0.05，所以不同收入的居民对于“政府推动或倡导的下列活动效果如何？典型人物的宣传”的回答有显著差异。

G12d by K6

政府推动或倡导的下列活动效果如何？志愿服务的倡导和推广 * 收入 Crosstabulation

	无收入	1—1999 元	2000—3999 元	4000 元以上	总计
完全没效果	1.4%	1.9%	1.9%	2.5%	2.0%
效果较差	17.7%	19.7%	19.2%	17.7%	18.7%
效果较好	62.1%	59.7%	59.1%	61.8%	60.4%
效果很好	18.9%	18.7%	19.9%	18.0%	18.9%
总计	100.0%	100.0%	100.0%	100.0%	100.0%
列总计	509	772	1319	986	3586

Chi-square test：df = 9，卡方值为 5.942，sig = 0.746 > 0.05，所以不同收入的居民对于“政府推动或倡导的下列活动效果如何？志愿服务的倡导和推广”的回答没有显著差异。

G12e by K6

政府推动或倡导的下列活动效果如何？反腐倡廉的举措 * 收入 Crosstabulation

	无收入	1—1999 元	2000—3999 元	4000 元以上	总计
完全没效果	4.7%	5.3%	4.0%	3.0%	4.1%
效果较差	15.0%	18.1%	21.6%	18.2%	19.0%
效果较好	62.0%	57.8%	55.1%	58.4%	57.6%
效果很好	18.3%	18.7%	19.3%	20.3%	19.3%
总计	100.0%	100.0%	100.0%	100.0%	100.0%
列总计	552	860	1394	1037	3843

Chi-square test：df = 9，卡方值为 21.511，sig = 0.011 < 0.05，所以不同收入的居民对于“政府推动或倡导的下列活动效果如何？反腐倡廉的举措”的回答有显著差异。

G12f by K6

政府推动或倡导的下列活动效果如何？《公民道德建设实施纲要》的推进 ＊ 收入 Crosstabulation

	无收入	1—1999 元	2000—3999 元	4000 元以上	总计
完全没效果	1. 8%	1. 4%	2. 3%	2. 9%	2. 2%
效果较差	17. 2%	19. 7%	18. 8%	19. 5%	19. 0%
效果较好	62. 1%	64. 8%	62. 8%	61. 6%	62. 8%
效果很好	18. 9%	14. 0%	16. 2%	15. 9%	16. 0%
总计	100. 0%	100. 0%	100. 0%	100. 0%	100. 0%
列总计	435	705	1200	891	3231

Chi-square test：df = 9，卡方值为 10. 006，sig = 0. 350 > 0. 05，所以不同收入的居民对于“政府推动或倡导的下列活动效果如何？《公民道德建设实施纲要》的推进”的回答没有显著差异。

G13 by K6

您对我们正在走的中国特色社会主义道路怎么看 ＊ 收入 Crosstabulation

	无收入	1—1999 元	2000—3999 元	4000 元以上	总计
充满信心，因为它可以给中国带来繁荣富强	52. 4%	50. 0%	53. 4%	56. 4%	53. 3%
不太了解，但相信这条路能够让老百姓都过上好日子	35. 8%	36. 3%	35. 0%	31. 8%	34. 6%
表示怀疑，走这条路究竟怎么样，现在还说不清楚	6. 5%	7. 8%	7. 8%	9. 6%	8. 1%
走什么样的路，跟我没关系	4. 8%	6. 0%	3. 7%	2. 2%	4. 0%
其他	0. 5%		0. 1%		0. 1%
总计	100. 0%	100. 0%	100. 0%	100. 0%	100. 0%
列总计	626	954	1480	1103	4163

Chi-square test：df = 12，卡方值为 44. 380，sig = 0. 000 < 0. 05，所以不同收入的居民“对我们正在走的中国特色社会主义道路怎么看”的回答有显著差异。

G14 by K6

每个人都希望我们的国家越来越好，我们的生活越来越好。党的十八大提出，到 2020 年全面建成小康社会，到本世纪中叶建成社会主义现代化国家，您认为这样的目标能实现吗 ＊ 收入 Crosstabulation

	无收入	1—1999 元	2000—3999 元	4000 元以上	总计
相信一定能实现	44. 9%	38. 2%	37. 5%	41. 6%	39. 9%

续表

	无收入	1—1999 元	2000—3999 元	4000 元以上	总计
有困难，但只要努力还是能实现的	43.5%	49.4%	52.8%	51.1%	50.2%
不可能实现	3.9%	3.1%	2.7%	3.2%	3.1%
说不清楚，跟我没关系	7.6%	9.3%	7.0%	3.8%	6.8%
其他	0.2%			0.3%	0.1%
总计	100.0%	100.0%	100.0%	100.0%	100.0%
列总计	619	939	1464	1096	4118

Chi-square test：df = 12，卡方值为 46.962，sig = 0.000 < 0.05，所以不同收入的居民对于“到本世纪中叶建成社会主义现代化国家，认为这样的目标能实现吗”的回答有显著差异。

G15 by K6

您对您周围的党员干部道德状况怎么评价 ＊ 收入 Crosstabulation

	无收入	1—1999 元	2000—3999 元	4000 元以上	总计
总体还不错	49.8%	53.2%	50.4%	51.8%	51.3%
普遍比较差	19.9%	16.9%	20.7%	18.3%	19.1%
和普通群众没有太大差别	30.3%	29.9%	28.8%	29.9%	29.6%
总计	100.0%	100.0%	100.0%	100.0%	100.0%
列总计	578	872	1360	1041	3851

Chi-square test：df = 6，卡方值为 6.233，sig = 0.398 > 0.05，所以不同收入的居民对于“对周围的党员干部道德状况怎么评价”的回答没有显著差异。

G16 by K6

您认为当前官员的勤政作为是怎样的 ＊ 收入 Crosstabulation

	无收入	1—1999 元	2000—3999 元	4000 元以上	总计
努力作为，成绩显著	27.0%	22.3%	22.8%	28.8%	25.0%
努力作为，成绩一般	53.7%	52.7%	54.6%	50.9%	53.0%
行政不作为	15.7%	19.2%	18.6%	15.9%	17.5%
行政乱作为	3.6%	5.8%	4.1%	4.4%	4.5%
总计	100.0%	100.0%	100.0%	100.0%	100.0%
列总计	529	755	1296	1001	3581

Chi-square test：df = 9，卡方值为 21.976，sig = 0.009 < 0.05，所以不同收入的居民对于“认为当前官员的勤政作为是怎样的”的回答有显著差异。

G17 by K6

您到政府部门办事，首先选择的方法是 * 收入 Crosstabulation

	无收入	1—1999 元	2000—3999 元	4000 元以上	总计
找亲朋好友帮忙办理	13.8%	13.5%	11.9%	13.3%	12.9%
找政府中的熟人办理	19.3%	22.5%	25.5%	27.2%	24.4%
送红包	0.9%	0.8%	0.9%	1.3%	1.0%
直接找相关职能部门办理	65.9%	63.1%	61.4%	57.9%	61.5%
其他	0.2%	0.1%	0.3%	0.3%	0.2%
总计	100.0%	100.0%	100.0%	100.0%	100.0%
列总计	581	881	1395	1066	3923

Chi-square test：df = 12，卡方值为 23.593，sig = 0.057 > 0.05，所以不同收入的居民对于“到政府部门办事，首先选择的方法是”的回答没有显著差异。

H1 by K6

您认为近五年来，您所在地区政府的环境保护工作做得怎么样 * 收入 Crosstabulation

	无收入	1—1999 元	2000—3999 元	4000 元以上	总计
片面注重经济发展，忽视了环境保护工作	15.6%	15.3%	19.0%	19.5%	17.8%
重视不够，环保投入不足	18.6%	26.3%	28.2%	27.6%	26.2%
虽尽了努力，但效果不佳	16.6%	14.1%	14.2%	12.4%	14.1%
尽了很大努力，有一定成效	38.8%	36.8%	30.4%	33.6%	33.9%
取得了很大的成绩	10.3%	7.4%	8.3%	7.0%	8.1%
总计	100.0%	100.0%	100.0%	100.0%	100.0%
列总计	601	873	1403	1073	3950

Chi-square test：df = 4，卡方值为 1.623，sig = 0.805 > 0.05，所以不同收入的居民对于“认为近五年来，所在地区政府的环境保护工作做得怎么样”的回答没有显著差异。

H2a by K6

在最近的一年里，您是否从事过？垃圾分类投放 * 收入 Crosstabulation

	无收入	1—1999 元	2000—3999 元	4000 元以上	总计
从不	46.3%	57.2%	45.5%	34.9%	45.5%
偶尔	34.3%	30.3%	38.9%	46.5%	38.2%
经常	19.4%	12.4%	15.7%	18.6%	16.2%

续表

	无收入	1—1999 元	2000—3999 元	4000 元以上	总计
总计	100.0%	100.0%	100.0%	100.0%	100.0%
列总计	630	956	1482	1105	4173

Chi-square test：df=6，卡方值为 110.396，sig=0.000<0.05，所以不同收入的居民对于“在最近的一年里，是否从事过？垃圾分类投放”的回答有显著差异。

H2b by K6

在最近的一年里，您是否从事过？与自己的亲戚朋友讨论环保问题 * 收入 Crosstabulation

	无收入	1—1999 元	2000—3999 元	4000 元以上	总计
从不	46.7%	58.5%	43.5%	38.2%	46.0%
偶尔	42.8%	35.3%	44.1%	47.7%	42.8%
经常	10.5%	6.3%	12.3%	14.1%	11.1%
总计	100.0%	100.0%	100.0%	100.0%	100.0%
列总计	629	956	1482	1106	4173

Chi-square test：df=6，卡方值为 99.991，sig=0.000<0.05，所以不同收入的居民对于“在最近的一年里，是否从事过？与自己的亲戚朋友讨论环保问题”的回答有显著差异。

H2c by K6

在最近的一年里，您是否从事过？采购日常用品时自己带购物篮或购物袋 * 收入 Crosstabulation

	无收入	1—1999 元	2000—3999 元	4000 元以上	总计
从不	24.3%	29.3%	19.5%	21.7%	23.1%
偶尔	41.2%	44.1%	47.3%	47.7%	45.7%
经常	34.5%	26.6%	33.2%	30.6%	31.2%
总计	100.0%	100.0%	100.0%	100.0%	100.0%
列总计	629	955	1481	1106	4171

Chi-square test：df=6，卡方值为 41.543，sig=0.000<0.05，所以不同收入的居民对于“在最近的一年里，是否从事过？采购日常用品时自己带购物篮或购物袋”的回答有显著差异。

H2d by K6

在最近的一年里，您是否从事过？优先选择公交、步行等绿色出行方式 ＊ 收入 Crosstabulation

	无收入	1—1999 元	2000—3999 元	4000 元以上	总计
从不	18.1%	24.9%	15.9%	18.0%	18.9%
偶尔	30.4%	40.6%	40.9%	42.9%	39.8%
经常	51.5%	34.5%	43.3%	39.0%	41.4%
总计	100.0%	100.0%	100.0%	100.0%	100.0%
列总计	629	954	1481	1104	4168

Chi-square test：df = 6，卡方值为 73.035，sig = 0.000 < 0.05，所以不同收入的居民对于“在最近的一年里，是否从事过？优先选择公交、步行等绿色出行方式”的回答有显著差异。

H2e by K6

在最近的一年里，您是否从事过？为环境保护捐款 ＊ 收入 Crosstabulation

	无收入	1—1999 元	2000—3999 元	4000 元以上	总计
从不	76.5%	84.8%	72.6%	66.8%	74.5%
偶尔	19.7%	13.1%	22.6%	28.4%	21.5%
经常	3.8%	2.1%	4.7%	4.8%	4.0%
总计	100.0%	100.0%	100.0%	100.0%	100.0%
列总计	630	953	1480	1103	4166

Chi-square test：df = 6，卡方值为 92.899，sig = 0.000 < 0.05，所以不同收入的居民对于“在最近的一年里，是否从事过？为环境保护捐款”的回答有显著差异。

H2f by K6

在最近的一年里，您是否从事过？主动关注环境方面的信息报道和宣传教育 ＊ 收入 Crosstabulation

	无收入	1—1999 元	2000—3999 元	4000 元以上	总计
从不	69.4%	80.8%	68.6%	62.0%	69.7%
偶尔	23.7%	15.4%	25.3%	30.0%	24.0%
经常	7.0%	3.9%	6.1%	8.1%	6.2%
总计	100.0%	100.0%	100.0%	100.0%	100.0%
列总计	630	956	1481	1104	4171

Chi-square test：df = 6，卡方值为 88.758，sig = 0.000 < 0.05，所以不同收入的居民对于“在最近的一年里，是否从事过？主动关注环境方面的信息报道和宣传教育”的回答有显著差异。

H2g by K6

在最近的一年里，您是否从事过？积极参加民间环保团体举办的环保活动 * 收入 Crosstabulation

	无收入	1—1999 元	2000—3999 元	4000 元以上	总计
从不	75.6%	86.8%	78.6%	74.3%	78.9%
偶尔	20.2%	11.5%	17.5%	20.0%	17.2%
经常	4.3%	1.7%	3.9%	5.7%	3.9%
总计	100.0%	100.0%	100.0%	100.0%	100.0%
列总计	630	955	1481	1106	4172

Chi-square test：df = 6，卡方值为 58.945，sig = 0.000 < 0.05，所以不同收入的居民对于“在最近的一年里，是否从事过？积极参加民间环保团体举办的环保活动”的回答有显著差异。

H2h by K6

在最近的一年里，您是否从事过？积极参加要求解决环境问题的投诉、上诉 * 收入 Crosstabulation

	无收入	1—1999 元	2000—3999 元	4000 元以上	总计
从不	78.0%	88.5%	82.6%	79.6%	82.5%
偶尔	17.8%	9.5%	14.9%	16.4%	14.5%
经常	4.1%	2.0%	2.6%	4.0%	3.0%
总计	100.0%	100.0%	100.0%	100.0%	100.0%
列总计	628	954	1481	1105	4168

Chi-square test：df = 6，卡方值为 40.836，sig = 0.000 < 0.05，所以不同收入的居民对于“在最近的一年里，是否从事过？积极参加要求解决环境问题的投诉、上诉”的回答有显著差异。

H3 by K6

如果您的周围有一片森林，政府将成材的树林砍伐下来办木材厂，将极大提高您的收入，但将破坏环境，您会支持这一决定吗 * 收入 Crosstabulation

	无收入	1—1999 元	2000—3999 元	4000 元以上	总计
支持，对大家有好处	10.7%	8.9%	8.6%	8.1%	8.8%
反对，这是发子孙财，破坏生态	70.3%	64.8%	71.6%	73.3%	70.3%
不支持也不反对，政府决定	18.9%	26.3%	19.7%	18.5%	20.8%
其他	0.2%		0.1%	0.1%	0.1%
总计	100.0%	100.0%	100.0%	100.0%	100.0%

续表

	无收入	1—1999 元	2000—3999 元	4000 元以上	总计
列总计	629	952	1482	1107	4170

Chi-square test：df = 9，卡方值为 28.693，sig = 0.001 < 0.05，所以不同收入的居民对于"如果您的周围有一片森林，政府将成材的树林砍伐下来办木材厂，将极大提高您的收入，但将破坏环境，您会支持这一决定吗"的回答有显著差异。

H4 by K6

如果要办一个化工厂，您是这个厂的持股职工，化工厂的排污管将未经处理的污水排向下游地区，给下游地区造成污染，您会支持这个决定吗 * 收入 Crosstabulation

	无收入	1—1999 元	2000—3999 元	4000 元以上	总计
支持，我们不会受污染	8.1%	6.4%	6.6%	6.9%	6.8%
反对，这是嫁祸于人	76.9%	70.4%	76.3%	80.0%	76.0%
不支持也不反对，成了可分红，不成是领导的责任	14.8%	23.0%	17.1%	13.1%	17.0%
其他	0.2%	0.2%	0.1%		0.1%
总计	100.0%	100.0%	100.0%	100.0%	100.0%
列总计	628	955	1478	1106	4167

Chi-square test：df = 9，卡方值为 43.124，sig = 0.000 < 0.05，所以不同收入的居民对于"如果要办一个化工厂，您是这个厂的持股职工，化工厂的排污管将未经处理的污水排向下游地区，给下游地区造成污染，您会支持这个决定吗"的回答有显著差异。

H5 by K6

您认为造成生态环境问题的最主要原因是 * 收入 Crosstabulation

	无收入	1—1999 元	2000—3999 元	4000 元以上	总计
企业唯利是图，造成环境污染	33.8%	30.1%	32.9%	31.8%	32.1%
政府缺乏生态意识，政策失当	30.1%	30.7%	31.6%	35.9%	32.3%
个人缺乏环保意识	20.1%	17.6%	19.4%	15.5%	18.1%
当代人自私自利，不顾未来和子孙利益	15.2%	20.9%	15.5%	16.4%	16.9%
其他	0.8%	0.6%	0.6%	0.5%	0.6%
总计	100.0%	100.0%	100.0%	100.0%	100.0%
列总计	627	952	1480	1107	4166

Chi-square test：df = 12，卡方值为 28.126，sig = 0.005 < 0.05，所以不同收入的居民对于"认为造成生态环境问题的最主要原因"的回答有显著差异。

H6 by K6

如果环境保护主管部门邀请您参加座谈会或听证会，听取对环境保护相关事项或者活动的意见和建议，您是否会出席 * 收入 Crosstabulation

	无收入	1—1999 元	2000—3999 元	4000 元以上	总计
会	70.9%	60.9%	66.0%	73.8%	67.7%
不会	29.1%	39.1%	34.0%	26.2%	32.3%
总计	100.0%	100.0%	100.0%	100.0%	100.0%
列总计	580	844	1318	996	3738

Chi-square test：df = 3，卡方值为 39.131，sig = 0.000 < 0.05，所以不同收入的居民对于“如果环境保护主管部门邀请您参加座谈会或听证会，是否会出席”的回答有显著差异。

H7 by K6

若您所在社区参加“绿色社区”创建活动，您是否会积极参与 * 收入 Crosstabulation

	无收入	1—1999 元	2000—3999 元	4000 元以上	总计
会	75.2%	65.9%	72.1%	79.5%	73.1%
不会	24.8%	34.1%	27.9%	20.5%	26.9%
总计	100.0%	100.0%	100.0%	100.0%	100.0%
列总计	576	844	1313	995	3728

Chi-square test：df = 3，卡方值为 45.046，sig = 0.000 < 0.05，所以不同收入的居民对于“若所在社区参加‘绿色社区’创建活动，您是否会积极参与”的回答有显著差异。

I1 by K6

如果您周围有很多外国人，您愿意和他们建立什么样的关系 * 收入 Crosstabulation

	无收入	1—1999 元	2000—3999 元	4000 元以上	总计
愿意做朋友	39.6%	32.2%	37.5%	51.0%	40.2%
愿意做兄弟姐妹	3.3%	3.7%	6.0%	4.2%	4.6%
不愿意来往，得提防他们	4.5%	3.2%	2.6%	2.4%	3.0%
偶尔交往，仅限于礼节性的	12.4%	9.9%	16.8%	18.6%	15.0%
无法和他们来往，存在语言、文化、习俗等障碍	39.7%	50.9%	36.7%	23.3%	36.9%
其他	0.5%	0.1%	0.3%	0.4%	0.3%

续表

	无收入	1—1999 元	2000—3999 元	4000 元以上	总计
总计	100.0%	100.0%	100.0%	100.0%	100.0%
列总计	629	954	1482	1107	4172

Chi-square test：df = 15，卡方值为 209.757，sig = 0.000 < 0.05，所以不同收入的居民对于“如果周围有很多外国人，您愿意和他们建立什么样的关系”的回答有显著差异。

I2 by K6

您更愿意过春节还是圣诞节 ＊ 收入 Crosstabulation

	无收入	1—1999 元	2000—3999 元	4000 元以上	总计
圣诞节	0.8%	0.2%	0.5%	0.5%	0.5%
春节	79.8%	89.9%	82.3%	77.3%	82.3%
两个都愿意过	17.9%	8.9%	16.0%	20.8%	15.9%
两个都不想过	1.4%	1.0%	1.3%	1.4%	1.3%
总计	100.0%	100.0%	100.0%	100.0%	100.0%
列总计	630	957	1479	1107	4173

Chi-square test：df = 9，卡方值为 61.674，sig = 0.000 < 0.05，所以不同收入的居民对于“更愿意过春节还是圣诞节”的回答有显著差异。

I3 by K6

您同意中国人与外国人通婚吗 ＊ 收入 Crosstabulation

	无收入	1—1999 元	2000—3999 元	4000 元以上	总计
非常同意	3.9%	1.4%	3.1%	4.9%	3.3%
比较同意	69.2%	65.7%	68.0%	71.7%	68.7%
不太同意	21.4%	25.8%	24.1%	20.9%	23.2%
强烈反对	5.4%	7.1%	4.7%	2.5%	4.8%
总计	100.0%	100.0%	100.0%	100.0%	100.0%
列总计	588	848	1308	1000	3744

Chi-square test：df = 9，卡方值为 46.773，sig = 0.000 < 0.05，所以不同收入的居民对于“同意中国人与外国人通婚吗”的回答有显著差异。

I4 by K6

对外来的城市农民工如建筑工人、家庭保姆等，您的态度是 ＊ 收入 Crosstabulation

	无收入	1—1999 元	2000—3999 元	4000 元以上	总计
看不起和排斥	0.6%	0.5%	0.9%	0.6%	0.7%

续表

	无收入	1—1999 元	2000—3999 元	4000 元以上	总计
无视和冷漠以对	2.4%	2.9%	4.8%	4.3%	3.9%
尊重和体谅	81.5%	74.3%	75.4%	76.9%	76.5%
同情和友爱	15.3%	22.2%	18.8%	18.1%	18.9%
其他	0.2%		0.1%	0.1%	0.1%
总计	100.0%	100.0%	100.0%	100.0%	100.0%
列总计	628	954	1477	1106	4165

Chi-square test：df = 12，卡方值为 25.501，sig = 0.013 < 0.05，所以不同收入的居民对于“对外来的城市农民工如建筑工人、家庭保姆等，您的态度是”的回答有显著差异。

I5 by K6

您在日常生活中与同乡人和外乡人的关系是 * 收入 Crosstabulation

	无收入	1—1999 元	2000—3999 元	4000 元以上	总计
与同乡人交往多	46.9%	49.6%	41.8%	35.8%	42.8%
与外乡人交往多	9.1%	4.8%	8.2%	14.3%	9.2%
一样多	16.7%	17.0%	25.8%	28.6%	23.2%
偶尔与外乡人有交往，主要与同乡人交往	27.1%	28.3%	24.1%	21.2%	24.7%
其他	0.2%	0.2%	0.1%	0.1%	0.1%
总计	100.0%	100.0%	100.0%	100.0%	100.0%
列总计	627	957	1479	1105	4168

Chi-square test：df = 12，卡方值为 137.328，sig = 0.000 < 0.05，所以不同收入的居民对于“您在日常生活中与同乡人和外乡人的关系是”的回答有显著差异。

I6 by K6

您所在地区的政府对待外来人员的政策取向是 * 收入 Crosstabulation

	无收入	1—1999 元	2000—3999 元	4000 元以上	总计
不冷不热，顺其自然	52.7%	42.5%	43.3%	46.0%	45.2%
提高门槛，严加限制	9.0%	9.7%	11.2%	10.0%	10.2%
降低门槛，广泛吸收	31.5%	37.9%	33.2%	31.3%	33.5%
对有钱人、高级专家采取特殊政策吸引，对一般人严加限制	6.8%	9.7%	12.3%	12.5%	11.0%
其他		0.2%	0.1%	0.1%	0.1%
总计	100.0%	100.0%	100.0%	100.0%	100.0%

续表

	无收入	1—1999 元	2000—3999 元	4000 元以上	总计
列总计	588	916	1417	1076	3997

Chi-square test：df = 12，卡方值为 37. 254，sig = 0. 000 < 0. 05，所以不同收入的居民对于“您所在地区的政府对待外来人员的政策取向是”的回答有显著差异。

I7 by K6

您认为在当前的中国，读书还能不能改变命运 * 收入 Crosstabulation

	无收入	1—1999 元	2000—3999 元	4000 元以上	总计
读书只是改变命运的一个路径	38. 3%	34. 3%	38. 0%	41. 9%	38. 2%
读书是改变命运的主要路径	40. 5%	40. 1%	42. 3%	39. 4%	40. 7%
读书是改变命运的唯一路径	14. 5%	14. 7%	12. 8%	10. 1%	12. 8%
不再是改变命运的路径，没权势的人读了书照样穷	6. 7%	10. 9%	6. 8%	8. 4%	8. 2%
其他			0. 1%	0. 2%	0. 1%
总计	100. 0%	100. 0%	100. 0%	100. 0%	100. 0%
列总计	629	951	1480	1107	4167

Chi-square test：df = 12，卡方值为 36. 260，sig = 0. 000 < 0. 05，所以不同收入的居民对于“您认为在当前的中国，读书还能不能改变命运”的回答没有显著差异。

I8 by K6

您如何认识名牌大学里农村学生比例急剧减少的现象 * 收入 Crosstabulation

	无收入	1—1999 元	2000—3999 元	4000 元以上	总计
是一种社会倒退	8. 3%	9 4%	9. 9%	10. 5%	9. 7%
农村教育的落后	43. 3%	37. 7%	35. 6%	34. 6%	37. 0%
教育不公平	30. 6%	34. 2%	34. 0%	33. 6%	33. 5%
有钱人和有权人特权的表现	11. 7%	13. 4%	14. 5%	12. 7%	13. 4%
代际不公，社会不公的延续和加剧	5. 0%	4. 5%	5. 2%	7. 4%	5. 6%
其他	1. 1%	0. 7%	0. 8%	1. 1%	0. 9%
总计	100. 0%	100. 0%	100. 0%	100. 0%	100. 0%
列总计	624	947	1475	1100	4146

Chi-square test：df = 15，卡方值为 26. 439，sig = 0. 034 < 0. 05，所以不同收入的居民对于“您如何认识名牌大学里农村学生比例急剧减少的现象”的回答有显著差异。

I9 by K6

您同学指出你们家乡的某一风俗习惯很落后保守，您会作出什么反应 * 收入 Crosstabulation

	无收入	1—1999 元	2000—3999 元	4000 元以上	总计
坦然面对，承认这一风俗习惯确实落后	52.5%	48.5%	51.8%	53.9%	51.7%
虽然认为说得对，但是感觉他或她在批评自己的家乡，因此不自在	31.8%	31.4%	30.9%	29.2%	30.7%
虽然认为说得对，但是感到受到羞辱	7.6%	11.5%	9.0%	8.3%	9.2%
批评家乡就是批评自己，要为家乡的风俗习惯做辩护	7.8%	8.4%	8.2%	8.4%	8.2%
其他	0.3%	0.2%	0.2%	0.1%	0.2%
总计	100.0%	100.0%	100.0%	100.0%	100.0%
列总计	629	944	1474	1102	4149

Chi-square test：df = 12，卡方值为 13.808，sig = 0.313 > 0.05，所以不同收入的居民对于“同学指出你们家乡的某一风俗习惯很落后保守，会作出什么反应”的回答没有显著差异。

I10 by K6

如果您有机会出国，初到国外时，您交朋友会有意识地交中国朋友吗 * 收入 Crosstabulation

	无收入	1—1999 元	2000—3999 元	4000 元以上	总计
会，认为在异国他乡找自己本国人有一种归属感	67.1%	58.9%	62.5%	66.1%	63.3%
不会，看缘分交朋友，不强调国籍	12.7%	10.7%	13.0%	15.6%	13.1%
不会，会有意识地多交外国朋友	8.2%	4.2%	3.9%	3.4%	4.5%
视情况而定	12.0%	26.1%	20.7%	14.8%	19.1%
总计	100.0%	100.0%	100.0%	100.0%	100.0%
列总计	624	950	1479	1106	4159

Chi-square test：df = 9，卡方值为 91.990，sig = 0.000 < 0.05，所以不同收入的居民对于“如果有机会出国，初到国外时，交朋友会有意识地交中国朋友吗”的回答有显著差异。

I11 by K6

您是否愿意与不同民族的人交往 * 收入 Crosstabulation

	无收入	1—1999 元	2000—3999 元	4000 元以上	总计
非常不愿意	4.3%	2.4%	1.8%	1.7%	2.3%

续表

	无收入	1—1999 元	2000—3999 元	4000 元以上	总计
不太愿意	19.7%	20.8%	18.3%	14.2%	18.0%
比较愿意	70.3%	73.5%	75.3%	76.1%	74.4%
非常愿意	5.7%	3.3%	4.6%	7.9%	5.4%
总计	100.0%	100.0%	100.0%	100.0%	100.0%
列总计	609	914	1435	1088	4046

Chi-square test：df = 9，卡方值为 51.064，sig = 0.000 < 0.05，所以不同收入的居民对于“是否愿意与不同民族的人交往”的回答有显著差异。

I12 by K6

您是否愿意与不同宗教信仰的人相处 ＊ 收入 Crosstabulation

	无收入	1—1999 元	2000—3999 元	4000 元以上	总计
非常不愿意	4.7%	3.1%	2.2%	2.4%	2.8%
不太愿意	28.9%	23.6%	23.6%	17.8%	22.8%
比较愿意	62.6%	70.8%	70.9%	73.6%	70.4%
非常愿意	3.8%	2.5%	3.3%	6.1%	4.0%
总计	100.0%	100.0%	100.0%	100.0%	100.0%
列总计	602	903	1406	1076	3987

Chi-square test：df = 9，卡方值为 57.800，sig = 0.000 < 0.05，所以不同收入的居民对于“是否愿意与不同宗教信仰的人相处”的回答有显著差异。

I13 by K6

您与您的邻居平时来往多吗 ＊ 收入 Crosstabulation

	无收入	1—1999 元	2000—3999 元	4000 元以上	总计
非常多	24.4%	18.9%	15.2%	13.8%	17.1%
比较多	49.1%	64.2%	58.7%	50.4%	56.3%
偶尔	22.3%	16.0%	22.8%	30.0%	23.1%
几乎不来往	4.1%	0.8%	3.3%	5.8%	3.5%
总计	100.0%	100.0%	100.0%	100.0%	100.0%
列总计	627	951	1479	1107	4164

Chi-square test：df = 9，卡方值为 136.334，sig = 0.000 < 0.05，所以不同收入的居民对于“您与您的邻居平时来往多吗”的回答有显著差异。

I14a by K6

您在多大程度上愿意和下列群体成为邻居？农民工、进城务工人员 ＊ 收入 Crosstabulation

	无收入	1—1999 元	2000—3999 元	4000 元以上	总计
非常愿意	12.2%	14.7%	10.1%	7.9%	10.9%
比较愿意	78.7%	76.0%	77.9%	79.0%	77.9%
不太愿意	8.7%	8.8%	11.1%	12.6%	10.6%
很不愿意	0.3%	0.4%	0.9%	0.5%	0.6%
总计	100.0%	100.0%	100.0%	100.0%	100.0%
列总计	621	950	1472	1099	4142

Chi-square test：df = 9，卡方值为 36.761，sig = 0.000 < 0.05，所以不同收入的居民对于“在多大程度上愿意和下列群体成为邻居？农民工、进城务工人员”的回答有显著差异。

I14b by K6

您在多大程度上愿意和下列群体成为邻居？商人 ＊ 收入

	无收入	1—1999 元	2000—3999 元	4000 元以上	总计
非常愿意	7.8%	8.7%	8.7%	6.0%	7.9%
比较愿意	72.0%	70.7%	68.0%	71.2%	70.1%
不太愿意	18.5%	20.1%	22.5%	21.7%	21.2%
很不愿意	1.8%	0.4%	0.7%	1.1%	0.9%
总计	100.0%	100.0%	100.0%	100.0%	100.0%
列总计	617	939	1470	1100	4126

Chi-square test：df = 9，卡方值为 20.861，sig = 0.012 < 0.05，所以不同收入的居民对于“在多大程度上愿意和下列群体成为邻居？商人”的回答有显著差异。

I14c by K6

您在多大程度上愿意和下列群体成为邻居？企业家或高级管理人员 ＊ 收入 Crosstabulation

	无收入	1—1999 元	2000—3999 元	4000 元以上	总计
非常愿意	14.7%	17.0%	16.0%	12.3%	15.0%
比较愿意	71.5%	70.6%	70.5%	72.2%	71.1%
不太愿意	13.1%	11.2%	12.3%	14.1%	12.6%
很不愿意	0.8%	1.3%	1.2%	1.5%	1.2%
总计	100.0%	100.0%	100.0%	100.0%	100.0%

续表

	无收入	1—1999 元	2000—3999 元	4000 元以上	总计
列总计	613	932	1464	1099	4108

Chi-square test：df = 9，卡方值为 14. 061，sig = 0. 120 > 0. 05，所以不同收入的居民对于“在多大程度上愿意和下列群体成为邻居？企业家或高级管理人员”的回答没有显著差异。

I14d by K6

您在多大程度上愿意和下列群体成为邻居？技术工人 ＊ 收入 Crosstabulation

	无收入	1—1999 元	2000—3999 元	4000 元以上	总计
非常愿意	18. 9%	22. 9%	19. 6%	14. 8%	19. 0%
比较愿意	75. 5%	71. 5%	73. 8%	77. 5%	74. 5%
不太愿意	5. 5%	4. 9%	6. 1%	6. 9%	5. 9%
很不愿意	0. 2%	0. 7%	0. 5%	0. 8%	0. 6%
总计	100. 0%	100. 0%	100. 0%	100. 0%	100. 0%
列总计	620	944	1471	1102	4137

Chi-square test：df = 9，卡方值为 28. 144，sig = 0. 001 < 0. 05，所以不同收入的居民对于“在多大程度上愿意和下列群体成为邻居？技术工人”的回答有显著差异。

I14e by K6

您在多大程度上愿意和下列群体成为邻居？教师 ＊ 收入 Crosstabulation

	无收入	1—1999 元	2000—3999 元	4000 元以上	总计
非常愿意	26. 9%	28. 7%	25. 7%	24. 1%	26. 1%
比较愿意	68. 8%	66. 5%	68. 5%	69. 8%	68. 4%
不太愿意	4. 0%	4. 4%	5. 3%	5. 1%	4. 8%
很不愿意	0. 3%	0. 4%	0. 5%	1. 0%	0. 6%
总计	100. 0%	100. 0%	100. 0%	100. 0%	100. 0%
列总计	628	951	1476	1103	4158

Chi-square test：df = 9，卡方值为 11. 607，sig = 0. 236 > 0. 05，所以不同收入的居民对于“在多大程度上愿意和下列群体成为邻居？教师”的回答没有显著差异。

I14f by K6

您在多大程度上愿意和下列群体成为邻居？医生 ＊ 收入 Crosstabulation

	无收入	1—1999 元	2000—3999 元	4000 元以上	总计
非常愿意	23. 2%	24. 8%	22. 0%	20. 5%	22. 4%

续表

	无收入	1—1999 元	2000—3999 元	4000 元以上	总计
比较愿意	69.8%	66.6%	68.3%	71.7%	69.0%
不太愿意	5.9%	7.6%	8.7%	6.9%	7.5%
很不愿意	1.1%	0.9%	1.0%	0.9%	1.0%
总计	100.0%	100.0%	100.0%	100.0%	100.0%
列总计	629	950	1475	1104	4158

Chi-square test：df = 9，卡方值为 12.435，sig = 0.190 > 0.05，所以不同收入的居民对于“在多大程度上愿意和下列群体成为邻居？医生”的回答没有显著差异。

I14g by K6

您在多大程度上愿意和下列群体成为邻居？富人 * 收入 Crosstabulation

	无收入	1—1999 元	2000—3999 元	4000 元以上	总计
非常愿意	8.4%	9.5%	8.2%	7.7%	8.4%
比较愿意	53.9%	53.4%	50.4%	53.4%	52.4%
不太愿意	30.3%	32.7%	34.1%	32.1%	32.7%
很不愿意	7.4%	4.5%	7.3%	6.8%	6.5%
总计	100.0%	100.0%	100.0%	100.0%	100.0%
列总计	618	937	1460	1095	4110

Chi-square test：df = 9，卡方值为 14.145，sig = 0.117 > 0.05，所以不同收入的居民对于“在多大程度上愿意和下列群体成为邻居？富人”的回答没有显著差异。

I14h by K6

您在多大程度上愿意和下列群体成为邻居？土豪 * 收入 Crosstabulation

	无收入	1—1999 元	2000—3999 元	4000 元以上	总计
非常愿意	7.0%	6.4%	5.9%	6.5%	6.4%
比较愿意	49.8%	48.8%	44.2%	46.9%	46.8%
不太愿意	32.0%	37.0%	38.7%	36.2%	36.7%
很不愿意	11.1%	7.8%	11.2%	10.4%	10.2%
总计	100.0%	100.0%	100.0%	100.0%	100.0%
列总计	612	935	1456	1090	4093

Chi-square test：df = 9，卡方值为 17.666，sig = 0.039 < 0.05，所以不同收入的居民对于“在多大程度上愿意和下列群体成为邻居？土豪”的回答有显著差异。

I14i by K6

您在多大程度上愿意和下列群体成为邻居？专家学者 ＊ 收入 Crosstabulation

	无收入	1—1999 元	2000—3999 元	4000 元以上	总计
非常愿意	13.8%	14.3%	12.0%	13.7%	13.2%
比较愿意	67.7%	67.4%	65.3%	65.9%	66.3%
不太愿意	13.8%	15.9%	18.8%	17.0%	16.9%
很不愿意	4.8%	2.5%	3.9%	3.4%	3.6%
总计	100.0%	100.0%	100.0%	100.0%	100.0%
列总计	609	932	1445	1093	4079

Chi-square test：df = 9，卡方值为 16.721，sig = 0.053 > 0.05，所以不同收入的居民对于“在多大程度上愿意和下列群体成为邻居？专家学者”的回答没有显著差异。

I14j by K6

您在多大程度上愿意和下列群体成为邻居？政府官员 ＊ 收入 Crosstabulation

	无收入	1—1999 元	2000—3999 元	4000 元以上	总计
非常愿意	10.8%	12.3%	9.9%	9.0%	10.4%
比较愿意	58.0%	58.5%	54.6%	58.1%	57.0%
不太愿意	24.6%	24.7%	29.2%	28.0%	27.1%
很不愿意	6.6%	4.5%	6.3%	4.8%	5.5%
总计	100.0%	100.0%	100.0%	100.0%	100.0%
列总计	619	933	1450	1094	4096

Chi-square test：df = 9，卡方值为 19.734，sig = 0.020 < 0.05，所以不同收入的居民对于“在多大程度上愿意和下列群体成为邻居？政府官员”的回答有显著差异。

I14k by K6

您在多大程度上愿意和下列群体成为邻居？公众人物、演艺人士 ＊ 收入 Crosstabulation

	无收入	1—1999 元	2000—3999 元	4000 元以上	总计
非常愿意	6.7%	5.7%	6.1%	5.9%	6.0%
比较愿意	56.0%	50.7%	47.4%	47.3%	49.4%
不太愿意	27.7%	34.5%	34.1%	34.1%	33.2%
很不愿意	9.6%	9.1%	12.5%	12.7%	11.3%
总计	100.0%	100.0%	100.0%	100.0%	100.0%
列总计	595	891	1404	1076	3966

Chi-square test：df = 9，卡方值为 23.712，sig = 0.005 < 0.05，所以不同收入的居民对于“在多大程度上愿意和下列群体成为邻居？公众人物、演艺人士”的回答有显著差异。

I15 by K6

您如何看待中国对其他落后国家的广泛援助计划 * 收入 Crosstabulation

	无收入	1—1999 元	2000—3999 元	4000 元以上	总计
完全支持，认为这有助于提升国家形象和国际地位	38.8%	29.7%	36.1%	36.5%	35.2%
支持，认为我们应该帮助比我们落后的国家	35.2%	31.5%	33.5%	31.5%	32.8%
支持，但国家应该征求纳税人的意见	9.8%	10.1%	9.0%	15.2%	11.1%
不支持，因为我们国家尚存在很多贫困人口	16.2%	28.6%	21.4%	16.8%	21.0%
总计	100.0%	100.0%	100.0%	100.0%	100.0%
列总计	593	878	1394	1081	3946

Chi-square test：df = 9，卡方值为 75.701，sig = 0.000 < 0.05，所以不同收入的居民对于“如何看待中国对其他落后国家的广泛援助计划”的回答有显著差异。

I16 by K6

您听说过一些道德模范的故事吗？您愿意像他们那样做人做事吗 * 收入 Crosstabulation

	无收入	1—1999 元	2000—3999 元	4000 元以上	总计
知道一些，他们很了不起，应努力向他们学习	61.8%	43.5%	54.4%	60.6%	54.7%
知道一些，很敬佩他们，但自己学不来	22.9%	26.8%	28.0%	27.2%	26.8%
知道一些，我感到他们那样做有点不值得	4.5%	9.0%	6.0%	5.2%	6.3%
没听说过谁是道德模范和身边好人	10.8%	20.5%	11.4%	7.0%	12.3%
其他		0.1%	0.1%		0.1%
总计	100.0%	100.0%	100.0%	100.0%	100.0%
列总计	629	954	1480	1108	4171

Chi-square test：df = 12，卡方值为 138.344，sig = 0.000 < 0.05，所以不同收入的居民对于“听说过一些道德模范的故事吗？您愿意像他们那样做人做事吗”的回答有显著差异。

I17 by K6

当有陌生人走进您的单位或社区，或在车厢中与陌生人在一起时，您经常的反应是 ＊ 收入 Crosstabulation

	无收入	1—1999 元	2000—3999 元	4000 元以上	总计
对他/她微笑	25.4%	21.1%	27.9%	31.7%	27.0%
主动打招呼	11.2%	9.0%	10.9%	13.3%	11.2%
没有任何反应	32.9%	22.1%	26.0%	28.4%	26.8%
保持警惕，防止上当	30.5%	47.5%	35.0%	26.4%	34.8%
其他		0.3%	0.1%	0.2%	0.2%
总计	100.0%	100.0%	100.0%	100.0%	100.0%
列总计	614	929	1453	1101	4097

Chi-square test：df = 12，卡方值为 118.581，sig = 0.000 < 0.05，所以不同收入的居民对于“当有陌生人走进您的单位或社区，或在车厢中与陌生人在一起时，您经常的反应是”的回答有显著差异。

I18 by K6

假设您双手抱着东西走进电梯，您觉得电梯里的陌生人可能会怎样 ＊ 收入 Crosstabulation

	无收入	1—1999 元	2000—3999 元	4000 元以上	总计
主动问您去几楼并帮您按楼层	35.3%	29.3%	30.7%	36.1%	32.6%
当作没看见	15.6%	15.6%	14.4%	14.3%	14.8%
会在您的请求下给予帮助	49.1%	55.1%	54.8%	49.5%	52.6%
总计	100.0%	100.0%	100.0%	100.0%	100.0%
列总计	558	808	1322	1018	3706

Chi-square test：df = 6，卡方值为 15.462，sig = 0.017 < 0.05，所以不同收入的居民对于“假设您双手抱着东西走进电梯，您觉得电梯里的陌生人可能会怎样”的回答有显著差异。

J1 by K6

现在我们省正按照习近平总书记的要求努力建设经济强、百姓富、环境美、社会文明程度高的新江苏。您对江苏实现这样的目标有信心吗 ＊ 收入 Crosstabulation

	无收入	1—1999 元	2000—3999 元	4000 元以上	总计
很有信心	94.5%	93.0%	94.3%	95.1%	94.3%
没有信心	5.5%	7.0%	5.7%	4.9%	5.7%
总计	100.0%	100.0%	100.0%	100.0%	100.0%
列总计	491	673	1047	864	3075

Chi-square test：df = 3，卡方值为 3.217，sig = 0.359 > 0.05，所以不同收入的居民对于“现在我们省正按照习近平总书记的要求努力建设经济强、百姓富、环境美、社会文明程度高的新江苏，对江苏实现这样的目标有信心吗”的回答没有显著差异。

江苏省伦理道德评价的教育差异

B1a by A4a

过去一年，您对纸质报纸的使用情况是 * 受教育程度 Crosstabulation

	初中及以下	高中、中专及职高	大专	本科及以上	总计
从不	69.2%	45.1%	34.6%	26.7%	55.4%
很少	20.9%	33.1%	43.4%	45.9%	28.7%
有时	6.5%	12.5%	13.0%	18.4%	9.9%
经常	2.7%	7.4%	6.4%	7.3%	4.7%
非常频繁	0.8%	1.9%	2.7%	1.8%	1.4%
总计	100.0%	100.0%	100.0%	100.0%	100.0%
列总计	2396	1081	376	495	4348

Chi-square test：df = 12，卡方值为 478.082，sig = 0.000 < 0.05，所以不同受教育程度的居民对于“过去一年，您对纸质报纸的使用情况”的回答存在显著差异。

B1b by A4a

过去一年，您对纸质杂志的使用情况是 * 受教育程度 Crosstabulation

	初中及以下	高中、中专及职高	大专	本科及以上	总计
从不	75.4%	55.2%	34.9%	27.8%	61.5%
很少	18.2%	26.3%	40.3%	43.8%	25.0%
有时	4.6%	12.8%	17.6%	21.3%	9.6%
经常	1.5%	4.9%	5.6%	5.7%	3.2%
非常频繁	0.3%	0.8%	1.6%	1.4%	0.7%
总计	100.0%	100.0%	100.0%	100.0%	100.0%
列总计	2396	1078	375	493	4342

Chi-square test：df = 12，卡方值为 596.261，sig = 0.000 < 0.05，所以不同受教育程度的居民对于“过去一年，您对纸质杂志的使用情况”的回答存在显著差异。

B1c by A4a

过去一年，您对广播的使用情况是 * 受教育程度 Crosstabulation

	初中及以下	高中、中专及职高	大专	本科及以上	总计
从不	73.1%	57.0%	45.6%	35.6%	62.5%
很少	16.3%	24.6%	28.7%	38.9%	22.0%
有时	6.2%	11.8%	17.7%	15.9%	9.7%

续表

	初中及以下	高中、中专及职高	大专	本科及以上	总计
经常	3.5%	5.2%	7.0%	7.7%	4.7%
非常频繁	0.8%	1.5%	1.1%	1.8%	1.1%
总计	100.0%	100.0%	100.0%	100.0%	100.0%
列总计	2388	1078	373	491	4330

Chi-square test：df = 12，卡方值为 337.252，sig = 0.000 < 0.05，所以不同受教育程度的居民对于“过去一年，您对广播的使用情况”的回答存在显著差异。

B1d by A4a

过去一年，您对电视的使用情况是 ＊ 受教育程度 Crosstabulation

	初中及以下	高中、中专及职高	大专	本科及以上	总计
从不	1.1%	1.7%	3.2%	1.4%	1.5%
很少	5.3%	6.7%	9.6%	15.2%	7.2%
有时	18.6%	24.4%	29.8%	33.4%	22.7%
经常	50.9%	47.6%	47.1%	39.3%	48.4%
非常频繁	24.1%	19.6%	10.4%	10.7%	20.3%
总计	100.0%	100.0%	100.0%	100.0%	100.0%
列总计	2392	1083	376	494	4345

Chi-square test：df = 12，卡方值为 190.799，sig = 0.000 < 0.05，所以不同受教育程度的居民对于“过去一年，您对电视的使用情况”的回答存在显著差异。

B1e by A4a

过去一年，您对各种政府网站的使用情况是 ＊ 受教育程度 Crosstabulation

	初中及以下	高中、中专及职高	大专	本科及以上	总计
从不	81.1%	57.5%	36.2%	21.3%	64.5%
很少	12.8%	24.7%	34.0%	37.3%	20.4%
有时	4.2%	9.9%	16.8%	22.1%	8.8%
经常	1.7%	6.8%	10.6%	16.2%	5.4%
非常频繁	0.2%	1.1%	2.4%	3.0%	0.9%
总计	100.0%	100.0%	100.0%	100.0%	100.0%
列总计	2377	1076	376	493	4322

Chi-square test：df = 12，卡方值为 901.717，sig = 0.000 < 0.05，所以不同受教育程度的居民对于“过去一年，您对各种政府网站的使用情况”的回答存在显著差异。

B1f by A4a

过去一年，您对社交媒体（微博、微信、博客、播客等）的使用情况是 * 受教育程度 Crosstabulation

	初中及以下	高中、中专及职高	大专	本科及以上	总计
从不	47.3%	10.2%	1.9%	0.8%	28.8%
很少	7.1%	5.3%	2.9%	3.0%	5.8%
有时	14.5%	15.8%	11.1%	10.1%	14.0%
经常	19.9%	39.7%	41.5%	37.7%	28.7%
非常频繁	11.3%	29.0%	42.6%	48.4%	22.7%
总计	100.0%	100.0%	100.0%	100.0%	100.0%
列总计	2387	1080	378	494	4339

Chi-square test：df = 12，卡方值为 1183.441，sig = 0.000 < 0.05，所以不同受教育程度的居民对于“过去一年，您对社交媒体（微博、微信、博客、播客等）的使用情况”的回答存在显著差异。

B1g by A4a

过去一年，您对新媒体（如数字报纸、移动电视等）的使用情况是 * 受教育程度 Crosstabulation

	初中及以下	高中、中专及职高	大专	本科及以上	总计
从不	65.7%	36.7%	21.9%	10.1%	48.4%
很少	11.8%	17.4%	18.1%	14.2%	14.0%
有时	10.1%	16.8%	17.1%	21.9%	13.7%
经常	7.8%	19.8%	26.4%	30.6%	15.0%
非常频繁	4.7%	9.4%	16.5%	23.1%	9.0%
总计	100.0%	100.0%	100.0%	100.0%	100.0%
列总计	2390	1077	375	493	4335

Chi-square test：df = 12，卡方值为 857.294，sig = 0.000 < 0.05，所以不同受教育程度的居民对于“过去一年，您对新媒体（如数字报纸、移动电视等）的使用情况”的回答存在显著差异。

B2 by A4a

跟五年前相比，您觉得自己的社会经济地位有什么变化 * 受教育程度 Crosstabulation

	初中及以下	高中、中专及职高	大专	本科及以上	总计
上升了	55.4%	56.7%	63.6%	66.7%	57.7%
差不多	38.9%	38.3%	33.9%	30.3%	37.3%

续表

	初中及以下	高中、中专及职高	大专	本科及以上	总计
下降了	5.7%	5.0%	2.5%	3.0%	4.9%
总计	100.0%	100.0%	100.0%	100.0%	100.0%
列总计	2258	1026	354	466	4104

Chi-square test：df = 6，卡方值为 30.389，sig = 0.000 < 0.05，所以不同受教育程度的居民对于“跟五年前相比，您觉得自己的社会经济地位有什么变化”的回答存在显著差异。

B3 by A4a

您感觉在未来的五年中，您的生活水平将会有什么变化 * 受教育程度 Crosstabulation

	初中及以下	高中、中专及职高	大专	本科及以上	总计
上升很多	18.2%	22.2%	22.6%	39.5%	22.1%
略有上升	56.8%	60.5%	62.3%	54.0%	57.9%
没有变化	21.6%	13.7%	13.7%	4.8%	17.0%
略有下降	2.7%	3.0%	0.6%	1.3%	2.4%
下降很多	0.6%	0.6%	0.9%	0.4%	0.6%
总计	100.0%	100.0%	100.0%	100.0%	100.0%
列总计	2121	976	350	461	3908

Chi-square test：df = 12，卡方值为 166.821，sig = 0.000 < 0.05，所以不同受教育程度的居民对于“您感觉在未来的五年中，您的生活水平将会有什么变化”的回答存在显著差异。

B4 by A4a

总的来说，您觉得目前的生活幸福吗 * 受教育程度 Crosstabulation

	初中及以下	高中、中专及职高	大专	本科及以上	总计
非常不幸福	0.4%	1.4%	0.5%	0.2%	0.6%
不太幸福	4.0%	2.9%	2.6%	3.0%	3.5%
谈不上幸福不幸福	20.5%	17.4%	17.2%	14.9%	18.8%
比较幸福	63.9%	63.1%	66.1%	65.1%	64.0%
非常幸福	11.3%	15.3%	13.5%	16.8%	13.1%
总计	100.0%	100.0%	100.0%	100.0%	100.0%
列总计	2399	1083	378	495	4355

Chi-square test：df = 12，卡方值为 43.512，sig = 0.000 < 0.05，所以不同受教育程度的居民对于“总的来说，您觉得目前的生活幸福吗”的回答存在显著差异。

B5 by A4a

您对自己目前的生活状态满意吗 * 受教育程度 Crosstabulation

	初中及以下	高中、中专及职高	大专	本科及以上	总计
非常满意	9.9%	12.9%	12.8%	13.0%	11.3%
比较满意	77.4%	76.1%	71.5%	75.7%	76.3%
不太满意	12.5%	10.6%	15.5%	10.8%	12.1%
非常不满意	0.3%	0.4%	0.3%	0.6%	0.3%
总计	100.0%	100.0%	100.0%	100.0%	100.0%
列总计	2390	1076	375	493	4334

Chi-square test: df = 9，卡方值为 18.374，sig = 0.031 < 0.05，所以不同受教育程度的居民对于“您对自己目前的生活状态满意吗”的回答存在显著差异。

B6 by A4a

社会上发生的一些事情，您一般是从什么渠道最先知道 * 受教育程度 Crosstabulation

	初中及以下	高中、中专及职高	大专	本科及以上	总计
电视	77.7%	55.3%	35.2%	27.5%	62.7%
报纸	3.7%	7.0%	3.7%	2.2%	4.3%
电台广播	2.5%	1.8%	2.9%	1.4%	2.2%
微博、微信等网络社交媒介	26.3%	54.2%	63.8%	68.3%	41.3%
网络	17.3%	36.6%	56.3%	60.0%	30.3%
和朋友、亲友、同事交谈	45.8%	25.3%	16.1%	14.7%	34.6%
单位传达	0.4%	1.7%	2.6%	3.6%	1.3%
列总计	2398	1084	378	495	4355

据上表所示，不同受教育程度的居民对于“社会上发生的一些事情，您一般是从什么渠道最先知道”的回答存在显著差异。

B7 by A4a

从网络中获得的信息对您的思想行为有多大程度的影响 * 受教育程度 Crosstabulation

	初中及以下	高中、中专及职高	大专	本科及以上	总计
影响很大	14.3%	23.0%	31.8%	31.9%	21.7%
有一些影响	58.2%	53.4%	52.6%	56.0%	55.7%
影响很小	21.7%	19.7%	13.5%	9.1%	18.2%
完全没有影响	5.8%	4.0%	2.2%	3.1%	4.4%

续表

	初中及以下	高中、中专及职高	大专	本科及以上	总计
总计	100.0%	100.0%	100.0%	100.0%	100.0%
列总计	1348	976	371	486	3181

Chi-square test：df = 9，卡方值为 128.092，sig = 0.000 < 0.05，所以不同受教育程度的居民对于“从网络中获得的信息对您的思想行为有多大程度的影响”的回答存在显著差异。

B8 by A4a

您认为中国梦和您个人、家庭追求美好生活有多大程度的关系 ＊ 受教育程度 Crosstabulation

	初中及以下	高中、中专及职高	大专	本科及以上	总计
关系很大	25.2%	40.2%	54.0%	63.2%	35.7%
关系不大	39.3%	41.1%	35.9%	31.7%	38.6%
根本没有关系	9.6%	9.3%	6.1%	3.0%	8.5%
不清楚什么是中国梦	25.9%	9.4%	4.0%	2.0%	17.2%
总计	100.0%	100.0%	100.0%	100.0%	100.0%
列总计	2397	1083	376	495	4351

Chi-square test：df = 9，卡方值为 501.478，sig = 0.000 < 0.05，所以不同受教育程度的居民对于“您认为中国梦和您个人、家庭追求美好生活有多大程度的关系”的回答存在显著差异。

B9 by A4a

您对当前我国社会道德状况的总体满意度是 ＊ 受教育程度 Crosstabulation

	初中及以下	高中、中专及职高	大专	本科及以上	总计
非常满意	4.2%	5.0%	5.1%	6.5%	4.7%
比较满意	72.0%	66.7%	61.1%	63.3%	68.7%
不太满意	22.3%	25.8%	30.6%	27.7%	24.5%
非常不满意	1.5%	2.4%	3.2%	2.4%	2.0%
总计	100.0%	100.0%	100.0%	100.0%	100.0%
列总计	2320	1070	373	491	4254

Chi-square test：df = 9，卡方值为 34.379，sig = 0.000 < 0.05，所以不同受教育程度的居民对于“您对当前我国社会道德状况的总体满意度是”的回答存在显著差异。

B10 by A4a

您对当前我国社会人与人之间的关系的总体满意度是 * 受教育程度 Crosstabulation

	初中及以下	高中、中专及职高	大专	本科及以上	总计
非常满意	4.3%	5.1%	4.6%	6.9%	4.8%
比较满意	72.3%	68.3%	60.2%	64.6%	69.3%
不太满意	21.9%	24.4%	32.8%	27.2%	24.1%
非常不满意	1.5%	2.1%	2.4%	1.2%	1.7%
总计	100.0%	100.0%	100.0%	100.0%	100.0%
列总计	2332	1076	372	492	4272

Chi-square test：df = 9，卡方值为 36.696，sig = 0.000 < 0.05，所以不同受教育程度的居民对于“您对当前我国社会人与人之间的关系的总体满意度是”的回答存在显著差异。

B11 by A4a

您对自己的道德状况的满意度是 * 受教育程度 Crosstabulation

	初中及以下	高中、中专及职高	大专	本科及以上	总计
非常满意	15.7%	15.6%	19.6%	17.2%	16.2%
比较满意	78.1%	78.3%	75.3%	79.1%	78.0%
不太满意	5.8%	5.5%	4.6%	3.6%	5.4%
非常不满意	0.4%	0.6%	0.5%		0.4%
总计	100.0%	100.0%	100.0%	100.0%	100.0%
列总计	2346	1082	373	494	4295

Chi-square test：df = 9，卡方值为 11.597，sig = 0.237 > 0.05，所以不同受教育程度的居民对于“您对自己的道德状况的满意度是”的回答不存在显著差异。

B12 by A4a

您觉得今后中国社会的道德状况会变成什么样 * 受教育程度 Crosstabulation

	初中及以下	高中、中专及职高	大专	本科及以上	总计
越来越差	5.2%	6.6%	5.3%	5.5%	5.6%
不变	9.9%	11.2%	8.8%	6.3%	9.7%
越来越好	73.8%	74.3%	77.6%	80.2%	75.0%
不知道	11.1%	7.8%	8.3%	8.1%	9.7%
总计	100.0%	100.0%	100.0%	100.0%	100.0%
列总计	2397	1083	375	495	4350

Chi-square test：df = 9，卡方值为 25.573，sig = 0.002 < 0.05，所以不同受教育程度的居民对于“您觉得今后中国社会的道德状况会变成什么样”的回答存在显著差异。

B13 by A4a

您认为我国目前人与人之间的关系受什么影响 ＊ 受教育程度 Crosstabulation

	初中及以下	高中、中专及职高	大专	本科及以上	总计
利益	64.7%	67.7%	66.0%	68.4%	66.1%
情感	50.8%	43.7%	42.0%	46.0%	47.6%
国家倡导的主流价值观	24.3%	29.5%	30.7%	27.9%	26.6%
中国传统价值观	27.5%	27.3%	31.5%	25.5%	27.6%
西方价值观	3.2%	4.1%	3.0%	4.3%	3.6%
列总计	2249	1069	371	491	4180

据上表所示，不同受教育程度的居民对于“您认为我国目前人与人之间的关系受什么影响”的回答不存在显著差异。

B14 by A4a

对中国社会，您最担忧的问题是＊ 受教育程度 Crosstabulation

	初中及以下	高中、中专及职高	大专	本科及以上	总计
腐败不能根治	41.9%	43.2%	40.3%	39.8%	41.8%
生态环境恶化	35.4%	41.6%	44.8%	50.3%	39.5%
分配不公，两极分化	29.7%	32.5%	36.0%	33.3%	31.3%
老无所养，未来没有把握	30.1%	22.1%	16.5%	13.8%	25.0%
生活水平下降	18.1%	12.6%	9.9%	10.1%	15.1%
道德滑坡，社会风气恶化	16.2%	21.9%	26.9%	28.6%	20.0%
人际关系紧张	10.2%	10.9%	13.3%	11.8%	10.8%
列总计	2299	1063	375	493	4230

据上表所示，不同受教育程度的居民对于“对中国社会，您最担忧的问题是”的回答存在显著差异。

B15 by A4a

对伦理关系和道德生活，您最向往的是 ＊ 受教育程度 Crosstabulation

	初中及以下	高中、中专及职高	大专	本科及以上	总计
传统社会的伦理和道德（如仁、义、礼、智、信）	56.7%	56.0%	55.6%	65.1%	57.4%
战争年代为理想而献身的革命精神（如革命烈士无私献身精神）	21.6%	20.4%	15.2%	13.4%	19.8%
新中国成立后到“文化大革命”前的大公无私的集体主义精神	9.4%	8.7%	10.6%	4.5%	8.8%

续表

	初中及以下	高中、中专及职高	大专	本科及以上	总计
追求个人利益的市场经济下的道德	9.2%	8.3%	8.8%	7.3%	8.7%
西方道德（如个人主义、实用主义、功利主义）	2.1%	4.7%	7.4%	5.9%	3.6%
其他	1.0%	2.0%	2.4%	3.9%	1.7%
总计	100.0%	100.0%	100.0%	100.0%	100.0%
列总计	2371	1075	376	493	4315

Chi-square test：df = 15，卡方值为 102.280，sig = 0.000 < 0.05，所以不同受教育程度的居民对于“对伦理关系和道德生活，您最向往的是”存在显著差异。

B16a by A4a

您认为当前我国社会道德生活中最重要的内容是什么？第一重要 ＊ 受教育程度 Crosstabulation

	初中及以下	高中、中专及职高	大专	本科及以上	总计
意识形态中所提倡的社会主义道德	34.4%	28.6%	28.8%	33.8%	32.4%
中国传统道德	50.1%	52.0%	52.1%	48.1%	50.5%
西方文化影响而形成的道德	4.7%	7.4%	5.6%	4.5%	5.4%
市场经济中形成的道德	10.6%	12.0%	13.5%	13.6%	11.6%
其他	0.1%				
总计	100.0%	100.0%	100.0%	100.0%	100.0%
列总计	2375	1081	378	491	4325

Chi-square test：df = 12，卡方值为 28.539，sig = 0.005 < 0.05，所以不同受教育程度的居民对于“您认为当前我国社会道德生活中最重要的内容是什么？第一重要”的回答存在显著差异。

B16b by A4a

您认为当前我国社会道德生活中最重要的内容是什么？第二重要 ＊ 受教育程度 Crosstabulation

	初中及以下	高中、中专及职高	大专	本科及以上	总计
意识形态中所提倡的社会主义道德	40.4%	43.8%	43.4%	35.9%	41.0%
中国传统道德	28.4%	27.1%	26.3%	33.9%	28.5%
西方文化影响而形成的道德	10.3%	9.7%	10.0%	9.6%	10.0%
市场经济中形成的道德	21.0%	19.4%	20.3%	20.6%	20.5%
总计	100.0%	100.0%	100.0%	100.0%	100.0%

续表

	初中及以下	高中、中专及职高	大专	本科及以上	总计
列总计	2324	1063	369	490	4246

Chi-square test：df = 9，卡方值为 13. 498，sig = 0. 141 > 0. 05，所以不同受教育程度的居民对于“您认为当前我国社会道德生活中最重要的内容是什么？第二重要”的回答不存在显著差异。

B16c by A4a

您认为当前我国社会道德生活中最重要的内容是什么？第三重要 * 受教育程度 Crosstabulation

	初中及以下	高中、中专及职高	大专	本科及以上	总计
意识形态中所提倡的社会主义道德	20. 6%	22. 1%	22. 7%	25. 1%	21. 7%
中国传统道德	14. 5%	13. 8%	13. 0%	11. 7%	13. 9%
西方文化影响而形成的道德	15. 2%	19. 3%	19. 9%	19. 0%	17. 1%
市场经济中形成的道德	49. 6%	44. 8%	44. 5%	44. 3%	47. 3%
总计	100. 0%	100. 0%	100. 0%	100. 0%	100. 0%
列总计	2272	1042	362	479	4155

Chi-square test：df = 9，卡方值为 22. 101，sig = 0. 009 < 0. 05，所以不同受教育程度的居民对于“您认为当前我国社会道德生活中最重要的内容是什么？第三重要”的回答存在显著差异。

B17 by A4a

您认为目前我国社会中伦理道德对人际关系的调节能力如何 * 受教育程度 Crosstabulation

	初中及以下	高中、中专及职高	大专	本科及以上	总计
良好	18. 5%	18. 2%	19. 4%	20. 4%	18. 8%
一般	65. 6%	61. 2%	61. 8%	68. 1%	64. 4%
很差	8. 1%	10. 1%	10. 5%	6. 5%	8. 6%
几乎没有，一切都听从利益支配	7. 8%	10. 5%	8. 3%	4. 9%	8. 2%
总计	100. 0%	100. 0%	100. 0%	100. 0%	100. 0%
列总计	2245	1058	372	489	4164

Chi-square test：df = 9，卡方值为 25. 886，sig = 0. 002 < 0. 05，所以不同受教育程度的居民对于“您认为目前我国社会中伦理道德对人际关系的调节能力如何”的回答存在显著差异。

B18 by A4a

您认为目前我国社会中伦理道德对个人行为的约束能力如何 * 受教育程度 Crosstabulation

	初中及以下	高中、中专及职高	大专	本科及以上	总计
良好	18.7%	17.4%	18.6%	21.2%	18.7%
一般	63.9%	61.7%	61.2%	66.3%	63.4%
很差	9.7%	11.4%	12.4%	8.6%	10.2%
几乎没有，一切都听从利益支配	7.7%	9.5%	7.8%	3.9%	7.7%
总计	100.0%	100.0%	100.0%	100.0%	100.0%
列总计	2254	1059	371	486	4170

Chi-square test：df = 9，卡方值为 22.876，sig = 0.006 < 0.05，所以不同受教育程度的居民对于“您认为目前我国社会中伦理道德对个人行为的约束能力如何”的回答存在显著差异。

B19 by A4a

您认为当今中国社会最基本的伦理冲突是 * 受教育程度 Crosstabulation

	初中及以下	高中、中专及职高	大专	本科及以上	总计
人与自然的冲突	14.9%	19.2%	17.7%	22.5%	17.1%
人与自身的冲突	23.0%	27.2%	24.2%	22.5%	24.1%
人与人之间的冲突	63.4%	61.0%	62.1%	62.2%	62.6%
个人与社会的冲突	44.4%	44.6%	53.2%	47.9%	45.6%
个人与政府的冲突	12.3%	11.5%	9.1%	8.0%	11.3%
列总计	2305	1065	372	489	4231

据上表所示，不同受教育程度的居民对于“您认为当今中国社会最基本的伦理冲突是”的回答不存在显著差异。

B20a by A4a

在下列关系中，您认为哪些关系对您来说最重要？第一位 * 受教育程度 Crosstabulation

	初中及以下	高中、中专及职高	大专	本科及以上	总计
父母与子女	65.8%	62.4%	71.2%	76.0%	66.6%
夫妇	20.9%	22.2%	15.9%	10.9%	19.7%
兄弟姐妹	0.3%	0.6%	0.8%	0.6%	0.5%
同事或同学	0.6%	0.6%		0.6%	0.6%
上级或下级	0.3%	0.5%	0.3%	0.2%	0.3%
师生					
人与自然的关系	0.5%	0.4%		0.8%	0.5%

续表

	初中及以下	高中、中专及职高	大专	本科及以上	总计
个人与社会	1.9%	2.9%	2.1%	2.6%	2.2%
个人与国家	7.9%	7.9%	6.9%	6.1%	7.6%
个人与工作单位	0.6%	0.7%	0.5%	0.4%	0.6%
通过网络建立的各种“群”的关系	0.1%	0.4%			0.2%
朋友	0.5%	0.6%	0.5%	0.4%	0.5%
个人与自身的关系（身心和谐）	0.5%	0.7%	1.9%	1.4%	0.8%
总计	100.0%	100.0%	100.0%	100.0%	100.0%
列总计	2401	1085	378	495	4359

Chi-square test：df = 36，卡方值为 72.132，sig = 0.000 < 0.05，所以不同受教育程度的居民对于“在下列关系中，您认为哪些关系对您来说最重要？第一位”的回答存在显著差异。

B20b by A4a

在下列关系中，您认为哪些关系对您来说最重要？第二位 ＊ 受教育程度 Crosstabulation

	初中及以下	高中、中专及职高	大专	本科及以上	总计
父母与子女	23.3%	26.6%	19.3%	16.2%	23.0%
夫妇	53.1%	45.7%	51.3%	53.2%	51.1%
兄弟姐妹	10.8%	12.6%	14.6%	14.0%	11.9%
同事或同学	2.0%	2.9%	2.6%	2.2%	2.3%
上级或下级	1.4%	1.5%	0.5%	1.0%	1.3%
师生	0.1%	0.4%	0.3%	0.2%	0.2%
人与自然的关系	1.4%	0.7%	1.9%	0.4%	1.1%
个人与社会	2.7%	3.0%	3.7%	4.0%	3.0%
个人与国家	2.2%	3.3%	1.6%	3.6%	2.6%
个人与工作单位	1.2%	0.9%	1.6%	1.0%	1.1%
通过网络建立的各种“群”的关系		0.1%	0.3%		0.1%
朋友	1.3%	1.4%	1.9%	3.4%	1.6%
个人与自身的关系（身心和谐）	0.5%	0.9%	0.5%	0.6%	0.6%
总计	100.0%	100.0%	100.0%	100.0%	100.0%
列总计	2400	1082	378	494	4354

Chi-square test：df = 36，卡方值为 78.231，sig = 0.000 < 0.05，所以不同受教育程度的居民对于“在下列关系中，您认为哪些关系对您来说最重要？第二位”的回答存在显著差异。

B20c by A4a

在下列关系中，您认为哪些关系对您来说最重要？第三位 * 受教育程度 Crosstabulation

	初中及以下	高中、中专及职高	大专	本科及以上	总计
父母与子女	3.9%	4.4%	4.5%	5.3%	4.3%
夫妇	13.2%	12.9%	11.4%	10.2%	12.6%
兄弟姐妹	55.4%	50.9%	43.7%	46.6%	52.3%
同事或同学	4.6%	7.5%	10.1%	11.4%	6.6%
上级或下级	1.5%	2.4%	2.9%	2.0%	1.9%
师生	0.6%	1.1%	1.9%	1.2%	0.9%
人与自然的关系	2.2%	1.9%	2.1%	1.6%	2.1%
个人与社会	3.9%	3.8%	4.2%	4.1%	3.9%
个人与国家	6.9%	6.0%	6.1%	3.5%	6.2%
个人与工作单位	1.5%	2.5%	3.2%	3.9%	2.2%
通过网络建立的各种“群”的关系	0.2%	0.2%	0.3%	0.2%	0.2%
朋友	5.1%	5.4%	8.2%	9.4%	5.9%
个人与自身的关系（身心和谐）	0.9%	1.0%	1.6%	0.6%	0.9%
其他	0.2%				0.1%
总计	100.0%	100.0%	100.0%	100.0%	100.0%
列总计	2394	1081	378	491	4344

Chi-square test：df = 39，卡方值为 116.303，sig = 0.000 < 0.05，所以不同受教育程度的居民对于“在下列关系中，您认为哪些关系对您来说最重要？第三位”的回答存在显著差异。

B20d by A4a

在下列关系中，您认为哪些关系对您来说最重要？第四位 * 受教育程度 Crosstabulation

	初中及以下	高中、中专及职高	大专	本科及以上	总计
父母与子女	2.1%	2.9%	1.3%	1.4%	2.2%
夫妇	2.9%	5.0%	4.5%	3.9%	3.7%
兄弟姐妹	14.4%	11.7%	14.3%	12.5%	13.5%
同事或同学	19.5%	19.8%	20.2%	27.7%	20.6%
上级或下级	3.3%	4.5%	4.2%	3.9%	3.8%
师生	2.8%	3.6%	2.7%	3.1%	3.0%
人与自然的关系	3.0%	2.9%	4.5%	4.3%	3.3%

续表

	初中及以下	高中、中专及职高	大专	本科及以上	总计
个人与社会	11.0%	11.3%	12.2%	8.2%	10.9%
个人与国家	10.2%	8.7%	9.3%	10.1%	9.7%
个人与工作单位	4.1%	7.7%	7.7%	7.8%	5.8%
通过网络建立的各种“群”的关系	0.5%	0.9%	1.1%	0.4%	0.6%
朋友	23.9%	19.6%	16.4%	14.4%	21.1%
个人与自身的关系（身心和谐）	1.8%	1.2%	1.6%	2.3%	1.7%
其他	0.3%	0.1%			0.2%
总计	100.0%	100.0%	100.0%	100.0%	100.0%
列总计	2373	1076	377	487	4313

Chi-square test：df = 39，卡方值为107.313，sig = 0.000 < 0.05，所以不同受教育程度的居民对于“在下列关系中，您认为哪些关系对您来说最重要？第四位”的回答存在显著差异。

B20e by A4a

在下列关系中，您认为哪些关系对您来说最重要？第五位 ＊ 受教育程度 Crosstabulation

	初中及以下	高中、中专及职高	大专	本科及以上	总计
父母与子女	0.7%	1.2%	0.8%	1.0%	0.9%
夫妇	2.2%	1.5%	1.6%	2.5%	2.0%
兄弟姐妹	4.6%	5.6%	5.1%	6.4%	5.1%
同事或同学	14.2%	14.7%	15.1%	12.9%	14.2%
上级或下级	6.3%	7.0%	6.5%	10.3%	6.9%
师生	3.7%	5.8%	4.0%	5.5%	4.5%
人与自然的关系	4.1%	3.3%	3.0%	4.1%	3.8%
个人与社会	16.5%	16.8%	12.4%	12.9%	15.8%
个人与国家	15.5%	12.9%	16.7%	11.3%	14.5%
个人与工作单位	6.8%	6.7%	8.6%	9.4%	7.2%
通过网络建立的各种“群”的关系	0.7%	2.1%	5.1%	1.8%	1.6%
朋友	20.6%	18.4%	16.7%	16.4%	19.2%
个人与自身的关系（身心和谐）	3.7%	4.1%	4.6%	5.3%	4.1%
其他	0.5%				0.3%
总计	100.0%	100.0%	100.0%	100.0%	100.0%
列总计	2348	1062	372	487	4269

Chi-square test：df = 39，卡方值为111.226，sig = 0.000 < 0.05，所以不同受教育程度的居民对于“在下列关系中，您认为哪些关系对您来说最重要？第五位”的回答存在显著差异。

B21 by A4a

您认为哪一种关系对社会秩序最具根本性意义 * 受教育程度 Crosstabulation

	初中及以下	高中、中专及职高	大专	本科及以上	总计
家庭关系或血缘关系	29.2%	26.8%	20.1%	27.4%	27.6%
个人与社会的关系	40.4%	43.9%	44.7%	42.0%	41.9%
职业关系	2.6%	4.5%	4.2%	3.4%	3.3%
个人与国家民族的关系	22.0%	19.6%	24.6%	21.3%	21.5%
人与自然的关系	1.6%	1.5%	2.4%	2.0%	1.7%
个人与自身的关系	4.2%	3.6%	4.0%	3.9%	4.0%
总计	100.0%	100.0%	100.0%	100.0%	100.0%
列总计	2352	1079	378	493	4302

Chi-square test：df = 15，卡方值为 28.322，sig = 0.020 < 0.05，所以不同受教育程度的居民对于“您认为哪一种关系对社会秩序最具根本性意义”的回答存在显著差异。

B22 by A4a

您认为哪一种关系对个人生活最具根本性意义 * 受教育程度 Crosstabulation

	初中及以下	高中、中专及职高	大专	本科及以上	总计
家庭关系或血缘关系	63.7%	57.3%	51.6%	55.0%	60.0%
个人与社会的关系	14.0%	17.8%	21.2%	18.1%	16.0%
职业关系	3.5%	6.1%	6.6%	6.3%	4.7%
个人与国家民族的关系	10.4%	11.3%	15.6%	11.8%	11.2%
人与自然的关系	1.5%	1.9%	1.3%	1.4%	1.6%
个人与自身的关系	7.0%	5.6%	3.7%	7.5%	6.4%
总计	100.0%	100.0%	100.0%	100.0%	100.0%
列总计	2375	1080	378	493	4326

Chi-square test：df = 15，卡方值为 63.236，sig = 0.000 < 0.05，所以不同受教育程度的居民对于“您认为哪一种关系对个人生活最具根本性意义”的回答存在显著差异。

B23a by A4a

对于个人而言，您认为家庭、社会和国家三者的重要性程度如何？第一位 * 受教育程度 Crosstabulation

	初中及以下	高中、中专及职高	大专	本科及以上	总计
国家	54.5%	50.1%	53.8%	45.7%	52.4%

续表

	初中及以下	高中、中专及职高	大专	本科及以上	总计
社会	2.0%	4.6%	4.5%	3.6%	3.1%
家庭	43.5%	45.3%	41.6%	50.6%	44.6%
总计	100.0%	100.0%	100.0%	100.0%	100.0%
列总计	2398	1082	377	494	4351

Chi-square test：df = 6，卡方值为 33.644，sig = 0.000 < 0.05，所以不同受教育程度的居民对于“对于个人而言，您认为家庭、社会和国家三者的重要性程度如何？第一位”的回答存在显著差异。

B23b by A4a

对于个人而言，您认为家庭、社会和国家三者的重要性程度如何？第二位 * 受教育程度 Crosstabulation

	初中及以下	高中、中专及职高	大专	本科及以上	总计
国家	35.8%	36.3%	30.9%	37.3%	35.7%
社会	17.5%	23.3%	30.4%	27.8%	21.2%
家庭	46.7%	40.3%	38.7%	34.9%	43.1%
总计	100.0%	100.0%	100.0%	100.0%	100.0%
列总计	2384	1076	375	490	4325

Chi-square test：df = 6，卡方值为 6.049，sig = 0.000 < 0.05，所以不同受教育程度的居民对于“对于个人而言，您认为家庭、社会和国家三者的重要性程度如何？第二位”的回答存在显著差异。

B24a by A4a

信息技术、网络技术的发展对伦理道德的影响 * 受教育程度 Crosstabulation

	初中及以下	高中、中专及职高	大专	本科及以上	总计
消极影响	13.5%	16.4%	16.6%	14.5%	14.7%
没有影响	25.5%	20.3%	18.3%	18.0%	22.5%
积极影响	61.0%	63.2%	65.1%	67.6%	62.8%
总计	100.0%	100.0%	100.0%	100.0%	100.0%
列总计	1595	876	289	373	3133

Chi-square test：df = 6，卡方值为 20.087，sig = 0.003 < 0.05，所以不同受教育程度的居民对于“信息技术、网络技术的发展对伦理道德的影响”的回答存在显著差异。

B24b by A4a

市场经济对我国伦理道德的影响 * 受教育程度 Crosstabulation

	初中及以下	高中、中专及职高	大专	本科及以上	总计
消极影响	15.1%	17.3%	18.0%	22.4%	16.8%

续表

	初中及以下	高中、中专及职高	大专	本科及以上	总计
没有影响	23.4%	21.2%	20.8%	14.4%	21.6%
积极影响	61.4%	61.5%	61.1%	63.2%	61.6%
总计	100.0%	100.0%	100.0%	100.0%	100.0%
列总计	1672	852	283	375	3182

Chi-square test：df = 6，卡方值为 22.072，sig = 0.001 < 0.05，所以不同受教育程度的居民对于“市场经济对我国伦理道德的影响”的回答存在显著差异。

B24c by A4a

西方文化对我国伦理道德的影响 ＊ 受教育程度 Crosstabulation

	初中及以下	高中、中专及职高	大专	本科及以上	总计
消极影响	19.0%	22.3%	23.0%	26.4%	21.2%
没有影响	32.7%	27.5%	25.3%	18.1%	28.8%
积极影响	48.2%	50.2%	51.7%	55.6%	50.0%
总计	100.0%	100.0%	100.0%	100.0%	100.0%
列总计	1420	767	261	349	2797

Chi-square test：df = 6，卡方值为 34.887，sig = 0.000 < 0.05，所以不同受教育程度的居民对于“西方文化对我国伦理道德的影响”的回答存在显著差异。

B25 by A4a

如果国外报道与国家主流媒体的宣传内容不一致，您倾向于相信 ＊ 受教育程度 Crosstabulation

	初中及以下	高中、中专及职高	大专	本科及以上	总计
主流媒体	75.5%	65.1%	63.8%	61.8%	70.2%
国外报道	1.2%	4.4%	5.3%	4.9%	2.8%
谁都不相信，自己判断	23.3%	30.5%	30.9%	33.3%	27.0%
总计	100.0%	100.0%	100.0%	100.0%	100.0%
列总计	2204	1019	356	469	4048

Chi-square test：df = 6，卡方值为 88.212，sig = 0.000 < 0.05，所以不同受教育程度的居民对于“如果国外报道与国家主流媒体的宣传内容不一致，您倾向于相信”的回答存在显著差异。

B26 by A4a

如果朋友圈的消息与国家主流媒体的报道不一致，您会相信哪一个 ＊ 受教育程度 Crosstabulation

	初中及以下	高中、中专及职高	大专	本科及以上	总计
主流媒体	65.0%	59.0%	57.6%	59.9%	62.3%
朋友圈/亲朋圈子	12.2%	9.9%	10.9%	6.7%	10.9%
都不相信，自己比较判断	22.1%	31.0%	31.0%	33.0%	26.3%
其他	0.7%	0.1%	0.5%	0.4%	0.5%
总计	100.0%	100.0%	100.0%	100.0%	100.0%
列总计	2388	1081	377	494	4340

Chi-square test：df = 9，卡方值为 61.026，sig = 0.000 < 0.05，所以不同受教育程度的居民对于“如果朋友圈的消息与国家主流媒体的报道不一致，您会相信哪一个”的回答存在显著差异。

C1 by A4a

您认为当前中国社会个人道德素质的主要问题是 ＊ 受教育程度 Crosstabulation

	初中及以下	高中、中专及职高	大专	本科及以上	总计
道德上无知	9.6%	10.2%	10.6%	7.5%	9.6%
有道德知识，但不见诸行动	79.5%	79.2%	77.7%	83.0%	79.7%
道德上既无知，也不见道德行动	10.6%	10.3%	11.4%	9.5%	10.5%
其他	0.3%	0.3%	0.3%		0.3%
总计	100.0%	100.0%	100.0%	100.0%	100.0%
列总计	2377	1083	377	494	4331

Chi-square test：df = 9，卡方值为 6.180，sig = 0.722 > 0.05，所以不同受教育程度的居民对于“您认为当前中国社会个人道德素质的主要问题是”的回答不存在显著差异。

C2 by A4a

您根据什么来判断某种行为是否符合伦理或道德 ＊ 受教育程度 Crosstabulation

	初中及以下	高中、中专及职高	大专	本科及以上	总计
传统道德观念	55.7%	59.6%	66.6%	68.7%	59.1%
风俗习惯	34.2%	35.4%	33.2%	27.8%	33.7%
大多数人认同的道德规范	46.1%	49.2%	44.9%	47.4%	46.9%
当事人共同利益和意志	16.8%	21.8%	20.9%	19.0%	18.7%

续表

	初中及以下	高中、中专及职高	大专	本科及以上	总计
自己的良心	65.3%	59.4%	60.7%	60.9%	62.9%
意识形态的要求	9.8%	12.9%	19.0%	17.6%	12.3%
列总计	2371	1076	374	489	4310

不同受教育程度的居民对于“您根据什么来判断某种行为是否符合伦理或道德”的回答存在显著差异。

C3a by A4a

我会经常关心比我不幸的人 * 受教育程度 Crosstabulation

	初中及以下	高中、中专及职高	大专	本科及以上	总计
完全不符合	3.7%	3.7%	2.4%	1.0%	3.3%
有点符合	22.2%	18.3%	18.0%	23.5%	21.0%
一般	34.4%	33.9%	33.4%	31.6%	33.9%
比较符合	32.8%	32.7%	33.4%	31.6%	32.7%
完全符合	7.0%	11.3%	12.7%	12.3%	9.2%
总计	100.0%	100.0%	100.0%	100.0%	100.0%
列总计	2395	1084	377	494	4350

Chi-square test：df = 12，卡方值为 48.381，sig = 0.000 < 0.05，所以不同受教育程度的居民对于“我会经常关心比他不幸的人”的回答存在显著差异。

C3b by A4a

我时常会同情他人的难处 * 受教育程度 Crosstabulation

	初中及以下	高中、中专及职高	大专	本科及以上	总计
完全不符合	2.5%	2.0%	1.1%	1.6%	2.1%
有点符合	22.0%	19.1%	18.7%	17.0%	20.4%
一般	33.1%	32.8%	29.9%	28.8%	32.3%
比较符合	35.9%	36.1%	39.6%	41.0%	36.9%
完全符合	6.5%	10.0%	10.7%	11.6%	8.3%
总计	100.0%	100.0%	100.0%	100.0%	100.0%
列总计	2397	1083	374	493	4347

Chi-square test：df = 12，卡方值为 39.568，sig = 0.000 < 0.05，所以不同受教育程度的居民对于“我会时常会同情他人的难处”的回答存在显著差异。

C3c by A4a

在做决定前，我会试着从每个人的立场去考虑问题 ＊ 受教育程度 Crosstabulation

	初中及以下	高中、中专及职高	大专	本科及以上	总计
完全不符合	3.2%	4.4%	1.9%	2.4%	3.3%
有点符合	20.6%	17.9%	18.5%	20.2%	19.7%
一般	39.7%	34.3%	32.8%	27.1%	36.3%
比较符合	30.6%	33.1%	33.1%	36.4%	32.1%
完全符合	5.9%	10.3%	13.8%	13.8%	8.6%
总计	100.0%	100.0%	100.0%	100.0%	100.0%
列总计	2387	1083	378	494	4342

Chi-square test：df = 12，卡方值为 87.521，sig = 0.000 < 0.05，所以不同受教育程度的居民对于“在做决定前，我会试着从每个人的立场去考虑问题”的回答存在显著差异。

C3d by A4a

当我看到有人被利用时，时常想要保护他们 ＊ 受教育程度 Crosstabulation

	初中及以下	高中、中专及职高	大专	本科及以上	总计
完全不符合	4.6%	4.3%	4.8%	3.5%	4.4%
有点符合	23.8%	20.0%	18.6%	18.5%	21.8%
一般	39.5%	37.3%	27.4%	35.6%	37.5%
比较符合	27.4%	31.0%	40.2%	34.8%	30.2%
完全符合	4.7%	7.4%	9.0%	7.7%	6.1%
总计	100.0%	100.0%	100.0%	100.0%	100.0%
列总计	2387	1079	376	492	4334

Chi-square test：df = 12，卡方值为 65.648，sig = 0.000 < 0.05，所以不同受教育程度的居民对于“当我看到有人被利用时，时常想要保护他们”的回答存在显著差异。

C3e by A4a

我有时会试图站在他人的角度，以更好地理解我的朋友 ＊ 受教育程度 Crosstabulation

	初中及以下	高中、中专及职高	大专	本科及以上	总计
完全不符合	3.1%	2.1%	2.4%	2.0%	2.7%
有点符合	21.0%	18.9%	15.6%	15.8%	19.4%
一般	34.6%	31.5%	27.1%	26.5%	32.3%

续表

	初中及以下	高中、中专及职高	大专	本科及以上	总计
比较符合	34.6%	36.1%	41.6%	37.9%	36.0%
完全符合	6.7%	11.5%	13.3%	17.8%	9.7%
总计	100.0%	100.0%	100.0%	100.0%	100.0%
列总计	2389	1081	377	494	4341

Chi-square test：df = 12，卡方值为 94.608，sig = 0.000 < 0.05，所以不同受教育程度的居民对于“我有时会试图站在他人的角度，以更好地理解我的朋友”的回答存在显著差异。

C3f by A4a

他人的不幸通常不会给我带来很大的不安 * 受教育程度 Crosstabulation

	初中及以下	高中、中专及职高	大专	本科及以上	总计
完全不符合	11.3%	12.1%	16.2%	14.1%	12.2%
有点符合	22.5%	20.7%	17.8%	19.0%	21.3%
一般	36.2%	37.4%	32.6%	32.2%	35.7%
比较符合	26.0%	23.8%	25.2%	25.3%	25.3%
完全符合	4.0%	5.9%	8.2%	9.4%	5.5%
总计	100.0%	100.0%	100.0%	100.0%	100.0%
列总计	2384	1082	377	490	4333

Chi-square test：df = 12，卡方值为 46.753，sig = 0.000 < 0.05，所以不同受教育程度的居民对于“他人的不幸通常不会给我带来很大的不安”的回答存在显著差异。

C3g by A4a

在观看电视剧或电影之后，我会感觉到自己仿佛成了其中的一个角色 * 受教育程度 Crosstabulation

	初中及以下	高中、中专及职高	大专	本科及以上	总计
完全不符合	20.0%	17.2%	16.7%	18.3%	18.8%
有点符合	22.0%	19.1%	14.3%	21.5%	20.5%
一般	30.8%	33.4%	33.7%	28.8%	31.5%
比较符合	21.9%	24.2%	25.7%	21.1%	22.7%
完全符合	5.3%	6.1%	9.5%	10.3%	6.4%
总计	100.0%	100.0%	100.0%	100.0%	100.0%
列总计	2372	1081	377	493	4323

Chi-square test：df = 12，卡方值为 44.846，sig = 0.000 < 0.05，所以不同受教育程度的居民对于“在观看电视剧或电影之后，我会感觉到自己仿佛成了其中的一个角色”的回答存在显著差异。

C3h by A4a

当我对某人很不耐烦的时候，我通常会暂时站在他/她的位置上 ＊ 受教育程度 Crosstabulation

	初中及以下	高中、中专及职高	大专	本科及以上	总计
完全不符合	8.5%	8.7%	9.1%	7.1%	8.5%
有点符合	23.9%	22.6%	23.8%	25.1%	23.7%
一般	37.2%	35.5%	34.8%	33.0%	36.1%
比较符合	25.5%	26.2%	26.2%	26.9%	25.9%
完全符合	4.9%	7.0%	6.1%	7.9%	5.8%
总计	100.0%	100.0%	100.0%	100.0%	100.0%
列总计	2387	1078	374	491	4330

Chi-square test：df = 12，卡方值为15.100，sig = 0.236 > 0.05，所以不同受教育程度的居民对于“当我对某人很不耐烦的时候，我通常会暂时站在他/她的位置上”的回答不存在显著差异。

C3i by A4a

读故事会想象如果这些事情发生在自己身上，我会是怎样的感受 ＊ 受教育程度 Crosstabulation

	初中及以下	高中、中专及职高	大专	本科及以上	总计
完全不符合	15.8%	12.0%	12.3%	10.4%	13.9%
有点符合	21.8%	17.9%	16.8%	19.1%	20.0%
一般	33.5%	36.2%	29.1%	28.3%	33.2%
比较符合	23.8%	27.3%	30.4%	29.7%	26.0%
完全符合	5.2%	6.5%	11.5%	12.6%	6.9%
总计	100.0%	100.0%	100.0%	100.0%	100.0%
列总计	2349	1079	375	492	4295

Chi-square test：df = 12，卡方值为85.899，sig = 0.000 < 0.05，所以不同受教育程度的居民对于“读故事会想象如果这些事情发生在自己身上，我会是怎样的感受”的回答存在显著差异。

C3j by A4a

在批评他人之前，我会尝试想象一下如果我处于那个位置会是什么感受 ＊ 受教育程度 Crosstabulation

	初中及以下	高中、中专及职高	大专	本科及以上	总计
完全不符合	3.7%	3.5%	4.8%	3.2%	3.7%
有点符合	20.7%	16.2%	15.5%	20.7%	19.1%

续表

	初中及以下	高中、中专及职高	大专	本科及以上	总计
一般	37.8%	37.3%	35.7%	30.0%	36.6%
比较符合	31.4%	35.2%	35.7%	35.9%	33.2%
完全符合	6.4%	7.8%	8.3%	10.1%	7.4%
总计	100.0%	100.0%	100.0%	100.0%	100.0%
列总计	2372	1083	375	493	4323

Chi-square test：df = 12，卡方值为 34.299，sig = 0.001 < 0.05，所以不同受教育程度的居民对于“在批评他人之前，我会尝试想象一下如果我处于那个位置会是什么感受”的回答存在显著差异。

C4a by A4a

您认为当今中国社会最重要和最需要的德性是？第一位 * 受教育程度 Crosstabulation

	初中及以下	高中、中专及职高	大专	本科及以上	总计
爱（仁爱、博爱、友爱）	21.9%	24.8%	28.8%	37.2%	25.0%
义（道义、义务）	3.6%	4.4%	2.4%	3.2%	3.7%
宽容	4.4%	3.0%	3.4%	3.2%	3.8%
责任	4.9%	6.9%	5.8%	5.1%	5.5%
公正	15.1%	13.6%	17.2%	13.5%	14.7%
诚信	18.7%	15.1%	16.7%	14.7%	17.1%
忠恕（将心比心）	1.9%	1.6%	2.1%	1.2%	1.8%
理智	0.3%	0.6%	0.5%	1.0%	0.5%
节制	1.1%	0.8%	0.3%	0.8%	0.9%
谦让	3.6%	2.6%	1.3%	1.2%	2.9%
勇敢	1.6%	1.7%	0.8%	0.8%	1.5%
正直	2.6%	4.4%	3.7%	2.2%	3.1%
善良	7.0%	6.8%	6.9%	4.2%	6.6%
孝敬	12.9%	13.1%	9.8%	10.7%	12.4%
敬业	0.4%	0.5%	0.3%	0.8%	0.5%
其他	0.1%	0.1%			0.1%
总计	100.0%	100.0%	100.0%	100.0%	100.0%
列总计	2391	1083	378	495	4347

Chi-square test：df = 45，卡方值为 115.209，sig = 0.000 < 0.05，所以不同受教育程度的居民对于“您认为当今中国社会最重要和最需要的德性是？第一位”的回答存在显著差异。

C4b by A4a

您认为当今中国社会最重要和最需要的德性是？第二位 ＊ 受教育程度 Crosstabulation

	初中及以下	高中、中专及职高	大专	本科及以上	总计
爱（仁爱、博爱、友爱）	10.0%	11.7%	15.9%	10.3%	11.0%
义（道义、义务）	9.7%	14.0%	18.3%	20.4%	12.8%
宽容	6.4%	6.7%	5.6%	5.5%	6.3%
责任	7.8%	8.4%	9.3%	8.5%	8.2%
公正	14.6%	12.5%	6.9%	10.7%	12.9%
诚信	17.1%	14.6%	16.9%	19.0%	16.7%
忠恕（将心比心）	2.7%	2.4%	2.1%	1.6%	2.4%
理智	1.2%	1.0%	2.4%	1.4%	1.3%
节制	3.1%	3.0%	1.1%	1.0%	2.7%
谦让	3.5%	2.8%	2.4%	1.0%	2.9%
勇敢	2.4%	1.8%	0.5%	2.2%	2.0%
正直	2.5%	3.3%	2.4%	3.4%	2.8%
善良	9.1%	7.5%	7.7%	8.1%	8.4%
孝敬	8.7%	8.8%	8.5%	5.5%	8.4%
敬业	1.1%	1.3%	0.3%	1.4%	1.1%
其他		0.1%			
总计	100.0%	100.0%	100.0%	100.0%	100.0%
列总计	2390	1082	378	495	4345

Chi-square test：df = 45，卡方值为 136.536，sig = 0.000 < 0.05，所以不同受教育程度的居民对于“您认为当今中国社会最重要和最需要的德性是？第二位”的回答存在显著差异。

C4c by A4a

您认为当今中国社会最重要和最需要的德性是？第三位 ＊ 受教育程度 Crosstabulation

	初中及以下	高中、中专及职高	大专	本科及以上	总计
爱（仁爱、博爱、友爱）	6.6%	7.1%	9.0%	10.1%	7.4%
义（道义、义务）	6.4%	6.3%	8.2%	8.5%	6.8%
宽容	16.8%	18.1%	19.8%	20.6%	17.8%
责任	12.3%	13.9%	16.7%	16.4%	13.6%
公正	8.1%	7.4%	7.7%	6.7%	7.7%

续表

	初中及以下	高中、中专及职高	大专	本科及以上	总计
诚信	11.1%	11.0%	12.2%	9.9%	11.1%
忠恕（将心比心）	3.4%	3.7%	2.6%	1.8%	3.3%
理智	3.2%	5.4%	3.2%	3.4%	3.8%
节制	2.3%	2.2%	1.1%	0.4%	1.9%
谦让	2.7%	2.1%	1.1%	1.4%	2.3%
勇敢	3.4%	3.2%	2.4%	1.4%	3.0%
正直	6.6%	4.3%	5.3%	4.8%	5.7%
善良	7.8%	6.7%	5.0%	5.7%	7.0%
孝敬	7.5%	5.6%	4.8%	6.5%	6.7%
敬业	1.8%	2.9%	1.1%	2.4%	2.1%
总计	100.0%	100.0%	100.0%	100.0%	100.0%
列总计	2383	1078	378	495	4334

Chi-square test：df = 42，卡方值为 90.356，sig = 0.000 < 0.05，所以不同受教育程度的居民对于“您认为当今中国社会最重要和最需要的德性是？第三位”的回答存在显著差异。

C4d by A4a

您认为当今中国社会最重要和最需要的德性是？第四位 ＊ 受教育程度 Crosstabulation

	初中及以下	高中、中专及职高	大专	本科及以上	总计
爱（仁爱、博爱、友爱）	5.5%	5.9%	6.1%	5.7%	5.7%
义（道义、义务）	5.8%	4.3%	3.7%	6.3%	5.3%
宽容	8.1%	8.7%	8.5%	8.3%	8.3%
责任	18.9%	17.1%	21.8%	24.1%	19.3%
公正	7.8%	9.0%	10.6%	8.9%	8.5%
诚信	9.7%	12.1%	8.5%	11.1%	10.3%
忠恕（将心比心）	2.2%	2.5%	2.1%	2.8%	2.3%
理智	2.8%	4.3%	1.9%	2.8%	3.1%
节制	2.7%	3.2%	1.6%	2.6%	2.7%
谦让	4.9%	3.7%	5.6%	2.8%	4.4%
勇敢	2.2%	2.0%	2.7%	0.6%	2.0%
正直	4.5%	4.9%	6.6%	4.5%	4.8%
善良	13.6%	12.2%	9.5%	10.9%	12.6%
孝敬	9.5%	8.5%	8.2%	5.9%	8.8%

续表

	初中及以下	高中、中专及职高	大专	本科及以上	总计
敬业	1.8%	1.6%	2.7%	2.6%	1.9%
总计	100.0%	100.0%	100.0%	100.0%	100.0%
列总计	2371	1078	377	494	4320

Chi-square test：df = 42，卡方值为 68.166，sig = 0.007 < 0.05，所以不同受教育程度的居民对于“您认为当今中国社会最重要和最需要的德性是？第四位”的回答存在显著差异。

C4e by A4a

您认为当今中国社会最重要和最需要的德性是？第五位 * 受教育程度 Crosstabulation

	初中及以下	高中、中专及职高	大专	本科及以上	总计
爱（仁爱、博爱、友爱）	7.8%	8.2%	6.4%	6.5%	7.6%
义（道义、义务）	7.9%	7.9%	6.9%	6.7%	7.7%
宽容	4.3%	4.0%	5.3%	3.7%	4.2%
责任	7.4%	7.8%	6.6%	9.5%	7.7%
公正	9.8%	8.7%	10.3%	13.4%	10.0%
诚信	9.8%	8.5%	8.0%	7.9%	9.1%
忠恕（将心比心）	4.0%	4.4%	2.7%	4.5%	4.0%
理智	2.7%	4.3%	5.0%	4.1%	3.5%
节制	2.4%	2.2%	2.4%	3.4%	2.5%
谦让	5.0%	6.0%	6.1%	3.4%	5.1%
勇敢	3.6%	3.6%	2.1%	3.9%	3.5%
正直	6.3%	6.3%	6.1%	4.9%	6.1%
善良	14.7%	12.7%	13.8%	11.6%	13.8%
孝敬	10.7%	10.9%	11.1%	11.4%	10.9%
敬业	3.7%	4.5%	7.2%	5.3%	4.4%
总计	100.0%	100.0%	100.0%	100.0%	100.0%
列总计	2361	1075	377	493	4306

Chi-square test：df = 42，卡方值为 55.303，sig = 0.082 > 0.05，所以不同受教育程度的居民对于“您认为当今中国社会最重要和最需要的德性是？第五位”的回答不存在显著差异。

C5 by A4a

一个制药厂做药品销售时，出资五十万元请您向公众介绍自己服药后的良好效果，您过去服用这药时并没有效果，但也没有发现有很大的副作用，您将如何决定 * 受教育程度 Crosstabulation

	初中及以下	高中、中专及职高	大专	本科及以上	总计
接受邀请，心安理得	14.1%	10.8%	9.5%	6.9%	12.1%
接受邀请，心里不安，但这笔巨款很有吸引力	13.1%	15.0%	14.3%	16.0%	14.0%
拒绝，这是虚假广告欺骗大众	72.5%	73.8%	75.6%	76.7%	73.6%
其他	0.2%	0.4%	0.5%	0.4%	0.3%
总计	100.0%	100.0%	100.0%	100.0%	100.0%
列总计	2396	1082	377	494	4349

Chi-square test：df = 9，卡方值为 28.972，sig = 0.001 < 0.05，所以不同受教育程度的居民对于“一个制药厂做药品销售时，出资五十万元请您向公众介绍自己服药后的良好效果，您过去服用这药时并没有效果，但也没有发现有很大的副作用，您将如何决定”的回答存在显著差异。

C6 by A4a

您正在申请一个重要的职位，如果具有两次以上在敬老院做义工的经历（不需要出具证据），将可能优先获得这个职位，您将如何决定 * 受教育程度 Crosstabulation

	初中及以下	高中、中专及职高	大专	本科及以上	总计
如实填报，没做过义工，今后多参加这类活动	77.2%	75.2%	75.7%	74.1%	76.2%
填报参加过两次义工，这机会太重要了，反正不需要出具证据	14.7%	15.6%	13.5%	12.5%	14.6%
先填报，交表之后去做两次义工	7.7%	9.2%	10.6%	12.9%	8.9%
其他	0.4%		0.3%	0.4%	0.3%
总计	100.0%	100.0%	100.0%	100.0%	100.0%
列总计	2378	1083	378	495	4334

Chi-square test：df = 9，卡方值为 21.692，sig = 0.010 < 0.05，所以不同受教育程度的居民对于“您正在申请一个重要的职位，如果具有两次以上在敬老院做义工的经历（不需要出具证据），将可能优先获得这个职位，您将如何决定”的回答存在显著差异。

C7 by A4a

如果您全权代表本单位与另一单位进行项目谈判，对方要求您给予一千万元的优惠，事成之后将您正在寻找工作的女儿安排到这一单位并且获得较好职位，您将如何决定 ＊ 受教育程度 Crosstabulation

	初中及以下	高中、中专及职高	大专	本科及以上	总计
拒绝，不能以公谋私	74.6%	78.4%	79.1%	82.0%	76.8%
接受，女儿前途重要，并且我有权决定	25.2%	20.9%	19.0%	16.3%	22.6%
其他	0.2%	0.7%	1.9%	1.6%	0.6%
总计	100.0%	100.0%	100.0%	100.0%	100.0%
列总计	2383	1071	373	490	4317

Chi-square test：df = 6，卡方值为 46.742，sig = 0.000 < 0.05，所以不同受教育程度的居民对于“如果您全权代表本单位与另一单位进行项目谈判，对方要求您给予一千万元的优惠，事成之后将您正在寻找工作的女儿安排到这一单位并且获得较好职位，您将如何决定”的回答存在显著差异。

C8 by A4a

现在社会上有些人不守道德反而占了便宜，您会不会效仿？ ＊ 受教育程度 Crosstabulation

	初中及以下	高中、中专及职高	大专	本科及以上	总计
从来不这么做	52.5%	53.5%	56.9%	57.8%	53.7%
通常不这么做，关键时刻会这么做	27.7%	28.0%	24.3%	21.3%	26.8%
经常这么做	1.1%	0.6%	0.3%	0.8%	0.9%
相信善有善报，恶有恶报，终将会善恶报应	18.6%	17.7%	18.3%	19.5%	18.5%
其他		0.1%	0.3%	0.6%	0.1%
总计	100.0%	100.0%	100.0%	100.0%	100.0%
列总计	2399	1084	378	493	4354

Chi-square test：df = 12，卡方值为 25.423，sig = 0.013 < 0.05，所以不同受教育程度的居民对于“现在社会上有些人不守道德反而占了便宜，您会不会效仿”的回答存在显著差异。

C9a by A4a

下列说法您是否认同：目前大多数人将职业当作谋生的手段，缺乏责任感和奉献精神 ＊ 受教育程度 Crosstabulation

	初中及以下	高中、中专及职高	大专	本科及以上	总计
完全不同意	3.4%	2.8%	4.2%	3.5%	3.4%

续表

	初中及以下	高中、中专及职高	大专	本科及以上	总计
不太同意	32.2%	29.3%	25.7%	27.9%	30.4%
比较同意	55.6%	53.4%	56.8%	53.4%	54.9%
完全同意	8.8%	14.6%	13.3%	15.3%	11.4%
总计	100.0%	100.0%	100.0%	100.0%	100.0%
列总计	2297	1072	377	491	4237

Chi-square test：df = 9，卡方值为 40.778，sig = 0.000 < 0.05，所以不同受教育程度的居民对于“下列说法您是否认同：目前大多数人将职业当作谋生的手段，缺乏责任感和奉献精神”的回答存在显著差异。

C9b by A4a

下列说法您是否认同：企业老板剥削员工，利益关系不公正 ＊ 受教育程度 Crosstabulation

	初中及以下	高中、中专及职高	大专	本科及以上	总计
完全不同意	5.6%	4.6%	5.7%	4.9%	5.3%
不太同意	32.8%	33.3%	31.4%	34.6%	33.0%
比较同意	52.7%	50.1%	49.1%	50.2%	51.4%
完全同意	9.0%	12.0%	13.8%	10.2%	10.3%
总计	100.0%	100.0%	100.0%	100.0%	100.0%
列总计	2239	1054	369	488	4150

Chi-square test：df = 9，卡方值为 15.312，sig = 0.083 > 0.05，所以不同受教育程度的居民对于“下列说法您是否认同：企业老板剥削员工，利益关系不公正”的回答不存在显著差异。

C9c by A4a

下列说法您是否认同：老板和员工、上级和下级相互勾结，共同对社会不负责任 ＊ 受教育程度 Crosstabulation

	初中及以下	高中、中专及职高	大专	本科及以上	总计
完全不同意	5.3%	7.2%	11.0%	10.1%	6.9%
不太同意	42.0%	40.0%	39.0%	43.1%	41.4%
比较同意	44.1%	40.4%	40.4%	37.4%	42.1%
完全同意	8.5%	12.4%	9.6%	9.3%	9.7%
总计	100.0%	100.0%	100.0%	100.0%	100.0%
列总计	2177	1036	356	473	4042

Chi-square test：df = 9，卡方值为 41.711，sig = 0.000 < 0.05，所以不同受教育程度的居民对于“下列说法您是否认同：老板和员工、上级和下级相互勾结，共同对社会不负责任”的回答存在显著差异。

C9d by A4a

下列说法您是否认同：是否离婚主要考虑自己的感受和利益 ＊ 受教育程度 Crosstabulation

	初中及以下	高中、中专及职高	大专	本科及以上	总计
完全不同意	22.6%	27.6%	29.2%	25.2%	24.7%
不太同意	55.0%	50.8%	47.0%	46.7%	52.3%
比较同意	20.5%	18.3%	19.9%	21.0%	19.9%
完全同意	1.9%	3.3%	3.8%	7.1%	3.0%
总计	100.0%	100.0%	100.0%	100.0%	100.0%
列总计	2316	1061	366	480	4223

Chi-square test：df = 9，卡方值为 57.665，sig = 0.000 < 0.05，所以不同受教育程度的居民对于“下列说法您是否认同：是否离婚主要考虑自己的感受和利益”的回答存在显著差异。

C9e by A4a

下列说法您是否认同：是否离婚应该从家庭整体（包括子女）考虑 ＊ 受教育程度 Crosstabulation

	初中及以下	高中、中专及职高	大专	本科及以上	总计
完全不同意	0.7%	1.3%	1.9%	1.3%	1.0%
不太同意	5.9%	5.5%	4.9%	6.9%	5.8%
比较同意	59.5%	52.1%	54.9%	55.4%	56.8%
完全同意	34.0%	41.1%	38.4%	36.5%	36.4%
总计	100.0%	100.0%	100.0%	100.0%	100.0%
列总计	2355	1068	370	480	4273

Chi-square test：df = 9，卡方值为 26.662，sig = 0.002 < 0.05，所以不同受教育程度的居民对于“下列说法您是否认同：是否离婚应该从家庭整体（包括子女）考虑”的回答存在显著差异。

C9f by A4a

下列说法您是否认同：婚姻是社会的事，应当兼顾社会评价和社会后果 ＊ 受教育程度 Crosstabulation

	初中及以下	高中、中专及职高	大专	本科及以上	总计
完全不同意	3.8%	5.1%	8.7%	8.3%	5.0%
不太同意	19.5%	22.8%	23.3%	26.0%	21.4%
比较同意	57.5%	50.1%	43.9%	42.7%	52.8%
完全同意	19.3%	22.0%	24.1%	22.9%	20.8%
总计	100.0%	100.0%	100.0%	100.0%	100.0%
列总计	2316	1058	369	480	4223

Chi-square test：df = 9，卡方值为 70.025，sig = 0.000 < 0.05，所以不同受教育程度的居民对于“下列说法您是否认同：婚姻是社会的事，应当兼顾社会评价和社会后果”的回答存在显著差异。

C9g by A4a

下列说法您是否认同：婚姻应当是自由的，如果有更满意或更合适的人就与现在的配偶离婚 ＊ 受教育程度 Crosstabulation

	初中及以下	高中、中专及职高	大专	本科及以上	总计
完全不同意	43.8%	50.0%	47.7%	45.1%	45.8%
不太同意	48.2%	41.6%	42.0%	44.1%	45.5%
比较同意	7.0%	7.3%	7.9%	8.7%	7.4%
完全同意	1.0%	1.1%	2.5%	2.1%	1.3%
总计	100.0%	100.0%	100.0%	100.0%	100.0%
列总计	2370	1070	367	483	4290

Chi-square test：df = 9，卡方值为 25.130，sig = 0.003 < 0.05，所以不同受教育程度的居民对于“下列说法您是否认同：婚姻应当是自由的，如果有更满意或更合适的人就与现在的配偶离婚”的回答存在显著差异。

C9h by A4a

下列说法您是否认同：婚姻意味着责任，要考虑给对方造成什么后果，不能轻率地选择离婚 ＊ 受教育程度 Crosstabulation

	初中及以下	高中、中专及职高	大专	本科及以上	总计
完全不同意	1.0%	1.2%	1.6%	1.0%	1.1%
不太同意	3.1%	3.8%	2.7%	3.3%	3.2%
比较同意	54.1%	44.5%	42.6%	47.6%	50.0%
完全同意	41.8%	50.5%	53.1%	48.0%	45.6%
总计	100.0%	100.0%	100.0%	100.0%	100.0%
列总计	2379	1077	371	485	4312

Chi-square test：df = 9，卡方值为 40.664，sig = 0.000 < 0.05，所以不同受教育程度的居民对于“下列说法您是否认同：婚姻意味着责任，要考虑给对方造成什么后果，不能轻率地选择离婚”的回答存在显著差异。

C9i by A4a

下列说法您是否认同：遇到困难的时候，兄弟姐妹通常都会给予力所能及的帮助 ＊ 受教育程度 Crosstabulation

	初中及以下	高中、中专及职高	大专	本科及以上	总计
完全不同意	0.5%	0.7%	0.8%	0.6%	0.6%
不太同意	4.7%	5.4%	3.5%	4.3%	4.7%
比较同意	56.9%	49.5%	51.5%	49.6%	53.8%
完全同意	37.9%	44.4%	44.2%	45.5%	40.9%
总计	100.0%	100.0%	100.0%	100.0%	100.0%

续表

	初中及以下	高中、中专及职高	大专	本科及以上	总计
列总计	2380	1077	373	484	4314

Chi-square test：df = 9，卡方值为 25.005，sig = 0.003 < 0.05，所以不同受教育程度的居民对于“下列说法您是否认同：遇到困难的时候，兄弟姐妹通常都会给予力所能及的帮助”的回答存在显著差异。

C9j by A4a

下列说法您是否认同：无论父母对自己如何，都应当尽赡养义务 * 受教育程度 Crosstabulation

	初中及以下	高中、中专及职高	大专	本科及以上	总计
完全不同意	0.3%	0.8%	1.3%	1.4%	0.6%
不太同意	3.2%	3.0%	3.4%	6.5%	3.5%
比较同意	45.1%	36.8%	37.0%	39.4%	41.7%
完全同意	51.4%	59.4%	58.2%	52.7%	54.1%
总计	100.0%	100.0%	100.0%	100.0%	100.0%
列总计	2389	1078	378	490	4335

Chi-square test：df = 9，卡方值为 52.122，sig = 0.000 < 0.05，所以不同受教育程度的居民对于“下列说法您是否认同：无论父母对自己如何，都应当尽赡养义务”的回答存在显著差。

C9k by A4a

下列说法您是否认同：为了家庭利益可以一定程度上牺牲国家利益 * 受教育程度 Crosstabulation

	初中及以下	高中、中专及职高	大专	本科及以上	总计
完全不同意	14.8%	18.7%	22.2%	22.9%	17.3%
不太同意	51.4%	49.6%	48.3%	49.8%	50.5%
比较同意	27.3%	24.6%	24.7%	22.9%	25.9%
完全同意	6.6%	7.1%	4.7%	4.4%	6.3%
总计	100.0%	100.0%	100.0%	100.0%	100.0%
列总计	2243	1037	360	472	4112

Chi-square test：df = 9，卡方值为 33.583，sig = 0.000 < 0.05，所以不同受教育程度的居民对于“下列说法您是否认同：为了家庭利益可以一定程度上牺牲国家利益”的回答存在显著差异。

C9l by A4a

下列说法您是否认同：为了国家利益可以一定程度上牺牲家庭利益 * 受教育程度 Crosstabulation

	初中及以下	高中、中专及职高	大专	本科及以上	总计
完全不同意	4.8%	5.6%	7.3%	5.7%	5.3%

续表

	初中及以下	高中、中专及职高	大专	本科及以上	总计
不太同意	25.8%	25.1%	23.5%	26.0%	25.4%
比较同意	51.1%	48.6%	49.6%	53.3%	50.6%
完全同意	18.4%	20.7%	19.6%	15.0%	18.7%
总计	100.0%	100.0%	100.0%	100.0%	100.0%
列总计	2231	1036	357	473	4097

Chi-square test：df = 9，卡方值为 12.443，sig = 0.189 > 0.05，所以不同受教育程度的居民对于“下列说法您是否认同：为了国家利益可以一定程度上牺牲家庭利益”的回答不存在显著差异。

C10 by A4a

假设您的上司或老板是外国人，他侮辱了中国，您会选择 * 受教育程度 Crosstabulation

	初中及以下	高中、中专及职高	大专	本科及以上	总计
当面抗议	67.0%	66.8%	66.0%	62.6%	66.4%
保持沉默	17.4%	20.3%	16.6%	22.8%	18.7%
暗地里报复	2.1%	3.0%	3.2%	3.0%	2.5%
以屈求伸，背后骂几句就行了	9.2%	6.6%	12.0%	9.1%	8.8%
无所谓	4.4%	3.2%	2.1%	2.4%	3.7%
总计	100.0%	100.0%	100.0%	100.0%	100.0%
列总计	2377	1082	374	495	4328

Chi-square test：df = 12，卡方值为 34.207，sig = 0.001 < 0.05，所以不同受教育程度的居民对于“假设您的上司或老板是外国人，他侮辱了中国，您会选择”的回答存在显著差异。

C11 by A4a

如果条件允许的话，您希望您的孩子生活在国内，还是到国外定居 * 受教育程度 Crosstabulation

	初中及以下	高中、中专及职高	大专	本科及以上	总计
还是在国内生活好	61.3%	60.8%	49.7%	49.3%	58.8%
到国外定居	7.0%	10.2%	16.7%	14.9%	9.5%
走一步看一步	8.6%	11.5%	15.9%	20.0%	11.2%
没考虑过	23.2%	17.4%	17.7%	15.8%	20.4%
总计	100.0%	100.0%	100.0%	100.0%	100.0%
列总计	2400	1084	378	495	4357

Chi-square test：df = 9，卡方值为 145.207，sig = 0.000 < 0.05，所以不同受教育程度的居民对于“如果条件允许的话，您希望您的孩子生活在国内，还是到国外定居”的回答存在显著差异。

C12a by A4a

您常常体验到自己身上一种“伦理感”的存在吗？人与人之间 ＊ 受教育程度 Crosstabulation

	初中及以下	高中、中专及职高	大专	本科及以上	总计
没有，只感受到自己实实在在的生活	20.3%	21.4%	19.3%	16.4%	20.0%
偶尔有，但主要是因为那种情况下我的利益与它高度一致	31.7%	30.9%	28.8%	30.0%	31.0%
偶尔有，是在受某种作品或生活情境的影响之后	19.2%	21.5%	24.9%	27.2%	21.2%
时常有，它是一种内在的信念	28.9%	26.1%	27.0%	26.4%	27.8%
总计	100.0%	100.0%	100.0%	100.0%	100.0%
列总计	2388	1083	378	493	4342

Chi-square test：df = 9，卡方值为 23.413，sig = 0.005 < 0.05，所以不同受教育程度的居民对于“您常常体验到自己身上一种‘伦理感’的存在吗？人与人之间”的回答存在显著差异。

C12b by A4a

您常常体验到自己身上一种“伦理感”的存在吗？家庭 ＊ 受教育程度 Crosstabulation

	初中及以下	高中、中专及职高	大专	本科及以上	总计
没有，只感受到自己实实在在的生活	19.8%	16.0%	15.6%	10.1%	17.4%
偶尔有，但主要是因为那种情况下我的利益与它高度一致	16.2%	18.8%	15.9%	14.8%	16.6%
偶尔有，是在受某种作品或生活情境的影响之后	14.7%	16.9%	16.4%	21.3%	16.1%
时常有，它是一种内在的信念	49.3%	48.3%	52.1%	53.8%	49.8%
总计	100.0%	100.0%	100.0%	100.0%	100.0%
列总计	2388	1083	378	494	4343

Chi-square test：df = 9，卡方值为 44.161，sig = 0.000 < 0.05，所以不同受教育程度的居民对于“您常常体验到自己身上一种‘伦理感’的存在吗？家庭”的回答存在显著差异。

C12c by A4a

您常常体验到自己身上一种“伦理感”的存在吗？单位 ＊ 受教育程度 Crosstabulation

	初中及以下	高中、中专及职高	大专	本科及以上	总计
没有，只感受到自己实实在在的生活	22.3%	20.5%	20.6%	18.5%	21.3%

续表

	初中及以下	高中、中专及职高	大专	本科及以上	总计
偶尔有，但主要是因为那种情况下我的利益与它高度一致	32.9%	33.0%	31.5%	29.5%	32.4%
偶尔有，是在受某种作品或生活情境的影响之后	26.6%	28.8%	31.2%	29.1%	27.8%
时常有，它是一种内在的信念	18.3%	17.7%	16.7%	23.0%	18.5%
总计	100.0%	100.0%	100.0%	100.0%	100.0%
列总计	2376	1081	378	492	4327

Chi-square test：df = 9，卡方值为 15.036，sig = 0.090 > 0.05，所以不同受教育程度的居民对于“您常常体验到自己身上一种‘伦理感’的存在吗？单位”的回答不存在显著差异。

C12d by A4a

您常常体验到自己身上一种“伦理感”的存在吗？社区、城市 ＊ 受教育程度 Crosstabulation

	初中及以下	高中、中专及职高	大专	本科及以上	总计
没有，只感受到自己实实在在的生活	23.6%	20.5%	20.7%	21.7%	22.4%
偶尔有，但主要是因为那种情况下我的利益与它高度一致	27.8%	30.8%	28.4%	26.0%	28.4%
偶尔有，是在受某种作品或生活情境的影响之后	28.1%	28.0%	32.1%	30.5%	28.7%
时常有，它是一种内在的信念	20.5%	20.7%	18.8%	21.7%	20.6%
总计	100.0%	100.0%	100.0%	100.0%	100.0%
列总计	2386	1080	377	492	4335

Chi-square test：df = 9，卡方值为 11.077，sig = 0.270 > 0.05，所以不同受教育程度的居民对于“您常常体验到自己身上一种‘伦理感’的存在吗？社区、城市”的回答不存在显著差异。

C13 by A4a

您常常体验到自己身上有一种“道德感”的存在和满足吗 ＊ 受教育程度 Crosstabulation

	初中及以下	高中、中专及职高	大专	本科及以上	总计
没有，只是凭自己的感觉和利益办事	15.0%	15.1%	9.5%	9.9%	14.0%
在有监督的环境中或有别人在场时有，其他环境中没有	12.7%	16.5%	13.0%	10.1%	13.4%
经常有，问心无愧、不做亏心事最重要	50.9%	48.4%	54.0%	56.2%	51.1%

续表

	初中及以下	高中、中专及职高	大专	本科及以上	总计
没有特别的感觉，但从来不做不道德的事	21.3%	19.9%	23.5%	23.6%	21.4%
其他	0.1%			0.2%	0.1%
总计	100.0%	100.0%	100.0%	100.0%	100.0%
列总计	2393	1084	378	495	4350

Chi-square test：df = 12，卡方值为 36.865，sig = 0.000 < 0.05，所以不同受教育程度的居民对于“您常常体验到自己身上有一种‘道德感’的存在和满足吗”的回答存在显著差异。

C14 by A4a

您认为国家对于个人存在的意义是 * 受教育程度 Crosstabulation

	初中及以下	高中、中专及职高	大专	本科及以上	总计
国家离我们很遥远，个人最重要	22.9%	21.4%	15.3%	12.0%	20.7%
国家最重要，是我们的安身之地，国家富强个人才能过得好	76.9%	78.4%	84.4%	87.0%	79.0%
其他	0.2%	0.2%	0.3%	1.0%	0.3%
总计	100.0%	100.0%	100.0%	100.0%	100.0%
列总计	2401	1082	378	492	4353

Chi-square test：df = 6，卡方值为 47.377，sig = 0.000 < 0.05，所以不同受教育程度的居民对于“您认为国家对于个人存在的意义是”的回答存在显著差异。

C15 by A4a

您认为对社会生活而言，个体德性和社会公正哪个更重要 * 受教育程度 Crosstabulation

	初中及以下	高中、中专及职高	大专	本科及以上	总计
个体德性最重要	15.3%	14.3%	14.6%	13.5%	14.8%
社会公正最重要	34.7%	33.9%	24.3%	22.2%	32.2%
二者应当统一，但二者矛盾时应先追求个体德性	27.0%	24.7%	25.7%	25.9%	26.2%
二者应当统一，但二者矛盾时应先追求社会公正	22.9%	27.1%	35.4%	38.4%	26.8%
总计	100.0%	100.0%	100.0%	100.0%	100.0%
列总计	2398	1084	378	495	4355

Chi-square test：df = 9，卡方值为 80.121，sig = 0.000 < 0.05，所以不同受教育程度的居民对于“您认为对社会生活而言，个体德性和社会公正哪个更重要”的回答存在显著差异。

C16 by A4a

在公共生活中，个人之所以要遵守道德，是因为 * 受教育程度 Crosstabulation

	初中及以下	高中、中专及职高	大专	本科及以上	总计
遵守道德有利于自身利益的实现	22.0%	19.0%	19.4%	19.4%	20.7%
个人是社会的一分子，应当遵守道德	37.4%	40.7%	42.4%	41.7%	39.2%
遵守道德社会才能有序和美好	35.5%	35.5%	35.3%	36.2%	35.5%
不遵守道德会被别人议论或谴责	5.0%	4.6%	2.9%	2.4%	4.4%
其他	0.1%	0.2%		0.2%	0.1%
总计	100.0%	100.0%	100.0%	100.0%	100.0%
列总计	2396	1083	377	494	4350

Chi-square test：df = 12，卡方值为 17.479，sig = 0.132 > 0.05，所以不同受教育程度的居民对于“在公共生活中，个人之所以要遵守道德，是因为”的回答不存在显著差异。

C17 by A4a

关于职业劳动的说法，您最认同的是 * 受教育程度 Crosstabulation

	初中及以下	高中、中专及职高	大专	本科及以上	总计
职业劳动是个人和家庭谋生的手段	61.9%	48.4%	41.5%	37.9%	54.0%
职业劳动是为社会创造财富	21.3%	28.7%	28.7%	27.3%	24.5%
职业劳动是个人兴趣和价值实现的方式	16.5%	22.6%	29.5%	34.6%	21.2%
其他	0.3%	0.3%	0.3%	0.2%	0.3%
总计	100.0%	100.0%	100.0%	100.0%	100.0%
列总计	2372	1084	376	494	4326

Chi-square test：df = 9，卡方值为 170.254，sig = 0.000 < 0.05，所以不同受教育程度的居民对于“关于职业劳动的说法，最认同的说法”的回答存在显著差异。

C18a by A4a

您认为造成有些人忧郁、自杀的原因是？欲望过多过大，不能知足常乐 * 受教育程度 Crosstabulation

	初中及以下	高中、中专及职高	大专	本科及以上	总计
未选中	72.8%	65.5%	64.6%	62.6%	69.1%
选中	27.2%	34.5%	35.4%	37.4%	30.9%
总计	100.0%	100.0%	100.0%	100.0%	100.0%
列总计	2370	1081	376	494	4321

Chi-square test：df = 3，卡方值为 35.085，sig = 0.000 < 0.05，所以不同受教育程度的居民对于“您认为造成有些人忧郁、自杀的原因是？欲望过多过大，不能知足常乐”的回答存在显著差异。

C18b by A4a

您认为造成有些人忧郁、自杀的原因是？对自己和未来没有把握 ＊ 受教育程度 Crosstabulation

	初中及以下	高中、中专及职高	大专	本科及以上	总计
未选中	71.6%	68.9%	70.5%	70.9%	70.8%
选中	28.4%	31.1%	29.5%	29.1%	29.2%
总计	100.0%	100.0%	100.0%	100.0%	100.0%
列总计	2370	1081	376	494	4321

Chi-square test：df = 3，卡方值为 2.686，sig = 0.442 > 0.05，所以不同受教育程度的居民对于“您认为造成有些人忧郁、自杀的原因是？对自己和未来没有把握”的回答不存在显著差异。

C18c by A4a

您认为造成有些人忧郁、自杀的原因是？竞争激烈，工作压力过大，身心疲惫 ＊ 受教育程度 Crosstabulation

	初中及以下	高中、中专及职高	大专	本科及以上	总计
未选中	51.9%	47.3%	45.7%	45.7%	49.5%
选中	48.1%	52.7%	54.3%	54.3%	50.5%
总计	100.0%	100.0%	100.0%	100.0%	100.0%
列总计	2370	1081	376	494	4321

Chi-square test：df = 3，卡方值为 12.698，sig = 0.005 < 0.05，所以不同受教育程度的居民对于“您认为造成有些人忧郁、自杀的原因是？竞争激烈，工作压力过大，身心疲惫”的回答存在显著差异。

C18d by A4a

您认为造成有些人忧郁、自杀的原因是？人与人之间缺乏信任感，人际关系紧张 ＊ 受教育程度 Crosstabulation

	初中及以下	高中、中专及职高	大专	本科及以上	总计
未选中	63.1%	61.7%	58.0%	60.9%	62.1%
选中	36.9%	38.3%	42.0%	39.1%	37.9%
总计	100.0%	100.0%	100.0%	100.0%	100.0%
列总计	2370	1081	376	494	4321

Chi-square test：df = 3，卡方值为 4.122，sig = 0.249 > 0.05，所以不同受教育程度的居民对于“您认为造成有些人忧郁、自杀的原因是？人与人之间缺乏信任感，人际关系紧张”的回答不存在显著差异。

C18e by A4a

您认为造成有些人忧郁、自杀的原因是？有烦恼很难找到人倾诉和排解 ＊ 受教育程度 Crosstabulation

	初中及以下	高中、中专及职高	大专	本科及以上	总计
未选中	76.9%	75.2%	75.8%	70.2%	75.6%
选中	23.1%	24.8%	24.2%	29.8%	24.4%
总计	100.0%	100.0%	100.0%	100.0%	100.0%
列总计	2370	1081	376	494	4321

Chi-square test：df = 3，卡方值为 9.883，sig = 0.020 < 0.05，所以不同受教育程度的居民对于“您认为造成有些人忧郁、自杀的原因是？有烦恼很难找到人倾诉和排解”的回答存在显著差异。

C18f by A4a

您认为造成有些人忧郁、自杀的原因是？缺乏自我理解和自我调节能力 ＊ 受教育程度 Crosstabulation

	初中及以下	高中、中专及职高	大专	本科及以上	总计
未选中	76.9%	74.7%	75.8%	74.3%	75.9%
选中	23.1%	25.3%	24.2%	25.7%	24.1%
总计	100.0%	100.0%	100.0%	100.0%	100.0%
列总计	2370	1081	376	494	4321

Chi-square test：df = 3，卡方值为 2.858，sig = 0.414 > 0.05，所以不同受教育程度的居民对于“您认为造成有些人忧郁、自杀的原因是？缺乏自我理解和自我调节能力”的回答不存在显著差异。

C18g by A4a

您认为造成有些人忧郁、自杀的原因是？现代人缺乏安顿自己、化解内心矛盾的能力 ＊ 受教育程度 Crosstabulation

	初中及以下	高中、中专及职高	大专	本科及以上	总计
未选中	76.9%	73.3%	69.4%	67.0%	74.2%
选中	23.1%	26.7%	30.6%	33.0%	25.8%
总计	100.0%	100.0%	100.0%	100.0%	100.0%
列总计	2370	1081	376	494	4321

Chi-square test：df = 3，卡方值为 27.226，sig = 0.000 < 0.05，所以不同受教育程度的居民对于“您认为造成有些人忧郁、自杀的原因是？现代人缺乏安顿自己、化解内心矛盾的能力”的回答存在显著差异。

C18h by A4a

您认为造成有些人忧郁、自杀的原因是？缺乏道德公正，没有道德的人总是讨便宜 ＊ 受教育程度 Crosstabulation

	初中及以下	高中、中专及职高	大专	本科及以上	总计
未选中	76.1%	76.5%	75.0%	79.8%	76.5%
选中	23.9%	23.5%	25.0%	20.2%	23.5%
总计	100.0%	100.0%	100.0%	100.0%	100.0%
列总计	2370	1081	376	494	4321

Chi-square test：df = 3，卡方值为 3.624，sig = 0.305 > 0.05，所以不同受教育程度的居民对于“您认为造成有些人忧郁、自杀的原因是？缺乏道德公正，没有道德的人总是讨便宜”的回答不存在显著差异。

C18i by A4a

您认为造成有些人忧郁、自杀的原因是？缺乏理想和信念支持，精神没有寄托和归宿 ＊ 受教育程度 Crosstabulation

	初中及以下	高中、中专及职高	大专	本科及以上	总计
未选中	81.6%	78.4%	64.9%	65.4%	77.5%
选中	18.4%	21.6%	35.1%	34.6%	22.5%
总计	100.0%	100.0%	100.0%	100.0%	100.0%
列总计	2370	1081	376	494	4321

Chi-square test：df = 3，卡方值为 99.676，sig = 0.000 < 0.05，所以不同受教育程度的居民对于“您认为造成有些人忧郁、自杀的原因是？缺乏理想和信念支持，精神没有寄托和归宿”的回答存在显著差异。

C18j by A4a

您认为造成有些人忧郁、自杀的原因是？生活压力大 ＊ 受教育程度 Crosstabulation

	初中及以下	高中、中专及职高	大专	本科及以上	总计
未选中	44.0%	47.2%	39.6%	40.9%	44.1%
选中	56.0%	52.8%	60.4%	59.1%	55.9%
总计	100.0%	100.0%	100.0%	100.0%	100.0%
列总计	2370	1081	376	494	4321

Chi-square test：df = 3，卡方值为 9.278，sig = 0.026 < 0.05，所以不同受教育程度的居民对于“您认为造成有些人忧郁、自杀的原因是？生活压力大”的回答存在显著差异。

C18k by A4a

您认为造成有些人忧郁、自杀的原因是？生活孤独无聊 * 受教育程度 Crosstabulation

	初中及以下	高中、中专及职高	大专	本科及以上	总计
未选中	91.2%	91.4%	87.2%	85.4%	90.2%
选中	8.8%	8.6%	12.8%	14.6%	9.8%
总计	100.0%	100.0%	100.0%	100.0%	100.0%
列总计	2370	1081	376	494	4321

Chi-square test：df=3，卡方值为20.876，sig=0.000<0.05，所以不同受教育程度的居民对于“您认为造成有些人忧郁、自杀的原因是？生活孤独无聊”的回答存在显著差异。

C19a by A4a

如果您与家庭成员之间发生重大利益冲突，您会首先选择哪种途径来解决 * 受教育程度 Crosstabulation

	初中及以下	高中、中专及职高	大专	本科及以上	总计
诉诸法律，打官司	1.0%	0.4%	1.3%	1.6%	1.0%
直接找对方沟通但得理让人，适可而止	54.7%	52.4%	46.8%	55.3%	53.5%
通过第三方（如社会机构、朋友等）从中调解，尽量不伤和气	9.9%	10.6%	12.5%	6.6%	9.9%
能忍则忍	34.4%	36.6%	39.4%	36.4%	35.6%
总计	100.0%	100.0%	100.0%	100.0%	100.0%
列总计	2358	1068	376	486	4288

Chi-square test：df=9，卡方值为22.522，sig=0.007<0.05，所以不同受教育程度的居民对于“如果您与家庭成员之间发生重大利益冲突，您会首先选择哪种途径来解决”的回答存在显著差异。

C19b by A4a

如果您与朋友之间发生重大利益冲突，您会首先选择哪种途径来解决 * 受教育程度 Crosstabulation

	初中及以下	高中、中专及职高	大专	本科及以上	总计
诉诸法律，打官司	2.4%	2.6%	1.6%	1.4%	2.3%
直接找对方沟通但得理让人，适可而止	54.6%	53.1%	48.8%	55.2%	53.8%
通过第三方（如社会机构、朋友等）从中调解，尽量不伤和气	20.4%	23.5%	27.1%	22.3%	22.0%
能忍则忍	22.6%	20.9%	22.5%	21.1%	22.0%
总计	100.0%	100.0%	100.0%	100.0%	100.0%

续表

	初中及以下	高中、中专及职高	大专	本科及以上	总计
列总计	2346	1074	377	493	4290

Chi-square test：df = 9，卡方值为 14. 941，sig = 0. 093 > 0. 05，所以不同受教育程度的居民对于“如果您与朋友之间发生重大利益冲突，您会首先选择哪种途径来解决”的回答不存在显著差异。

C19c by A4a

如果您与同事之间发生重大利益冲突，您会首先选择哪种途径来解决 * 受教育程度 Crosstabulation

	初中及以下	高中、中专及职高	大专	本科及以上	总计
诉诸法律，打官司	4. 1%	4. 6%	3. 0%	3. 6%	4. 1%
直接找对方沟通但得理让人，适可而止	54. 3%	53. 3%	52. 4%	51. 3%	53. 5%
通过第三方（如社会机构、朋友等）从中调解，尽量不伤和气	28. 3%	29. 3%	32. 2%	31. 5%	29. 3%
能忍则忍	13. 2%	12. 9%	12. 4%	13. 6%	13. 1%
总计	100. 0%	100. 0%	100. 0%	100. 0%	100. 0%
列总计	2177	1049	370	470	4066

Chi-square test：df = 9，卡方值为 5. 574，sig = 0. 782 > 0. 05，所以不同受教育程度的居民对于“如果您与同事之间发生重大利益冲突，您会首先选择哪种途径来解决”的回答不存在显著差异。

C19d by A4a

如果您与商业伙伴之间发生重大利益冲突，您会首先选择哪种途径来解决 * 受教育程度 Crosstabulation

	初中及以下	高中、中专及职高	大专	本科及以上	总计
诉诸法律，打官司	37. 8%	44. 0%	42. 3%	43. 3%	40. 5%
直接找对方沟通但得理让人，适可而止	28. 3%	23. 2%	24. 6%	29. 4%	26. 7%
通过第三方（如社会机构，朋友等）从中调解，尽量不伤和气	28. 1%	27. 7%	28. 1%	23. 5%	27. 5%
能忍则忍	5. 8%	5. 1%	4. 9%	3. 9%	5. 3%
总计	100. 0%	100. 0%	100. 0%	100. 0%	100. 0%
列总计	1895	978	345	439	3657

Chi-square test：df = 9，卡方值为 21. 132，sig = 0. 0012 < 0. 05，所以不同受教育程度的居民对于“如果您与商业伙伴之间发生重大利益冲突，您会首先选择哪种途径来解决”的回答存在显著差异。

C20 by A4a

您认为在自己的成长中得到道德训练的最重要场所或机构是 * 受教育程度 Crosstabulation

	初中及以下	高中、中专及职高	大专	本科及以上	总计
家庭	36.2%	35.3%	27.7%	27.5%	34.2%
学校	20.7%	24.1%	29.3%	32.0%	23.6%
社会（如工作单位、社区等）	31.2%	30.2%	33.5%	30.6%	31.1%
国家或政府	7.9%	6.1%	5.1%	3.8%	6.7%
媒体	1.8%	1.6%	1.3%	1.0%	1.6%
其他	2.2%	2.7%	3.2%	5.1%	2.7%
总计	100.0%	100.0%	100.0%	100.0%	100.0%
列总计	2390	1082	376	494	4342

Chi-square test：df = 15，卡方值为 71.484，sig = 0.000 < 0.05，所以不同受教育程度的居民对于“在自己的成长中得到道德训练的最重要场所或机构”的回答存在显著差异。

C21 by A4a

您的思想行为受什么人影响最大 * 受教育程度 Crosstabulation

	初中及以下	高中、中专及职高	大专	本科及以上	总计
政府官员	27.3%	24.9%	21.5%	16.1%	24.9%
企业家	20.9%	24.1%	17.7%	14.2%	20.7%
演艺明星	5.9%	8.2%	11.4%	10.1%	7.5%
教师	42.8%	45.6%	51.8%	52.8%	45.4%
知识精英	14.6%	18.6%	14.2%	19.2%	16.1%
公众人物	25.9%	27.0%	33.0%	24.5%	26.7%
农民	10.3%	4.8%	4.4%	1.9%	7.4%
工人	3.6%	3.1%	3.5%	1.2%	3.2%
先哲先贤	11.6%	13.3%	17.2%	25.6%	14.1%
父母	69.2%	66.9%	68.7%	74.2%	69.2%
网络大V	2.0%	3.7%	5.4%	7.6%	3.4%
宗教人士	0.9%	0.6%	1.1%	0.6%	0.8%
列总计	2295	1050	367	485	4197

据上表所示，不同受教育程度的居民对于“您的思想行为受什么人影响最大”回答存在显著差异。

C22 by A4a

影响您道德判断和道德选择的最主要的因素是 ＊ 受教育程度 Crosstabulation

	初中及以下	高中、中专及职高	大专	本科及以上	总计
自己的良心	72.1%	74.2%	67.3%	76.5%	72.7%
大多数人持有的观点	41.7%	38.7%	32.2%	29.4%	38.7%
公众人士和权威人物的观点	6.0%	8.3%	8.8%	8.7%	7.1%
国外媒体的观点	5.2%	5.3%	4.8%	3.9%	5.0%
自己的利益	15.8%	12.7%	16.4%	10.3%	14.5%
他人的评价	7.0%	7.5%	5.4%	3.2%	6.6%
社会后果	11.2%	13.8%	24.1%	20.5%	14.0%
大多数人认可的道德规范	18.5%	17.1%	18.0%	23.1%	18.6%
先贤教导	4.0%	5.1%	9.9%	9.3%	5.4%
“朋友圈” 的观点	2.8%	2.4%	2.1%	0.4%	2.4%
列总计	2343	1075	373	493	4284

据上表所示，不同受教育程度的居民对于“影响您道德判断和道德选择的最主要的因素”回答存在显著差异。

C23 by A4a

现在经常有一些网民在网络上曝光别人的隐私，您怎么看待这种行为 ＊ 受教育程度 Crosstabulation

	初中及以下	高中、中专及职高	大专	本科及以上	总计
这是违法行为，应该制止	40.8%	44.6%	50.0%	48.8%	43.5%
这是不道德行为，应该进行谴责	48.8%	43.3%	35.3%	32.0%	44.2%
这是社会监督的重要途径，不必完全禁止，但需要规范和引导	8.5%	10.4%	14.1%	18.6%	10.7%
这是网民的自由，别人不应该干涉	1.9%	1.7%	0.5%	0.6%	1.6%
总计	100.0%	100.0%	100.0%	100.0%	100.0%
列总计	2250	1065	368	488	4171

Chi-square test：df = 9，卡方值为 94.806，sig = 0.000 < 0.05，所以不同受教育程度的居民对于“现在经常有一些网民在网络上曝光别人的隐私，您怎么看待这种行为”的回答存在显著差异。

C24a by A4a

您最近两年是否参加过以下活动？志愿者活动 ＊ 受教育程度 Crosstabulation

	初中及以下	高中、中专及职高	大专	本科及以上	总计
是	8.7%	19.0%	31.5%	49.4%	17.9%

续表

	初中及以下	高中、中专及职高	大专	本科及以上	总计
否	91.3%	81.0%	68.5%	50.6%	82.1%
总计	100.0%	100.0%	100.0%	100.0%	100.0%
列总计	2399	1084	378	494	4355

Chi-square test：df = 3，卡方值为 520.345，sig = 0.000 < 0.05，所以不同受教育程度的居民对于“最近两年是否参加过志愿者活动”的回答存在显著差异。

C24b by A4a

您参加的频率：志愿者活动 ＊ 受教育程度 Crosstabulation

	初中及以下	高中、中专及职高	大专	本科及以上	总计
从来没有	91.3%	81.0%	68.5%	50.6%	82.1%
参加过一两次	3.8%	8.4%	16.7%	27.3%	8.7%
偶尔参加一次	4.0%	7.8%	9.5%	15.8%	6.8%
经常参加	0.9%	2.8%	5.3%	6.3%	2.4%
总计	100.0%	100.0%	100.0%	100.0%	100.0%
列总计	2399	1084	378	494	4355

Chi-square test：df = 9，卡方值为 544.156，sig = 0.000 < 0.05，所以不同受教育程度的居民对于“参加志愿者活动的频率”的回答存在显著差异。

C24c by A4a

您最近两年是否参加过以下活动？无偿献血 ＊ 受教育程度 Crosstabulation

	初中及以下	高中、中专及职高	大专	本科及以上	总计
是	5.7%	13.4%	21.7%	31.6%	11.9%
否	94.3%	86.6%	78.3%	68.4%	88.1%
总计	100.0%	100.0%	100.0%	100.0%	100.0%
列总计	2400	1084	378	494	4356

Chi-square test：df = 3，卡方值为 307.928，sig = 0.000 < 0.05，所以不同受教育程度的居民对于“最近两年是否参加过无偿献血活动”的回答存在显著差异。

C24d by A4a

您参加的频率：无偿献血 ＊ 受教育程度 Crosstabulation

	初中及以下	高中、中专及职高	大专	本科及以上	总计
从来没有	94.3%	86.6%	78.3%	68.4%	88.1%

续表

	初中及以下	高中、中专及职高	大专	本科及以上	总计
参加过一两次	2.3%	7.0%	11.4%	16.0%	5.8%
偶尔参加一次	2.9%	5.4%	7.9%	13.4%	5.1%
经常参加	0.5%	1.0%	2.4%	2.2%	1.0%
总计	100.0%	100.0%	100.0%	100.0%	100.0%
列总计	2400	1084	378	494	4356

Chi-square test：df = 9，卡方值为 315.337，sig = 0.000 < 0.05，所以不同受教育程度的居民对于“参加无偿献血的频率”的回答存在显著差异。

C24e by A4a

您最近两年是否参加过以下活动？捐款、捐物 ＊ 受教育程度 Crosstabulation

	初中及以下	高中、中专及职高	大专	本科及以上	总计
是	33.0%	48.1%	59.0%	66.8%	42.9%
否	67.0%	51.9%	41.0%	33.2%	57.1%
总计	100.0%	100.0%	100.0%	100.0%	100.0%
列总计	2400	1084	378	494	4356

Chi-square test：df = 3，卡方值为 262.254，sig = 0.000 < 0.05，所以不同受教育程度的居民对于“最近两年是否参加过捐款、捐物”的回答存在显著差异。

C24f by A4a

您参加的频率：捐款、捐物 ＊ 受教育程度 Crosstabulation

	初中及以下	高中、中专及职高	大专	本科及以上	总计
从来没有	67.0%	51.9%	41.0%	33.2%	57.1%
参加过一两次	16.5%	19.8%	27.2%	26.3%	19.4%
偶尔参加一次	11.4%	19.4%	22.5%	25.1%	15.9%
经常参加	5.1%	8.9%	9.3%	15.4%	7.6%
总计	100.0%	100.0%	100.0%	100.0%	100.0%
列总计	2400	1084	378	494	4356

Chi-square test：df = 9，卡方值为 285.329，sig = 0.000 < 0.05，所以不同受教育程度的居民对于“参加捐款、捐物的频率”存在显著差异。

C25 by A4a

目前中国社会的两性关系日益开放，它对社会风尚的影响 * 受教育程度 Crosstabulation

	初中及以下	高中、中专及职高	大专	本科及以上	总计
是社会进步的表现	11.4%	10.7%	10.4%	10.9%	11.1%
两性关系混乱必然导致道德沦丧、污染社会风气	62.5%	62.3%	56.4%	53.7%	60.9%
个人选择，无所谓好坏	25.9%	26.9%	33.2%	34.7%	27.8%
其他	0.2%	0.1%		0.6%	0.2%
总计	100.0%	100.0%	100.0%	100.0%	100.0%
列总计	2385	1081	376	495	4337

Chi-square test：df = 9，卡方值为 28.473，sig = 0.001 < 0.05，所以不同受教育程度的居民对于“对目前中国社会的两性关系日益开放，它对社会风尚的影响”的回答存在显著差异。

C26 by A4a

您对一些重要事情所持的观点和回答与其他人一致的时候有多少 * 受教育程度 Crosstabulation

	初中及以下	高中、中专及职高	大专	本科及以上	总计
非常少	2.4%	1.4%	2.5%	2.1%	2.1%
比较少	9.6%	10.2%	11.3%	12.5%	10.3%
一般	50.3%	49.7%	48.2%	39.5%	48.7%
比较多	32.5%	34.7%	35.8%	41.2%	34.4%
非常多	5.1%	4.0%	2.3%	4.8%	4.5%
总计	100.0%	100.0%	100.0%	100.0%	100.0%
列总计	2177	1036	355	481	4049

Chi-square test：df = 12，卡方值为 31.779，sig = 0.001 < 0.05，所以不同受教育程度的居民对于“对您对一些重要事情所持的观点和回答与其他人一致的时候有多少”的回答存在显著差异。

C27 by A4a

您对待目前社会上一部分人的奢侈消费行为的回答是 * 受教育程度 Crosstabulation

	初中及以下	高中、中专及职高	大专	本科及以上	总计
钞票是他们自己的，他们愿意怎么花就怎么花	31.0%	32.7%	30.4%	30.3%	31.3%

续表

	初中及以下	高中、中专及职高	大专	本科及以上	总计
他们应该遵守勤俭的传统美德，适度消费	58.3%	54.8%	53.7%	49.9%	56.1%
过度消费行为只要对别人无害，就不应干涉	10.6%	12.3%	15.6%	19.2%	12.4%
其他		0.2%	0.3%	0.6%	0.2%
总计	100.0%	100.0%	100.0%	100.0%	100.0%
列总计	2400	1084	378	495	4357

Chi-square test：df = 9，卡方值为 43.705，sig = 0.000 < 0.05，所以不同受教育程度的居民对于“对待目前社会上一部分人的奢侈消费行为”的回答存在显著差异。

C28 by A4a

孝敬、礼让、仁爱、节俭等优良传统，您认为现在还需要这些吗 * 受教育程度 Crosstabulation

	初中及以下	高中、中专及职高	大专	本科及以上	总计
这些好传统什么时候都不能丢	83.7%	83.1%	83.6%	87.7%	84.0%
可有可无	6.9%	6.8%	4.8%	2.8%	6.2%
已经过时，没必要讲这些	2.5%	3.3%	2.6%	1.4%	2.6%
有些要，有些不要	6.9%	6.7%	9.0%	8.1%	7.2%
总计	100.0%	100.0%	100.0%	100.0%	100.0%
列总计	2400	1084	378	495	4357

Chi-square test：df = 9，卡方值为 21.700，sig = 0.010 < 0.05，所以不同受教育程度的居民对于“对孝敬、礼让、仁爱、节俭等优良传统是否还需要”的回答存在显著差异。

C29 by A4a

民族英雄和新时期的先进人物，您觉得他们的精神还值得在全社会大力倡导吗 * 受教育程度 Crosstabulation

	初中及以下	高中、中专及职高	大专	本科及以上	总计
我很佩服他们，现在社会就缺这种精神，要加大宣传	70.3%	69.2%	73.2%	80.0%	71.4%
以前知道一些，现在不太关注了	23.9%	21.9%	14.6%	13.3%	21.4%
时过境迁，这些典型的影响力越来越小了，没太多人关心了	3.2%	8.1%	10.9%	6.5%	5.5%
不知道，也不关心	2.7%	0.8%	1.3%	0.2%	1.8%

续表

	初中及以下	高中、中专及职高	大专	本科及以上	总计
总计	100.0%	100.0%	100.0%	100.0%	100.0%
列总计	2398	1083	377	495	4353

Chi-square test：df = 9，卡方值为 117.026，sig = 0.000 < 0.05，所以不同受教育程度的居民对于“对民族英雄和新时期的先进人物是否还值得在全社会大力倡导”的回答存在显著差异。

C30 by A4a

当在公交车上遇到小偷正在偷乘客钱包时，您会选择以下哪种做法 * 受教育程度 Crosstabulation

	初中及以下	高中、中专及职高	大专	本科及以上	总计
马上冲上去制止	21.0%	25.1%	24.9%	22.7%	22.5%
出于害怕，装作什么都没有看到	7.4%	6.2%	3.2%	4.3%	6.4%
不敢直接与小偷对抗，但以适当方式悄悄提醒当事人或报警	64.6%	63.1%	68.5%	69.6%	65.1%
只要偷的不是我，不用多管闲事，免得惹麻烦	6.4%	5.1%	2.9%	2.4%	5.3%
其他	0.7%	0.6%	0.5%	1.0%	0.7%
总计	100.0%	100.0%	100.0%	100.0%	100.0%
列总计	2393	1083	378	494	4348

Chi-square test：df = 12，卡方值为 41.343，sig = 0.000 < 0.05，所以不同受教育程度的居民对于“对当在公交车上遇到小偷正在偷乘客钱包时的应对”的回答存在显著差异。

C31 by A4a

小王知道做某件事是道德的但没去行动，哪种因素是他采取行动最大障碍 * 受教育程度 Crosstabulation

	初中及以下	高中、中专及职高	大专	本科及以上	总计
采取行动会损害自己利益	17.8%	21.2%	19.3%	20.7%	19.1%
采取行动也难以取得预期效果	16.1%	18.8%	13.8%	14.0%	16.3%
大家都不做，我何必管闲事	18.0%	18.4%	13.8%	15.8%	17.5%
自身能力有限，心有余而力不足	34.3%	30.9%	41.8%	41.0%	34.9%
即使我不做，相信还会有别人去做	9.3%	7.8%	8.7%	5.9%	8.5%
明白就行，让别人去做吧	4.3%	2.2%	2.1%	1.4%	3.2%
其他	0.3%	0.7%	0.5%	1.2%	0.5%

续表

	初中及以下	高中、中专及职高	大专	本科及以上	总计
总计	100.0%	100.0%	100.0%	100.0%	100.0%
列总计	2373	1076	378	493	4320

Chi-square test：df = 18，卡方值为 63.703，sig = 0.000 < 0.05，所以不同受教育程度的居民对于“对小王知道做某件事是道德的但没去行动，哪种因素是他采取行动最大障碍”的回答存在显著差异。

C32 by A4a

当与他人发生分歧时，能否体谅宽容他人 * 受教育程度 Crosstabulation

	初中及以下	高中、中专及职高	大专	本科及以上	总计
不宽容，必须弄清是非曲直	6.6%	8.9%	8.0%	6.9%	7.3%
偶尔	27.3%	26.4%	25.3%	24.8%	26.6%
有时	45.4%	44.2%	37.5%	39.4%	43.7%
经常	20.7%	20.5%	29.3%	28.9%	22.3%
总计	100.0%	100.0%	100.0%	100.0%	100.0%
列总计	2397	1081	376	492	4346

Chi-square test：df = 9，卡方值为 35.926，sig = 0.000 < 0.05，所以不同受教育程度的居民对于“对当与他人发生分歧时，能否体谅宽容他人”的回答存在显著差异。

C33 by A4a

您认为解决当前我国的公民道德和社会风尚问题，最关键的途径是 * 受教育程度 Crosstabulation

	初中及以下	高中、中专及职高	大专	本科及以上	总计
加强法制	44.7%	45.6%	43.5%	47.6%	45.1%
弘扬优秀传统道德	51.2%	52.8%	49.3%	46.4%	50.9%
建设伦理道德的核心价值	12.9%	20.6%	19.4%	25.5%	16.8%
惩治官员腐败	26.6%	23.9%	18.3%	13.2%	23.7%
解决分配不公问题	13.0%	11.8%	16.7%	15.4%	13.3%
提高个人道德素质	35.5%	30.2%	38.2%	32.6%	34.1%
列总计	2388	1082	377	494	4341

据上表所示，不同受教育程度的居民对于对“您认为解决当前我国的公民道德和社会风尚问题，最关键的途径”的回答存在显著差异。

C34 by A4a

您知道社会主义核心价值观吗？请您把它们选出来 * 受教育程度 Crosstabulation

	初中及以下	高中、中专及职高	大专	本科及以上	总计
文明	81.3%	81.9%	83.6%	90.5%	82.7%
诚信	88.0%	90.3%	90.5%	93.7%	89.5%
勇敢	39.5%	34.2%	26.3%	17.8%	34.4%
爱国	77.3%	79.9%	80.4%	89.5%	79.7%
创新	32.3%	29.9%	27.9%	20.2%	29.9%
友善	47.0%	53.5%	65.5%	71.5%	53.2%
勤劳	23.4%	19.9%	15.9%	11.7%	20.4%
列总计	2232	1064	377	494	4167

据上表所示，不同受教育程度的居民对于“您知道的社会主义核心价值观”的回答存在显著差异。

C35 by A4a

您认为社会主义核心价值观与您的工作、生活有关系吗 * 受教育程度 Crosstabulation

	初中及以下	高中、中专及职高	大专	本科及以上	总计
对改变社会风气有好处，每个人都应该这样做人做事	84.0%	85.2%	88.9%	92.1%	85.7%
与个人工作、生活没关系	16.0%	14.8%	11.1%	7.9%	14.3%
总计	100.0%	100.0%	100.0%	100.0%	100.0%
列总计	2152	1012	359	467	3990

Chi-square test：df = 3，卡方值为 23.855，sig = 0.000 < 0.05，所以不同受教育程度的居民对于“对认为社会主义核心价值观与自己的工作、生活的关系”的回答存在显著差异。

C36 by A4a

在全社会特别是青少年中开展革命传统教育，您认为有没有这个必要 * 受教育程度 Crosstabulation

	初中及以下	高中、中专及职高	大专	本科及以上	总计
很有必要，什么时候都不能忘本	90.3%	90.4%	89.9%	90.1%	90.3%
可有可无	6.0%	5.5%	6.1%	6.3%	5.9%
没有必要，已经过时了	3.7%	4.1%	4.0%	3.6%	3.8%
总计	100.0%	100.0%	100.0%	100.0%	100.0%

续表

	初中及以下	高中、中专及职高	大专	本科及以上	总计
列总计	2400	1083	377	495	4355

Chi-square test：df = 2，卡方值为 12.322，sig = 0.002 < 0.05，所以不同受教育程度的居民对于“对在全社会特别是青少年中开展革命传统教育有没有这个必要”的回答存在显著差异。

C37 by A4a

当您途经一场所，正遇到升国旗仪式，看到国旗在国歌声中升起的时候，您会怎么做 * 受教育程度 Crosstabulation

	初中及以下	高中、中专及职高	大专	本科及以上	总计
原地站立，面向国旗行注目礼	17.7%	28.0%	38.5%	38.7%	24.4%
停下来看一看	68.5%	63.4%	51.7%	56.9%	64.5%
只当没看见，该干吗干吗	13.8%	8.6%	9.8%	4.5%	11.1%
总计	100.0%	100.0%	100.0%	100.0%	100.0%
列总计	2399	1082	377	494	4352

Chi-square test：df = 6，卡方值为 184.151，sig = 0.000 < 0.05，所以不同受教育程度的居民对于“当您途经一场所，正遇到升国旗仪式，看到国旗在国歌声中升起的时候，您会怎么做”存在显著差异。

C38 by A4a

今年您参加过纪念中国共产党成立 96 周年等主题教育活动吗 * 受教育程度 Crosstabulation

	初中及以下	高中、中专及职高	大专	本科及以上	总计
参加过，很受教育	3.6%	10.4%	17.8%	23.3%	8.8%
听说过，但是没有参加过	62.6%	67.6%	63.7%	59.1%	63.6%
这种活动基本都是形式大于内容	9.9%	10.1%	9.3%	13.0%	10.2%
不关心这些	23.9%	12.0%	9.3%	4.7%	17.5%
总计	100.0%	100.0%	100.0%	100.0%	100.0%
列总计	2401	1082	377	494	4354

Chi-square test：df = 9，卡方值为 373.822，sig = 0.000 < 0.05，所以不同受教育程度的居民对于“今年是否参加过纪念中国共产党成立 96 周年等主题教育活动”的回答存在显著差异。

D1 by A4a

您认为现代家庭关系中最令人担忧的问题是 * 受教育程度 Crosstabulation

	初中及以下	高中、中专及职高	大专	本科及以上	总计
只有一个孩子，对家庭的未来没把握	26.0%	24.6%	22.7%	23.2%	25.0%

续表

	初中及以下	高中、中专及职高	大专	本科及以上	总计
独生子女难以承担养老责任，老无所养	34.8%	36.1%	30.2%	31.8%	34.3%
年轻人不愿结婚，或不愿生孩子，家族传承危机	16.2%	16.6%	15.8%	17.1%	16.3%
婚姻不稳定，年轻人缺乏守护婚姻的意识和能力	25.4%	26.0%	28.9%	24.8%	25.8%
子女尤其是独生子女缺乏责任感，孝道意识薄弱	16.2%	19.0%	19.0%	17.3%	17.3%
代沟严重，父母与子女之间难以沟通	23.1%	22.4%	27.0%	22.0%	23.1%
婆媳关系紧张	8.1%	4.1%	6.1%	2.9%	6.3%
父母不民主，不能容忍差异	6.8%	8.1%	9.1%	6.5%	7.3%
“啃老”现象严重	10.9%	11.5%	11.5%	13.6%	11.4%
父母只培养孩子的知识和技能，忽视良好品德的养成	10.8%	12.3%	14.4%	19.3%	12.5%
两性关系过度开放	4.0%	4.5%	4.8%	4.3%	4.2%
列总计	2278	1061	374	491	4204

据上表所示，不同受教育程度的居民对于“您认为现代家庭关系中最令人担忧的问题”的回答存在显著差异。

D2 by A4a

您对家庭的感觉是 * 受教育程度 Crosstabulation

	初中及以下	高中、中专及职高	大专	本科及以上	总计
温馨幸福	16.7%	21.0%	22.0%	25.5%	19.2%
比较幸福	72.1%	70.8%	70.3%	68.0%	71.2%
不太幸福	3.6%	2.3%	1.3%	1.6%	2.8%
一般，没感觉	7.1%	5.8%	5.8%	4.3%	6.4%
很不幸福，希望逃离	0.3%	0.1%	0.3%	0.6%	0.3%
其他	0.2%		0.3%		0.1%
总计	100.0%	100.0%	100.0%	100.0%	100.0%
列总计	2398	1082	377	494	4351

Chi-square test：df = 15，卡方值为 46.649，sig = 0.000 < 0.05，所以不同受教育程度的居民对于家庭的感觉存在显著差异。

D3a by A4a

您对以下现象的态度是？不婚 * 受教育程度 Crosstabulation

	初中及以下	高中、中专及职高	大专	本科及以上	总计
完全赞同	0.4%	0.4%	1.1%	2.9%	0.7%
比较赞同	2.4%	3.2%	3.8%	4.1%	2.9%
中立	32.6%	43.8%	62.6%	67.0%	41.9%
比较反对	45.1%	32.7%	22.0%	17.9%	36.9%
强烈反对	19.5%	19.9%	10.5%	8.1%	17.5%
总计	100.0%	100.0%	100.0%	100.0%	100.0%
列总计	2383	1083	372	491	4329

Chi-square test：df = 12，卡方值为365.387，sig = 0.000 < 0.05，所以不同受教育程度的居民对于“您对以下现象的态度是？不婚”的回答存在显著差异。

D3b by A4a

您对以下现象的态度是？试婚 * 受教育程度 Crosstabulation

	初中及以下	高中、中专及职高	大专	本科及以上	总计
完全赞同	0.1%	0.7%	0.5%	1.2%	0.4%
比较赞同	2.7%	4.7%	6.5%	8.0%	4.1%
中立	32.1%	37.0%	50.1%	55.1%	37.5%
比较反对	45.2%	37.8%	28.3%	27.3%	39.8%
强烈反对	19.9%	19.8%	14.6%	8.4%	18.1%
总计	100.0%	100.0%	100.0%	100.0%	100.0%
列总计	2359	1082	371	490	4302

Chi-square test：df = 12，卡方值为209.951，sig = 0.000 < 0.05，所以不同受教育程度的居民对于“您对以下现象的态度是？试婚”的回答存在显著差异。

D3c by A4a

您对以下现象的态度是？同居 * 受教育程度 Crosstabulation

	初中及以下	高中、中专及职高	大专	本科及以上	总计
完全赞同	0.3%	0.8%	1.9%	2.2%	0.8%
比较赞同	3.8%	5.8%	8.3%	8.9%	5.3%
中立	42.7%	46.2%	56.0%	63.7%	47.1%
比较反对	38.7%	31.0%	23.1%	19.5%	33.2%
强烈反对	14.4%	16.1%	10.7%	5.7%	13.5%

续表

	初中及以下	高中、中专及职高	大专	本科及以上	总计
总计	100.0%	100.0%	100.0%	100.0%	100.0%
列总计	2374	1078	373	493	4318

Chi-square test：df = 12，卡方值为 192.398，sig = 0.000 < 0.05，所以不同受教育程度的居民对于“您对以下现象的态度是？同居”的回答存在显著差异。

D3d by A4a

您对以下现象的态度是？同性恋 ＊ 受教育程度 Crosstabulation

	初中及以下	高中、中专及职高	大专	本科及以上	总计
完全赞同	0.2%	0.4%	0.8%	3.1%	0.6%
比较赞同	0.6%	1.3%	2.2%	2.4%	1.1%
中立	12.3%	18.2%	33.9%	41.1%	18.9%
比较反对	40.2%	39.0%	31.2%	32.4%	38.2%
强烈反对	46.7%	41.1%	32.0%	21.0%	41.1%
总计	100.0%	100.0%	100.0%	100.0%	100.0%
列总计	2359	1079	372	491	4301

Chi-square test：df = 12，卡方值为 387.717，sig = 0.000 < 0.05，所以不同受教育程度的居民对于“您对以下现象的态度是？同性恋”的回答存在显著差异。

D3e by A4a

您对以下现象的态度是？婚外恋 ＊ 受教育程度 Crosstabulation

	初中及以下	高中、中专及职高	大专	本科及以上	总计
完全赞同	0.1%		0.3%	0.2%	0.1%
比较赞同	0.4%	0.6%	1.1%	0.8%	0.6%
中立	5.4%	6.7%	9.3%	13.2%	7.0%
比较反对	36.7%	36.9%	37.3%	37.9%	36.9%
强烈反对	57.4%	55.8%	52.0%	48.0%	55.4%
总计	100.0%	100.0%	100.0%	100.0%	100.0%
列总计	2378	1082	375	494	4329

Chi-square test：df = 12，卡方值为 51.890，sig = 0.000 < 0.05，所以不同受教育程度的居民对于“您对以下现象的态度是？婚外恋”的回答存在显著差异。

D3f by A4a

您对以下现象的态度是？丁克家庭 ＊ 受教育程度 Crosstabulation

	初中及以下	高中、中专及职高	大专	本科及以上	总计
完全赞同	0.2%	0.4%	1.1%	2.3%	0.6%
比较赞同	0.7%	1.7%	3.3%	3.3%	1.5%
中立	22.9%	33.1%	53.1%	59.3%	32.4%
比较反对	41.5%	36.3%	22.6%	21.0%	36.1%
强烈反对	34.7%	28.5%	19.9%	14.1%	29.4%
总计	100.0%	100.0%	100.0%	100.0%	100.0%
列总计	2246	1047	367	482	4142

Chi-square test：df = 12，卡方值为 419.354，sig = 0.000 < 0.05，所以不同受教育程度的居民对于“您对以下现象的态度是？丁克家庭”的回答存在显著差异。

D3g by A4a

您对以下现象的态度是？代孕 ＊ 受教育程度 Crosstabulation

	初中及以下	高中、中专及职高	大专	本科及以上	总计
完全赞同	0.1%		0.3%	1.0%	0.2%
比较赞同	0.8%	0.8%	3.3%	3.5%	1.3%
中立	22.2%	25.7%	39.8%	40.7%	26.8%
比较反对	41.0%	39.8%	28.8%	29.4%	38.3%
强烈反对	35.9%	33.7%	27.7%	25.5%	33.4%
总计	100.0%	100.0%	100.0%	100.0%	100.0%
列总计	2266	1057	364	487	4174

Chi-square test：df = 12，卡方值为 173.077，sig = 0.000 < 0.05，所以不同受教育程度的居民对于“您对以下现象的态度是？代孕”的回答存在显著差异。

D4 by A4a

您如何看待为了应对拆迁、征地、买房等而出现的“假离婚”现象 ＊ 受教育程度 Crosstabulation

	初中及以下	高中、中专及职高	大专	本科及以上	总计
完全赞同	1.1%	1.0%	0.3%	1.5%	1.1%
比较赞同	8.5%	10.1%	9.3%	12.1%	9.4%
不太赞同	43.7%	47.5%	48.8%	49.1%	45.7%
坚决反对	46.7%	41.3%	41.6%	37.4%	43.8%

续表

	初中及以下	高中、中专及职高	大专	本科及以上	总计
总计	100.0%	100.0%	100.0%	100.0%	100.0%
列总计	2319	1058	365	479	4221

Chi-square test：df=9，卡方值为24.695，sig=0.003<0.05，所以不同受教育程度的居民对于“如何看待为了应对拆迁、征地、买房等而出现的‘假离婚’现象”的回答存在显著差异。

D5 by A4a

如果夫妻中需要一方为对方或家庭做出牺牲，您的态度是 * 受教育程度 Crosstabulation

	初中及以下	高中、中专及职高	大专	本科及以上	总计
非常不愿意	1.7%	1.6%	0.8%	3.4%	1.8%
不太愿意	11.9%	18.5%	15.5%	21.4%	15.0%
比较愿意	58.2%	58.0%	57.9%	53.9%	57.7%
愿意，时常这么做	28.2%	21.9%	25.8%	21.2%	25.6%
总计	100.0%	100.0%	100.0%	100.0%	100.0%
列总计	2303	1055	361	471	4190

Chi-square test：df=9，卡方值为61.733，sig=0.000<0.05，所以不同受教育程度的居民对于“如果夫妻中需要一方为对方或家庭做出牺牲”的态度存在显著差异。

D6 by A4a

在恋爱或婚姻中，您有为对方而改变自己的意识吗 * 受教育程度 Crosstabulation

	初中及以下	高中、中专及职高	大专	本科及以上	总计
有，经常这样做	47.2%	43.0%	41.4%	41.2%	45.0%
有，但做起来有些困难	32.1%	35.8%	39.5%	37.3%	34.2%
没想过这个问题	17.0%	17.0%	13.8%	17.1%	16.7%
无须改变，只有找到愿为我改变的人才是真爱	3.3%	3.8%	4.8%	3.1%	3.5%
其他	0.5%	0.4%	0.5%	1.2%	0.6%
总计	100.0%	100.0%	100.0%	100.0%	100.0%
列总计	2389	1081	377	490	4337

Chi-square test：df=12，卡方值为24.203，sig=0.019<0.05，所以不同受教育程度的居民对于“在恋爱或婚姻中，您是否有为对方而改变自己的意识”的回答存在显著差异。

D7 by A4a

在恋爱或婚姻中，你与对方相处的原则是 ＊ 受教育程度 Crosstabulation

	初中及以下	高中、中专及职高	大专	本科及以上	总计
我首先对他/她好，然后希望他/她对我好	67.4%	68.5%	72.3%	75.2%	69.0%
他/她对我好，我才对他/她好	18.6%	15.3%	17.1%	13.7%	17.1%
他/她对我好就行了	6.8%	8.7%	4.8%	5.7%	7.0%
总是我对他/她好，他/她对我不那么好	1.8%	2.9%	1.9%	1.2%	2.0%
他/她对我不好，我没必要对他/她好	1.2%	1.1%	1.3%	1.0%	1.2%
其他	4.1%	3.5%	2.7%	3.1%	3.7%
总计	100.0%	100.0%	100.0%	100.0%	100.0%
列总计	2382	1078	375	488	4323

Chi-square test：df = 15，卡方值为 30.004，sig = 0.012 < 0.05，所以不同受教育程度的居民对于“在恋爱或婚姻中，你与对方相处的原则”的回答存在显著差异。

D8 by A4a

您认为生育孩子是否是一种人生义务 ＊ 受教育程度 Crosstabulation

	初中及以下	高中、中专及职高	大专	本科及以上	总计
是，如果大家都不生育，人种会灭绝	26.2%	28.5%	28.5%	27.7%	27.2%
是，不生孩子家族延续会中断	48.2%	37.8%	28.0%	24.2%	41.1%
不是，但没有孩子将老无所养也过于孤独	20.1%	24.4%	27.5%	30.8%	23.0%
不是，自己觉得快乐就行，有孩子负担过重	5.2%	8.5%	13.1%	14.9%	7.8%
其他	0.3%	0.7%	2.9%	2.4%	0.9%
总计	100.0%	100.0%	100.0%	100.0%	100.0%
列总计	2394	1079	375	491	4339

Chi-square test：df = 12，卡方值为 214.237，sig = 0.000 < 0.05，所以不同受教育程度的居民对于“生育孩子是否是一种人生义务”的回答存在显著差异。

D9 by A4a

如果孩子面临重大问题（婚姻、升学、就业等）时，您的态度是 * 受教育程度 Crosstabulation

	初中及以下	高中、中专及职高	大专	本科及以上	总计
全部包办，替他们做决定或搞定	3.9%	4.1%	4.2%	2.4%	3.8%
积极建议，努力说服他们采纳	27.7%	27.3%	21.7%	23.4%	26.6%
只提建议，让他们自己选择	48.4%	42.5%	35.4%	34.5%	44.2%
不表态，免得子女将来埋怨	10.0%	3.8%	1.9%	1.4%	6.8%
经常提出建议，但大多不起作用	3.5%	2.4%	1.9%	1.2%	2.8%
没孩子/孩子太小	6.1%	19.7%	34.9%	36.6%	15.5%
其他	0.3%	0.2%		0.4%	0.3%
总计	100.0%	100.0%	100.0%	100.0%	100.0%
列总计	2395	1084	378	495	4352

Chi-square test：df = 18，卡方值为 516.843，sig = 0.000 < 0.05，所以不同受教育程度的居民对于“孩子面临重大问题（婚姻、升学、就业等）时”的态度存在显著差异。

D10 by A4a

您对子女所提出的有关人生发展方面的建议，是否经常被采纳 * 受教育程度 Crosstabulation

	初中及以下	高中、中专及职高	大专	本科及以上	总计
经常被采纳	13.0%	18.0%	18.6%	17.6%	14.9%
较多被采纳	59.5%	66.3%	72.1%	71.4%	62.8%
基本不采纳	26.5%	14.6%	9.3%	10.2%	21.3%
从不被采纳并遭到嘲讽	1.0%	1.1%		0.8%	0.9%
总计	100.0%	100.0%	100.0%	100.0%	100.0%
列总计	2169	840	226	255	3490

Chi-square test：df = 9，卡方值为 102.977，sig = 0.000 < 0.05，所以不同受教育程度的居民对于“对子女所提出的有关人生发展方面的建议，是否经常被采纳”的回答存在显著差异。

D11 by A4a

您认为现在孩子价值观的形成受何种因素影响最大 * 受教育程度 Crosstabulation

	初中及以下	高中、中专及职高	大专	本科及以上	总计
父母	61.3%	62.0%	57.8%	67.6%	61.9%

续表

	初中及以下	高中、中专及职高	大专	本科及以上	总计
老师	54.1%	48.8%	50.4%	52.1%	52.2%
同伴	29.1%	27.2%	25.2%	20.9%	27.3%
网络，朋友圈	19.7%	23.2%	25.2%	25.0%	21.7%
明星	1.8%	4.0%	5.8%	2.9%	2.8%
道德模范	11.2%	10.2%	12.6%	8.3%	10.7%
伟大人物	7.4%	7.5%	8.5%	8.1%	7.6%
列总计	2341	1063	365	484	4253

据上表所示，不同受教育程度的居民对于“现在孩子价值观的形成受何种因素影响最大”的回答存在显著差异。

D12 by A4a

您认为老人是否有义务帮子女带孩子 ＊ 受教育程度 Crosstabulation

	初中及以下	高中、中专及职高	大专	本科及以上	总计
有，天经地义的	27.3%	15.8%	9.0%	6.3%	20.5%
没有，老人帮助带孙辈，子女应感恩	36.9%	49.8%	47.1%	53.2%	42.9%
没有义务，不过带孙辈也是天伦之乐，应该帮助带	33.3%	31.5%	39.9%	36.0%	33.7%
没想过	2.5%	2.9%	4.0%	4.5%	2.9%
总计	100.0%	100.0%	100.0%	100.0%	100.0%
列总计	2400	1084	378	494	4356

Chi-square test：df = 9，卡方值为 199.418，sig = 0.000 < 0.05，所以不同受教育程度的居民对于“老人是否有义务帮子女带孩子”的回答存在显著差异。

D13 by A4a

您认为最理想的养老方式是哪种 ＊ 受教育程度 Crosstabulation

	初中及以下	高中、中专及职高	大专	本科及以上	总计
敬老院、护理院等专业养老机构	13.3%	15.5%	17.2%	17.4%	14.7%
与子女同住	59.5%	49.1%	46.6%	42.8%	53.9%
自己单住，生活难以自理时找护工	15.8%	15.1%	10.3%	11.9%	14.7%
与兄弟姐妹抱团养老	3.8%	7.9%	6.1%	5.9%	5.2%
与志趣相投的人一起养老	6.9%	11.0%	18.8%	21.6%	10.6%
其他	0.8%	1.4%	1.1%	0.4%	0.9%

续表

	初中及以下	高中、中专及职高	大专	本科及以上	总计
总计	100.0%	100.0%	100.0%	100.0%	100.0%
列总计	2399	1082	378	495	4354

Chi-square test：df = 15，卡方值为 193.054，sig = 0.000 < 0.05，所以不同受教育程度的居民对于“最理想的养老方式”的回答存在显著差异。

D14 by A4a

当父母一方长期生活不能自理时，主要承担照顾工作的人应该是 ＊ 受教育程度 Crosstabulation

	初中及以下	高中、中专及职高	大专	本科及以上	总计
子女照顾	59.6%	53.8%	55.3%	50.8%	56.8%
父母中还有能力的另一方（老伴儿）	28.9%	28.9%	22.0%	27.3%	28.1%
雇保姆，老伴儿协助	3.0%	5.8%	6.3%	6.3%	4.4%
雇保姆，子女协助	3.6%	6.0%	9.0%	8.9%	5.3%
送护理机构，家人经常探望	4.7%	5.3%	7.1%	6.3%	5.2%
其他	0.2%	0.2%	0.3%	0.4%	0.2%
总计	100.0%	100.0%	100.0%	100.0%	100.0%
列总计	2397	1082	378	494	4351

Chi-square test：df = 15，卡方值为 78.802，sig = 0.000 < 0.05，所以不同受教育程度的居民对于“当父母一方长期生活不能自理时，主要承担照顾工作的人应该是”的回答存在显著差异。

D15 by A4a

在过去的十天里，您为父母做过以下哪些事情 ＊ 受教育程度 Crosstabulation

	初中及以下	高中、中专及职高	大专	本科及以上	总计
看望	18.8%	27.0%	29.1%	25.7%	22.5%
打电话	25.0%	40.9%	47.4%	52.3%	34.0%
买东西	23.1%	36.3%	37.3%	39.4%	29.5%
陪看病	4.0%	4.0%	4.5%	4.6%	4.1%
生活照料	25.4%	30.5%	29.1%	29.9%	27.5%
做家务	25.9%	39.7%	36.8%	43.2%	32.2%
谈心聊天	22.6%	31.7%	41.8%	47.5%	29.4%
给钱	6.0%	6.6%	6.9%	6.5%	6.3%
外出游玩	0.7%	1.9%	2.4%	3.8%	1.5%

续表

	初中及以下	高中、中专及职高	大专	本科及以上	总计
无	8.5%	5.2%	4.2%	2.6%	6.6%
父母已去世	33.1%	12.3%	4.2%	1.8%	21.9%
列总计	2400	1084	378	495	4357

据上表所示，不同受教育程度的居民对于“在过去的十天里为父母做过哪些事情”的回答存在显著差异。

D16 by A4a

您是否觉得孤独 * 受教育程度 Crosstabulation

	初中及以下	高中、中专及职高	大专	本科及以上	总计
经常	3.8%	2.7%	2.4%	3.4%	3.4%
有时	19.5%	19.8%	25.5%	31.9%	21.5%
不太觉得	33.6%	35.4%	30.8%	29.1%	33.3%
不觉得	43.1%	42.2%	41.4%	35.6%	41.9%
总计	100.0%	100.0%	100.0%	100.0%	100.0%
列总计	2399	1083	377	495	4354

Chi-square test：df = 9，卡方值为 48.291，sig = 0.000 < 0.05，所以不同受教育程度的居民对于“是否觉得孤独”的回答存在显著差异。

D17 by A4a

现在开展的弘扬好家风好家训活动，您认为有意义吗 * 受教育程度 Crosstabulation

	初中及以下	高中、中专及职高	大专	本科及以上	总计
很有意义	83.2%	82.9%	83.3%	86.3%	83.5%
可有可无	9.8%	9.8%	9.9%	10.2%	9.9%
没有必要	7.0%	7.3%	6.7%	3.5%	6.7%
总计	100.0%	100.0%	100.0%	100.0%	100.0%
列总计	2286	1061	372	490	4209

Chi-square test：df = 6，卡方值为 9.188，sig = 0.163 > 0.05，所以不同受教育程度的居民对于“开展的弘扬好家风好家训活动是否有意义”的回答不存在显著差异。

D18 by A4a

您所在的地方发生过虐待儿童的事件吗 * 受教育程度 Crosstabulation

	初中及以下	高中、中专及职高	大专	本科及以上	总计
经常会发生	0.8%	0.6%	1.9%	1.4%	0.9%

续表

	初中及以下	高中、中专及职高	大专	本科及以上	总计
偶尔发生	5.5%	6.9%	12.7%	12.3%	7.2%
没听说过	93.8%	92.4%	85.4%	86.2%	91.9%
总计	100.0%	100.0%	100.0%	100.0%	100.0%
列总计	2399	1081	378	494	4352

Chi-square test：df = 6，卡方值为 55.062，sig = 0.000 < 0.05，所以不同受教育程度的居民对于“所在的地方是否发生过虐待儿童的事件”的回答存在显著差异。

D19 by A4a

在大街或社区里，看到行走或生活困难的老人，您经常的反应是 * 受教育程度 Crosstabulation

	初中及以下	高中、中专及职高	大专	本科及以上	总计
想到自己的（祖）父母或自己的未来，情不自禁地想帮助他	37.6%	41.8%	51.3%	51.5%	41.4%
出于义务责任感，想帮助他	28.4%	28.2%	23.0%	28.7%	27.9%
有同情感，但没有想帮助的冲动	29.5%	27.4%	22.2%	16.8%	26.9%
没有感觉，习以为常	4.3%	2.4%	3.2%	2.6%	3.6%
其他	0.2%	0.2%	0.3%	0.4%	0.2%
总计	100.0%	100.0%	100.0%	100.0%	100.0%
列总计	2396	1083	378	495	4352

Chi-square test：df = 12，卡方值为 72.271，sig = 0.000 < 0.05，所以不同受教育程度的居民对于“在大街或社区里，看到行走或生活困难的老人”的反应存在显著差异。

D20 by A4a

如果您的父母或兄妹偷了别人的东西，您的行为反应可能是 * 受教育程度 Crosstabulation

	初中及以下	高中、中专及职高	大专	本科及以上	总计
批评他，但不会告发	19.2%	18.4%	21.7%	19.9%	19.3%
批评他，陪他送回原处或去承认错误	60.7%	62.3%	64.3%	69.4%	62.4%
默认，因为他得到的东西正是家庭所急需	4.8%	5.5%	2.4%	3.2%	4.6%
告发，因为出于正义感	8.6%	8.5%	9.0%	4.9%	8.2%
告发，因为可能会连累自己	1.5%	1.9%	0.5%	0.4%	1.4%

续表

	初中及以下	高中、中专及职高	大专	本科及以上	总计
不管不问，由他自己决定	5.1%	3.0%	1.6%	2.0%	3.9%
其他	0.2%	0.6%	0.5%	0.2%	0.3%
总计	100.0%	100.0%	100.0%	100.0%	100.0%
列总计	2397	1081	378	493	4349

Chi-square test：df = 18，卡方值为 53.936，sig = 0.000 < 0.05，所以不同受教育程度的居民对于“父母或兄妹偷了别人的东西”的行为反应存在显著差异。

D21 by A4a

当独生子女单独组成家庭后，父母和子女哪一种居住方式更好 ＊ 受教育程度 Crosstabulation

	初中及以下	高中、中专及职高	大专	本科及以上	总计
单独居住	29.0%	32.5%	30.8%	31.0%	30.2%
和父母同住	33.9%	26.9%	24.7%	20.2%	29.8%
和父母及祖辈共同居住	7.2%	7.2%	3.7%	5.3%	6.7%
和父母靠近居住	29.2%	32.9%	40.6%	43.1%	32.7%
其他	0.6%	0.5%	0.3%	0.4%	0.5%
总计	100.0%	100.0%	100.0%	100.0%	100.0%
列总计	2392	1081	377	494	4344

Chi-square test：df = 12，卡方值为 79.642，sig = 0.000 < 0.05，所以不同受教育程度的居民对于“当独生子女单独组成家庭后，父母和子女哪一种居住方式更好”的回答存在显著差异。

D22 by A4a

您是否认为把老人送到养老院是不孝行为 ＊ 受教育程度 Crosstabulation

	初中及以下	高中、中专及职高	大专	本科及以上	总计
是	21.9%	12.0%	7.4%	6.3%	16.4%
相对而言，部分是	40.6%	48.8%	50.5%	56.4%	45.3%
不是	37.4%	38.7%	42.1%	36.9%	38.1%
其他	0.2%	0.5%		0.4%	0.3%
总计	100.0%	100.0%	100.0%	100.0%	100.0%
列总计	2397	1084	378	493	4352

Chi-square test：df = 9，卡方值为 141.735，sig = 0.000 < 0.05，所以不同受教育程度的居民对于“认为把老人送到养老院是否是不孝行为”的回答存在显著差异。

E1 by A4a

您认为企业最重要的社会责任是什么 ＊ 受教育程度 Crosstabulation

	初中及以下	高中、中专及职高	大专	本科及以上	总计
为企业和企业股东自身赚钱	22.3%	17.1%	10.0%	13.5%	18.9%
通过依法纳税为国家积累财富	19.1%	22.2%	28.2%	21.7%	21.0%
通过诚信经营提供质量可靠的产品，满足社会大众生活需求	51.8%	55.0%	56.6%	62.3%	54.2%
为员工谋福利	6.8%	5.4%	4.9%	2.5%	5.7%
其他	0.1%	0.3%	0.3%		0.1%
总计	100.0%	100.0%	100.0%	100.0%	100.0%
列总计	2266	1057	369	488	4180

Chi-square test：df = 12，卡方值为 78.545，sig = 0.000 < 0.05，所以不同受教育程度的居民对于“企业最重要的社会责任”的同意程度的回答存在显著差异。

E2a by A4a

关于企业的说法，您的同意程度是：只要能为员工谋福利就是一个好单位 ＊ 受教育程度 Crosstabulation

	初中及以下	高中、中专及职高	大专	本科及以上	总计
完全同意	7.8%	8.6%	8.0%	6.7%	7.9%
比较同意	53.7%	44.1%	42.6%	37.2%	48.4%
不太同意	32.2%	36.3%	37.2%	42.0%	34.8%
完全不同意	6.3%	11.0%	12.2%	14.1%	8.9%
总计	100.0%	100.0%	100.0%	100.0%	100.0%
列总计	2333	1082	376	495	4286

Chi-square test：df = 9，卡方值为 91.801，sig = 0.000 < 0.05，所以不同受教育程度的居民对于“只要能为员工谋福利就是一个好单位”的同意程度存在显著差异。

E2b by A4a

关于企业的说法，您的同意程度是：经济效益好坏是衡量企业成败的唯一标准 ＊ 受教育程度 Crosstabulation

	初中及以下	高中、中专及职高	大专	本科及以上	总计
完全同意	3.5%	4.8%	4.0%	3.7%	3.9%
比较同意	35.3%	28.3%	25.2%	20.6%	30.9%
不太同意	52.9%	54.3%	54.4%	57.0%	53.9%

续表

	初中及以下	高中、中专及职高	大专	本科及以上	总计
完全不同意	8.2%	12.6%	16.4%	18.7%	11.3%
总计	100.0%	100.0%	100.0%	100.0%	100.0%
列总计	2292	1070	377	491	4230

Chi-square test：df = 9，卡方值为 95.698，sig = 0.000 < 0.05，所以不同受教育程度的居民对于“经济效益好坏是衡量企业成败的唯一标准”的同意程度存在显著差异。

E2c by A4a

关于企业的说法，您的同意程度是：企业做慈善都是做做样子，其实还是为自己做广告 ＊ 受教育程度 Crosstabulation

	初中及以下	高中、中专及职高	大专	本科及以上	总计
完全同意	4.1%	4.5%	4.6%	2.7%	4.1%
比较同意	40.5%	37.4%	34.5%	37.1%	38.8%
不太同意	45.7%	46.5%	51.2%	50.7%	47.0%
完全不同意	9.8%	11.5%	9.7%	9.5%	10.2%
总计	100.0%	100.0%	100.0%	100.0%	100.0%
列总计	2166	1039	371	485	4061

Chi-square test：df = 9，卡方值为 13.552，sig = 0.139 > 0.05，所以不同受教育程度的居民对于“企业做慈善都是做做样子，其实还是为自己做广告”的同意程度不存在显著差异。

E2d by A4a

关于企业的说法，您的同意程度是：企业和员工之间只是合同关系，效益好就好好干，效益不好就跳槽 ＊ 受教育程度 Crosstabulation

	初中及以下	高中、中专及职高	大专	本科及以上	总计
完全同意	3.2%	2.6%	3.2%	2.0%	2.9%
比较同意	33.6%	24.7%	22.2%	19.1%	28.7%
不太同意	49.4%	51.4%	52.9%	56.9%	51.1%
完全不同意	13.7%	21.3%	21.7%	22.0%	17.3%
总计	100.0%	100.0%	100.0%	100.0%	100.0%
列总计	2309	1069	378	492	4248

Chi-square test：df = 9，卡方值为 91.469，sig = 0.000 < 0.05，所以不同受教育程度的居民对于“企业和员工之间只是合同关系，效益好就好好干，效益不好就跳槽”的同意程度存在显著差异。

E2e by A4a

关于企业的说法，您的同意程度是：企业不需要对员工讲什么伦理关怀，员工表现好就发奖金，不好就辞退 ＊ 受教育程度 Crosstabulation

	初中及以下	高中、中专及职高	大专	本科及以上	总计
完全同意	2.1%	2.9%	2.1%	1.8%	2.2%
比较同意	21.5%	16.4%	13.3%	13.0%	18.5%
不太同意	58.4%	54.0%	52.3%	57.4%	56.6%
完全不同意	18.0%	26.7%	32.3%	27.8%	22.6%
总计	100.0%	100.0%	100.0%	100.0%	100.0%
列总计	2325	1074	375	493	4267

Chi-square test：df = 9，卡方值为 85.859，sig = 0.000 < 0.05，所以不同受教育程度的居民对于“企业不需要对员工讲什么伦理关怀，员工表现好就发奖金，不好就辞退”的同意程度存在显著差异。

E2f by A4a

关于企业的说法，您的同意程度是：企业为了履行社会责任，应当放弃一些自身利益 ＊ 受教育程度 Crosstabulation

	初中及以下	高中、中专及职高	大专	本科及以上	总计
完全同意	20.5%	25.1%	24.7%	25.8%	22.6%
比较同意	57.4%	53.7%	53.0%	52.0%	55.5%
不太同意	18.3%	16.3%	14.8%	19.1%	17.6%
完全不同意	3.8%	4.9%	7.5%	3.0%	4.3%
总计	100.0%	100.0%	100.0%	100.0%	100.0%
列总计	2324	1073	372	492	4261

Chi-square test：df = 9，卡方值为 31.084，sig = 0.000 < 0.05，所以不同受教育程度的居民对于“企业为了履行社会责任，应当放弃一些自身利益”的同意程度存在显著差异。

E2g by A4a

关于企业的说法，您的同意程度是：讲信用、遵循道德规范的企业能够获得更好的利益 ＊ 受教育程度 Crosstabulation

	初中及以下	高中、中专及职高	大专	本科及以上	总计
完全同意	24.8%	27.3%	36.8%	31.9%	27.3%
比较同意	60.5%	54.2%	48.5%	53.9%	57.1%
不太同意	11.7%	14.0%	12.0%	10.7%	12.2%
完全不同意	3.0%	4.5%	2.7%	3.5%	3.4%
总计	100.0%	100.0%	100.0%	100.0%	100.0%

续表

	初中及以下	高中、中专及职高	大专	本科及以上	总计
列总计	2336	1075	375	486	4272

Chi-square test：df = 9，卡方值为 42. 987，sig = 0. 000 < 0. 05，所以不同受教育程度的居民对于“讲信用、遵循道德规范的企业能够获得更好的利益”的同意程度存在显著差异。

E2h by A4a

关于企业的说法，您的同意程度是：企业只是一台赚钱的机器，能赚钱就行，无所谓社会责任，声誉也不重要 ＊ 受教育程度 Crosstabulation

	初中及以下	高中、中专及职高	大专	本科及以上	总计
完全同意	1. 1%	1. 6%	1. 1%	0. 8%	1. 2%
比较同意	11. 1%	11. 9%	8. 8%	7. 5%	10. 7%
不太同意	68. 3%	60. 1%	57. 1%	59. 0%	64. 2%
完全不同意	19. 6%	26. 4%	33. 1%	32. 7%	24. 0%
总计	100. 0%	100. 0%	100. 0%	100. 0%	100. 0%
列总计	2316	1072	375	493	4256

Chi-square test：df = 9，卡方值为 73. 933，sig = 0. 000 < 0. 05，所以不同受教育程度的居民对于“企业只是一台赚钱的机器，能赚钱就行，无所谓社会责任，声誉也不重要”的同意程度存在显著差异。

E2i by A4a

关于企业的说法，您的同意程度是：同样的产品，国企生产的比私企的更有保障 ＊ 受教育程度 Crosstabulation

	初中及以下	高中、中专及职高	大专	本科及以上	总计
完全同意	6. 4%	6. 8%	7. 6%	7. 8%	6. 8%
比较同意	43. 3%	35. 9%	34. 1%	36. 1%	39. 8%
不太同意	40. 7%	47. 0%	48. 2%	46. 1%	43. 6%
完全不同意	9. 5%	10. 3%	10. 1%	10. 1%	9. 8%
总计	100. 0%	100. 0%	100. 0%	100. 0%	100. 0%
列总计	2233	1047	367	477	4124

Chi-square test：df = 9，卡方值为 27. 362，sig = 0. 001 < 0. 05，所以不同受教育程度的居民对于“同样的产品，国企生产的比私企的更有保障”的同意程度存在显著差异。

E3 by A4a

下面哪种说法更符合或接近您的个人想法 * 受教育程度 Crosstabulation

	初中及以下	高中、中专及职高	大专	本科及以上	总计
个人和工作单位之间是聘用或雇用关系，通过工资和付出劳动满足彼此需求	46.9%	40.9%	34.0%	35.6%	43.0%
不只是利益关系，应当还有很多情感的联系，应当共命运	34.5%	40.8%	42.7%	41.4%	37.6%
个人是单位的一分子，单位如同个人的另一个家	18.3%	18.3%	23.3%	23.0%	19.3%
其他	0.2%				0.1%
总计	100.0%	100.0%	100.0%	100.0%	100.0%
列总计	2375	1078	377	495	4325

Chi-square test：df = 9，卡方值为 49.372，sig = 0.000 < 0.05，所以不同受教育程度的居民对于“下面哪种说法更符合或接近您的个人想法”的回答存在显著差异。

E4a by A4a

您对自己所在企业履行下列责任的满意情况如何？劳动安全保障 * 受教育程度 Crosstabulation

	初中及以下	高中、中专及职高	大专	本科及以上	总计
非常不满意	3.0%	3.2%	2.7%	2.8%	3.0%
不太满意	27.2%	24.2%	25.0%	21.6%	25.5%
比较满意	64.7%	63.4%	64.3%	68.4%	64.8%
非常满意	5.1%	9.2%	8.0%	7.2%	6.7%
总计	100.0%	100.0%	100.0%	100.0%	100.0%
列总计	1990	1008	364	459	3821

Chi-square test：df = 9，卡方值为 25.773，sig = 0.002 < 0.05，所以不同受教育程度的居民对“自己所在企业履行劳动安全保障责任的满意情况”存在显著差异。

E4b by A4a

您对自己所在企业履行下列责任的满意情况如何？员工薪酬合理 * 受教育程度 Crosstabulation

	初中及以下	高中、中专及职高	大专	本科及以上	总计
非常不满意	4.4%	4.0%	2.5%	3.9%	4.0%
不太满意	33.4%	30.8%	34.5%	28.6%	32.2%

续表

	初中及以下	高中、中专及职高	大专	本科及以上	总计
比较满意	57.1%	56.6%	57.0%	60.0%	57.3%
非常满意	5.2%	8.6%	6.0%	7.5%	6.4%
总计	100.0%	100.0%	100.0%	100.0%	100.0%
列总计	1989	1005	365	465	3824

Chi-square test：df = 9，卡方值为 20.320，sig = 0.016 < 0.05，所以不同受教育程度的居民对“自己所在企业履行员工薪酬合理责任的满意情况”存在显著差异。

E4c by A4a

您对自己所在企业履行下列责任的满意情况如何？关心员工生活 * 受教育程度 Crosstabulation

	初中及以下	高中、中专及职高	大专	本科及以上	总计
非常不满意	3.8%	3.7%	3.4%	4.1%	3.8%
不太满意	30.4%	29.8%	30.7%	32.8%	30.5%
比较满意	58.4%	56.5%	55.6%	53.6%	57.0%
非常满意	7.4%	10.0%	10.3%	9.5%	8.7%
总计	100.0%	100.0%	100.0%	100.0%	100.0%
列总计	1976	1005	358	463	3802

Chi-square test：df = 9，卡方值为 10.340，sig = 0.324 > 0.05，所以不同受教育程度的居民对“自己所在企业履行关心员工生活责任的满意情况”不存在显著差异。

E4d by A4a

您对自己所在企业履行下列责任的满意情况如何？诚实守法经营 * 受教育程度 Crosstabulation

	初中及以下	高中、中专及职高	大专	本科及以上	总计
非常不满意	1.4%	2.2%	2.0%	3.0%	1.8%
不太满意	17.3%	18.9%	14.7%	12.6%	16.9%
比较满意	72.7%	67.5%	76.2%	73.5%	71.8%
非常满意	8.6%	11.4%	7.1%	10.8%	9.5%
总计	100.0%	100.0%	100.0%	100.0%	100.0%
列总计	2079	1005	353	461	3898

Chi-square test：df = 9，卡方值为 27.973，sig = 0.001 < 0.05，所以不同受教育程度的居民对“自己所在企业履行诚实守法经营责任的满意情况”存在显著差异。

E4e by A4a

您对自己所在企业履行下列责任的满意情况如何？产品质量可靠 ＊ 受教育程度 Crosstabulation

	初中及以下	高中、中专及职高	大专	本科及以上	总计
非常不满意	1.5%	2.3%	2.5%	1.7%	1.8%
不太满意	16.1%	18.3%	17.0%	13.2%	16.4%
比较满意	73.6%	68.9%	70.5%	72.7%	72.0%
非常满意	8.9%	10.5%	10.0%	12.4%	9.8%
总计	100.0%	100.0%	100.0%	100.0%	100.0%
列总计	2068	1008	359	461	3896

Chi-square test：df = 9，卡方值为 16.403，sig = 0.059 > 0.05，所以不同受教育程度的居民对“自己所在企业履行产品质量可靠责任的满意情况”不存在显著差异。

E4f by A4a

您对自己所在企业履行下列责任的满意情况如何？环境保护措施 ＊ 受教育程度 Crosstabulation

	初中及以下	高中、中专及职高	大专	本科及以上	总计
非常不满意	2.6%	3.8%	1.4%	3.6%	2.9%
不太满意	27.6%	26.9%	24.9%	22.7%	26.6%
比较满意	61.0%	55.1%	65.3%	63.1%	60.1%
非常满意	8.8%	14.2%	8.4%	10.6%	10.4%
总计	100.0%	100.0%	100.0%	100.0%	100.0%
列总计	1964	964	346	444	3718

Chi-square test：df = 9，卡方值为 36.549，sig = 0.000 < 0.05，所以不同受教育程度的居民对“自己所在企业履行环境保护措施责任的满意情况”存在显著差异。

E4g by A4a

您对自己所在企业履行下列责任的满意情况如何？慈善公益事业 ＊ 受教育程度 Crosstabulation

	初中及以下	高中、中专及职高	大专	本科及以上	总计
非常不满意	3.3%	3.9%	2.8%	3.8%	3.5%
不太满意	25.2%	25.4%	22.4%	25.4%	25.0%
比较满意	60.7%	57.7%	66.4%	59.7%	60.3%
非常满意	10.7%	13.0%	8.4%	11.0%	11.1%

续表

	初中及以下	高中、中专及职高	大专	本科及以上	总计
总计	100.0%	100.0%	100.0%	100.0%	100.0%
列总计	1706	887	321	417	3331

Chi-square test：df = 9，卡方值为 10.220，sig = 0.323 > 0.05，所以不同受教育程度的居民对“自己所在企业履行慈善公益事业责任的满意情况”不存在显著差异。

E5 by A4a

您对本地的或自己熟悉的企业家的道德状况怎么评价 * 受教育程度 Crosstabulation

	初中及以下	高中、中专及职高	大专	本科及以上	总计
总体还不错	52.0%	55.3%	54.2%	62.2%	54.2%
普遍比较差	15.5%	16.4%	16.2%	15.2%	15.8%
和普通群众没有太大差别	32.4%	28.3%	29.6%	22.6%	30.0%
总计	100.0%	100.0%	100.0%	100.0%	100.0%
列总计	2053	989	334	442	3818

Chi-square test：df = 6，卡方值为 20.747，sig = 0.002 < 0.05，所以不同受教育程度的居民对于“本地的或自己熟悉的企业家的道德状况评价”的回答存在显著差异。

E6a by A4a

对公务员道德状况的满意度 * 受教育程度 Crosstabulation

	初中及以下	高中、中专及职高	大专	本科及以上	总计
非常满意	3.1%	4.4%	4.8%	5.4%	3.8%
比较满意	63.8%	57.4%	57.9%	62.4%	61.5%
不太满意	28.4%	32.8%	33.3%	28.5%	30.0%
非常不满意	4.7%	5.4%	4.0%	3.7%	4.7%
总计	100.0%	100.0%	100.0%	100.0%	100.0%
列总计	2214	1026	354	463	4057

Chi-square test：df = 9，卡方值为 22.276，sig = 0.008 < 0.05，所以不同受教育程度的居民对于“公务员道德状况的满意度”的回答存在显著差异。

E6b by A4a

对医生道德状况的满意度 * 受教育程度 Crosstabulation

	初中及以下	高中、中专及职高	大专	本科及以上	总计
非常满意	2.9%	3.5%	3.8%	4.4%	3.3%

续表

	初中及以下	高中、中专及职高	大专	本科及以上	总计
比较满意	66.5%	58.1%	52.8%	61.9%	62.7%
不太满意	26.9%	32.7%	36.1%	30.7%	29.6%
非常不满意	3.6%	5.7%	7.3%	2.9%	4.4%
总计	100.0%	100.0%	100.0%	100.0%	100.0%
列总计	2331	1073	371	475	4250

Chi-square test：df=9，卡方值为49.326，sig=0.000<0.05，所以不同受教育程度的居民对于“医生道德状况的满意度”的回答存在显著差异。

E6c by A4a

对教师道德状况的满意度 * 受教育程度 Crosstabulation

	初中及以下	高中、中专及职高	大专	本科及以上	总计
非常满意	4.1%	6.7%	6.0%	7.5%	5.3%
比较满意	70.1%	62.0%	59.5%	66.7%	66.8%
不太满意	21.7%	25.8%	27.9%	23.4%	23.5%
非常不满意	4.1%	5.5%	6.6%	2.5%	4.5%
总计	100.0%	100.0%	100.0%	100.0%	100.0%
列总计	2312	1064	365	483	4224

Chi-square test：df=9，卡方值为44.917，sig=0.000<0.05，所以不同受教育程度的居民对于“教师道德状况的满意度”的回答存在显著差异。

E6d by A4a

对个体工商户道德状况的满意度 * 受教育程度 Crosstabulation

	初中及以下	高中、中专及职高	大专	本科及以上	总计
非常满意	2.3%	3.5%	4.6%	3.5%	2.9%
比较满意	62.8%	51.4%	51.9%	60.8%	58.7%
不太满意	28.6%	34.9%	33.8%	30.2%	30.8%
非常不满意	6.3%	10.2%	9.7%	5.5%	7.5%
总计	100.0%	100.0%	100.0%	100.0%	100.0%
列总计	2305	1062	370	487	4224

Chi-square test：df=9，卡方值为57.868，sig=0.000<0.05，所以不同受教育程度的居民对于“个体工商户道德状况的满意度”的回答存在显著差异。

E7a by A4a

怎么称呼周围那些经营企业或做生意发了财的人？企业家 ＊ 受教育程度 Crosstabulation

	初中及以下	高中、中专及职高	大专	本科及以上	总计
未选中	81.5%	81.5%	78.8%	76.7%	80.7%
选中	18.5%	18.5%	21.2%	23.3%	19.3%
总计	100.0%	100.0%	100.0%	100.0%	100.0%
列总计	2400	1084	378	494	4356

Chi-square test：df = 3，卡方值为 7.149，sig = 0.067 > 0.05，所以不同受教育程度的居民对于“周围那些经营企业或做生意发了财的人是否被称为企业家”的回答不存在显著差异。

E7b by A4a

怎么称呼周围那些经营企业或做生意发了财的人？老板 ＊ 受教育程度 Crosstabulation

	初中及以下	高中、中专及职高	大专	本科及以上	总计
未选中	3.9%	5.8%	11.1%	11.1%	5.8%
选中	96.1%	94.2%	88.9%	88.9%	94.2%
总计	100.0%	100.0%	100.0%	100.0%	100.0%
列总计	2400	1084	378	494	4356

Chi-square test：df = 3，卡方值为 61.434，sig = 0.000 < 0.05，所以不同受教育程度的居民对于“周围那些经营企业或做生意发了财的人是否被称为老板”的回答存在显著差异。

E7c by A4a

怎么称呼周围那些经营企业或做生意发了财的人？商人 ＊ 受教育程度 Crosstabulation

	初中及以下	高中、中专及职高	大专	本科及以上	总计
未选中	70.5%	67.0%	72.2%	76.1%	70.4%
选中	29.5%	33.0%	27.8%	23.9%	29.6%
总计	100.0%	100.0%	100.0%	100.0%	100.0%
列总计	2400	1084	378	494	4356

Chi-square test：df = 3，卡方值为 14.460，sig = 0.002 < 0.05，所以不同受教育程度的居民对于“周围那些经营企业或做生意发了财的人是否被称为商人”的回答存在显著差异。

E7d by A4a

怎么称呼周围那些经营企业或做生意发了财的人？生意人 * 受教育程度 Crosstabulation

	初中及以下	高中、中专及职高	大专	本科及以上	总计
未选中	59.3%	59.5%	59.3%	64.8%	60.0%
选中	40.7%	40.5%	40.7%	35.2%	40.0%
总计	100.0%	100.0%	100.0%	100.0%	100.0%
列总计	2400	1084	378	494	4356

Chi-square test：df = 3，卡方值为 5.340，sig = 0.149 > 0.05，所以不同受教育程度的居民对于“周围那些经营企业或做生意发了财的人是否被称为生意人”的回答不存在显著差异。

E7e by A4a

怎么称呼周围那些经营企业或做生意发了财的人？土豪 * 受教育程度 Crosstabulation

	初中及以下	高中、中专及职高	大专	本科及以上	总计
未选中	93.2%	89.1%	81.7%	83.8%	90.1%
选中	6.8%	10.9%	18.3%	16.2%	9.9%
总计	100.0%	100.0%	100.0%	100.0%	100.0%
列总计	2400	1084	378	494	4356

Chi-square test：df = 3，卡方值为 78.039，sig = 0.000 < 0.05，所以不同受教育程度的居民对于“周围那些经营企业或做生意发了财的人是否被称为土豪”的回答存在显著差异。

E7f by A4a

怎么称呼周围那些经营企业或做生意发了财的人？暴发户 * 受教育程度 Crosstabulation

	初中及以下	高中、中专及职高	大专	本科及以上	总计
未选中	90.6%	90.3%	88.1%	89.9%	90.2%
选中	9.4%	9.7%	11.9%	10.1%	9.8%
总计	100.0%	100.0%	100.0%	100.0%	100.0%
列总计	2400	1084	378	494	4356

Chi-square test：df = 3，卡方值为 2.369，sig = 0.499 > 0.05，所以不同受教育程度的居民对于“周围那些经营企业或做生意发了财的人是否被称为暴发户”的回答不存在显著差异。

E7g by A4a

怎么称呼周围那些经营企业或做生意发了财的人？其他 ＊ 受教育程度 Crosstabulation

	初中及以下	高中、中专及职高	大专	本科及以上	总计
未选中	99.6%	99.6%	99.7%	99.6%	99.6%
选中	0.4%	0.4%	0.3%	0.4%	0.4%
总计	100.0%	100.0%	100.0%	100.0%	100.0%
列总计	2400	1083	378	494	4355

Chi-square test：df = 3，卡方值为 0.132，sig = 0.988 > 0.05，所以不同受教育程度的居民对于“周围那些经营企业或做生意发了财的人是否有其他称谓”的回答不存在显著差异。

E8 by A4a

如果您有一个不错的家庭企业，儿子或女儿缺乏经营能力或经营兴趣，难以交班，您可能选择 ＊ 受教育程度 Crosstabulation

	初中及以下	高中、中专及职高	大专	本科及以上	总计
培养儿媳或女婿，交给她/他经营	48.1%	41.7%	36.8%	30.5%	43.5%
交给儿媳和女婿有风险，离婚了怎么办，还是自己撑到有第三代接管	14.6%	11.7%	5.3%	6.5%	12.1%
找一个懂经营的职业经理人，我们家庭成员做董事长	27.6%	38.4%	52.6%	56.6%	35.8%
做一天是一天，最后将钞票留给子孙，但外人不可靠，不能交给外人	9.4%	7.5%	4.5%	5.7%	8.1%
其他	0.3%	0.6%	0.8%	0.8%	0.5%
总计	100.0%	100.0%	100.0%	100.0%	100.0%
列总计	2350	1077	378	495	4300

Chi-square test：df = 12，卡方值为 231.723，sig = 0.000 < 0.05，所以不同受教育程度的居民对于“儿子或女儿缺乏经营能力或经营兴趣，难以交班时的选择”的回答存在显著差异。

E9 by A4a

在市场上购买食品、衣物、家用电器等商品时，您觉得有安全感吗 ＊ 受教育程度 Crosstabulation

	初中及以下	高中、中专及职高	大专	本科及以上	总计
有安全感，相信产品质量	25.4%	27.9%	24.6%	31.3%	26.6%
没安全感，不相信他们的标签，常担心质量问题影响自己的健康	19.0%	19.9%	18.8%	18.8%	19.1%

续表

	初中及以下	高中、中专及职高	大专	本科及以上	总计
没安全感，担心在价格上被欺骗，要货比三家	19.0%	16.5%	14.6%	11.9%	17.2%
一般还可以，相信大商店的产品，不相信小商店和地摊货	36.5%	35.6%	41.8%	37.8%	36.9%
其他		0.1%	0.3%	0.2%	0.1%
总计	100.0%	100.0%	100.0%	100.0%	100.0%
列总计	2401	1083	378	495	4357

Chi-square test：df = 12，卡方值为 27.139，sig = 0.007 < 0.05，所以不同受教育程度的居民对于“在市场上购买食品、衣物、家用电器等商品时有无安全感”的回答存在显著差异。

E10 by A4a

您怎么看待电视、报纸和其他主流媒体上的广告 ＊ 受教育程度 Crosstabulation

	初中及以下	高中、中专及职高	大专	本科及以上	总计
相信，因为是明星们推荐	9.0%	8.8%	5.3%	6.9%	8.4%
将信将疑，眼见为真	48.0%	54.1%	57.9%	61.5%	51.9%
不相信，是企业和那些明星联合起来忽悠大众	33.2%	26.5%	22.8%	15.8%	28.6%
讨厌，既欺骗大众，又占用公共媒体资源	9.5%	10.6%	13.5%	15.2%	10.8%
其他	0.3%		0.5%	0.6%	0.3%
总计	100.0%	100.0%	100.0%	100.0%	100.0%
列总计	2394	1080	378	494	4346

Chi-square test：df = 12，卡方值为 99.619，sig = 0.000 < 0.05，所以不同受教育程度的居民对于“如何看待电视、报纸和其他主流媒体上的广告”的回答存在显著差异。

E11 by A4a

您怎么看待现在一些企业做公益和慈善 ＊ 受教育程度 Crosstabulation

	初中及以下	高中、中专及职高	大专	本科及以上	总计
是做善事，把赚的公众的钱还给社会	21.0%	25.1%	19.0%	26.2%	22.4%
是在作秀，为自己树牌坊	17.8%	17.8%	15.6%	12.6%	17.0%
是做广告，把弱势群体当作宣传自己的工具	25.3%	25.3%	26.5%	25.0%	25.3%

续表

	初中及以下	高中、中专及职高	大专	本科及以上	总计
做总比不做好，随他去吧	35.8%	31.4%	38.1%	36.0%	34.9%
其他	0.2%	0.4%	0.8%	0.2%	0.3%
总计	100.0%	100.0%	100.0%	100.0%	100.0%
列总计	2372	1078	378	492	4320

Chi-square test：df = 12，卡方值为 28.155，sig = 0.005 < 0.05，所以不同受教育程度的居民对于“如何看待现在一些企业做公益和慈善”的回答存在显著差异。

E12 by A4a

一些政府机关、企事业单位利用权力为本单位的职工子女在入学、招工中提供特殊政策，您认为这种行为道德吗 * 受教育程度 Crosstabulation

	初中及以下	高中、中专及职高	大专	本科及以上	总计
为本单位人员谋福利，符合道德	12.5%	14.9%	10.1%	12.6%	12.9%
以权谋私，不道德	48.2%	44.3%	44.7%	40.0%	46.0%
是对社会公众的不公平，严重不道德	26.1%	27.3%	27.0%	30.4%	27.0%
符合本单位员工利益，但严重侵蚀社会道德	5.2%	8.1%	12.2%	13.0%	7.4%
无所谓道德不道德	7.9%	5.4%	6.1%	4.1%	6.7%
总计	100.0%	100.0%	100.0%	100.0%	100.0%
列总计	2399	1083	378	493	4353

Chi-square test：df = 12，卡方值为 78.291，sig = 0.000 < 0.05，所以不同受教育程度的居民对于“一些政府机关、企事业单位利用权力为本单位的职工子女在入学、招工中提供特殊政策，您认为这种行为道德吗”的回答存在显著差异。

E13 by A4a

如果您所在的单位有一项举措可以提高集体福利并使您个人得到利益，但会造成环境污染或社会公害，您会举报吗 * 受教育程度 Crosstabulation

	初中及以下	高中、中专及职高	大专	本科及以上	总计
会	77.6%	73.3%	74.3%	74.1%	75.9%
不会	22.4%	26.7%	25.7%	25.9%	24.1%
总计	100.0%	100.0%	100.0%	100.0%	100.0%
列总计	2388	1080	377	495	4340

Chi-square test：df = 3，卡方值为 9.013，sig = 0.029 < 0.05，所以不同受教育程度的居民对于“如果您所在的单位有一项举措可以提高集体福利并使您个人得到利益，但会造成环境污染或社会公害，您会举报吗”的回答存在显著差异。

E14 by A4a

您认为您所工作的单位同事之间是何种关系 * 受教育程度 Crosstabulation

	初中及以下	高中、中专及职高	大专	本科及以上	总计
平等合作关系	71.9%	75.2%	75.9%	76.0%	73.5%
利益竞争关系	14.1%	16.5%	19.8%	16.7%	15.5%
彼此没有关系	9.8%	7.0%	4.0%	3.7%	7.9%
其他	4.2%	1.4%	0.3%	3.7%	3.1%
总计	100.0%	100.0%	100.0%	100.0%	100.0%
列总计	2367	1079	378	492	4316

Chi-square test：df = 9，卡方值为 71.645，sig = 0.000 < 0.05，所以不同受教育程度的居民对于“所工作的单位同事之间的关系”的回答存在显著差异。

E15 by A4a

为了单位组织的利益，您的单位是否会默认员工做违背道德的事情 * 受教育程度 Crosstabulation

	初中及以下	高中、中专及职高	大专	本科及以上	总计
常常	3.0%	2.9%	3.3%	3.2%	3.0%
较多	6.8%	9.9%	8.0%	8.4%	7.9%
一般	26.9%	26.3%	21.7%	20.7%	25.5%
较少	23.7%	26.2%	24.3%	26.8%	24.8%
从来没有	39.7%	34.7%	42.7%	40.9%	38.7%
总计	100.0%	100.0%	100.0%	100.0%	100.0%
列总计	1687	893	300	406	3286

Chi-square test：df = 12，卡方值为 22.153，sig = 0.036 < 0.05，所以不同受教育程度的居民对于“为了单位组织的利益，您的单位是否会默认员工做违背道德的事情”的回答存在显著差异。

E16a by A4a

您所工作的单位是否存在如下现象：给领导干部送礼讨好 * 受教育程度 Crosstabulation

	初中及以下	高中、中专及职高	大专	本科及以上	总计
未选中	60.8%	61.7%	60.9%	63.5%	61.3%
选中	39.2%	38.3%	39.1%	36.5%	38.7%
总计	100.0%	100.0%	100.0%	100.0%	100.0%

续表

	初中及以下	高中、中专及职高	大专	本科及以上	总计
列总计	2332	1059	373	490	4254

Chi-square test：df = 3，卡方值为 1.344，sig = 0.719 > 0.05，所以不同受教育程度的居民对于“您所工作的单位是否存在如下现象：给领导干部送礼讨好”的回答不存在显著差异。

E16b by A4a

您所工作的单位是否存在如下现象：背后互相告恶状 ＊ 受教育程度 Crosstabulation

	初中及以下	高中、中专及职高	大专	本科及以上	总计
未选中	74.0%	70.7%	73.2%	73.5%	73.1%
选中	26.0%	29.3%	26.8%	26.5%	26.9%
总计	100.0%	100.0%	100.0%	100.0%	100.0%
列总计	2332	1059	373	490	4254

Chi-square test：df = 3，卡方值为 4.051，sig = 0.256 > 0.05，所以不同受教育程度的居民对于“您所工作的单位是否存在如下现象：背后互相告恶状”的回答不存在显著差异。

E16c by A4a

您所工作的单位是否存在如下现象：拉帮结派 ＊ 受教育程度 Crosstabulation

	初中及以下	高中、中专及职高	大专	本科及以上	总计
未选中	81.8%	77.6%	74.3%	78.4%	79.7%
选中	18.2%	22.4%	25.7%	21.6%	20.3%
总计	100.0%	100.0%	100.0%	100.0%	100.0%
列总计	2332	1059	373	490	4254

Chi-square test：df = 3，卡方值为 16.386，sig = 0.001 < 0.05，所以不同受教育程度的居民对于“您所工作的单位是否存在如下现象：拉帮结派”的回答存在显著差异。

E16d by A4a

您所工作的单位是否存在如下现象：为谋私利找关系走后门 ＊ 受教育程度 Crosstabulation

	初中及以下	高中、中专及职高	大专	本科及以上	总计
未选中	58.1%	60.9%	59.8%	63.5%	59.6%
选中	41.9%	39.1%	40.2%	36.5%	40.4%

续表

	初中及以下	高中、中专及职高	大专	本科及以上	总计
总计	100.0%	100.0%	100.0%	100.0%	100.0%
列总计	2332	1059	373	490	4254

Chi-square test：df = 3，卡方值为 5.846，sig = 0.119 > 0.05，所以不同受教育程度的居民对于“您所工作的单位是否存在如下现象：为谋私利找关系走后门”的回答不存在显著差异。

E16e by A4a

您所工作的单位是否存在如下现象：奖惩制度不公平 * 受教育程度 Crosstabulation

	初中及以下	高中、中专及职高	大专	本科及以上	总计
未选中	81.9%	81.9%	77.2%	77.8%	81.0%
选中	18.1%	18.1%	22.8%	22.2%	19.0%
总计	100.0%	100.0%	100.0%	100.0%	100.0%
列总计	2332	1059	373	490	4254

Chi-square test：df = 3，卡方值为 8.717，sig = 0.033 < 0.05，所以不同受教育程度的居民对于“您所工作的单位是否存在如下现象：奖惩制度不公平”的回答存在显著差异。

E16f by A4a

您所工作的单位是否存在如下现象：领导干部滥用职权 * 受教育程度 Crosstabulation

	初中及以下	高中、中专及职高	大专	本科及以上	总计
未选中	72.6%	74.3%	76.1%	75.9%	73.7%
选中	27.4%	25.7%	23.9%	24.1%	26.3%
总计	100.0%	100.0%	100.0%	100.0%	100.0%
列总计	2332	1059	373	490	4254

Chi-square test：df = 3，卡方值为 4.057，sig = 0.255 > 0.05，所以不同受教育程度的居民对于“您所工作的单位是否存在如下现象：领导干部滥用职权”的回答不存在显著差异。

E16g by A4a

您所工作的单位是否存在如下现象：都不存在 * 受教育程度 Crosstabulation

	初中及以下	高中、中专及职高	大专	本科及以上	总计
未选中	61.6%	66.2%	68.1%	66.9%	63.9%

续表

	初中及以下	高中、中专及职高	大专	本科及以上	总计
选中	38.4%	33.8%	31.9%	33.1%	36.1%
总计	100.0%	100.0%	100.0%	100.0%	100.0%
列总计	2332	1059	373	490	4254

Chi-square test：df = 3，卡方值为 12.480，sig = 0.006 < 0.05，所以不同受教育程度的居民对于“您所工作的单位是否存在如下现象：都不存在”的回答存在显著差异。

E17a by A4a

关于企业履行社会责任的说法，您的同意程度是：只有国企才应该履行社会责任 * 受教育程度 Crosstabulation

	初中及以下	高中、中专及职高	大专	本科及以上	总计
完全同意	2.2%	2.8%	1.9%	1.8%	2.3%
比较同意	17.6%	13.7%	13.6%	8.1%	15.1%
不太同意	64.3%	59.8%	56.3%	56.3%	61.5%
完全不同意	15.9%	23.7%	28.3%	33.7%	21.1%
总计	100.0%	100.0%	100.0%	100.0%	100.0%
列总计	2270	1067	375	492	4204

Chi-square test：df = 9，卡方值为 115.147，sig = 0.000 < 0.05，所以不同受教育程度的居民对于“只有国企才应该履行社会责任”的同意程度存在显著差异。

E17b by A4a

关于企业履行社会责任的说法，您的同意程度是：只有大企业才应该履行社会责任 * 受教育程度 Crosstabulation

	初中及以下	高中、中专及职高	大专	本科及以上	总计
完全同意	2.4%	2.3%	1.9%	0.8%	2.2%
比较同意	17.0%	14.2%	13.0%	6.3%	14.7%
不太同意	63.1%	60.5%	54.5%	56.3%	60.9%
完全不同意	17.5%	23.0%	30.6%	36.6%	22.3%
总计	100.0%	100.0%	100.0%	100.0%	100.0%
列总计	2281	1074	376	492	4223

Chi-square test：df = 9，卡方值为 124.544，sig = 0.000 < 0.05，所以不同受教育程度的居民对于“只有大企业才应该履行社会责任”的同意程度存在显著差异。

E17c by A4a

关于企业履行社会责任的说法，您的同意程度是：只有盈利多的企业才需要履行社会责任 ＊ 受教育程度 Crosstabulation

	初中及以下	高中、中专及职高	大专	本科及以上	总计
完全同意	2.8%	1.9%	1.9%	1.4%	2.3%
比较同意	18.7%	13.5%	11.7%	7.2%	15.4%
不太同意	60.4%	55.4%	54.7%	54.2%	57.9%
完全不同意	18.1%	29.2%	31.7%	37.2%	24.4%
总计	100.0%	100.0%	100.0%	100.0%	100.0%
列总计	2288	1075	375	489	4227

Chi-square test：df = 9，卡方值为 142.139，sig = 0.000 < 0.05，所以不同受教育程度的居民对于“只有盈利多的企业才需要履行社会责任”的同意程度存在显著差异。

E17d by A4a

关于企业履行社会责任的说法，您的同意程度是：污染类企业要履行更多的社会责任 ＊ 受教育程度 Crosstabulation

	初中及以下	高中、中专及职高	大专	本科及以上	总计
完全同意	22.9%	28.6%	31.6%	29.7%	25.9%
比较同意	48.7%	42.4%	40.7%	44.8%	46.0%
不太同意	21.7%	19.1%	18.4%	16.5%	20.1%
完全不同意	6.7%	10.0%	9.3%	9.0%	8.0%
总计	100.0%	100.0%	100.0%	100.0%	100.0%
列总计	2310	1074	376	491	4251

Chi-square test：df = 9，卡方值为 46.670，sig = 0.000 < 0.05，所以不同受教育程度的居民对于“污染类企业要履行更多的社会责任”的同意程度存在显著差异。

E17e by A4a

关于企业履行社会责任的说法，您的同意程度是：小企业只要管好自己就行了，不要履行社会责任 ＊ 受教育程度 Crosstabulation

	初中及以下	高中、中专及职高	大专	本科及以上	总计
完全同意	1.3%	0.9%	2.1%	1.4%	1.3%
比较同意	11.2%	11.8%	8.5%	6.3%	10.6%
不太同意	63.6%	58.8%	52.4%	55.8%	60.5%
完全不同意	23.8%	28.5%	37.0%	36.5%	27.7%
总计	100.0%	100.0%	100.0%	100.0%	100.0%

续表

	初中及以下	高中、中专及职高	大专	本科及以上	总计
列总计	2277	1072	376	491	4216

Chi-square test：df=9，卡方值为63.430，sig=0.000<0.05，所以不同受教育程度的居民对于“小企业只要管好自己就行了，不要履行社会责任”的同意程度存在显著差异。

E18a by A4a

您觉得下列哪类单位最讲道德 * 受教育程度 Crosstabulation

	初中及以下	高中、中专及职高	大专	本科及以上	总计
国有（控股）企业	22.8%	20.2%	22.6%	21.8%	22.0%
民营企业	1.9%	3.3%	0.9%	2.3%	2.2%
私营企业	1.8%	2.5%	1.9%	1.4%	2.0%
外资企业	8.9%	10.1%	10.5%	7.7%	9.2%
学校	38.8%	36.5%	35.6%	42.4%	38.3%
医院	3.0%	2.7%	2.5%	4.4%	3.0%
政府机关	20.3%	21.9%	23.2%	17.8%	20.7%
民间组织	2.6%	2.7%	2.8%	2.1%	2.6%
总计	100.0%	100.0%	100.0%	100.0%	100.0%
列总计	1964	946	323	427	3660

Chi-square test：df=21，卡方值为26.417，sig=0.191>0.05，所以不同受教育程度的居民对于“觉得哪类单位最讲道德”的回答不存在显著差异。

E18b by A4a

您觉得下列哪类单位道德水平最差 * 受教育程度 Crosstabulation

	初中及以下	高中、中专及职高	大专	本科及以上	总计
国有（控股）企业	3.1%	4.3%	1.0%	5.0%	3.4%
民营企业	14.4%	11.7%	11.7%	10.6%	13.0%
私营企业	38.8%	35.0%	34.7%	33.6%	36.9%
外资企业	2.8%	3.8%	3.8%	3.6%	3.3%
学校	3.2%	1.8%	4.5%	1.1%	2.7%
医院	19.9%	23.5%	24.7%	23.0%	21.6%
政府机关	9.1%	8.2%	7.2%	9.8%	8.8%
民间组织	8.6%	11.8%	12.4%	13.2%	10.3%
总计	100.0%	100.0%	100.0%	100.0%	100.0%
列总计	1727	846	291	357	3221

Chi-square test：df=21，卡方值为50.386，sig=0.000<0.05，所以不同受教育程度的居民对于“觉得哪类单位道德水平最差”的回答存在显著差异。

E19a by A4a

关于学校的说法，您的同意程度是：学校越来越以营利为目的 ＊ 受教育程度 Crosstabulation

	初中及以下	高中、中专及职高	大专	本科及以上	总计
完全同意	10.0%	12.6%	17.4%	14.1%	11.8%
比较同意	47.4%	45.3%	44.4%	38.4%	45.6%
不太同意	36.5%	33.7%	30.8%	36.9%	35.3%
完全不同意	6.0%	8.4%	7.4%	10.6%	7.3%
总计	100.0%	100.0%	100.0%	100.0%	100.0%
列总计	2290	1063	367	490	4210

Chi-square test：df = 9，卡方值为 44.438，sig = 0.000 < 0.05，所以不同受教育程度的居民对于“学校越来越以营利为目的”的同意程度存在显著差异。

E19b by A4a

关于学校的说法，您的同意程度是：学校主要传授知识和技能，培养道德不重要 ＊ 受教育程度 Crosstabulation

	初中及以下	高中、中专及职高	大专	本科及以上	总计
完全同意	0.6%	1.4%	1.1%	1.2%	0.9%
比较同意	8.5%	8.8%	9.0%	4.3%	8.1%
不太同意	61.3%	52.9%	43.6%	42.9%	55.5%
完全不同意	29.6%	36.9%	46.3%	51.6%	35.4%
总计	100.0%	100.0%	100.0%	100.0%	100.0%
列总计	2343	1072	376	494	4285

Chi-square test：df = 9，卡方值为 126.648，sig = 0.000 < 0.05，所以不同受教育程度的居民对于“学校主要传授知识和技能，培养道德不重要”的同意程度存在显著差异。

E19c by A4a

关于学校的说法，您的同意程度是：学校升学率高比素质教育更重要 ＊ 受教育程度 Crosstabulation

	初中及以下	高中、中专及职高	大专	本科及以上	总计
完全同意	1.3%	2.6%	2.7%	1.0%	1.7%
比较同意	9.5%	10.1%	10.3%	6.5%	9.4%
不太同意	56.6%	51.7%	45.6%	50.5%	53.7%
完全不同意	32.6%	35.6%	41.4%	42.0%	35.2%

续表

	初中及以下	高中、中专及职高	大专	本科及以上	总计
总计	100.0%	100.0%	100.0%	100.0%	100.0%
列总计	2336	1070	377	493	4276

Chi-square test：df=9，卡方值为41.518，sig=0.000<0.05，所以不同受教育程度的居民对于“学校升学率高比素质教育更重要”的同意程度存在显著差异。

E19d by A4a

关于学校的说法，您的同意程度是：青少年儿童行为不端，主要是学校没教好 ＊ 受教育程度 Crosstabulation

	初中及以下	高中、中专及职高	大专	本科及以上	总计
完全同意	1.0%	1.5%	2.4%	1.0%	1.3%
比较同意	9.2%	12.2%	10.5%	8.5%	10.0%
不太同意	59.5%	56.0%	55.0%	57.6%	58.0%
完全不同意	30.3%	30.3%	32.2%	32.9%	30.7%
总计	100.0%	100.0%	100.0%	100.0%	100.0%
列总计	2347	1071	373	493	4284

Chi-square test：df=9，卡方值为17.322，sig=0.044<0.05，所以不同受教育程度的居民对于“青少年儿童行为不端，主要是学校没教好”的同意程度存在显著差异。

E19e by A4a

关于学校的说法，您的同意程度是：要想孩子培养得好，就要多给老师送礼 ＊ 受教育程度 Crosstabulation

	初中及以下	高中、中专及职高	大专	本科及以上	总计
完全同意	0.9%	2.1%	2.1%	1.4%	1.4%
比较同意	4.8%	6.7%	7.5%	5.7%	5.6%
不太同意	48.7%	40.2%	36.1%	41.3%	44.6%
完全不同意	45.7%	51.1%	54.3%	51.6%	48.5%
总计	100.0%	100.0%	100.0%	100.0%	100.0%
列总计	2353	1066	374	492	4285

Chi-square test：df=9，卡方值为46.564，sig=0.000<0.05，所以不同受教育程度的居民对于“要想孩子培养得好，就要多给老师送礼”的同意程度存在显著差异。

E20 by A4a

您所在单位当员工或村民受到不应该的对待时，员工或村民有没有申诉的机会 ＊ 受教育程度 Crosstabulation

	初中及以下	高中、中专及职高	大专	本科及以上	总计
有	75.0%	73.9%	83.0%	85.2%	76.8%
没有	25.0%	26.1%	17.0%	14.8%	23.2%
总计	100.0%	100.0%	100.0%	100.0%	100.0%
列总计	1201	590	212	310	2313

Chi-square test：df = 3，卡方值为 21.703，sig = 0.000 < 0.05，所以不同受教育程度的居民对于“当员工或村民受到不应该的对待时，员工或村民有没有申诉的机会”的回答存在显著差异。

E21 by A4a

您所在单位当员工或村民受到不应该的对待时，员工或村民有没有申诉的地方或渠道 ＊ 受教育程度 Crosstabulation

	初中及以下	高中、中专及职高	大专	本科及以上	总计
有	76.8%	76.1%	81.4%	84.3%	78.1%
没有	23.2%	23.9%	18.6%	15.7%	21.9%
总计	100.0%	100.0%	100.0%	100.0%	100.0%
列总计	1144	566	210	312	2232

Chi-square test：df = 3，卡方值为 10.701，sig = 0.013 < 0.05，所以不同受教育程度的居民对于“当员工或村民受到不应该的对待时，员工或村民有没有申诉的地方或渠道”的回答存在显著差异。

E22 by A4a

您所在单位当员工或村民受到不应该的对待时，有没有人进行过申诉 ＊ 受教育程度 Crosstabulation

	初中及以下	高中、中专及职高	大专	本科及以上	总计
全部会申诉	1.3%	3.1%	5.3%	3.3%	2.5%
大部分会申诉	16.2%	22.1%	25.1%	33.0%	21.2%
小部分会申诉	59.8%	55.6%	47.6%	48.9%	55.8%
无人申诉	22.7%	19.2%	21.9%	14.8%	20.5%
总计	100.0%	100.0%	100.0%	100.0%	100.0%
列总计	874	448	187	270	1779

Chi-square test：df = 9，卡方值为 56.232，sig = 0.000 < 0.05，所以不同受教育程度的居民对于“当员工或村民受到不应该的对待时，有没有人进行过申诉”的回答存在显著差异。

E23 by A4a

您所的单位在多大程度上认真对待员工或村民的申诉 * 受教育程度 Crosstabulation

	初中及以下	高中、中专及职高	大专	本科及以上	总计
完全不认真	7.4%	5.7%	5.5%	3.7%	6.3%
不太认真	21.9%	18.2%	15.3%	18.3%	19.8%
一般	39.4%	37.9%	37.4%	33.2%	37.9%
比较认真	28.1%	32.6%	34.4%	35.4%	30.9%
非常认真	3.2%	5.5%	7.4%	9.3%	5.1%
总计	100.0%	100.0%	100.0%	100.0%	100.0%
列总计	924	435	163	268	1790

Chi-square test：df=12，卡方值为34.061，sig=0.001<0.05，所以不同受教育程度的居民对于“您所的单位在多大程度上认真对待员工或村民的申诉”的回答存在显著差异。

E24 by A4a

您所在单位是否有道德方面的教育或活动 * 受教育程度 Crosstabulation

	初中及以下	高中、中专及职高	大专	本科及以上	总计
有	7.7%	12.2%	14.1%	20.9%	10.8%
没有	37.8%	37.5%	28.7%	25.5%	35.6%
不知道	54.5%	50.3%	57.2%	53.6%	53.6%
总计	100.0%	100.0%	100.0%	100.0%	100.0%
列总计	2379	1066	369	478	4292

Chi-square test：df=6，卡方值为99.150，sig=0.000<0.05，所以不同受教育程度的居民对于“您所在单位是否有道德方面的教育或活动”的回答存在显著差异。

E25a by A4a

对当地企业道德状况的满意度是 * 受教育程度 Crosstabulation

	初中及以下	高中、中专及职高	大专	本科及以上	总计
非常不满意	2.3%	3.0%	2.9%	1.3%	2.4%
不太满意	24.8%	29.4%	25.4%	22.2%	25.7%
比较满意	70.8%	65.0%	68.3%	72.9%	69.3%
非常满意	2.1%	2.6%	3.4%	3.6%	2.5%
总计	100.0%	100.0%	100.0%	100.0%	100.0%

续表

	初中及以下	高中、中专及职高	大专	本科及以上	总计
列总计	2103	1001	350	450	3904

Chi-square test：df = 9，卡方值为 20.563，sig = 0.015 < 0.05，所以不同受教育程度的居民对“当地企业道德状况的满意度”存在显著差异。

E25b by A4a

对当地医院道德状况的满意度是 * 受教育程度 Crosstabulation

	初中及以下	高中、中专及职高	大专	本科及以上	总计
非常不满意	4.1%	5.3%	4.7%	3.2%	4.3%
不太满意	27.9%	29.6%	32.3%	25.6%	28.5%
比较满意	64.0%	61.4%	58.4%	66.8%	63.2%
非常满意	4.0%	3.7%	4.7%	4.4%	4.0%
总计	100.0%	100.0%	100.0%	100.0%	100.0%
列总计	2306	1051	365	473	4195

Chi-square test：df = 9，卡方值为 12.262，sig = 0.199 > 0.05，所以不同受教育程度的居民对“当地医院道德状况的满意度”不存在显著差异。

E25c by A4a

对当地政府道德状况的满意度是 * 受教育程度 Crosstabulation

	初中及以下	高中、中专及职高	大专	本科及以上	总计
非常不满意	4.5%	4.2%	3.1%	2.8%	4.1%
不太满意	25.4%	27.4%	27.4%	20.1%	25.4%
比较满意	64.9%	61.8%	63.3%	70.1%	64.6%
非常满意	5.2%	6.6%	6.2%	7.1%	5.9%
总计	100.0%	100.0%	100.0%	100.0%	100.0%
列总计	2251	1027	354	468	4100

Chi-square test：df = 9，卡方值为 18.445，sig = 0.030 < 0.05，所以不同受教育程度的居民对“当地政府道德状况的满意度”存在显著差异。

E25d by A4a

对当地学校的道德状况的满意度是 * 受教育程度 Crosstabulation

	初中及以下	高中、中专及职高	大专	本科及以上	总计
非常不满意	2.8%	3.2%	3.1%	1.5%	2.8%

续表

	初中及以下	高中、中专及职高	大专	本科及以上	总计
不太满意	19.3%	20.7%	21.5%	14.1%	19.2%
比较满意	70.3%	66.8%	66.0%	73.1%	69.4%
非常满意	7.7%	9.3%	9.3%	11.3%	8.6%
总计	100.0%	100.0%	100.0%	100.0%	100.0%
列总计	2259	1041	353	469	4122

Chi-square test：df = 3，卡方值为 7.166，sig = 0.067 > 0.05，所以不同受教育程度的居民对“当地学校的道德状况的满意度”不存在显著差异。

E25e by A4a

对当地的 NGO 组织（如红十字会等）道德状况的满意度是 * 受教育程度 Crosstabulation

	初中及以下	高中、中专及职高	大专	本科及以上	总计
非常不满意	1.7%	2.5%	2.9%	2.2%	2.1%
不太满意	18.2%	19.0%	18.8%	16.7%	18.3%
比较满意	68.8%	67.9%	69.9%	72.4%	69.2%
非常满意	11.3%	10.6%	8.3%	8.6%	10.5%
总计	100.0%	100.0%	100.0%	100.0%	100.0%
列总计	1360	754	276	359	2749

Chi-square test：df = 9，卡方值为 7.389，sig = 0.597 > 0.05，所以不同受教育程度的居民对“当地的 NGO 组织（如红十字会等）道德状况的满意度”不存在显著差异。

F1a by A4a

您认为以下行为是否关乎道德？随地吐痰 * 受教育程度 Crosstabulation

	初中及以下	高中、中专及职高	大专	本科及以上	总计
有关	91.2%	95.6%	96.6%	98.8%	93.6%
无关	8.8%	4.4%	3.4%	1.2%	6.4%
总计	100.0%	100.0%	100.0%	100.0%	100.0%
列总计	2391	1083	378	494	4346

Chi-square test：df = 3，卡方值为 57.587，sig = 0.000 < 0.05，所以不同受教育程度的居民对“随地吐痰是否关乎道德”的回答存在显著差异。

F1b by A4a

您认为以下行为是否关乎道德？插队 ＊ 受教育程度 Crosstabulation

	初中及以下	高中、中专及职高	大专	本科及以上	总计
有关	92.7%	94.6%	95.5%	98.8%	94.1%
无关	7.3%	5.4%	4.5%	1.2%	5.9%
总计	100.0%	100.0%	100.0%	100.0%	100.0%
列总计	2391	1083	378	494	4346

Chi-square test：df = 3，卡方值为 29.767，sig = 0.000 < 0.05，所以不同受教育程度的居民对于“插队是否关乎道德”的回答存在显著差异。

F1c by A4a

您认为以下行为是否关乎道德？公交或地铁上大声打电话 ＊ 受教育程度 Crosstabulation

	初中及以下	高中、中专及职高	大专	本科及以上	总计
有关	88.8%	91.3%	93.9%	97.2%	90.8%
无关	11.2%	8.7%	6.1%	2.8%	9.2%
总计	100.0%	100.0%	100.0%	100.0%	100.0%
列总计	2388	1083	378	493	4342

Chi-square test：df = 3，卡方值为 40.355，sig = 0.000 < 0.05，所以不同受教育程度的居民对于“公交或地铁上大声打电话是否关乎道德”的回答存在显著差异。

F1d by A4a

您认为以下行为是否关乎道德？餐馆里说话声音很大 ＊ 受教育程度 Crosstabulation

	初中及以下	高中、中专及职高	大专	本科及以上	总计
有关	87.8%	90.4%	94.4%	96.6%	90.0%
无关	12.2%	9.6%	5.6%	3.4%	10.0%
总计	100.0%	100.0%	100.0%	100.0%	100.0%
列总计	2389	1083	378	495	4345

Chi-square test：df = 3，卡方值为 45.355，sig = 0.000 < 0.05，所以不同受教育程度的居民对于“餐馆里说话声音很大是否关乎道德”的回答存在显著差异。

F1e by A4a

您认为以下行为是否关乎道德？在公共场所的椅子或沙发上躺着睡觉 ＊ 受教育程度 Crosstabulation

	初中及以下	高中、中专及职高	大专	本科及以上	总计
有关	90.4%	90.3%	93.1%	94.7%	91.1%
无关	9.6%	9.7%	6.9%	5.3%	8.9%
总计	100.0%	100.0%	100.0%	100.0%	100.0%
列总计	2391	1083	378	494	4346

Chi-square test：df = 3，卡方值为 12.329，sig = 0.006 < 0.05，所以不同受教育程度的居民对于“在公共场所的椅子或沙发上躺着睡觉是否关乎道德”的回答存在显著差异。

F1f by A4a

您本人是否做出过这些行为？随地吐痰 ＊ 受教育程度 Crosstabulation

	初中及以下	高中、中专及职高	大专	本科及以上	总计
经常做	4.6%	2.0%	1.9%	0.6%	3.3%
偶尔做	35.5%	32.7%	29.0%	29.1%	33.5%
从来不做	59.9%	65.3%	69.1%	70.3%	63.2%
总计	100.0%	100.0%	100.0%	100.0%	100.0%
列总计	2376	1075	372	492	4315

Chi-square test：df = 6，卡方值为 49.966，sig = 0.000 < 0.05，所以不同受教育程度的居民对于“是否有过随地吐痰的行为”的回答存在显著差异。

F1g by A4a

您本人是否做出过这些行为？插队 ＊ 受教育程度 Crosstabulation

	初中及以下	高中、中专及职高	大专	本科及以上	总计
经常做	1.0%	0.8%	0.5%	0.4%	0.8%
偶尔做	14.7%	20.0%	15.1%	12.8%	15.8%
从来不做	84.3%	79.2%	84.4%	86.8%	83.3%
总计	100.0%	100.0%	100.0%	100.0%	100.0%
列总计	2377	1070	372	492	4311

Chi-square test：df = 6，卡方值为 21.803，sig = 0.001 < 0.05，所以不同受教育程度的居民对于“是否有过插队的行为”的回答存在显著差异。

F1h by A4a

您本人是否做出过这些行为？公交或地铁上大声打电话 * 受教育程度 Crosstabulation

	初中及以下	高中、中专及职高	大专	本科及以上	总计
经常做	1.3%	0.7%	1.3%	1.0%	1.1%
偶尔做	18.7%	22.5%	16.9%	16.3%	19.2%
从来不做	80.0%	76.8%	81.7%	82.7%	79.7%
总计	100.0%	100.0%	100.0%	100.0%	100.0%
列总计	2375	1069	372	492	4308

Chi-square test：df = 6，卡方值为 13.303，sig = 0.038 < 0.05，所以不同受教育程度的居民对于“是否有过公交或地铁上大声打电话的行为”的回答存在显著差异。

F1i by A4a

您本人是否做出过这些行为？餐馆里说话声音很大 * 受教育程度 Crosstabulation

	初中及以下	高中、中专及职高	大专	本科及以上	总计
经常做	1.6%	1.0%	0.5%	1.0%	1.3%
偶尔做	19.5%	20.8%	19.9%	18.9%	19.8%
从来不做	78.9%	78.2%	79.6%	80.1%	78.9%
总计	100.0%	100.0%	100.0%	100.0%	100.0%
列总计	2369	1072	372	492	4305

Chi-square test：df = 6，卡方值为 5.332，sig = 0.502 > 0.05，所以不同受教育程度的居民对于“是否有过餐馆里说话声音很大的行为”的回答不存在显著差异。

F1j by A4a

您本人是否做出过这些行为？在公共场所的椅子或沙发上躺着睡觉 * 受教育程度 Crosstabulation

	初中及以下	高中、中专及职高	大专	本科及以上	总计
经常做	0.9%	0.8%	2.2%	1.0%	1.0%
偶尔做	8.0%	8.9%	8.4%	8.7%	8.4%
从来不做	91.1%	90.2%	89.5%	90.3%	90.6%
总计	100.0%	100.0%	100.0%	100.0%	100.0%
列总计	2378	1074	371	493	4316

Chi-square test：df = 6，卡方值为 6.536，sig = 0.366 > 0.05，所以不同受教育程度的居民对于“是否有过在公共场所的椅子或沙发上躺着睡觉的行为”的回答不存在显著差异。

F2 by A4a

入夜后，很多中老年朋友在广场上伴着录音机的音乐跳舞，产生噪声。有人向政府或物管投诉，要求阻止。对这件事您怎么看 ＊ 受教育程度 Crosstabulation

	初中及以下	高中、中专及职高	大专	本科及以上	总计
在广场上跳舞是居民的自由，不应干预	8.2%	9.2%	6.9%	4.9%	7.9%
跳舞如果破坏了别人的清静，就应该停止	18.8%	21.7%	22.8%	23.7%	20.4%
中老年人没地方活动，即便跳舞构成干扰，也应尽量容忍和理解	20.9%	21.2%	19.6%	23.3%	21.1%
请跳舞者降低音量，大家相互妥协	51.7%	47.5%	50.0%	47.4%	50.0%
其他（请说明）	0.4%	0.4%	0.8%	0.8%	0.5%
总计	100.0%	100.0%	100.0%	100.0%	100.0%
列总计	2387	1082	378	494	4341

Chi-square test：df = 12，卡方值为 23.863，sig = 0.021 < 0.05，所以不同受教育程度的居民对于“入夜后，很多中老年朋友在广场上伴着录音机的音乐跳舞，产生噪声。有人向政府或物管投诉，要求阻止。对这件事您怎么看”的回答存在显著差异。

F3a by A4a

因个人认为自身受到不公正待遇而导致的社会泄愤事件，你对于下列回答的评价是：这是暴徒行为，无论何种情况下，都不应该采取暴力手段 ＊ 受教育程度 Crosstabulation

	初中及以下	高中、中专及职高	大专	本科及以上	总计
完全同意	32.9%	43.3%	44.1%	42.2%	37.5%
比较同意	59.0%	46.9%	40.3%	40.9%	52.3%
不太同意	5.7%	5.1%	6.7%	7.1%	5.8%
完全不同意	2.4%	4.7%	8.9%	9.8%	4.4%
总计	100.0%	100.0%	100.0%	100.0%	100.0%
列总计	2366	1083	372	491	4312

Chi-square test：df = 9，卡方值 154.025，sig = 0.000 < 0.05，所以不同受教育程度的居民对于“社会泄愤事件是暴徒行为，无论何种情况下，都不应该采取暴力手段”的评价存在显著差异。

F3b by A4a

因个人认为自身受到不公正待遇而导致的社会泄愤事件，你对于下列回答的评价是：其他社会成员在需要的时候没有及时给予帮助，因此我们每个人都有责任 * 受教育程度 Crosstabulation

	初中及以下	高中、中专及职高	大专	本科及以上	总计
完全同意	14.7%	20.0%	13.4%	18.1%	16.3%
比较同意	55.2%	56.9%	62.5%	61.4%	57.0%
不太同意	26.1%	20.3%	21.2%	17.9%	23.3%
完全不同意	3.9%	2.8%	2.9%	2.6%	3.4%
总计	100.0%	100.0%	100.0%	100.0%	100.0%
列总计	2364	1083	373	492	4312

Chi-square test：df=9，卡方值为43.954，sig=0.000<0.05，所以不同受教育程度的居民对于“社会泄愤事件发生时其他社会成员在需要的时候没有及时给予帮助，因此我们每个人都有责任”的评价存在显著差异。

F3c by A4a

因个人认为自身受到不公正待遇而导致的社会泄愤事件，你对于下列回答的评价是：应该去报复那些给予他们不公待遇的人，而不是伤及无辜 * 受教育程度 Crosstabulation

	初中及以下	高中、中专及职高	大专	本科及以上	总计
完全同意	8.9%	10.5%	12.3%	11.2%	9.9%
比较同意	35.9%	31.0%	29.5%	28.0%	33.2%
不太同意	41.2%	40.6%	37.3%	42.1%	40.8%
完全不同意	13.9%	18.0%	20.9%	18.7%	16.1%
总计	100.0%	100.0%	100.0%	100.0%	100.0%
列总计	2359	1080	373	492	4304

Chi-square test：df=9，卡方值为35.922，sig=0.000<0.05，所以不同受教育程度的居民对于“社会泄愤事件发生时泄愤者应该去报复那些给予他们不公待遇的人，而不是伤及无辜”的评价存在显著差异。

F3d by A4a

因个人认为自身受到不公正待遇而导致的社会泄愤事件，你对于下列回答的评价是：受到不公平待遇，应该充分相信政府，积极寻求相关部门的帮助 * 受教育程度 Crosstabulation

	初中及以下	高中、中专及职高	大专	本科及以上	总计
完全同意	21.9%	27.3%	28.2%	29.1%	24.6%

续表

	初中及以下	高中、中专及职高	大专	本科及以上	总计
比较同意	66.5%	59.5%	60.5%	60.2%	63.5%
不太同意	10.2%	11.2%	9.4%	8.8%	10.2%
完全不同意	1.4%	2.0%	1.9%	1.8%	1.6%
总计	100.0%	100.0%	100.0%	100.0%	100.0%
列总计	2362	1075	372	488	4297

Chi-square test：df = 9，卡方值为 27.609，sig = 0.001 < 0.05，所以不同受教育程度的居民对于“社会泄愤事件发生时泄愤者受到不公平待遇，应该充分相信政府，积极寻求相关部门的帮助”的评价存在显著差异。

F4 by A4a

总的来说，您认为当今的社会公不公平 ＊ 受教育程度 Crosstabulation

	初中及以下	高中、中专及职高	大专	本科及以上	总计
完全不公平	5.3%	4.5%	4.0%	4.9%	4.9%
比较不公平	29.9%	29.2%	30.7%	27.6%	29.6%
说不上公平但也不能说不公平	36.1%	36.8%	35.3%	36.0%	36.2%
比较公平	27.8%	27.5%	28.9%	29.9%	28.1%
非常公平	0.8%	2.0%	1.1%	1.6%	1.2%
总计	100.0%	100.0%	100.0%	100.0%	100.0%
列总计	2353	1071	374	489	4287

Chi-square test：df = 12，卡方值为 12.623，sig = 0.397 > 0.05，所以不同受教育程度的居民对于“当今的社会公不公平”的回答不存在显著差异。

F5 by A4a

和前几年相比，您认为目前我国社会的分配不公、两极分化现象 ＊ 受教育程度 Crosstabulation

	初中及以下	高中、中专及职高	大专	本科及以上	总计
有较大改善	30.1%	30.3%	31.5%	33.5%	30.7%
没什么变化	45.0%	45.4%	42.3%	37.9%	44.1%
更加恶化	24.9%	24.2%	26.2%	28.7%	25.3%
总计	100.0%	100.0%	100.0%	100.0%	100.0%
列总计	2243	1032	359	457	4091

Chi-square test：df = 6，卡方值为 9.402，sig = 0.152 > 0.05，所以不同受教育程度的居民对于“目前我国社会的分配不公、两极分化现象”的回答不存在显著差异。

F6 by A4a

您认为目前我国社会成员之间的收入差距 * 受教育程度 Crosstabulation

	初中及以下	高中、中专及职高	大专	本科及以上	总计
合理，可以接受	12.2%	14.5%	15.7%	16.2%	13.6%
不合理，但可以接受	55.5%	56.8%	51.9%	61.0%	56.1%
不合理，不能接受	32.3%	28.7%	32.4%	22.8%	30.3%
总计	100.0%	100.0%	100.0%	100.0%	100.0%
列总计	2267	1041	364	474	4146

Chi-square test：df = 6，卡方值为 23.947，sig = 0.001 < 0.05，所以不同受教育程度的居民对于“目前我国社会成员之间的收入差距”的回答存在显著差异。

F7a by A4a

请问您是否同意当前的社会是人人为自己 * 受教育程度 Crosstabulation

	初中及以下	高中、中专及职高	大专	本科及以上	总计
完全同意	14.6%	15.7%	14.7%	15.4%	15.0%
比较同意	58.7%	58.6%	57.0%	54.9%	58.1%
不太同意	24.9%	22.4%	25.7%	27.2%	24.6%
完全不同意	1.8%	3.3%	2.7%	2.4%	2.3%
总计	100.0%	100.0%	100.0%	100.0%	100.0%
列总计	2381	1078	374	492	4325

Chi-square test：df = 9，卡方值为 14.015，sig = 0.122 > 0.05，所以不同受教育程度的居民对于“是否同意当前的社会是人人为自己”的回答不存在显著差异。

F7b by A4a

请问您是否同意现在社会的大多数人是见利忘义的 * 受教育程度 Crosstabulation

	初中及以下	高中、中专及职高	大专	本科及以上	总计
完全同意	10.4%	13.3%	12.3%	10.4%	11.3%
比较同意	50.5%	45.7%	43.7%	40.1%	47.5%
不太同意	35.6%	37.5%	40.3%	46.0%	37.6%
完全不同意	3.6%	3.5%	3.7%	3.5%	3.6%
总计	100.0%	100.0%	100.0%	100.0%	100.0%
列总计	2370	1078	375	489	4312

Chi-square test：df = 9，卡方值为 30.533，sig = 0.000 < 0.05，所以不同受教育程度的居民对于“是否同意现在社会的大多数人是见利忘义的”的回答存在显著差异。

F7c by A4a

请问您是否同意现在社会是一个物欲横流的社会 ＊ 受教育程度 Crosstabulation

	初中及以下	高中、中专及职高	大专	本科及以上	总计
完全同意	12.1%	18.0%	17.3%	15.0%	14.4%
比较同意	50.8%	45.9%	46.1%	48.0%	48.8%
不太同意	33.5%	32.1%	32.3%	33.4%	33.0%
完全不同意	3.6%	4.0%	4.3%	3.7%	3.8%
总计	100.0%	100.0%	100.0%	100.0%	100.0%
列总计	2319	1070	371	488	4248

Chi-square test：df = 9，卡方值为 26.370，sig = 0.002 < 0.05，所以不同受教育程度的居民对于“是否同意现在社会是一个物欲横流的社会”的回答存在显著差异。

F7d by A4a

请问您是否同意当前大多数人都是以集体利益为重 ＊ 受教育程度 Crosstabulation

	初中及以下	高中、中专及职高	大专	本科及以上	总计
完全同意	5.0%	6.3%	5.9%	3.9%	5.3%
比较同意	37.5%	36.7%	38.5%	30.9%	36.6%
不太同意	52.1%	51.4%	51.3%	59.1%	52.6%
完全不同意	5.3%	5.7%	4.3%	6.2%	5.4%
总计	100.0%	100.0%	100.0%	100.0%	100.0%
列总计	2341	1069	374	486	4270

Chi-square test：df = 9，卡方值为 15.430，sig = 0.080 > 0.05，所以不同受教育程度的居民对于“是否同意当前大多数人都是以集体利益为重”的回答不存在显著差异。

F7e by A4a

请问您是否同意当前大多数人都是家庭利益至上 ＊ 受教育程度 Crosstabulation

	初中及以下	高中、中专及职高	大专	本科及以上	总计
完全同意	17.7%	19.3%	14.4%	12.1%	17.2%
比较同意	63.6%	60.3%	65.9%	64.0%	63.0%
不太同意	16.6%	17.8%	16.8%	21.9%	17.5%
完全不同意	2.0%	2.6%	2.9%	2.0%	2.2%
总计	100.0%	100.0%	100.0%	100.0%	100.0%

续表

	初中及以下	高中、中专及职高	大专	本科及以上	总计
列总计	2373	1072	375	489	4309

Chi-square test：df = 9，卡方值为 23. 150，sig = 0. 006 < 0. 05，所以不同受教育程度的居民对于“是否同意当前大多数人都是家庭利益至上”的回答存在显著差异。

F7f by A4a

请问您是否同意当前的社会是个金钱至上的社会 ＊ 受教育程度 Crosstabulation

	初中及以下	高中、中专及职高	大专	本科及以上	总计
完全同意	19. 3%	21. 8%	22. 3%	16. 1%	19. 8%
比较同意	53. 3%	48. 0%	49. 7%	49. 1%	51. 2%
不太同意	24. 9%	26. 4%	24. 2%	32. 4%	26. 0%
完全不同意	2. 5%	3. 8%	3. 8%	2. 4%	2. 9%
总计	100. 0%	100. 0%	100. 0%	100. 0%	100. 0%
列总计	2373	1075	372	491	4311

Chi-square test：df = 9，卡方值为 26. 462，sig = 0. 002 < 0. 05，所以不同受教育程度的居民对于“是否同意当前的社会是个金钱至上的社会”的回答存在显著差异。

F7g by A4a

请问您是否同意现在社会守道德的人大都吃亏，不守道德的人占便宜 ＊ 受教育程度 Crosstabulation

	初中及以下	高中、中专及职高	大专	本科及以上	总计
完全同意	9. 1%	10. 1%	8. 9%	6. 1%	9. 0%
比较同意	45. 8%	42. 2%	38. 8%	37. 7%	43. 4%
不太同意	40. 8%	41. 7%	46. 3%	50. 6%	42. 6%
完全不同意	4. 3%	6. 0%	6. 0%	5. 5%	5. 0%
总计	100. 0%	100. 0%	100. 0%	100. 0%	100. 0%
列总计	2341	1060	369	488	4258

Chi-square test：df = 9，卡方值为 30. 870，sig = 0. 000 < 0. 05，所以不同受教育程度的居民对于“是否同意现在社会守道德的人大都吃亏，不守道德的人占便宜”的回答存在显著差异。

F7h by A4a

请问您是否同意现在社会中好人有好报，恶人终归会受到惩罚 ＊ 受教育程度 Crosstabulation

	初中及以下	高中、中专及职高	大专	本科及以上	总计
完全同意	18.4%	17.8%	19.1%	12.4%	17.6%
比较同意	57.0%	50.7%	51.9%	51.4%	54.3%
不太同意	21.4%	27.6%	24.7%	32.6%	24.5%
完全不同意	3.2%	4.0%	4.3%	3.5%	3.5%
总计	100.0%	100.0%	100.0%	100.0%	100.0%
列总计	2369	1070	372	484	4295

Chi-square test：df = 9，卡方值为 44.587，sig = 0.000 < 0.05，所以不同受教育程度的居民对于“是否同意现在社会中好人有好报，恶人终归会受到惩罚”的回答存在显著差异。

F7i by A4a

请问您是否同意人们的生活水平越高，就越幸福 ＊ 受教育程度 Crosstabulation

	初中及以下	高中、中专及职高	大专	本科及以上	总计
完全同意	20.7%	18.5%	18.2%	11.6%	18.9%
比较同意	53.8%	48.7%	47.1%	45.6%	51.1%
不太同意	23.2%	30.4%	31.8%	36.9%	27.3%
完全不同意	2.3%	2.4%	2.9%	5.9%	2.8%
总计	100.0%	100.0%	100.0%	100.0%	100.0%
列总计	2390	1078	374	491	4333

Chi-square test：df = 9，卡方值为 84.729，sig = 0.000 < 0.05，所以不同受教育程度的居民对于“是否同意人们的生活水平越高，就越幸福”的回答存在显著差异。

F7j by A4a

请问您是否同意我们的社会中道德能够很好地约束人们的行为 ＊ 受教育程度 Crosstabulation

	初中及以下	高中、中专及职高	大专	本科及以上	总计
完全同意	10.9%	12.8%	11.4%	9.0%	11.2%
比较同意	56.0%	51.3%	48.4%	53.4%	53.9%
不太同意	30.3%	33.1%	38.0%	33.3%	32.0%
完全不同意	2.8%	2.8%	2.1%	4.3%	2.9%
总计	100.0%	100.0%	100.0%	100.0%	100.0%

续表

	初中及以下	高中、中专及职高	大专	本科及以上	总计
列总计	2329	1072	376	489	4266

Chi-square test：df = 9，卡方值为 21.403，sig = 0.011 < 0.05，所以不同受教育程度的居民对于“是否同意我们的社会中道德能够很好地约束人们的行为”的回答存在显著差异。

F7k by A4a

请问您是否同意现有的规范和习俗能够很好地调节人与人的关系 ＊ 受教育程度 Crosstabulation

	初中及以下	高中、中专及职高	大专	本科及以上	总计
完全同意	8.3%	11.7%	9.3%	6.8%	9.0%
比较同意	57.9%	52.0%	53.9%	55.6%	55.8%
不太同意	30.5%	32.5%	34.7%	33.7%	31.7%
完全不同意	3.4%	3.8%	2.1%	3.9%	3.4%
总计	100.0%	100.0%	100.0%	100.0%	100.0%
列总计	2323	1071	375	486	4255

Chi-square test：df = 9，卡方值为 23.023，sig = 0.006 < 0.05，所以不同受教育程度的居民对于“是否同意现有的规范和习俗能够很好地调节人与人的关系”的回答存在显著差异。

F7l by A4a

请问您是否同意现在社会大多数人都有荣辱感 ＊ 受教育程度 Crosstabulation

	初中及以下	高中、中专及职高	大专	本科及以上	总计
完全同意	5.3%	8.7%	9.5%	6.4%	6.6%
比较同意	57.5%	52.8%	54.2%	60.7%	56.4%
不太同意	33.3%	33.9%	31.1%	29.3%	32.8%
完全不同意	3.9%	4.7%	5.2%	3.5%	4.2%
总计	100.0%	100.0%	100.0%	100.0%	100.0%
列总计	2300	1063	367	481	4211

Chi-square test：df = 9，卡方值为 27.447，sig = 0.001 < 0.05，所以不同受教育程度的居民对于“是否同意现在社会大多数人都有荣辱感”的回答存在显著差异。

F8 by A4a

您听说过或参加过道德讲堂吗 ＊ 受教育程度 Crosstabulation

	初中及以下	高中、中专及职高	大专	本科及以上	总计
参加过	3.3%	9.9%	12.7%	17.2%	7.3%

续表

	初中及以下	高中、中专及职高	大专	本科及以上	总计
听说过，但没参加过	36.7%	50.2%	55.6%	54.0%	43.7%
没听说过	60.0%	39.9%	31.7%	28.7%	49.0%
总计	100.0%	100.0%	100.0%	100.0%	100.0%
列总计	2402	1084	378	494	4358

Chi-square test：df = 6，卡方值为 345.112，sig = 0.000 < 0.05，所以不同受教育程度的居民对于“是否听说过或参加过道德讲堂”的回答存在显著差异。

F9 by A4a

如果您参加过道德讲堂，您觉得开展这样的活动有意义吗 * 受教育程度 Crosstabulation

	初中及以下	高中、中专及职高	大专	本科及以上	总计
很有意义	97.4%	98.1%	91.5%	88.1%	94.3%
可有可无	1.3%	1.9%	8.5%	10.7%	5.1%
没有必要	1.3%			1.2%	0.6%
总计	100.0%	100.0%	100.0%	100.0%	100.0%
列总计	78	105	47	84	314

Chi-square test：df = 6，卡方值为 13.110，sig = 0.041 < 0.05，所以不同受教育程度的居民对于“道德讲堂这样的活动是否有意义”的回答存在显著差异。

F10 by A4a

您对您生活的地方（您所在的社区）社会公德状况满意吗 * 受教育程度 Crosstabulation

	初中及以下	高中、中专及职高	大专	本科及以上	总计
非常满意	5.6%	7.0%	8.1%	10.1%	6.7%
比较满意	77.0%	71.5%	69.9%	69.2%	74.0%
不太满意	16.1%	19.9%	19.6%	18.8%	17.7%
非常不满意	1.3%	1.6%	2.4%	1.9%	1.6%
总计	100.0%	100.0%	100.0%	100.0%	100.0%
列总计	2211	1041	372	483	4107

Chi-square test：df = 9，卡方值为 29.924，sig = 0.000 < 0.05，所以不同受教育程度的居民对于“生活的地方（您所在的社区）社会公德状况”的满意程度存在显著差异。

F11a by A4a

当前社会坑蒙拐骗现象的严重程度如何 * 受教育程度 Crosstabulation

	初中及以下	高中、中专及职高	大专	本科及以上	总计
非常不严重	6.9%	6.1%	5.4%	8.9%	6.8%
比较不严重	41.3%	38.1%	39.0%	43.9%	40.6%
比较严重	39.5%	42.4%	37.6%	37.1%	39.8%
非常严重	12.4%	13.4%	18.0%	10.1%	12.8%
总计	100.0%	100.0%	100.0%	100.0%	100.0%
列总计	2380	1068	372	485	4305

Chi-square test：df = 9，卡方值为 22.944，sig = 0.006 < 0.05，所以不同受教育程度的居民对于“当前社会坑蒙拐骗现象的严重程度”的回答存在显著差异。

F11b by A4a

当前社会人际关系冷漠，见危不救的严重程度如何 * 受教育程度 Crosstabulation

	初中及以下	高中、中专及职高	大专	本科及以上	总计
非常不严重	4.7%	5.2%	2.7%	5.3%	4.7%
比较不严重	48.1%	39.0%	37.3%	38.5%	43.8%
比较严重	39.7%	45.6%	46.6%	46.8%	42.6%
非常严重	7.5%	10.1%	13.4%	9.4%	8.9%
总计	100.0%	100.0%	100.0%	100.0%	100.0%
列总计	2375	1074	373	491	4313

Chi-square test：df = 9，卡方值为 52.733，sig = 0.000 < 0.05，所以不同受教育程度的居民对于“当前社会人际关系冷漠，见危不救的严重程度”的回答存在显著差异。

F11c by A4a

当前社会诚信缺乏，不讲信用的严重程度如何 * 受教育程度 Crosstabulation

	初中及以下	高中、中专及职高	大专	本科及以上	总计
非常不严重	5.0%	4.2%	5.1%	5.1%	4.8%
比较不严重	44.5%	39.1%	33.4%	45.1%	42.3%
比较严重	42.6%	43.4%	45.6%	41.9%	43.0%
非常严重	7.9%	13.3%	15.9%	7.9%	9.9%
总计	100.0%	100.0%	100.0%	100.0%	100.0%

续表

	初中及以下	高中、中专及职高	大专	本科及以上	总计
列总计	2388	1078	371	492	4329

Chi-square test：df = 9，卡方值为 52.820，sig = 0.000 < 0.05，所以不同受教育程度的居民对于“当前社会诚信缺乏，不讲信用的严重程度”的回答存在显著差异。

F11d by A4a

当前社会人与人之间缺乏信任，社会安全度低的严重程度如何 * 受教育程度 Crosstabulation

	初中及以下	高中、中专及职高	大专	本科及以上	总计
非常不严重	4.4%	5.3%	3.8%	4.3%	4.5%
比较不严重	35.6%	32.3%	31.6%	38.0%	34.7%
比较严重	48.9%	47.5%	48.0%	44.7%	48.0%
非常严重	11.2%	14.8%	16.6%	13.1%	12.8%
总计	100.0%	100.0%	100.0%	100.0%	100.0%
列总计	2379	1073	373	490	4315

Chi-square test：df = 9，卡方值为 21.027，sig = 0.013 < 0.05，所以不同受教育程度的居民对于“当前社会人与人之间缺乏信任，社会安全度低的严重程度”的回答存在显著差异。

F11e by A4a

当前社会缺乏公德，如公共场所大声喧哗、随地吐痰等的严重程度如何 * 受教育程度 Crosstabulation

	初中及以下	高中、中专及职高	大专	本科及以上	总计
非常不严重	4.6%	5.4%	5.4%	5.5%	5.0%
比较不严重	55.1%	48.0%	44.5%	49.4%	51.7%
比较严重	34.1%	36.2%	40.2%	38.0%	35.6%
非常严重	6.3%	10.4%	9.9%	7.1%	7.7%
总计	100.0%	100.0%	100.0%	100.0%	100.0%
列总计	2381	1076	373	492	4322

Chi-square test：df = 9，卡方值为 37.450，sig = 0.000 < 0.05，所以不同受教育程度的居民对于“当前社会缺乏公德，如公共场所大声喧哗、随地吐痰等的严重程度”的回答存在显著差异。

F11f by A4a

当前社会自私自利，损人利己的严重程度如何 * 受教育程度 Crosstabulation

	初中及以下	高中、中专及职高	大专	本科及以上	总计
非常不严重	5.0%	6.1%	5.7%	5.5%	5.4%
比较不严重	47.1%	42.0%	39.4%	47.4%	45.2%
比较严重	40.5%	42.0%	43.8%	41.3%	41.3%
非常严重	7.4%	9.8%	11.1%	5.7%	8.1%
总计	100.0%	100.0%	100.0%	100.0%	100.0%
列总计	2373	1075	368	489	4305

Chi-square test：df = 9，卡方值为 23.125，sig = 0.006 < 0.05，所以不同受教育程度的居民对于“当前社会自私自利，损人利己的严重程度”的回答存在显著差异。

F11g by A4a

当前社会缺乏公正心和正义感的严重程度如何 * 受教育程度 Crosstabulation

	初中及以下	高中、中专及职高	大专	本科及以上	总计
非常不严重	4.9%	6.1%	5.4%	4.7%	5.2%
比较不严重	47.1%	39.2%	35.9%	42.9%	43.7%
比较严重	39.3%	43.1%	45.0%	42.1%	41.0%
非常严重	8.7%	11.6%	13.7%	10.4%	10.1%
总计	100.0%	100.0%	100.0%	100.0%	100.0%
列总计	2365	1073	373	492	4303

Chi-square test：df = 9，卡方值为 35.158，sig = 0.000 < 0.05，所以不同受教育程度的居民对于“当前社会缺乏公正心和正义感的严重程度”的回答存在显著差异。

F11h by A4a

当前社会私欲膨胀，物欲横流的严重程度如何 * 受教育程度 Crosstabulation

	初中及以下	高中、中专及职高	大专	本科及以上	总计
非常不严重	4.0%	4.4%	4.6%	4.7%	4.2%
比较不严重	41.7%	35.4%	33.1%	37.3%	38.9%
比较严重	43.4%	45.3%	45.2%	44.4%	44.2%
非常严重	10.8%	14.9%	17.2%	13.6%	12.7%
总计	100.0%	100.0%	100.0%	100.0%	100.0%
列总计	2312	1067	372	491	4242

Chi-square test：df = 9，卡方值为 29.817，sig = 0.000 < 0.05，所以不同受教育程度的居民对于“当前社会私欲膨胀，物欲横流的严重程度”的回答存在显著差异。

F11i by A4a

当前社会缺乏羞耻感的严重程度如何 * 受教育程度 Crosstabulation

	初中及以下	高中、中专及职高	大专	本科及以上	总计
非常不严重	5.0%	6.3%	5.1%	7.9%	5.7%
比较不严重	52.8%	45.3%	47.2%	50.3%	50.1%
比较严重	35.6%	38.0%	37.7%	34.6%	36.2%
非常严重	6.7%	10.5%	10.0%	7.1%	8.0%
总计	100.0%	100.0%	100.0%	100.0%	100.0%
列总计	2338	1067	369	491	4265

Chi-square test：df = 9，卡方值为 33.990，sig = 0.000 < 0.05，所以不同受教育程度的居民对于“当前社会缺乏羞耻感的严重程度”的回答存在显著差异。

F11j by A4a

当前社会干部贪污受贿，以权谋利的严重程度如何 * 受教育程度 Crosstabulation

	初中及以下	高中、中专及职高	大专	本科及以上	总计
非常不严重	2.3%	2.9%	2.5%	3.8%	2.7%
比较不严重	32.1%	31.1%	33.4%	39.5%	32.8%
比较严重	47.7%	44.9%	44.0%	42.8%	46.1%
非常严重	17.9%	21.1%	20.1%	14.0%	18.4%
总计	100.0%	100.0%	100.0%	100.0%	100.0%
列总计	2262	1023	359	479	4123

Chi-square test：df = 9，卡方值为 24.340，sig = 0.004 < 0.05，所以不同受教育程度的居民对于“当前社会干部贪污受贿，以权谋利的严重程度”的回答存在显著差异。

F11k by A4a

当前社会生活奢侈，铺张浪费的严重程度如何 * 受教育程度 Crosstabulation

	初中及以下	高中、中专及职高	大专	本科及以上	总计
非常不严重	3.0%	4.0%	6.5%	4.8%	3.8%
比较不严重	40.8%	39.3%	38.6%	52.9%	41.6%
比较严重	42.1%	40.2%	40.2%	33.3%	40.5%
非常严重	14.0%	16.5%	14.7%	9.1%	14.1%
总计	100.0%	100.0%	100.0%	100.0%	100.0%

续表

	初中及以下	高中、中专及职高	大专	本科及以上	总计
列总计	2311	1055	368	484	4218

Chi-square test：df = 9，卡方值为 50. 202，sig = 0. 000 < 0. 05，所以不同受教育程度的居民对于“当前社会生活奢侈，铺张浪费的严重程度”的回答存在显著差异。

F11l by A4a

当前社会干部不作为，扯皮推诿的严重程度如何 ＊ 受教育程度 Crosstabulation

	初中及以下	高中、中专及职高	大专	本科及以上	总计
非常不严重	2. 3%	3. 8%	3. 6%	4. 2%	3. 0%
比较不严重	30. 9%	28. 4%	26. 8%	36. 7%	30. 6%
比较严重	47. 6%	46. 0%	46. 7%	42. 2%	46. 5%
非常严重	19. 2%	21. 8%	22. 9%	16. 9%	19. 9%
总计	100. 0%	100. 0%	100. 0%	100. 0%	100. 0%
列总计	2264	1022	362	472	4120

Chi-square test：df = 9，卡方值为 26. 578，sig = 0. 002 < 0. 05，所以不同受教育程度的居民对于“当前社会干部不作为，扯皮推诿的严重程度”的回答存在显著差异。

F12a by A4a

您怎么看待周围那些经营企业或做生意发了财的人：他们自己有本事，应该发财 ＊ 受教育程度 Crosstabulation

	初中及以下	高中、中专及职高	大专	本科及以上	总计
未选中	22. 4%	23. 9%	23. 9%	24. 6%	23. 1%
选中	77. 6%	76. 1%	76. 1%	75. 4%	76. 9%
总计	100. 0%	100. 0%	100. 0%	100. 0%	100. 0%
列总计	2394	1081	377	495	4347

Chi-square test：df = 3，卡方值为 1. 825，sig = 0. 610 > 0. 05，所以不同受教育程度的居民对于“周围那些经营企业或做生意发了财的人：他们自己有本事，应该发财”的回答不存在显著差异。

F12b by A4a

您怎么看待周围那些经营企业或做生意发了财的人：尊重他们，他们为社会做了贡献 ＊ 受教育程度 Crosstabulation

	初中及以下	高中、中专及职高	大专	本科及以上	总计
未选中	51. 5%	42. 7%	40. 6%	40. 8%	47. 2%

续表

	初中及以下	高中、中专及职高	大专	本科及以上	总计
选中	48.5%	57.3%	59.4%	59.2%	52.8%
总计	100.0%	100.0%	100.0%	100.0%	100.0%
列总计	2394	1081	377	495	4347

Chi-square test：df=3，卡方值为41.514，sig=0.000<0.05，所以不同受教育程度的居民对于“周围那些经营企业或做生意发了财的人：尊重他们，他们为社会做了贡献”的回答存在显著差异。

F12c by A4a

您怎么看待周围那些经营企业或做生意发了财的人：没什么了不起，他们常用不正当手段发财 ＊ 受教育程度 Crosstabulation

	初中及以下	高中、中专及职高	大专	本科及以上	总计
未选中	93.7%	94.0%	95.0%	94.9%	94.0%
选中	6.3%	6.0%	5.0%	5.1%	6.0%
总计	100.0%	100.0%	100.0%	100.0%	100.0%
列总计	2394	1081	377	495	4347

Chi-square test：df=3，卡方值为1.924，sig=0.588>0.05，所以不同受教育程度的居民对于“周围那些经营企业或做生意发了财的人：没什么了不起，他们常用不正当手段发财”的回答不存在显著差异。

F12d by A4a

您怎么看待周围那些经营企业或做生意发了财的人：是土豪，没文化，没教养 ＊ 受教育程度 Crosstabulation

	初中及以下	高中、中专及职高	大专	本科及以上	总计
未选中	92.6%	91.0%	94.2%	95.8%	92.7%
选中	7.4%	9.0%	5.8%	4.2%	7.3%
总计	100.0%	100.0%	100.0%	100.0%	100.0%
列总计	2394	1081	377	495	4347

Chi-square test：df=3，卡方值为12.544，sig=0.006<0.05，所以不同受教育程度的居民对于“周围那些经营企业或做生意发了财的人：是土豪，没文化，没教养”的回答存在显著差异。

F12e by A4a

您怎么看待周围那些经营企业或做生意发了财的人：是他们运气好 ＊ 受教育程度 Crosstabulation

	初中及以下	高中、中专及职高	大专	本科及以上	总计
未选中	80.7%	81.2%	84.6%	83.0%	81.5%

续表

	初中及以下	高中、中专及职高	大专	本科及以上	总计
选中	19.3%	18.8%	15.4%	17.0%	18.5%
总计	100.0%	100.0%	100.0%	100.0%	100.0%
列总计	2394	1081	377	495	4347

Chi-square test：df = 3，卡方值为 4.148，sig = 0.246 > 0.05，所以不同受教育程度的居民对于“周围那些经营企业或做生意发了财的人：是他们运气好”的回答不存在显著差异。

F12f by A4a

您怎么看待周围那些经营企业或做生意发了财的人：有钱没钱，这都是命 ＊ 受教育程度 Crosstabulation

	初中及以下	高中、中专及职高	大专	本科及以上	总计
未选中	80.5%	84.2%	87.0%	90.5%	83.1%
选中	19.5%	15.8%	13.0%	9.5%	16.9%
总计	100.0%	100.0%	100.0%	100.0%	100.0%
列总计	2394	1081	377	495	4347

Chi-square test：df = 3，卡方值为 36.262，sig = 0.000 < 0.05，所以不同受教育程度的居民对于“周围那些经营企业或做生意发了财的人：有钱没钱，这都是命”的回答存在显著差异。

F12g by A4a

您怎么看待周围那些经营企业或做生意发了财的人：天道不公，希望他们明天就破产 ＊ 受教育程度 Crosstabulation

	初中及以下	高中、中专及职高	大专	本科及以上	总计
未选中	99.0%	99.1%	99.2%	99.2%	99.0%
选中	1.0%	0.9%	0.8%	0.8%	1.0%
总计	100.0%	100.0%	100.0%	100.0%	100.0%
列总计	2394	1081	377	495	4347

Chi-square test：df = 3，卡方值为 0.415，sig = 0.937 > 0.05，所以不同受教育程度的居民对于“周围那些经营企业或做生意发了财的人：天道不公，希望他们明天就破产”的回答不存在显著差异。

F13a by A4a

企业损害社会利益，如污染环境、以虚假广告误导公众等严重程度如何 ＊ 受教育程度 Crosstabulation

	初中及以下	高中、中专及职高	大专	本科及以上	总计
非常不严重	2.4%	3.2%	1.9%	2.7%	2.6%

续表

	初中及以下	高中、中专及职高	大专	本科及以上	总计
比较不严重	39.8%	36.2%	31.7%	38.4%	38.0%
比较严重	44.8%	42.0%	47.7%	42.0%	44.0%
非常严重	13.0%	18.6%	18.7%	16.9%	15.4%
总计	100.0%	100.0%	100.0%	100.0%	100.0%
列总计	2236	1044	363	479	4122

Chi-square test：df = 9，卡方值为 30.453，sig = 0.000 < 0.05，所以不同受教育程度的居民对于“企业损害社会利益，如污染环境、以虚假广告误导公众等严重程度”的回答存在显著差异。

F13b by A4a

娱乐界以丑闻、绯闻炒作，污染社会风气严重程度如何 * 受教育程度 Crosstabulation

	初中及以下	高中、中专及职高	大专	本科及以上	总计
非常不严重	1.5%	1.6%	0.6%	1.9%	1.5%
比较不严重	23.5%	21.6%	21.0%	20.7%	22.4%
比较严重	58.0%	58.3%	54.7%	55.8%	57.5%
非常严重	17.0%	18.6%	23.8%	21.7%	18.6%
总计	100.0%	100.0%	100.0%	100.0%	100.0%
列总计	2002	1002	362	484	3850

Chi-square test：df = 9，卡方值为 16.418，sig = 0.059 > 0.05，所以不同受教育程度的居民对于“娱乐界以丑闻、绯闻炒作，污染社会风气严重程度”的回答不存在显著差异。

F13c by A4a

媒体缺乏社会责任，炒作新闻严重程度如何 * 受教育程度 Crosstabulation

	初中及以下	高中、中专及职高	大专	本科及以上	总计
非常不严重	1.8%	1.4%	1.1%	1.6%	1.6%
比较不严重	26.5%	22.2%	21.2%	19.5%	24.0%
比较严重	51.1%	51.3%	53.3%	55.6%	52.0%
非常严重	20.5%	25.1%	24.5%	23.2%	22.4%
总计	100.0%	100.0%	100.0%	100.0%	100.0%
列总计	2006	1006	364	487	3863

Chi-square test：df = 9，卡方值为 22.815，sig = 0.007 < 0.05，所以不同受教育程度的居民对于“媒体缺乏社会责任，炒作新闻严重程度”的回答存在显著差异。

F13d by A4a

社会财富分配不公，贫富悬殊过大严重程度如何 * 受教育程度 Crosstabulation

	初中及以下	高中、中专及职高	大专	本科及以上	总计
非常不严重	0.9%	1.6%	1.4%	1.4%	1.2%
比较不严重	18.3%	19.0%	17.8%	23.5%	19.0%
比较严重	47.5%	45.0%	45.4%	45.0%	46.4%
非常严重	33.3%	34.4%	35.4%	30.1%	33.4%
总计	100.0%	100.0%	100.0%	100.0%	100.0%
列总计	2338	1061	370	489	4258

Chi-square test：df = 9，卡方值为 12.877，sig = 0.186 > 0.05，所以不同受教育程度的居民对于“社会财富分配不公，贫富悬殊过大严重程度”的回答不存在显著差异。

F13e by A4a

教师不尽职严重程度如何 * 受教育程度 Crosstabulation

	初中及以下	高中、中专及职高	大专	本科及以上	总计
非常不严重	7.6%	9.8%	6.8%	10.0%	8.4%
比较不严重	57.7%	51.5%	54.2%	55.9%	55.7%
比较严重	27.2%	28.1%	28.7%	24.4%	27.2%
非常严重	7.4%	10.6%	10.3%	9.6%	8.7%
总计	100.0%	100.0%	100.0%	100.0%	100.0%
列总计	2356	1062	369	488	4275

Chi-square test：df = 9，卡方值为 24.595，sig = 0.003 < 0.05，所以不同受教育程度的居民对于“教师不尽职严重程度”的回答存在显著差异。

F13f by A4a

医生不守职业道德严重程度如何 * 受教育程度 Crosstabulation

	初中及以下	高中、中专及职高	大专	本科及以上	总计
非常不严重	8.5%	8.0%	5.4%	6.4%	7.9%
比较不严重	51.9%	47.5%	50.0%	56.8%	51.2%
比较严重	31.2%	34.3%	32.4%	26.3%	31.5%
非常严重	8.5%	10.2%	12.2%	10.5%	9.5%
总计	100.0%	100.0%	100.0%	100.0%	100.0%
列总计	2369	1066	370	486	4291

Chi-square test：df = 9，卡方值为 25.045，sig = 0.003 < 0.05，所以不同受教育程度的居民对于“医生不守职业道德严重程度”的回答存在显著差异。

F13g by A4a

公众人物用知名度攫取财富严重程度如何 ＊ 受教育程度 Crosstabulation

	初中及以下	高中、中专及职高	大专	本科及以上	总计
非常不严重	3. 1%	3. 0%	2. 5%	3. 0%	3. 0%
比较不严重	35. 9%	33. 8%	32. 1%	33. 0%	34. 7%
比较严重	43. 6%	41. 1%	43. 7%	42. 8%	42. 9%
非常严重	17. 3%	22. 2%	21. 7%	21. 2%	19. 5%
总计	100. 0%	100. 0%	100. 0%	100. 0%	100. 0%
列总计	2047	1001	355	467	3870

Chi-square test：df = 9，卡方值为 13. 791，sig = 0. 130 > 0. 05，所以不同受教育程度的居民对于“公众人物用知名度攫取财富严重程度”的回答不存在显著差异。

F13h by A4a

两性关系过度开放导致婚姻不稳定严重程度如何 ＊ 受教育程度 Crosstabulation

	初中及以下	高中、中专及职高	大专	本科及以上	总计
非常不严重	2. 2%	2. 6%	2. 7%	2. 9%	2. 5%
比较不严重	40. 3%	35. 7%	38. 6%	41. 5%	39. 1%
比较严重	42. 7%	44. 8%	41. 6%	44. 4%	43. 3%
非常严重	14. 8%	16. 9%	17. 0%	11. 2%	15. 1%
总计	100. 0%	100. 0%	100. 0%	100. 0%	100. 0%
列总计	2198	1039	365	475	4077

Chi-square test：df = 9，卡方值为 14. 894，sig = 0. 094 > 0. 05，所以不同受教育程度的居民对于“两性关系过度开放导致婚姻不稳定严重程度”的回答不存在显著差异。

F13i by A4a

年轻人缺乏责任感，不孝敬父母严重程度如何 ＊ 受教育程度 Crosstabulation

	初中及以下	高中、中专及职高	大专	本科及以上	总计
非常不严重	4. 6%	10. 8%	3. 8%	4. 3%	6. 0%
比较不严重	55. 5%	47. 1%	48. 1%	52. 5%	52. 4%
比较严重	30. 5%	30. 9%	36. 8%	34. 6%	31. 6%
非常严重	9. 4%	11. 2%	11. 4%	8. 6%	9. 9%
总计	100. 0%	100. 0%	100. 0%	100. 0%	100. 0%
列总计	2331	1057	370	486	4244

Chi-square test：df = 9，卡方值为 73. 496，sig = 0. 000 < 0. 05，所以不同受教育程度的居民对于“年轻人缺乏责任感，不孝敬父母严重程度”的回答存在显著差异。

F14 by A4a

您是否知道您生活的社区（村）有社区公约、村规民约 ＊ 受教育程度 Crosstabulation

	初中及以下	高中、中专及职高	大专	本科及以上	总计
知道有	47.0%	52.7%	52.4%	59.1%	50.2%
知道没有	9.5%	9.4%	8.5%	5.1%	8.9%
不知道有没有	43.5%	37.9%	39.2%	35.8%	40.9%
总计	100.0%	100.0%	100.0%	100.0%	100.0%
列总计	2391	1078	378	494	4341

Chi-square test：df = 6，卡方值为 33.729，sig = 0.000 < 0.05，所以不同受教育程度的居民对于“是否知道其生活的社区（村）有社区公约、村规民约”的回答存在显著差异。

F15a by A4a

您周围的人在日常生活中遵守步行、骑车不闯红灯的规则吗 ＊ 受教育程度 Crosstabulation

	初中及以下	高中、中专及职高	大专	本科及以上	总计
不遵守	7.9%	7.5%	8.7%	6.5%	7.7%
基本遵守	70.5%	63.1%	68.5%	65.5%	67.9%
自觉遵守	21.6%	29.5%	22.8%	28.1%	24.4%
总计	100.0%	100.0%	100.0%	100.0%	100.0%
列总计	2402	1083	378	495	4358

Chi-square test：df = 6，卡方值为 30.450，sig = 0.000 < 0.05，所以不同受教育程度的居民对于“周围的人在日常生活中遵守步行、骑车不闯红灯规则吗”的回答存在显著差异。

F15b by A4a

您周围的人在日常生活中遵守乘车、购物自觉排队的规则吗 ＊ 受教育程度 Crosstabulation

	初中及以下	高中、中专及职高	大专	本科及以上	总计
不遵守	3.6%	3.8%	4.2%	3.8%	3.7%
基本遵守	74.2%	68.5%	71.7%	66.1%	71.7%
自觉遵守	22.1%	27.7%	24.1%	30.1%	24.6%
总计	100.0%	100.0%	100.0%	100.0%	100.0%
列总计	2402	1083	378	495	4358

Chi-square test：df = 6，卡方值为 22.465，sig = 0.001 < 0.05，所以不同受教育程度的居民对于“周围的人在日常生活中遵守乘车、购物自觉排队规则吗”的回答存在显著差异。

F15c byA4a

您周围的人在日常生活中遵守文明游览的规则吗 * 受教育程度 Crosstabulation

	初中及以下	高中、中专及职高	大专	本科及以上	总计
不遵守	3.6%	3.7%	5.0%	3.8%	3.8%
基本遵守	77.5%	72.5%	70.1%	66.9%	74.4%
自觉遵守	18.9%	23.8%	24.9%	29.3%	21.8%
总计	100.0%	100.0%	100.0%	100.0%	100.0%
列总计	2397	1084	378	495	4354

Chi-square test：df = 6，卡方值为 35.595，sig = 0.000 < 0.05，所以不同受教育程度的居民对于“周围的人在日常生活中遵守文明游览规则吗”的回答存在显著差异。

F15d by A4a

您周围的人在日常生活中遵守社区公约、村规民约吗 * 受教育程度 Crosstabulation

	初中及以下	高中、中专及职高	大专	本科及以上	总计
不遵守	3.2%	3.8%	4.8%	3.0%	3.5%
基本遵守	79.2%	73.2%	73.0%	68.3%	75.9%
自觉遵守	17.6%	23.0%	22.2%	28.7%	20.6%
总计	100.0%	100.0%	100.0%	100.0%	100.0%
列总计	2385	1079	378	492	4334

Chi-square test：df = 6，卡方值为 40.640，sig = 0.000 < 0.05，所以不同受教育程度的居民对于“周围的人在日常生活中遵守社区公约、村规民约规则吗”的回答存在显著差异。

F16a by A4a

您对下列关于网络的说法是否赞同：网络是个虚拟空间，不受现实生活中的道德规范约束 * 受教育程度 Crosstabulation

	初中及以下	高中、中专及职高	大专	本科及以上	总计
非常不赞同	28.3%	35.9%	44.2%	51.7%	34.3%
不太赞同	55.4%	50.0%	42.9%	37.8%	50.9%
比较赞同	13.5%	11.2%	9.5%	8.9%	12.0%
非常赞同	2.8%	2.9%	3.4%	1.6%	2.8%
总计	100.0%	100.0%	100.0%	100.0%	100.0%

续表

	初中及以下	高中、中专及职高	大专	本科及以上	总计
列总计	2329	1083	378	495	4285

Chi-square test：df=9，卡方值为125.191，sig=0.000<0.05，所以不同受教育程度的居民对于“网络是个虚拟空间，不受现实生活中的道德规范约束”的回答存在显著差异。

F16b by A4a

您对下列关于网络的说法是否赞同：人肉搜索侵犯个人隐私，应该杜绝 * 受教育程度 Crosstabulation

	初中及以下	高中、中专及职高	大专	本科及以上	总计
非常不赞同	3.1%	3.7%	2.7%	3.8%	3.3%
不太赞同	10.1%	10.9%	13.8%	10.7%	10.7%
比较赞同	65.9%	61.1%	54.8%	51.9%	62.1%
非常赞同	20.8%	24.2%	28.7%	33.5%	23.9%
总计	100.0%	100.0%	100.0%	100.0%	100.0%
列总计	2328	1081	376	495	4280

Chi-square test：df=9，卡方值为55.216，sig=0.000<0.05，所以不同受教育程度的居民对于“人肉搜索侵犯个人隐私，应该杜绝”的回答存在显著差异。

F16c by A4a

您对下列关于网络的说法是否赞同：明知网络谣言仍转发的，应该受到惩罚 * 受教育程度 Crosstabulation

	初中及以下	高中、中专及职高	大专	本科及以上	总计
非常不赞同	1.9%	3.0%	1.6%	3.0%	2.3%
不太赞同	7.8%	8.1%	6.1%	7.9%	7.7%
比较赞同	66.4%	57.0%	54.4%	48.7%	60.9%
非常赞同	23.9%	31.9%	37.9%	40.4%	29.1%
总计	100.0%	100.0%	100.0%	100.0%	100.0%
列总计	2351	1084	377	495	4307

Chi-square test：df=9，卡方值为90.860，sig=0.000<0.05，所以不同受教育程度的居民对于“明知网络谣言仍转发的，应该受到惩罚”的回答存在显著差异。

F17 by A4a

假如您走在街上被陌生人不小心踩到并发出“哎哟”一声后，您认为对方会做何种反应 * 受教育程度 Crosstabulation

	初中及以下	高中、中专及职高	大专	本科及以上	总计
用言语或手势表达歉意	82.6%	80.9%	87.3%	90.5%	83.5%

续表

	初中及以下	高中、中专及职高	大专	本科及以上	总计
不会有任何表示	13.3%	13.0%	8.0%	8.2%	12.2%
反而说你大惊小怪	4.1%	6.1%	4.7%	1.2%	4.3%
总计	100.0%	100.0%	100.0%	100.0%	100.0%
列总计	2285	1034	363	485	4167

Chi-square test：df = 6，卡方值为 37.537，sig = 0.000 < 0.05，所以不同受教育程度的居民对于“被陌生人不小心踩到并发出‘哎哟’一声后，您认为对方会做何种反应”的回答存在显著差异。

F18 by A4a

您觉得您周围大多数人工作生活的精神状态怎么样 * 受教育程度 Crosstabulation

	初中及以下	高中、中专及职高	大专	本科及以上	总计
精神饱满、积极向上	48.4%	46.7%	44.7%	43.6%	47.1%
安于现状、按部就班	49.6%	50.8%	53.7%	55.2%	50.9%
精神萎靡、无所事事	1.9%	2.5%	1.6%	1.2%	2.0%
总计	100.0%	100.0%	100.0%	100.0%	100.0%
列总计	2399	1082	378	495	4354

Chi-square test：df = 6，卡方值为 9.049，sig = 0.171 > 0.05，所以不同受教育程度的居民对于“周围大多数人工作生活的精神状态”的回答不存在显著差异。

F19a by A4a

这些现象在您身边常见吗？占卜算命 * 受教育程度 Crosstabulation

	初中及以下	高中、中专及职高	大专	本科及以上	总计
经常见到	8.8%	9.2%	7.7%	10.3%	9.0%
偶尔见到	49.0%	51.7%	49.7%	53.7%	50.2%
没见到	42.2%	39.1%	42.6%	36.0%	40.8%
总计	100.0%	100.0%	100.0%	100.0%	100.0%
列总计	2400	1084	378	495	4357

Chi-square test：df = 6，卡方值为 9.320，sig = 0.156 > 0.05，所以不同受教育程度的居民对于“占卜算命现象在身边是否常见”的回答不存在显著差异。

F19b by A4a

这些现象在您身边常见吗？操办喜事比富斗阔 ＊ 受教育程度 Crosstabulation

	初中及以下	高中、中专及职高	大专	本科及以上	总计
经常见到	13.2%	13.6%	14.6%	13.6%	13.5%
偶尔见到	41.1%	43.8%	43.4%	47.2%	42.7%
没见到	45.6%	42.6%	42.1%	39.3%	43.8%
总计	100.0%	100.0%	100.0%	100.0%	100.0%
列总计	2399	1085	378	494	4356

Chi-square test：df = 6，卡方值为 9.277，sig = 0.159 > 0.05，所以不同受教育程度的居民对于“操办喜事比富斗阔现象在身边是否常见”的回答不存在显著差异。

F19c by A4a

这些现象在您身边常见吗？在父母生前不尽孝却对父母的丧事大操大办 ＊ 受教育程度 Crosstabulation

	初中及以下	高中、中专及职高	大专	本科及以上	总计
经常见到	8.2%	10.7%	10.6%	10.7%	9.3%
偶尔见到	41.5%	43.6%	38.6%	41.7%	41.8%
没见到	50.2%	45.7%	50.8%	47.6%	48.9%
总计	100.0%	100.0%	100.0%	100.0%	100.0%
列总计	2401	1083	378	494	4356

Chi-square test：df = 6，卡方值为 12.258，sig = 0.056 > 0.05，所以不同受教育程度的居民对于“在父母生前不尽孝却对父母的丧事大操大办现象在身边是否常见”的回答不存在显著差异。

F19d by A4a

这些现象在您身边常见吗？赌博或变相赌博 ＊ 受教育程度 Crosstabulation

	初中及以下	高中、中专及职高	大专	本科及以上	总计
经常见到	16.4%	14.6%	16.7%	12.1%	15.5%
偶尔见到	45.9%	50.0%	47.6%	54.9%	48.1%
没见到	37.7%	35.5%	35.7%	33.0%	36.5%
总计	100.0%	100.0%	100.0%	100.0%	100.0%
列总计	2398	1085	378	494	4355

Chi-square test：df = 6，卡方值为 16.772，sig = 0.010 < 0.05，所以不同受教育程度的居民对于“赌博或变相赌博现象在身边是否常见”的回答存在显著差异。

F19e by A4a

这些现象在您身边常见吗？封建迷信活动 ＊ 受教育程度 Crosstabulation

	初中及以下	高中、中专及职高	大专	本科及以上	总计
经常见到	5.2%	6.6%	6.6%	8.3%	6.0%
偶尔见到	33.0%	33.0%	30.7%	32.4%	32.7%
没见到	61.8%	60.4%	62.7%	59.3%	61.2%
总计	100.0%	100.0%	100.0%	100.0%	100.0%
列总计	2401	1082	378	494	4355

Chi-square test：df = 6，卡方值为 8.899，sig = 0.179 > 0.05，所以不同受教育程度的居民对于“封建迷信活动现象在您身边是否常见”的回答不存在显著差异。

F19f by A4a

这些现象在您身边常见吗？非法宗教活动 ＊ 受教育程度 Crosstabulation

	初中及以下	高中、中专及职高	大专	本科及以上	总计
经常见到	1.0%	1.4%	1.9%	2.6%	1.4%
偶尔见到	9.9%	13.0%	13.8%	12.8%	11.3%
没见到	89.1%	85.6%	84.4%	84.6%	87.3%
总计	100.0%	100.0%	100.0%	100.0%	100.0%
列总计	2399	1082	378	494	4353

Chi-square test：df = 6，卡方值为 20.295，sig = 0.002 < 0.05，所以不同受教育程度的居民对于“非法宗教活动现象在您身边是否常见”的回答存在显著差异。

F20 by A4a

您认为目前我国社会中道德和幸福的现实关系是 ＊ 受教育程度 Crosstabulation

	初中及以下	高中、中专及职高	大专	本科及以上	总计
总体上道德和幸福能够一致，能惩恶扬善	72.3%	68.9%	76.2%	78.6%	72.5%
有道德讲伦理的人大都吃亏，不守道德的人更能占便宜	22.2%	24.3%	19.2%	17.7%	21.9%
道德与幸福没有关系，能挣钱有发展无论怎样行动都行	5.5%	6.8%	4.7%	3.7%	5.5%
总计	100.0%	100.0%	100.0%	100.0%	100.0%
列总计	2210	1037	365	481	4093

Chi-square test：df = 6，卡方值为 18.984，sig = 0.004 < 0.05，所以不同受教育程度的居民对于“目前我国社会中道德和幸福的现实关系”的回答存在显著差异。

F21a by A4a

您在所在单位，有没有一种亲切和踏实的感觉 * 受教育程度 Crosstabulation

	初中及以下	高中、中专及职高	大专	本科及以上	总计
有	26.9%	31.8%	33.2%	37.0%	29.8%
还可以	61.1%	60.0%	60.7%	57.1%	60.4%
没有	12.0%	8.2%	6.1%	5.9%	9.8%
总计	100.0%	100.0%	100.0%	100.0%	100.0%
列总计	2380	1083	377	494	4334

Chi-square test：df = 6，卡方值为 46.639，sig = 0.000 < 0.05，所以不同受教育程度的居民对于“您在所在单位，有没有一种亲切和踏实的感觉”的回答存在显著差异。

F21b by A4a

您在所在社区/村，有没有一种亲切和踏实的感觉 * 受教育程度 Crosstabulation

	初中及以下	高中、中专及职高	大专	本科及以上	总计
有	30.3%	30.7%	29.9%	34.7%	30.9%
还可以	63.4%	63.2%	63.2%	60.0%	62.9%
没有	6.4%	6.1%	6.9%	5.3%	6.2%
总计	100.0%	100.0%	100.0%	100.0%	100.0%
列总计	2396	1083	378	495	4352

Chi-square test：df = 6，卡方值为 4.722，sig = 0.580 > 0.05，所以不同受教育程度的居民对于“您在所在社区/村，有没有一种亲切和踏实的感觉”的回答不存在显著差异。

F21c by A4a

您在所在城市，有没有一种亲切和踏实的感觉 * 受教育程度 Crosstabulation

	初中及以下	高中、中专及职高	大专	本科及以上	总计
有	27.9%	30.0%	30.8%	31.8%	29.1%
还可以	63.7%	62.9%	63.1%	63.2%	63.4%
没有	8.4%	7.1%	6.1%	5.1%	7.5%
总计	100.0%	100.0%	100.0%	100.0%	100.0%
列总计	2394	1081	377	494	4346

Chi-square test：df = 6，卡方值为 11.004，sig = 0.088 > 0.05，所以不同受教育程度的居民对于“您在所在城市，有没有一种亲切和踏实的感觉”的回答不存在显著差异。

F22 by A4a

您认为您目前的状况是 ＊ 受教育程度 Crosstabulation

	初中及以下	高中、中专及职高	大专	本科及以上	总计
生活富裕，但不感到幸福和快乐	1.6%	2.9%	2.9%	2.4%	2.1%
生活富裕，幸福也快乐	8.2%	13.8%	9.3%	10.9%	10.0%
生活小康，幸福且快乐	55.9%	57.2%	59.2%	61.8%	57.2%
生活小康，但不感到幸福和快乐	6.0%	6.3%	8.0%	8.7%	6.6%
生活清贫，幸福且快乐	23.8%	17.6%	18.6%	12.9%	20.6%
生活贫困，既不幸福也不快乐	4.5%	2.1%	2.1%	3.2%	3.6%
总计	100.0%	100.0%	100.0%	100.0%	100.0%
列总计	2399	1085	377	495	4356

Chi-square test：df = 15，卡方值为 87.789，sig = 0.000 < 0.05，所以不同受教育程度的居民对于“自己目前状况”的回答存在显著差异。

F23 by A4a

最近这些年，您的生活水平对幸福感的影响是怎样的 ＊ 受教育程度 Crosstabulation

	初中及以下	高中、中专及职高	大专	本科及以上	总计
生活水平提高了，但幸福感和快乐感降低了	6.1%	8.5%	11.1%	13.2%	7.9%
生活水平提高了，幸福感和快乐感提高了	62.5%	60.8%	60.3%	65.0%	62.1%
生活水平没变，幸福感和快乐感提高了	24.4%	23.6%	20.6%	12.3%	22.5%
生活水平没变，幸福感和快乐感降低了	4.2%	5.2%	5.8%	7.9%	5.0%
生活水平下降，但幸福感和快乐感提高了	0.8%	0.8%	0.8%	0.6%	0.8%
生活水平下降，幸福感和快乐感也降低了	2.1%	1.1%	1.3%	1.0%	1.7%
总计	100.0%	100.0%	100.0%	100.0%	100.0%
列总计	2397	1085	378	494	4354

Chi-square test：df = 15，卡方值为 78.824，sig = 0.000 < 0.05，所以不同受教育程度的居民对于“自己的生活水平对幸福感的影响是怎样”的回答存在显著差异。

F24a by A4a

近十年来，您认为下列哪一类人获得的利益最多 * 受教育程度 Crosstabulation

	初中及以下	高中、中专及职高	大专	本科及以上	总计
工人	0.6%	0.5%	0.6%	0.2%	0.5%
农民	1.1%	2.1%	2.5%	2.9%	1.7%
公务员	12.8%	11.6%	9.5%	10.3%	11.9%
国有企业的经营管理者	9.0%	12.3%	10.6%	11.5%	10.3%
集体企业的经营管理者	1.9%	2.6%	2.2%	1.9%	2.1%
私营企业家	22.3%	19.4%	23.1%	23.2%	21.8%
外商、境外来大陆的投资者	7.4%	11.4%	14.5%	15.5%	10.0%
个体户	6.1%	4.9%	1.9%	3.8%	5.2%
私营、外资企业中的管理人员	6.8%	6.2%	8.1%	7.5%	6.9%
专家学者、专业技术人员	6.3%	5.7%	6.4%	4.8%	6.0%
政府官员	25.3%	22.8%	20.1%	18.2%	23.4%
其他	0.2%	0.5%	0.6%	0.2%	0.3%
总计	100.0%	100.0%	100.0%	100.0%	100.0%
列总计	2231	1046	359	478	4114

Chi-square test：df = 33，卡方值为 99.044，sig = 0.000 < 0.05，所以不同受教育程度的居民对于“近十年来，您认为下列哪一类人获得的利益最多”的回答存在显著差异。

F24b by A4a

近十年来，您认为下列哪一类人获得的利益最少 * 受教育程度 Crosstabulation

	初中及以下	高中、中专及职高	大专	本科及以上	总计
工人	21.4%	27.6%	29.8%	27.5%	24.4%
农民	74.5%	66.3%	62.0%	66.7%	70.5%
公务员	0.5%	1.1%	0.8%	0.6%	0.7%
国有企业的经营管理者	0.2%	0.6%	0.8%	0.4%	0.4%
集体企业的经营管理者	0.3%	0.2%	0.8%	0.2%	0.3%
私营企业家	0.6%	0.5%	0.5%	0.6%	0.5%
外商、境外来大陆的投资者	0.3%	0.3%	0.3%		0.3%
个体户	1.0%	2.0%	1.6%	0.6%	1.3%
私营、外资企业中的管理人员	0.4%	0.4%		0.2%	0.3%

续表

	初中及以下	高中、中专及职高	大专	本科及以上	总计
专家学者、专业技术人员	0.3%	0.5%	1.4%	2.3%	0.7%
政府官员	0.5%	0.6%	1.6%	0.6%	0.6%
其他	0.1%	0.1%	0.3%	0.2%	0.1%
总计	100.0%	100.0%	100.0%	100.0%	100.0%
列总计	2327	1061	366	484	4238

Chi-square test：df = 33，卡方值为 91.737，sig = 0.000 < 0.05，所以不同受教育程度的居民对于“近十年来，您认为下列哪一类人获得的利益最少”的回答存在显著差异。

F25 by A4a

您认为弱势群体产生的最主要原因是 ＊ 受教育程度 Crosstabulation

	初中及以下	高中、中专及职高	大专	本科及以上	总计
制度不合理，社会关怀不够	37.9%	41.1%	42.2%	43.9%	40.0%
收入分配不公	49.0%	48.0%	48.1%	39.6%	47.6%
机会不平等	34.0%	34.4%	31.8%	31.5%	33.6%
弱势群体自己不努力	20.9%	19.7%	19.0%	20.7%	20.4%
缺乏生存技能	34.9%	33.5%	36.9%	37.0%	35.0%
列总计	2322	1075	374	492	4263

据上表所示，不同受教育程度的居民对于“您认为弱势群体产生的最主要原因”的回答不存在显著差异。

F26 by A4a

我们经常看到一些老人或流浪者在垃圾桶中找东西，弄得满身污物，您认为我们是否应该改造城市的垃圾桶，如调整垃圾桶的角度、集中放矿泉水瓶等，以为他们提供方便 ＊ 受教育程度 Crosstabulation

	初中及以下	高中、中专及职高	大专	本科及以上	总计
应该，社会有义务为他们提供一种有尊严的生活	84.1%	84.3%	84.4%	88.6%	84.7%
不应该，这些人本来就与城市不和谐	10.4%	10.4%	9.0%	7.1%	9.9%
做这样的事不值得，应该将钱花到更重要的地方	5.3%	5.2%	5.8%	3.2%	5.1%
其他	0.2%	0.2%	0.8%	1.0%	0.3%
总计	100.0%	100.0%	100.0%	100.0%	100.0%
列总计	2385	1081	378	493	4337

Chi-square test：df = 9，卡方值为 22.355，sig = 0.008 < 0.05，所以不同受教育程度的居民对于“我们是否应该改造城市的垃圾桶，以为老人及流浪者提供方便”的回答存在显著差异。

F27 by A4a

对当今中国社会，您更担忧哪种问题 * 受教育程度 Crosstabulation

	初中及以下	高中、中专及职高	大专	本科及以上	总计
坑蒙拐骗，不守信用	31.2%	32.3%	32.4%	31.4%	31.6%
人与人之间互不信任，相互提防，没有安全感	45.2%	45.9%	46.4%	51.2%	46.2%
可信任的人很少，遇到问题难以找到人倾诉和帮助	18.2%	19.4%	19.1%	15.6%	18.3%
其他	5.3%	2.5%	2.1%	1.8%	3.9%
总计	100.0%	100.0%	100.0%	100.0%	100.0%
列总计	2387	1085	377	494	4343

Chi-square test：df = 9，卡方值为 32.466，sig = 0.000 < 0.05，所以不同受教育程度的居民对于“当今中国社会，您更担忧哪种问题”的回答存在显著差异。

F28 by A4a

您觉得大多数人都是可以相信的吗？如果 1 分代表“大多数人都可以相信”，5 分代表“对其他人都应该小心防备”，您会选几分 * 受教育程度 Crosstabulation

	初中及以下	高中、中专及职高	大专	本科及以上	总计
大多数人都可以相信	9.6%	9.1%	7.7%	11.4%	9.5%
2	35.0%	33.2%	31.2%	34.3%	34.1%
3	40.3%	43.1%	47.9%	41.8%	41.8%
4	13.2%	12.8%	11.1%	11.4%	12.7%
对其他人都应小心防备	2.0%	1.8%	2.1%	1.2%	1.9%
总计	100.0%	100.0%	100.0%	100.0%	100.0%
列总计	2399	1082	378	493	4352

Chi-square test：df = 12，卡方值为 13.274，sig = 0.349 > 0.05，所以不同受教育程度的居民对于“大多数人是否可以相信”的回答不存在显著差异。

F29a by A4a

您对下面这些人的信任程度如何？您的家人 * 受教育程度 Crosstabulation

	初中及以下	高中、中专及职高	大专	本科及以上	总计
完全信任	81.8%	82.9%	78.0%	76.3%	81.1%
比较信任	17.8%	16.7%	22.0%	23.1%	18.5%

续表

	初中及以下	高中、中专及职高	大专	本科及以上	总计
不太信任	0.3%	0.3%		0.4%	0.3%
根本不信任		0.2%		0.2%	0.1%
总计	100.0%	100.0%	100.0%	100.0%	100.0%
列总计	2399	1085	377	494	4355

Chi-square test：df=9，卡方值为17.057，sig=0.048<0.05，所以不同受教育程度的居民对于“家人的信任程度”存在显著差异。

F29b by A4a

您对下面这些人的信任程度如何？您的邻居 ＊ 受教育程度 Crosstabulation

	初中及以下	高中、中专及职高	大专	本科及以上	总计
完全信任	12.4%	11.4%	13.1%	11.9%	12.1%
比较信任	79.6%	79.3%	75.3%	79.8%	79.2%
不太信任	7.6%	8.8%	10.2%	7.8%	8.1%
根本不信任	0.5%	0.5%	1.3%	0.6%	0.6%
总计	100.0%	100.0%	100.0%	100.0%	100.0%
列总计	2395	1083	373	489	4340

Chi-square test：df=9，卡方值为9.781，sig=0.369>0.05，所以不同受教育程度的居民对于“邻居的信任程度”不存在显著差异。

F29c by A4a

您对下面这些人的信任程度如何？外地人 ＊ 受教育程度 Crosstabulation

	初中及以下	高中、中专及职高	大专	本科及以上	总计
完全信任	0.8%	1.3%	1.1%	1.5%	1.0%
比较信任	17.9%	19.0%	20.9%	26.7%	19.4%
不太信任	58.6%	57.2%	60.2%	59.3%	58.5%
根本不信任	22.8%	22.5%	17.9%	12.5%	21.1%
总计	100.0%	100.0%	100.0%	100.0%	100.0%
列总计	2334	1068	369	479	4250

Chi-square test：df=9，卡方值为42.796，sig=0.000<0.05，所以不同受教育程度的居民对于“外地人的信任程度”存在显著差异。

F29d by A4a

您对下面这些人的信任程度如何？陌生人 ＊ 受教育程度 Crosstabulation

	初中及以下	高中、中专及职高	大专	本科及以上	总计
完全信任	0.4%	1.0%	0.8%	1.2%	0.7%
比较信任	7.8%	7.0%	7.2%	10.6%	7.9%
不太信任	55.9%	54.3%	59.8%	62.2%	56.5%
根本不信任	35.9%	37.7%	32.2%	25.9%	34.9%
总计	100.0%	100.0%	100.0%	100.0%	100.0%
列总计	2328	1052	363	482	4225

Chi-square test：df = 9，卡方值为 30.821，sig = 0.000 < 0.05，所以不同受教育程度的居民对于“陌生人的信任程度”存在显著差异。

F29e by A4a

您对下面这些人的信任程度如何？外国人 ＊ 受教育程度 Crosstabulation

	初中及以下	高中、中专及职高	大专	本科及以上	总计
完全信任	0.5%	1.2%	0.8%	1.1%	0.8%
比较信任	9.8%	10.7%	11.5%	16.7%	11.0%
不太信任	56.6%	53.8%	61.7%	57.0%	56.4%
根本不信任	33.1%	34.2%	25.9%	25.2%	31.8%
总计	100.0%	100.0%	100.0%	100.0%	100.0%
列总计	2084	987	355	456	3882

Chi-square test：df = 9，卡方值为 37.494，sig = 0.008 < 0.05，所以不同受教育程度的居民对于“外国人的信任程度”存在显著差异。

F29f by A4a

您对下面这些人的信任程度如何？同事或同学 ＊ 受教育程度 Crosstabulation

	初中及以下	高中、中专及职高	大专	本科及以上	总计
完全信任	6.6%	7.9%	5.1%	8.0%	6.9%
比较信任	80.0%	75.5%	82.4%	86.5%	79.8%
不太信任	12.4%	14.8%	11.8%	5.3%	12.1%
根本不信任	1.1%	1.8%	0.8%	0.2%	1.1%
总计	100.0%	100.0%	100.0%	100.0%	100.0%
列总计	2351	1074	374	490	4289

Chi-square test：df = 9，卡方值为 43.590，sig = 0.000 < 0.05，所以不同受教育程度的居民对于“同事或同学的信任程度”存在显著差异。

F29g by A4a

您对下面这些人的信任程度如何？您的上司或领导 ＊ 受教育程度 Crosstabulation

	初中及以下	高中、中专及职高	大专	本科及以上	总计
完全信任	6.6%	7.7%	7.0%	7.5%	7.0%
比较信任	76.6%	71.3%	75.9%	78.5%	75.4%
不太信任	15.6%	19.5%	15.4%	13.0%	16.3%
根本不信任	1.2%	1.5%	1.6%	1.0%	1.3%
总计	100.0%	100.0%	100.0%	100.0%	100.0%
列总计	2241	1054	370	483	4148

Chi-square test：df = 9，卡方值为16.627，sig = 0.055 > 0.05，所以不同受教育程度的居民对于“上司或领导的信任程度”不存在显著差异。

F29h by A4a

您对下面这些人的信任程度如何？您的朋友 ＊ 受教育程度 Crosstabulation

	初中及以下	高中、中专及职高	大专	本科及以上	总计
完全信任	13.6%	15.8%	15.5%	19.8%	15.0%
比较信任	82.4%	79.3%	79.7%	77.9%	80.9%
不太信任	3.4%	4.1%	3.5%	1.8%	3.4%
根本不信任	0.5%	0.7%	1.3%	0.4%	0.6%
总计	100.0%	100.0%	100.0%	100.0%	100.0%
列总计	2391	1079	375	494	4339

Chi-square test：df = 9，卡方值为21.838，sig = 0.009 < 0.05，所以不同受教育程度的居民对于“朋友的信任程度”存在显著差异。

F30 by A4a

您是否同意“在这个社会上，您一不小心别人就会想办法占您的便宜” ＊ 受教育程度 Crosstabulation

	初中及以下	高中、中专及职高	大专	本科及以上	总计
非常不同意	4.2%	3.7%	3.5%	6.4%	4.3%
比较不同意	26.6%	28.7%	28.0%	29.9%	27.6%
说不上同意不同意	28.9%	32.8%	36.0%	31.4%	30.8%
比较同意	37.1%	31.2%	29.6%	30.3%	34.2%

续表

	初中及以下	高中、中专及职高	大专	本科及以上	总计
非常同意	3.2%	3.6%	2.9%	2.0%	3.1%
总计	100.0%	100.0%	100.0%	100.0%	100.0%
列总计	2334	1077	375	488	4274

Chi-square test：df = 12，卡方值为 31.831，sig = 0.001 < 0.05，所以不同受教育程度的居民对于“在这个社会上，您一不小心别人就会想办法占您的便宜”的回答存在显著差异。

F31 by A4a

您对所生活的地方道德建设满意吗 ＊ 受教育程度 Crosstabulation

	初中及以下	高中、中专及职高	大专	本科及以上	总计
满意	12.0%	11.9%	7.4%	10.2%	11.4%
基本满意	79.1%	76.7%	80.4%	83.5%	79.1%
不满意	8.9%	11.4%	12.3%	6.3%	9.5%
总计	100.0%	100.0%	100.0%	100.0%	100.0%
列总计	2310	1060	367	479	4216

Chi-square test：df = 6，卡方值为 22.066，sig = 0.001 < 0.05，所以不同受教育程度的居民对于“所生活的地方道德建设满意与否”的回答存在显著差异。

F32a by A4a

您对下面群体的信任程度如何？商人 ＊ 受教育程度 Crosstabulation

	初中及以下	高中、中专及职高	大专	本科及以上	总计
完全信任	1.1%	1.5%	1.9%	1.7%	1.3%
比较信任	47.2%	41.3%	38.3%	44.9%	44.7%
不太信任	46.6%	50.3%	56.0%	50.5%	48.8%
根本不信任	5.1%	6.8%	3.8%	2.9%	5.2%
总计	100.0%	100.0%	100.0%	100.0%	100.0%
列总计	2315	1067	373	483	4238

Chi-square test：df = 9，卡方值为 30.769，sig = 0.000 < 0.05，所以不同受教育程度的居民对于“商人的信任程度”存在显著差异。

F32b by A4a

您对下面群体的信任程度如何？单位领导/社区（村）干部 ＊ 受教育程度 Crosstabulation

	初中及以下	高中、中专及职高	大专	本科及以上	总计
完全信任	4.1%	5.0%	5.1%	6.4%	4.7%
比较信任	63.3%	62.5%	65.1%	71.3%	64.2%
不太信任	29.2%	29.4%	25.8%	19.7%	27.9%
根本不信任	3.4%	3.2%	4.0%	2.7%	3.3%
总计	100.0%	100.0%	100.0%	100.0%	100.0%
列总计	2333	1068	372	488	4261

Chi-square test：df = 9，卡方值为 25.523，sig = 0.002 < 0.05，所以不同受教育程度的居民对于“单位领导/社区（村）干部的信任程度”存在显著差异。

F32c by A4a

您对下面群体的信任程度如何？公务员 ＊ 受教育程度 Crosstabulation

	初中及以下	高中、中专及职高	大专	本科及以上	总计
完全信任	6.3%	7.0%	9.2%	8.5%	7.0%
比较信任	64.0%	58.6%	53.9%	62.6%	61.6%
不太信任	26.6%	29.9%	31.7%	25.8%	27.8%
根本不信任	3.1%	4.5%	5.1%	3.1%	3.6%
总计	100.0%	100.0%	100.0%	100.0%	100.0%
列总计	2316	1056	369	484	4225

Chi-square test：df = 9，卡方值为 25.432，sig = 0.003 < 0.05，所以不同受教育程度的居民对于“公务员的信任程度”存在显著差异。

F32d by A4a

您对下面群体的信任程度如何？教师 ＊ 受教育程度 Crosstabulation

	初中及以下	高中、中专及职高	大专	本科及以上	总计
完全信任	12.3%	10.4%	10.1%	13.6%	11.8%
比较信任	71.1%	69.8%	69.4%	71.5%	70.7%
不太信任	14.5%	17.0%	17.6%	13.6%	15.3%
根本不信任	2.1%	2.9%	2.9%	1.2%	2.3%
总计	100.0%	100.0%	100.0%	100.0%	100.0%
列总计	2379	1078	376	491	4324

Chi-square test：df = 9，卡方值为 14.969，sig = 0.092 > 0.05，所以不同受教育程度的居民对于“教师的信任程度上”不存在显著差异。

F32e by A4a

您对下面群体的信任程度如何？警察 ＊ 受教育程度 Crosstabulation

	初中及以下	高中、中专及职高	大专	本科及以上	总计
完全信任	20.2%	20.2%	20.3%	20.7%	20.2%
比较信任	67.9%	64.3%	60.8%	65.0%	66.1%
不太信任	10.5%	12.5%	14.1%	11.7%	11.5%
根本不信任	1.5%	2.9%	4.8%	2.7%	2.2%
总计	100.0%	100.0%	100.0%	100.0%	100.0%
列总计	2382	1077	375	489	4323

Chi-square test：df=9，卡方值为28.353，sig=0.001<0.05，所以不同受教育程度的居民对于“警察的信任程度”存在显著差异。

F32f by A4a

您对下面群体的信任程度如何？医生 ＊ 受教育程度 Crosstabulation

	初中及以下	高中、中专及职高	大专	本科及以上	总计
完全信任	10.2%	10.2%	8.8%	13.3%	10.4%
比较信任	68.4%	64.3%	64.0%	66.1%	66.8%
不太信任	18.7%	22.4%	22.7%	17.8%	19.8%
根本不信任	2.7%	3.1%	4.5%	2.9%	3.0%
总计	100.0%	100.0%	100.0%	100.0%	100.0%
列总计	2386	1080	375	490	4331

Chi-square test：df=9，卡方值为19.116，sig=0.024<0.05，所以不同受教育程度的居民对于“医生的信任程度”存在显著差异。

F32g by A4a

您对下面群体的信任程度如何？法官 ＊ 受教育程度 Crosstabulation

	初中及以下	高中、中专及职高	大专	本科及以上	总计
完全信任	15.9%	18.4%	16.2%	19.1%	16.9%
比较信任	72.0%	68.8%	70.8%	71.3%	71.0%
不太信任	10.6%	11.2%	11.9%	8.2%	10.6%
根本不信任	1.5%	1.7%	1.1%	1.4%	1.5%
总计	100.0%	100.0%	100.0%	100.0%	100.0%
列总计	2350	1066	370	487	4273

Chi-square test：df=9，卡方值为9.507，sig=0.392>0.05，所以不同受教育程度的居民对于“法官的信任程度上”不存在显著差异。

F32h by A4a

您对下面群体的信任程度如何? 农民 * 受教育程度 Crosstabulation

	初中及以下	高中、中专及职高	大专	本科及以上	总计
完全信任	10.8%	13.8%	9.7%	9.9%	11.3%
比较信任	77.4%	74.4%	77.6%	77.4%	76.7%
不太信任	10.6%	9.9%	10.5%	12.3%	10.7%
根本不信任	1.1%	1.9%	2.2%	0.4%	1.3%
总计	100.0%	100.0%	100.0%	100.0%	100.0%
列总计	2385	1076	371	487	4319

Chi-square test: df = 9, 卡方值为19.139, sig = 0.024 < 0.05, 所以不同受教育程度的居民对于“农民的信任程度”存在显著差异。

F32i by A4a

您对下面群体的信任程度如何? 工人 * 受教育程度 Crosstabulation

	初中及以下	高中、中专及职高	大专	本科及以上	总计
完全信任	9.2%	13.6%	10.0%	9.5%	10.4%
比较信任	78.3%	72.3%	74.7%	77.6%	76.4%
不太信任	11.6%	12.6%	13.2%	12.6%	12.1%
根本不信任	1.0%	1.6%	2.2%	0.4%	1.2%
总计	100.0%	100.0%	100.0%	100.0%	100.0%
列总计	2376	1075	371	486	4308

Chi-square test: df = 9, 卡方值为27.226, sig = 0.001 < 0.05, 所以不同受教育程度的居民对于“工人的信任程度”存在显著差异。

F32j by A4a

您对下面群体的信任程度如何? 专家学者 * 受教育程度 Crosstabulation

	初中及以下	高中、中专及职高	大专	本科及以上	总计
完全信任	9.2%	13.3%	8.9%	10.6%	10.4%
比较信任	66.7%	60.6%	59.3%	60.5%	63.7%
不太信任	21.4%	22.3%	27.0%	27.3%	22.9%
根本不信任	2.7%	3.8%	4.9%	1.7%	3.0%
总计	100.0%	100.0%	100.0%	100.0%	100.0%
列总计	2188	1040	371	483	4082

Chi-square test: df = 9, 卡方值为38.243, sig = 0.000 < 0.05, 所以不同受教育程度的居民对于“专家学者的信任程度”存在显著差异。

F32k by A4a

您对下面群体的信任程度如何？演艺娱乐圈 ＊ 受教育程度 Crosstabulation

	初中及以下	高中、中专及职高	大专	本科及以上	总计
完全信任	1.6%	1.5%	1.1%	2.1%	1.6%
比较信任	38.4%	30.0%	28.8%	28.5%	34.0%
不太信任	46.6%	46.6%	49.3%	53.8%	47.7%
根本不信任	13.4%	21.9%	20.8%	15.5%	16.6%
总计	100.0%	100.0%	100.0%	100.0%	100.0%
列总计	1947	973	361	470	3751

Chi-square test：df=9，卡方值为61.034，sig=0.000<0.05，所以不同受教育程度的居民对于“演艺娱乐圈的信任程度”存在显著差异。

F32l by A4a

您对下面群体的信任程度如何？公众人物 ＊ 受教育程度 Crosstabulation

	初中及以下	高中、中专及职高	大专	本科及以上	总计
完全信任	2.5%	3.8%	2.5%	5.1%	3.2%
比较信任	51.8%	43.1%	45.8%	42.1%	47.8%
不太信任	37.7%	42.3%	41.1%	46.0%	40.2%
根本不信任	8.0%	10.7%	10.7%	6.8%	8.8%
总计	100.0%	100.0%	100.0%	100.0%	100.0%
列总计	1989	992	365	470	3816

Chi-square test：df=9，卡方值为41.916，sig=0.000<0.05，所以不同受教育程度的居民对于“公众人物的信任程度”存在显著差异。

F33 by A4a

您在生活中经常买到假冒伪劣商品吗 ＊ 受教育程度 Crosstabulation

	初中及以下	高中、中专及职高	大专	本科及以上	总计
经常	4.8%	5.8%	7.2%	3.4%	5.1%
偶尔	66.5%	70.9%	69.9%	75.1%	68.9%
没有	28.7%	23.2%	22.8%	21.5%	25.9%
总计	100.0%	100.0%	100.0%	100.0%	100.0%
列总计	2173	1029	359	474	4035

Chi-square test：df=6，卡方值为26.815，sig=0.000<0.05，所以不同受教育程度的居民对于“是否在生活中经常买到假冒伪劣商品”的回答存在显著差异。

F34 by A4a

您在购物、就医、理财等方面经常遇到虚假广告吗 * 受教育程度 Crosstabulation

	初中及以下	高中、中专及职高	大专	本科及以上	总计
经常	13.1%	16.9%	19.5%	14.7%	14.8%
偶尔	56.3%	59.6%	53.9%	64.6%	57.9%
没有	30.6%	23.5%	26.6%	20.7%	27.3%
总计	100.0%	100.0%	100.0%	100.0%	100.0%
列总计	2130	995	349	463	3937

Chi-square test：df = 6，卡方值为 39.101，sig = 0.000 < 0.05，所以不同受教育程度的居民对于“是否在购物、就医、理财等方面经常遇到虚假广告”的回答存在显著差异。

F35 by A4a

如果在路边看到一个老人摔倒，您的反应是 * 受教育程度 Crosstabulation

	初中及以下	高中、中专及职高	大专	本科及以上	总计
立即扶起	37.1%	35.3%	40.6%	43.4%	37.7%
等有证人时再扶	27.0%	29.4%	26.0%	24.2%	27.2%
先拍照，再扶起	9.9%	12.9%	13.8%	18.0%	11.9%
不扶，避免惹是生非	11.2%	7.9%	8.0%	3.6%	9.2%
报警	13.8%	14.3%	11.4%	9.9%	13.3%
其他	1.0%	0.4%	0.3%	0.8%	0.7%
总计	100.0%	100.0%	100.0%	100.0%	100.0%
列总计	2399	1080	377	495	4351

Chi-square test：df = 15，卡方值为 77.495，sig = 0.000 < 0.05，所以不同受教育程度的居民对于“如果在路边看到一个老人摔倒”的反应存在显著差异。

F36 by A4a

我们都听说过或见证过好心人救助老人却反被诬陷。假如您是这位好心人，您会 * 受教育程度 Crosstabulation

	初中及以下	高中、中专及职高	大专	本科及以上	总计
我是多管闲事，下次再也不会帮助别人了	27.6%	19.7%	17.5%	14.0%	23.2%

续表

	初中及以下	高中、中专及职高	大专	本科及以上	总计
我正直善良真心待人，对得起良知和良心	42.9%	43.5%	43.5%	42.2%	43.0%
下次还是会伸出援手，但是会提高警惕，注意保护自己	29.2%	36.7%	38.5%	43.8%	33.6%
其他	0.2%	0.1%	0.5%		0.2%
总计	100.0%	100.0%	100.0%	100.0%	100.0%
列总计	2394	1081	377	493	4345

Chi-square test：df = 9，卡方值为 87.772，sig = 0.000 < 0.05，所以不同受教育程度的居民对于“我们都听说过或见证过好心人救助老人却反被诬陷。假如您是这位好心人，您会”的回答存在显著差异。

F37a by A4a

您对下列群体的伦理道德整体状况的满意度？政府官员 * 受教育程度 Crosstabulation

	初中及以下	高中、中专及职高	大专	本科及以上	总计
非常不满意	5.4%	5.1%	5.3%	5.3%	5.3%
比较不满意	35.3%	37.8%	42.1%	31.3%	36.1%
比较满意	57.3%	53.1%	49.0%	57.9%	55.6%
非常满意	1.9%	4.0%	3.6%	5.5%	3.0%
总计	100.0%	100.0%	100.0%	100.0%	100.0%
列总计	2298	1041	359	470	4168

Chi-square test：df = 9，卡方值为 36.728，sig = 0.000 < 0.05，所以不同受教育程度的居民对于“政府官员的伦理道德整体状况的满意度”存在显著差异。

F37b by A4a

您对下列群体的伦理道德整体状况的满意度？一般公务员 * 受教育程度 Crosstabulation

	初中及以下	高中、中专及职高	大专	本科及以上	总计
非常不满意	4.2%	4.7%	4.2%	2.1%	4.1%
比较不满意	30.5%	35.1%	33.6%	26.3%	31.4%
比较满意	62.4%	55.8%	57.2%	66.3%	60.8%
非常满意	2.8%	4.4%	5.0%	5.3%	3.7%
总计	100.0%	100.0%	100.0%	100.0%	100.0%

续表

	初中及以下	高中、中专及职高	大专	本科及以上	总计
列总计	2284	1044	360	472	4160

Chi-square test：df = 9，卡方值为 34. 155，sig = 0. 000 < 0. 05，所以不同受教育程度的居民对于“一般公务员的伦理道德整体状况的满意度”存在显著差异。

F37c by A4a

您对下列群体的伦理道德整体状况的满意度？企业家 * 受教育程度 Crosstabulation

	初中及以下	高中、中专及职高	大专	本科及以上	总计
非常不满意	2. 5%	3. 2%	3. 1%	1. 5%	2. 6%
比较不满意	27. 6%	31. 6%	30. 8%	26. 1%	28. 7%
比较满意	64. 4%	60. 3%	60. 7%	67. 4%	63. 4%
非常满意	5. 5%	4. 9%	5. 4%	5. 1%	5. 3%
总计	100. 0%	100. 0%	100. 0%	100. 0%	100. 0%
列总计	2216	1022	354	472	4064

Chi-square test：df = 9，卡方值为 13. 02，sig = 0. 126 > 0. 05，所以不同受教育程度的居民对于“企业家的伦理道德整体状况的满意度”不存在显著差异。

F37d byA4a

您对下列群体的伦理道德整体状况的满意度？演艺娱乐界 * 受教育程度 Crosstabulation

	初中及以下	高中、中专及职高	大专	本科及以上	总计
非常不满意	7. 6%	15. 2%	15. 7%	10. 6%	10. 8%
比较不满意	42. 9%	43. 4%	43. 2%	43. 5%	43. 2%
比较满意	45. 6%	37. 4%	36. 8%	43. 3%	42. 3%
非常满意	3. 8%	4. 0%	4. 3%	2. 6%	3. 8%
总计	100. 0%	100. 0%	100. 0%	100. 0%	100. 0%
列总计	1849	966	345	462	3622

Chi-square test：df = 9，卡方值为 57. 493，sig = 0. 000 < 0. 05，所以不同受教育程度的居民对于“演艺娱乐界的伦理道德整体状况的满意度”存在显著差异。

F37e by A4a

您对下列群体的伦理道德整体状况的满意度？教师 * 受教育程度 Crosstabulation

	初中及以下	高中、中专及职高	大专	本科及以上	总计
非常不满意	1.9%	3.3%	3.2%	1.2%	2.3%
比较不满意	17.8%	19.7%	23.1%	17.3%	18.7%
比较满意	71.5%	66.9%	63.4%	70.0%	69.5%
非常满意	8.8%	10.1%	10.2%	11.5%	9.5%
总计	100.0%	100.0%	100.0%	100.0%	100.0%
列总计	2362	1077	372	486	4297

Chi-square test：df = 9，卡方值为 25.041，sig = 0.003 < 0.05，所以不同受教育程度的居民对于“教师的伦理道德整体状况的满意度”存在显著差异。

F37f by A4a

您对下列群体的伦理道德整体状况的满意度？青少年 * 受教育程度 Crosstabulation

	初中及以下	高中、中专及职高	大专	本科及以上	总计
非常不满意	1.6%	2.3%	3.0%	2.3%	2.0%
比较不满意	14.3%	18.7%	21.8%	17.3%	16.4%
比较满意	72.6%	67.8%	66.6%	71.3%	70.7%
非常满意	11.5%	11.3%	8.6%	9.1%	10.9%
总计	100.0%	100.0%	100.0%	100.0%	100.0%
列总计	2351	1066	362	481	4260

Chi-square test：df = 9，卡方值为 27.764，sig = 0.001 < 0.05，所以不同受教育程度的居民对于“青少年的伦理道德整体状况的满意度”存在显著差异。

F37g by A4a

您对下列群体的伦理道德整体状况的满意度？弱势群体 * 受教育程度 Crosstabulation

	初中及以下	高中、中专及职高	大专	本科及以上	总计
非常不满意	1.7%	3.9%	2.0%	2.0%	2.3%
比较不满意	20.2%	22.9%	27.6%	19.9%	21.5%
比较满意	76.6%	70.8%	68.9%	75.8%	74.4%
非常满意	1.4%	2.5%	1.5%	2.4%	1.8%

续表

	初中及以下	高中、中专及职高	大专	本科及以上	总计
总计	100.0%	100.0%	100.0%	100.0%	100.0%
列总计	2183	1019	344	458	4004

Chi-square test：df = 9，卡方值为 34.505，sig = 0.000 < 0.05，所以不同受教育程度的居民对于“弱势群体的伦理道德整体状况的满意度”存在显著差异。

F37h by A4a

您对下列群体的伦理道德整体状况的满意度？自由职业者 * 受教育程度 Crosstabulation

	初中及以下	高中、中专及职高	大专	本科及以上	总计
非常不满意	1.0%	2.8%	2.3%	1.1%	1.6%
比较不满意	17.4%	21.3%	19.4%	16.2%	18.4%
比较满意	78.0%	72.2%	76.2%	78.8%	76.4%
非常满意	3.6%	3.7%	2.0%	3.9%	3.5%
总计	100.0%	100.0%	100.0%	100.0%	100.0%
列总计	2092	997	345	458	3892

Chi-square test：df = 9，卡方值为 28.397，sig = 0.001 < 0.05，所以不同受教育程度的居民对于“自由职业者的伦理道德整体状况的满意度”存在显著差异。

F37i by A4a

您对下列群体的伦理道德整体状况的满意度？农民 * 受教育程度 Crosstabulation

	初中及以下	高中、中专及职高	大专	本科及以上	总计
非常不满意	1.2%	3.2%	1.4%	0.4%	1.6%
比较不满意	9.3%	13.0%	12.3%	11.5%	10.7%
比较满意	78.3%	74.2%	76.5%	81.5%	77.5%
非常满意	11.1%	9.6%	9.8%	6.7%	10.2%
总计	100.0%	100.0%	100.0%	100.0%	100.0%
列总计	2369	1068	366	480	4283

Chi-square test：df = 9，卡方值为 44.329，sig = 0.000 < 0.05，所以不同受教育程度的居民对于“农民的伦理道德整体状况的满意度”存在显著差异。

F37j by A4a

您对下列群体的伦理道德整体状况的满意度？商人 ＊ 受教育程度 Crosstabulation

	初中及以下	高中、中专及职高	大专	本科及以上	总计
非常不满意	2.2%	3.5%	3.5%	0.8%	2.5%
比较不满意	28.2%	34.2%	38.4%	32.0%	31.0%
比较满意	65.1%	58.8%	55.3%	64.5%	62.6%
非常满意	4.5%	3.4%	2.7%	2.7%	3.9%
总计	100.0%	100.0%	100.0%	100.0%	100.0%
列总计	2334	1057	367	482	4240

Chi-square test：df=9，卡方值为42.082，sig=0.000<0.05，所以不同受教育程度的居民对于“商人的伦理道德整体状况的满意度”存在显著差异。

F37k by A4a

您对下列群体的伦理道德整体状况的满意度？工人 ＊ 受教育程度 Crosstabulation

	初中及以下	高中、中专及职高	大专	本科及以上	总计
非常不满意	0.9%	1.5%	0.5%	0.6%	1.0%
比较不满意	10.2%	14.4%	15.3%	9.9%	11.7%
比较满意	83.1%	76.6%	78.5%	84.3%	81.2%
非常满意	5.8%	7.5%	5.7%	5.2%	6.1%
总计	100.0%	100.0%	100.0%	100.0%	100.0%
列总计	2364	1065	367	483	4279

Chi-square test：df=9，卡方值为29.692，sig=0.000<0.05，所以不同受教育程度的居民对于“工人的伦理道德整体状况的满意度”存在显著差异。

F37l by A4a

您对下列群体的伦理道德整体状况的满意度？专家学者 ＊ 受教育程度 Crosstabulation

	初中及以下	高中、中专及职高	大专	本科及以上	总计
非常不满意	1.2%	2.4%	1.4%	1.5%	1.6%
比较不满意	14.8%	17.2%	24.4%	21.8%	17.1%
比较满意	76.9%	71.1%	66.0%	67.5%	73.4%
非常满意	7.1%	9.3%	8.2%	9.2%	8.0%

续表

	初中及以下	高中、中专及职高	大专	本科及以上	总计
总计	100.0%	100.0%	100.0%	100.0%	100.0%
列总计	2225	1036	353	477	4091

Chi-square test：df = 9，卡方值为 44.878，sig = 0.000 < 0.05，所以不同受教育程度的居民对于“专家学者的伦理道德整体状况的满意度”存在显著差异。

F37m by A4a

您对下列群体的伦理道德整体状况的满意度？医生 ＊ 受教育程度 Crosstabulation

	初中及以下	高中、中专及职高	大专	本科及以上	总计
非常不满意	2.8%	4.9%	4.8%	2.3%	3.4%
比较不满意	20.4%	24.0%	28.8%	22.3%	22.2%
比较满意	70.8%	64.3%	60.8%	68.8%	68.1%
非常满意	6.0%	6.8%	5.6%	6.6%	6.2%
总计	100.0%	100.0%	100.0%	100.0%	100.0%
列总计	2367	1073	372	484	4296

Chi-square test：df = 9，卡方值为 34.950，sig = 0.000 < 0.05，所以不同受教育程度的居民对于“医生的伦理道德整体状况的满意度”存在显著差异。

F38 by A4a

下列哪些因素可能影响人际关系紧张？＊ 受教育程度 Crosstabulation

	初中及以下	高中、中专及职高	大专	本科及以上	总计
社会资源缺乏，引发恶性竞争	20.4%	26.3%	26.3%	29.9%	23.5%
过度宣扬竞争意识	21.4%	26.9%	20.2%	21.3%	22.7%
社会财富分配不公，贫富差距过大	33.0%	33.6%	36.2%	37.6%	34.0%
个人主义盛行	22.7%	21.8%	19.7%	22.0%	22.1%
缺乏爱心	24.2%	25.0%	27.4%	24.0%	24.7%
缺乏相互理解和沟通的意识和能力	16.2%	18.5%	17.8%	18.3%	17.1%
制度安排不公正，机会不平等	22.6%	25.3%	28.2%	26.2%	24.2%
以权谋私，官员腐败	26.1%	23.5%	21.3%	20.5%	24.4%
缺乏道德信用	27.3%	26.1%	25.0%	21.7%	26.2%
人与人、人与社会之间缺乏信任	37.4%	32.7%	39.4%	35.8%	36.2%
传统伦理瓦解，社会缺乏统一的价值观	7.1%	7.7%	9.8%	12.6%	8.1%

续表

	初中及以下	高中、中专及职高	大专	本科及以上	总计
一切诉诸利益或法律，人际关系缺乏伦理调节的机制和能力	4.6%	4.7%	6.1%	4.5%	4.7%
列总计	2326	1071	376	492	4265

据上表所示，不同受教育程度的居民对于“哪些因素可能影响人际关系紧张”的回答存在显著差异。

F39 by A4a

您认为在现代中国社会实际奉行的道德价值是 * 受教育程度 Crosstabulation

	初中及以下	高中、中专及职高	大专	本科及以上	总计
义利合一，用符合道德的方式谋利	58.2%	56.5%	62.4%	67.3%	59.2%
见利忘义，唯利是图	31.1%	33.6%	29.6%	26.5%	31.0%
不计较利害得失，道德至上	10.5%	9.7%	8.1%	6.0%	9.5%
其他	0.3%	0.2%		0.2%	0.2%
总计	100.0%	100.0%	100.0%	100.0%	100.0%
列总计	2302	1060	372	486	4220

Chi-square test：df = 9，卡方值为 23.836，sig = 0.005 < 0.05，所以不同受教育程度的居民对于“现代中国社会实际奉行的道德价值”的回答存在显著差异。

F40 by A4a

对形成我国当前各种新型伦理关系和道德观念，哪些因素影响最大 * 受教育程度 Crosstabulation

	初中及以下	高中、中专及职高	大专	本科及以上	总计
网络和媒体	46.1%	63.7%	75.7%	82.7%	57.7%
政府	65.0%	60.5%	54.1%	55.5%	61.7%
大学及其文化	19.7%	21.7%	26.2%	26.7%	21.7%
市场	42.0%	37.6%	34.7%	31.7%	39.0%
企业	27.9%	23.1%	18.9%	11.1%	23.8%
社会团体	23.3%	21.0%	20.2%	14.6%	21.4%
列总计	2116	1022	366	479	3983

据上表所示，不同受教育程度的居民对于“对形成我国当前各种新型伦理关系和道德观念，哪些因素影响最大”的回答存在显著差异。

F41 by A4a

对当前我国伦理关系和道德风尚造成最大负面影响的因素是 * 受教育程度 Crosstabulation

	初中及以下	高中、中专及职高	大专	本科及以上	总计
传统文化的崩坏	36.0%	40.3%	37.4%	41.0%	37.8%
外来文化的冲击	34.2%	40.2%	35.5%	33.2%	35.7%
市场经济导致的个人主义	25.6%	27.6%	28.0%	29.3%	26.8%
网络技术的发展	19.2%	23.8%	27.2%	28.5%	22.2%
分配不公，两极分化	39.5%	34.5%	37.9%	33.6%	37.4%
以权谋私，官员腐败	30.6%	22.7%	24.2%	20.9%	26.8%
其他	0.2%	0.2%		0.4%	0.2%
列总计	2211	1046	372	488	4117

据上表所示，不同受教育程度的居民对于“对当前我国伦理关系和道德风尚造成最大负面影响的因素”的回答存在显著差异。

F42 by A4a

造成当今不良道德风尚的最主要原因是 * 受教育程度 Crosstabulation

	初中及以下	高中、中专及职高	大专	本科及以上	总计
以权谋私，官员腐败	60.1%	60.1%	60.5%	58.3%	59.9%
企业不讲诚信和损害社会利益	38.1%	41.3%	36.2%	31.0%	37.9%
学校道德教育功能弱化	20.5%	28.6%	30.3%	33.3%	24.9%
家庭伦理功能弱化	16.4%	21.1%	15.9%	14.4%	17.3%
个人缺乏道德自觉	47.8%	46.8%	48.4%	45.2%	47.3%
分配不公，两极分化	37.7%	28.5%	31.1%	35.9%	34.6%
社会的不良影响	39.4%	41.0%	44.6%	43.3%	40.7%
列总计	2265	1052	370	487	4174

据上表所示，不同受教育程度的居民对于“造成当今不良道德风尚的最主要原因”的回答存在显著差异。

F43a by A4a

导致当前医患关系紧张的主要原因是 * 受教育程度 Crosstabulation

	初中及以下	高中、中专及职高	大专	本科及以上	总计
医生缺乏职业道德，对病人不负责任	39.0%	38.2%	31.4%	32.0%	37.3%
医疗制度不合理，看病难看病贵	46.0%	45.6%	54.5%	49.8%	47.1%

续表

	初中及以下	高中、中专及职高	大专	本科及以上	总计
医生腐败，不送红包不认真看病	11.5%	12.1%	9.5%	11.8%	11.5%
“医闹”，病人蓄意闹事	3.3%	3.6%	4.3%	5.8%	3.7%
其他	0.2%	0.5%	0.3%	0.6%	0.3%
总计	100.0%	100.0%	100.0%	100.0%	100.0%
列总计	2285	1055	369	484	4193

Chi-square test：df = 12，卡方值为 26.597，sig = 0.009 < 0.05，所以不同受教育程度的居民对于“导致当前医患关系紧张的主要原因”的回答存在显著差异。

F43b by A4a

导致当前医患关系紧张的次要原因是 ＊ 受教育程度 Crosstabulation

	初中及以下	高中、中专及职高	大专	本科及以上	总计
医生缺乏职业道德，对病人不负责任	38.4%	37.6%	42.7%	39.1%	38.7%
医疗制度不合理，看病难看病贵	32.7%	33.2%	28.2%	30.4%	32.1%
医生腐败，不送红包不认真看病	20.0%	19.7%	17.0%	16.8%	19.3%
“医闹”，病人蓄意闹事	8.8%	9.3%	11.2%	13.4%	9.6%
其他	0.2%	0.2%	0.8%	0.4%	0.3%
总计	100.0%	100.0%	100.0%	100.0%	100.0%
列总计	2217	1021	365	471	4074

Chi-square test：df = 12，卡方值为 22.964，sig = 0.028 < 0.05，所以不同受教育程度的居民对于“导致当前医患关系紧张的次要原因”的回答存在显著差异。

F44 by A4a

您是否曾经与医生（医院）发生过矛盾或纠纷 ＊ 受教育程度 Crosstabulation

	初中及以下	高中、中专及职高	大专	本科及以上	总计
是	3.1%	4.1%	4.2%	4.0%	3.5%
否	96.9%	95.9%	95.8%	96.0%	96.5%
总计	100.0%	100.0%	100.0%	100.0%	100.0%
列总计	2399	1083	378	495	4355

Chi-square test：df = 3，卡方值为 3.221，sig = 0.359 > 0.05，所以不同受教育程度的居民对于“是否曾经与医生（医院）发生过矛盾或纠纷”的回答不存在显著差异。

F45a by A4a

您采取了哪些方式来解决医患纠纷？与医院协商 * 受教育程度 Crosstabulation

	初中及以下	高中、中专及职高	大专	本科及以上	总计
未选中	49.3%	54.8%	43.8%	50.0%	50.3%
选中	50.7%	45.2%	56.3%	50.0%	49.7%
总计	100.0%	100.0%	100.0%	100.0%	100.0%
列总计	73	42	16	18	149

Chi-square test：df = 3，卡方值为 0.638，sig = 0.888 > 0.05，所以不同受教育程度的居民对于“选择与医院协商来解决医患纠纷”的回答不存在显著差异。

F45b by A4a

您采取了哪些方式来解决医患纠纷？寻求卫生局的调解或介入 * 受教育程度 Crosstabulation

	初中及以下	高中、中专及职高	大专	本科及以上	总计
未选中	78.1%	78.6%	93.8%	66.7%	78.5%
选中	21.9%	21.4%	6.3%	33.3%	21.5%
总计	100.0%	100.0%	100.0%	100.0%	100.0%
列总计	73	42	16	18	149

Chi-square test：df = 3，卡方值为 3.709，sig = 0.295 > 0.05，所以不同受教育程度的居民对于“选择寻求卫生局的调解或介入来解决医患纠纷”的回答不存在显著差异。

F45c by A4a

您采取了哪些方式来解决医患纠纷？医学鉴定 * 受教育程度 Crosstabulation

	初中及以下	高中、中专及职高	大专	本科及以上	总计
未选中	93.2%	85.7%	75.0%	94.4%	89.3%
选中	6.8%	14.3%	25.0%	5.6%	10.7%
总计	100.0%	100.0%	100.0%	100.0%	100.0%
列总计	73	42	16	18	149

Chi-square test：df = 3，卡方值为 5.603，sig = 0.133 > 0.05，所以不同受教育程度的居民对于“选择医学鉴定来解决医患纠纷”的回答不存在显著差异。

F45d by A4a

您采取了哪些方式来解决医患纠纷？司法诉讼 * 受教育程度 Crosstabulation

	初中及以下	高中、中专及职高	大专	本科及以上	总计
未选中	86.3%	78.6%	75.0%	88.9%	83.2%

续表

	初中及以下	高中、中专及职高	大专	本科及以上	总计
选中	13.7%	21.4%	25.0%	11.1%	16.8%
总计	100.0%	100.0%	100.0%	100.0%	100.0%
列总计	73	42	16	18	149

Chi-square test：df=3，卡方值为2.335，sig=0.506>0.05，所以不同受教育程度的居民对于“选择司法诉讼来解决医患纠纷”的回答不存在显著差异。

F45e by A4a

您采取了哪些方式来解决医患纠纷？寻求媒体曝光 * 受教育程度 Crosstabulation

	初中及以下	高中、中专及职高	大专	本科及以上	总计
未选中	94.5%	81.0%	93.8%	94.4%	90.6%
选中	5.5%	19.0%	6.3%	5.6%	9.4%
总计	100.0%	100.0%	100.0%	100.0%	100.0%
列总计	73	42	16	18	149

Chi-square test：df=3，卡方值为6.409，sig=0.093>0.05，所以不同受教育程度的居民对于“选择寻求媒体曝光来解决医患纠纷”的回答不存在显著差异。

F45f by A4a

您采取了哪些方式来解决医患纠纷？信访 * 受教育程度 Crosstabulation

	初中及以下	高中、中专及职高	大专	本科及以上	总计
未选中	95.9%	95.2%	93.8%	88.9%	94.6%
选中	4.1%	4.8%	6.3%	11.1%	5.4%
总计	100.0%	100.0%	100.0%	100.0%	100.0%
列总计	73	42	16	18	149

Chi-square test：df=3，卡方值为1.451，sig=0.694>0.05，所以不同受教育程度的居民对于“选择信访来解决医患纠纷”的回答不存在显著差异。

F45g by A4a

您采取了哪些方式来解决医患纠纷？寻求第三方医疗纠纷调解委员会调解 * 受教育程度 Crosstabulation

	初中及以下	高中、中专及职高	大专	本科及以上	总计
未选中	89.0%	85.7%	81.3%	94.4%	87.9%

续表

	初中及以下	高中、中专及职高	大专	本科及以上	总计
选中	11.0%	14.3%	18.8%	5.6%	12.1%
总计	100.0%	100.0%	100.0%	100.0%	100.0%
列总计	73	42	16	18	149

Chi-square test：df = 3，卡方值为 1.670，sig = 0.644 > 0.05，所以不同受教育程度的居民对于“选择寻求第三方医疗纠纷调解委员会调解来解决医患纠纷”的回答不存在显著差异。

F45h by A4a

您采取了哪些方式来解决医患纠纷？直接找医生或医院算账 * 受教育程度 Crosstabulation

	初中及以下	高中、中专及职高	大专	本科及以上	总计
未选中	75.3%	85.7%	81.3%	83.3%	79.9%
选中	24.7%	14.3%	18.8%	16.7%	20.1%
总计	100.0%	100.0%	100.0%	100.0%	100.0%
列总计	73	42	16	18	149

Chi-square test：df = 3，卡方值为 1.976，sig = 0.577 > 0.05，所以不同受教育程度的居民对于“选择直接找医生或医院算账来解决医患纠纷”的回答不存在显著差异。

F46 by A4a

某些患者会在手术前给医生红包，您认为送红包的主要理由是 * 受教育程度 Crosstabulation

	初中及以下	高中、中专及职高	大专	本科及以上	总计
不相信医生能平等地对待每个病人，送红包能提高关注度，必须送	25.9%	27.0%	28.3%	31.0%	27.0%
医生很辛苦，送红包是表示尊敬和感谢	8.3%	10.9%	9.8%	10.8%	9.4%
大家都送，我不送会吃亏，不送心里不踏实	20.2%	21.9%	19.7%	20.9%	20.7%
送红包能让医生对我更用心，但我不会这么做	20.8%	19.6%	24.0%	22.6%	21.0%
大家都送红包，事实上无助于提高治疗效果，我不会这么做	15.1%	16.1%	15.3%	14.0%	15.3%
想送，但我没有能力送	9.6%	4.4%	2.9%	0.9%	6.7%
总计	100.0%	100.0%	100.0%	100.0%	100.0%
列总计	2182	1013	346	465	4006

Chi-square test：df = 15，卡方值为 81.632，sig = 0.000 < 0.05，所以不同受教育程度的居民对于“某些患者会在手术前给医生红包的行为理由”的回答存在显著差异。

G1 by A4a

和前几年相比，您认为目前我国官员腐败现象有什么变化 * 受教育程度 Crosstabulation

	初中及以下	高中、中专及职高	大专	本科及以上	总计
有很大改善	11.3%	13.1%	12.1%	14.4%	12.2%
有较大改善	61.8%	65.4%	66.9%	64.7%	63.5%
没什么变化	22.5%	18.2%	18.8%	18.4%	20.6%
更加恶化	3.7%	2.5%	1.4%	2.3%	3.1%
其他	0.7%	0.8%	0.8%	0.2%	0.7%
总计	100.0%	100.0%	100.0%	100.0%	100.0%
列总计	2225	1032	356	473	4086

Chi-square test：df = 12，卡方值为 24.739，sig = 0.016 < 0.05，所以不同受教育程度的居民对于“和前几年相比，认为目前我国官员腐败现象有什么变化”的回答存在显著差异。

G2a by A4a

您认为干部当官的目的是？为国家与社会做贡献 * 受教育程度 Crosstabulation

	初中及以下	高中、中专及职高	大专	本科及以上	总计
未选中	69.6%	69.1%	63.4%	63.0%	68.2%
选中	30.4%	30.9%	36.6%	37.0%	31.8%
总计	100.0%	100.0%	100.0%	100.0%	100.0%
列总计	2277	1052	363	487	4179

Chi-square test：df = 3，卡方值为 12.241，sig = 0.007 < 0.05，所以不同受教育程度的居民对于“干部当官的目的是为国家与社会做贡献”的回答存在显著差异。

G2b by A4a

您认为干部当官的目的是？为人民服务，为百姓做好事做实事 * 受教育程度 Crosstabulation

	初中及以下	高中、中专及职高	大专	本科及以上	总计
未选中	55.1%	49.4%	47.9%	43.7%	51.7%
选中	44.9%	50.6%	52.1%	56.3%	48.3%
总计	100.0%	100.0%	100.0%	100.0%	100.0%
列总计	2277	1052	363	487	4179

Chi-square test：df = 3，卡方值为 27.241，sig = 0.000 < 0.05，所以不同受教育程度的居民对于“干部当官的目的是为人民服务，为百姓做好事做实事”的回答存在显著差异。

G2c by A4a

您认为干部当官的目的是？为家庭增光，光宗耀祖 ＊ 受教育程度 Crosstabulation

	初中及以下	高中、中专及职高	大专	本科及以上	总计
未选中	68.0%	65.2%	67.2%	69.8%	67.5%
选中	32.0%	34.8%	32.8%	30.2%	32.5%
总计	100.0%	100.0%	100.0%	100.0%	100.0%
列总计	2277	1052	363	487	4179

Chi-square test：df = 3，卡方值为 4.003，sig = 0.261 > 0.05，所以不同受教育程度的居民对于“干部当官的目的是为家庭增光，光宗耀祖”的回答不存在显著差异。

G2d by A4a

您认为干部当官的目的是？为自己升官发财 ＊ 受教育程度 Crosstabulation

	初中及以下	高中、中专及职高	大专	本科及以上	总计
未选中	45.1%	51.0%	61.4%	60.4%	49.8%
选中	54.9%	49.0%	38.6%	39.6%	50.2%
总计	100.0%	100.0%	100.0%	100.0%	100.0%
列总计	2277	1052	363	487	4179

Chi-square test：df = 3，卡方值为 61.781，sig = 0.000 < 0.05，所以不同受教育程度的居民对于“干部当官的目的是为自己升官发财”的回答存在显著差异。

G2e by A4a

您认为干部当官的目的是？没特殊目的，一个稳定而待遇高的职业而已 ＊ 受教育程度 Crosstabulation

	初中及以下	高中、中专及职高	大专	本科及以上	总计
未选中	80.6%	79.1%	76.9%	76.2%	79.4%
选中	19.4%	20.9%	23.1%	23.8%	20.6%
总计	100.0%	100.0%	100.0%	100.0%	100.0%
列总计	2277	1052	363	487	4179

Chi-square test：df = 3，卡方值为 6.695，sig = 0.082 > 0.05，所以不同受教育程度的居民对于“干部当官的目的是没特殊目的，一个稳定而待遇高的职业而已”的回答不存在显著差异。

G2f by A4a

您认为干部当官的目的是？其他 * 受教育程度 Crosstabulation

	初中及以下	高中、中专及职高	大专	本科及以上	总计
未选中	99.9%	99.5%	99.7%	99.4%	99.7%
选中	0.1%	0.5%	0.3%	0.6%	0.3%
总计	100.0%	100.0%	100.0%	100.0%	100.0%
列总计	2277	1052	363	487	4179

Chi-square test：df = 3，卡方值为 6.781，sig = 0.079 > 0.05，所以不同受教育程度的居民对于“干部当官的目的是‘其他’”的回答不存在显著差异。

G3 by A4a

与前几年相比，您对政府官员的信任度有什么变化 * 受教育程度 Crosstabulation

	初中及以下	高中、中专及职高	大专	本科及以上	总计
信任度提高了	40.6%	43.7%	39.9%	44.0%	41.7%
更加不信任	8.8%	9.6%	6.6%	7.7%	8.7%
没什么变化	50.3%	46.7%	53.4%	48.1%	49.4%
其他	0.3%			0.2%	0.2%
总计	100.0%	100.0%	100.0%	100.0%	100.0%
列总计	2395	1085	378	495	4353

Chi-square test：df = 9，卡方值为 13.796，sig = 0.130 > 0.05，所以不同受教育程度的居民对于“与前几年相比，对政府官员的信任度有什么变化”的回答不存在显著差异。

G4 by A4a

在生活中或媒体上看到政府官员时，您首先想到的是 * 受教育程度 Crosstabulation

	初中及以下	高中、中专及职高	大专	本科及以上	总计
公仆，为老百姓谋福利	16.2%	20.1%	18.3%	22.2%	18.0%
官僚，根本不了解我们的情况	19.2%	20.2%	21.7%	20.2%	19.8%
有权有势的人	28.8%	28.0%	22.8%	22.2%	27.4%
有本事的人	8.8%	8.3%	11.6%	11.8%	9.3%
领导，决定我们命运的人	9.6%	8.4%	10.1%	8.4%	9.2%
贪官	9.0%	8.0%	7.4%	8.0%	8.5%
惹不起，但躲得起的人	3.2%	2.3%	2.1%	1.2%	2.6%
遇到大事可以信任的人	3.7%	3.1%	3.2%	3.1%	3.5%

续表

	初中及以下	高中、中专及职高	大专	本科及以上	总计
其他	1.5%	1.5%	2.9%	2.9%	1.8%
总计	100.0%	100.0%	100.0%	100.0%	100.0%
列总计	2391	1081	378	490	4340

Chi-square test：df = 24，卡方值为 49.170，sig = 0.002 < 0.05，所以不同受教育程度的居民对于“在生活中或媒体上看到政府官员时，其首先想到的是”的回答存在显著差异。

G5 by A4a

您觉得当前我国政府官员道德问题最严重的是 * 受教育程度 Crosstabulation

	初中及以下	高中、中专及职高	大专	本科及以上	总计
贪污受贿	60.9%	54.4%	47.6%	49.4%	56.8%
以权谋私	69.0%	64.6%	61.7%	63.6%	66.6%
生活作风腐败	35.7%	34.5%	34.6%	31.1%	34.8%
官僚主义	18.6%	21.4%	19.2%	19.3%	19.5%
平庸，不作为，只保护自己不解决实际问题	34.8%	36.7%	42.3%	41.7%	36.7%
乱作为，搞政绩工程折腾百姓	20.6%	25.6%	31.3%	31.1%	24.0%
铺张浪费	11.3%	12.4%	16.1%	10.8%	11.9%
拉帮结派	8.8%	10.6%	8.7%	9.1%	9.3%
骄横跋扈，欺压百姓	5.3%	6.5%	7.3%	6.4%	5.9%
列总计	2238	1046	355	472	4111

据上表所示，不同受教育程度的居民对于“当前我国政府官员道德问题最严重的表现”的回答存在显著差异。

G6 by A4a

政府在制定政策和决策时充分考虑到伦理道德方面的要求了吗 * 受教育程度 Crosstabulation

	初中及以下	高中、中专及职高	大专	本科及以上	总计
有考虑，能够从日常生活中感受到	32.3%	31.3%	31.8%	38.9%	32.8%
有考虑，能够从政策文件中体会到	28.5%	31.4%	29.4%	34.3%	30.0%
只是口头上说说，没有实质性行动	28.8%	29.8%	30.5%	21.9%	28.4%
没有考虑，政策制度都是从自己的政绩和富人的利益着想	10.1%	7.0%	8.0%	4.5%	8.5%

续表

	初中及以下	高中、中专及职高	大专	本科及以上	总计
其他	0.3%	0.5%	0.3%	0.4%	0.3%
总计	100.0%	100.0%	100.0%	100.0%	100.0%
列总计	2344	1073	377	493	4287

Chi-square test：df = 12，卡方值为 41.881，sig = 0.000 < 0.05，所以不同受教育程度的居民对于“政府在制定政策和决策时是否充分考虑到伦理道德方面的要求”的回答存在显著差异。

G7a by A4a

残疾人、留守儿童、孤寡老人等弱势群体需要来自全社会的关爱与帮助，您认为本地区做得怎么样？社区提供的服务 * 受教育程度 Crosstabulation

	初中及以下	高中、中专及职高	大专	本科及以上	总计
很好	6.1%	7.8%	10.6%	11.6%	7.5%
比较好	73.1%	68.6%	72.5%	72.5%	71.9%
不太好	19.8%	22.5%	15.7%	14.2%	19.5%
很差	1.1%	1.1%	1.1%	1.7%	1.1%
总计	100.0%	100.0%	100.0%	100.0%	100.0%
列总计	2318	1038	357	466	4179

Chi-square test：df = 9，卡方值为 39.435，sig = 0.000 < 0.05，所以不同受教育程度的居民对于“本地区社区提供的服务做得怎么样”的回答存在显著差异。

G7b by A4a

残疾人、留守儿童、孤寡老人等弱势群体需要来自全社会的关爱与帮助，您认为本地区做得怎么样？周围人的尊重和关爱 * 受教育程度 Crosstabulation

	初中及以下	高中、中专及职高	大专	本科及以上	总计
很好	10.5%	8.5%	13.1%	11.1%	10.3%
比较好	73.3%	73.4%	72.8%	75.2%	73.5%
不太好	14.9%	16.9%	13.1%	13.0%	15.1%
很差	1.2%	1.2%	1.1%	0.6%	1.1%
总计	100.0%	100.0%	100.0%	100.0%	100.0%
列总计	2363	1062	360	476	4261

Chi-square test：df = 9，卡方值为 12.775，sig = 0.173 > 0.05，所以不同受教育程度的居民对于“本地区周围人的尊重和关爱做得怎么样”的回答不存在显著差异。

G7c by A4a

残疾人、留守儿童、孤寡老人等弱势群体需要来自全社会的关爱与帮助，您认为本地区做得怎么样？社会服务机构提供专业化服务 ＊ 受教育程度 Crosstabulation

	初中及以下	高中、中专及职高	大专	本科及以上	总计
很好	9.3%	9.0%	9.6%	11.6%	9.5%
比较好	56.9%	52.3%	56.6%	57.3%	55.8%
不太好	28.4%	33.3%	28.6%	27.3%	29.5%
很差	5.4%	5.4%	5.1%	3.8%	5.2%
总计	100.0%	100.0%	100.0%	100.0%	100.0%
列总计	2162	998	332	450	3942

Chi-square test：df = 9，卡方值为 13.730，sig = 0.132 > 0.05，所以不同受教育程度的居民对于“本地区社会服务机构提供专业化服务做得怎么样”的回答不存在显著差异。

G7d by A4a

残疾人、留守儿童、孤寡老人等弱势群体需要来自全社会的关爱与帮助，您认为本地区做得怎么样？政府实施的社会援助 ＊ 受教育程度 Crosstabulation

	初中及以下	高中、中专及职高	大专	本科及以上	总计
很好	9.2%	10.2%	9.5%	14.1%	10.0%
比较好	62.6%	58.3%	60.4%	60.0%	61.0%
不太好	24.9%	27.5%	26.5%	23.7%	25.6%
很差	3.3%	4.0%	3.6%	2.2%	3.4%
总计	100.0%	100.0%	100.0%	100.0%	100.0%
列总计	2160	1006	336	448	3950

Chi-square test：df = 9，卡方值为 16.713，sig = 0.053 > 0.05，所以不同受教育程度的居民对于“本地区政府实施的社会援助做得怎么样”的回答不存在显著差异。

G7e by A4a

残疾人、留守儿童、孤寡老人等弱势群体需要来自全社会的关爱与帮助，您认为本地区做得怎么样？公益与慈善事业 ＊ 受教育程度 Crosstabulation

	初中及以下	高中、中专及职高	大专	本科及以上	总计
很好	8.5%	8.4%	9.9%	12.3%	9.0%
比较好	62.6%	60.3%	56.3%	60.3%	61.2%
不太好	25.1%	27.0%	28.5%	24.4%	25.8%
很差	3.8%	4.4%	5.3%	3.0%	4.0%
总计	100.0%	100.0%	100.0%	100.0%	100.0%

续表

	初中及以下	高中、中专及职高	大专	本科及以上	总计
列总计	2010	964	323	438	3735

Chi-square test：df=9，卡方值为13.780，sig=0.130>0.05，所以不同受教育程度的居民对于“本地区公益与慈善事业做得怎么样”的回答不存在显著差异。

G7f by A4a

残疾人、留守儿童、孤寡老人等弱势群体需要来自全社会的关爱与帮助，您认为本地区做得怎么样？志愿者帮助 * 受教育程度 Crosstabulation

	初中及以下	高中、中专及职高	大专	本科及以上	总计
很好	8.5%	13.6%	9.3%	11.9%	10.3%
比较好	62.1%	59.7%	63.5%	61.7%	61.5%
不太好	26.1%	23.2%	22.2%	23.9%	24.7%
很差	3.3%	3.4%	5.1%	2.5%	3.4%
总计	100.0%	100.0%	100.0%	100.0%	100.0%
列总计	1973	960	334	444	3711

Chi-square test：df=9，卡方值为26.538，sig=0.002<0.05，所以不同受教育程度的居民对于“本地区志愿者帮助做得怎么样”的回答存在显著差异。

G8 by A4a

现在有的地方建了“好人馆”“好人广场”“好人公园”，您认为有必要为好人树碑立传吗 * 受教育程度 Crosstabulation

	初中及以下	高中、中专及职高	大专	本科及以上	总计
很有必要，可以让更多的人知道他们、学习他们	83.2%	79.3%	81.3%	80.6%	81.8%
可有可无	9.8%	11.9%	11.3%	9.9%	10.5%
没有必要	7.0%	8.8%	7.4%	9.5%	7.8%
总计	100.0%	100.0%	100.0%	100.0%	100.0%
列总计	2271	1058	364	485	4178

Chi-square test：df=6，卡方值为10.008，sig=0.124>0.05，所以不同受教育程度的居民对于“是否有必要为好人树碑立传”的回答不存在显著差异。

G9 by A4a

党中央出台了一系列治国理政的新举措，给社会生活带来了什么变化 * 受教育程度 Crosstabulation

	初中及以下	高中、中专及职高	大专	本科及以上	总计
社会在向好的方面发展，对未来生活更有信心	56.3%	59.0%	59.8%	68.3%	58.6%
目前没看出有什么影响	20.6%	20.6%	18.0%	15.2%	19.8%
虽然出台了一些政策，感觉解决不了什么问题	14.0%	16.3%	18.5%	14.7%	15.1%
不关心这些，说不清楚	9.0%	4.1%	3.7%	1.8%	6.5%
其他	0.1%	0.1%			0.1%
总计	100.0%	100.0%	100.0%	100.0%	100.0%
列总计	2396	1085	378	495	4354

Chi-square test：df = 12，卡方值为 78.353，sig = 0.000 < 0.05，所以不同受教育程度的居民对于“党中央出台了一系列治国理政的新举措，给社会生活带来了什么变化”的回答存在显著差异。

G10a by A4a

以下政策措施对促进社会公平有效果吗？就业政策 * 受教育程度 Crosstabulation

	初中及以下	高中、中专及职高	大专	本科及以上	总计
有较大效果	5.7%	10.3%	10.3%	11.9%	8.0%
有点效果	67.6%	64.4%	61.5%	70.3%	66.6%
没有效果	24.8%	22.9%	26.5%	16.4%	23.5%
更不公平	1.5%	2.0%	1.7%	1.3%	1.6%
大大加剧了不公平	0.3%	0.4%		0.2%	0.3%
总计	100.0%	100.0%	100.0%	100.0%	100.0%
列总计	2157	1028	358	464	4007

Chi-square test：df = 12，卡方值为 51.250，sig = 0.000 < 0.05，所以不同受教育程度的居民对于“就业政策是否对促进社会公平有效果”的回答存在显著差异。

G10b by A4a

以下政策措施对促进社会公平有效果吗？教育政策 * 受教育程度 Crosstabulation

	初中及以下	高中、中专及职高	大专	本科及以上	总计
有较大效果	9.5%	13.4%	10.8%	13.3%	11.0%

续表

	初中及以下	高中、中专及职高	大专	本科及以上	总计
有点效果	69.4%	65.8%	66.8%	69.5%	68.3%
没有效果	16.2%	15.3%	14.4%	12.0%	15.3%
更不公平	2.8%	3.8%	5.0%	4.0%	3.4%
大大加剧了不公平	2.1%	1.7%	3.0%	1.3%	2.0%
总计	100.0%	100.0%	100.0%	100.0%	100.0%
列总计	2235	1047	361	475	4118

Chi-square test：df = 12，卡方值为 28.767，sig = 0.004 < 0.05，所以不同受教育程度的居民对于“教育政策是否对促进社会公平有效果”的回答存在显著差异。

G10c by A4a

以下政策措施对促进社会公平有效果吗？医疗卫生政策 * 受教育程度 Crosstabulation

	初中及以下	高中、中专及职高	大专	本科及以上	总计
有较大效果	11.9%	13.2%	11.0%	15.1%	12.5%
有点效果	60.4%	60.4%	63.0%	61.6%	60.7%
没有效果	21.6%	19.2%	17.3%	18.1%	20.2%
更不公平	3.6%	4.7%	4.9%	3.2%	3.9%
大大加剧了不公平	2.6%	2.5%	3.8%	2.1%	2.6%
总计	100.0%	100.0%	100.0%	100.0%	100.0%
列总计	2303	1061	365	476	4205

Chi-square test：df = 12，卡方值为 17.010，sig = 0.149 > 0.05，所以不同受教育程度的居民对于“医疗卫生政策是否对促进社会公平有效果”的回答不存在显著差异。

G10d by A4a

以下政策措施对促进社会公平有效果吗？低保政策 * 受教育程度 Crosstabulation

	初中及以下	高中、中专及职高	大专	本科及以上	总计
有较大效果	11.9%	15.1%	15.0%	19.2%	13.8%
有点效果	59.8%	59.9%	64.2%	64.5%	60.7%
没有效果	21.4%	19.0%	13.5%	11.9%	19.0%
更不公平	4.5%	4.2%	5.3%	3.3%	4.4%
大大加剧了不公平	2.4%	1.8%	2.1%	1.1%	2.1%

续表

	初中及以下	高中、中专及职高	大专	本科及以上	总计
总计	100.0%	100.0%	100.0%	100.0%	100.0%
列总计	2125	1000	341	453	3919

Chi-square test：df = 12，卡方值为 48.251，sig = 0.000 < 0.05，所以不同受教育程度的居民对于“低保政策是否对促进社会公平有效果”的回答存在显著差异。

G10e by A4a

以下政策措施对促进社会公平有效果吗？房地产政策 ＊ 受教育程度 Crosstabulation

	初中及以下	高中、中专及职高	大专	本科及以上	总计
有较大效果	4.1%	6.4%	5.3%	7.2%	5.2%
有点效果	46.0%	39.7%	41.5%	43.0%	43.5%
没有效果	31.6%	33.1%	28.4%	28.1%	31.3%
更不公平	10.7%	12.8%	14.6%	17.1%	12.5%
大大加剧了不公平	7.6%	8.0%	10.2%	4.6%	7.6%
总计	100.0%	100.0%	100.0%	100.0%	100.0%
列总计	1836	974	342	456	3608

Chi-square test：df = 12，卡方值为 42.575，sig = 0.000 < 0.05，所以不同受教育程度的居民对于“房地产政策是否对促进社会公平有效果”的回答存在显著差异。

G10f by A4a

以下政策措施对促进社会公平有效果吗？拆迁安置政策 ＊ 受教育程度 Crosstabulation

	初中及以下	高中、中专及职高	大专	本科及以上	总计
有较大效果	5.3%	7.6%	5.4%	7.3%	6.2%
有点效果	47.1%	43.2%	48.6%	49.5%	46.5%
没有效果	27.5%	25.0%	23.9%	25.2%	26.2%
更不公平	11.5%	15.3%	10.9%	11.8%	12.5%
大大加剧了不公平	8.6%	8.8%	11.2%	6.1%	8.6%
总计	100.0%	100.0%	100.0%	100.0%	100.0%
列总计	1740	932	331	440	3443

Chi-square test：df = 12，卡方值为 26.067，sig = 0.011 < 0.05，所以不同受教育程度的居民对于“拆迁安置政策是否对促进社会公平有效果”的回答存在显著差异。

G11 by A4a

如果遭遇重大公共事件，您相信政府公布的信息和采取的措施吗 ＊ 受教育程度 Crosstabulation

	初中及以下	高中、中专及职高	大专	本科及以上	总计
相信，大都是可靠的，比网络流传的可靠	71.8%	71.1%	74.1%	78.4%	72.6%
不相信，都是安抚百姓的策略措施	15.2%	14.1%	13.8%	10.5%	14.3%
将信将疑，走一步看一步	13.0%	14.8%	12.2%	10.7%	13.1%
其他				0.4%	
总计	100.0%	100.0%	100.0%	100.0%	100.0%
列总计	2393	1084	378	495	4350

Chi-square test：df = 9，卡方值为 29.568，sig = 0.001 < 0.05，所以不同受教育程度的居民对于“如果遭遇重大公共事件，是否相信政府公布的信息和采取的措施”的回答存在显著差异。

G12a by A4a

政府推动或倡导的下列活动效果如何？文明城市创建 ＊ 受教育程度 Crosstabulation

	初中及以下	高中、中专及职高	大专	本科及以上	总计
完全没效果	1.9%	1.6%	2.4%	2.3%	1.9%
效果较差	14.5%	13.4%	12.7%	9.7%	13.5%
效果较好	69.0%	64.0%	67.4%	64.3%	67.0%
效果很好	14.7%	21.1%	17.5%	23.8%	17.6%
总计	100.0%	100.0%	100.0%	100.0%	100.0%
列总计	2251	1068	371	484	4174

Chi-square test：df = 9，卡方值为 40.546，sig = 0.000 < 0.05，所以不同受教育程度的居民对于“文明城市创建活动效果如何”的回答存在显著差异。

G12b by A4a

政府推动或倡导的下列活动效果如何？学雷锋活动 ＊ 受教育程度 Crosstabulation

	初中及以下	高中、中专及职高	大专	本科及以上	总计
完全没效果	1.9%	2.7%	4.3%	3.4%	2.5%
效果较差	18.8%	19.4%	17.0%	18.7%	18.8%
效果较好	65.6%	64.5%	65.9%	61.9%	64.9%

续表

	初中及以下	高中、中专及职高	大专	本科及以上	总计
效果很好	13.8%	13.4%	12.8%	16.0%	13.8%
总计	100.0%	100.0%	100.0%	100.0%	100.0%
列总计	2101	1031	352	470	3954

Chi-square test：df = 9，卡方值为 12.697，sig = 0.177 > 0.05，所以不同受教育程度的居民对于“学雷锋活动效果如何”的回答不存在显著差异。

G12c by A4a

政府推动或倡导的下列活动效果如何？典型人物的宣传 ＊ 受教育程度 Crosstabulation

	初中及以下	高中、中专及职高	大专	本科及以上	总计
完全没效果	1.8%	2.2%	3.1%	2.3%	2.1%
效果较差	19.9%	18.3%	18.5%	15.6%	18.8%
效果较好	61.4%	59.4%	60.2%	62.9%	61.0%
效果很好	16.9%	20.1%	18.2%	19.2%	18.1%
总计	100.0%	100.0%	100.0%	100.0%	100.0%
列总计	2001	1004	357	469	3831

Chi-square test：df = 9，卡方值为 11.679，sig = 0.232 > 0.05，所以不同受教育程度的居民对于“典型人物的宣传效果如何”的回答不存在显著差异。

G12d by A4a

政府推动或倡导的下列活动效果如何？志愿服务的倡导和推广 ＊ 受教育程度 Crosstabulation

	初中及以下	高中、中专及职高	大专	本科及以上	总计
完全没效果	1.7%	3.1%	1.4%	1.7%	2.0%
效果较差	19.7%	19.2%	16.8%	15.4%	18.8%
效果较好	60.4%	57.6%	64.5%	63.9%	60.4%
效果很好	18.2%	20.2%	17.3%	18.9%	18.7%
总计	100.0%	100.0%	100.0%	100.0%	100.0%
列总计	1940	980	346	460	3726

Chi-square test：df = 9，卡方值为 16.429，sig = 0.058 > 0.05，所以不同受教育程度的居民对于“志愿服务的倡导和推广的效果如何”的回答不存在显著差异。

G12e by A4a

政府推动或倡导的下列活动效果如何？反腐倡廉的举措 * 受教育程度 Crosstabulation

	初中及以下	高中、中专及职高	大专	本科及以上	总计
完全没效果	4.8%	4.1%	3.7%	2.2%	4.2%
效果较差	20.0%	18.7%	20.0%	13.5%	18.9%
效果较好	57.7%	56.4%	58.3%	61.7%	57.9%
效果很好	17.5%	20.8%	18.0%	22.7%	19.0%
总计	100.0%	100.0%	100.0%	100.0%	100.0%
列总计	2162	1022	355	459	3998

Chi-square test：df = 9，卡方值为 24.258，sig = 0.004 < 0.05，所以不同受教育程度的居民对于“反腐倡廉的举措效果如何”的回答存在显著差异。

G12f by A4a

政府推动或倡导的下列活动效果如何？《公民道德建设实施纲要》的推进 * 受教育程度 Crosstabulation

	初中及以下	高中、中专及职高	大专	本科及以上	总计
完全没效果	1.8%	2.9%	2.0%	3.6%	2.3%
效果较差	20.0%	19.4%	21.2%	11.7%	18.9%
效果较好	63.7%	60.9%	60.5%	65.4%	62.9%
效果很好	14.6%	16.7%	16.3%	19.3%	15.9%
总计	100.0%	100.0%	100.0%	100.0%	100.0%
列总计	1729	896	306	419	3350

Chi-square test：df = 9，卡方值为 26.800，sig = 0.002 < 0.05，所以不同受教育程度的居民对于“《公民道德建设实施纲要》的推进效果如何”的回答存在显著差异。

G13 by A4a

您对我们正在走的中国特色社会主义道路怎么看 * 受教育程度 Crosstabulation

	初中及以下	高中、中专及职高	大专	本科及以上	总计
充满信心，因为它可以给中国带来繁荣富强	51.2%	53.0%	52.9%	65.9%	53.5%
不太了解，但相信这条路能够让老百姓都过上好日子	35.6%	35.1%	35.7%	24.0%	34.2%

续表

	初中及以下	高中、中专及职高	大专	本科及以上	总计
表示怀疑，走这条路究竟怎么样，现在还说不清楚	7.6%	8.9%	9.5%	8.7%	8.2%
走什么样的路，跟我没关系	5.5%	2.9%	1.6%	1.4%	4.0%
其他	0.1%	0.2%	0.3%		0.1%
总计	100.0%	100.0%	100.0%	100.0%	100.0%
列总计	2389	1083	378	495	4345

Chi-square test：df = 12，卡方值为 68.205，sig = 0.000 < 0.05，所以不同受教育程度的居民对“我们正在走的中国特色社会主义道路”的看法存在显著差异。

G14 by A4a

每个人都希望我们的国家越来越好，我们的生活越来越好。党的十八大提出，到 2020 年全面建成小康社会，到本世纪中叶建成社会主义现代化国家，您认为这样的目标能实现吗 ＊ 受教育程度 Crosstabulation

	初中及以下	高中、中专及职高	大专	本科及以上	总计
相信一定能实现	40.7%	41.1%	34.0%	38.9%	40.0%
有困难，但只要努力还是能实现的	47.3%	50.1%	56.8%	56.4%	49.9%
不可能实现	2.8%	3.3%	4.8%	2.9%	3.1%
说不清楚，跟我没关系	9.1%	5.3%	4.0%	1.6%	6.9%
其他		0.2%	0.3%	0.2%	0.1%
总计	100.0%	100.0%	100.0%	100.0%	100.0%
列总计	2361	1071	373	491	4296

Chi-square test：df = 12，卡方值为 67.755，sig = 0.000 < 0.05，所以不同受教育程度的居民对于“到本世纪中叶建成社会主义现代化国家的目标能否实现”的回答存在显著差异。

G15 by A4a

您对您周围的党员干部道德状况怎么评价 ＊ 受教育程度 Crosstabulation

	初中及以下	高中、中专及职高	大专	本科及以上	总计
总体还不错	49.5%	52.4%	53.3%	56.3%	51.4%
普遍比较差	18.9%	19.9%	20.3%	17.2%	19.1%
和普通群众没有太大差别	31.5%	27.7%	26.4%	26.5%	29.6%
总计	100.0%	100.0%	100.0%	100.0%	100.0%
列总计	2204	1010	345	460	4019

Chi-square test：df = 6，卡方值为 12.269，sig = 0.056 > 0.05，所以不同受教育程度的居民对于“周围的党员干部道德状况”的回答不存在显著差异。

G16 by A4a

您认为当前官员的勤政作为是怎样的 ＊ 受教育程度 Crosstabulation

	初中及以下	高中、中专及职高	大专	本科及以上	总计
努力作为，成绩显著	21.6%	26.7%	28.4%	32.2%	24.8%
努力作为，成绩一般	55.4%	51.7%	52.3%	48.8%	53.4%
行政不作为	18.5%	16.6%	14.9%	15.7%	17.3%
行政乱作为	4.4%	5.0%	4.4%	3.4%	4.5%
总计	100.0%	100.0%	100.0%	100.0%	100.0%
列总计	1982	954	342	447	3725

Chi-square test：df = 9，卡方值为 30.634，sig = 0.000 < 0.05，所以不同受教育程度的居民对于“当前官员的勤政作为”的回答存在显著差异。

G17 by A4a

您到政府部门办事，首先选择的方法是 ＊ 受教育程度 Crosstabulation

	初中及以下	高中、中专及职高	大专	本科及以上	总计
找亲朋好友帮忙办理	12.1%	14.0%	13.8%	11.6%	12.7%
找政府中的熟人办理	22.9%	28.2%	22.9%	25.2%	24.5%
送红包	0.8%	1.3%	1.1%	1.0%	1.0%
直接找相关职能部门办理	64.0%	56.3%	62.1%	62.0%	61.6%
其他	0.3%	0.2%		0.2%	0.2%
总计	100.0%	100.0%	100.0%	100.0%	100.0%
列总计	2239	1025	354	481	4099

Chi-square test：df = 12，卡方值为 20.922，sig = 0.052 > 0.05，所以不同受教育程度的居民对于“到政府部门办事，首先选择的方法”的回答不存在显著差异。

H1 by A4a

您认为近五年来，您所在地区政府的环境保护工作做得怎么样 ＊ 教育程度 Crosstabulation

	初中及以下	高中、中专及职高	大专	本科及以上	总计
片面注重经济发展，忽视了环境保护工作	14.5%	19.0%	24.0%	24.2%	17.6%
重视不够，环保投入不足	23.5%	29.3%	27.6%	28.2%	25.9%
虽尽了努力，但效果不佳	15.2%	13.8%	13.6%	10.5%	14.2%

续表

	初中及以下	高中、中专及职高	大专	本科及以上	总计
尽了很大努力，有一定成效	38.5%	29.1%	29.0%	29.7%	34.2%
取得了很大的成绩	8.3%	8.7%	5.8%	7.4%	8.1%
总计	100.0%	100.0%	100.0%	100.0%	100.0%
列总计	2236	1047	359	475	4117

Chi-square test：df = 12，卡方值为 79.132，sig = 0.000 < 0.05，所以不同受教育程度的居民对于“近五年来所在地区政府的环境保护工作做得怎么样”的回答存在显著差异。

H2a by A4a

在最近的一年里，您是否从事过？垃圾分类投放 ＊ 教育程度 Crosstabulation

	初中及以下	高中、中专及职高	大专	本科及以上	总计
从不	54.0%	39.4%	29.1%	23.4%	44.8%
偶尔	33.3%	40.9%	48.9%	50.5%	38.5%
经常	12.7%	19.7%	22.0%	26.1%	16.8%
总计	100.0%	100.0%	100.0%	100.0%	100.0%
列总计	2400	1083	378	495	4356

Chi-square test：df = 6，卡方值为 232.750，sig = 0.000 < 0.05，所以不同受教育程度的居民对于“在最近的一年里是否从事过垃圾分类投放”的回答存在显著差异。

H2b by A4a

在最近的一年里，您是否从事过？与自己的亲戚朋友讨论环保问题 ＊ 教育程度 Crosstabulation

	初中及以下	高中、中专及职高	大专	本科及以上	总计
从不	54.8%	38.8%	32.3%	26.1%	45.6%
偶尔	37.1%	48.4%	52.4%	54.5%	43.2%
经常	8.1%	12.8%	15.3%	19.4%	11.2%
总计	100.0%	100.0%	100.0%	100.0%	100.0%
列总计	2398	1085	378	495	4356

Chi-square test：df = 6，卡方值为 219.849，sig = 0.000 < 0.05，所以不同受教育程度的居民对于“在最近的一年里是否从事过与自己的亲戚朋友讨论环保问题”的回答存在显著差异。

H2c by A4a

在最近的一年里，您是否从事过？采购日常用品时自己带购物篮或购物袋 * 教育程度 Crosstabulation

	初中及以下	高中、中专及职高	大专	本科及以上	总计
从不	27.0%	20.3%	16.4%	13.5%	22.9%
偶尔	45.9%	46.3%	47.4%	43.8%	45.9%
经常	27.1%	33.5%	36.2%	42.6%	31.2%
总计	100.0%	100.0%	100.0%	100.0%	100.0%
列总计	2400	1081	378	495	4354

Chi-square test：df = 6，卡方值为 86.459，sig = 0.000 < 0.05，所以不同受教育程度的居民对于“在最近的一年里是否从事过采购日常用品时自己带购物篮或购物袋”的回答存在显著差异。

H2d by A4a

在最近的一年里，您是否从事过？优先选择公交、步行等绿色出行方式 * 教育程度 Crosstabulation

	初中及以下	高中、中专及职高	大专	本科及以上	总计
从不	21.9%	16.8%	14.6%	11.1%	18.8%
偶尔	38.7%	42.8%	39.9%	37.9%	39.7%
经常	39.5%	40.3%	45.5%	51.0%	41.5%
总计	100.0%	100.0%	100.0%	100.0%	100.0%
列总计	2398	1081	378	494	4351

Chi-square test：df = 6，卡方值为 51.904，sig = 0.000 < 0.05，所以不同受教育程度的居民对于“在最近的一年里是否从事过优先选择公交、步行等绿色出行方式”的回答存在显著差异。

H2e by A4a

在最近的一年里，您是否从事过？为环境保护捐款 * 教育程度 Crosstabulation

	初中及以下	高中、中专及职高	大专	本科及以上	总计
从不	82.7%	71.6%	57.8%	48.5%	73.9%
偶尔	14.7%	23.3%	35.0%	44.4%	22.0%
经常	2.5%	5.2%	7.2%	7.1%	4.1%
总计	100.0%	100.0%	100.0%	100.0%	100.0%
列总计	2394	1083	377	495	4349

Chi-square test：df = 6，卡方值为 320.195，sig = 0.000 < 0.05，所以不同受教育程度的居民对于“在最近的一年里是否从事过为环境保护捐款”的回答存在显著差异。

H2f by A4a

在最近的一年里，您是否从事过？主动关注环境方面的信息报道和宣传教育 ＊ 教育程度 Crosstabulation

	初中及以下	高中、中专及职高	大专	本科及以上	总计
从不	77.8%	66.5%	55.3%	42.2%	69.0%
偶尔	18.5%	25.6%	33.6%	45.7%	24.6%
经常	3.7%	7.9%	11.1%	12.1%	6.3%
总计	100.0%	100.0%	100.0%	100.0%	100.0%
列总计	2399	1082	378	495	4354

Chi-square test：df = 6，卡方值为 298.046，sig = 0.000 < 0.05，所以不同受教育程度的居民对于“在最近的一年里是否从事过主动关注环境方面的信息报道和宣传教育”的回答存在显著差异。

H2g by A4a

在最近的一年里，您是否从事过？积极参加民间环保团体举办的环保活动 ＊ 教育程度 Crosstabulation

	初中及以下	高中、中专及职高	大专	本科及以上	总计
从不	84.5%	76.8%	65.9%	59.8%	78.2%
偶尔	13.1%	18.0%	28.0%	33.1%	17.9%
经常	2.4%	5.2%	6.1%	7.1%	3.9%
总计	100.0%	100.0%	100.0%	100.0%	100.0%
列总计	2399	1083	378	495	4355

Chi-square test：df = 6，卡方值为 193.117，sig = 0.000 < 0.05，所以不同受教育程度的居民对于“在最近的一年里是否从事过积极参加民间环保团体举办的环保活动”的回答存在显著差异。

H2h by A4a

在最近的一年里，您是否从事过？积极参加要求解决环境问题的投诉、上诉 ＊ 教育程度 Crosstabulation

	初中及以下	高中、中专及职高	大专	本科及以上	总计
从不	86.7%	80.9%	71.7%	68.1%	81.9%
偶尔	11.1%	15.5%	23.3%	26.5%	15.0%
经常	2.1%	3.5%	5.0%	5.5%	3.1%
总计	100.0%	100.0%	100.0%	100.0%	100.0%
列总计	2397	1081	378	495	4351

Chi-square test：df = 6，卡方值为 129.098，sig = 0.000 < 0.05，所以不同受教育程度的居民对于“在最近的一年里是否从事过积极参加要求解决环境问题的投诉、上诉”的回答存在显著差异。

H3 by A4a

如果您的周围有一片森林，政府将成材的树林砍伐下来办木材厂，将极大提高您的收入，但将破坏环境，您会支持这一决定吗 * 教育程度 Crosstabulation

	初中及以下	高中、中专及职高	大专	本科及以上	总计
支持，对大家有好处	9.8%	7.5%	7.9%	6.5%	8.7%
反对，这是发子孙财，破坏生态	67.8%	73.9%	69.6%	73.9%	70.2%
不支持也不反对，政府决定	22.2%	18.6%	22.5%	19.4%	21.0%
其他	0.1%			0.2%	0.1%
总计	100.0%	100.0%	100.0%	100.0%	100.0%
列总计	2397	1082	378	495	4352

Chi-square test：df = 9，卡方值为 21.548，sig = 0.010 < 0.05，所以不同受教育程度的居民对于“如果您的周围有一片森林，政府将成材的树林砍伐下来办木材厂，将极大提高您的收入，但将破坏环境，您会支持这一决定吗”的回答存在显著差异。

H4 by A4a

如果要办一个化工厂，您是这个厂的持股职工，化工厂的排污管将未经处理的污水排向下游地区，给下游地区造成污染，您会支持这个决定吗 * 教育程度 Crosstabulation

	初中及以下	高中、中专及职高	大专	本科及以上	总计
支持，我们不会受污染	7.6%	5.6%	7.1%	5.1%	6.8%
反对，这是嫁祸于人	73.4%	77.1%	80.2%	86.4%	76.4%
不支持也不反对，成了可分红，不成是领导的责任	19.0%	17.1%	12.7%	8.5%	16.8%
其他	0.1%	0.2%			0.1%
总计	100.0%	100.0%	100.0%	100.0%	100.0%
列总计	2394	1082	378	493	4347

Chi-square test：df = 9，卡方值为 49.339，sig = 0.000 < 0.05，所以不同受教育程度的居民对于“如果要办一个化工厂，您是这个厂的持股职工，化工厂的排污管将未经处理的污水排向下游地区，给下游地区造成污染，您会支持这个决定吗”的回答存在显著差异。

H5 by A4a

您认为造成生态环境问题的最主要原因是 * 教育程度 Crosstabulation

	初中及以下	高中、中专及职高	大专	本科及以上	总计
企业唯利是图，造成环境污染	32.6%	31.6%	34.4%	32.1%	32.4%

续表

	初中及以下	高中、中专及职高	大专	本科及以上	总计
政府缺乏生态意识，政策失当	31.0%	32.9%	33.1%	35.2%	32.1%
个人缺乏环保意识	18.7%	19.2%	15.1%	13.9%	17.9%
当代人自私自利，不顾未来和子孙利益	17.0%	16.2%	16.7%	17.6%	16.8%
其他	0.7%	0.2%	0.8%	1.2%	0.6%
总计	100.0%	100.0%	100.0%	100.0%	100.0%
列总计	2391	1083	378	495	4347

Chi-square test：df = 12，卡方值为 17.933，sig = 0.118 > 0.05，所以不同受教育程度的居民对于“造成生态环境问题的最主要原因”的回答不存在显著差异。

H6 by A4a

如果环境保护主管部门邀请您参加座谈会或听证会，听取对环境保护相关事项或者活动的意见和建议，您是否会出席 ＊ 教育程度 Crosstabulation

	初中及以下	高中、中专及职高	大专	本科及以上	总计
会	63.9%	67.7%	76.0%	81.8%	67.9%
不会	36.1%	32.3%	24.0%	18.2%	32.1%
总计	100.0%	100.0%	100.0%	100.0%	100.0%
列总计	2147	972	334	444	3897

Chi-square test：df = 3，卡方值为 64.725，sig = 0.000 < 0.05，所以不同受教育程度的居民对于“如果环境保护主管部门邀请您参加座谈会或听证会，是否会出席”的回答存在显著差异。

H7 by A4a

若您所在社区参加“绿色社区”创建活动，您是否会积极参与 ＊ 教育程度 Crosstabulation

	初中及以下	高中、中专及职高	大专	本科及以上	总计
会	68.8%	74.0%	82.9%	88.2%	73.5%
不会	31.2%	26.0%	17.1%	11.8%	26.5%
总计	100.0%	100.0%	100.0%	100.0%	100.0%
列总计	2154	958	333	441	3886

Chi-square test：df = 3，卡方值为 88.131，sig = 0.000 < 0.05，所以不同受教育程度的居民对于“所在社区参加‘绿色社区’创建活动，是否会积极参与”的回答存在显著差异。

I1 by A4a

如果您周围有很多外国人，您愿意和他们建立什么样的关系 ＊ 教育程度 Crosstabulation

	初中及以下	高中、中专及职高	大专	本科及以上	总计
愿意做朋友	31.4%	42.0%	60.3%	66.7%	40.6%
愿意做兄弟姐妹	4.0%	5.2%	5.8%	4.4%	4.5%
不愿意来往，得提防他们	3.5%	3.1%	1.3%	1.6%	3.0%
偶尔交往，仅限于礼节性的	11.6%	19.4%	17.5%	19.4%	15.0%
无法和他们来往，存在语言、文化、习俗等障碍	49.2%	30.0%	14.3%	7.9%	36.7%
其他	0.3%	0.2%	0.8%		0.3%
总计	100.0%	100.0%	100.0%	100.0%	100.0%
列总计	2395	1085	378	495	4353

Chi-square test：df = 15，卡方值为 506.281，sig = 0.000 < 0.05，所以不同受教育程度的居民对于“如果您周围有很多外国人，愿意和他们建立什么样的关系”的回答存在显著差异。

I2 by A4a

您更愿意过春节还是圣诞节 ＊ 教育程度 Crosstabulation

	初中及以下	高中、中专及职高	大专	本科及以上	总计
圣诞节	0.3%	0.9%	0.5%	0.6%	0.5%
春节	89.2%	78.8%	69.8%	67.1%	82.4%
两个都愿意过	9.4%	18.5%	28.0%	31.1%	15.7%
两个都不想过	1.1%	1.8%	1.6%	1.2%	1.4%
总计	100.0%	100.0%	100.0%	100.0%	100.0%
列总计	2400	1083	378	495	4356

Chi-square test：df = 9，卡方值为 222.187，sig = 0.000 < 0.05，所以不同受教育程度的居民对于“更愿意过春节还是圣诞节”的回答存在显著差异。

I3 by A4a

您同意中国人与外国人通婚吗 ＊ 教育程度 Crosstabulation

	初中及以下	高中、中专及职高	大专	本科及以上	总计
非常同意	1.9%	3.7%	7.2%	8.7%	3.6%
比较同意	67.1%	66.6%	74.4%	74.0%	68.4%
不太同意	25.3%	24.2%	16.7%	16.6%	23.2%

续表

	初中及以下	高中、中专及职高	大专	本科及以上	总计
强烈反对	5.8%	5.5%	1.7%	0.7%	4.8%
总计	100.0%	100.0%	100.0%	100.0%	100.0%
列总计	2146	970	347	447	3910

Chi-square test：df = 9，卡方值为 115.550，sig = 0.000 < 0.05，所以不同受教育程度的居民对于“是否同意中国人与外国人通婚”的回答存在显著差异。

I4 by A4a

对外来的城市农民工如建筑工人、家庭保姆等，您的态度是 * 教育程度 Crosstabulation

	初中及以下	高中、中专及职高	大专	本科及以上	总计
看不起和排斥	0.7%	0.8%	0.3%	0.6%	0.7%
无视和冷漠以对	3.2%	4.8%	4.2%	4.0%	3.8%
尊重和体谅	76.5%	75.1%	78.8%	82.8%	77.1%
同情和友爱	19.6%	19.3%	16.4%	12.1%	18.4%
其他			0.3%	0.4%	0.1%
总计	100.0%	100.0%	100.0%	100.0%	100.0%
列总计	2391	1083	378	495	4347

Chi-square test：df = 12，卡方值为 31.840，sig = 0.001 < 0.05，所以不同受教育程度的居民对于“对外来的城市农民工如建筑工人、家庭保姆等，您的态度是”的回答存在显著差异。

I5 by A4a

您在日常生活中与同乡人和外乡人的关系是 * 教育程度 Crosstabulation

	初中及以下	高中、中专及职高	大专	本科及以上	总计
与同乡人交往多	48.6%	36.9%	34.9%	33.0%	42.7%
与外乡人交往多	8.1%	9.9%	9.5%	11.9%	9.1%
一样多	16.2%	28.0%	36.0%	38.3%	23.3%
偶尔与外乡人有交往，主要与同乡人交往	26.9%	25.1%	19.6%	16.6%	24.6%
其他	0.1%	0.2%		0.2%	0.1%
总计	100.0%	100.0%	100.0%	100.0%	100.0%
列总计	2397	1080	378	494	4349

Chi-square test：df = 12，卡方值为 210.630，sig = 0.000 < 0.05，所以不同受教育程度的居民对于“您在日常生活中与同乡人和外乡人的关系是”的回答存在显著差异。

I6 by A4a

您所在地区的政府对待外来人员的政策取向是 * 教育程度 Crosstabulation

	初中及以下	高中、中专及职高	大专	本科及以上	总计
不冷不热，顺其自然	46.2%	42.2%	45.5%	50.4%	45.6%
提高门槛，严加限制	10.2%	11.1%	10.6%	9.2%	10.4%
降低门槛，广泛吸收	33.6%	36.0%	29.4%	27.9%	33.2%
对有钱人、高级专家采取特殊政策吸引，对一般人严加限制	9.9%	10.6%	14.4%	12.4%	10.7%
其他	0.1%	0.1%			0.1%
总计	100.0%	100.0%	100.0%	100.0%	100.0%
列总计	2274	1045	367	476	4162

Chi-square test：df = 12，卡方值为 23.196，sig = 0.026 < 0.05，所以不同受教育程度的居民对于“所在地区的政府对待外来人员的政策取向”的回答存在显著差异。

I7 by A4a

您认为在当前的中国，读书还能不能改变命运 * 教育程度 Crosstabulation

	初中及以下	高中、中专及职高	大专	本科及以上	总计
读书只是改变命运的一个路径	34.8%	42.1%	42.1%	47.4%	38.6%
读书是改变命运的主要路径	41.7%	39.0%	36.8%	40.1%	40.4%
读书是改变命运的唯一路径	15.0%	10.6%	10.1%	5.9%	12.5%
不再是改变命运的路径，没权势的人读了书照样穷	8.4%	8.2%	10.6%	6.7%	8.4%
其他		0.1%	0.5%		0.1%
总计	100.0%	100.0%	100.0%	100.0%	100.0%
列总计	2396	1082	378	494	4350

Chi-square test：df = 12，卡方值为 73.710，sig = 0.000 < 0.05，所以不同受教育程度的居民对于“在当前的中国，读书还能不能改变命运”的回答存在显著差异。

I8 by A4a

您如何认识名牌大学里农村学生比例急剧减少的现象 * 教育程度 Crosstabulation

	初中及以下	高中、中专及职高	大专	本科及以上	总计
是一种社会倒退	8.7%	11.2%	11.2%	8.9%	9.6%

续表

	初中及以下	高中、中专及职高	大专	本科及以上	总计
农村教育的落后	38.7%	35.4%	35.1%	35.7%	37.2%
教育不公平	33.6%	33.5%	30.3%	32.7%	33.2%
有钱人和有权人特权的表现	13.8%	13.6%	14.6%	10.1%	13.4%
代际不公，社会不公的延续和加剧	4.1%	5.4%	8.5%	11.8%	5.7%
其他	1.1%	0.9%	0.3%	0.8%	1.0%
总计	100.0%	100.0%	100.0%	100.0%	100.0%
列总计	2376	1080	376	493	4325

Chi-square test：df = 15，卡方值为 66.112，sig = 0.000 < 0.05，所以不同受教育程度的居民对于“如何认识名牌大学里农村学生比例急剧减少的现象”的回答存在显著差异。

I9 by A4a

您同学指出你们家乡的某一风俗习惯很落后保守，您会作出什么反应 ＊ 教育程度 Crosstabulation

	初中及以下	高中、中专及职高	大专	本科及以上	总计
坦然面对，承认这一风俗习惯确实落后	49.4%	56.4%	52.6%	56.0%	52.2%
虽然认为说得对，但是感觉他或她在批评自己的家乡，因此不自在	30.5%	28.4%	31.0%	33.5%	30.4%
虽然认为说得对，但是感到受到羞辱	10.3%	7.3%	7.4%	6.9%	8.9%
批评家乡就是批评自己，要为家乡的风俗习惯做辩护	9.5%	7.9%	8.5%	3.4%	8.3%
其他	0.2%		0.5%	0.2%	0.2%
总计	100.0%	100.0%	100.0%	100.0%	100.0%
列总计	2378	1080	378	493	4329

Chi-square test：df = 12，卡方值为 46.452，sig = 0.000 < 0.05，所以不同受教育程度的居民对于“同学指出你们家乡的某一风俗习惯很落后保守，您会作出什么反应”的回答存在显著差异。

I10 by A4a

如果您有机会出国，初到国外时，您交朋友会有意识地交中国朋友吗 ＊ 教育程度 Crosstabulation

	初中及以下	高中、中专及职高	大专	本科及以上	总计
会，认为在异国他乡找自己本国人有一种归属感	62.7%	60.4%	68.2%	72.3%	63.7%
不会，看缘分交朋友，不强调国籍	11.1%	14.9%	14.6%	18.2%	13.2%

续表

	初中及以下	高中、中专及职高	大专	本科及以上	总计
不会，会有意识地多交外国朋友	4.5%	5.4%	4.8%	2.2%	4.5%
视情况而定	21.7%	19.4%	12.5%	7.3%	18.7%
总计	100.0%	100.0%	100.0%	100.0%	100.0%
列总计	2386	1084	377	494	4341

Chi-square test：df = 9，卡方值为 90.316，sig = 0.000 < 0.05，所以不同受教育程度的居民对于“如果您有机会出国，初到国外时，交朋友是否会有意识地交中国朋友”的回答存在显著差异。

I11 by A4a

您是否愿意与不同民族的人交往 ＊ 教育程度 Crosstabulation

	初中及以下	高中、中专及职高	大专	本科及以上	总计
非常不愿意	2.5%	2.4%	0.3%	2.3%	2.3%
不太愿意	19.9%	20.1%	11.9%	9.5%	18.0%
比较愿意	74.6%	71.1%	75.6%	76.3%	74.0%
非常愿意	3.0%	6.5%	12.2%	11.9%	5.7%
总计	100.0%	100.0%	100.0%	100.0%	100.0%
列总计	2312	1052	369	486	4219

Chi-square test：df = 9，卡方值为 134.849，sig = 0.000 < 0.05，所以不同受教育程度的居民对于“是否愿意与不同民族的人交往”的回答存在显著差异。

I12 by A4a

您是否愿意与不同宗教信仰的人相处 ＊ 教育程度 Crosstabulation

	初中及以下	高中、中专及职高	大专	本科及以上	总计
非常不愿意	2.9%	2.6%	1.9%	3.6%	2.8%
不太愿意	24.7%	25.5%	19.9%	12.4%	23.0%
比较愿意	70.2%	67.2%	69.9%	75.8%	70.1%
非常愿意	2.2%	4.7%	8.2%	8.2%	4.1%
总计	100.0%	100.0%	100.0%	100.0%	100.0%
列总计	2282	1024	366	476	4148

Chi-square test：df = 9，卡方值为 91.232，sig = 0.000 < 0.05，所以不同受教育程度的居民对于“是否愿意与不同宗教信仰的人交往”的回答存在显著差异。

I13 by A4a

您与您的邻居平时来往多吗 ＊ 教育程度 Crosstabulation

	初中及以下	高中、中专及职高	大专	本科及以上	总计
非常多	18.6%	17.2%	11.1%	12.7%	17.0%
比较多	58.6%	55.6%	48.3%	49.1%	55.9%
偶尔	20.5%	23.5%	31.3%	32.5%	23.6%
几乎不来往	2.3%	3.7%	9.3%	5.7%	3.6%
总计	100.0%	100.0%	100.0%	100.0%	100.0%
列总计	2394	1080	377	495	4346

Chi-square test：df = 9，卡方值为 115.369，sig = 0.000 < 0.05，所以不同受教育程度的居民对于“与邻居平时的来往程度”的回答存在显著差异。

I14a by A4a

您在多大程度上愿意和下列群体成为邻居？农民工、进城务工人员 ＊ 教育程度 Crosstabulation

	初中及以下	高中、中专及职高	大专	本科及以上	总计
非常愿意	12.8%	9.5%	8.6%	5.4%	10.8%
比较愿意	80.1%	76.4%	74.6%	72.2%	77.8%
不太愿意	6.6%	13.4%	15.5%	21.6%	10.8%
很不愿意	0.5%	0.7%	1.3%	0.8%	0.6%
总计	100.0%	100.0%	100.0%	100.0%	100.0%
列总计	2390	1072	374	485	4321

Chi-square test：df = 9，卡方值为 141.009，sig = 0.000 < 0.05，所以不同受教育程度的居民对于“在多大程度上愿意和农民工、进城务工人员成为邻居”的回答存在显著差异。

I14b by A4a

您在多大程度上愿意和下列群体成为邻居？商人 ＊ 教育程度 Crosstabulation

	初中及以下	高中、中专及职高	大专	本科及以上	总计
非常愿意	8.0%	8.3%	7.0%	5.1%	7.7%
比较愿意	71.2%	69.0%	66.4%	69.4%	70.0%
不太愿意	20.0%	21.4%	25.8%	24.7%	21.4%
很不愿意	0.8%	1.2%	0.8%	0.8%	0.9%
总计	100.0%	100.0%	100.0%	100.0%	100.0%
列总计	2374	1068	372	490	4304

Chi-square test：df = 9，卡方值为 16.480，sig = 0.058 > 0.05，所以不同受教育程度的居民对于“在多大程度上愿意和商人成为邻居”的回答不存在显著差异。

I14c by A4a

您在多大程度上愿意和下列群体成为邻居？企业家或高级管理人员 ＊ 教育程度 Crosstabulation

	初中及以下	高中、中专及职高	大专	本科及以上	总计
非常愿意	14.2%	15.9%	12.7%	16.6%	14.7%
比较愿意	71.7%	69.6%	72.5%	73.2%	71.4%
不太愿意	12.8%	13.3%	14.0%	9.4%	12.6%
很不愿意	1.4%	1.2%	0.8%	0.8%	1.2%
总计	100.0%	100.0%	100.0%	100.0%	100.0%
列总计	2357	1065	371	489	4282

Chi-square test：df = 9，卡方值为 11.010，sig = 0.275 > 0.05，所以不同受教育程度的居民对于“在多大程度上愿意和企业家或高级管理人员成为邻居”的回答不存在显著差异。

I14d by A4a

您在多大程度上愿意和下列群体成为邻居？技术工人 ＊ 教育程度 Crosstabulation

	初中及以下	高中、中专及职高	大专	本科及以上	总计
非常愿意	18.9%	19.6%	17.6%	16.5%	18.7%
比较愿意	74.9%	73.7%	71.8%	78.2%	74.7%
不太愿意	5.7%	6.1%	10.4%	4.5%	6.1%
很不愿意	0.5%	0.7%	0.3%	0.8%	0.6%
总计	100.0%	100.0%	100.0%	100.0%	100.0%
列总计	2375	1071	376	491	4313

Chi-square test：df = 9，卡方值为 19.062，sig = 0.025 < 0.05，所以不同受教育程度的居民对于“在多大程度上愿意和技术工人成为邻居”的回答存在显著差异。

I14e by A4a

您在多大程度上愿意和下列群体成为邻居？教师 ＊ 教育程度 Crosstabulation

	初中及以下	高中、中专及职高	大专	本科及以上	总计
非常愿意	25.4%	26.2%	26.3%	26.2%	25.8%
比较愿意	68.9%	67.7%	67.3%	71.3%	68.7%
不太愿意	5.1%	5.1%	6.1%	2.0%	4.9%
很不愿意	0.5%	0.9%	0.3%	0.4%	0.6%

续表

	初中及以下	高中、中专及职高	大专	本科及以上	总计
总计	100.0%	100.0%	100.0%	100.0%	100.0%
列总计	2391	1079	376	492	4338

Chi-square test：df = 9，卡方值为 13.927，sig = 0.125 > 0.05，所以不同受教育程度的居民对于“在多大程度上愿意和教师成为邻居”的回答不存在显著差异。

I14f by A4a

您在多大程度上愿意和下列群体成为邻居？医生 ＊ 教育程度 Crosstabulation

	初中及以下	高中、中专及职高	大专	本科及以上	总计
非常愿意	21.5%	22.5%	21.5%	25.2%	22.2%
比较愿意	69.7%	67.5%	70.5%	70.9%	69.3%
不太愿意	7.8%	9.3%	6.1%	2.8%	7.4%
很不愿意	1.0%	0.7%	1.9%	1.0%	1.0%
总计	100.0%	100.0%	100.0%	100.0%	100.0%
列总计	2391	1079	376	492	4338

Chi-square test：df = 9，卡方值为 26.927，sig = 0.001 < 0.05，所以不同受教育程度的居民对于“在多大程度上愿意和医生成为邻居”的回答存在显著差异。

I14g by A4a

您在多大程度上愿意和下列群体成为邻居？富人 ＊ 教育程度 Crosstabulation

	初中及以下	高中、中专及职高	大专	本科及以上	总计
非常愿意	7.2%	9.2%	10.0%	8.8%	8.1%
比较愿意	52.1%	50.9%	54.2%	58.3%	52.7%
不太愿意	34.8%	32.1%	28.3%	26.4%	32.6%
很不愿意	5.8%	7.7%	7.5%	6.5%	6.5%
总计	100.0%	100.0%	100.0%	100.0%	100.0%
列总计	2360	1064	371	489	4284

Chi-square test：df = 9，卡方值为 25.380，sig = 0.003 < 0.05，所以不同受教育程度的居民对于“在多大程度上愿意和富人成为邻居”的回答存在显著差异。

I14h by A4a

您在多大程度上愿意和下列群体成为邻居？土豪 ＊ 教育程度 Crosstabulation

	初中及以下	高中、中专及职高	大专	本科及以上	总计
非常愿意	5.3%	6.6%	8.9%	7.4%	6.2%

续表

	初中及以下	高中、中专及职高	大专	本科及以上	总计
比较愿意	47.7%	45.0%	47.3%	46.8%	46.9%
不太愿意	38.7%	36.1%	30.9%	33.5%	36.7%
很不愿意	8.3%	12.3%	12.9%	12.3%	10.2%
总计	100.0%	100.0%	100.0%	100.0%	100.0%
列总计	2346	1062	372	487	4267

Chi-square test：df = 9，卡方值为 35.188，sig = 0.000 < 0.05，所以不同受教育程度的居民对于“在多大程度上愿意和土豪成为邻居”的回答存在显著差异。

I14i by A4a

您在多大程度上愿意和下列群体成为邻居？专家学者 * 教育程度 Crosstabulation

	初中及以下	高中、中专及职高	大专	本科及以上	总计
非常愿意	11.6%	14.0%	16.4%	15.8%	13.1%
比较愿意	67.7%	65.4%	64.5%	64.8%	66.5%
不太愿意	17.1%	16.9%	15.6%	16.7%	16.9%
很不愿意	3.6%	3.8%	3.5%	2.7%	3.5%
总计	100.0%	100.0%	100.0%	100.0%	100.0%
列总计	2331	1066	372	486	4255

Chi-square test：df = 9，卡方值为 13.119，sig = 0.157 > 0.05，所以不同受教育程度的居民对于“在多大程度上愿意和专家学者成为邻居”的回答不存在显著差异。

I14j by A4a

您在多大程度上愿意和下列群体成为邻居？政府官员 * 教育程度 Crosstabulation

	初中及以下	高中、中专及职高	大专	本科及以上	总计
非常愿意	8.6%	11.3%	12.4%	13.1%	10.1%
比较愿意	58.2%	57.0%	53.6%	57.7%	57.4%
不太愿意	27.5%	26.5%	27.8%	25.4%	27.0%
很不愿意	5.7%	5.1%	6.2%	3.9%	5.4%
总计	100.0%	100.0%	100.0%	100.0%	100.0%
列总计	2342	1070	371	489	4272

Chi-square test：df = 9，卡方值为 17.935，sig = 0.036 < 0.05，所以不同受教育程度的居民对于“在多大程度上愿意和政府官员成为邻居”的回答存在显著差异。

I14k by A4a

您在多大程度上愿意和下列群体成为邻居？公众人物、演艺人士 ＊ 教育程度 Crosstabulation

	初中及以下	高中、中专及职高	大专	本科及以上	总计
非常愿意	4.6%	7.0%	8.4%	8.4%	6.0%
比较愿意	52.9%	47.0%	46.2%	44.8%	49.8%
不太愿意	33.2%	32.3%	31.4%	34.5%	33.0%
很不愿意	9.3%	13.7%	14.1%	12.3%	11.2%
总计	100.0%	100.0%	100.0%	100.0%	100.0%
列总计	2235	1039	370	487	4131

Chi-square test：df = 9，卡方值为 43.881，sig = 0.000 < 0.05，所以不同受教育程度的居民对于“在多大程度上愿意和公众人物、演艺人士成为邻居”的回答存在显著差异。

I15 by A4a

您如何看待中国对其他落后国家的广泛援助计划 ＊ 教育程度 Crosstabulation

	初中及以下	高中、中专及职高	大专	本科及以上	总计
完全支持，认为这有助于提升国家形象和国际地位	32.4%	36.3%	39.7%	43.9%	35.4%
支持，认为我们应该帮助比我们落后的国家	32.7%	34.9%	29.2%	29.9%	32.6%
支持，但国家应该征求纳税人的意见	9.8%	11.8%	12.9%	14.8%	11.2%
不支持，因为我们国家尚存在很多贫困人口	25.1%	16.9%	18.2%	11.3%	20.8%
总计	100.0%	100.0%	100.0%	100.0%	100.0%
列总计	2231	1040	363	485	4119

Chi-square test：df = 9，卡方值为 82.307，sig = 0.000 < 0.05，所以不同受教育程度的居民对于“如何看待中国对其他落后国家的广泛援助计划”的回答存在显著差异。

I16 by A4a

您听说过一些道德模范的故事吗？您愿意像他们那样做人做事吗 ＊ 教育程度 Crosstabulation

	初中及以下	高中、中专及职高	大专	本科及以上	总计
知道一些，他们很了不起，应努力向他们学习	51.8%	54.3%	62.1%	67.8%	55.1%
知道一些，很敬佩他们，但自己学不来	25.5%	29.4%	26.3%	25.9%	26.6%
知道一些，我感到他们那样做有点不值得	6.3%	7.3%	5.8%	3.6%	6.2%

续表

	初中及以下	高中、中专及职高	大专	本科及以上	总计
没听说过谁是道德模范和身边好人	16.2%	9.0%	5.8%	2.6%	12.0%
其他	0.1%	0.1%			0.1%
总计	100.0%	100.0%	100.0%	100.0%	100.0%
列总计	2398	1083	377	494	4352

Chi-square test：df = 12，卡方值为 127.264，sig = 0.000 < 0.05，所以不同受教育程度的居民对于"是否听说过一些道德模范的故事，是否愿意像他们那样做人做事"的回答存在显著差异。

I17 by A4a

当有陌生人走进您的单位或社区，或在车厢中与陌生人在一起时，您经常的反应是 * 教育程度 Crosstabulation

	初中及以下	高中、中专及职高	大专	本科及以上	总计
对他/她微笑	22.1%	29.6%	34.9%	40.6%	27.2%
主动打招呼	10.2%	10.9%	14.7%	12.6%	11.0%
没有任何反应	26.8%	26.7%	28.2%	28.8%	27.1%
保持警惕，防止上当	40.7%	32.9%	22.0%	17.8%	34.5%
其他	0.3%		0.3%	0.2%	0.2%
总计	100.0%	100.0%	100.0%	100.0%	100.0%
列总计	2349	1059	373	493	4274

Chi-square test：df = 12，卡方值为 160.413，sig = 0.000 < 0.05，所以不同受教育程度的居民对于"当有陌生人走进您的单位或社区，或在车厢中与陌生人在一起时，您经常的反应是"的回答存在显著差异。

I18 by A4a

假设您双手抱着东西走进电梯，您觉得电梯里的陌生人可能会怎样？ * 教育程度 Crosstabulation

	初中及以下	高中、中专及职高	大专	本科及以上	总计
主动问您去几楼并帮您按楼层	29.7%	33.1%	40.4%	39.8%	32.7%
当作没看见	14.3%	17.2%	13.5%	14.8%	15.0%
会在您的请求下给予帮助	56.1%	49.7%	46.1%	45.4%	52.3%
总计	100.0%	100.0%	100.0%	100.0%	100.0%
列总计	2077	972	349	467	3865

Chi-square test：df = 6，卡方值为 37.694，sig = 0.000 < 0.05，所以不同受教育程度的居民对于"假设您双手抱着东西走进电梯，您觉得电梯里的陌生人可能会怎样"的回答存在显著差异。

J1 by A4a

现在我们省正按照习近平总书记的要求，努力建设经济强、百姓富、环境美、社会文明程度高的新江苏。您对江苏实现这样的目标有信心吗 ＊ 教育程度 Crosstabulation

	初中及以下	高中、中专及职高	大专	本科及以上	总计
很有信心	94.2%	92.8%	95.7%	96.8%	94.3%
没有信心	5.8%	7.2%	4.3%	3.2%	5.7%
总计	100.0%	100.0%	100.0%	100.0%	100.0%
列总计	1767	773	278	404	3222

Chi-square test：df = 3，卡方值为 9.089，sig = 0.028 < 0.05，所以不同受教育程度的居民对于“现在我们省正按照习近平总书记的要求，努力建设经济强、百姓富、环境美、社会文明程度高的新江苏，您对江苏实现这样的目标是否有信心”的回答存在显著差异。

江苏省伦理道德评价的性别差异

B1a by A0

过去一年，您对纸质报纸的使用情况是 * 性别 Crosstabulation

	女性	男性	总计
从不	60.5%	49.8%	55.4%
很少	26.8%	30.8%	28.7%
有时	8.6%	11.3%	9.9%
经常	3.2%	6.3%	4.7%
非常频繁	0.9%	1.9%	1.4%
总计	100.0%	100.0%	100.0%
列总计	2273	2077	4350

Chi-square test：df = 4，卡方值为 66.261，sig = 0.000 < 0.05，所以不同性别的居民对于“过去一年，您对纸质报纸的使用情况是”的回答有显著差异。

B1b by A0

过去一年，您对纸质杂志的使用情况是 * 性别 Crosstabulation

	女性	男性	总计
从不	64.3%	58.4%	61.5%
很少	23.7%	26.5%	25.0%
有时	9.3%	10.1%	9.6%
经常	2.4%	4.0%	3.2%
非常频繁	0.4%	1.0%	0.7%
总计	100.0%	100.0%	100.0%
列总计	2268	2076	4344

Chi-square test：df = 4，卡方值为 25.132，sig = 0.000 < 0.05，所以不同性别的居民对于“过去一年，您对纸质杂志的使用情况是”的回答有显著差异。

B1c by A0

过去一年，您对广播的使用情况是 * 性别 Crosstabulation

	女性	男性	总计
从不	67.0%	57.6%	62.5%

续表

	女性	男性	总计
很少	20. 9%	23. 2%	22. 0%
有时	8. 2%	11. 3%	9. 7%
经常	3. 2%	6. 3%	4. 7%
非常频繁	0. 7%	1. 6%	1. 1%
总计	100. 0%	100. 0%	100. 0%
列总计	2260	2072	4332

Chi-square test：df = 4，卡方值为 58. 219，sig = 0. 000 < 0. 05，所以不同性别的居民对于“过去一年，您对广播的使用情况是”的回答有显著差异。

B1d by A0

过去一年，您对电视的使用情况是 * 性别 Crosstabulation

	女性	男性	总计
从不	0. 9%	2. 1%	1. 5%
很少	6. 4%	8. 0%	7. 2%
有时	21. 5%	24. 0%	22. 7%
经常	49. 9%	46. 8%	48. 4%
非常频繁	21. 2%	19. 1%	20. 2%
总计	100. 0%	100. 0%	100. 0%
列总计	2273	2074	4347

Chi-square test：df = 4，卡方值为 21. 895，sig = 0. 000 < 0. 05，所以不同性别的居民对于“过去一年，您对电视的使用情况是”的回答有显著差异。

B1e by A0

过去一年，您对各种政府网站的使用情况是 * 性别 Crosstabulation

	女性	男性	总计
从不	68. 0%	60. 6%	64. 5%
很少	18. 5%	22. 6%	20. 4%
有时	8. 5%	9. 1%	8. 8%
经常	4. 4%	6. 4%	5. 4%

续表

	女性	男性	总计
非常频繁	0.6%	1.3%	0.9%
总计	100.0%	100.0%	100.0%
列总计	2258	2066	4324

Chi-square test：df = 4，卡方值为 31.269，sig = 0.000 < 0.05，所以不同性别的居民对于“过去一年，您对各种政府网站的使用情况是”的回答有显著差异。

B1f by A0

过去一年，您对社交媒体（微博、微信、博客、播客等）的使用情况是 * 性别 Crosstabulation

	女性	男性	总计
从不	30.6%	26.8%	28.8%
很少	5.8%	5.8%	5.8%
有时	13.6%	14.5%	14.0%
经常	28.8%	28.6%	28.7%
非常频繁	21.1%	24.3%	22.6%
总计	100.0%	100.0%	100.0%
列总计	2267	2072	4339

Chi-square test：df = 4，卡方值为 11.095，sig = 0.026 < 0.05，所以不同性别的居民对于“过去一年，您对社交媒体的使用情况是”的回答有显著差异。

B1g by A0

过去一年，您对新媒体（如数字报纸、移动电视等）的使用情况是 * 性别 Crosstabulation

	女性	男性	总计
从不	49.5%	47.2%	48.4%
很少	14.0%	13.9%	14.0%
有时	14.1%	13.2%	13.7%
经常	14.3%	15.7%	15.0%
非常频繁	8.0%	10.0%	9.0%

续表

	女性	男性	总计
总计	100.0%	100.0%	100.0%
列总计	2264	2073	4337

Chi-square test：df = 4，卡方值为 7.731，sig = 0.102 > 0.05，所以不同性别的居民对于“过去一年，您对新媒体的使用情况是”的回答没有显著差异。

B2 by A0

跟五年前相比，您觉得自己的社会经济地位有什么变化 * 性别 Crosstabulation

	女性	男性	总计
上升了	57.1%	58.4%	57.7%
差不多	38.2%	36.3%	37.3%
下降了	4.6%	5.3%	4.9%
总计	100.0%	100.0%	100.0%
列总计	2136	1968	4104

Chi-square test：df = 2，卡方值为 2.169，sig = 0.338 > 0.05，所以不同性别的居民对于“跟五年前相比，您觉得自己的社会经济地位有什么变化”的回答没有显著差异。

B3 by A0

您感觉在未来的五年中，您的生活水平将会有什么变化 * 性别 Crosstabulation

	女性	男性	总计
上升很多	21.8%	22.5%	22.1%
略有上升	58.8%	56.8%	57.9%
没有变化	17.1%	16.8%	17.0%
略有下降	1.9%	2.9%	2.4%
下降很多	0.4%	0.9%	0.6%
总计	100.0%	100.0%	100.0%
列总计	2036	1872	3908

Chi-square test：df = 4，卡方值为 8.613，sig = 0.072 > 0.05，所以不同性别的居民对于“在未来的五年中，您的生活水平将会有什么变化”的回答没有显著差异。

B4 by A0

总的来说，您觉得目前的生活幸福吗 * 性别 Crosstabulation

	女性	男性	总计
非常不幸福	0.5%	0.7%	0.6%
不太幸福	2.6%	4.6%	3.5%
谈不上幸福不幸福	18.5%	19.0%	18.8%
比较幸福	64.6%	63.3%	64.0%
非常幸福	13.8%	12.3%	13.1%
总计	100.0%	100.0%	100.0%
列总计	2276	2081	4357

Chi-square test：df = 4，卡方值为 14.666，sig = 0.005 < 0.05，所以不同性别的居民对于“总的来说，您觉得目前的生活幸福吗”的回答有显著差异。

B5 by A0

您对自己目前的生活状态满意吗 * 性别 Crosstabulation

	女性	男性	总计
非常满意	11.5%	11.0%	11.3%
比较满意	77.1%	75.6%	76.4%
不太满意	11.4%	12.8%	12.1%
非常不满意	0.1%	0.5%	0.3%
总计	100.0%	100.0%	100.0%
列总计	2262	2073	4335

Chi-square test：df = 3，卡方值为 7.703，sig = 0.053 > 0.05，所以不同性别的居民对于“您对自己目前的生活状态满意吗”的回答没有显著差异。

B6 by A0

社会上发生的一些事情，您一般是从什么渠道最先知道 * 性别 Crosstabulation

	女性	男性	总计
电视	64.7%	60.5%	62.7%
报纸	3.0%	5.8%	4.3%
电台广播	1.8%	2.6%	2.2%
微博、微信等网络社交媒介	39.9%	42.8%	41.3%
网络	28.3%	32.6%	30.3%

续表

	女性	男性	总计
和朋友亲友同事交谈	38.3%	30.5%	34.6%
单位传达	1.4%	1.2%	1.3%
列总计	2275	2082	4357

据上表所示，不同性别的居民对于“社会上发生的一些事情，您一般是从什么渠道最先知道”的回答有显著差异。

B7 by A0

从网络中获得的信息对您的思想行为有多大程度的影响 * 性别 Crosstabulation

	女性	男性	总计
影响很大	21.5%	21.8%	21.7%
有一些影响	56.0%	55.4%	55.7%
影响很小	17.6%	18.8%	18.2%
完全没有影响	4.9%	3.9%	4.4%
总计	100.0%	100.0%	100.0%
列总计	1611	1571	3182

Chi-square test：df = 3，卡方值为 2.440，sig = 0.486 > 0.05，所以不同性别的居民对于“从网络中获得的信息对您的思想行为有多大程度的影响”的回答没有显著差异。

B8 by A0

您认为中国梦和您个人、家庭追求美好生活有多大程度的关系 * 性别 Crosstabulation

	女性	男性	总计
关系很大	31.8%	40.0%	35.7%
关系不大	39.3%	38.0%	38.6%
根本没有关系	8.3%	8.7%	8.5%
不清楚什么是中国梦	20.7%	13.4%	17.2%
总计	100.0%	100.0%	100.0%
列总计	2275	2078	4353

Chi-square test：df = 3，卡方值为 54.447，sig = 0.000 < 0.05，所以不同性别的居民对于“您认为中国梦和个人、家庭追求美好生活有多大程度的关系”的回答有显著差异。

B9 by A0

您对当前我国社会道德状况的总体满意度是 * 性别 Crosstabulation

	女性	男性	总计
非常满意	4.7%	4.9%	4.8%
比较满意	70.6%	66.7%	68.7%
不太满意	23.3%	25.8%	24.5%
非常不满意	1.4%	2.6%	2.0%
总计	100.0%	100.0%	100.0%
列总计	2212	2044	4256

Chi-square test：df = 3，卡方值为 12.166，sig = 0.007 < 0.05，所以不同性别的居民对于“您对当前我国社会道德状况的总体满意度”的回答有显著差异。

B10 by A0

您对当前我国社会人与人之间的关系的总体满意度是 * 性别 Crosstabulation

	女性	男性	总计
非常满意	5.0%	4.7%	4.9%
比较满意	70.2%	68.4%	69.3%
不太满意	23.5%	24.7%	24.1%
非常不满意	1.3%	2.2%	1.7%
总计	100.0%	100.0%	100.0%
列总计	2221	2053	4274

Chi-square test：df = 3，卡方值为 6.135，sig = 0.105 > 0.05，所以不同性别的居民对于“您对当前我国社会人与人之间的关系的总体满意度”的回答没有显著差异。

B11 by A0

您对自己的道德状况的满意度是 * 性别 Crosstabulation

	女性	男性	总计
非常满意	16.3%	16.1%	16.2%
比较满意	78.3%	77.7%	78.0%
不太满意	5.0%	5.7%	5.4%
非常不满意	0.3%	0.5%	0.4%
总计	100.0%	100.0%	100.0%
列总计	2238	2059	4297

Chi-square test：df = 3，卡方值为 2.148，sig = 0.542 > 0.05，所以不同性别的居民对于“您对自己的道德状况的满意度”的回答没有显著差异。

B12 by A0

您觉得今后中国社会的道德状况会变成什么样 * 性别 Crosstabulation

	女性	男性	总计
越来越差	5.4%	5.8%	5.6%
不变	8.6%	10.9%	9.7%
越来越好	75.9%	74.0%	75.0%
不知道	10.1%	9.3%	9.7%
总计	100.0%	100.0%	100.0%
列总计	2272	2080	4352

Chi-square test：df = 3，卡方值为 7.545，sig = 0.056 > 0.05，所以不同性别的居民对于“您觉得今后中国社会的道德状况会变成什么样”的回答没有显著差异。

B13 by A0

您认为我国目前人与人之间的关系受什么影响 * 性别 Crosstabulation

	女性	男性	总计
利益	65.6%	66.5%	66.0%
情感	49.7%	45.5%	47.6%
国家倡导的主流价值观	26.0%	27.3%	26.6%
中国传统价值观	27.5%	27.7%	27.6%
西方价值观	3.4%	3.8%	3.6%
列总计	2167	2014	4181

据上表所示，不同性别的居民对于“您认为我国目前人与人之间的关系受什么影响”的回答没有显著差异。

B14 by A0

对中国社会，您最担忧的问题是 * 性别 Crosstabulation

	女性	男性	总计
腐败不能根治	38.9%	44.9%	41.8%
生态环境恶化	39.4%	39.7%	39.5%
分配不公，两极分化	31.1%	31.6%	31.3%
老无所养，未来没有把握	27.6%	22.2%	25.0%
生活水平下降	16.4%	13.6%	15.1%
道德滑坡，社会风气恶化	19.3%	20.9%	20.1%

续表

	女性	男性	总计
人际关系紧张	11.4%	10.2%	10.8%
列总计	2205	2027	4232

据上表所示，不同性别的居民对于“对中国社会，您最担忧的问题是”的回答有显著差异。

B15 by A0

对伦理关系和道德生活，您最向往的是 * 性别 Crosstabulation

	女性	男性	总计
传统社会的伦理和道德（如仁、义、礼、智、信）	59.2%	55.4%	57.4%
战争年代为理想而献身的革命精神（如革命烈士无私献身精神）	18.0%	21.7%	19.8%
新中国成立后到“文化大革命”前的大公无私的集体主义精神	9.3%	8.2%	8.8%
追求个人利益的市场经济下的道德	8.7%	8.8%	8.7%
西方道德（如个人主义、实用主义、功利主义）	3.5%	3.8%	3.7%
其他	1.4%	2.0%	1.7%
总计	100.0%	100.0%	100.0%
列总计	2251	2066	4317

Chi-square test：df = 5，卡方值为 14.503，sig = 0.013 < 0.05，所以不同性别的居民对于“对伦理关系和道德生活，您最向往的是”的回答有显著差异。

B16a by A0

您认为当前我国社会道德生活中最重要的内容是什么？第一重要 * 性别 Crosstabulation

	女性	男性	总计
意识形态中所提倡的社会主义道德	32.0%	32.8%	32.4%
中国传统道德	51.6%	49.5%	50.6%
西方文化影响而形成的道德	4.9%	6.0%	5.4%
市场经济中形成的道德	11.5%	11.6%	11.6%
其他		0.1%	
总计	100.0%	100.0%	100.0%
列总计	2256	2071	4327

Chi-square test：df = 4，卡方值为 5.582，sig = 0.233 > 0.05，所以不同性别的居民对于“您认为当前我国社会道德生活中最重要的内容是什么？第一重要”的回答没有显著差异。

B16b by A0

您认为当前我国社会道德生活中最重要的内容是什么？第二重要＊性别 Crosstabulation

	女性	男性	总计
意识形态中所提倡的社会主义道德	41.4%	40.6%	41.0%
中国传统道德	28.1%	28.9%	28.5%
西方文化影响而形成的道德	10.7%	9.3%	10.0%
市场经济中形成的道德	19.8%	21.2%	20.5%
总计	100.0%	100.0%	100.0%
列总计	2210	2038	4248

Chi-square test：df = 3，卡方值为 5.582，sig = 0.310 > 0.05，所以不同性别的居民对于“您认为当前我国社会道德生活中最重要的内容是什么？第二重要”的回答没有显著差异。

B16c by A0

您认为当前我国社会道德生活中最重要的内容是什么？第三重要＊性别 Crosstabulation

	女性	男性	总计
意识形态中所提倡的社会主义道德	21.8%	21.6%	21.7%
中国传统道德	13.8%	14.0%	13.9%
西方文化影响而形成的道德	17.2%	17.0%	17.1%
市场经济中形成的道德	47.3%	47.4%	47.3%
总计	100.0%	100.0%	100.0%
列总计	2167	1990	4157

Chi-square test：df = 3，卡方值为 0.116，sig = 0.990 > 0.05，所以不同性别的居民对于“您认为当前我国社会道德生活中最重要的内容是什么？第三重要”的回答没有显著差异。

B17 by A0

您认为目前我国社会中伦理道德对人际关系的调节能力如何＊性别 Crosstabulation

	女性	男性	总计
良好	17.5%	20.1%	18.8%
一般	66.9%	61.8%	64.4%
很差	7.5%	9.8%	8.6%
几乎没有，一切都听从利益支配	8.1%	8.3%	8.2%

续表

	女性	男性	总计
总计	100.0%	100.0%	100.0%
列总计	2159	2006	4165

Chi-square test：df = 3，卡方值为 14.445，sig = 0.002 < 0.05，所以不同性别的居民对于“您认为目前我国社会中伦理道德对人际关系的调节能力如何”的回答有显著差异。

B18 by A0

您认为目前我国社会中伦理道德对个人行为的约束能力如何 * 性别 Crosstabulation

	女性	男性	总计
良好	17.9%	19.4%	18.7%
一般	65.6%	60.9%	63.4%
很差	9.3%	11.3%	10.3%
几乎没有，一切都听从利益支配	7.1%	8.4%	7.7%
总计	100.0%	100.0%	100.0%
列总计	2163	2008	4171

Chi-square test：df = 3，卡方值为 11.085，sig = 0.011 < 0.05，所以不同性别的居民对于“您认为目前我国社会中伦理道德对个人行为的约束能力如何”的回答有显著差异。

B19 by A0

您认为当今中国社会最基本的伦理冲突是 * 性别 Crosstabulation

	女性	男性	总计
人与自然的冲突	17.2%	17.0%	17.1%
人与自身的冲突	24.9%	23.2%	24.1%
人与人之间的冲突	63.7%	61.3%	62.5%
个人与社会的冲突	45.4%	45.9%	45.6%
个人与政府的冲突	10.0%	12.7%	11.3%
列总计	2205	2028	4233

据上表所示，不同性别的居民对于“您认为当今中国社会最基本的伦理冲突是”的回答没有显著差异。

B20a by A0

在下列关系中，您认为哪些关系对您来说最重要？第一位 ＊性别 Crosstabulation

	女性	男性	总计
父母与子女	65.9%	67.3%	66.6%
夫妇	21.5%	17.7%	19.7%
兄弟姐妹	0.4%	0.6%	0.5%
同事或同学	0.4%	0.8%	0.6%
上级或下级	0.3%	0.4%	0.3%
师生			
人与自然的关系	0.6%	0.3%	0.5%
个人与社会	2.2%	2.3%	2.2%
个人与国家	6.8%	8.4%	7.6%
个人与工作单位	0.7%	0.4%	0.6%
通过网络建立的各种“群”的关系	0.1%	0.2%	0.2%
朋友	0.4%	0.7%	0.5%
个人与自身的关系（身心和谐）	0.7%	0.9%	0.8%
总计	100.0%	100.0%	100.0%
列总计	2278	2083	4361

Chi-square test：df = 12，卡方值为 27.137，sig = 0.007 < 0.05，所以不同性别的居民对于“在下列关系中，您认为哪些关系对您来说最重要？第一位”的回答有显著差异。

B20b by A0

在下列关系中，您认为哪些关系对您来说最重要？第二位 ＊性别 Crosstabulation

	女性	男性	总计
父母与子女	23.9%	21.9%	23.0%
夫妇	51.8%	50.5%	51.2%
兄弟姐妹	11.9%	12.0%	11.9%
同事或同学	2.1%	2.5%	2.3%
上级或下级	1.4%	1.2%	1.3%
师生	0.1%	0.2%	0.2%
人与自然的关系	0.8%	1.5%	1.1%
个人与社会	2.5%	3.5%	3.0%

续表

	女性	男性	总计
个人与国家	2.3%	2.9%	2.6%
个人与工作单位	0.8%	1.5%	1.1%
通过网络建立的各种“群”的关系		0.1%	0.1%
朋友	1.8%	1.4%	1.6%
个人与自身的关系（身心和谐）	0.6%	0.6%	0.6%
总计	100.0%	100.0%	100.0%
列总计	2276	2080	4356

Chi-square test：df = 12，卡方值为 21.334，sig = 0.046 < 0.05，所以不同性别的居民对于“在下列关系中，您认为哪些关系对您来说最重要？第二位”的回答有显著差异。

B20c by A0

在下列关系中，您认为哪些关系对您来说最重要？第三位 * 性别 Crosstabulation

	女性	男性	总计
父母与子女	4.5%	4.0%	4.3%
夫妇	11.6%	13.7%	12.6%
兄弟姐妹	53.0%	51.5%	52.3%
同事或同学	7.1%	6.0%	6.6%
上级或下级	1.8%	2.1%	1.9%
师生	0.8%	1.1%	0.9%
人与自然的关系	2.2%	2.0%	2.1%
个人与社会	4.0%	3.9%	3.9%
个人与国家	6.5%	5.9%	6.2%
个人与工作单位	1.8%	2.5%	2.2%
通过网络建立的各种“群”的关系	0.1%	0.3%	0.2%
朋友	5.3%	6.5%	5.9%
个人与自身的关系（身心和谐）	1.2%	0.6%	0.9%
其他	0.2%		0.1%
总计	100.0%	100.0%	100.0%
列总计	2273	2073	4346

Chi-square test：df = 13，卡方值为 25.323，sig = 0.021 < 0.05，所以不同性别的居民对于“在下列关系中，您认为哪些关系对您来说最重要？第三位”的回答有显著差异。

B20d by A0

在下列关系中，您认为哪些关系对您来说最重要？第四位 ＊性别 Crosstabulation

	女性	男性	总计
父母与子女	2.1%	2.3%	2.2%
夫妇	3.5%	3.8%	3.7%
兄弟姐妹	13.1%	13.9%	13.5%
同事或同学	20.5%	20.6%	20.6%
上级或下级	3.8%	3.7%	3.8%
师生	3.1%	3.0%	3.0%
人与自然的关系	3.6%	2.9%	3.3%
个人与社会	10.7%	11.1%	10.9%
个人与国家	9.3%	10.2%	9.7%
个人与工作单位	5.9%	5.6%	5.8%
通过网络建立的各种“群”的关系	0.4%	0.9%	0.6%
朋友	21.8%	20.4%	21.1%
个人与自身的关系（身心和谐）	2.0%	1.4%	1.7%
其他	0.3%	0.1%	0.2%
总计	100.0%	100.0%	100.0%
列总计	2256	2059	4315

Chi-square test：df = 13，卡方值为 12.382，sig = 0.497 > 0.05，所以不同性别的居民对于“在下列关系中，您认为哪些关系对您来说最重要？第四位”的回答没有显著差异。

B20e by A0

在下列关系中，您认为哪些关系对您来说最重要？第五位 ＊性别 Crosstabulation

	女性	男性	总计
父母与子女	0.9%	0.9%	0.9%
夫妇	1.7%	2.3%	2.0%
兄弟姐妹	5.1%	5.0%	5.1%
同事或同学	14.6%	13.9%	14.3%
上级或下级	6.7%	7.2%	6.9%
师生	4.3%	4.7%	4.5%
人与自然的关系	3.9%	3.7%	3.8%

续表

	女性	男性	总计
个人与社会	16.2%	15.3%	15.8%
个人与国家	14.0%	15.0%	14.5%
个人与工作单位	7.4%	7.0%	7.2%
通过网络建立的各种“群”的关系	1.7%	1.5%	1.6%
朋友	18.7%	19.7%	19.2%
个人与自身的关系（身心和谐）	4.4%	3.7%	4.1%
其他	0.5%		0.3%
总计	100.0%	100.0%	100.0%
列总计	2235	2036	4271

Chi-square test：df = 13，卡方值为 14.441，sig = 0.344 > 0.05，所以不同性别的居民对于“在下列关系中，您认为哪些关系对您来说最重要？第五位”的回答没有显著差异。

B21 by A0

您认为哪一种关系对社会秩序最具根本性意义 ＊性别 Crosstabulation

	女性	男性	总计
家庭关系或血缘关系	28.8%	26.2%	27.6%
个人与社会的关系	41.3%	42.4%	41.8%
职业关系	2.9%	3.8%	3.4%
个人与国家民族的关系	21.1%	22.0%	21.5%
人与自然的关系	1.7%	1.6%	1.7%
个人与自身的关系	4.1%	3.9%	4.0%
总计	100.0%	100.0%	100.0%
列总计	2240	2064	4304

Chi-square test：df = 5，卡方值为 6.130，sig = 0.294 > 0.05，所以不同性别的居民对于“您认为哪一种关系对社会秩序最具根本性意义”的回答没有显著差异。

B22 by A0

您认为哪一种关系对个人生活最具根本性意义 ＊性别 Crosstabulation

	女性	男性	总计
家庭关系或血缘关系	61.4%	58.5%	60.0%
个人与社会的关系	14.9%	17.3%	16.1%
职业关系	4.1%	5.5%	4.7%

续表

	女性	男性	总计
个人与国家民族的关系	11.2%	11.2%	11.2%
人与自然的关系	1.8%	1.3%	1.6%
个人与自身的关系	6.6%	6.2%	6.4%
总计	100.0%	100.0%	100.0%
列总计	2257	2071	4328

Chi-square test：df = 5，卡方值为 11.998，sig = 0.035 < 0.05，所以不同性别的居民对于“您认为哪一种关系对个人生活最具根本性意义”的回答有显著差异。

B23a by A0

对于个人而言，您认为家庭、社会和国家三者的重要性程度如何？第一位 * 性别 Crosstabulation

	女性	男性	总计
国家	47.4%	57.7%	52.4%
社会	2.9%	3.2%	3.1%
家庭	49.7%	39.0%	44.6%
总计	100.0%	100.0%	100.0%
列总计	2275	2078	4353

Chi-square test：df = 2，卡方值为 50.046，sig = 0.000 < 0.05，所以不同性别的居民对于“对于个人而言，您认为家庭、社会和国家三者的重要性程度如何？第一位”的回答有显著差异。

B23b by A0

对于个人而言，您认为家庭、社会和国家三者的重要性程度如何？第二位 * 性别 Crosstabulation

	女性	男性	总计
国家	39.5%	31.5%	35.7%
社会	21.7%	20.7%	21.2%
家庭	38.8%	47.8%	43.1%
总计	100.0%	100.0%	100.0%
列总计	2264	2663	4327

Chi-square test：df = 2，卡方值为 40.521，sig = 0.000 < 0.05，所以不同性别的居民对于“对于个人而言，您认为家庭、社会和国家三者的重要性程度如何？第二位”的回答有显著差异。

B24a by A0

信息技术、网络技术的发展对伦理道德的影响 ＊性别 Crosstabulation

	女性	男性	总计
消极影响	13.6%	16.0%	14.8%
没有影响	22.5%	22.4%	22.5%
积极影响	63.9%	61.5%	62.8%
总计	100.0%	100.0%	100.0%
列总计	1613	1521	3134

Chi-square test：df = 2，卡方值为 3.928，sig = 0.140 > 0.05，所以不同性别的居民对于“信息技术、网络技术的发展对伦理道德的影响”的回答没有显著差异。

B24b by A0

市场经济对我国伦理道德的影响 ＊性别 Crosstabulation

	女性	男性	总计
消极影响	14.0%	19.6%	16.8%
没有影响	21.9%	21.3%	21.6%
积极影响	64.1%	59.1%	61.6%
总计	100.0%	100.0%	100.0%
列总计	1596	1587	3183

Chi-square test：df = 2，卡方值为 17.983，sig = 0.000 < 0.05，所以不同性别的居民对于“市场经济对我国伦理道德的影响”的回答有显著差异。

B24c by A0

西方文化对我国伦理道德的影响 ＊性别 Crosstabulation

	女性	男性	总计
消极影响	18.4%	24.2%	21.2%
没有影响	29.2%	28.4%	28.8%
积极影响	52.5%	47.5%	50.0%
总计	100.0%	100.0%	100.0%
列总计	1420	1378	2798

Chi-square test：df = 2，卡方值为 14.677，sig = 0.001 < 0.05，所以不同性别的居民对于“西方文化对我国伦理道德的影响”的回答有显著差异。

B25 by A0

如果国外报道与国家主流媒体的宣传内容不一致，您倾向于相信 * 性别 Crosstabulation

	女性	男性	总计
主流媒体	71.4%	68.9%	70.2%
国外报道	2.4%	3.3%	2.8%
谁都不相信，自己判断	26.2%	27.8%	27.0%
总计	100.0%	100.0%	100.0%
列总计	2078	1972	4050

Chi-square test：df = 2，卡方值为 4.979，sig = 0.083 > 0.05，所以不同性别的居民对于“如果国外报道与国家主流媒体的宣传内容不一致，您倾向于相信”的回答没有显著差异。

B26 by A0

如果朋友圈的消息与国家主流媒体的报道不一致，您会相信哪一个 * 性别 Crosstabulation

	女性	男性	总计
主流媒体	62.1%	62.5%	62.3%
朋友圈/亲朋圈子	11.9%	9.7%	10.9%
都不相信，自己比较判断	25.5%	27.3%	26.4%
其他	0.4%	0.5%	0.5%
总计	100.0%	100.0%	100.0%
列总计	2270	2072	4342

Chi-square test：df = 3，卡方值为 6.537，sig = 0.088 > 0.05，所以不同性别的居民对于“如果朋友圈的消息与国家主流媒体的报道不一致，您会相信哪一个”的回答没有显著差异。

C1 by A0

您认为当前中国社会个人道德素质的主要问题是 * 性别 Crosstabulation

	女性	男性	总计
道德上无知	9.4%	9.8%	9.6%
有道德知识，但不见诸行动	80.3%	79.0%	79.7%
道德上既无知，也不见道德行动	10.1%	10.9%	10.5%
其他	0.3%	0.2%	0.3%
总计	100.0%	100.0%	100.0%
列总计	2262	2071	4333

Chi-square test：df = 3，卡方值为 1.157，sig = 0.763 > 0.05，所以不同性别的居民对于“您认为当前中国社会个人道德素质的主要问题是”的回答没有显著差异。

C2 by A0

您根据什么来判断某种行为是否符合伦理或道德 * 性别 Crosstabulation

	女性	男性	总计
传统道德观念	57.7%	60.5%	59.1%
风俗习惯	34.8%	32.5%	33.7%
大多数人认同的道德规范	46.5%	47.4%	46.9%
当事人共同利益和意志	18.1%	19.3%	18.7%
自己的良心	65.1%	60.6%	62.9%
意识形态的要求	11.5%	13.0%	12.2%
列总计	2255	2056	4311

据上表所示，不同性别的居民对于“您根据什么来判断某种行为是否符合伦理或道德”的回答没有显著差异。

C3a by A0

我会经常关心比我不幸的人 * 性别 Crosstabulation

	女性	男性	总计
完全不符合	3.5%	3.1%	3.3%
有点符合	21.2%	20.7%	21.0%
一般	33.4%	34.4%	33.9%
比较符合	33.4%	31.9%	32.7%
完全符合	8.5%	9.9%	9.2%
总计	100.0%	100.0%	100.0%
列总计	2274	2078	4352

Chi-square test：df = 4，卡方值为 4.031，sig = 0.402 > 0.05，所以不同性别的居民对于“我会经常关心比我不幸的人”的回答没有显著差异。

C3b by A0

我时常会同情他人的难处 * 性别 Crosstabulation

	女性	男性	总计
完全不符合	2.1%	2.2%	2.1%
有点符合	20.4%	20.5%	20.4%
一般	31.8%	32.8%	32.3%
比较符合	38.0%	35.5%	36.8%

续表

	女性	男性	总计
完全符合	7.6%	9.0%	8.3%
总计	100.0%	100.0%	100.0%
列总计	2271	2078	4349

Chi-square test：df = 4，卡方值为 4.925，sig = 0.295 > 0.05，所以不同性别的居民对于“我时常会同情他人的难处”的回答没有显著差异。

C3c by A0

在做决定前，我会试着从每个人的立场去考虑问题 * 性别 Crosstabulation

	女性	男性	总计
完全不符合	3.6%	3.0%	3.3%
有点符合	20.0%	19.3%	19.7%
一般	35.5%	37.2%	36.3%
比较符合	32.8%	31.3%	32.1%
完全符合	8.0%	9.3%	8.6%
总计	100.0%	100.0%	100.0%
列总计	2270	2074	4344

Chi-square test：df = 4，卡方值为 5.138，sig = 0.273 > 0.05，所以不同性别的居民对于“在做决定前，我会试着从每个人的立场去考虑问题”的回答没有显著差异。

C3d by A0

当我看到有人被利用时，时常想要保护他们 * 性别 Crosstabulation

	女性	男性	总计
完全不符合	4.2%	4.6%	4.4%
有点符合	22.8%	20.8%	21.8%
一般	37.5%	37.4%	37.5%
比较符合	29.6%	30.8%	30.2%
完全符合	5.8%	6.4%	6.1%
总计	100.0%	100.0%	100.0%
列总计	2265	2070	4335

Chi-square test：df = 4，卡方值为 3.622，sig = 0.460 > 0.05，所以不同性别的居民对于“当看到有人被利用时，我时常想要保护他们”的回答没有显著差异。

C3e by A0

我有时会试图站在他人的角度，以更好地理解我的朋友 ＊性别 Crosstabulation

	女性	男性	总计
完全不符合	2.7%	2.7%	2.7%
有点符合	20.1%	18.6%	19.4%
一般	32.6%	31.9%	32.2%
比较符合	35.2%	36.8%	36.0%
完全符合	9.3%	10.1%	9.7%
总计	100.0%	100.0%	100.0%
列总计	2268	2074	4342

Chi-square test：df=4，卡方值为3.054，sig=0.549>0.05，所以不同性别的居民对于“我有时会试图站在他人的角度，以更好地理解朋友”的回答没有显著差异。

C3f by A0

他人的不幸通常不会给我带来很大的不安 ＊性别 Crosstabulation

	女性	男性	总计
完全不符合	11.5%	13.1%	12.2%
有点符合	21.4%	21.1%	21.3%
一般	36.8%	34.5%	35.7%
比较符合	25.5%	25.1%	25.3%
完全符合	4.8%	6.2%	5.5%
总计	100.0%	100.0%	100.0%
列总计	2266	2068	4334

Chi-square test：df=4，卡方值为8.208，sig=0.084>0.05，所以不同性别的居民对于“他人的不幸通常不会给我带来很大的不安”的回答没有显著差异。

C3g by A0

在观看电视剧或电影之后，我会感觉到自己仿佛成了其中的一个角色 ＊性别 Crosstabulation

	女性	男性	总计
完全不符合	17.7%	20.1%	18.8%
有点符合	20.6%	20.4%	20.5%
一般	31.1%	31.9%	31.5%
比较符合	24.1%	21.2%	22.7%

续表

	女性	男性	总计
完全符合	6.5%	6.4%	6.4%
总计	100.0%	100.0%	100.0%
列总计	2260	2065	4325

Chi-square test：df = 4，卡方值为 7.520，sig = 0.111 > 0.05，所以不同性别的居民对于“在观看电视剧或电影之后，我会感觉到自己仿佛成了其中的一个角色”的回答没有显著差异。

C3h by A0

当我对某人很不耐烦的时候，我通常会暂时站在他/她的位置上 * 性别 Crosstabulation

	女性	男性	总计
完全不符合	8.0%	9.0%	8.5%
有点符合	22.6%	24.9%	23.7%
一般	36.9%	35.3%	36.1%
比较符合	26.5%	25.1%	25.9%
完全符合	6.0%	5.7%	5.8%
总计	100.0%	100.0%	100.0%
列总计	2265	2066	4331

Chi-square test：df = 4，卡方值为 5.245，sig = 0.263 > 0.05，所以不同性别的居民对于“当我对某人很不耐烦的时候，我通常会暂时站在他/她的位置上”的回答没有显著差异。

C3i by A0

读故事会想象如果这些事情发生在自己身上，我会是怎样的感受 * 性别 Crosstabulation

	女性	男性	总计
完全不符合	13.2%	14.7%	13.9%
有点符合	19.9%	20.2%	20.0%
一般	33.0%	33.4%	33.2%
比较符合	26.6%	25.2%	26.0%
完全符合	7.2%	6.5%	6.9%
总计	100.0%	100.0%	100.0%
列总计	2242	2054	4296

Chi-square test：df = 4，卡方值为 3.300，sig = 0.509 > 0.05，所以不同性别的居民对于“读故事会想象如果这些事情发生在自己身上，我会是怎样的感受”的回答没有显著差异。

C3j by A0

在批评他人之前，我会尝试想象一下如果我处于那个位置会是什么感受 ＊性别 Crosstabulation

	女性	男性	总计
完全不符合	3.7%	3.7%	3.7%
有点符合	19.1%	19.2%	19.1%
一般	37.0%	36.1%	36.6%
比较符合	33.7%	32.7%	33.3%
完全符合	6.5%	8.3%	7.4%
总计	100.0%	100.0%	100.0%
列总计	2259	2065	4324

Chi-square test：df = 4，卡方值为5.171，sig = 0.270 > 0.05，所以不同性别的居民对于“在批评他人之前，我会尝试想象一下如果我处于那个位置会是什么感受”的回答没有显著差异。

C4a by A0

您认为当今中国社会最重要和最需要的德性是？第一位 ＊性别 Crosstabulation

	女性	男性	总计
爱（仁爱、博爱、友爱）	25.2%	24.8%	25.0%
义（道义、义务）	3.2%	4.1%	3.7%
宽容	4.4%	3.3%	3.8%
责任	5.2%	5.9%	5.5%
公正	13.2%	16.3%	14.7%
诚信	16.7%	17.6%	17.1%
忠恕（将心比心）	1.6%	1.9%	1.8%
理智	0.4%	0.5%	0.5%
节制	1.0%	0.9%	0.9%
谦让	3.0%	2.7%	2.9%
勇敢	1.5%	1.4%	1.5%
正直	3.2%	2.9%	3.1%
善良	8.2%	4.9%	6.6%
孝敬	12.7%	12.2%	12.5%
敬业	0.4%	0.5%	0.5%

续表

	女性	男性	总计
其他	0.1%		0.1%
总计	100.0%	100.0%	100.0%
列总计	2269	2080	4349

Chi-square test：df = 15，卡方值为 34.928，sig = 0.003 < 0.05，所以不同性别的居民对于“您认为当今中国社会最重要和最需要的德性是？第一位”的回答有显著差异。

C4b by A0

您认为当今中国社会最重要和最需要的德性是？第二位 ＊性别 Crosstabulation

	女性	男性	总计
爱（仁爱、博爱、友爱）	11.3%	10.6%	11.0%
义（道义、义务）	12.8%	12.7%	12.8%
宽容	6.1%	6.6%	6.3%
责任	8.4%	7.9%	8.2%
公正	12.8%	13.1%	13.0%
诚信	15.4%	18.1%	16.7%
忠恕（将心比心）	2.2%	2.7%	2.4%
理智	1.1%	1.4%	1.3%
节制	3.0%	2.4%	2.7%
谦让	2.9%	3.0%	2.9%
勇敢	2.2%	1.9%	2.0%
正直	2.7%	2.9%	2.8%
善良	9.7%	7.1%	8.4%
孝敬	8.4%	8.3%	8.4%
敬业	0.9%	1.3%	1.1%
总计	100.0%	100.0%	100.0%
列总计	2267	2080	4347

Chi-square test：df = 15，卡方值为 20.702，sig = 0.147 > 0.05，所以不同性别的居民对于“您认为当今中国社会最重要和最需要的德性是？第二位”的回答没有显著差异。

C4c by A0

您认为当今中国社会最重要和最需要的德性是？第三位 ＊性别 Crosstabulation

	女性	男性	总计
爱（仁爱、博爱、友爱）	7.0%	7.7%	7.4%

续表

	女性	男性	总计
义（道义、义务）	6.3%	7.3%	6.8%
宽容	18.2%	17.4%	17.8%
责任	13.1%	14.0%	13.6%
公正	7.4%	8.1%	7.7%
诚信	12.4%	9.6%	11.1%
忠恕（将心比心）	3.5%	3.0%	3.3%
理智	3.5%	4.1%	3.8%
节制	2.3%	1.6%	1.9%
谦让	2.3%	2.2%	2.3%
勇敢	3.2%	2.8%	3.0%
正直	5.8%	5.6%	5.7%
善良	7.0%	7.0%	7.0%
孝敬	6.0%	7.4%	6.7%
敬业	1.9%	2.2%	2.1%
总计	100.0%	100.0%	100.0%
列总计	2263	2073	4336

Chi-square test：df = 14，卡方值为 20.264，sig = 0.122 > 0.05，所以不同性别的居民对于“您认为当今中国社会最重要和最需要的德性是？第三位”的回答没有显著差异。

C4d by A0

您认为当今中国社会最重要和最需要的德性是？第四位 ＊性别 Crosstabulation

	女性	男性	总计
爱（仁爱、博爱、友爱）	6.2%	5.2%	5.7%
义（道义、义务）	4.9%	5.7%	5.3%
宽容	8.4%	8.2%	8.3%
责任	20.1%	18.4%	19.3%
公正	8.6%	8.4%	8.5%
诚信	10.2%	10.5%	10.3%
忠恕（将心比心）	2.7%	2.0%	2.4%
理智	3.2%	3.0%	3.1%
节制	2.9%	2.5%	2.7%
谦让	3.9%	5.0%	4.4%
勇敢	2.0%	2.0%	2.0%

续表

	女性	男性	总计
正直	4.5%	5.1%	4.8%
善良	11.9%	13.3%	12.6%
孝敬	8.9%	8.6%	8.7%
敬业	1.6%	2.2%	1.9%
总计	100.0%	100.0%	100.0%
列总计	2252	2070	4322

Chi-square test：df = 14，卡方值为 16.216，sig = 0.300 > 0.05，所以不同性别的居民对于“您认为当今中国社会最重要和最需要的德性是？第四位”的回答没有显著差异。

C4e by A0

您认为当今中国社会最重要和最需要的德性是？第五位 * 性别 Crosstabulation

	女性	男性	总计
爱（仁爱、博爱、友爱）	7.3%	7.9%	7.6%
义（道义、义务）	7.6%	7.8%	7.7%
宽容	4.6%	3.8%	4.2%
责任	7.7%	7.7%	7.7%
公正	10.1%	9.9%	10.0%
诚信	9.1%	9.1%	9.1%
忠恕（将心比心）	3.9%	4.2%	4.0%
理智	2.9%	4.1%	3.5%
节制	2.8%	2.1%	2.5%
谦让	5.6%	4.7%	5.1%
勇敢	3.5%	3.4%	3.5%
正直	6.1%	6.1%	6.1%
善良	13.8%	13.8%	13.8%
孝敬	10.6%	11.2%	10.9%
敬业	4.5%	4.2%	4.4%
总计	100.0%	100.0%	100.0%
列总计	2245	2063	4308

Chi-square test：df = 14，卡方值为 11.396，sig = 0.655 > 0.05，所以不同性别的居民对于“您认为当今中国社会最重要和最需要的德性是？第五位”的回答没有显著差异。

C5 by A0

一个制药厂做药品销售时，出资 50 万元请您向公众介绍自己服药后的良好效果，您过去服用这药时并没有效果，但也没有发现有很大的副作用，您将如何决定 ＊性别 Crosstabulation

	女性	男性	总计
接受邀请，心安理得	12.0%	12.1%	12.1%
接受邀请，心里不安，但这笔巨款很有吸引力	13.9%	14.2%	14.0%
拒绝，这是虚假广告欺骗大众	74.0%	73.2%	73.6%
其他	0.1%	0.5%	0.3%
总计	100.0%	100.0%	100.0%
列总计	2273	2078	4351

Chi-square test：df = 3，卡方值为 4.628，sig = 0.201 > 0.05，所以不同性别的居民对于“一个制药厂做药品销售时，出资 50 万元请您向公众介绍自己服药后的良好效果，您过去服用这药时并没有效果，但也没有发现很大的副作用，您将如何决定”的回答没有显著差异。

C6 by A0

您正在申请一个重要的职位，如果具有两次以上在敬老院做义工的经历（不需要出具证据），将可能优先获得这个职位，您将如何决定 ＊性别 Crosstabulation

	女性	男性	总计
如实填报，没做过义工，今后多参加这类活动	76.7%	75.7%	76.2%
填报参加过两次义工，这机会太重要了，反正不需要出具证据	14.2%	14.9%	14.6%
先填报，交表之后去做两次义工	8.9%	9.0%	8.9%
其他	0.2%	0.3%	0.3%
总计	100.0%	100.0%	100.0%
列总计	2260	2076	4336

Chi-square test：df = 3，卡方值为 1.067，sig = 0.785 > 0.05，所以不同性别的居民对于“您正在申请一个重要的职位，如果具有两次以上在敬老院做义工的经历（不需要出具证据），将可能优先获得这个职位，您将如何决定”的回答没有显著差异。

C7 by A0

如果您全权代表本单位与另一单位进行项目谈判，对方要求您给予一千万元的优惠，事成之后将您正在寻找工作的女儿安排到这一单位并且获得较好职位，您将如何决定 ＊性别 Crosstabulation

	女性	男性	总计
拒绝，不能以公谋私	76.7%	76.9%	76.8%

续表

	女性	男性	总计
接受，女儿前途重要，并且我有权决定	22.8%	22.3%	22.6%
其他	0.5%	0.8%	0.6%
总计	100.0%	100.0%	100.0%
列总计	2259	2060	4319

Chi-square test：df = 2，卡方值为 1.579，sig = 0.454 > 0.05，所以不同性别的居民对于“如果您全权代表本单位与另一单位进行项目谈判，对方要求您给予一千万元的优惠，事成之后将您正在寻找工作的女儿安排到这一单位并且获得较好职位，您将如何决定”的回答没有显著差异。

C8 by A0

现在社会上有些人不守道德反而占了便宜，您会不会效仿 ＊性别 Crosstabulation

	女性	男性	总计
从来不这么做	53.6%	53.8%	53.7%
通常不这么做，关键时刻会这么做	26.4%	27.2%	26.8%
经常这么做	0.8%	1.0%	0.9%
相信善有善报，恶有恶报，终将会善恶报应	19.1%	17.8%	18.5%
其他		0.2%	0.1%
总计	100.0%	100.0%	100.0%
列总计	2274	2082	4356

Chi-square test：df = 4，卡方值为 4.487，sig = 0.344 > 0.05，所以不同性别的居民对于“现在社会上有些人不守道德反而占了便宜，您会不会效仿”的回答没有显著差异。

C9a by A0

下列说法您是否认同：目前大多数人将职业当作谋生的手段，缺乏责任感和奉献精神 ＊性别 Crosstabulation

	女性	男性	总计
完全不同意	3.0%	3.8%	3.4%
不太同意	32.1%	28.5%	30.4%
比较同意	54.5%	55.3%	54.9%
完全同意	10.4%	12.4%	11.4%
总计	100.0%	100.0%	100.0%
列总计	2196	2043	4239

Chi-square test：df = 3，卡方值为 10.314，sig = 0.016 < 0.05，所以不同性别的居民对于“下列说法您是否认同：目前大多数人将职业当作谋生的手段，缺乏责任感和奉献精神”的回答有显著差异。

C9b by A0

下列说法您是否认同：企业老板剥削员工，利益关系不公正 ＊性别 Crosstabulation

	女性	男性	总计
完全不同意	5.0%	5.5%	5.3%
不太同意	34.7%	31.2%	33.0%
比较同意	50.7%	52.2%	51.4%
完全同意	9.7%	11.1%	10.4%
总计	100.0%	100.0%	100.0%
列总计	2143	2009	4152

Chi-square test：df = 3，卡方值为 6.850，sig = 0.077 > 0.05，所以不同性别的居民对于“下列说法您是否认同：企业老板剥削员工，利益关系不公正”的回答没有显著差异。

C9c by A0

下列说法您是否认同：老板和员工、上级和下级相互勾结，共同对社会不负责任 ＊性别 Crosstabulation

	女性	男性	总计
完全不同意	5.9%	7.9%	6.9%
不太同意	43.4%	39.1%	41.3%
比较同意	40.9%	43.4%	42.1%
完全同意	9.8%	9.6%	9.7%
总计	100.0%	100.0%	100.0%
列总计	2086	1958	4044

Chi-square test：df = 3，卡方值为 12.111，sig = 0.307 > 0.05，所以不同性别的居民对于“下列说法您是否认同：老板和员工、上级和下级相互勾结，共同对社会不负责任”的回答没有显著差异。

C9d by A0

下列说法您是否认同：是否离婚主要考虑自己的感受和利益 ＊性别 Crosstabulation

	女性	男性	总计
完全不同意	23.7%	25.9%	24.7%
不太同意	52.2%	52.4%	52.3%
比较同意	20.9%	18.9%	19.9%
完全同意	3.2%	2.8%	3.1%
总计	100.0%	100.0%	100.0%
列总计	2218	2007	4225

Chi-square test：df = 3，卡方值为 4.717，sig = 0.194 > 0.05，所以不同性别的居民对于“下列说法您是否认同：是否离婚主要考虑自己的感受和利益”的回答没有显著差异。

C9e by A0

下列说法您是否认同：是否离婚应该从家庭整体（包括子女）考虑 * 性别 Crosstabulation

	女性	男性	总计
完全不同意	0.8%	1.3%	1.0%
不太同意	6.4%	5.2%	5.8%
比较同意	56.3%	57.2%	56.7%
完全同意	36.6%	36.3%	36.4%
总计	100.0%	100.0%	100.0%
列总计	2238	2037	4295

Chi-square test：df = 3，卡方值为 5.816，sig = 0.121 > 0.05，所以不同性别的居民对于“下列说法您是否认同：是否离婚应该从家庭整体（包括子女）考虑”的回答没有显著差异。

C9f by A0

下列说法您是否认同：婚姻是社会的事，应当兼顾社会评价和社会后果 * 性别 Crosstabulation

	女性	男性	总计
完全不同意	5.1%	5.0%	5.0%
不太同意	21.3%	21.5%	21.4%
比较同意	53.0%	52.4%	52.7%
完全同意	20.6%	21.1%	20.8%
总计	100.0%	100.0%	100.0%
列总计	2204	2021	4225

Chi-square test：df = 3，卡方值为 0.275，sig = 0.965 > 0.05，所以不同性别的居民对于“下列说法您是否认同：婚姻是社会的事，应当兼顾社会评价和社会后果”的回答没有显著差异。

C9g by A0

下列说法您是否认同：婚姻应当是自由的，如果有更满意或更合适的人就与现在的配偶离婚 * 性别 Crosstabulation

	女性	男性	总计
完全不同意	45.7%	46.0%	45.8%

续表

	女性	男性	总计
不太同意	46.1%	44.9%	45.5%
比较同意	7.0%	7.7%	7.4%
完全同意	1.1%	1.5%	1.3%
总计	100.0%	100.0%	100.0%
列总计	2242	2050	4292

Chi-square test：df = 3，卡方值为 2.023，sig = 0.568 > 0.05，所以不同性别的居民对于“下列说法您是否认同：婚姻应当是自由的，如果有更满意或更合适的人就与现在的配偶离婚”的回答没有显著差异。

C9h by A0

下列说法您是否认同：婚姻意味着责任，要考虑给对方造成什么后果，不能轻率地选择离婚 * 性别 Crosstabulation

	女性	男性	总计
完全不同意	1.0%	1.3%	1.1%
不太同意	2.8%	3.7%	3.2%
比较同意	51.0%	48.8%	50.0%
完全同意	45.1%	46.2%	45.7%
总计	100.0%	100.0%	100.0%
列总计	2253	2061	4314

Chi-square test：df = 3，卡方值为 4.523，sig = 0.210 > 0.05，所以不同性别的居民对于“下列说法您是否认同：婚姻意味着责任，要考虑给对方造成什么后果，不能轻率地选择离婚”的回答没有显著差异。

C9i by A0

下列说法您是否认同：遇到困难的时候，兄弟姐妹通常都会给予力所能及的帮助 * 性别 Crosstabulation

	女性	男性	总计
完全不同意	0.7%	0.5%	0.6%
不太同意	5.4%	4.0%	4.7%
比较同意	53.6%	53.9%	53.8%
完全同意	40.3%	41.6%	40.9%
总计	100.0%	100.0%	100.0%
列总计	2252	2064	4316

Chi-square test：df = 3，卡方值为 5.158，sig = 0.161 > 0.05，所以不同性别的居民对于“下列说法您是否认同：遇到困难的时候，兄弟姐妹通常都会给予力所能及的帮助”的回答没有显著差异。

C9j by A0

下列说法您是否认同：无论父母对自己如何，都应当尽赡养义务 ＊性别 Crosstabulation

	女性	男性	总计
完全不同意	0.5%	0.8%	0.6%
不太同意	3.6%	3.4%	3.5%
比较同意	42.6%	40.6%	41.7%
完全同意	53.2%	55.2%	54.2%
总计	100.0%	100.0%	100.0%
列总计	2265	2072	4337

Chi-square test：df = 3，卡方值为2.841，sig = 0.417 > 0.05，所以不同性别的居民对于“下列说法您是否认同：无论父母对自己如何，都应当尽赡养义务”的回答没有显著差异。

C9k by A0

下列说法您是否认同：为了家庭利益可以一定程度上牺牲国家利益 ＊性别 Crosstabulation

	女性	男性	总计
完全不同意	16.2%	18.6%	17.3%
不太同意	49.7%	51.3%	50.4%
比较同意	27.2%	24.4%	25.9%
完全同意	7.0%	5.7%	6.3%
总计	100.0%	100.0%	100.0%
列总计	2141	1972	4113

Chi-square test：df = 3，卡方值为9.688，sig = 0.021 < 0.05，所以不同性别的居民对于“下列说法您是否认同：为了家庭利益可以一定程度上牺牲国家利益”的回答有显著差异。

C9l by A0

下列说法您是否认同：为了国家利益可以一定程度上牺牲家庭利益 ＊性别 Crosstabulation

	女性	男性	总计
完全不同意	5.9%	4.6%	5.3%
不太同意	26.9%	23.8%	25.4%
比较同意	49.8%	51.4%	50.6%
完全同意	17.4%	20.1%	18.7%
总计	100.0%	100.0%	100.0%
列总计	2135	1963	4098

Chi-square test：df = 3，卡方值为11.440，sig = 0.010 < 0.05，所以不同性别的居民对于“下列说法您是否认同：为了国家利益可以一定程度上牺牲家庭利益”的回答有显著差异。

C10 by A0

假设您的上司或老板是外国人，他侮辱了中国，您会选择 * 性别 Crosstabulation

	女性	男性	总计
当面抗议	62.9%	70.1%	66.3%
保持沉默	20.6%	16.6%	18.7%
暗地里报复	2.7%	2.4%	2.5%
以屈求伸，背后骂几句就行了	10.5%	7.0%	8.8%
无所谓	3.4%	4.0%	3.7%
总计	100.0%	100.0%	100.0%
列总计	2253	2077	4300

Chi-square test：df = 4，卡方值为 34.214，sig = 0.000 < 0.05，所以不同性别的居民对于“假设您的上司或老板是外国人，他侮辱了中国，您会选择”的回答有显著差异。

C11 by A0

如果条件允许的话，您希望您的孩子生活在国内，还是到国外定居 * 性别 Crosstabulation

	女性	男性	总计
还是在国内生活好	56.2%	61.6%	58.8%
到国外定居	9.9%	9.1%	9.5%
走一步看一步	11.7%	10.8%	11.2%
没考虑过	22.2%	18.5%	20.4%
总计	100.0%	100.0%	100.0%
列总计	2276	2083	4359

Chi-square test：df = 3，卡方值为 14.097，sig = 0.003 < 0.05，所以不同性别的居民对于“如果条件允许的话，您希望您的孩子生活在国内，还是到国外定居”的回答有显著差异。

C12a by A0

您常常体验到自己身上一种“伦理感”的存在吗？人与人之间 * 性别 Crosstabulation

	女性	男性	总计
没有，只感受到自己实实在在的生活	19.8%	20.3%	20.1%
偶尔有，但主要是因为那种情况下我的利益与它高度一致	31.3%	30.8%	31.0%

续表

	女性	男性	总计
偶尔有，是在受某种作品或生活情境的影响之后	20.7%	21.7%	21.2%
时常有，它是一种内在的信念	28.3%	27.2%	27.8%
总计	100.0%	100.0%	100.0%
列总计	2268	2076	4344

Chi-square test：df = 3，卡方值为 1.170，sig = 0.760 > 0.05，所以不同性别的居民对于“常常体验到自己身上一种‘伦理感’的存在吗？人与人之间”的回答没有显著差异。

C12b by A0

您常常体验到自己身上一种“伦理感”的存在吗？家庭 ＊性别 Crosstabulation

	女性	男性	总计
没有，只感受到自己实实在在的生活	18.2%	16.6%	17.4%
偶尔有，但主要是因为那种情况下我的利益与它高度一致	16.0%	17.4%	16.6%
偶尔有，是在受某种作品或生活情境的影响之后	16.7%	15.5%	16.1%
时常有，它是一种内在的信念	49.2%	50.5%	49.8%
总计	100.0%	100.0%	100.0%
列总计	2258	2077	4345

Chi-square test：df = 3，卡方值为 4.207，sig = 0.240 > 0.05，所以不同性别的居民对于“常常体验到自己身上一种‘伦理感’的存在吗？家庭”的回答没有显著差异。

C12c by A0

您常常体验到自己身上一种“伦理感”的存在吗？单位 ＊性别 Crosstabulation

	女性	男性	总计
没有，只感受到自己实实在在的生活	22.2%	20.4%	21.3%
偶尔有，但主要是因为那种情况下我的利益与它高度一致	31.9%	33.0%	32.4%
偶尔有，是在受某种作品或生活情境的影响之后	28.4%	27.1%	27.8%
时常有，它是一种内在的信念	17.6%	19.5%	18.5%
总计	100.0%	100.0%	100.0%
列总计	2257	2071	4328

Chi-square test：df = 3，卡方值为 4.787，sig = 0.188 > 0.05，所以不同性别的居民对于“常常体验到自己身上一种‘伦理感’的存在吗？单位”的回答没有显著差异。

C12d by A0

您常常体验到自己身上一种“伦理感”的存在吗？社区、城市 ＊性别 Crosstabulation

	女性	男性	总计
没有，只感受到自己实实在在的生活	22.8%	22.0%	22.4%
偶尔有，但主要是因为那种情况下我的利益与它高度一致	29.0%	27.7%	28.4%
偶尔有，是在受某种作品或生活情境的影响之后	28.3%	29.1%	28.7%
时常有，它是一种内在的信念	19.9%	21.3%	20.5%
总计	100.0%	100.0%	100.0%
列总计	2262	2075	4337

Chi-square test：df = 3，卡方值为 2.176，sig = 0.537 > 0.05，所以不同性别的居民对于“常常体验到自己身上一种‘伦理感’的存在吗？社区、城市”的回答没有显著差异。

C13 by A0

您常常体验到自己身上有一种道德感的存在和满足吗 ＊性别 Crosstabulation

	女性	男性	总计
没有，只是凭自己的感觉和利益办事	14.3%	13.6%	14.0%
在有监督的环境中或有别人在场时有，其他环境中没有	13.1%	13.7%	13.4%
经常有，问心无愧、不做亏心事最重要	50.6%	51.7%	51.1%
没有特别的感觉，但从来不做不道德的事	21.9%	20.9%	21.4%
其他	0.1%	0.1%	0.1%
总计	100.0%	100.0%	100.0%
列总计	2272	2080	4352

Chi-square test：df = 4，卡方值为 1.613，sig = 0.806 > 0.05，所以不同性别的居民对于“常常体验到自己身上有一种‘道德感’的存在和满足吗”的回答没有显著差异。

C14 by A0

您认为国家对于个人存在的意义是 ＊性别 Crosstabulation

	女性	男性	总计
国家离我们很遥远，个人最重要	22.3%	18.9%	20.7%
国家最重要，是我们的安身之地，国家富强个人才能过得好	77.5%	80.7%	79.1%
其他	0.2%	0.4%	0.3%
总计	100.0%	100.0%	100.0%
列总计	2274	2080	4354

Chi-square test：df = 2，卡方值为 9.198，sig = 0.010 < 0.05，所以不同性别的居民对于“认为国家对于个人存在的意义是”的回答有显著差异。

C15 by A0

您认为对社会生活而言，个体德性和社会公正哪个更重要 ＊性别 Crosstabulation

	女性	男性	总计
个体德性最重要	14.6%	15.0%	14.8%
社会公正最重要	32.3%	32.0%	32.2%
二者应当统一，但二者矛盾时应先追求个体德性	27.8%	24.5%	26.2%
二者应当统一，但二者矛盾时应先追求社会公正	25.3%	28.5%	26.8%
总计	100.0%	100.0%	100.0%
列总计	2276	2081	4357

Chi-square test：df = 3，卡方值为 9.087，sig = 0.028 < 0.05，所以不同性别的居民对于“认为对社会生活而言，个体德性和社会公正哪个更重要”的回答有显著差异。

C16 by A0

在公共生活中，个人之所以要遵守道德，是因为 ＊性别 Crosstabulation

	女性	男性	总计
遵守道德有利于自身利益的实现	21.4%	20.0%	20.7%
个人是社会的一分子，应当遵守道德	38.6%	39.8%	39.2%
遵守道德社会才能有序和美好	35.1%	36.0%	35.6%
不遵守道德会被别人议论或谴责	4.8%	3.9%	4.4%
其他		0.2%	0.1%
总计	100.0%	100.0%	100.0%
列总计	2271	2080	4351

Chi-square test：df = 4，卡方值为 6.715，sig = 0.152 > 0.05，所以不同性别的居民对于“公共生活中，个人之所以要遵守道德，是因为”的回答没有显著差异。

C17 by A0

关于职业劳动的说法，您最认同的是 ＊性别 Crosstabulation

	女性	男性	总计
职业劳动是个人和家庭谋生的手段	54.9%	53.1%	54.0%
职业劳动是为社会创造财富	23.8%	25.3%	24.5%
职业劳动是个人兴趣和价值实现的方式	21.1%	21.4%	21.2%
其他	0.2%	0.3%	0.3%
总计	100.0%	100.0%	100.0%

续表

	女性	男性	总计
列总计	2255	2073	4328

Chi-square test：df = 3，卡方值为 1.816，sig = 0.611 > 0.05，所以不同性别的居民对于“关于职业劳动的说法，您最认同的是”的回答没有显著差异。

C18a by A0

您认为造成有些人忧郁、自杀的原因是？欲望过多过大，不能知足常乐 * 性别 Crosstabulation

	女性	男性	总计
未选中	69.2%	69.0%	69.1%
选中	30.8%	31.0%	30.9%
总计	100.0%	100.0%	100.0%
列总计	2257	2066	4323

Chi-square test：df = 1，卡方值为 0.018，sig = 0.893 > 0.05，所以不同性别的居民对于“您认为造成有些人忧郁、自杀的原因是？欲望过多过大，不能知足常乐”的回答没有显著差异。

C18b by A0

您认为造成有些人忧郁、自杀的原因是？对自己和未来没有把握 * 性别 Crosstabulation

	女性	男性	总计
未选中	70.3%	71.3%	70.8%
选中	29.7%	28.7%	29.2%
总计	100.0%	100.0%	100.0%
列总计	2257	2066	4323

Chi-square test：df = 1，卡方值为 0.603，sig = 0.437 > 0.05，所以不同性别的居民对于“您认为造成有些人忧郁、自杀的原因是？对自己和未来没有把握”的回答没有显著差异。

C18c by A0

您认为造成有些人忧郁、自杀的原因是？竞争激烈，工作压力过大，身心疲惫 * 性别 Crosstabulation

	女性	男性	总计
未选中	49.5%	49.5%	49.5%
选中	50.5%	50.5%	50.5%

续表

	女性	男性	总计
总计	100.0%	100.0%	100.0%
列总计	2257	2066	4323

Chi-square test：df = 1，卡方值为 0.000，sig = 0.990 > 0.05，所以不同性别的居民对于“您认为造成有些人忧郁、自杀的原因是？竞争激烈，工作压力过大，身心疲惫”的回答没有显著差异。

C18d by A0

您认为造成有些人忧郁、自杀的原因是？人与人之间缺乏信任感，人际关系紧张 ＊性别 Crosstabulation

	女性	男性	总计
未选中	62.9%	61.2%	62.1%
选中	37.1%	38.8%	37.9%
总计	100.0%	100.0%	100.0%
列总计	2257	2066	4323

Chi-square test：df = 1，卡方值为 1.309，sig = 0.253 > 0.05，所以不同性别的居民对于“您认为造成有些人忧郁、自杀的原因是？人与人之间缺乏信任感，人际关系紧张”的回答没有显著差异。

C18e by A0

您认为造成有些人忧郁、自杀的原因是？有烦恼很难找到人倾诉和排解 ＊性别 Crosstabulation

	女性	男性	总计
未选中	74.2%	77.2%	75.6%
选中	25.8%	22.8%	24.4%
总计	100.0%	100.0%	100.0%
列总计	2257	2066	4323

Chi-square test：df = 1，卡方值为 5.058，sig = 0.025 < 0.05，所以不同性别的居民对于“您认为造成有些人忧郁、自杀的原因是？有烦恼很难找到人倾诉和排解”的回答有显著差异。

C18f by A0

您认为造成有些人忧郁、自杀的原因是？缺乏自我理解和自我调节能力 ＊性别 Crosstabulation

	女性	男性	总计
未选中	75.7%	76.2%	75.9%
选中	24.3%	23.8%	24.1%

续表

	女性	男性	总计
总计	100.0%	100.0%	100.0%
列总计	2257	2066	4323

Chi-square test：df = 1，卡方值为 0.128，sig = 0.720 > 0.05，所以不同性别的居民对于“您认为造成有些人忧郁、自杀的原因是？缺乏自我理解和自我调节能力”的回答没有显著差异。

C18g by A0

您认为造成有些人忧郁、自杀的原因是？现代人缺乏安顿自己、化解内心矛盾的能力 ＊性别 Crosstabulation

	女性	男性	总计
未选中	74.6%	73.7%	74.2%
选中	25.4%	26.3%	25.8%
总计	100.0%	100.0%	100.0%
列总计	2257	2066	4323

Chi-square test：df = 1，卡方值为 0.407，sig = 0.523 > 0.05，所以不同性别的居民对于“您认为造成有些人忧郁、自杀的原因是？现代人缺乏安顿自己、化解内心矛盾的能力”的回答没有显著差异。

C18h by A0

您认为造成有些人忧郁、自杀的原因是？缺乏道德公正，没有道德的人总是占便宜 ＊性别 Crosstabulation

	女性	男性	总计
未选中	77.0%	76.0%	76.5%
选中	23.0%	24.0%	23.5%
总计	100.0%	100.0%	100.0%
列总计	2257	2066	4323

Chi-square test：df = 1，卡方值为 0.508，sig = 0.476 > 0.05，所以不同性别的居民对于“您认为造成有些人忧郁、自杀的原因是？缺乏道德公正，没有道德的人总是占便宜”的回答没有显著差异。

C18i by A0

您认为造成有些人忧郁、自杀的原因是？缺乏理想和信念支持，精神没有寄托和归宿 ＊性别 Crosstabulation

	女性	男性	总计
未选中	77.8%	77.3%	77.5%

续表

	女性	男性	总计
选中	22.2%	22.7%	22.5%
总计	100.0%	100.0%	100.0%
列总计	2257	2066	4323

Chi-square test：df = 1，卡方值为 0.159，sig = 0.690 > 0.05，所以不同性别的居民对于“您认为造成有些人忧郁、自杀的原因是？缺乏理想和信念支持，精神没有寄托和归宿”的回答没有显著差异。

C18j by A0

您认为造成有些人忧郁、自杀的原因是？生活压力大 ＊性别 Crosstabulation

	女性	男性	总计
未选中	44.4%	43.6%	44.0%
选中	55.6%	56.4%	56.0%
总计	100.0%	100.0%	100.0%
列总计	2257	2066	4323

Chi-square test：df = 1，卡方值为 0.301，sig = 0.584 > 0.05，所以不同性别的居民对于“您认为造成有些人忧郁、自杀的原因是？生活压力大”的回答没有显著差异。

C18k by A0

您认为造成有些人忧郁、自杀的原因是？生活孤独无聊 ＊性别 Crosstabulation

	女性	男性	总计
未选中	90.7%	89.7%	90.2%
选中	9.3%	10.3%	9.8%
总计	100.0%	100.0%	100.0%
列总计	2257	2066	4323

Chi-square test：df = 4，卡方值为 4.487，sig = 0.344 > 0.05，所以不同性别的居民对于“您认为造成有些人忧郁、自杀的原因是？生活孤独无聊”的回答没有显著差异。

C18l by A0

您认为造成有些人忧郁、自杀的原因是？其他 ＊性别 Crosstabulation

	女性	男性	总计
未选中	99.2%	99.6%	99.4%
选中	0.8%	0.4%	0.6%
总计	100.0%	100.0%	100.0%

续表

	女性	男性	总计
列总计	2257	2066	4323

Chi-square test：df = 1，卡方值为 3.037，sig = 0.081 > 0.05，所以不同性别的居民对于“您认为造成有些人忧郁、自杀的原因是？其他”的回答没有显著差异。

C19a by A0

如果您与家庭成员之间发生重大利益冲突，您会首先选择哪种途径来解决 * 性别 Crosstabulation

	女性	男性	总计
诉诸法律，打官司	0.8%	1.1%	1.0%
直接找对方沟通，但得理让人，适可而止	53.5%	53.6%	53.5%
通过第三方（如社会机构、朋友等）从中调解，尽量不伤和气	9.3%	10.7%	9.9%
能忍则忍	36.4%	34.7%	35.6%
总计	100.0%	100.0%	100.0%
列总计	2246	2044	4290

Chi-square test：df = 3，卡方值为 3.579，sig = 0.311 > 0.05，所以不同性别的居民对于“如果您与家庭成员之间发生重大利益冲突，您会首先选择哪种途径来解决”的回答没有显著差异。

C19b by A0

如果您与朋友之间发生重大利益冲突，您会首先选择哪种途径来解决 * 性别 Crosstabulation

	女性	男性	总计
诉诸法律，打官司	2.0%	2.6%	2.3%
直接找对方沟通，但得理让人，适可而止	54.1%	53.4%	53.8%
通过第三方（如社会机构、朋友等）从中调解，尽量不伤和气	20.5%	23.6%	22.0%
能忍则忍	23.4%	20.4%	22.0%
总计	100.0%	100.0%	100.0%
列总计	2238	2054	4292

Chi-square test：df = 3，卡方值为 10.328，sig = 0.016 < 0.05，所以不同性别的居民对于“如果您与朋友之间发生重大利益冲突，您会首先选择哪种途径来解决”的回答有显著差异。

C19c by A0

如果您与同事之间发生重大利益冲突，您会首先选择哪种途径来解决 * 性别 Crosstabulation

	女性	男性	总计
诉诸法律，打官司	3.6%	4.6%	4.1%
直接找对方沟通，但得理让人，适可而止	54.2%	52.8%	53.6%
通过第三方（如社会机构、朋友等）从中调解，尽量不伤和气	28.3%	30.4%	29.3%
能忍则忍	13.9%	12.2%	13.1%
总计	100.0%	100.0%	100.0%
列总计	2102	1965	4067

Chi-square test：df = 3，卡方值为 6.440，sig = 0.092 > 0.05，所以不同性别的居民对于“如果您与同事之间发生重大利益冲突，您会首先选择哪种途径来解决”的回答没有显著差异。

C19d by A0

如果您与商业伙伴之间发生重大利益冲突，您会首先选择哪种途径来解决 * 性别 Crosstabulation

	女性	男性	总计
诉诸法律，打官司	40.2%	40.9%	40.5%
直接找对方沟通，但得理让人，适可而止	26.3%	27.2%	26.7%
通过第三方（如社会机构、朋友等）从中调解，尽量不伤和气	28.3%	26.6%	27.4%
能忍则忍	5.3%	5.3%	5.3%
总计	100.0%	100.0%	100.0%
列总计	1869	1790	3659

Chi-square test：df = 3，卡方值为 1.330，sig = 0.072 > 0.05，所以不同性别的居民对于“如果您与商业伙伴之间发生重大利益冲突，您会首先选择哪种途径来解决”的回答没有显著差异。

C20 by A0

您认为在自己的成长中得到道德训练的最重要场所或机构是 * 性别 Crosstabulation

	女性	男性	总计
家庭	36.3%	32.0%	34.2%
学校	23.5%	23.6%	23.5%
社会（如工作单位、社区等）	29.9%	32.3%	31.1%
国家或政府	6.3%	7.2%	6.7%

续表

	女性	男性	总计
媒体	1.3%	2.1%	1.7%
其他	2.7%	2.8%	2.7%
总计	100.0%	100.0%	100.0%
列总计	2271	2073	4344

Chi-square test：df = 5，卡方值为 13.453，sig = 0.019 < 0.05，所以不同性别的居民对于“您认为在自己的成长中得到道德训练的最重要场所或机构是”的回答有显著差异。

C21 by A0

您的思想行为受什么人影响最大 * 性别 Crosstabulation

	女性	男性	总计
政府官员	25.0%	24.8%	24.9%
企业家	20.0%	21.4%	20.6%
演艺明星	7.5%	7.4%	7.5%
教师	46.6%	44.2%	45.4%
知识精英	16.5%	15.6%	16.1%
公众人物	26.7%	26.6%	26.6%
农民	7.2%	7.7%	7.4%
工人	2.8%	3.6%	3.2%
先哲先贤	13.2%	15.3%	14.2%
父母	70.2%	68.0%	69.2%
网络大 V	3.1%	3.7%	3.4%
宗教人士	0.8%	0.7%	0.8%
列总计	2187	2012	4199

据上表所示，不同性别的居民对于“您的思想行为受什么人影响最大”的回答没有显著差异。

C22 by A0

影响您道德判断和道德选择的最主要的因素是 * 性别 Crosstabulation

	女性	男性	总计
自己的良心	72.3%	73.2%	72.7%
大多数人持有的观点	40.6%	36.6%	38.7%
公众人士和权威人物的观点	7.2%	7.0%	7.1%
国外媒体的观点	4.9%	5.1%	5.0%

续表

	女性	男性	总计
自己的利益	15.6%	13.3%	14.5%
他人的评价	6.5%	6.7%	6.6%
社会后果	13.1%	15.0%	14.0%
大多数人认可的道德规范	18.3%	18.9%	18.6%
先贤教导	4.9%	6.0%	5.4%
“朋友圈”的观点	2.4%	2.4%	2.4%
列总计	2237	2049	4286

据上表所示，不同性别的居民对于“影响您道德判断和道德选择的最主要的因素”的回答没有显著差异。

C23 by A0

现在经常有一些网民在网络上曝光别人的隐私，您怎么看待这种行为 ＊性别 Crosstabulation

	女性	男性	总计
这是违法行为，应该制止	40.9%	46.5%	43.6%
这是不道德行为，应该进行谴责	46.6%	41.6%	44.2%
这是社会监督的重要途径，不必完全禁止，但需要规范和引导	10.8%	10.6%	10.7%
这是网民的自由，别人不应该干涉	1.8%	1.4%	1.6%
总计	100.0%	100.0%	100.0%
列总计	2164	2008	4172

Chi-square test：df = 3，卡方值为 14.433，sig = 0.002 < 0.05，所以不同性别的居民对于“现在经常有一些网民在网络上曝光别人的隐私，您怎么看待这种行为”的回答有显著差异。

C24a by A0

您最近两年是否参加过以下活动？志愿者活动 ＊性别 Crosstabulation

	女性	男性	总计
是	15.9%	20.0%	17.9%
否	84.1%	80.0%	82.1%
总计	100.0%	100.0%	100.0%
列总计	2277	2080	4357

Chi-square test：df = 1，卡方值为 12.750，sig = 0.000 < 0.05，所以不同性别的居民对于“最近两年是否参加过以下活动？志愿者活动”的回答有显著差异。

C24b by A0

您参加的频率：志愿者活动 ＊性别 Crosstabulation

	女性	男性	总计
从来没有	84.1%	80.0%	82.1%
参加过一两次	7.3%	10.2%	8.7%
偶尔参加一次	6.5%	7.2%	6.8%
经常参加	2.1%	2.6%	2.4%
总计	100.0%	100.0%	100.0%
列总计	2277	2080	4357

Chi-square test：df = 3，卡方值为 14.720，sig = 0.002 < 0.05，所以不同性别的居民对于“您参加的频率：志愿者活动”的回答有显著差异。

C24c by A0

您最近两年是否参加过以下活动？无偿献血 ＊性别 Crosstabulation

	女性	男性	总计
是	10.9%	13.0%	11.9%
否	89.1%	87.0%	88.1%
总计	100.0%	100.0%	100.0%
列总计	2277	2081	4358

Chi-square test：df = 1，卡方值为 4.507，sig = 0.034 < 0.05，所以不同性别的居民对于“您最近两年是否参加过以下活动？无偿献血”的回答有显著差异。

C24d by A0

您参加的频率：无偿献血 ＊性别 Crosstabulation

	女性	男性	总计
从来没有	89.1%	87.0%	88.1%
参加过一两次	5.1%	6.5%	5.8%
偶尔参加一次	5.1%	5.1%	5.1%
经常参加	0.7%	1.3%	1.0%
总计	100.0%	100.0%	100.0%

Chi-square test：df = 3，卡方值为 8.892，sig = 0.031 < 0.05，所以不同性别的居民对于“您参加的频率：无偿献血”的回答有显著差异。

C24e by A0

您最近两年是否参加过以下活动？捐款、捐物 ＊性别 Crosstabulation

	女性	男性	总计
是	40.9%	45.0%	42.9%
否	59.1%	55.0%	57.1%
总计	100.0%	100.0%	100.0%
列总计	2277	2081	4358

Chi-square test：df=1，卡方值为7.445，sig=0.006<0.05，所以不同性别的居民对于“您最近两年是否参加过以下活动？捐款、捐物”的回答有显著差异。

C24f by A0

您参加的频率：捐款、捐物＊性别 Crosstabulation

	女性	男性	总计
从来没有	59.1%	55.0%	57.1%
参加过一两次	18.9%	19.9%	19.4%
偶尔参加一次	15.4%	16.6%	15.9%
经常参加	6.6%	8.6%	7.5%
总计	100.0%	100.0%	100.0%
列总计	2277	2081	4358

Chi-square test：df=3，卡方值为10.031，sig=0.018<0.05，所以不同性别的居民对于“您参加的频率：捐款、捐物”的回答有显著差异。

C25 by A0

目前中国社会的两性关系日益开放，它对社会风尚的影响是 ＊性别 Crosstabulation

	女性	男性	总计
是社会进步的表现	10.5%	11.8%	11.1%
两性关系混乱必然导致道德沦丧、污染社会风气	60.8%	60.9%	60.9%
个人选择，无所谓好坏	28.6%	27.1%	27.8%
其他	0.2%	0.2%	0.2%
总计	100.0%	100.0%	100.0%

Chi-square test：df=3，卡方值为2.764，sig=0.429>0.05，所以不同性别的居民对于“目前中国社会的两性关系日益开放，它对社会风尚的影响是”的回答没有显著差异。

C26 by A0

您对一些重要事情所持的观点和回答与其他人一致的时候有多少 * 性别 Crosstabulation

	女性	男性	总计
非常少	2.0%	2.3%	2.1%
比较少	10.2%	10.4%	10.3%
一般	49.2%	48.2%	48.7%
比较多	34.2%	34.6%	34.4%
非常多	4.4%	4.6%	4.5%
总计	100.0%	100.0%	100.0%
列总计	2101	1949	4050

Chi-square test：df = 4，卡方值为 0.516，sig = 0.972 > 0.05，所以不同性别的居民对于“您对一些重要事情所持的观点和回答与其他人一致的时候有多少”的回答没有显著差异。

C27 by A0

您对待目前社会上一部分人的奢侈消费行为的回答是 * 性别 Crosstabulation

	女性	男性	总计
钞票是他们自己的，他们愿意怎么花就怎么花	32.3%	30.3%	31.3%
他们应该遵守勤俭的传统美德，适度消费	55.5%	56.7%	56.1%
过度消费行为只要对别人无害，就不应干涉	12.2%	12.7%	12.4%
其他		0.3%	0.2%
总计	100.0%	100.0%	100.0%
列总计	2277	2082	4359

Chi-square test：df = 3，卡方值为 5.931，sig = 0.115 > 0.05，所以不同性别的居民对于“对待目前社会上一部分人的奢侈消费行为”的回答没有显著差异。

C28 by A0

孝敬、礼让、仁爱、节俭等优良传统，您认为现在还需要这些吗 * 性别 Crosstabulation

	女性	男性	总计
这些好传统什么时候都不能丢	83.7%	84.3%	84.0%
可有可无	6.1%	6.4%	6.2%
已经过时，没必要讲这些	3.0%	2.2%	2.6%
有些要，有些不要	7.3%	7.1%	7.2%

续表

	女性	男性	总计
总计	100.0%	100.0%	100.0%
列总计	2277	2082	4359

Chi-square test：df = 3，卡方值为 2.888，sig = 0.409 > 0.05，所以不同性别的居民对于“孝敬、礼让、仁爱、节俭等优良传统，您认为现在还需要这些吗”的回答没有显著差异。

C29 by A0

民族英雄和新时期的先进人物，您觉得他们的精神还值得在全社会大力倡导吗 ＊性别 Crosstabulation

	女性	男性	总计
我很佩服他们，现在社会就缺这种精神，要加大宣传	69.8%	72.9%	71.3%
以前知道一些，现在不太关注了	22.2%	20.4%	21.4%
时过境迁，这些典型的影响力越来越小了，没太多人关心了	6.0%	5.0%	5.5%
不知道，也不关心	1.9%	1.7%	1.8%
总计	100.0%	100.0%	100.0%
列总计	2275	2080	4355

Chi-square test：df = 3，卡方值为 5.673，sig = 0.129 > 0.05，所以不同性别的居民对于“民族英雄和新时期的先进人物，您觉得还值得在全社会大力倡导吗”的回答没有显著差异。

C30 by A0

当在公交车上遇到小偷正在偷乘客钱包时，您会选择以下哪种做法 ＊性别 Crosstabulation

	女性	男性	总计
马上冲上去制止	12.7%	33.2%	22.5%
出于害怕，装作什么都没有看到	7.6%	5.1%	6.4%
不敢直接与小偷对抗，但以适当方式悄悄提醒当事人或报警	73.6%	55.9%	65.1%
只要偷的不是我，不用多管闲事，免得惹麻烦	5.5%	5.1%	5.3%
其他	0.6%	0.8%	0.7%
总计	100.0%	100.0%	100.0%
列总计	2271	2079	4350

Chi-square test：df = 4，卡方值为 266.824，sig = 0.000 < 0.05，所以不同性别的居民对于“当在公交车上遇到小偷正在偷乘客钱包时，您会选择以下哪种做法”的回答有显著差异。

C31 by A0

小王知道做某件事是道德的但没去行动，哪种因素是他采取行动最大障碍 * 性别 Crosstabulation

	女性	男性	总计
采取行动会损害自己利益	18.6%	19.7%	19.1%
采取行动也难以取得预期效果	16.5%	16.1%	16.3%
大家都不做，我何必管闲事	17.2%	17.9%	17.5%
自身能力有限，心有余而力不足	36.0%	33.6%	34.8%
即使我不做，相信还会有别人去做	8.2%	8.8%	8.5%
明白就行，让别人去做吧	3.1%	3.3%	3.2%
其他	0.4%	0.7%	0.5%
总计	100.0%	100.0%	100.0%
列总计	2256	2066	4322

Chi-square test：df = 6，卡方值为 5.624，sig = 0.467 > 0.05，所以不同性别的居民对于“小王知道做某件事是道德的但没去行动，哪种因素是他行动最大障碍”的回答没有显著差异。

C32 by A0

当与他人发生分歧时，能否体谅宽容他人 * 性别 Crosstabulation

	女性	男性	总计
不宽容，必须弄清是非曲直	6.9%	7.8%	7.3%
偶尔	27.7%	25.4%	26.6%
有时	43.2%	44.4%	43.8%
经常	22.2%	22.4%	22.3%
总计	100.0%	100.0%	100.0%
列总计	2271	2077	4348

Chi-square test：df = 3，卡方值为 3.767，sig = 0.288 > 0.05，所以不同性别的居民对于“当与他人发生分歧时，能否体谅宽容他人”的回答没有显著差异。

C33 by A0

您认为解决当前我国的公民道德和社会风尚问题，最关键的途径是 * 性别 Crosstabulation

	女性	男性	总计
加强法制	42.9%	47.5%	45.1%
弘扬优秀传统道德	52.6%	48.9%	50.9%

续表

	女性	男性	总计
建设伦理道德的核心价值	16.4%	17.3%	16.9%
惩治官员腐败	23.7%	23.7%	23.7%
解决分配不公问题	12.6%	14.0%	13.3%
提高个人道德素质	35.7%	32.2%	34.1%
列总计	2268	2075	4343

据上表所示，不同性别的居民对于“您认为解决当前我国的公民道德和社会风尚问题，最关键的途径是”的回答没有显著差异。

C34 by A0

您知道社会主义核心价值观吗？请您把它们选出来 * 性别 Crosstabulation

	女性	男性	总计
文明	82.5%	83.0%	82.7%
诚信	89.4%	89.7%	89.5%
勇敢	35.7%	33.0%	34.4%
爱国	78.7%	80.7%	79.7%
创新	30.7%	29.0%	29.9%
友善	52.6%	54.0%	53.3%
勤劳	20.5%	20.3%	20.4%
列总计	2157	2012	4169

据上表所示，不同性别的居民对于“您知道的社会主义核心价值观”的回答没有显著差异。

C35 by A0

您认为社会主义核心价值观与您的工作、生活有关系吗 * 性别 Crosstabulation

	女性	男性	总计
对改变社会风气有好处，每个人都应该这样做人做事	84.4%	87.1%	85.7%
与个人工作、生活没关系	15.6%	12.9%	14.3%
总计	100.0%	100.0%	100.0%
列总计	2059	1931	3990

Chi-square test：df = 1，卡方值为5.880，sig = 0.015 < 0.05，所以不同性别的居民对于“您认为社会主义核心价值观与您的工作、生活有关系吗”的回答有显著差异。

C36 by A0

在全社会特别是青少年中开展革命传统教育，您认为有没有这个必要 ＊性别 Crosstabulation

	女性	男性	总计
很有必要，什么时候都不能忘本	90.7%	89.8%	90.3%
可有可无	5.7%	6.2%	5.9%
没有必要，已经过时了	3.6%	4.0%	3.8%
总计	100.0%	100.0%	100.0%
列总计	2276	2081	4357

Chi-square test：df = 2，卡方值为 1.152，sig = 0.562 > 0.05，所以不同性别的居民对于“在全社会特别是青少年中开展革命传统教育，您认为有没有这个必要”的回答没有显著差异。

C37 by A0

当您途经一场所，正遇到升国旗仪式，看到国旗在国歌声中升起的时候，您会怎么做 ＊性别 Crosstabulation

	女性	男性	总计
原地站立，面向国旗行注目礼	23.2%	25.8%	24.4%
停下来看一看	65.0%	63.9%	64.5%
只当没看见，该干吗干吗	11.8%	10.3%	11.1%
总计	100.0%	100.0%	100.0%
列总计	2273	2081	4354

Chi-square test：df = 2，卡方值为 5.363，sig = 0.068 > 0.05，所以不同性别的居民对于“当您途经一场所，正遇到升国旗仪式，看到国旗在国歌声中升起的时候，您会怎么做”的回答没有显著差异。

C38 by A0

今年您参加过纪念中国共产党成立 96 周年等主题教育活动吗 ＊性别 Crosstabulation

	女性	男性	总计
参加过，很受教育	7.4%	10.2%	8.7%
听说过，但是没有参加过	62.5%	64.7%	63.5%
这种活动基本都是形式大于内容	10.4%	10.0%	10.2%
不关心这些	19.7%	15.1%	17.5%
总计	100.0%	100.0%	100.0%
列总计	2273	2083	4356

Chi-square test：df = 3，卡方值为 23.485，sig = 0.000 < 0.05，所以不同性别的居民对于“今年您参加过纪念中国共产党成立 96 周年等主题教育活动吗”的回答有显著差异。

D1 by A0

您认为现代家庭关系中最令人担忧的问题是 * 性别 Crosstabulation

	女性	男性	总计
只有一个孩子，对家庭的未来没把握	24.1%	26.0%	25.0%
独生子女难以承担养老责任，老无所养	34.8%	33.8%	34.3%
年轻人不愿结婚，或不愿生孩子，家族传承危机	16.8%	15.8%	16.3%
婚姻不稳定，年轻人缺乏守护婚姻的意识和能力	26.0%	25.6%	25.8%
子女尤其是独生子女缺乏责任感，孝道意识薄弱	16.1%	18.5%	17.3%
代沟严重，父母与子女之间难以沟通	22.5%	23.8%	23.1%
婆媳关系紧张	7.2%	5.3%	6.3%
父母不民主，不能容忍差异	7.2%	7.4%	7.3%
“啃老”现象严重	12.0%	10.9%	11.5%
父母只培养孩子的知识和技能，忽视良好品德的养成	12.7%	12.3%	12.5%
两性关系过度开放	4.0%	4.4%	4.2%
列总计	2194	2012	4206

据上表所示，不同性别的居民对于“您认为现代家庭关系中最令人担忧的问题是”的回答没有显著差异。

D2 by A0

您对家庭的感觉是 * 性别 Crosstabulation

	女性	男性	总计
温馨幸福	19.1%	19.4%	19.3%
比较幸福	71.5%	70.8%	71.2%
不太幸福	2.5%	3.2%	2.8%
一般，没感觉	6.5%	6.2%	6.4%
很不幸福，希望逃离	0.2%	0.3%	0.3%
其他	0.1%	0.1%	0.1%
总计	100.0%	100.0%	100.0%

Chi-square test：df = 5，卡方值为 3.113，sig = 0.683 > 0.05，所以不同性别的居民对于“您对家庭的感觉是”的回答没有显著差异。

D3a by A0

您对以下现象的态度是？不婚 * 性别 Crosstabulation

	女性	男性	总计
完全赞同	0.7%	0.8%	0.7%

续表

	女性	男性	总计
比较赞同	3.6%	2.3%	3.0%
中立	41.0%	42.9%	41.9%
比较反对	36.8%	37.0%	36.9%
强烈反对	17.9%	17.1%	17.5%
总计	100.0%	100.0%	100.0%
列总计			

Chi-square test：df = 4，卡方值为 7.562，sig = 0.109 > 0.05，所以不同性别的居民对于“您对以下现象的态度是？不婚”的回答没有显著差异。

D3b by A0

您对以下现象的态度是？试婚 * 性别 Crosstabulation

	女性	男性	总计
完全赞同	0.4%	0.5%	0.4%
比较赞同	4.5%	3.7%	4.2%
中立	35.9%	39.2%	37.5%
比较反对	40.8%	38.7%	39.8%
强烈反对	18.4%	17.8%	18.1%
总计	100.0%	100.0%	100.0%
列总计	2247	2057	4304

Chi-square test：df = 4，卡方值为 6.576，sig = 0.160 > 0.05，所以不同性别的居民对于“您对以下现象的态度是？试婚”的回答没有显著差异。

D3c by A0

您对以下现象的态度是？同居 * 性别 Crosstabulation

	女性	男性	总计
完全赞同	0.8%	0.9%	0.8%
比较赞同	4.4%	6.3%	5.3%
中立	46.2%	48.1%	47.1%
比较反对	35.1%	31.1%	33.2%
强烈反对	13.5%	13.6%	13.5%
总计	100.0%	100.0%	100.0%
列总计	2257	2063	4320

Chi-square test：df = 4，卡方值为 13.328，sig = 0.010 < 0.05，所以不同性别的居民对于“您对以下现象的态度是？同居”的回答有显著差异。

D3d by A0

您对以下现象的态度是？同性恋 ＊性别 Crosstabulation

	女性	男性	总计
完全赞同	0.6%	0.6%	0.6%
比较赞同	1.4%	0.8%	1.1%
中立	18.2%	19.8%	19.0%
比较反对	39.0%	37.4%	38.2%
强烈反对	40.9%	41.3%	41.1%
总计	100.0%	100.0%	100.0%
列总计	2247	2056	4303

Chi-square test：df = 4，卡方值为 5.454，sig = 0.244 > 0.05，所以不同性别的居民对于“您对以下现象的态度是？同性恋”的回答没有显著差异。

D3e by A0

您对以下现象的态度是？婚外恋 ＊性别 Crosstabulation

	女性	男性	总计
完全赞同		0.1%	0.1%
比较赞同	0.7%	0.4%	0.6%
中立	6.0%	8.1%	7.0%
比较反对	36.3%	37.7%	36.9%
强烈反对	57.1%	53.7%	55.4%
总计	100.0%	100.0%	100.0%
列总计	2261	2070	4331

Chi-square test：df = 4，卡方值为 11.835，sig = 0.019 < 0.05，所以不同性别的居民对于“您对以下现象的态度是？婚外恋”的回答有显著差异。

D3f by A0

您对以下现象的态度是？丁克家庭 ＊性别 Crosstabulation

	女性	男性	总计
完全赞同	0.5%	0.6%	0.6%
比较赞同	1.7%	1.3%	1.5%
中立	31.9%	33.1%	32.5%
比较反对	36.1%	36.2%	36.1%

续表

	女性	男性	总计
强烈反对	29.8%	28.9%	29.4%
总计	100.0%	100.0%	100.0%
列总计	2169	1975	4144

Chi-square test：df = 4，卡方值为 2.253，sig = 0.689 > 0.05，所以不同性别的居民对于“您对以下现象的态度是？丁克家庭”的回答没有显著差异。

D3g by A0

您对以下现象的态度是？代孕 * 性别 Crosstabulation

	女性	男性	总计
完全赞同	0.1%	0.2%	0.2%
比较赞同	1.6%	1.0%	1.3%
中立	25.9%	27.8%	26.8%
比较反对	38.5%	38.0%	38.3%
强烈反对	33.8%	32.9%	33.4%
总计	100.0%	100.0%	100.0%
列总计	2712	2003	4175

Chi-square test：df = 4，卡方值为 4.529，sig = 0.339 > 0.05，所以不同性别的居民对于“您对以下现象的态度是？代孕”的回答没有显著差异。

D4 by A0

您如何看待为了应对拆迁、征地、买房等而出现的“假离婚”现象 * 性别 Crosstabulation

	女性	男性	总计
完全赞同	1.0%	1.1%	1.1%
比较赞同	9.6%	9.1%	9.4%
不太赞同	46.2%	45.2%	45.7%
坚决反对	43.1%	44.6%	43.8%
总计	100.0%	100.0%	100.0%
列总计	2203	2020	4223

Chi-square test：df = 3，卡方值为 1.113，sig = 0.774 > 0.05，所以不同性别的居民对于“您如何看待为了应对拆迁、征地、买房等而出现的‘假离婚’现象”的回答没有显著差异。

D5 by A0

如果夫妻中需要一方为对方或家庭做出牺牲，您的回答是 * 性别 Crosstabulation

	女性	男性	总计
非常不愿意	1.6%	1.9%	1.8%
不太愿意	14.5%	15.5%	15.0%
比较愿意	57.1%	58.3%	57.6%
愿意，时常这么做	26.7%	24.3%	25.6%
总计	100.0%	100.0%	100.0%
列总计	2202	19889	4191

Chi-square test：df = 3，卡方值为 3.718，sig = 0.294 > 0.05，所以不同性别的居民对于“如果夫妻中需要一方为对方或家庭做出牺牲，您的回答是”的回答没有显著差异。

D6 by A0

在恋爱或婚姻中，您有为对方而改变自己的意识吗 * 性别 Crosstabulation

	女性	男性	总计
有，经常这样做	46.2%	43.6%	45.0%
有，但做起来有些困难	32.9%	35.7%	34.2%
没想过这个问题	17.2%	16.2%	16.8%
无须改变，只有找到愿为我改变的人才是真爱	3.3%	3.7%	3.5%
其他	0.4%	0.7%	0.6%
总计	100.0%	100.0%	100.0%
列总计	2270	2068	4338

Chi-square test：df = 4，卡方值为 7.235，sig = 0.124 > 0.05，所以不同性别的居民对于“在恋爱或婚姻中，您有为对方而改变自己的意识吗”的回答没有显著差异。

D7 by A0

在恋爱或婚姻中，你与对方相处的原则是 * 性别 Crosstabulation

	女性	男性	总计
我首先对他/她好，然后希望他/她对我好	63.1%	75.3%	68.9%
他/她对我好，我才对他/她好	21.6%	12.1%	17.1%
他/她对我好就行了	7.7%	6.3%	7.0%
总是我对他/她好，他/她对我不那么好	1.8%	2.4%	2.1%
他/她对我不好，我没必要对他/她好	1.4%	0.9%	1.2%

续表

	女性	男性	总计
其他	4.4%	3.0%	3.7%
总计	100.0%	100.0%	100.0%
列总计	2265	2060	4325

Chi-square test：df=5，卡方值为93.761，sig=0.000<0.05，所以不同性别的居民对于“在恋爱或婚姻中，与对方相处的原则是”的回答有显著差异。

D8 by A0

您认为生育孩子是否是一种人生义务 ＊性别 Crosstabulation

	女性	男性	总计
是，如果大家都不生育，人种会灭绝	25.3%	29.2%	27.2%
是，不生孩子家族延续会中断	42.3%	39.8%	41.1%
不是，但没有孩子将老无所养也过于孤独	23.7%	22.3%	23.0%
不是，自己觉得快乐就行，有孩子负担过重	7.8%	7.9%	7.8%
其他	0.9%	0.9%	0.9%
总计	100.0%	100.0%	100.0%
列总计	2265	2076	4341

Chi-square test：df=4，卡方值为8.686，sig=0.069>0.05，所以不同性别的居民对于“生育孩子是否是一种人生义务”的回答没有显著差异。

D9 by A0

如果孩子面临重大问题（婚姻、升学、就业等）时，您的态度是 ＊性别 Crosstabulation

	女性	男性	总计
全部包办，替他们做决定或搞定	3.7%	3.9%	3.8%
积极建议，努力说服他们采纳	26.8%	26.3%	26.6%
只提建议，让他们自己选择	44.3%	44.1%	44.2%
不表态，免得子女将来埋怨	7.6%	5.9%	6.8%
经常提出建议，但大多不起作用	2.9%	2.7%	2.8%
没孩子/孩子太小	14.5%	16.6%	15.5%
其他	0.1%	0.4%	0.3%
总计	100.0%	100.0%	100.0%
列总计	2274	2080	4354

Chi-square test：df=6，卡方值为11.503，sig=0.074>0.05，所以不同性别的居民对于“如果孩子面临重大问题（婚姻、升学、就业等）时，您的态度是”的回答没有显著差异。

D10 by A0

您对子女所提出的有关人生发展方面的建议，是否经常被采纳 ＊性别 Crosstabulation

	女性	男性	总计
经常被采纳	14.8%	15.0%	14.9%
较多被采纳	60.7%	65.2%	62.8%
基本不采纳	23.3%	19.1%	21.3%
从不被采纳并遭到嘲讽	1.1%	0.7%	0.9%
总计	100.0%	100.0%	100.0%
列总计	1856	1635	3491

Chi-square test：df = 3，卡方值为11.590，sig = 0.009 < 0.05，所以不同性别的居民对于“您对子女所提出的有关人生发展方面的建议，是否经常被采纳”的回答有显著差异。

D11 by A0

您认为现在孩子价值观的形成受何种因素影响最大 ＊性别 Crosstabulation

	女性	男性	总计
父母	63.0%	60.6%	61.9%
老师	52.4%	52.1%	52.3%
同伴	28.2%	26.4%	27.3%
网络、朋友圈	21.0%	22.5%	21.7%
明星	2.5%	3.2%	2.8%
道德模范	10.3%	11.2%	10.7%
伟大人物	7.2%	8.0%	7.6%
列总计	2226	2029	4255

据上表所示，不同性别的居民对于“您认为现在孩子价值观的形成受何种因素影响最大”的回答没有显著差异。

D12 by A0

您认为老人是否有义务帮子女带孩子 ＊性别 Crosstabulation

	女性	男性	总计
有，天经地义的	20.3%	20.7%	20.5%
没有，老人帮助带孙辈，子女应感恩	43.9%	41.7%	42.8%
没有义务，不过带孙辈也是天伦之乐，应该帮助带	33.3%	34.2%	33.7%
没想过	2.5%	3.4%	3.0%

续表

	女性	男性	总计
总计	100.0%	100.0%	100.0%
列总计	2277	2081	4358

Chi-square test：df = 3，卡方值为 4.283，sig = 0.232 > 0.05，所以不同性别的居民对于“您认为老人是否有义务帮子女带孩子”的回答没有显著差异。

D13 by A0

您认为最理想的养老方式是哪种 * 性别 Crosstabulation

	女性	男性	总计
敬老院、护理院等专业养老机构	14.6%	14.8%	14.7%
与子女同住	54.4%	53.2%	53.9%
自己单住，生活难以自理时找护工	14.1%	15.3%	14.7%
与兄弟姐妹抱团养老	5.1%	5.4%	5.2%
与志趣相投的人一起养老	10.9%	10.4%	10.7%
其他	0.9%	0.9%	0.9%
总计	100.0%	100.0%	100.0%

Chi-square test：df = 5，卡方值为 1.837，sig = 0.871 > 0.05，所以不同性别的居民对于“您认为最理想的养老方式是哪种”的回答没有显著差异。

D14 by A0

当父母一方长期生活不能自理时，主要承担照顾工作的人应该是 * 性别 Crosstabulation

	女性	男性	总计
子女照顾	56.0%	57.6%	56.7%
父母中还有能力的另一方（老伴儿）	28.8%	27.4%	28.1%
雇保姆，老伴儿协助	4.0%	4.8%	4.4%
雇保姆，子女协助	5.8%	4.7%	5.3%
送护理机构，家人经常探望	5.1%	5.3%	5.2%
其他	0.3%	0.2%	0.2%
总计	100.0%	100.0%	100.0%
列总计	2273	2080	4353

Chi-square test：df = 5，卡方值为 5.411，sig = 0.368 > 0.05，所以不同性别的居民对于“当父母一方长期生活不能自理时，主要承担照顾工作的人应该是”的回答没有显著差异。

D15 by A0

在过去的十天里，您为父母做过以下哪些事情 ＊性别 Crosstabulation

	女性	男性	总计
看望	24.0%	21.0%	22.5%
打电话	36.2%	31.6%	34.0%
买东西	31.5%	27.2%	29.5%
陪看病	4.1%	4.2%	4.1%
生活照料	26.6%	28.4%	27.5%
做家务	33.6%	30.8%	32.3%
谈心聊天	28.8%	30.0%	29.3%
给钱	6.1%	6.4%	6.3%
外出游玩	1.3%	1.7%	1.5%
无	6.8%	6.5%	6.6%
父母已去世	20.7%	23.2%	21.9%
列总计	2278	2081	4359

据上表所示，不同性别的居民对于“在过去的十天里，您为父母做过以下哪些事情”的回答没有显著差异。

D16 by A0

您是否觉得孤独 ＊性别 Crosstabulation

	女性	男性	总计
经常	3.5%	3.2%	3.4%
有时	22.0%	21.0%	21.5%
不太觉得	33.6%	32.9%	33.2%
不觉得	40.9%	42.9%	41.9%
总计	100.0%	100.0%	100.0%
列总计	2274	2082	4356

Chi-square test：df = 3，卡方值为 2.057，sig = 0.561 > 0.05，所以不同性别的居民对于“您是否觉得孤独”的回答没有显著差异。

D17 by A0

现在开展的弘扬好家风好家训活动，您认为有意义吗 ＊性别 Crosstabulation

	女性	男性	总计
很有意义	83.3%	83.7%	83.5%

续表

	女性	男性	总计
可有可无	9.9%	9.8%	9.9%
没有必要	6.7%	6.6%	6.7%
总计	100.0%	100.0%	100.0%
列总计	2197	2013	4210

Chi-square test：df = 2，卡方值为 0.083，sig = 0.959 > 0.05，所以不同性别的居民对于“现在开展的弘扬好家风好家训活动，您认为有意义吗”的回答没有显著差异。

D18 by A0

您所在的地方发生过虐待儿童的事件吗 * 性别 Crosstabulation

	女性	男性	总计
经常会发生	1.0%	0.9%	0.9%
偶尔发生	7.6%	6.9%	7.2%
没听说过	91.5%	92.3%	91.8%
总计	100.0%	100.0%	100.0%
列总计	2274	2080	4354

Chi-square test：df = 2，卡方值为 0.910，sig = 0.635 > 0.05，所以不同性别的居民对于“您所在的地方发生过虐待儿童的事件吗”的回答没有显著差异。

D19 by A0

在大街或社区里，看到行走或生活困难的老人，您经常的反应是 * 性别 Crosstabulation

	女性	男性	总计
想到自己的（祖）父母或自己的未来，情不自禁地想帮助他	40.9%	41.9%	41.4%
出于义务责任感，想帮助他	27.8%	28.0%	27.9%
有同情感，但没有想帮助的冲动	27.6%	26.2%	26.9%
没有感觉，习以为常	3.6%	3.6%	3.6%
其他	0.1%	0.3%	0.2%
总计	100.0%	100.0%	100.0%
列总计	2275	2079	4354

Chi-square test：df = 4，卡方值为 4.368，sig = 0.358 > 0.05，所以不同性别的居民对于“在大街或社区里，看到行走或生活困难的老人，您经常的反应是”的回答没有显著差异。

D20 by A0

如果您的父母或兄妹偷了别人的东西，您的行为反应可能是 ＊性别 Crosstabulation

	女性	男性	总计
批评他，但不会告发	20.7%	17.8%	19.3%
批评他，陪他送回原处或去承认错误	60.9%	63.9%	62.4%
默认，因为他得到的东西正是家庭所急需	5.2%	3.9%	4.6%
告发，因为出于正义感	7.4%	9.0%	8.2%
告发，因为可能会连累自己	1.4%	1.4%	1.4%
不管不问，由他自己决定	4.2%	3.6%	3.9%
其他	0.2%	0.5%	0.3%
总计	100.0%	100.0%	100.0%
列总计	2274	2077	4351

Chi-square test：df＝6，卡方值为 17.957，sig＝0.006＜0.05，所以不同性别的居民对于“如果您的父母或兄妹偷了别人的东西，您的行为反应可能是”的回答有显著差异。

D21 by A0

当独生子女单独组成家庭后，父母和子女哪一种居住方式更好 ＊性别 Crosstabulation

	女性	男性	总计
单独居住	29.9%	30.6%	30.3%
和父母同住	30.3%	29.2%	29.8%
和父母及祖辈共同居住	6.9%	6.5%	6.7%
和父母靠近居住	32.6%	32.9%	32.7%
其他	0.3%	0.8%	0.5%
总计	100.0%	100.0%	100.0%
列总计	2272	2074	4346

Chi-square test：df＝2，卡方值为 5.363，sig＝0.068＞0.05，所以不同性别的居民对于“当独生子女单独组成家庭后，父母和子女哪一种居住方式更好”的回答没有显著差异。

D22 by A0

您是否认为把老人送到养老院是不孝行为 ＊性别 Crosstabulation

	女性	男性	总计
是	16.0%	16.8%	16.4%

续表

	女性	男性	总计
相对而言，部分是	44.0%	46.7%	45.3%
不是	39.9%	36.1%	38.1%
其他	0.1%	0.4%	0.3%
总计	100.0%	100.0%	100.0%
列总计	2275	2079	4354

Chi-square test：df = 3，卡方值为 9.678，sig = 0.022 < 0.05，所以不同性别的居民对于“您是否认为把老人送到养老院是不孝行为”的回答有显著差异。

E1 by A0

您认为企业最重要的社会责任是什么 * 性别 Crosstabulation

	女性	男性	总计
为企业和企业股东自身赚钱	19.6%	18.1%	18.9%
通过依法纳税为国家积累财富	20.1%	21.9%	21.0%
通过诚信经营提供质量可靠的产品，满足社会大众生活需求	53.5%	55.0%	54.3%
为员工谋福利	6.7%	4.8%	5.7%
其他		0.2%	0.1%
总计	100.0%	100.0%	100.0%
列总计	2165	2017	4182

Chi-square test：df = 4，卡方值为 12.689，sig = 0.012 < 0.05，所以不同性别的居民对于“您认为企业最重要的社会责任是什么”的回答有显著差异。

E2a by A0

关于企业的说法，您的同意程度是：只要能为员工谋福利就是一个好单位 * 性别 Crosstabulation

	女性	男性	总计
完全同意	8.2%	7.6%	7.9%
比较同意	49.3%	47.5%	48.4%
不太同意	34.0%	35.7%	34.8%
完全不同意	8.5%	9.3%	8.9%
总计	100.0%	100.0%	100.0%
列总计	2223	2065	4288

Chi-square test：df = 3，卡方值为 2.929，sig = 0.403 > 0.05，所以不同性别的居民对于“只要能为员工谋福利就是一个好单位”的同意程度没有显著差异。

E2b by A0

关于企业的说法，您的同意程度是：经济效益好坏是衡量企业成败的唯一标准 * 性别 Crosstabulation

	女性	男性	总计
完全同意	3.8%	4.0%	3.9%
比较同意	32.3%	29.6%	31.0%
不太同意	52.3%	55.6%	53.9%
完全不同意	11.7%	10.9%	11.3%
总计	100.0%	100.0%	100.0%
列总计	2186	2046	4232

Chi-square test：df = 3，卡方值为5.442，sig = 0.142 > 0.05，所以不同性别的居民对于“经济效益好坏是衡量企业成败的唯一标准”的同意程度没有显著差异。

E2c by A0

关于企业的说法，您的同意程度是：企业做慈善都是做做样子，其实还是为自己做广告 * 性别 Crosstabulation

	女性	男性	总计
完全同意	3.8%	4.3%	4.1%
比较同意	39.5%	38.0%	38.8%
不太同意	46.3%	47.6%	47.0%
完全不同意	10.3%	10.0%	10.2%
总计	100.0%	100.0%	100.0%
列总计	2087	1975	4062

Chi-square test：df = 3，卡方值为1.585，sig = 0.663 > 0.05，所以不同性别的居民对于“企业做慈善都是做做样子，其实还是为自己做广告”的同意程度没有显著差异。

E2d by A0

关于企业的说法，您的同意程度是：企业和员工之间只是合同关系，效益好就好好干，效益不好就跳槽 * 性别 Crosstabulation

	女性	男性	总计
完全同意	3.0%	2.9%	2.9%
比较同意	29.7%	27.6%	28.7%
不太同意	50.5%	51.6%	51.1%
完全不同意	16.7%	17.9%	17.3%
总计	100.0%	100.0%	100.0%
列总计	2200	2049	4249

Chi-square test：df = 3，卡方值为2.873，sig = 0.412 > 0.05，所以不同性别的居民对于“企业和员工之间只是合同关系，效益好就好好干，效益不好就跳槽”的同意程度没有显著差异。

E2e by A0

关于企业的说法，您的同意程度是：企业不需要对员工讲什么伦理关怀，员工表现好就发奖金，不好就辞退 ＊性别 Crosstabulation

	女性	男性	总计
完全同意	2.1%	2.4%	2.2%
比较同意	18.4%	18.8%	18.6%
不太同意	58.3%	54.9%	56.6%
完全不同意	21.2%	24.0%	22.6%
总计	100.0%	100.0%	100.0%
列总计	2217	2051	4268

Chi-square test：df = 3，卡方值为 6.202，sig = 0.102 > 0.05，所以不同性别的居民对于“企业不需要对员工讲什么伦理关怀，员工表现好就发奖金，不好就辞退”的同意程度没有显著差异。

E2f by A0

关于企业的说法，您的同意程度是：企业为了履行社会责任，应当放弃一些自身利益 ＊性别 Crosstabulation

	女性	男性	总计
完全同意	22.3%	23.0%	22.6%
比较同意	55.4%	55.6%	55.5%
不太同意	17.8%	17.3%	17.6%
完全不同意	4.5%	4.1%	4.3%
总计	100.0%	100.0%	100.0%
列总计	2211	2052	4263

Chi-square test：df = 3，卡方值为 0.802，sig = 0.849 > 0.05，所以不同性别的居民对于“企业为了履行社会责任，应当放弃一些自身利益”的同意程度没有显著差异。

E2g by A0

关于企业的说法，您的同意程度是：讲信用、遵循道德规范的企业能够获得更好的利益 ＊性别 Crosstabulation

	女性	男性	总计
完全同意	26.7%	27.9%	27.3%
比较同意	58.0%	56.2%	57.1%
不太同意	11.7%	12.8%	12.2%
完全不同意	3.7%	3.1%	3.4%
总计	100.0%	100.0%	100.0%
列总计	2220	2054	4274

Chi-square test：df = 3，卡方值为 3.319，sig = 0.345 > 0.05，所以不同性别的居民对于“讲信用、遵循道德规范的企业能够获得更好的利益”的同意程度没有显著差异。

E2h by A0

关于企业的说法，您的同意程度是：企业只是一台赚钱的机器，能赚钱就行，无所谓社会责任，声誉也不重要 ＊性别 Crosstabulation

	女性	男性	总计
完全同意	0.9%	1.5%	1.2%
比较同意	11.2%	10.1%	10.7%
不太同意	65.0%	63.3%	64.2%
完全不同意	22.9%	25.1%	24.0%
总计	100.0%	100.0%	100.0%
列总计	2205	2053	4258

Chi-square test：df＝3，卡方值为6.698，sig＝0.082＞0.05，所以不同性别的居民对于“企业只是一台赚钱的机器，能赚钱就行，无所谓社会责任，声誉也不重要”的同意程度没有显著差异。

E2i by A0

关于企业的说法，您的同意程度是：同样的产品，国企生产的比私企的更有保障＊性别 Crosstabulation

	女性	男性	总计
完全同意	6.9%	6.7%	6.8%
比较同意	40.7%	38.8%	39.8%
不太同意	42.5%	44.7%	43.6%
完全不同意	9.9%	9.7%	9.8%
总计	100.0%	100.0%	100.0%
列总计	2131	1994	4125

Chi-square test：df＝3，卡方值为2.144，sig＝0.543＞0.05，所以不同性别的居民对于“同样的产品，国企生产的比私企的更有保障”的同意程度没有显著差异。

E3 by A0

下面哪种说法更符合或接近您的个人想法 ＊性别 Crosstabulation

	女性	男性	总计
个人和工作单位之间是聘用或雇用关系，通过工资和付出劳动满足彼此需求	44.1%	41.9%	43.0%

续表

	女性	男性	总计
不只是利益关系，应当还有很多情感的联系，应当共命运	36.7%	38.5%	37.6%
个人是单位的一分子，单位如同个人的另一个家	19.0%	19.6%	19.3%
其他	0.2%		0.1%
总计	100.0%	100.0%	100.0%
列总计	2253	2074	4327

Chi-square test：df = 3，卡方值为 7.013，sig = 0.071 > 0.05，所以不同性别的居民对于“下面哪种说法更符或接近您的个人想法”的回答没有显著差异。

E4a by A0

您对自己所在企业履行下列责任的满意情况如何？劳动安全保障 * 性别 Crosstabulation

	女性	男性	总计
非常不满意	2.5%	3.5%	3.0%
不太满意	26.2%	24.9%	25.5%
比较满意	64.6%	64.9%	64.8%
非常满意	6.7%	6.7%	6.7%
总计	100.0%	100.0%	100.0%
列总计	1938	1884	3822

Chi-square test：df = 3，卡方值为 3.338，sig = 0.342 > 0.05，所以不同性别的居民对于“对自己所在企业履行下列责任的满意情况如何？劳动安全保障”的回答没有显著差异。

E4b by A0

您对自己所在企业履行下列责任的满意情况如何？员工薪酬合理 * 性别 Crosstabulation

	女性	男性	总计
非常不满意	3.7%	4.4%	4.0%
不太满意	32.4%	32.1%	32.2%
比较满意	57.5%	57.0%	57.3%
非常满意	6.4%	6.6%	6.5%
总计	100.0%	100.0%	100.0%
列总计	1948	1877	3825

Chi-square test：df = 3，卡方值为 1.205，sig = 0.752 > 0.05，所以不同性别的居民对于“对自己所在企业履行下列责任的满意情况如何？员工薪酬合理”的回答没有显著差异。

E4c by A0

您对自己所在企业履行下列责任的满意情况如何？关心员工生活 ＊性别 Crosstabulation

	女性	男性	总计
非常不满意	2.8%	4.7%	3.8%
不太满意	31.2%	29.9%	30.5%
比较满意	56.8%	57.2%	57.0%
非常满意	9.2%	8.2%	8.7%
总计	100.0%	100.0%	100.0%
列总计	1934	1869	3803

Chi-square test：df = 3，卡方值为 10.385，sig = 0.016 < 0.05，所以不同性别的居民对于“对自己所在企业履行下列责任的满意情况如何？关心员工生活”的回答有显著差异。

E4d by A0

您对自己所在企业履行下列责任的满意情况如何？诚实守法经营 ＊性别 Crosstabulation

	女性	男性	总计
非常不满意	1.3%	2.4%	1.8%
不太满意	16.7%	17.2%	16.9%
比较满意	72.7%	70.8%	71.7%
非常满意	9.3%	9.7%	9.5%
总计	100.0%	100.0%	100.0%
列总计	1994	1905	3899

Chi-square test：df = 3，卡方值为 7.240，sig = 0.065 > 0.05，所以不同性别的居民对于“对自己所在企业履行下列责任的满意情况如何？诚实守法经营”的回答没有显著差异。

E4e by A0

您对自己所在企业履行下列责任的满意情况如何？产品质量可靠 ＊性别 Crosstabulation

	女性	男性	总计
非常不满意	1.4%	2.2%	1.8%
不太满意	15.6%	17.2%	16.4%
比较满意	73.4%	70.5%	72.0%

续表

	女性	男性	总计
非常满意	9.6%	10.1%	9.9%
总计	100.0%	100.0%	100.0%
列总计	1995	1902	3897

Chi-square test：df = 3，卡方值为 6.566，sig = 0.087 > 0.05，所以不同性别的居民对于“对自己所在企业履行下列责任的满意情况如何？产品质量可靠”的回答没有显著差异。

E4f by A0

您对自己所在企业履行下列责任的满意情况如何？环境保护措施 * 性别 Crosstabulation

	女性	男性	总计
非常不满意	2.0%	3.9%	2.9%
不太满意	25.8%	27.3%	26.6%
比较满意	61.4%	58.8%	60.1%
非常满意	10.8%	10.0%	10.4%
总计	100.0%	100.0%	100.0%
列总计	1893	1826	3719

Chi-square test：df = 3，卡方值为 15.049，sig = 0.002 < 0.05，所以不同性别的居民对于“对自己所在企业履行下列责任的满意情况如何？环境保护措施”的回答有显著差异。

E4g by A0

您对自己所在企业履行下列责任的满意情况如何？慈善公益事业 * 性别 Crosstabulation

	女性	男性	总计
非常不满意	2.9%	4.2%	3.5%
不太满意	23.6%	26.5%	25.0%
比较满意	62.6%	57.9%	60.3%
非常满意	10.9%	11.4%	11.2%
总计	100.0%	100.0%	100.0%
列总计	1697	1635	3332

Chi-square test：df = 3，卡方值为 9.948，sig = 0.019 < 0.05，所以不同性别的居民对于“对自己所在企业履行下列责任的满意情况如何？慈善公益事业”的回答有显著差异。

E5 by A0

您对本地的或自己熟悉的企业家的道德状况怎么评价 * 性别 Crosstabulation

	女性	男性	总计
总体还不错	54.3%	54.1%	54.2%
普遍比较差	15.5%	16.1%	15.8%
和普通群众没有太大差别	30.2%	29.7%	30.0%
总计	100.0%	100.0%	100.0%
列总计	1948	1871	3819

Chi-square test：df = 2，卡方值为 0.378，sig = 0.828 > 0.05，所以不同性别的居民对于“对本地的或自己熟悉的企业家的道德状况怎么评价”的回答没有显著差异。

E6a by A0

对公务员道德状况的满意度 * 性别 Crosstabulation

	女性	男性	总计
非常满意	3.5%	4.1%	3.8%
比较满意	63.0%	60.0%	61.5%
不太满意	29.4%	30.6%	30.0%
非常不满意	4.2%	5.2%	4.7%
总计	100.0%	100.0%	100.0%
列总计	2095	1964	4059

Chi-square test：df = 3，卡方值为 5.449，sig = 0.142 > 0.05，所以不同性别的居民对于“对公务员道德状况的满意度”的回答没有显著差异。

E6b by A0

对医生道德状况的满意度 * 性别 Crosstabulation

	女性	男性	总计
非常满意	3.2%	3.4%	3.3%
比较满意	64.8%	60.5%	62.7%
不太满意	28.3%	31.0%	29.6%
非常不满意	3.7%	5.1%	4.4%
总计	100.0%	100.0%	100.0%
列总计	2216	2036	4252

Chi-square test：df = 3，卡方值为 10.387，sig = 0.016 < 0.05，所以不同性别的居民对于“对医生道德状况的满意度”的回答有显著差异。

E6c by A0

对教师道德状况的满意度 ＊性别 Crosstabulation

	女性	男性	总计
非常满意	5.1%	5.5%	5.3%
比较满意	67.6%	65.8%	66.8%
不太满意	23.4%	23.5%	23.5%
非常不满意	3.9%	5.1%	4.5%
总计	100.0%	100.0%	100.0%
列总计	2204	2022	4226

Chi-square test：df = 3，卡方值为 4.705，sig = 0.195 > 0.05，所以不同性别的居民对于“对教师道德状况的满意度”的回答没有显著差异。

E6d by A0

对个体工商户道德状况的满意度 ＊性别 Crosstabulation

	女性	男性	总计
非常满意	2.8%	3.0%	2.9%
比较满意	59.3%	58.2%	58.8%
不太满意	30.6%	31.1%	30.8%
非常不满意	7.4%	7.7%	7.5%
总计	100.0%	100.0%	100.0%
列总计	2189	2037	4226

Chi-square test：df = 2，卡方值为 5.363，sig = 0.068 > 0.05，所以不同性别的居民对于“对个体工商户道德状况的满意度”的回答没有显著差异。

E7a by A0

怎么称呼周围那些经营企业或做生意发了财的人？企业家 ＊性别 Crosstabulation

	女性	男性	总计
未选中	80.9%	80.5%	80.7%
选中	19.1%	19.5%	19.3%
总计	100.0%	100.0%	100.0%
列总计	2277	2081	4358

Chi-square test：df = 1，卡方值为 0.115，sig = 0.735 > 0.05，所以不同性别的居民对于“怎么称呼周围那些经营企业或做生意发了财的人？企业家”的回答没有显著差异。

E7b by A0

怎么称呼周围那些经营企业或做生意发了财的人？老板 ＊性别 Crosstabulation

	女性	男性	总计
未选中	5.3%	6.4%	5.8%
选中	94.7%	93.6%	94.2%
总计	100.0%	100.0%	100.0%
列总计	2277	2081	4358

Chi-square test：df = 1，卡方值为 2.708，sig = 0.100 > 0.05，所以不同性别的居民对于“怎么称呼周围那些经营企业或做生意发了财的人？老板”的回答没有显著差异。

E7c by A0

怎么称呼周围那些经营企业或做生意发了财的人？商人 ＊性别 Crosstabulation

	女性	男性	总计
未选中	69.7%	71.2%	70.4%
选中	30.3%	28.8%	29.6%
总计	100.0%	100.0%	100.0%
列总计	2277	2081	4358

Chi-square test：df = 1，卡方值为 1.063，sig = 0.303 > 0.05，所以不同性别的居民对于“怎么称呼周围那些经营企业或做生意发了财的人？商人”的回答没有显著差异。

E7d by A0

怎么称呼周围那些经营企业或做生意发了财的人？生意人 ＊性别 Crosstabulation

	女性	男性	总计
未选中	58.4%	61.7%	60.0%
选中	41.6%	38.3%	40.0%
总计	100.0%	100.0%	100.0%
列总计	2277	2081	4358

Chi-square test：df = 1，卡方值为 5.051，sig = 0.025 < 0.05，所以不同性别的居民对于“怎么称呼周围那些经营企业或做生意发了财的人？生意人”的回答有显著差异。

E7e by A0

怎么称呼周围那些经营企业或做生意发了财的人？土豪 ＊性别 Crosstabulation

	女性	男性	总计
未选中	90.3%	89.8%	90.1%

续表

	女性	男性	总计
选中	9.7%	10.2%	9.9%
总计	100.0%	100.0%	100.0%
列总计	2277	2081	4358

Chi-square test：df = 1，卡方值为 0.336，sig = 0.562 > 0.05，所以不同性别的居民对于“怎么称呼周围那些经营企业或做生意发了财的人？土豪”的回答没有显著差异。

E7f by A0

怎么称呼周围那些经营企业或做生意发了财的人？暴发户 ＊性别 Crosstabulation

	女性	男性	总计
未选中	89.7%	90.8%	90.2%
选中	10.3%	9.2%	9.8%
总计	100.0%	100.0%	100.0%
列总计	2277	2081	4358

Chi-square test：df = 1，卡方值为 1.609，sig = 0.205 > 0.05，所以不同性别的居民对于“怎么称呼周围那些经营企业或做生意发了财的人？暴发户”的回答没有显著差异。

E7g by A0

怎么称呼周围那些经营企业或做生意发了财的人？其他 ＊性别 Crosstabulation

	女性	男性	总计
未选中	99.5%	99.8%	99.6%
选中	0.5%	0.2%	0.4%
总计	100.0%	100.0%	100.0%
列总计	2276	2081	4357

Chi-square test：df = 1，卡方值为 1.755，sig = 0.185 > 0.05，所以不同性别的居民对于“怎么称呼周围那些经营企业或做生意发了财的人？其他”的回答没有显著差异。

E8 by A0

如果您有一个不错的家庭企业，儿子或女儿缺乏经营能力或经营兴趣，难以交班，您可能选择 ＊性别 Crosstabulation

	女性	男性	总计
培养儿媳或女婿，交给她/他经营	45.0%	41.8%	43.5%

续表

	女性	男性	总计
交给儿媳和女婿有风险，离婚了怎么办，还是自己撑到有第三代接管	11.9%	12.3%	12.1%
找一个懂经营的职业经理人，我们家庭成员做董事长	34.0%	37.9%	35.9%
做一天是一天，最后将钞票留给子孙，但外人不可靠，不能交给外人	8.5%	7.6%	8.1%
其他	0.5%	0.4%	0.5%
总计	100.0%	100.0%	100.0%
列总计	2247	2055	4302

Chi-square test：df = 4，卡方值为 8.268，sig = 0.082 > 0.05，所以不同性别的居民对于“儿子或女儿缺乏经营能力或经营兴趣，难以交班，您可能选择”的回答没有显著差异。

E9 by A0

在市场上购买食品、衣物、家用电器等商品时，您觉得有安全感吗 * 性别 Crosstabulation

	女性	男性	总计
有安全感，相信产品质量	24.8%	28.7%	26.6%
没安全感，不相信他们的标签，常担心质量问题影响自己的健康	19.3%	19.0%	19.1%
没安全感，担心在价格上被欺骗，要货比三家	18.8%	15.5%	17.2%
一般还可以，相信大商店的产品，不相信小商店和地摊货	37.1%	36.8%	36.9%
其他	0.1%		0.1%
总计	100.0%	100.0%	100.0%
列总计	2278	2081	4359

Chi-square test：df = 4，卡方值为 13.944，sig = 0.007 < 0.05，所以不同性别的居民对于“在市场上购买食品、衣物、家用电器等商品时，您觉得有安全感吗”的回答有显著差异。

E10 by A0

您怎么看待电视、报纸和其他主流媒体上的广告 * 性别 Crosstabulation

	女性	男性	总计
相信，因为是明星们推荐	8.9%	7.8%	8.4%
将信将疑，眼见为真	51.9%	51.9%	51.9%
不相信，是企业和那些明星联合起来忽悠大众	29.0%	28.3%	28.7%
讨厌，既欺骗大众，又占用公共媒体资源	10.0%	11.7%	10.8%

续表

	女性	男性	总计
其他	0.2%	0.3%	0.3%
总计	100.0%	100.0%	100.0%
列总计	2270	2078	4348

Chi-square test：df = 4，卡方值为 5.119，sig = 0.275 > 0.05，所以不同性别的居民对于“您怎么看待电视、报纸和其他主流媒体上的广告”的回答没有显著差异。

E11 by A0

您怎么看待现在一些企业做公益和慈善 * 性别 Crosstabulation

	女性	男性	总计
是做善事，把赚的公众的钱还给社会	22.5%	22.4%	22.4%
是在作秀，为自己树牌坊	16.5%	17.6%	17.0%
是做广告，把弱势群体当作宣传自己的工具	24.9%	25.9%	25.4%
做总比不做好，随他去吧	35.9%	33.8%	34.9%
其他	0.3%	0.3%	0.3%
总计	100.0%	100.0%	100.0%
列总计	2256	2066	4322

Chi-square test：df = 4，卡方值为 2.662，sig = 0.616 > 0.05，所以不同性别的居民对于“您怎么看待现在一些企业做公益和慈善”的回答没有显著差异。

E12 by A0

一些政府机关、企事业单位利用权力为本单位的职工子女在入学、招工中提供特殊政策，您认为这种行为道德吗 * 性别 Crosstabulation

	女性	男性	总计
为本单位人员谋福利，符合道德	13.6%	12.2%	12.9%
以权谋私，不道德	44.9%	47.2%	46.0%
是对社会公众的不公平，严重不道德	26.3%	27.7%	27.0%
符合本单位员工利益，但严重侵蚀社会道德	7.6%	7.2%	7.4%
无所谓道德不道德	7.7%	5.7%	6.7%
总计	100.0%	100.0%	100.0%
列总计	2272	2083	4355

Chi-square test：df = 4，卡方值为 10.319，sig = 0.035 < 0.05，所以不同性别的居民对于“一些政府机关、企事业单位提供特殊政策，您认为这种行为道德吗”的回答有显著差异。

E13 by A0

如果您所在的单位有一项举措可以提高集体福利并使您个人得到利益，但会造成环境污染或社会公害，您会举报吗 ＊性别 Crosstabulation

	女性	男性	总计
会	74.2%	77.7%	75.9%
不会	25.8%	22.3%	24.1%
总计	100.0%	100.0%	100.0%
列总计	2264	2078	4342

Chi-square test：df = 1，卡方值为 7.108，sig = 0.008 < 0.05，所以不同性别的居民对于“如果您所在的单位有一项举措可以提高集体福利并使您个人得到利益，但会造成环境污染或社会公害，您会举报吗”的回答有显著差异。

E14 by A0

您认为您所工作的单位同事之间是何种关系 ＊性别 Crosstabulation

	女性	男性	总计
平等合作关系	72.2%	75.0%	73.5%
利益竞争关系	15.5%	15.4%	15.5%
彼此没有关系	8.6%	7.1%	7.9%
其他	3.7%	2.5%	3.1%
总计	100.0%	100.0%	100.0%
列总计	2246	2072	4318

Chi-square test：df = 3，卡方值为 8.911，sig = 0.030 < 0.05，所以不同性别的居民对于“您认为您所工作的单位同事之间是何种关系”的回答有显著差异。

E15 by A0

为了单位组织的利益，你的单位是否会默认员工做违背道德的事情 ＊性别 Crosstabulation

	女性	男性	总计
常常	2.5%	3.6%	3.0%
较多	8.2%	7.6%	7.9%
一般	27.0%	23.9%	25.5%
较少	24.9%	24.7%	24.8%
从来没有	37.4%	40.1%	38.7%
总计	100.0%	100.0%	100.0%

续表

	女性	男性	总计
列总计	1666	1621	3287

Chi-square test：df = 4，卡方值为 8.352，sig = 0.079 > 0.05，所以不同性别的居民对于“为了单位组织的利益，你的单位是否会默认员工做违背道德的事情”的回答没有显著差异。

E16a by A0

您所工作的单位是否存在如下现象：给领导干部送礼讨好 * 性别 Crosstabulation

	女性	男性	总计
未选中	62.3%	60.2%	61.3%
选中	37.7%	39.8%	38.7%
总计	100.0%	100.0%	100.0%
列总计	2205	2051	4256

Chi-square test：df = 1，卡方值为 1.972，sig = 0.160 > 0.05，所以不同性别的居民对于“您所工作的单位是否存在如下现象：给领导干部送礼讨好”的回答没有显著差异。

E16b by A0

您所工作的单位是否存在如下现象：背后互相告恶状 * 性别 Crosstabulation

	女性	男性	总计
未选中	71.9%	74.4%	73.1%
选中	28.1%	25.6%	26.9%
总计	100.0%	100.0%	100.0%
列总计	2205	2051	4256

Chi-square test：df = 1，卡方值为 3.300，sig = 0.069 > 0.05，所以不同性别的居民对于“您所工作的单位是否存在如下现象：背后互相告恶状”的回答没有显著差异。

E16c by A0

您所工作的单位是否存在如下现象：拉帮结派 * 性别 Crosstabulation

	女性	男性	总计
未选中	80.2%	79.1%	79.7%
选中	19.8%	20.9%	20.3%
总计	100.0%	100.0%	100.0%
列总计	2205	2051	4256

Chi-square test：df = 1，卡方值为 0.787，sig = 0.375 > 0.05，所以不同性别的居民对于“您所工作的单位是否存在如下现象：拉帮结派”的回答没有显著差异。

E16d by A0

您所工作的单位是否存在如下现象：为谋私利找关系走后门 ＊性别 Crosstabulation

	女性	男性	总计
未选中	60.2%	59.0%	59.6%
选中	39.8%	41.0%	40.4%
总计	100.0%	100.0%	100.0%
列总计	2205	2051	4256

Chi-square test：df = 1，卡方值为 0.621，sig = 0.431 > 0.05，所以不同性别的居民对于“您所工作的单位是否存在如下现象：为谋私利找关系走后门”的回答没有显著差异。

E16e by A0

您所工作的单位是否存在如下现象：奖惩制度不公平 ＊性别 Crosstabulation

	女性	男性	总计
未选中	81.5%	80.5%	81.0%
选中	18.5%	19.5%	19.0%
总计	100.0%	100.0%	100.0%
列总计	2205	2051	4256

Chi-square test：df = 1，卡方值为 0.625，sig = 0.429 > 0.05，所以不同性别的居民对于“您所工作的单位是否存在如下现象：奖惩制度不公平”的回答没有显著差异。

E16f by A0

您所工作的单位是否存在如下现象：领导干部滥用职权 ＊性别 Crosstabulation

	女性	男性	总计
未选中	74.8%	72.5%	73.7%
选中	25.2%	27.5%	26.3%
总计	100.0%	100.0%	100.0%
列总计	2205	2051	4256

Chi-square test：df = 1，卡方值为 2.738，sig = 0.098 > 0.05，所以不同性别的居民对于“您所工作的单位是否存在如下现象：领导干部滥用职权”的回答没有显著差异。

E16g by A0

您所工作的单位是否存在如下现象：都不存在 * 性别 Crosstabulation

	女性	男性	总计
未选中	63.1%	64.8%	63.9%
选中	36.9%	35.2%	36.1%
总计	100.0%	100.0%	100.0%
列总计	2205	2051	4256

Chi-square test：df = 1，卡方值为 1.432，sig = 0.232 > 0.05，所以不同性别的居民对于“您所工作的单位是否存在如下现象：都不存在”的回答没有显著差异。

E17a by A0

关于企业履行社会责任的说法，您的同意程度是：只有国企才应该履行社会责任 * 性别 Crosstabulation

	女性	男性	总计
完全同意	2.3%	2.4%	2.3%
比较同意	14.6%	15.6%	15.1%
不太同意	62.3%	60.7%	61.5%
完全不同意	20.9%	21.3%	21.1%
总计	100.0%	100.0%	100.0%
列总计	2167	2039	4206

Chi-square test：df = 3，卡方值为 1.251，sig = 0.741 > 0.05，所以不同性别的居民对于“只有国企才应该履行社会责任”的同意程度没有显著差异。

E17b by A0

关于企业履行社会责任的说法，您的同意程度是：只有大企业才应该履行社会责任 * 性别 Crosstabulation

	女性	男性	总计
完全同意	2.1%	2.2%	2.2%
比较同意	14.5%	14.8%	14.7%
不太同意	61.4%	60.4%	60.9%
完全不同意	22.0%	22.6%	22.3%
总计	100.0%	100.0%	100.0%

续表

	女性	男性	总计
列总计	2182	2043	4225

Chi-square test：df = 3，卡方值为 0. 511，sig = 0. 916 > 0. 05，所以不同性别的居民对于“只有大企业才应该履行社会责任”的同意程度没有显著差异。

E17c by A0

关于企业履行社会责任的说法，您的同意程度是：只有盈利多的企业才需要履行社会责任 * 性别 Crosstabulation

	女性	男性	总计
完全同意	2. 0%	2. 6%	2. 3%
比较同意	15. 1%	15. 7%	15. 4%
不太同意	59. 4%	56. 4%	57. 9%
完全不同意	23. 6%	25. 2%	24. 4%
总计	100. 0%	100. 0%	100. 0%
列总计	2190	2039	4229

Chi-square test：df = 3，卡方值为 4. 947，sig = 0. 176 > 0. 05，所以不同性别的居民对于“只有盈利多的企业才需要履行社会责任”的同意程度没有显著差异。

E17d by A0

关于企业履行社会责任的说法，您的同意程度是：污染类企业要履行更多的社会责任 * 性别 Crosstabulation

	女性	男性	总计
完全同意	25. 0%	26. 7%	25. 9%
比较同意	46. 5%	45. 4%	46. 0%
不太同意	20. 3%	19. 9%	20. 1%
完全不同意	8. 1%	7. 9%	8. 0%
总计	100. 0%	100. 0%	100. 0%
列总计	2204	2049	4253

Chi-square test：df = 3，卡方值为 1. 602，sig = 0. 659 > 0. 05，所以不同性别的居民对于“污染类企业要履行更多的社会责任”的同意程度没有显著差异。

E17e by A0

关于企业履行社会责任的说法，您的同意程度是：小企业只要管好自己就行了，不要履行社会责任 ＊性别 Crosstabulation

	女性	男性	总计
完全同意	1.4%	1.2%	1.3%
比较同意	10.4%	10.7%	10.6%
不太同意	61.1%	59.8%	60.5%
完全不同意	27.0%	28.3%	27.6%
总计	100.0%	100.0%	100.0%
列总计	2186	2032	4218

Chi-square test：df = 3，卡方值为 1.404，sig = 0.705 > 0.05，所以不同性别的居民对于“小企业只要管好自己就行了，不要履行社会责任”的同意程度没有显著差异。

E18a by A0

您觉得下列哪类单位最讲道德 ＊性别 Crosstabulation

	女性	男性	总计
国有（控股）企业	21.9%	22.0%	22.0%
民营企业	2.0%	2.4%	2.2%
私营企业	2.1%	1.8%	2.0%
外资企业	9.0%	9.5%	9.2%
学校	39.4%	37.2%	38.3%
医院	2.9%	3.2%	3.0%
政府机关	20.3%	21.0%	20.7%
民间组织	2.4%	2.9%	2.6%
总计	100.0%	100.0%	100.0%
列总计	1887	1774	3661

Chi-square test：df = 7，卡方值为 3.987，sig = 0.781 > 0.05，所以不同性别的居民对于“您觉得下列哪类单位最讲道德”的回答没有显著差异。

E18b by A0

您觉得下列哪类单位道德水平最差 ＊性别 Crosstabulation

	女性	男性	总计
国有（控股）企业	3.5%	3.4%	3.4%
民营企业	12.2%	13.9%	13.0%
私营企业	38.4%	35.2%	36.8%
外资企业	3.2%	3.3%	3.3%

续表

	女性	男性	总计
学校	2.6%	3.0%	2.8%
医院	21.5%	21.7%	21.6%
政府机关	8.0%	9.5%	8.8%
民间组织	10.5%	10.1%	10.3%
总计	100.0%	100.0%	100.0%
列总计	1643	1579	3222

Chi-square test：df = 7，卡方值为 6.547，sig = 0.478 > 0.05，所以不同性别的居民对于“您觉得下列哪类单位道德水平最差”的回答没有显著差异。

E19a by A0

关于学校的说法，您的同意程度是：学校越来越以营利为目的 * 性别 Crosstabulation

	女性	男性	总计
完全同意	11.3%	12.4%	11.8%
比较同意	44.7%	46.5%	45.6%
不太同意	37.0%	33.6%	35.3%
完全不同意	7.0%	7.5%	7.3%
总计	100.0%	100.0%	100.0%
列总计	2184	2028	4212

Chi-square test：df = 3，卡方值为 5.533，sig = 0.137 > 0.05，所以不同性别的居民对于“学校越来越以营利为目的”的同意程度没有显著差异。

E19b by A0

关于学校的说法，您的同意程度是：学校主要传授知识和技能，培养道德不重要 * 性别 Crosstabulation

	女性	男性	总计
完全同意	0.9%	1.0%	0.9%
比较同意	8.1%	8.0%	8.1%
不太同意	56.2%	54.8%	55.5%
完全不同意	34.8%	36.2%	35.5%
总计	100.0%	100.0%	100.0%
列总计	2235	2052	4287

Chi-square test：df = 3，卡方值为 1.297，sig = 0.730 > 0.05，所以不同性别的居民对于“学校主要传授知识和技能，培养道德不重要”的同意程度没有显著差异。

E19c by A0

关于学校的说法，您的同意程度是：学校升学率高比素质教育更重要 ＊性别 Crosstabulation

	女性	男性	总计
完全同意	1.7%	1.7%	1.7%
比较同意	9.5%	9.3%	9.4%
不太同意	53.8%	53.6%	53.7%
完全不同意	35.0%	35.4%	35.2%
总计	100.0%	100.0%	100.0%
列总计	2230	2048	4278

Chi-square test：df = 3，卡方值为 0.062，sig = 0.996 > 0.05，所以不同性别的居民对于“学校升学率高比素质教育更重要”的同意程度没有显著差异。

E19d by A0

关于学校的说法，您的同意程度是：青少年儿童行为不端，主要是学校没教好 ＊性别 Crosstabulation

	女性	男性	总计
完全同意	1.0%	1.5%	1.3%
比较同意	9.7%	10.2%	10.0%
不太同意	57.5%	58.6%	58.0%
完全不同意	31.7%	29.7%	30.7%
总计	100.0%	100.0%	100.0%
列总计	2240	2046	4286

Chi-square test：df = 3，卡方值为 3.913，sig = 0.271 > 0.05，所以不同性别的居民对于“青少年儿童行为不端，主要是学校没教好”的同意程度没有显著差异。

E19e by A0

关于学校的说法，您的同意程度是：要想孩子培养得好，就要多给老师送礼 ＊性别 Crosstabulation

	女性	男性	总计
完全同意	1.2%	1.5%	1.4%
比较同意	5.1%	6.0%	5.6%
不太同意	44.8%	44.4%	44.6%
完全不同意	48.9%	48.0%	48.4%
总计	100.0%	100.0%	100.0%
列总计	2235	2052	4287

Chi-square test：df = 3，卡方值为 2.460，sig = 0.482 > 0.05，所以不同性别的居民对于“要想孩子培养得好，就要多给老师送礼”的同意程度没有显著差异。

E20 by A0

当员工或村民受到不应该的对待时，员工或村民有没有申诉的机会 ＊性别 Crosstabulation

	女性	男性	总计
有	75.7%	78.0%	76.8%
没有	24.3%	22.0%	23.2%
总计	100.0%	100.0%	100.0%
列总计	1152	1162	2314

Chi-square test：df = 1，卡方值为 1.682，sig = 0.195 > 0.05，所以不同性别的居民对于“当员工或村民受到不应该的对待时，员工或村民有没有申诉的机会”的回答没有显著差异。

E21 by A0

您所在单位当员工或村民受到不应该的对待时，员工或村民有没有申诉的地方或渠道 ＊性别 Crosstabulation

	女性	男性	总计
有	77.6%	78.6%	78.1%
没有	22.4%	21.4%	21.9%
总计	100.0%	100.0%	100.0%
列总计	1119	1114	2233

Chi-square test：df = 1，卡方值为 0.371，sig = 0.542 > 0.05，所以不同性别的居民对于“当员工或村民受到不应该的对待时，员工或村民有没有申诉的地方或渠道”的回答没有显著差异。

E22 by A0

您所在单位当员工或村民受到不应该的对待时，有没有人进行过申诉 ＊性别 Crosstabulation

	女性	男性	总计
全部会申诉	2.7%	2.2%	2.5%
大部分会申诉	18.9%	23.3%	21.2%
小部分会申诉	56.6%	55.2%	55.8%
无人申诉	21.8%	19.3%	20.5%
总计	100.0%	100.0%	100.0%
列总计	843	937	1780

Chi-square test：df = 3，卡方值为 6.011，sig = 0.111 > 0.05，所以不同性别的居民对于“当员工或村民受到不应该的对待时，有没有人进行过申诉”的回答没有显著差异。

E23 by A0

您所在的单位在多大程度上认真对待员工或村民的申诉 * 性别 Crosstabulation

	女性	男性	总计
完全不认真	5.5%	7.0%	6.3%
不太认真	19.3%	20.3%	19.8%
一般	39.8%	36.3%	38.0%
比较认真	30.6%	31.1%	30.9%
非常认真	4.8%	5.3%	5.1%
总计	100.0%	100.0%	100.0%
列总计	856	935	1791

Chi-square test：df = 4，卡方值为 3.593，sig = 0.464 > 0.05，所以不同性别的居民对于“您所在的单位在多大程度上认真对待员工或村民的申诉”的回答没有显著差异。

E24 by A0

您所在单位是否有道德方面的教育或活动 * 性别 Crosstabulation

	女性	男性	总计
有	9.7%	12.0%	10.8%
没有	34.6%	36.6%	35.6%
不知道	55.7%	51.3%	53.6%
总计	100.0%	100.0%	100.0%
列总计	2247	2047	4294

Chi-square test：df = 2，卡方值为 10.286，sig = 0.006 < 0.05，所以不同性别的居民对于“您所在单位是否有道德方面的教育或活动”的回答有显著差异。

E25a by A0

对当地企业道德状况的满意度是 * 性别 Crosstabulation

	女性	男性	总计
非常不满意	2.0%	2.9%	2.4%
不太满意	24.7%	26.8%	25.7%
比较满意	70.9%	67.8%	69.4%
非常满意	2.5%	2.6%	2.5%
总计	100.0%	100.0%	100.0%

续表

	女性	男性	总计
列总计	1995	1911	3906

Chi-square test：df = 3，卡方值为 6. 556，sig = 0. 087 > 0. 05，所以不同性别的居民对于“对当地企业道德状况的满意度是”的回答没有显著差异。

E25b by A0

对当地医院道德状况的满意度是 ＊性别 Crosstabulation

	女性	男性	总计
非常不满意	3. 8%	5. 0%	4. 3%
不太满意	26. 8%	30. 3%	28. 4%
比较满意	65. 7%	60. 5%	63. 2%
非常满意	3. 8%	4. 3%	4. 0%
总计	100. 0%	100. 0%	100. 0%
列总计	2186	2011	4197

Chi-square test：df = 3，卡方值为 13. 292，sig = 0. 004 < 0. 05，所以不同性别的居民对于“对当地医院道德状况的满意度是”的回答有显著差异。

E25c by A0

对当地政府道德状况的满意度是 ＊性别 Crosstabulation

	女性	男性	总计
非常不满意	3. 1%	5. 2%	4. 1%
不太满意	25. 0%	25. 9%	25. 4%
比较满意	66. 0%	63. 2%	64. 6%
非常满意	5. 9%	5. 8%	5. 9%
总计	100. 0%	100. 0%	100. 0%
列总计	2122	1980	4102

Chi-square test：df = 3，卡方值为 13. 016，sig = 0. 005 < 0. 05，所以不同性别的居民对于“对当地政府道德状况的满意度是”的回答有显著差异。

E25d by A0

对当地学校的道德状况的满意度是 ＊性别 Crosstabulation

	女性	男性	总计
非常不满意	2. 4%	3. 2%	2. 8%

续表

	女性	男性	总计
不太满意	18.9%	19.5%	19.2%
比较满意	69.9%	68.8%	69.4%
非常满意	8.7%	8.5%	8.6%
总计	100.0%	100.0%	100.0%
列总计	2139	1985	4124

Chi-square test：df=3，卡方值为2.789，sig=0.425>0.05，所以不同性别的居民对于“对当地学校的道德状况的满意度是”的回答没有显著差异。

E25e by A0

对当地的NGO组织（如红十字会等）道德状况的满意度是 ＊性别 Crosstabulation

	女性	男性	总计
非常不满意	1.6%	2.7%	2.1%
不太满意	17.9%	18.6%	18.3%
比较满意	70.4%	67.9%	69.2%
非常满意	10.2%	10.8%	10.5%
总计	100.0%	100.0%	100.0%
列总计	1418	1332	2750

Chi-square test：df=3，卡方值为5.412，sig=0.144>0.05，所以不同性别的居民对于“对当地的NGO组织（如红十字会等）道德状况的满意度是”的回答没有显著差异。

F1a by A0

您认为以下行为是否关乎道德？随地吐痰 ＊性别 Crosstabulation

	女性	男性	总计
有关	93.6%	93.6%	93.6%
无关	6.4%	6.4%	6.4%
总计	100.0%	100.0%	100.0%
列总计	2271	2077	4348

Chi-square test：df=1，卡方值为0.002，sig=0.968>0.05，所以不同性别的居民对于“您认为以下行为是否关乎道德？随地吐痰”的回答没有显著差异。

F1b by A0

您认为以下行为是否关乎道德？插队 ＊性别 Crosstabulation

	女性	男性	总计
有关	94.0%	94.3%	94.1%
无关	6.0%	5.7%	5.9%
总计	100.0%	100.0%	100.0%
列总计	2271	2077	4348

Chi-square test：df = 1，卡方值为 0.243，sig = 0.622 > 0.05，所以不同性别的居民对于“您认为以下行为是否关乎道德？插队”的回答没有显著差异。

F1c by A0

您认为以下行为是否关乎道德？公交或地铁上大声打电话 ＊性别 Crosstabulation

	女性	男性	总计
有关	90.7%	90.9%	90.8%
无关	9.3%	9.1%	9.2%
总计	100.0%	100.0%	100.0%
列总计	2270	2074	4344

Chi-square test：df = 1，卡方值为 0.025，sig = 0.875 > 0.05，所以不同性别的居民对于“您认为以下行为是否关乎道德？公交或地铁上大声打电话”的回答没有显著差异。

F1d by A0

您认为以卜行为是否关乎道德？餐馆里说话声音很大 ＊性别 Crosstabulation

	女性	男性	总计
有关	90.0%	90.0%	90.0%
无关	10.0%	10.0%	10.0%
总计	100.0%	100.0%	100.0%
列总计	2270	2077	4347

Chi-square test：df = 1，卡方值为 0.001，sig = 0.970 > 0.05，所以不同性别的居民对于“您认为以下行为是否关乎道德？餐馆里说话声音很大”的回答没有显著差异。

F1e by A0

您认为以下行为是否关乎道德？在公共场所的椅子或沙发上躺着睡觉 ＊性别 Crosstabulation

	女性	男性	总计
有关	91.3%	90.9%	91.1%
无关	8.7%	9.1%	8.9%
总计	100.0%	100.0%	100.0%
列总计	2270	2078	4348

Chi-square test：df = 1，卡方值为 0.186，sig = 0.666 > 0.05，所以不同性别的居民对于“您认为以下行为是否关乎道德？在公共场所的椅子或沙发上躺着睡觉”的回答没有显著差异。

F1f by A0

您本人是否做出过这些行为？随地吐痰 ＊性别 Crosstabulation

	女性	男性	总计
经常做	2.9%	3.7%	3.3%
偶尔做	30.4%	36.9%	33.5%
从来不做	66.7%	59.4%	63.2%
总计	100.0%	100.0%	100.0%
列总计	2262	2055	4317

Chi-square test：df = 2，卡方值为 25.263，sig = 0.000 < 0.05，所以不同性别的居民对于“您本人是否做出过这些行为？随地吐痰”的回答有显著差异。

F1g by A0

您本人是否做出过这些行为？插队 ＊性别 Crosstabulation

	女性	男性	总计
经常做	0.9%	0.8%	0.8%
偶尔做	15.8%	15.8%	15.8%
从来不做	83.3%	83.4%	83.3%
总计	100.0%	100.0%	100.0%
列总计	2260	2053	4313

Chi-square test：df = 2，卡方值为 0.146，sig = 0.930 > 0.05，所以不同性别的居民对于“您本人是否做出过这些行为？插队”的回答没有显著差异。

F1h by A0

您本人是否做出过这些行为？公交或地铁上大声打电话 ＊性别 Crosstabulation

	女性	男性	总计
经常做	1.1%	1.2%	1.1%
偶尔做	17.9%	20.6%	19.2%
从来不做	81.1%	78.2%	79.7%
总计	100.0%	100.0%	100.0%
列总计	2259	2051	4310

Chi-square test：df = 2，卡方值为 5.412，sig = 0.067 > 0.05，所以不同性别的居民对于“您本人是否做出过这些行为？公交或地铁上大声打电话”的回答没有显著差异。

F1i by A0

您本人是否做出过这些行为？餐馆里说话声音很大 ＊性别 Crosstabulation

	女性	男性	总计
经常做	1.4%	1.2%	1.3%
偶尔做	17.7%	22.0%	19.8%
从来不做	80.9%	76.8%	78.9%
总计	100.0%	100.0%	100.0%
列总计	2256	2051	4307

Chi-square test：df = 2，卡方值为 13.098，sig = 0.001 < 0.05，所以不同性别的居民对于“您本人是否做出过这些行为？餐馆里说话声音很大”的回答有显著差异。

F1j by A0

您本人是否做出过这些行为？在公共场所的椅子或沙发上躺着睡觉 ＊性别 Crosstabulation

	女性	男性	总计
经常做	0.9%	1.1%	1.0%
偶尔做	6.6%	10.3%	8.4%
从来不做	92.5%	88.6%	90.6%
总计	100.0%	100.0%	100.0%
列总计	2260	2058	4318

Chi-square test：df = 2，卡方值为 19.187，sig = 0.000 < 0.05，所以不同性别的居民对于“您本人是否做出过这些行为？在公共场所的椅子或沙发上躺着睡觉”的回答有显著差异。

F2 by A0

入夜后，很多中老年朋友在广场上伴着录音机的音乐跳舞，产生噪声。有人向政府或物管投诉，要求阻止。对这件事您怎么看 * 性别 Crosstabulation

	女性	男性	总计
在广场上跳舞是居民的自由，不应干预	8.4%	7.5%	7.9%
跳舞如果破坏了别人的清静，就应该停止	20.1%	20.8%	20.4%
中老年人没地方活动，即便跳舞构成干扰，也应尽量容忍和理解	20.8%	21.5%	21.2%
请跳舞者降低音量，大家相互妥协	50.4%	49.5%	50.0%
其他（请说明）	0.3%	0.7%	0.5%
总计	100.0%	100.0%	100.0%
列总计	2271	2072	4343

Chi-square test：df = 4，卡方值为 6.441，sig = 0.169 > 0.05，所以不同性别的居民对于“入夜后，很多中老年朋友在广场上伴着录音机的音乐跳舞，产生噪声。有人向政府或物管投诉，要求阻止。对这件事您怎么看”的回答没有显著差异。

F3a by A0

因个人认为自身受到不公正待遇而导致的社会泄愤事件，你对于下列回答的评价是：这是暴徒行为，无论何种情况下，都不应该采取暴力手段 * 性别 Crosstabulation

	女性	男性	总计
完全同意	35.7%	39.5%	37.5%
比较同意	54.5%	49.9%	52.3%
不太同意	5.7%	5.9%	5.8%
完全不同意	4.1%	4.7%	4.4%
总计	100.0%	100.0%	100.0%
列总计	2252	2062	4314

Chi-square test：df = 3，卡方值为 9.491，sig = 0.023 < 0.05，所以不同性别的居民对于“社会泄愤行为是暴徒行为，无论何种情况下，都不应该采取暴力手段”的评价有显著差异。

F3b by A0

因个人认为自身受到不公正待遇而导致的社会泄愤事件，你对于下列回答的评价是：其他社会成员在需要的时候没有及时给予帮助，因此我们每个人都有责任 * 性别 Crosstabulation

	女性	男性	总计
完全同意	15.8%	16.9%	16.3%

续表

	女性	男性	总计
比较同意	56.6%	57.4%	57.0%
不太同意	24.2%	22.3%	23.3%
完全不同意	3.4%	3.4%	3.4%
总计	100.0%	100.0%	100.0%
列总计	2248	2066	4314

Chi-square test：df = 3，卡方值为 2.543，sig = 0.468 > 0.05，所以不同性别的居民对于“其他社会成员在需要的时候没有及时给予帮助，因此我们每个人都有责任”的评价没有显著差异。

F3c by A0

因个人认为自身受到不公正待遇而导致的社会泄愤事件，你对于下列回答的评价是：应该去报复那些给予他们不公待遇的人，而不是伤及无辜 * 性别 Crosstabulation

	女性	男性	总计
完全同意	9.8%	10.0%	9.9%
比较同意	32.6%	34.0%	33.3%
不太同意	42.0%	39.4%	40.8%
完全不同意	15.6%	16.6%	16.1%
总计	100.0%	100.0%	100.0%
列总计	2242	2064	4306

Chi-square test：df = 3，卡方值为 3.185，sig = 0.364 > 0.05，所以不同性别的居民对于“应该去报复那些给予他们不公待遇的人，而不是伤及无辜”的评价没有显著差异。

F3d by A0

因个人认为自身受到不公正待遇而导致的社会泄愤事件，你对于下列回答的评价是：受到不公平待遇，应该充分相信政府，积极寻求相关部门的帮助 * 性别 Crosstabulation

	女性	男性	总计
完全同意	24.0%	25.3%	24.6%
比较同意	64.6%	62.3%	63.5%
不太同意	9.8%	10.7%	10.2%
完全不同意	1.6%	1.7%	1.7%
总计	100.0%	100.0%	100.0%

续表

	女性	男性	总计
列总计	2243	2056	4299

Chi-square test：df = 3，卡方值为 2.651，sig = 0.449 > 0.05，所以不同性别的居民对于“受到不公平待遇，应该充分相信政府，积极寻求相关部门的帮助”的评价没有显著差异。

F4 by A0

总的来说，您认为当今的社会公不公平 * 性别 Crosstabulation

	女性	男性	总计
完全不公平	4.3%	5.7%	4.9%
比较不公平	29.4%	29.7%	29.5%
说不上公平但也不能说不公平	37.1%	35.3%	36.2%
比较公平	28.0%	28.1%	28.1%
非常公平	1.2%	1.3%	1.2%
总计	100.0%	100.0%	100.0%
列总计	2233	2056	4289

Chi-square test：df = 4，卡方值为 5.605，sig = 0.231 > 0.05，所以不同性别的居民对于“总的来说，认为当今的社会公不公平”的回答没有显著差异。

F5 by A0

和前几年相比，您认为目前我国社会的分配不公、两极分化现象 * 性别 Crosstabulation

	女性	男性	总计
有较大改善	29.3%	32.2%	30.7%
没什么变化	45.5%	42.5%	44.1%
更加恶化	25.2%	25.3%	25.3%
总计	100.0%	100.0%	100.0%
列总计	2113	1980	4093

Chi-square test：df = 2，卡方值为 4.789，sig = 0.091 > 0.05，所以不同性别的居民对于“和前几年相比，您认为目前我国社会的分配不公、两极分化现象”的回答没有显著差异。

F6 by A0

您认为目前我国社会成员之间的收入差距 * 性别 Crosstabulation

	女性	男性	总计
合理，可以接受	13.5%	13.6%	13.5%

续表

	女性	男性	总计
不合理，但可以接受	56.0%	56.2%	56.1%
不合理，不能接受	30.5%	30.1%	30.3%
总计	100.0%	100.0%	100.0%
列总计	2147	2001	4148

Chi-square test：df = 2，卡方值为 0.080，sig = 0.961 > 0.05，所以不同性别的居民对于“您认为目前我国社会成员之间的收入差距”的回答没有显著差异。

F7a by A0

您是否同意当前的社会是人人为自己 ＊性别 Crosstabulation

	女性	男性	总计
完全同意	14.0%	16.0%	15.0%
比较同意	58.4%	57.7%	58.1%
不太同意	25.6%	23.6%	24.6%
完全不同意	2.0%	2.7%	2.3%
总计	100.0%	100.0%	100.0%
列总计	2260	2067	4327

Chi-square test：df = 3，卡方值为 6.724，sig = 0.081 > 0.05，所以不同性别的居民对于“您是否同意当前的社会是人人为自己”的回答没有显著差异。

F7b by A0

您是否同意现在社会的大多数人是见利忘义的 ＊性别 Crosstabulation

	女性	男性	总计
完全同意	11.3%	11.3%	11.3%
比较同意	46.7%	48.4%	47.5%
不太同意	38.4%	36.8%	37.6%
完全不同意	3.6%	3.5%	3.6%
总计	100.0%	100.0%	100.0%
列总计	2254	2060	4314

Chi-square test：df = 3，卡方值为 1.453，sig = 0.693 > 0.05，所以不同性别的居民对于“您是否同意现在社会的大多数人是见利忘义的”的回答没有显著差异。

F7c by A0

您是否同意现在社会是一个物欲横流的社会 ＊性别 Crosstabulation

	女性	男性	总计
完全同意	13.5%	15.3%	14.4%
比较同意	48.4%	49.3%	48.8%
不太同意	34.1%	31.8%	33.0%
完全不同意	4.0%	3.6%	3.8%
总计	100.0%	100.0%	100.0%
列总计	2213	2037	4250

Chi-square test：df = 3，卡方值为 4.826，sig = 0.185 > 0.05，所以不同性别的居民对于“您是否同意现在社会是一个物欲横流的社会”的回答没有显著差异。

F7d by A0

您是否同意当前大多数人都是以集体利益为重 ＊性别 Crosstabulation

	女性	男性	总计
完全同意	5.2%	5.4%	5.3%
比较同意	36.1%	37.2%	36.6%
不太同意	53.4%	51.8%	52.6%
完全不同意	5.2%	5.7%	5.4%
总计	100.0%	100.0%	100.0%
列总计	2220	2052	4272

Chi-square test：df = 3，卡方值为 1.253，sig = 0.740 > 0.05，所以不同性别的居民对于“您是否同意当前大多数人都是以集体利益为重”的回答没有显著差异。

F7e by A0

您是否同意当前大多数人都是家庭利益至上 ＊性别 Crosstabulation

	女性	男性	总计
完全同意	17.0%	17.5%	17.2%
比较同意	63.5%	62.5%	63.0%
不太同意	17.8%	17.3%	17.5%
完全不同意	1.8%	2.8%	2.3%
总计	100.0%	100.0%	100.0%
列总计	2247	2064	4311

Chi-square test：df = 3，卡方值为 5.105，sig = 0.164 > 0.05，所以不同性别的居民对于“您是否同意当前大多数人都是家庭利益至上”的回答没有显著差异。

F7f by A0

您是否同意当前的社会是个金钱至上的社会 ＊性别 Crosstabulation

	女性	男性	总计
完全同意	19.1%	20.6%	19.8%
比较同意	52.2%	50.1%	51.2%
不太同意	25.8%	26.3%	26.0%
完全不同意	2.9%	3.0%	2.9%
总计	100.0%	100.0%	100.0%
列总计	2257	2056	4313

Chi-square test：df = 3，卡方值为 2.220，sig = 0.528 > 0.05，所以不同性别的居民对于“您是否同意当前的社会是个金钱至上的社会”的回答没有显著差异。

F7g by A0

您是否同意现在社会守道德的人大都吃亏，不守道德的人占便宜 ＊性别 Crosstabulation

	女性	男性	总计
完全同意	9.1%	8.8%	9.0%
比较同意	43.2%	43.6%	43.4%
不太同意	42.7%	42.5%	42.6%
完全不同意	4.9%	5.1%	5.0%
总计	100.0%	100.0%	100.0%
列总计	2225	2035	4260

Chi-square test：df = 3，卡方值为 0.225，sig = 0.973 > 0.05，所以不同性别的居民对于“您是否同意现在社会守道德的人大都吃亏，不守道德的人占便宜”的回答没有显著差异。

F7h by A0

您是否同意现在社会中好人有好报，恶人终归会受到惩罚 ＊性别 Crosstabulation

	女性	男性	总计
完全同意	17.5%	17.8%	17.6%
比较同意	54.0%	54.6%	54.3%
不太同意	25.2%	23.8%	24.5%
完全不同意	3.3%	3.8%	3.5%

续表

	女性	男性	总计
总计	100.0%	100.0%	100.0%
列总计	2236	2061	4297

Chi-square test：df = 3，卡方值为 1.683，sig = 0.641 > 0.05，所以不同性别的居民对于“您是否同意现在社会中好人有好报，恶人终归会受到惩罚”的回答没有显著差异。

F7i by A0

您是否同意人们的生活水平越高，就越幸福 * 性别 Crosstabulation

	女性	男性	总计
完全同意	19.5%	18.1%	18.9%
比较同意	51.0%	51.2%	51.1%
不太同意	26.7%	27.9%	27.3%
完全不同意	2.8%	2.8%	2.8%
总计	100.0%	100.0%	100.0%
列总计	2263	2072	4335

Chi-square test：df = 3，卡方值为 1.732，sig = 0.630 > 0.05，所以不同性别的居民对于“您是否同意人们的生活水平越高，就越幸福”的回答没有显著差异。

F7j by A0

您是否同意我们的社会中道德能够很好地约束人们的行为 * 性别 Crosstabulation

	女性	男性	总计
完全同意	11.2%	11.1%	11.2%
比较同意	55.5%	52.1%	53.9%
不太同意	30.2%	34.1%	32.1%
完全不同意	3.1%	2.7%	2.9%
总计	100.0%	100.0%	100.0%
列总计	2216	2052	4268

Chi-square test：df = 3，卡方值为 7.728，sig = 0.052 > 0.05，所以不同性别的居民对于“您是否同意我们的社会中道德能够很好地约束人们的行为”的回答没有显著差异。

F7k by A0

您是否同意现有的规范和习俗能够很好地调节人与人的关系 ＊性别 Crosstabulation

	女性	男性	总计
完全同意	8.7%	9.4%	9.0%
比较同意	56.7%	54.8%	55.8%
不太同意	30.8%	32.7%	31.7%
完全不同意	3.8%	3.0%	3.4%
总计	100.0%	100.0%	100.0%
列总计	2207	2050	4257

Chi-square test：df = 3，卡方值为 4.385，sig = 0.223 > 0.05，所以不同性别的居民对于“您是否同意现有的规范和习俗能够很好地调节人与人的关系”的回答没有显著差异。

F7l by A0

您是否同意现在社会大多数人都有荣辱感 ＊性别 Crosstabulation

	女性	男性	总计
完全同意	6.0%	7.3%	6.6%
比较同意	57.1%	55.6%	56.4%
不太同意	32.5%	33.1%	32.8%
完全不同意	4.4%	3.9%	4.2%
总计	100.0%	100.0%	100.0%
列总计	2182	2031	4213

Chi-square test：df = 3，卡方值为 3.960，sig = 0.266 > 0.05，所以不同性别的居民对于“您是否同意现在社会大多数人都有荣辱感”的回答没有显著差异。

F8 by A0

您听说过或参加过道德讲堂吗 ＊性别 Crosstabulation

	女性	男性	总计
参加过	6.4%	8.4%	7.3%
听说过，但没参加过	42.1%	45.4%	43.7%
没听说过	51.6%	46.2%	49.0%
总计	100.0%	100.0%	100.0%
列总计	2277	2083	4360

Chi-square test：df = 2，卡方值为 15.328，sig = 0.000 < 0.05，所以不同性别的居民对于“您听说过或参加过道德讲堂吗”的回答有显著差异。

F9 by A0

如果您参加过道德讲堂，您觉得开展这样的活动有意义吗 ＊性别 Crosstabulation

	女性	男性	总计
很有意义	95.1%	93.6%	94.3%
可有可无	4.9%	5.2%	5.1%
没有必要		1.2%	0.6%
总计	100.0%	100.0%	100.0%
列总计	142	172	314

Chi-square test：df = 2，卡方值为 1.683，sig = 0.431 > 0.05，所以不同性别的居民对于“如果您参加过道德讲堂，您觉得开展这样的活动有意义吗”的回答没有显著差异。

F10 by A0

您对您生活的地方（您所在的社区）社会公德状况满意吗 ＊性别 Crosstabulation

	女性	男性	总计
非常满意	6.7%	6.8%	6.7%
比较满意	74.8%	73.2%	74.1%
不太满意	17.4%	17.9%	17.7%
非常不满意	1.1%	2.1%	1.6%
总计	100.0%	100.0%	100.0%
列总计	2124	1985	4109

Chi-square test：df = 3，卡方值为 6.859，sig = 0.077 > 0.05，所以不同性别的居民对于“您对生活的地方（您所在的社区）社会公德状况满意吗”的回答没有显著差异。

F11a by A0

当前社会坑蒙拐骗现象的严重程度如何 ＊性别 Crosstabulation

	女性	男性	总计
非常不严重	6.8%	6.8%	6.8%
比较不严重	40.7%	40.5%	40.6%
比较严重	38.9%	40.7%	39.8%
非常严重	13.6%	12.0%	12.8%
总计	100.0%	100.0%	100.0%

续表

	女性	男性	总计
列总计	2248	2059	4307

Chi-square test：df = 3，卡方值为 3. 096，sig = 0. 337 > 0. 05，所以不同性别的居民对于“当前社会坑蒙拐骗现象的严重程度如何”的回答没有显著差异。

F11b by A0

当前社会人际关系冷漠，见危不救的严重程度如何 ＊性别 Crosstabulation

	女性	男性	总计
非常不严重	4. 4%	5. 1%	4. 7%
比较不严重	43. 8%	43. 8%	43. 8%
比较严重	43. 0%	42. 2%	42. 6%
非常严重	8. 8%	9. 0%	8. 9%
总计	100. 0%	100. 0%	100. 0%
列总计	2257	2058	4315

Chi-square test：df = 3，卡方值为 1. 256，sig = 0. 740 > 0. 05，所以不同性别的居民对于“当前社会人际关系冷漠，见危不救的严重程度如何”的回答没有显著差异。

F11c by A0

当前社会诚信缺乏，不讲信用的严重程度如何 ＊性别 Crosstabulation

	女性	男性	总计
非常不严重	4. 7%	4. 9%	4. 8%
比较不严重	43. 1%	41. 4%	42. 3%
比较严重	42. 0%	44. 0%	43. 0%
非常严重	10. 2%	9. 6%	9. 9%
总计	100. 0%	100. 0%	100. 0%
列总计	2262	2069	4331

Chi-square test：df = 3，卡方值为 2. 181，sig = 0. 536 > 0. 05，所以不同性别的居民对于“当前社会诚信缺乏，不讲信用的严重程度如何”的回答没有显著差异。

F11d by A0

当前社会人与人之间缺乏信任，社会安全度低的严重程度如何 ＊性别 Crosstabulation

	女性	男性	总计
非常不严重	4. 5%	4. 6%	4. 5%

续表

	女性	男性	总计
比较不严重	33.8%	35.7%	34.7%
比较严重	48.7%	47.3%	48.0%
非常严重	13.1%	12.4%	12.8%
总计	100.0%	100.0%	100.0%
列总计	2263	2054	4317

Chi-square test：df = 3，卡方值为 1.961，sig = 0.581 > 0.05，所以不同性别的居民对于“当前社会人与人之间缺乏信任，社会安全度低的严重程度如何”的回答没有显著差异。

F11e by A0

当前社会缺乏公德，如公共场所大声喧哗、随地吐痰等的严重程度如何 ＊性别 Crosstabulation

	女性	男性	总计
非常不严重	4.6%	5.3%	4.9%
比较不严重	52.9%	50.5%	51.8%
比较严重	35.0%	36.2%	35.6%
非常严重	7.5%	8.0%	7.7%
总计	100.0%	100.0%	100.0%
列总计	2257	2067	4324

Chi-square test：df = 3，卡方值为 3.074，sig = 0.380 > 0.05，所以不同性别的居民对于“当前社会缺乏公德，如公共场所大声喧哗、随地吐痰等的严重程度如何”的回答没有显著差异。

F11f by A0

当前社会自私自利，损人利己的严重程度如何 ＊性别 Crosstabulation

	女性	男性	总计
非常不严重	5.0%	5.8%	5.4%
比较不严重	46.4%	43.9%	45.2%
比较严重	40.8%	41.8%	41.3%
非常严重	7.8%	8.5%	8.1%
总计	100.0%	100.0%	100.0%
列总计	2248	2059	4307

Chi-square test：df = 3，卡方值为 3.614，sig = 0.306 > 0.05，所以不同性别的居民对于“当前社会自私自利，损人利己的严重程度如何”的回答没有显著差异。

F11g by A0

当前社会缺乏公正心和正义感的严重程度如何 ＊性别 Crosstabulation

	女性	男性	总计
非常不严重	4.8%	5.6%	5.2%
比较不严重	44.6%	42.8%	43.7%
比较严重	40.8%	41.3%	41.0%
非常严重	9.8%	10.3%	10.1%
总计	100.0%	100.0%	100.0%
列总计	2252	2053	4305

Chi-square test：df = 3，卡方值为 2.502，sig = 0.475 > 0.05，所以不同性别的居民对于“当前社会缺乏公正心和正义感的严重程度如何”的回答没有显著差异。

F11h by A0

当前社会私欲膨胀，物欲横流的严重程度如何 ＊性别 Crosstabulation

	女性	男性	总计
非常不严重	4.0%	4.5%	4.2%
比较不严重	39.9%	37.8%	38.9%
比较严重	44.5%	43.8%	44.2%
非常严重	11.6%	13.9%	12.7%
总计	100.0%	100.0%	100.0%
列总计	2218	2026	4244

Chi-square test：df = 3，卡方值为 6.190，sig = 0.103 > 0.05，所以不同性别的居民对于“当前社会私欲膨胀，物欲横流的严重程度如何”的回答没有显著差异。

F11i by A0

当前社会缺乏羞耻感的严重程度如何 ＊性别 Crosstabulation

	女性	男性	总计
非常不严重	5.4%	5.9%	5.6%
比较不严重	51.5%	48.7%	50.1%
比较严重	34.9%	37.7%	36.3%
非常严重	8.3%	7.7%	8.0%
总计	100.0%	100.0%	100.0%
列总计	2229	2038	4267

Chi-square test：df = 3，卡方值为 5.055，sig = 0.168 > 0.05，所以不同性别的居民对于“当前社会缺乏羞耻感的严重程度如何”的回答没有显著差异。

F11j by A0

当前社会干部贪污受贿，以权谋利的严重程度如何 * 性别 Crosstabulation

	女性	男性	总计
非常不严重	2.2%	3.1%	2.7%
比较不严重	33.7%	31.8%	32.8%
比较严重	45.9%	46.3%	46.1%
非常严重	18.1%	18.7%	18.4%
总计	100.0%	100.0%	100.0%
列总计	2135	1990	4125

Chi-square test：df=3，卡方值为4.336，sig=0.227>0.05，所以不同性别的居民对于“当前社会干部贪污受贿，以权谋利的严重程度如何”的回答没有显著差异。

F11k by A0

当前社会生活奢侈，铺张浪费的严重程度如何 * 性别 Crosstabulation

	女性	男性	总计
非常不严重	3.3%	4.2%	3.8%
比较不严重	42.6%	40.6%	41.6%
比较严重	40.0%	41.0%	40.5%
非常严重	14.1%	14.1%	14.1%
总计	100.0%	100.0%	100.0%
列总计	2190	2030	4220

Chi-square test：df=3，卡方值为3.609，sig=0.307>0.05，所以不同性别的居民对于“当前社会生活奢侈，铺张浪费的严重程度如何”的回答没有显著差异。

F11l by A0

当前社会干部不作为，扯皮推诿的严重程度如何 * 性别 Crosstabulation

	女性	男性	总计
非常不严重	2.6%	3.4%	3.0%
比较不严重	31.6%	29.5%	30.6%
比较严重	46.9%	46.0%	46.5%
非常严重	18.8%	21.1%	19.9%
总计	100.0%	100.0%	100.0%
列总计	2133	1989	4122

Chi-square test：df=3，卡方值为6.353，sig=0.096>0.05，所以不同性别的居民对于“当前社会干部不作为，扯皮推诿的严重程度如何”的回答没有显著差异。

F12a by A0

您怎么看待做生意发了财的人：他们自己有本事，应该发财 ＊性别 Crosstabulation

	女性	男性	总计
未选中	23.1%	23.2%	23.1%
选中	76.9%	76.8%	76.9%
总计	100.0%	100.0%	100.0%
列总计	2271	2078	4349

Chi-square test：df = 1，卡方值为 0.009，sig = 0.924 > 0.05，所以不同性别的居民对于“您怎么看待做生意发了财的人：他们自己有本事，应该发财”的回答没有显著差异。

F12b by A0

您怎么看待周围那些经营企业或做生意发了财的人：尊重他们，他们为社会做了贡献 ＊性别 Crosstabulation

	女性	男性	总计
未选中	47.3%	47.1%	47.2%
选中	52.7%	52.9%	52.8%
总计	100.0%	100.0%	100.0%
列总计	2271	2078	4349

Chi-square test：df = 1，卡方值为 0.023，sig = 0.881 > 0.05，所以不同性别的居民对于“您怎么看待周围那些经营企业或做生意发了财的人：尊重他们，他们为社会做了贡献”的回答没有显著差异。

F12c by A0

您怎么看待周围那些经营企业或做生意发了财的人：没什么了不起，他们常用不正当手段发财 ＊性别 Crosstabulation

	女性	男性	总计
未选中	94.2%	93.8%	94.0%
选中	5.8%	6.2%	6.0%
总计	100.0%	100.0%	100.0%
列总计	2271	2078	4349

Chi-square test：df = 1，卡方值为 0.301，sig = 0.583 > 0.05，所以不同性别的居民对于“您怎么看待周围那些经营企业或做生意发了财的人：没什么了不起，他们常用不正当手段发财”的回答没有显著差异。

F12d by A0

您怎么看待周围那些经营企业或做生意发了财的人：是土豪，没文化，没教养 ＊性别 Crosstabulation

	女性	男性	总计
未选中	93.3%	92.0%	92.7%
选中	6.7%	8.0%	7.3%
总计	100.0%	100.0%	100.0%
列总计	2271	2078	4349

Chi-square test：df = 1，卡方值为 2.882，sig = 0.090 > 0.05，所以不同性别的居民对于“您怎么看待周围那些经营企业或做生意发了财的人：是土豪，没文化，没教养”的回答没有显著差异。

F12e by A0

您怎么看待周围那些经营企业或做生意发了财的人：是他们运气好 ＊性别 Crosstabulation

	女性	男性	总计
未选中	80.0%	83.1%	81.5%
选中	20.0%	16.9%	18.5%
总计	100.0%	100.0%	100.0%
列总计	2271	2078	4349

Chi-square test：df = 1，卡方值为 6.694，sig = 0.010 < 0.05，所以不同性别的居民对于“您怎么看待周围那些经营企业或做生意发了财的人：是他们运气好”的回答有显著差异。

F12f by A0

您怎么看待周围那些经营企业或做生意发了财的人：有钱没钱，这都是命 ＊性别 Crosstabulation

	女性	男性	总计
未选中	81.5%	84.8%	83.1%
选中	18.5%	15.2%	16.9%
总计	100.0%	100.0%	100.0%
列总计	2271	2078	4349

Chi-square test：df = 1，卡方值为 8.126，sig = 0.004 < 0.05，所以不同性别的居民对于“您怎么看待周围那些经营企业或做生意发了财的人：有钱没钱，这都是命”的回答有显著差异。

F12g by A0

您怎么看待周围那些经营企业或做生意发了财的人：天道不公，希望他们明天就破产 ＊性别 Crosstabulation

	女性	男性	总计
未选中	99. 0%	99. 1%	99. 0%
选中	1. 0%	0. 9%	1. 0%
总计	100. 0%	100. 0%	100. 0%
列总计	2271	2078	4349

Chi-square test：df = 1，卡方值为 0. 110，sig = 0. 740 > 0. 05，所以不同性别的居民对于“您怎么看待周围那些经营企业或做生意发了财的人：天道不公，希望他们明天就破产”的回答没有显著差异。

F12h by A0

您怎么看待周围那些经营企业或做生意发了财的人：其他 ＊性别 Crosstabulation

	女性	男性	总计
未选中	99. 9%	99. 5%	99. 7%
选中	0. 1%	0. 5%	0. 3%
总计	100. 0%	100. 0%	100. 0%
列总计	2271	2078	4349

Chi-square test：df = 1，卡方值为 5. 337，sig = 0. 021 < 0. 05，所以不同性别的居民对于“您怎么看待周围那些经营企业或做生意发了财的人：其他”的回答有显著差异。

F13a by A0

企业损害社会利益，如污染环境、以虚假广告误导公众等严重程度如何 ＊性别 Crosstabulation

	女性	男性	总计
非常不严重	2. 5%	2. 7%	2. 6%
比较不严重	39. 5%	36. 5%	38. 0%
比较严重	43. 8%	44. 2%	44. 0%
非常严重	14. 2%	16. 6%	15. 3%
总计	100. 0%	100. 0%	100. 0%
列总计	2130	1994	4124

Chi-square test：df = 3，卡方值为 6. 546，sig = 0. 088 > 0. 05，所以不同性别的居民对于“企业损害社会利益，如污染环境、以虚假广告误导公众等严重程度如何”的回答没有显著差异。

F13b by A0

娱乐界以丑闻、绯闻炒作，污染社会风气严重程度如何 * 性别 Crosstabulation

	女性	男性	总计
非常不严重	1.4%	1.6%	1.5%
比较不严重	22.7%	22.0%	22.4%
比较严重	58.2%	56.8%	57.5%
非常严重	17.7%	19.6%	18.6%
总计	100.0%	100.0%	100.0%
列总计	1997	1855	3852

Chi-square test：df = 3，卡方值为 2.535，sig = 0.469 > 0.05，所以不同性别的居民对于“娱乐界以丑闻、绯闻炒作，污染社会风气严重程度如何”的回答没有显著差异。

F13c by A0

媒体缺乏社会责任，炒作新闻严重程度如何 * 性别 Crosstabulation

	女性	男性	总计
非常不严重	1.5%	1.8%	1.6%
比较不严重	24.8%	23.2%	24.0%
比较严重	51.2%	52.8%	52.0%
非常严重	22.5%	22.3%	22.4%
总计	100.0%	100.0%	100.0%
列总计	1994	1871	3865

Chi-square test：df = 3，卡方值为 1.868，sig = 0.600 > 0.05，所以不同性别的居民对于“媒体缺乏社会责任，炒作新闻严重程度如何”的回答没有显著差异。

F13d by A0

社会财富分配不公，贫富悬殊过大严重程度如何 * 性别 Crosstabulation

	女性	男性	总计
非常不严重	1.2%	1.2%	1.2%
比较不严重	19.1%	19.1%	19.1%
比较严重	46.5%	46.3%	46.4%
非常严重	33.3%	33.4%	33.4%
总计	100.0%	100.0%	100.0%
列总计	2215	2045	4260

Chi-square test：df = 3，卡方值为 0.044，sig = 0.998 > 0.05，所以不同性别的居民对于“社会财富分配不公，贫富悬殊过大严重程度如何”的回答没有显著差异。

F13e by A0

教师不尽职严重程度如何 ＊性别 Crosstabulation

	女性	男性	总计
非常不严重	8.2%	8.5%	8.4%
比较不严重	57.1%	54.1%	55.7%
比较严重	27.1%	27.3%	27.2%
非常严重	7.5%	10.1%	8.7%
总计	100.0%	100.0%	100.0%
列总计	2238	2039	4277

Chi-square test：df = 3，卡方值为 9.864，sig = 0.020 < 0.05，所以不同性别的居民对于“教师不尽职严重程度如何”的回答有显著差异。

F13f by A0

医生不守职业道德严重程度如何 ＊性别 Crosstabulation

	女性	男性	总计
非常不严重	8.1%	7.6%	7.8%
比较不严重	52.5%	49.8%	51.2%
比较严重	31.1%	32.0%	31.5%
非常严重	8.4%	10.6%	9.5%
总计	100.0%	100.0%	100.0%
列总计	2241	2052	4293

Chi-square test：df = 3，卡方值为 7.739，sig = 0.052 > 0.05，所以不同性别的居民对于“医生不守职业道德严重程度如何”的回答没有显著差异。

F13g by A0

公众人物用知名度攫取财富严重程度如何 ＊性别 Crosstabulation

	女性	男性	总计
非常不严重	2.7%	3.3%	3.0%
比较不严重	36.4%	32.9%	34.7%
比较严重	41.6%	44.2%	42.8%
非常严重	19.3%	19.6%	19.4%
总计	100.0%	100.0%	100.0%
列总计	1983	1889	3872

Chi-square test：df = 3，卡方值为 6.219，sig = 0.101 > 0.05，所以不同性别的居民对于“公众人物用知名度攫取财富严重程度如何”的回答没有显著差异。

F13h by A0

两性关系过度开放导致婚姻不稳定严重程度如何 ＊性别 Crosstabulation

	女性	男性	总计
非常不严重	2.3%	2.6%	2.5%
比较不严重	39.5%	38.7%	39.1%
比较严重	43.5%	43.2%	43.3%
非常严重	14.8%	15.5%	15.1%
总计	100.0%	100.0%	100.0%
列总计	2115	1964	4079

Chi-square test：df = 3，卡方值为 1.082，sig = 0.781 > 0.05，所以不同性别的居民对于“两性关系过度开放导致婚姻不稳定严重程度如何”的回答没有显著差异。

F13i by A0

年轻人缺乏责任感，不孝敬父母严重程度如何 ＊性别 Crosstabulation

	女性	男性	总计
非常不严重	6.0%	6.0%	6.0%
比较不严重	53.3%	51.5%	52.4%
比较严重	30.5%	32.8%	31.6%
非常严重	10.1%	9.7%	9.9%
总计	100.0%	100.0%	100.0%
列总计	2208	2038	4246

Chi-square test：df = 3，卡方值为 2.699，sig = 0.440 > 0.05，所以不同性别的居民对于“年轻人缺乏责任感，不孝敬父母严重程度如何”的回答没有显著差异。

F14 by A0

您是否知道您生活的社区（村）有社区公约、村规民约 ＊性别 Crosstabulation

	女性	男性	总计
知道有	47.5%	53.3%	50.3%
知道没有	8.8%	9.0%	8.9%
不知道有没有	43.7%	37.7%	40.8%
总计	100.0%	100.0%	100.0%
列总计	2269	2074	4343

Chi-square test：df = 2，卡方值为 17.031，sig = 0.000 < 0.05，所以不同性别的居民对于“是否知道您生活的社区（村）有社区公约、村规民约”的回答有显著差异。

F15a by A0

您周围的人在日常生活中遵守步行、骑车不闯红灯的规则吗 ＊性别 Crosstabulation

	女性	男性	总计
不遵守	7.6%	7.8%	7.7%
基本遵守	67.9%	67.9%	67.9%
自觉遵守	24.5%	24.3%	24.4%
总计	100.0%	100.0%	100.0%
列总计	2277	2083	4360

Chi-square test：df = 2，卡方值为 0.047，sig = 0.977 > 0.05，所以不同性别的居民对于“您周围的人在日常生活中遵守步行、骑车不闯红灯的规则吗”的回答没有显著差异。

F15b by A0

您周围的人在日常生活中遵守乘车、购物自觉排队的规则吗 ＊性别 Crosstabulation

	女性	男性	总计
不遵守	3.6%	3.9%	3.7%
基本遵守	72.1%	71.2%	71.7%
自觉遵守	24.3%	24.9%	24.6%
总计	100.0%	100.0%	100.0%
列总计	2277	2083	4360

Chi-square test：df = 2，卡方值为 0.508，sig = 0.776 > 0.05，所以不同性别的居民对于“您周围的人在日常生活中遵守乘车、购物自觉排队的规则吗”的回答没有显著差异。

F15c by A0

您周围的人在日常生活中遵守文明游览的规则吗 ＊性别 Crosstabulation

	女性	男性	总计
不遵守	3.8%	3.8%	3.8%
基本遵守	73.4%	75.5%	74.4%
自觉遵守	22.8%	20.8%	21.8%
总计	100.0%	100.0%	100.0%
列总计	2276	2080	4356

Chi-square test：df = 2，卡方值为 2.723，sig = 0.256 > 0.05，所以不同性别的居民对于“您周围的人在日常生活中遵守文明游览的规则吗”的回答没有显著差异。

F15d by A0

您周围的人在日常生活中遵守社区公约、村规民约的规则吗 * 性别 Crosstabulation

	女性	男性	总计
不遵守	3.7%	3.2%	3.5%
基本遵守	75.7%	76.1%	75.9%
自觉遵守	20.6%	20.7%	20.6%
总计	100.0%	100.0%	100.0%
列总计	2267	2069	4336

Chi-square test：df = 2，卡方值为 0.703，sig = 0.704 > 0.05，所以不同性别的居民对于“您周围的人在日常生活中遵守社区公约、村规民约的规则吗”的回答没有显著差异。

F16a by A0

您对下列关于网络的说法是否赞同：网络是个虚拟空间，不受现实生活中的道德规范约束 * 性别 Crosstabulation

	女性	男性	总计
非常不赞同	33.8%	34.8%	34.3%
不太赞同	50.8%	51.0%	50.9%
比较赞同	12.7%	11.3%	12.0%
非常赞同	2.7%	2.8%	2.8%
总计	100.0%	100.0%	100.0%
列总计	2232	2055	4287

Chi-square test：df = 3，卡方值为 1.944，sig = 0.584 > 0.05，所以不同性别的居民对于“网络是个虚拟空间，不受现实生活中的道德规范约束”的同意程度没有显著差异。

F16b by A0

您对下列关于网络的说法是否赞同：人肉搜索侵犯个人隐私，应该杜绝 * 性别 Crosstabulation

	女性	男性	总计
非常不赞同	3.1%	3.5%	3.3%
不太赞同	10.4%	11.1%	10.7%
比较赞同	63.1%	61.1%	62.1%
非常赞同	23.4%	24.4%	23.8%
总计	100.0%	100.0%	100.0%
列总计	2237	2045	4282

Chi-square test：df = 3，卡方值为 2.099，sig = 0.552 > 0.05，所以不同性别的居民对于“人肉搜索侵犯个人隐私，应该杜绝”的同意程度没有显著差异。

F16c by A0

您对下列关于网络的说法是否赞同：明知网络谣言仍转发的，应该受到惩罚 ＊性别 Crosstabulation

	女性	男性	总计
非常不赞同	2.1%	2.4%	2.3%
不太赞同	7.7%	7.8%	7.7%
比较赞同	62.2%	59.7%	61.0%
非常赞同	28.0%	30.2%	29.1%
总计	100.0%	100.0%	100.0%
列总计	2247	2062	4309

Chi-square test：df = 3，卡方值为 3.104，sig = 0.376 > 0.05，所以不同性别的居民对于“明知网络谣言仍转发的，应该受到惩罚”的同意程度没有显著差异。

F17 by A0

假如您走在街上被陌生人不小心踩到并发出“哎哟”一声后，您认为对方会做何种反应 ＊性别 Crosstabulation

	女性	男性	总计
用言语或手势表达歉意	83.0%	84.2%	83.5%
不会有任何表示	12.3%	12.0%	12.2%
反而说你大惊小怪	4.7%	3.8%	4.3%
总计	100.0%	100.0%	100.0%
列总计	2175	1994	4169

Chi-square test：df = 2，卡方值为 2.287，sig = 0.319 > 0.05，所以不同性别的居民对于“假如您走在街上被陌生人不小心踩到并发出‘哎哟’一声后，您认为对方会做何种反应”的回答没有显著差异。

F18 by A0

您觉得您周围大多数人工作生活的精神状态怎么样 ＊性别 Crosstabulation

	女性	男性	总计
精神饱满、积极向上	47.2%	47.0%	47.1%
安于现状、按部就班	50.4%	51.5%	50.9%
精神萎靡、无所事事	2.4%	1.4%	2.0%
总计	100.0%	100.0%	100.0%
列总计	2275	2081	4356

Chi-square test：df = 2，卡方值为 5.589，sig = 0.061 > 0.05，所以不同性别的居民对于“您觉得您周围大多数人工作生活的精神状态怎么样”的回答没有显著差异。

F19a by A0

这些现象在您身边常见吗？占卜算命 * 性别 Crosstabulation

	女性	男性	总计
经常见到	9.1%	8.9%	9.0%
偶尔见到	49.9%	50.6%	50.2%
没见到	41.0%	40.5%	40.7%
总计	100.0%	100.0%	100.0%
列总计	2277	2082	4359

Chi-square test：df = 2，卡方值为 0.254，sig = 0.881 > 0.05，所以不同性别的居民对于“这些现象在您身边常见吗？占卜算命”的回答没有显著差异。

F19b by A0

这些现象在您身边常见吗？操办喜事比富斗阔 * 性别 Crosstabulation

	女性	男性	总计
经常见到	12.7%	14.4%	13.5%
偶尔见到	41.7%	43.8%	42.7%
没见到	45.7%	41.8%	43.8%
总计	100.0%	100.0%	100.0%
列总计	2276	2082	4358

Chi-square test：df = 2，卡方值为 7.176，sig = 0.028 < 0.05，所以不同性别的居民对于“这些现象在您身边常见吗？操办喜事比富斗阔”的回答有显著差异。

F19c by A0

这些现象在您身边常见吗？在父母生前不尽孝却对父母的丧事大操大办 * 性别 Crosstabulation

	女性	男性	总计
经常见到	8.4%	10.4%	9.4%
偶尔见到	41.9%	41.7%	41.8%
没见到	49.7%	47.9%	48.9%
总计	100.0%	100.0%	100.0%
列总计	2276	2082	4358

Chi-square test：df = 2，卡方值为 5.062，sig = 0.080 > 0.05，所以不同性别的居民对于“这些现象在您身边常见吗？在父母生前不尽孝却对父母的丧事大操大办”的回答没有显著差异。

F19d by A0

这些现象在您身边常见吗？赌博或变相赌博 ＊性别 Crosstabulation

	女性	男性	总计
经常见到	13.8%	17.3%	15.5%
偶尔见到	47.1%	49.1%	48.0%
没见到	39.1%	33.6%	36.5%
总计	100.0%	100.0%	100.0%
列总计	2275	2082	4357

Chi-square test：df = 2，卡方值为 18.114，sig = 0.000 < 0.05，所以不同性别的居民对于“这些现象在您身边常见吗？赌博或变相赌博”的回答有显著差异。

F19e by A0

这些现象在您身边常见吗？封建迷信活动 ＊性别 Crosstabulation

	女性	男性	总计
经常见到	5.3%	6.8%	6.0%
偶尔见到	31.4%	34.2%	32.7%
没见到	63.3%	59.0%	61.3%
总计	100.0%	100.0%	100.0%
列总计	2277	2080	4357

Chi-square test：df = 2，卡方值为 10.292，sig = 0.006 < 0.05，所以不同性别的居民对于“这些现象在您身边常见吗？封建迷信活动”的回答有显著差异。

F19f by A0

这些现象在您身边常见吗？非法宗教活动 ＊性别 Crosstabulation

	女性	男性	总计
经常见到	1.2%	1.6%	1.4%
偶尔见到	10.7%	12.0%	11.3%
没见到	88.1%	86.4%	87.3%
总计	100.0%	100.0%	100.0%
列总计	2275	2080	4355

Chi-square test：df = 2，卡方值为 3.087，sig = 0.241 > 0.05，所以不同性别的居民对于“这些现象在您身边常见吗？非法宗教活动”的回答没有显著差异。

F20 by A0

您认为目前我国社会中道德和幸福的现实关系是 ＊性别 Crosstabulation

	女性	男性	总计
总体上道德和幸福能够一致，能惩恶扬善	72.1%	73.0%	72.5%
有道德讲伦理的人大都吃亏，不守道德的人更能占便宜	22.4%	21.5%	22.0%
道德与幸福没有关系，能挣钱有发展无论怎样行动都行	5.6%	5.5%	5.5%
总计	100.0%	100.0%	100.0%
列总计	2123	1972	4095

Chi-square test：df = 2，卡方值为 0.472，sig = 0.790 > 0.05，所以不同性别的居民对于“您认为目前我国社会中道德和幸福的现实关系是”的回答没有显著差异。

F21a by A0

您在所在单位，有没有一种亲切和踏实的感觉 ＊性别 Crosstabulation

	女性	男性	总计
有	29.3%	30.3%	29.8%
还可以	60.4%	60.3%	60.4%
没有	10.2%	9.4%	9.8%
总计	100.0%	100.0%	100.0%
列总计	2266	2070	4336

Chi-square test：df = 2，卡方值为 1.150，sig = 0.563 > 0.05，所以不同性别的居民对于“您在所在单位，有没有一种亲切和踏实的感觉”的回答没有显著差异。

F21b by A0

您在所在社区/村，有没有一种亲切和踏实的感觉 ＊性别 Crosstabulation

	女性	男性	总计
有	30.3%	31.4%	30.8%
还可以	64.4%	61.3%	62.9%
没有	5.3%	7.2%	6.2%
总计	100.0%	100.0%	100.0%
列总计	2271	2083	4354

Chi-square test：df = 2，卡方值为 8.882，sig = 0.012 < 0.05，所以不同性别的居民对于“您在所在社区/村，有没有一种亲切和踏实的感觉”的回答有显著差异。

F21c by A0

您在所在城市，有没有一种亲切和踏实的感觉 ＊性别 Crosstabulation

	女性	男性	总计
有	29.6%	28.6%	29.1%
还可以	63.3%	63.5%	63.4%
没有	7.2%	7.9%	7.5%
总计	100.0%	100.0%	100.0%
列总计	2267	2081	4348

Chi-square test：df = 2，卡方值为 1.046，sig = 0.593 > 0.05，所以不同性别的居民对于“您在所在城市，有没有一种亲切和踏实的感觉”的回答没有显著差异。

F22 by A0

您认为您目前的状况是 ＊性别 Crosstabulation

	女性	男性	总计
生活富裕，但不感到幸福和快乐	1.8%	2.5%	2.1%
生活富裕，幸福也快乐	9.3%	10.8%	10.0%
生活小康，幸福且快乐	59.6%	54.6%	57.2%
生活小康，但不感到幸福和快乐	6.2%	7.0%	6.6%
生活清贫，幸福且快乐	20.4%	20.7%	20.6%
生活贫困，既不幸福也不快乐	2.8%	4.5%	3.6%
总计	100.0%	100.0%	100.0%
列总计	2276	2082	4358

Chi-square test：df = 5，卡方值为 19.482，sig = 0.002 < 0.05，所以不同性别的居民对于“您认为您目前的状况是”的回答有显著差异。

F23 by A0

最近这些年，您的生活水平对幸福感的影响是怎样的 ＊性别 Crosstabulation

	女性	男性	总计
生活水平提高了，但幸福感和快乐感降低了	7.8%	8.1%	7.9%
生活水平提高了，幸福感和快乐感提高了	62.7%	61.5%	62.1%
生活水平没变，幸福感和快乐感提高了	23.0%	21.9%	22.5%
生活水平没变，幸福感和快乐感降低了	4.4%	5.7%	5.0%
生活水平下降，但幸福感和快乐感提高了	0.8%	0.7%	0.8%
生活水平下降，幸福感和快乐感也降低了	1.3%	2.0%	1.7%

续表

	女性	男性	总计
总计	100.0%	100.0%	100.0%
列总计	2277	2079	4356

Chi-square test：df = 5，卡方值为 7.880，sig = 0.163 > 0.05，所以不同性别的居民对于“最近这些年，您的生活水平对幸福感的影响是怎样的”的回答没有显著差异。

F24a by A0

近十年来，您认为下列哪一类人获得的利益最多 ＊性别 Crosstabulation

	女性	男性	总计
工人	0.5%	0.6%	0.5%
农民	1.5%	1.9%	1.7%
公务员	11.4%	12.4%	11.9%
国有企业的经营管理者	9.5%	11.1%	10.3%
集体企业的经营管理者	2.1%	2.1%	2.1%
私营企业家	21.8%	21.7%	21.7%
外商、境外来大陆的投资者	10.6%	9.3%	10.0%
个体户	5.6%	4.8%	5.2%
私营、外资企业中的管理人员	7.3%	6.4%	6.9%
专家学者、专业技术人员	6.3%	5.7%	6.0%
政府官员	23.2%	23.6%	23.4%
其他	0.3%	0.3%	0.3%
总计	100.0%	100.0%	100.0%
列总计	2123	1992	4115

Chi-square test：df = 11，卡方值为 9.516，sig = 0.574 > 0.05，所以不同性别的居民对于“近十年来，您认为下列哪一类人获得的利益最多”的回答没有显著差异。

F24b by A0

近十年来，您认为下列哪一类人获得的利益最少 ＊性别 Crosstabulation

	女性	男性	总计
工人	23.8%	24.9%	24.3%
农民	70.8%	70.1%	70.5%
公务员	0.9%	0.5%	0.7%
国有企业的经营管理者	0.3%	0.4%	0.4%

续表

	女性	男性	总计
集体企业的经营管理者	0.2%	0.3%	0.3%
私营企业家	0.4%	0.7%	0.5%
外商、境外来大陆的投资者	0.2%	0.3%	0.3%
个体户	1.7%	0.7%	1.3%
私营、外资企业中的管理人员	0.4%	0.3%	0.3%
专家学者、专业技术人员	0.6%	0.7%	0.7%
政府官员	0.6%	0.6%	0.6%
其他		0.2%	0.1%
总计	100.0%	100.0%	100.0%
列总计	2202	2037	4239

Chi-square test：df = 11，卡方值为 17.139，sig = 0.104 > 0.05，所以不同性别的居民对于“近十年来，您认为下列哪一类人获得的利益最少”的回答没有显著差异。

F25 by A0

您认为弱势群体产生的最主要原因是 * 性别 Crosstabulation

	女性	男性	总计
制度不合理，社会关怀不够	38.5%	41.1%	39.8%
收入分配不公	49.1%	45.9%	47.6%
机会不平等	34.2%	33.0%	33.6%
弱势群体自己不努力	20.4%	20.4%	20.4%
缺乏生存技能	35.6%	34.3%	35.0%
列总计	2222	2043	4265

据上表所示，不同性别的居民对于“您认为弱势群体产生的最主要原因”的回答没有显著差异。

F26 by A0

我们经常看到一些老人或流浪者在垃圾桶中找东西，弄得满身污物，您认为我们是否应该改造城市的垃圾桶，如调整垃圾桶的角度、集中放矿泉水瓶等，以为他们提供方便 * 性别 Crosstabulation

	女性	男性	总计
应该，社会有义务为他们提供一种有尊严的生活	85.0%	84.4%	84.7%
不应该，这些人本来就与城市不和谐	10.0%	9.8%	9.9%
做这样的事不值得，应该将钱花到更重要的地方	4.9%	5.4%	5.1%

续表

	女性	男性	总计
其他	0.2%	0.5%	0.3%
总计	100.0%	100.0%	100.0%
列总计	2266	2073	4339

Chi-square test：df = 3，卡方值为 3.757，sig = 0.289 > 0.05，所以不同性别的居民对于“我们是否应该改造城市的垃圾桶，以为老人及流浪者提供方便”的回答没有显著差异。

F27 by A0

对当今中国社会，您更担忧哪种问题 * 性别 Crosstabulation

	女性	男性	总计
坑蒙拐骗，不守信用	30.7%	32.5%	31.6%
人与人之间互不信任，相互提防，没有安全感	46.0%	46.5%	46.2%
可信任的人很少，遇到问题难以找到人倾诉和帮助	19.4%	17.0%	18.3%
其他	3.9%	4.0%	3.9%
总计	100.0%	100.0%	100.0%
列总计	2268	2077	4345

Chi-square test：df = 3，卡方值为 4.834，sig = 0.184 > 0.05，所以不同性别的居民对于“对当今中国社会，您更担忧哪种问题”的回答没有显著差异。

F28 by A0

您觉得大多数人都是可以相信的吗？如果 1 分代表“大多数人都可以相信”，5 分代表“对其他人都应该小心防备”，您会选几分 * 性别 Crosstabulation

	女性	男性	总计
大多数人都可以相信	8.4%	10.7%	9.5%
2	34.1%	34.2%	34.1%
3	42.8%	40.8%	41.8%
4	12.9%	12.4%	12.7%
对其他人都应小心防备	1.8%	1.9%	1.9%
总计	100.0%	100.0%	100.0%
列总计	2272	2082	4354

Chi-square test：df = 4，卡方值为 7.296，sig = 0.121 > 0.05，所以不同性别的居民对于“您觉得大多数人都是可以相信的吗”的回答没有显著差异。

F29a by A0

您对下面这些人的信任程度如何？您的家人 ＊性别 Crosstabulation

	女性	男性	总计
完全信任	80.9%	81.4%	81.1%
比较信任	18.8%	18.2%	18.5%
不太信任	0.2%	0.4%	0.3%
根本不信任	0.1%		0.1%
总计	100.0%	100.0%	100.0%
列总计	2278	2079	4357

Chi-square test：df = 3，卡方值为 2.802，sig = 0.423 > 0.05，所以不同性别的居民对于“您对下面这些人的信任程度如何？您的家人”的回答没有显著差异。

F29b by A0

您对下面这些人的信任程度如何？您的邻居 ＊性别 Crosstabulation

	女性	男性	总计
完全信任	12.0%	12.2%	12.1%
比较信任	79.4%	78.9%	79.2%
不太信任	7.8%	8.5%	8.1%
根本不信任	0.7%	0.4%	0.6%
总计	100.0%	100.0%	100.0%
列总计	2266	2076	4342

Chi-square test：df = 3，卡方值为 2.679，sig = 0.444 > 0.05，所以不同性别的居民对于“您对下面这些人的信任程度如何？您的邻居”的回答没有显著差异。

F29c by A0

您对下面这些人的信任程度如何？外地人 ＊性别 Crosstabulation

	女性	男性	总计
完全信任	1.0%	1.0%	1.0%
比较信任	18.3%	20.6%	19.4%
不太信任	58.2%	58.8%	58.5%
根本不信任	22.4%	19.7%	21.1%
总计	100.0%	100.0%	100.0%
列总计	2222	2030	4252

Chi-square test：df = 3，卡方值为 6.728，sig = 0.081 > 0.05，所以不同性别的居民对于“您对下面这些人的信任程度如何？外地人”的回答没有显著差异。

F29d by A0

您对下面这些人的信任程度如何？陌生人 ＊性别 Crosstabulation

	女性	男性	总计
完全信任	0.7%	0.7%	0.7%
比较信任	7.6%	8.1%	7.9%
不太信任	55.2%	58.0%	56.5%
根本不信任	36.5%	33.2%	34.9%
总计	100.0%	100.0%	100.0%
列总计	2208	2019	4227

Chi-square test：df = 3，卡方值为 5.137，sig = 0.162 > 0.05，所以不同性别的居民对于“您对下面这些人的信任程度如何？陌生人”的回答没有显著差异。

F29e by A0

您对下面这些人的信任程度如何？外国人 ＊性别 Crosstabulation

	女性	男性	总计
完全信任	0.9%	0.6%	0.8%
比较信任	10.3%	11.8%	11.0%
不太信任	56.5%	56.3%	56.4%
根本不信任	32.3%	31.3%	31.8%
总计	100.0%	100.0%	100.0%
列总计	2016	1868	3884

Chi-square test：df = 3，卡方值为 3.273，sig = 0.351 > 0.05，所以不同性别的居民对于“您对下面这些人的信任程度如何？外国人”的回答没有显著差异。

F29f by A0

您对下面这些人的信任程度如何？同事或同学 ＊性别 Crosstabulation

	女性	男性	总计
完全信任	6.9%	7.0%	6.9%
比较信任	79.8%	79.8%	79.8%
不太信任	12.1%	12.2%	12.1%
根本不信任	1.3%	0.9%	1.1%
总计	100.0%	100.0%	100.0%
列总计	2232	2059	4291

Chi-square test：df = 3，卡方值为 1.418，sig = 0.701 > 0.05，所以不同性别的居民对于“您对下面这些人的信任程度如何？同事或同学”的回答没有显著差异。

F29g by A0

您对下面这些人的信任程度如何？您的上司或领导 ＊性别 Crosstabulation

	女性	男性	总计
完全信任	7.0%	7.0%	7.0%
比较信任	75.5%	75.3%	75.4%
不太信任	16.4%	16.1%	16.3%
根本不信任	1.1%	1.5%	1.3%
总计	100.0%	100.0%	100.0%
列总计	2148	2001	4149

Chi-square test：df = 3，卡方值为 1.203，sig = 0.752 > 0.05，所以不同性别的居民对于“您对下面这些人的信任程度如何？您的上司或领导”的回答没有显著差异。

F29h by A0

您对下面这些人的信任程度如何？您的朋友 ＊性别 Crosstabulation

	女性	男性	总计
完全信任	15.1%	14.9%	15.0%
比较信任	80.8%	81.1%	80.9%
不太信任	3.4%	3.4%	3.4%
根本不信任	0.7%	0.6%	0.6%
总计	100.0%	100.0%	100.0%
列总计	2267	2074	4341

Chi-square test：df = 3，卡方值为 0.069，sig = 0.995 > 0.05，所以不同性别的居民对于“您对下面这些人的信任程度如何？您的朋友”的回答没有显著差异。

F30 by A0

您是否同意“在这个社会上，您一不小心别人就会想办法占您的便宜” ＊性别 Crosstabulation

	女性	男性	总计
非常不同意	3.6%	5.0%	4.3%
比较不同意	26.9%	28.4%	27.6%
说不上同意不同意	31.3%	30.2%	30.8%
比较同意	35.3%	32.9%	34.2%
非常同意	2.8%	3.5%	3.1%
总计	100.0%	100.0%	100.0%

续表

	女性	男性	总计
列总计	2228	2048	4276

Chi-square test：df = 4，卡方值为 8.963，sig = 0.062 > 0.05，所以不同性别的居民对于是否同意“在这个社会上，您一不小心别人就会想办法占您的便宜”的回答没有显著差异。

F31 by A0

您对所生活的地方道德建设满意吗 * 性别 Crosstabulation

	女性	男性	总计
满意	10.9%	11.9%	11.4%
基本满意	79.9%	78.3%	79.1%
不满意	9.2%	9.9%	9.5%
总计	100.0%	100.0%	100.0%
列总计	2193	2025	4218

Chi-square test：df = 2，卡方值为 1.771，sig = 0.412 > 0.05，所以不同性别的居民对于“您对所生活的地方道德建设满意吗”的回答没有显著差异。

F32a by A0

您对下面群体的信任程度如何？商人 * 性别 Crosstabulation

	女性	男性	总计
完全信任	1.4%	1.3%	1.3%
比较信任	44.3%	45.1%	44.7%
不太信任	49.1%	48.5%	48.8%
根本不信任	5.2%	5.1%	5.2%
总计	100.0%	100.0%	100.0%
列总计	2220	2020	4240

Chi-square test：df = 3，卡方值为 0.360，sig = 0.948 > 0.05，所以不同性别的居民对于“您对下面群体的信任程度如何？商人”的回答没有显著差异。

F32b by A0

您对下面群体的信任程度如何？单位领导/社区（村）干部 * 性别 Crosstabulation

	女性	男性	总计
完全信任	4.6%	4.8%	4.7%

续表

	女性	男性	总计
比较信任	64.9%	63.4%	64.2%
不太信任	27.7%	28.0%	27.9%
根本不信任	2.8%	3.9%	3.3%
总计	100.0%	100.0%	100.0%
列总计	2221	2041	4262

Chi-square test：df = 3，卡方值为 4.188，sig = 0.242 > 0.05，所以不同性别的居民对于“您对下面群体的信任程度如何？单位领导/社区（村）干部”的回答没有显著差异。

F32c by A0

您对下面群体的信任程度如何？公务员 ＊性别 Crosstabulation

	女性	男性	总计
完全信任	7.0%	7.0%	7.0%
比较信任	63.4%	59.8%	61.6%
不太信任	26.5%	29.1%	27.8%
根本不信任	3.1%	4.1%	3.6%
总计	100.0%	100.0%	100.0%
列总计	2200	2026	4226

Chi-square test：df = 3，卡方值为 7.434，sig = 0.059 > 0.05，所以不同性别的居民对于“您对下面群体的信任程度如何？公务员”的回答没有显著差异。

F32d by A0

您对下面群体的信任程度如何？教师 ＊性别 Crosstabulation

	女性	男性	总计
完全信任	11.7%	11.9%	11.8%
比较信任	72.4%	68.7%	70.7%
不太信任	14.1%	16.6%	15.3%
根本不信任	1.8%	2.8%	2.3%
总计	100.0%	100.0%	100.0%
列总计	2260	2066	4326

Chi-square test：df = 3，卡方值为 11.300，sig = 0.010 < 0.05，所以不同性别的居民对于“您对下面群体的信任程度如何？教师”的回答有显著差异。

F32e by A0

您对下面群体的信任程度如何？警察 ＊性别 Crosstabulation

	女性	男性	总计
完全信任	21.0%	19.4%	20.2%
比较信任	66.2%	66.0%	66.1%
不太信任	10.9%	12.0%	11.4%
根本不信任	1.9%	2.6%	2.2%
总计	100.0%	100.0%	100.0%
列总计	2260	2065	4325

Chi-square test：df = 3，卡方值为 4.993，sig = 0.172 > 0.05，所以不同性别的居民对于“您对下面群体的信任程度如何？警察”的回答没有显著差异。

F32f by A0

您对下面群体的信任程度如何？医生 ＊性别 Crosstabulation

	女性	男性	总计
完全信任	10.6%	10.2%	10.4%
比较信任	68.8%	64.5%	66.8%
不太信任	18.0%	21.8%	19.8%
根本不信任	2.6%	3.4%	3.0%
总计	100.0%	100.0%	100.0%
列总计	2263	2070	4333

Chi-square test：df = 3，卡方值为 13.342，sig = 0.004 < 0.05，所以不同性别的居民对于“您对下面群体的信任程度如何？医生”的回答有显著差异。

F32g by A0

您对下面群体的信任程度如何？法官 ＊性别 Crosstabulation

	女性	男性	总计
完全信任	16.8%	17.0%	16.9%
比较信任	71.7%	70.2%	71.0%
不太信任	10.1%	11.1%	10.6%
根本不信任	1.3%	1.7%	1.5%
总计	100.0%	100.0%	100.0%
列总计	2234	2041	4275

Chi-square test：df = 3，卡方值为 2.250，sig = 0.522 > 0.05，所以不同性别的居民对于“您对下面群体的信任程度如何？法官”的回答没有显著差异。

F32h by A0

您对下面群体的信任程度如何？农民 ＊性别 Crosstabulation

	女性	男性	总计
完全信任	10.8%	11.9%	11.3%
比较信任	77.4%	75.9%	76.7%
不太信任	10.3%	11.0%	10.6%
根本不信任	1.4%	1.2%	1.3%
总计	100.0%	100.0%	100.0%
列总计	2256	2065	4321

Chi-square test：df = 3，卡方值为 2.457，sig = 0.483 > 0.05，所以不同性别的居民对于“您对下面群体的信任程度如何？农民”的回答没有显著差异。

F32i by A0

您对下面群体的信任程度如何？工人 ＊性别 Crosstabulation

	女性	男性	总计
完全信任	9.8%	11.0%	10.4%
比较信任	76.4%	76.4%	76.4%
不太信任	12.5%	11.6%	12.1%
根本不信任	1.3%	1.0%	1.2%
总计	100.0%	100.0%	100.0%
列总计	2246	2064	4310

Chi-square test：df = 3，卡方值为 3.762，sig = 0.288 > 0.05，所以不同性别的居民对于“您对下面群体的信任程度如何？工人”的回答没有显著差异。

F32j by A0

您对下面群体的信任程度如何？专家学者 ＊性别 Crosstabulation

	女性	男性	总计
完全信任	10.1%	10.6%	10.4%
比较信任	65.3%	62.1%	63.8%
不太信任	21.2%	24.6%	22.8%
根本不信任	3.4%	2.7%	3.0%
总计	100.0%	100.0%	100.0%
列总计	2106	1978	4084

Chi-square test：df = 3，卡方值为 8.447，sig = 0.038 < 0.05，所以不同性别的居民对于“您对下面群体的信任程度如何？专家学者”的回答有显著差异。

F32k by A0

您对下面群体的信任程度如何？演艺娱乐圈 ＊性别 Crosstabulation

	女性	男性	总计
完全信任	1.5%	1.7%	1.6%
比较信任	35.4%	32.6%	34.1%
不太信任	47.0%	48.6%	47.7%
根本不信任	16.1%	17.1%	16.6%
总计	100.0%	100.0%	100.0%
列总计	1922	1831	3753

Chi-square test：df = 3，卡方值为3.599，sig = 0.308 > 0.05，所以不同性别的居民对于“您对下面群体的信任程度如何？演艺娱乐圈”的回答没有显著差异。

F32l by A0

您对下面群体的信任程度如何？公众人物 ＊性别 Crosstabulation

	女性	男性	总计
完全信任	2.8%	3.6%	3.2%
比较信任	49.4%	46.1%	47.8%
不太信任	39.3%	41.2%	40.2%
根本不信任	8.5%	9.2%	8.8%
总计	100.0%	100.0%	100.0%
列总计	1964	1854	3818

Chi-square test：df = 3，卡方值为5.463，sig = 0.141 > 0.05，所以不同性别的居民对于“您对下面群体的信任程度如何？公众人物”的回答没有显著差异。

F33 by A0

您在生活中经常买到假冒伪劣商品吗 ＊性别 Crosstabulation

	女性	男性	总计
经常	5.6%	4.6%	5.1%
偶尔	67.6%	70.4%	68.9%
没有	26.8%	25.0%	25.9%
总计	100.0%	100.0%	100.0%
列总计	2113	1924	4037

Chi-square test：df = 2，卡方值为4.145，sig = 0.126 > 0.05，所以不同性别的居民对于“您在生活中经常买到假冒伪劣商品吗”的回答没有显著差异。

F34 by A0

您在购物、就医、理财等方面经常遇到虚假广告吗 ＊性别 Crosstabulation

	女性	男性	总计
经常	14.5%	15.1%	14.8%
偶尔	57.2%	58.7%	57.9%
没有	28.3%	26.2%	27.3%
总计	100.0%	100.0%	100.0%
列总计	2046	1892	3938

Chi-square test：df = 2，卡方值为 2.080，sig = 0.353 > 0.05，所以不同性别的居民对于“您在购物、就医、理财等方面经常遇到虚假广告吗”的回答没有显著差异。

F35 by A0

如果在路边看到一个老人摔倒，您的反应是 ＊性别 Crosstabulation

	女性	男性	总计
立即扶起	36.6%	38.9%	37.7%
等有证人时再扶	27.0%	27.3%	27.2%
先拍照，再扶起	12.0%	11.8%	11.9%
不扶，避免惹是生非	9.9%	8.6%	9.2%
报警	14.0%	12.4%	13.3%
其他	0.5%	1.0%	0.7%
总计	100.0%	100.0%	100.0%
列总计	2272	2081	4353

Chi-square test：df = 5，卡方值为 8.440，sig = 0.134 > 0.05，所以不同性别的居民对于“如果在路边看到一个老人摔倒，您的反应是”的回答没有显著差异。

F36 by A0

我们都听说过或见证过好心人救助老人却反被诬陷。假如您是这位好心人，您会 ＊性别 Crosstabulation

	女性	男性	总计
我是多管闲事，下次再也不会帮助别人了	24.2%	22.1%	23.2%
我正直善良真心待人，对得起良知和良心	42.1%	44.1%	43.0%
下次还是会伸出援手，但是会提高警惕，注意保护自己	33.5%	33.6%	33.6%
其他	0.2%	0.2%	0.2%
总计	100.0%	100.0%	100.0%

续表

	女性	男性	总计
列总计	2270	2077	4347

Chi-square test：df = 3，卡方值为 2.906，sig = 0.406 > 0.05，所以不同性别的居民对于“我们都听说过或见证过好心人救助老人却反被诬陷。假如您是这位好心人，您会”的回答没有显著差异。

F37a by A0

您对下列群体的伦理道德整体状况的满意度？政府官员 * 性别 Crosstabulation

	女性	男性	总计
非常不满意	4.3%	6.4%	5.3%
比较不满意	35.9%	36.2%	36.0%
比较满意	57.5%	53.5%	55.6%
非常满意	2.3%	3.8%	3.0%
总计	100.0%	100.0%	100.0%
列总计	2164	2006	4170

Chi-square test：df = 3，卡方值为 19.678，sig = 0.000 < 0.05，所以不同性别的居民对于“您对下列群体的伦理道德整体状况的满意度？政府官员”的回答有显著差异。

F37b by A0

您对下列群体的伦理道德整体状况的满意度？一般公务员 * 性别 Crosstabulation

	女性	男性	总计
非常不满意	3.9%	4.3%	4.1%
比较不满意	30.3%	32.6%	31.4%
比较满意	62.2%	59.2%	60.8%
非常满意	3.6%	3.8%	3.7%
总计	100.0%	100.0%	100.0%
列总计	2158	2004	4162

Chi-square test：df = 3，卡方值为 3.837，sig = 0.280 > 0.05，所以不同性别的居民对于“您对下列群体的伦理道德整体状况的满意度？一般公务员”的回答没有显著差异。

F37c by A0

您对下列群体的伦理道德整体状况的满意度？企业家 ＊性别 Crosstabulation

	女性	男性	总计
非常不满意	2.1%	3.1%	2.6%
比较不满意	28.7%	28.7%	28.7%
比较满意	63.4%	63.4%	63.4%
非常满意	5.7%	4.9%	5.3%
总计	100.0%	100.0%	100.0%
列总计	2094	1972	4066

Chi-square test：df = 3，卡方值为 4.899，sig = 0.179 > 0.05，所以不同性别的居民对于“您对下列群体的伦理道德整体状况的满意度？企业家”的回答没有显著差异。

F37d by A0

您对下列群体的伦理道德整体状况的满意度？演艺娱乐界 ＊ 性别

	女性	男性	总计
非常不满意	9.6%	12.0%	10.8%
比较不满意	41.2%	45.1%	43.1%
比较满意	45.4%	39.1%	42.3%
非常满意	3.8%	3.7%	3.8%
总计	100.0%	100.0%	100.0%
列总计	1856	1768	3624

Chi-square test：df = 3，卡方值为 16.759，sig = 0.001 < 0.05，所以不同性别的居民对于“您对下列群体的伦理道德整体状况的满意度？演艺娱乐界”的回答有显著差异。

F37e by A0

您对下列群体的伦理道德整体状况的满意度？教师 ＊性别 Crosstabulation

	女性	男性	总计
非常不满意	1.9%	2.8%	2.3%
比较不满意	18.0%	19.4%	18.7%
比较满意	70.7%	68.1%	69.5%
非常满意	9.4%	9.7%	9.6%
总计	100.0%	100.0%	100.0%
列总计	2246	2053	4299

Chi-square test：df = 3，卡方值为 6.035，sig = 0.110 > 0.05，所以不同性别的居民对于“您对下列群体的伦理道德整体状况的满意度？教师”的回答没有显著差异。

F37f by A0

您对下列群体的伦理道德整体状况的满意度？青少年 ＊性别 Crosstabulation

	女性	男性	总计
非常不满意	1.9%	2.0%	2.0%
比较不满意	14.4%	18.5%	16.4%
比较满意	72.1%	69.2%	70.7%
非常满意	11.6%	10.2%	10.9%
总计	100.0%	100.0%	100.0%
列总计	2230	2032	4262

Chi-square test：df = 3，卡方值为 13.693，sig = 0.003 < 0.05，所以不同性别的居民对于“您对下列群体的伦理道德整体状况的满意度？青少年”的回答有显著差异。

F37g by A0

您对下列群体的伦理道德整体状况的满意度？弱势群体 ＊性别 Crosstabulation

	女性	男性	总计
非常不满意	2.4%	2.3%	2.3%
比较不满意	21.8%	21.2%	21.5%
比较满意	74.2%	74.6%	74.4%
非常满意	1.6%	2.0%	1.8%
总计	100.0%	100.0%	100.0%
列总计	2096	1910	4006

Chi-square test：df = 3，卡方值为 1.049，sig = 0.789 > 0.05，所以不同性别的居民对于“您对下列群体的伦理道德整体状况的满意度？弱势群体”的回答没有显著差异。

F37h by A0

您对下列群体的伦理道德整体状况的满意度？自由职业者 ＊性别 Crosstabulation

	女性	男性	总计
非常不满意	2.1%	1.1%	1.6%
比较不满意	17.5%	19.4%	18.4%
比较满意	76.7%	76.2%	76.5%
非常满意	3.7%	3.3%	3.5%

续表

	女性	男性	总计
总计	100.0%	100.0%	100.0%
列总计	2024	1870	3894

Chi-square test：df = 3，卡方值为 8.470，sig = 0.037 < 0.05，所以不同性别的居民对于"您对下列群体的伦理道德整体状况的满意度？自由职业者"的回答有显著差异。

F37i by A0

您对下列群体的伦理道德整体状况的满意度？农民 ＊性别 Crosstabulation

	女性	男性	总计
非常不满意	1.4%	1.9%	1.6%
比较不满意	11.4%	10.0%	10.7%
比较满意	77.1%	77.9%	77.5%
非常满意	10.1%	10.3%	10.2%
总计	100.0%	100.0%	100.0%
列总计	2237	2048	4285

Chi-square test：df = 3，卡方值为 3.227，sig = 0.358 > 0.05，所以不同性别的居民对于"您对下列群体的伦理道德整体状况的满意度？农民"的回答没有显著差异。

F37j by A0

您对下列群体的伦理道德整体状况的满意度？商人 ＊性别 Crosstabulation

	女性	男性	总计
非常不满意	2.6%	2.4%	2.5%
比较不满意	29.4%	32.8%	31.0%
比较满意	64.0%	61.1%	62.6%
非常满意	4.0%	3.7%	3.9%
总计	100.0%	100.0%	100.0%
列总计	2213	2029	4242

Chi-square test：df = 3，卡方值为 5.813，sig = 0.121 > 0.05，所以不同性别的居民对于"您对下列群体的伦理道德整体状况的满意度？商人"的回答没有显著差异。

F37k by A0

您对下列群体的伦理道德整体状况的满意度？工人 ＊性别 Crosstabulation

	女性	男性	总计
非常不满意	0.9%	1.1%	1.0%

续表

	女性	男性	总计
比较不满意	11.9%	11.4%	11.7%
比较满意	81.3%	81.2%	81.2%
非常满意	5.9%	6.4%	6.1%
总计	100.0%	100.0%	100.0%
列总计	2238	2043	4281

Chi-square test：df = 3，卡方值为 1.255，sig = 0.740 > 0.05，所以不同性别的居民对于“您对下列群体的伦理道德整体状况的满意度？工人”的回答没有显著差异。

F37l by A0

您对下列群体的伦理道德整体状况的满意度？专家学者 ＊性别 Crosstabulation

	女性	男性	总计
非常不满意	1.4%	1.8%	1.6%
比较不满意	16.1%	18.0%	17.1%
比较满意	74.3%	72.4%	73.4%
非常满意	8.2%	7.8%	8.0%
总计	100.0%	100.0%	100.0%
列总计	2118	1975	4093

Chi-square test：df = 3，卡方值为 3.859，sig = 0.277 > 0.05，所以不同性别的居民对于“您对下列群体的伦理道德整体状况的满意度？专家学者”的回答没有显著差异。

F37m by A0

您对下列群体的伦理道德整体状况的满意度？医生 ＊性别 Crosstabulation

	女性	男性	总计
非常不满意	3.0%	3.9%	3.4%
比较不满意	20.7%	23.9%	22.2%
比较满意	70.1%	65.9%	68.1%
非常满意	6.2%	6.3%	6.2%
总计	100.0%	100.0%	100.0%
列总计	2245	2053	4298

Chi-square test：df = 3，卡方值为 10.239，sig = 0.017 < 0.05，所以不同性别的居民对于“您对下列群体的伦理道德整体状况的满意度？医生”的回答有显著差异。

F38 by A0

下列哪些因素可能影响人际关系紧张 * 性别 Crosstabulation

	女性	男性	总计
社会资源缺乏，引发恶性竞争	22.1%	25.0%	23.5%
过度宣扬竞争意识	23.2%	22.1%	22.7%
社会财富分配不公，贫富差距过大	33.1%	34.9%	34.0%
个人主义盛行	23.5%	20.7%	22.1%
缺乏爱心	25.4%	23.9%	24.7%
缺乏相互理解和沟通的意识和能力	17.1%	17.2%	17.2%
制度安排不公正，机会不平等	23.4%	25.0%	24.2%
以权谋私，官员腐败	23.5%	25.4%	24.4%
缺乏道德信用	27.0%	25.3%	26.2%
人与人、人与社会之间缺乏信任	37.0%	35.4%	36.2%
传统伦理瓦解，社会缺乏统一的价值观	8.3%	7.9%	8.1%
一切诉诸利益或法律，人际关系缺乏伦理调节的机制和能力	4.9%	4.5%	4.7%
列总计	2217	2050	4267

据上表所示，不同性别的居民对于“哪些因素可能影响人际关系紧张”的回答没有显著差异。

F39 by A0

您认为在现代中国社会实际奉行的道德价值是 * 性别 Crosstabulation

	女性	男性	总计
义利合一，用符合道德的方式谋利	58.7%	59.7%	59.2%
见利忘义，唯利是图	31.4%	30.6%	31.0%
不计较利害得失，道德至上	9.7%	9.4%	9.5%
其他	0.1%	0.3%	0.2%
总计	100.0%	100.0%	100.0%
列总计	2210	2012	4222

Chi-square test：df = 3，卡方值为 1.841，sig = 0.606 > 0.05，所以不同性别的居民对于“认为在现代中国社会实际奉行的道德价值是”的回答没有显著差异。

F40 by A0

对形成我国当前各种新型伦理关系和道德观念，哪些因素影响最大 ＊性别 Crosstabulation

	女性	男性	总计
网络和媒体	56.9%	58.6%	57.7%
政府	61.9%	61.5%	61.7%
大学及其文化	21.8%	21.5%	21.7%
市场	38.5%	39.4%	38.9%
企业	24.6%	23.0%	23.8%
社会团体	21.9%	20.7%	21.4%
列总计	2047	1938	3985

据上表所示，不同性别的居民对于“对形成我国当前各种新型伦理关系和道德观念，哪些因素影响最大”的回答没有显著差异。

F41 by A0

对当前我国伦理关系和道德风尚造成最大负面影响的因素是＊性别 Crosstabulation

	女性	男性	总计
传统文化的崩坏	37.3%	38.4%	37.8%
外来文化的冲击	36.4%	35.1%	35.7%
市场经济导致的个人主义	27.3%	26.2%	26.8%
网络技术的发展	22.7%	21.6%	22.2%
分配不公，两极分化	36.8%	38.0%	37.4%
以权谋私，官员腐败	26.4%	27.3%	26.8%
其他	0.2%	0.2%	0.2%
列总计	2134	1984	4118

据上表所示，不同性别的居民对于“对当前我国伦理关系和道德风尚造成最大负面影响的因素”的回答没有显著差异。

F42 by A0

造成当今不良道德风尚的最主要原因是 ＊性别 Crosstabulation

	女性	男性	总计
以权谋私，官员腐败	57.4%	62.7%	59.9%
企业不讲诚信和损害社会利益	37.6%	38.2%	37.9%

续表

	女性	男性	总计
学校道德教育功能弱化	25.4%	24.4%	24.9%
家庭伦理功能弱化	17.6%	17.1%	17.3%
个人缺乏道德自觉	49.2%	45.2%	47.3%
分配不公，两极分化	34.3%	34.8%	34.6%
社会的不良影响	41.7%	39.6%	40.7%
列总计	2173	2003	4176

据上表所示，不同性别的居民对于“造成当今不良道德风尚的最主要原因”的回答没有显著差异。

F43a by A0

导致当前医患关系紧张的主要原因是 * 性别 Crosstabulation

	女性	男性	总计
医生缺乏职业道德，对病人不负责任	36.7%	38.0%	37.3%
医疗制度不合理，看病难看病贵	47.8%	46.4%	47.1%
医生腐败，不送红包不认真看病	11.3%	11.7%	11.5%
“医闹”，病人蓄意闹事	4.0%	3.4%	3.7%
其他	0.2%	0.4%	0.3%
总计	100.0%	100.0%	100.0%
列总计	2182	2013	4195

Chi-square test：df = 4，卡方值为 3.513，sig = 0.476 > 0.05，所以不同性别的居民对于“导致当前医患关系紧张的主要原因是”的回答没有显著差异。

F43b by A0

导致当前医患关系紧张的次要原因是 * 性别 Crosstabulation

	女性	男性	总计
医生缺乏职业道德，对病人不负责任	39.6%	37.7%	38.7%
医疗制度不合理，看病难看病贵	31.2%	33.1%	32.1%
医生腐败，不送红包不认真看病	19.6%	19.0%	19.3%
“医闹”，病人蓄意闹事	9.5%	9.8%	9.6%
其他	0.1%	0.4%	0.3%
总计	100.0%	100.0%	100.0%
列总计	2115	1961	4076

Chi-square test：df = 4，卡方值为 5.122，sig = 0.275 > 0.05，所以不同性别的居民对于“导致当前医患关系紧张的次要原因是”的回答没有显著差异。

F44 by A0

您是否曾经与医生（医院）发生过矛盾或纠纷 ＊性别 Crosstabulation

	女性	男性	总计
是	3.3%	3.8%	3.5%
否	96.7%	96.2%	96.5%
总计	100.0%	100.0%	100.0%
列总计	2275	2082	4357

Chi-square test：df = 1，卡方值为 0.790，sig = 0.374 > 0.05，所以不同性别的居民对于“您是否曾经与医生（医院）发生过矛盾或纠纷”的回答没有显著差异。

F45a by A0

您采取了哪些方式来解决医患纠纷？与医院协商 ＊性别 Crosstabulation

	女性	男性	总计
未选中	47.2%	53.2%	50.3%
选中	52.8%	46.8%	49.7%
总计	100.0%	100.0%	100.0%
列总计	72	77	149

Chi-square test：df = 1，卡方值为 0.540，sig = 0.462 > 0.05，所以不同性别的居民对于“您采取了哪些方式来解决医患纠纷？与医院协商”的回答没有显著差异。

F45b by A0

您采取了哪些方式来解决医患纠纷？寻求卫生局的调解或介入 ＊性别 Crosstabulation

	女性	男性	总计
未选中	81.9%	75.3%	78.5%
选中	18.1%	24.7%	21.5%
总计	100.0%	100.0%	100.0%
列总计	72	77	149

Chi-square test：df = 1，卡方值为 0.967，sig = 0.325 > 0.05，所以不同性别的居民对于“您采取了哪些方式来解决医患纠纷？寻求卫生局的调解或介入”的回答没有显著差异。

F45c by A0

您采取了哪些方式来解决医患纠纷？医学鉴定 ＊性别 Crosstabulation

	女性	男性	总计
未选中	88.9%	89.6%	89.3%

续表

	女性	男性	总计
选中	11. 1%	10. 4%	10. 7%
总计	100. 0%	100. 0%	100. 0%
列总计	72	77	149

Chi-square test：df = 1，卡方值为 0. 020，sig = 0. 887 > 0. 05，所以不同性别的居民对于“您采取了哪些方式来解决医患纠纷？医学鉴定”的回答没有显著差异。

F45d by A0

您采取了哪些方式来解决医患纠纷？司法诉讼 ＊性别 Crosstabulation

	女性	男性	总计
未选中	86. 1%	80. 5%	83. 2%
选中	13. 9%	19. 5%	16. 8%
总计	100. 0%	100. 0%	100. 0%
列总计	72	77	149

Chi-square test：df = 1，卡方值为 0. 833，sig = 0. 361 > 0. 05，所以不同性别的居民对于“您采取了哪些方式来解决医患纠纷？司法诉讼”的回答没有显著差异。

F45e by A0

您采取了哪些方式来解决医患纠纷？寻求媒体曝光 ＊性别 Crosstabulation

	女性	男性	总计
未选中	95. 8%	85. 7%	90. 6%
选中	4. 2%	14. 3%	9. 4%
总计	100. 0%	100. 0%	100. 0%
列总计	72	77	149

Chi-square test：df = 1，卡方值为 4. 475，sig = 0. 034 < 0. 05，所以不同性别的居民对于“您采取了哪些方式来解决医患纠纷？寻求媒体曝光”的回答有显著差异。

F45f by A0

您采取了哪些方式来解决医患纠纷？信访 ＊性别 Crosstabulation

	女性	男性	总计
未选中	95. 8%	93. 5%	94. 6%
选中	4. 2%	6. 5%	5. 4%
总计	100. 0%	100. 0%	100. 0%
列总计	72	77	149

Chi-square test：df = 1，卡方值为 0. 396，sig = 0. 529 > 0. 05，所以不同性别的居民对于“您采取了哪些方式来解决医患纠纷？信访”的回答没有显著差异。

F45g by A0

您采取了哪些方式来解决医患纠纷？寻求第三方医疗纠纷调解委员会调解 ＊性别 Crosstabulation

	女性	男性	总计
未选中	86.1%	89.6%	87.9%
选中	13.9%	10.4%	12.1%
总计	100.0%	100.0%	100.0%
列总计	72	77	149

Chi-square test：df = 1，卡方值为 0.429，sig = 0.512 > 0.05，所以不同性别的居民对于“您采取了哪些方式来解决医患纠纷？寻求第三方医疗纠纷调解委员会调解”的回答没有显著差异。

F45h by A0

您采取了哪些方式来解决医患纠纷？直接找医生或医院算账 ＊性别 Crosstabulation

	女性	男性	总计
未选中	76.4%	83.1%	79.9%
选中	23.6%	16.9%	20.1%
总计	100.0%	100.0%	100.0%
列总计	72	77	149

Chi-square test：df = 1，卡方值为 1.047，sig = 0.306 > 0.05，所以不同性别的居民对于“您采取了哪些方式来解决医患纠纷？直接找医生或医院算账”的回答没有显著差异。

F46 by A0

某些患者会在手术前给医生红包，您认为送红包的主要理由是 ＊性别 Crosstabulation

	女性	男性	总计
不相信医生能平等地对待每个病人，送红包能提高关注度，必须送	26.5%	27.7%	27.0%
医生很辛苦，送红包是表示尊敬和感谢	9.4%	9.4%	9.4%
大家都送，我不送会吃亏，不送心里不踏实	20.8%	20.5%	20.7%
送红包能让医生对我更用心，但我不会这么做	20.7%	21.3%	21.0%
大家都送红包，事实上无助于提高治疗效果，我不会这么做	15.8%	14.6%	15.2%
想送，但我没有能力送	6.9%	6.6%	6.7%

续表

	女性	男性	总计
总计	100.0%	100.0%	100.0%
列总计	2085	1923	4008

Chi-square test：df = 5，卡方值为 1.885，sig = 0.865 > 0.05，所以不同性别的居民对于“某些患者会在手术前给医生红包，您认为送红包的主要理由是”的回答没有显著差异。

G1 by A0

和前几年相比，您认为目前我国官员腐败现象有什么变化 ＊性别 Crosstabulation

	女性	男性	总计
有很大改善	11.4%	12.9%	12.2%
有较大改善	64.2%	62.8%	63.5%
没什么变化	20.9%	20.2%	20.6%
更加恶化	2.9%	3.2%	3.1%
其他	0.5%	0.8%	0.7%
总计	100.0%	100.0%	100.0%
列总计	2111	1977	4088

Chi-square test：df = 4，卡方值为 4.250，sig = 0.373 > 0.05，所以不同性别的居民对于“和前几年相比，您认为目前我国官员腐败现象有什么变化”的回答没有显著差异。

G2a by A0

您认为干部当官的目的是？为国家与社会做贡献 ＊性别 Crosstabulation

	女性	男性	总计
未选中	68.3%	68.0%	68.1%
选中	31.7%	32.0%	31.9%
总计	100.0%	100.0%	100.0%
列总计	2180	2001	4181

Chi-square test：df = 1，卡方值为 0.028，sig = 0.867 > 0.05，所以不同性别的居民对于“您认为干部当官的目的是？为国家与社会做贡献”的回答没有显著差异。

G2b by A0

您认为干部当官的目的是？为人民服务，为百姓做好事做实事 ＊性别 Crosstabulation

	女性	男性	总计
未选中	50.8%	52.7%	51.7%
选中	49.2%	47.3%	48.3%
总计	100.0%	100.0%	100.0%
列总计	2180	2001	4181

Chi-square test：df = 1，卡方值为 1.427，sig = 0.232 > 0.05，所以不同性别的居民对于“您认为干部当官的目的是？为人民服务，为百姓做好事做实事”的回答没有显著差异。

G2c by A0

您认为干部当官的目的是？为家庭增光，光宗耀祖 ＊性别 Crosstabulation

	女性	男性	总计
未选中	66.9%	68.1%	67.5%
选中	33.1%	31.9%	32.5%
总计	100.0%	100.0%	100.0%
列总计	2180	2001	4181

Chi-square test：df = 1，卡方值为 0.617，sig = 0.432 > 0.05，所以不同性别的居民对于“您认为干部当官的目的是？为家庭增光，光宗耀祖”的回答没有显著差异。

G2d by A0

您认为干部当官的目的是？为自己升官发财 ＊性别 Crosstabulation

	女性	男性	总计
未选中	51.0%	48.6%	49.8%
选中	49.0%	51.4%	50.2%
总计	100.0%	100.0%	100.0%
列总计	2180	2001	4181

Chi-square test：df = 1，卡方值为 2.471，sig = 0.116 > 0.05，所以不同性别的居民对于“您认为干部当官的目的是？为自己升官发财”的回答没有显著差异。

G2e by A0

您认为干部当官的目的是？没特殊目的，一个稳定而待遇高的职业而已 ＊性别 Crosstabulation

	女性	男性	总计
未选中	78.8%	80.1%	79.4%
选中	21.2%	19.9%	20.6%
总计	100.0%	100.0%	100.0%
列总计	2180	2001	4181

Chi-square test：df = 1，卡方值为 1.013，sig = 0.317 > 0.05，所以不同性别的居民对于“您认为干部当官的目的是？没特殊目的，一个稳定而待遇高的职业而已”的回答没有显著差异。

G2f by A0

您认为干部当官的目的是？其他 ＊性别 Crosstabulation

	女性	男性	总计
未选中	99.9%	99.6%	99.7%
选中	0.1%	0.4%	0.3%
总计	100.0%	100.0%	100.0%
列总计	2180	2001	4181

Chi-square test：df = 1，卡方值为 2.733，sig = 0.098 > 0.05，所以不同性别的居民对于“您认为干部当官的目的是？其他”的回答没有显著差异。

G3 by A0

与前几年相比，您对政府官员的信任度有什么变化 ＊性别 Crosstabulation

	女性	男性	总计
信任度提高了	41.1%	42.4%	41.7%
更加不信任	8.0%	9.4%	8.7%
没什么变化	50.5%	48.2%	49.4%
其他	0.3%		0.2%
总计	100.0%	100.0%	100.0%
列总计	2275	2080	4355

Chi-square test：df = 3，卡方值为 7.735，sig = 0.052 > 0.05，所以不同性别的居民对于“与前几年相比，您对政府官员的信任度有什么变化”的回答没有显著差异。

G4 by A0

在生活中或媒体上看到政府官员时，您首先想到的是 * 性别 Crosstabulation

	女性	男性	总计
公仆，为老百姓谋福利	17.7%	18.4%	18.0%
官僚，根本不了解我们的情况	18.7%	21.0%	19.8%
有权有势的人	28.2%	26.4%	27.3%
有本事的人	9.7%	8.8%	9.3%
领导，决定我们命运的人	9.4%	9.0%	9.2%
贪官	8.8%	8.2%	8.5%
惹不起，但躲得起的人	2.6%	2.7%	2.6%
遇到大事可以信任的人	3.4%	3.5%	3.5%
其他	1.5%	2.1%	1.8%
总计	100.0%	100.0%	100.0%
列总计	2269	2073	4342

Chi-square test：df = 8，卡方值为 8.383，sig = 0.397 > 0.05，所以不同性别的居民对于“在生活中或媒体上看到政府官员时，您首先想到的是”的回答没有显著差异。

G5 by A0

您觉得当前我国政府官员道德问题最严重的是 * 性别 Crosstabulation

	女性	男性	总计
贪污受贿	57.4%	56.1%	56.8%
以权谋私	66.7%	66.5%	66.6%
生活作风腐败	34.3%	35.3%	34.8%
官僚主义	19.9%	19.0%	19.5%
平庸，不作为，只保护自己不解决实际问题	36.6%	36.9%	36.7%
乱作为，搞政绩工程折腾百姓	23.6%	24.4%	24.0%
铺张浪费	12.8%	11.0%	11.9%
拉帮结派	8.8%	9.7%	9.3%
骄横跋扈，欺压百姓	6.0%	5.8%	5.9%
列总计	2125	1988	4113

据上表所示，不同性别的居民对于“当前我国政府官员最严重的道德问题”的回答没有显著差异。

G6 by A0

政府在制定政策和决策时充分考虑到伦理道德方面的要求了吗 * 性别 Crosstabulation

	女性	男性	总计
有考虑，能够从日常生活中感受到	34.0%	31.5%	32.8%

续表

	女性	男性	总计
有考虑，能够从政策文件中体会到	28.8%	31.2%	30.0%
只是口头上说说，没有实质性行动	28.9%	27.9%	28.4%
没有考虑，政策制度都是从自己的政绩和富人的利益着想	8.0%	9.0%	8.5%
其他	0.3%	0.3%	0.3%
总计	100.0%	100.0%	100.0%
列总计	2225	2064	4289

Chi-square test：df = 4，卡方值为 5.666，sig = 0.226 > 0.05，所以不同性别的居民对于“政府在制定政策和决策时充分考虑到伦理道德方面的要求了吗”的回答没有显著差异。

G7a by A0

残疾人、留守儿童、孤寡老人等弱势群体需要来自全社会的关爱与帮助，您认为本地区做得怎么样？社区提供的服务 * 性别 Crosstabulation

	女性	男性	总计
很好	6.6%	8.5%	7.5%
比较好	73.3%	70.3%	71.9%
不太好	18.7%	20.3%	19.5%
很差	1.3%	1.0%	1.1%
总计	100.0%	100.0%	100.0%
列总计	2187	1994	4181

Chi-square test：df = 3，卡方值为 8.033，sig = 0.045 < 0.05，所以不同性别的居民对于“残疾人、留守儿童、孤寡老人等弱势群体需要来自全社会的关爱与帮助，您认为本地区做得怎么样？社区提供的服务”的回答有显著差异。

G7b by A0

残疾人、留守儿童、孤寡老人等弱势群体需要来自全社会的关爱与帮助，您认为本地区做得怎么样？周围人的尊重和关爱 * 性别 Crosstabulation

	女性	男性	总计
很好	9.8%	10.9%	10.3%
比较好	75.6%	71.2%	73.5%
不太好	13.4%	16.9%	15.1%
很差	1.3%	1.0%	1.1%
总计	100.0%	100.0%	100.0%
列总计	2235	2028	4263

Chi-square test：df = 3，卡方值为 13.660，sig = 0.003 < 0.05，所以不同性别的居民对于“残疾人、留守儿童、孤寡老人等弱势群体需要来自全社会的关爱与帮助，您认为本地区做得怎么样？周围人的尊重和关爱”的回答有显著差异。

G7c by A0

残疾人、留守儿童、孤寡老人等弱势群体需要来自全社会的关爱与帮助，您认为本地区做得怎么样？社会服务机构提供专业化服务 ＊性别 Crosstabulation

	女性	男性	总计
很好	9.3%	9.7%	9.5%
比较好	56.7%	54.8%	55.8%
不太好	28.8%	30.3%	29.5%
很差	5.2%	5.2%	5.2%
总计	100.0%	100.0%	100.0%
列总计	2051	1893	3944

Chi-square test：df = 3，卡方值为 1.635，sig = 0.651 > 0.05，所以不同性别的居民对于“残疾人、留守儿童、孤寡老人等弱势群体需要来自全社会的关爱与帮助，您认为本地区做得怎么样？社会服务机构提供专业化服务”的回答没有显著差异。

G7d by A0

残疾人、留守儿童、孤寡老人等弱势群体需要来自全社会的关爱与帮助，您认为本地区做得怎么样？政府实施的社会援助 ＊性别 Crosstabulation

	女性	男性	总计
很好	9.5%	10.6%	10.0%
比较好	62.1%	59.9%	61.0%
不太好	24.7%	26.5%	25.6%
很差	3.7%	3.1%	3.4%
总计	100.0%	100.0%	100.0%
列总计	2047	1905	3952

Chi-square test：df = 3，卡方值为 3.915，sig = 0.271 > 0.05，所以不同性别的居民对于“残疾人、留守儿童、孤寡老人等弱势群体需要来自全社会的关爱与帮助，您认为本地区做得怎么样？政府实施的社会援助”的回答没有显著差异。

G7e by A0

残疾人、留守儿童、孤寡老人等弱势群体需要来自全社会的关爱与帮助，您认为本地区做得怎么样？公益与慈善事业 ＊性别 Crosstabulation

	女性	男性	总计
很好	8.2%	9.9%	9.0%
比较好	64.3%	57.8%	61.2%

续表

	女性	男性	总计
不太好	23.6%	28.1%	25.8%
很差	3.9%	4.1%	4.0%
总计	100.0%	100.0%	100.0%
列总计	1934	1803	3737

Chi-square test：df = 3，卡方值为 17.003，sig = 0.001 < 0.05，所以不同性别的居民对于“残疾人、留守儿童、孤寡老人等弱势群体需要来自全社会的关爱与帮助，您认为本地区做得怎么样？公益与慈善事业”的回答有显著差异。

G7f by A0

残疾人、留守儿童、孤寡老人等弱势群体需要来自全社会的关爱与帮助，您认为本地区做得怎么样？志愿者帮助 ＊性别 Crosstabulation

	女性	男性	总计
很好	10.0%	10.6%	10.3%
比较好	63.3%	59.7%	61.6%
不太好	23.5%	26.1%	24.7%
很差	3.2%	3.7%	3.4%
总计	100.0%	100.0%	100.0%
列总计	1922	1791	3713

Chi-square test：df = 3，卡方值为 5.484，sig = 0.140 > 0.05，所以不同性别的居民对于“残疾人、留守儿童、孤寡老人等弱势群体需要来自全社会的关爱与帮助，您认为本地区做得怎么样？志愿者帮助”的回答没有显著差异。

G8 by A0

现在有的地方建了“好人馆”“好人广场”“好人公园”，您认为有必要为好人树碑立传吗 ＊性别 Crosstabulation

	女性	男性	总计
很有必要，可以让更多的人知道他们、学习他们	82.3%	81.2%	81.8%
可有可无	10.7%	10.2%	10.5%
没有必要	6.9%	8.7%	7.8%
总计	100.0%	100.0%	100.0%
列总计	2163	2017	4180

Chi-square test：df = 2，卡方值为 4.564，sig = 0.102 > 0.05，所以不同性别的居民对于“您认为有必要为好人树碑立传吗”的回答没有显著差异。

G9 by A0

党中央出台了一系列治国理政的新举措，给社会生活带来了什么变化 ＊性别 Crosstabulation

	女性	男性	总计
社会在向好的方面发展，对未来生活更有信心	57.8%	59.6%	58.6%
目前没看出有什么影响	19.7%	19.7%	19.7%
虽然出台了一些政策，感觉解决不了什么问题	14.7%	15.5%	15.1%
不关心这些，说不清楚	7.7%	5.2%	6.5%
其他	0.1%		0.1%
总计	100.0%	100.0%	100.0%
列总计	2274	2082	4356

Chi-square test：df = 4，卡方值为 12.050，sig = 0.017 < 0.05，所以不同性别的居民对于“党中央出台了一系列治国理政的新举措，给社会生活带来了什么变化”的回答有显著差异。

G10a by A0

以下政策措施对促进社会公平有效果吗？就业政策 ＊性别 Crosstabulation

	女性	男性	总计
较大效果	7.5%	8.6%	8.0%
有点效果	67.9%	65.1%	66.6%
没有效果	22.8%	24.2%	23.5%
更不公平	1.4%	1.9%	1.6%
大大加剧了不公平	0.4%	0.2%	0.3%
总计	100.0%	100.0%	100.0%
列总计	2070	1939	4009

Chi-square test：df = 4，卡方值为 5.931，sig = 0.204 > 0.05，所以不同性别的居民对于“以下政策措施对促进社会公平有效果吗？就业政策”的回答没有显著差异。

G10b by A0

以下政策措施对促进社会公平有效果吗？教育政策 ＊性别 Crosstabulation

	女性	男性	总计
较大效果	10.6%	11.5%	11.0%
有点效果	69.1%	67.4%	68.3%
没有效果	15.1%	15.6%	15.3%
更不公平	3.6%	3.1%	3.4%

续表

	女性	男性	总计
大大加剧了不公平	1.6%	2.4%	2.0%
总计	100.0%	100.0%	100.0%
列总计	2139	1981	4120

Chi-square test：df = 4，卡方值为 5.079，sig = 0.279 > 0.05，所以不同性别的居民对于“以下政策措施对促进社会公平有效果吗？教育政策”的回答没有显著差异。

G10c by A0

以下政策措施对促进社会公平有效果吗？医疗卫生政策 * 性别 Crosstabulation

	女性	男性	总计
较大效果	12.5%	12.5%	12.5%
有点效果	61.1%	60.3%	60.8%
没有效果	20.0%	20.4%	20.2%
更不公平	4.0%	3.9%	3.9%
大大加剧了不公平	2.4%	2.9%	2.6%
总计	100.0%	100.0%	100.0%
列总计	2187	2020	4207

Chi-square test：df = 4，卡方值为 1.054，sig = 0.902 > 0.05，所以不同性别的居民对于“以下政策措施对促进社会公平有效果吗？医疗卫生政策”的回答没有显著差异。

G10d by A0

以下政策措施对促进社会公平有效果吗？低保政策 * 性别 Crosstabulation

	女性	男性	性别
较大效果	13.2%	14.5%	13.8%
有点效果	60.6%	61.0%	60.7%
没有效果	20.0%	17.8%	19.0%
更不公平	4.5%	4.2%	4.4%
大大加剧了不公平	1.7%	2.5%	2.1%
总计	100.0%	100.0%	100.0%
列总计	2036	1885	3921

Chi-square test：df = 4，卡方值为 6.618，sig = 0.158 > 0.05，所以不同性别的居民对于“以下政策措施对促进社会公平有效果吗？低保政策”的回答没有显著差异。

G10e by A0

以下政策措施对促进社会公平有效果吗？房地产政策 ＊性别 Crosstabulation

	女性	男性	总计
较大效果	4.6%	5.9%	5.2%
有点效果	45.9%	40.9%	43.5%
没有效果	30.6%	31.9%	31.3%
更不公平	12.2%	12.8%	12.5%
大大加剧了不公平	6.7%	8.4%	7.6%
总计	100.0%	100.0%	100.0%
列总计	1840	1769	2609

Chi-square test：df = 4，卡方值为 12.380，sig = 0.015 < 0.05，所以不同性别的居民对于“以下政策措施对促进社会公平有效果吗？房地产政策”的回答有显著差异。

G10f by A0

以下政策措施对促进社会公平有效果吗？拆迁安置政策 ＊性别 Crosstabulation

	女性	男性	总计
较大效果	6.3%	6.1%	6.2%
有点效果	47.7%	45.3%	46.5%
没有效果	25.0%	27.4%	26.2%
更不公平	12.6%	12.4%	12.5%
大大加剧了不公平	8.4%	8.8%	8.6%
总计	100.0%	100.0%	100.0%
列总计	1767	1676	3443

Chi-square test：df = 4，卡方值为 3.056，sig = 0.549 > 0.05，所以不同性别的居民对于“以下政策措施对促进社会公平有效果吗？拆迁安置政策”的回答没有显著差异。

G11 by A0

如果遭遇重大公共事件，您相信政府公布的信息和采取的措施吗 ＊性别 Crosstabulation

	女性	男性	总计
相信，大都是可靠的，比网络流传的可靠	72.5%	72.8%	72.6%
不相信，都是安抚百姓的策略措施	14.6%	13.8%	14.2%
将信将疑，走一步看一步	12.9%	13.3%	13.1%

续表

	女性	男性	总计
总计	100.0%	100.0%	100.0%
列总计	2269	2083	4352

Chi-square test：df = 3，卡方值为 0.703，sig = 0.872 > 0.05，所以不同性别的居民对于“如果遭遇重大公共事件，相信政府公布的信息和采取的措施吗”的回答没有显著差异。

G12a by A0

政府推动或倡导的下列活动效果如何？文明城市创建 ＊性别 Crosstabulation

	女性	男性	总计
完全没效果	1.7%	2.1%	1.9%
效果较差	13.2%	13.8%	13.5%
效果较好	68.3%	65.6%	67.0%
效果很好	16.8%	18.4%	17.6%
总计	100.0%	100.0%	100.0%
列总计	2175	2001	4176

Chi-square test：df = 3，卡方值为 4.298，sig = 0.231 > 0.05，所以不同性别的居民对于“政府推动或倡导的下列活动效果如何？文明城市创建”的回答没有显著差异。

G12b by A0

政府推动或倡导的下列活动效果如何？学雷锋活动 ＊性别 Crosstabulation

	女性	男性	总计
完全没效果	1.9%	3.1%	2.5%
效果较差	17.6%	20.0%	18.8%
效果较好	66.9%	62.8%	64.9%
效果很好	13.6%	14.0%	13.8%
总计	100.0%	100.0%	100.0%
列总计	2040	1915	3955

Chi-square test：df = 3，卡方值为 11.538，sig = 0.009 < 0.05，所以不同性别的居民对于“政府推动或倡导的下列活动效果如何？学雷锋活动”的回答有显著差异。

G12c by A0

政府推动或倡导的下列活动效果如何？典型人物的宣传 ＊性别 Crosstabulation

	女性	男性	总计
完全没效果	1.9%	2.3%	2.1%

续表

	女性	男性	总计
效果较差	17.4%	20.3%	18.8%
效果较好	61.8%	60.1%	61.0%
效果很好	18.9%	17.4%	18.1%
总计	100.0%	100.0%	100.0%
列总计	1982	1850	3832

Chi-square test：df = 3，卡方值为 6.599，sig = 0.086 > 0.05，所以不同性别的居民对于“政府推动或倡导的下列活动效果如何？典型人物的宣传”的回答没有显著差异。

G12d by A0

政府推动或倡导的下列活动效果如何？志愿服务的倡导和推广 * 性别 Crosstabulation

	女性	男性	总计
完全没效果	1.8%	2.3%	2.0%
效果较差	18.0%	19.6%	18.8%
效果较好	61.5%	59.4%	60.5%
效果很好	18.7%	18.7%	18.7%
总计	100.0%	100.0%	100.0%
列总计	1930	1798	3728

Chi-square test：df = 3，卡方值为 2.829，sig = 0.419 > 0.05，所以不同性别的居民对于“政府推动或倡导的下列活动效果如何？志愿服务的倡导和推广”的回答没有显著差异。

G12e by A0

政府推动或倡导的下列活动效果如何？反腐倡廉的举措 * 性别 Crosstabulation

	女性	男性	总计
完全没效果	4.2%	4.2%	4.2%
效果较差	18.5%	19.3%	18.9%
效果较好	57.6%	58.2%	57.9%
效果很好	19.7%	18.2%	19.0%
总计	100.0%	100.0%	100.0%
列总计	2085	1915	4000

Chi-square test：df = 3，卡方值为 1.582，sig = 0.663 > 0.05，所以不同性别的居民对于“政府推动或倡导的下列活动效果如何？反腐倡廉的举措”的回答没有显著差异。

G12f by A0

政府推动或倡导的下列活动效果如何?《公民道德建设实施纲要》的推进 ＊性别 Crosstabulation

	女性	男性	总计
完全没效果	1.7%	2.9%	2.3%
效果较差	18.9%	18.8%	18.9%
效果较好	64.1%	61.6%	62.9%
效果很好	15.2%	16.6%	15.9%
总计	100.0%	100.0%	100.0%
列总计	1721	1630	3351

Chi-square test: df = 3, 卡方值为 7.062, sig = 0.070 > 0.05, 所以不同性别的居民对于“政府推动或倡导的下列活动效果如何?《公民道德建设实施纲要》的推进”的回答没有显著差异。

G13 by A0

您对于我们正在走的中国特色社会主义道路怎么看 ＊性别 Crosstabulation

	女性	男性	总计
充满信心，因为它可以给中国带来繁荣富强	51.4%	55.8%	53.5%
不太了解，但相信这条路能够让老百姓都过上好日子	36.5%	31.6%	34.2%
表示怀疑，走这条路究竟怎么样，现在还说不清楚	7.7%	8.8%	8.2%
走什么样的路，跟我没关系	4.4%	3.7%	4.0%
其他	0.1%	0.1%	0.1%
总计	100.0%	100.0%	100.0%
列总计	2270	2077	4347

Chi-square test: df = 4, 卡方值为 15.033, sig = 0.005 < 0.05, 所以不同性别的居民对于“您对我们正在走的中国特色社会主义道路怎么看”的回答有显著差异。

G14 by A0

每个人都希望我们的国家越来越好，我们的生活越来越好。党的十八大提出，到 2020 年全面建成小康社会，到 21 世纪中叶建成社会主义现代化国家，您认为这样的目标能实现吗 ＊性别 Crosstabulation

	女性	男性	总计
相信一定能实现	39.9%	40.3%	40.1%
有困难，但只要努力还是能实现的	49.7%	50.0%	49.8%
不可能实现	2.9%	3.4%	3.1%

续表

	女性	男性	总计
说不清楚，跟我没关系	7.4%	6.3%	6.9%
其他	0.1%	0.1%	0.1%
总计	100.0%	100.0%	100.0%
列总计	2244	2054	4298

Chi-square test：df = 4，卡方值为 3.174，sig = 0.529 > 0.05，所以不同性别的居民对于“到 21 世纪中叶建成社会主义现代化国家，您认为这样的目标能实现吗”的回答没有显著差异。

G15 by A0

您对您周围的党员干部道德状况怎么评价 ＊性别 Crosstabulation

	女性	男性	总计
总体还不错	51.6%	51.1%	51.4%
普遍比较差	17.9%	20.3%	19.1%
和普通群众没有太大差别	30.5%	28.6%	29.6%
总计	100.0%	100.0%	100.0%
列总计	2072	1949	4021

Chi-square test：df = 2，卡方值为 4.368，sig = 0.113 > 0.05，所以不同性别的居民对于“您对周围的党员干部道德状况怎么评价”的回答没有显著差异。

G16 by A0

您认为当前官员的勤政作为是怎样的 ＊性别 Crosstabulation

	女性	男性	总计
努力作为，成绩显著	25.5%	24.1%	24.8%
努力作为，成绩一般	54.3%	52.4%	53.4%
行政不作为	16.0%	18.7%	17.3%
行政乱作为	4.1%	4.8%	4.5%
总计	100.0%	100.0%	100.0%
列总计	1888	1838	3726

Chi-square test：df = 3，卡方值为 6.314，sig = 0.097 > 0.05，所以不同性别的居民对于“您认为当前官员的勤政作为是怎样的”的回答没有显著差异。

G17 by A0

您到政府部门办事，首先选择的方法是 ＊性别 Crosstabulation

	女性	男性	总计
找亲朋好友帮忙办理	13.2%	12.1%	12.7%
找政府中的熟人办理	23.9%	25.1%	24.5%
送红包	1.0%	0.9%	1.0%
直接找相关职能部门办理	61.7%	61.6%	61.6%
其他	0.1%	0.3%	0.2%
总计	100.0%	100.0%	100.0%
列总计	2111	1990	4101

Chi-square test：df＝4，卡方值为2.902，sig＝0.574＞0.05，所以不同性别的居民对于“您到政府部门办事，首先选择的方法是”的回答没有显著差异。

H1 by A0

您认为近五年来，您所在地区政府的环境保护工作做得怎么样 ＊性别 Crosstabulation

	女性	男性	总计
片面注重经济发展，忽视了环境保护工作	17.9%	17.2%	17.6%
重视不够，环保投入不足	25.3%	26.5%	25.9%
虽尽了努力，但效果不佳	14.0%	14.3%	14.2%
尽了很大努力，有一定成效	34.9%	33.6%	34.3%
取得了很大的成绩	7.9%	8.3%	8.1%
总计	100.0%	100.0%	100.0%
列总计	2136	1983	4119

Chi-square test：df＝4，卡方值为1.623，sig＝0.805＞0.05，所以不同性别的居民对于“您认为近五年来，所在地区政府的环境保护工作做得怎么样”的回答没有显著差异。

H2a by A0

在最近的一年里，您是否从事过？垃圾分类投放 ＊性别 Crosstabulation

	女性	男性	总计
从不	46.5%	42.8%	44.7%
偶尔	37.7%	39.4%	38.5%
经常	15.8%	17.8%	16.8%
总计	100.0%	100.0%	100.0%

续表

	女性	男性	总计
列总计	2276	2082	4358

Chi-square test：df = 2，卡方值为 6.909，sig = 0.032 < 0.05，所以不同性别的居民对于“在最近的一年里，您是否从事过？垃圾分类投放”的回答有显著差异。

H2b by A0

在最近的一年里，您是否从事过？与自己的亲戚朋友讨论环保问题 * 性别 Crosstabulation

	女性	男性	总计
从不	48.1%	42.8%	45.6%
偶尔	41.2%	45.5%	43.3%
经常	10.7%	11.7%	11.2%
总计	100.0%	100.0%	100.0%
列总计	2277	2081	4358

Chi-square test：df = 2，卡方值为 12.623，sig = 0.002 < 0.05，所以不同性别的居民对于“在最近的一年里，您是否从事过？与自己的亲戚朋友讨论环保问题”的回答有显著差异。

H2c by A0

在最近的一年里，您是否从事过？采购日常用品时自己带购物篮或购物袋 * 性别 Crosstabulation

	女性	男性	总计
从不	21.1%	24.9%	22.9%
偶尔	44.7%	47.1%	45.9%
经常	34.1%	28.0%	31.2%
总计	100.0%	100.0%	100.0%
列总计	2276	2080	4356

Chi-square test：df = 2，卡方值为 20.918，sig = 0.000 < 0.05，所以不同性别的居民对于“在最近的一年里，您是否从事过？采购日常用品时自己带购物篮或购物袋”的回答有显著差异。

H2d by A0

在最近的一年里，您是否从事过？优先选择公交、步行等绿色出行方式 * 性别 Crosstabulation

	女性	男性	总计
从不	18.9%	18.6%	18.8%

续表

	女性	男性	总计
偶尔	38.8%	40.7%	39.7%
经常	42.3%	40.7%	41.5%
总计	100.0%	100.0%	100.0%
列总计	2275	2078	4353

Chi-square test：df = 2，卡方值为 1.803，sig = 0.406 > 0.05，所以不同性别的居民对于“在最近的一年里，您是否从事过？优先选择公交、步行等绿色出行方式”的回答没有显著差异。

H2e by A0

在最近的一年里，您是否从事过？为环境保护捐款 * 性别 Crosstabulation

	女性	男性	总计
从不	75.5%	72.2%	73.9%
偶尔	20.8%	23.3%	22.0%
经常	3.7%	4.5%	4.1%
总计	100.0%	100.0%	100.0%
列总计	2273	2078	4351

Chi-square test：df = 2，卡方值为 6.317，sig = 0.042 < 0.05，所以不同性别的居民对于“在最近的一年里，您是否从事过？为环境保护捐款”的回答有显著差异。

H2f by A0

在最近的一年里，您是否从事过？主动关注环境方面的信息报道和宣传教育 * 性别 Crosstabulation

	女性	男性	总计
从不	70.8%	67.1%	69.0%
偶尔	23.3%	26.1%	24.7%
经常	5.9%	6.8%	6.3%
总计	100.0%	100.0%	100.0%
列总计	2277	2079	4356

Chi-square test：df = 2，卡方值为 7.191，sig = 0.027 < 0.05，所以不同性别的居民对于“在最近的一年里，您是否从事过？主动关注环境方面的信息报道和宣传教育”的回答有显著差异。

H2g by A0

在最近的一年里，您是否从事过？积极参加民间环保团体举办的环保活动 * 性别 Crosstabulation

	女性	男性	总计
从不	78.9%	77.4%	78.2%
偶尔	17.3%	18.5%	17.9%
经常	3.8%	4.1%	3.9%
总计	100.0%	100.0%	100.0%
列总计	2276	2081	4357

Chi-square test：df = 2，卡方值为 1.519，sig = 0.468 > 0.05，所以不同性别的居民对于“在最近的一年里，您是否从事过？积极参加民间环保团体举办的环保活动”的回答没有显著差异。

H2h by A0

在最近的一年里，您是否从事过？积极参加要求解决环境问题的投诉、上诉 * 性别 Crosstabulation

	女性	男性	总计
从不	82.4%	81.3%	81.9%
偶尔	14.8%	15.3%	15.0%
经常	2.8%	3.4%	3.1%
总计	100.0%	100.0%	100.0%
列总计	2274	2079	4353

Chi-square test：df = 2，卡方值为 1.626，sig = 0.444 > 0.05，所以不同性别的居民对于“在最近的一年里，您是否从事过？积极参加要求解决环境问题的投诉、上诉”的回答没有显著差异。

H3 by A0

如果您的周围有一片森林，政府将成材的树林砍伐下来办木材厂，将极大提高您的收入，但将破坏环境，您会支持这一决定吗 * 性别 Crosstabulation

	女性	男性	总计
支持，对大家有好处	8.9%	8.5%	8.7%
反对，这是发子孙财，破坏生态	69.3%	71.2%	70.2%
不支持也不反对，政府决定	21.7%	20.2%	21.0%
其他	0.1%	0.1%	0.1%

续表

	女性	男性	总计
总计	100.0%	100.0%	100.0%
列总计	2274	2080	4354

Chi-square test：df = 2，卡方值为 5.363，sig = 0.068 > 0.05，所以不同性别的居民对于“如果您的周围有一片森林，政府将成材的树林砍伐下来办木材厂，将极大提高您的收入，但将破坏环境，您会支持这一决定吗”的回答没有显著差异。

H4 by A0

如果要办一个化工厂，您是这个厂的持股职工，化工厂的排污管将未经处理的污水排向下游地区，给下游地区造成污染，您会支持这个决定吗 ＊性别 Crosstabulation

	女性	男性	总计
支持，我们不会受污染	6.8%	6.7%	6.8%
反对，这是嫁祸于人	74.9%	78.0%	76.4%
不支持也不反对，成了可分红，不成是领导的责任	18.2%	15.3%	16.8%
其他	0.1%		0.1%
总计	100.0%	100.0%	100.0%
列总计	2271	2078	4349

Chi-square test：df = 3，卡方值为 7.717，sig = 0.052 > 0.05，所以不同性别的居民对于“如果要办一个化工厂，您是这个厂的持股职工，化工厂的排污管将未经处理的污水排向下游地区，给下游地区造成污染，您会支持这个决定吗”的回答没有显著差异。

H5 by A0

您认为造成生态环境问题的最主要原因是 ＊性别 Crosstabulation

	女性	男性	总计
企业唯利是图，造成环境污染	32.4%	32.5%	32.4%
政府缺乏生态意识，政策失当	31.2%	33.1%	32.1%
个人缺乏环保意识	18.2%	17.7%	18.0%
当代人自私自利，不顾未来和子孙利益	17.5%	16.1%	16.8%
其他	0.6%	0.7%	0.6%
总计	100.0%	100.0%	100.0%
列总计	2269	2080	4349

Chi-square test：df = 4，卡方值为 2.707，sig = 0.608 > 0.05，所以不同性别的居民对于“您认为造成生态环境问题的最主要原因”的回答没有显著差异。

H6 by A0

如果环境保护主管部门邀请您参加座谈会或听证会，听取对环境保护相关事项或者活动的意见和建议，您是否会出席 ＊性别 Crosstabulation

	女性	男性	总计
会	66.5%	69.6%	68.0%
不会	33.5%	30.4%	32.0%
总计	100.0%	100.0%	100.0%
列总计	2021	1878	3899

Chi-square test：df = 1，卡方值为 4.417，sig = 0.036 < 0.05，所以不同性别的居民对于“如果环境保护主管部门邀请您参加座谈会或听证会，您是否会出席”的回答有显著差异。

H7 by A0

若您所在社区参加“绿色社区”创建活动，您是否会积极参与 ＊性别 Crosstabulation

	女性	男性	总计
会	72.2%	75.0%	73.5%
不会	27.8%	25.0%	26.5%
总计	100.0%	100.0%	100.0%
列总计	2026	1862	3888

Chi-square test：df = 1，卡方值为 4.092，sig = 0.043 < 0.05，所以不同性别的居民对于“若您所在社区参加‘绿色社区’创建活动，您是否会积极参与”的回答有显著差异。

I1 by A0

如果您周围有很多外国人，您愿意和他们建立什么样的关系 ＊性别 Crosstabulation

	女性	男性	总计
愿意做朋友	38.1%	43.3%	40.6%
愿意做兄弟姐妹	4.4%	4.6%	4.5%
不愿意来往，得提防他们	3.0%	3.0%	3.0%
偶尔交往，仅限于礼节性的	14.1%	16.0%	15.0%
无法和他们来往，存在语言、文化、习俗等障碍	40.3%	32.8%	36.7%
其他	0.2%	0.4%	0.3%
总计	100.0%	100.0%	100.0%

续表

	女性	男性	总计
列总计	2275	2080	4355

Chi-square test：df=5，卡方值为27.752，sig=0.000<0.05，所以不同性别的居民对于“如果周围有很多外国人，您愿意和他们建立什么样的关系”的回答有显著差异。

I2 by A0

您更愿意过春节还是圣诞节 ＊性别 Crosstabulation

	女性	男性	总计
圣诞节	0.6%	0.4%	0.5%
春节	80.9%	84.0%	82.4%
两个都愿意过	17.0%	14.5%	15.8%
两个都不想过	1.5%	1.2%	1.4%
总计	100.0%	100.0%	100.0%
列总计	2277	2081	4358

Chi-square test：df=3，卡方值为7.866，sig=0.049<0.05，所以不同性别的居民对于“您更愿意过春节还是圣诞节”的回答有显著差异。

I3 by A0

您同意中国人与外国人通婚吗 ＊性别 Crosstabulation

	女性	男性	总计
非常同意	3.1%	4.1%	3.6%
比较同意	68.3%	68.5%	68.4%
不太同意	23.3%	23.2%	23.3%
强烈反对	5.2%	4.2%	4.8%
总计	100.0%	100.0%	100.0%
列总计	2040	1872	3912

Chi-square test：df=3，卡方值为5.036，sig=0.169>0.05，所以不同性别的居民对于“您同意中国人与外国人通婚吗”的回答没有显著差异。

I4 by A0

对外来的城市农民工如建筑工人、家庭保姆等，您的态度是 ＊性别 Crosstabulation

	女性	男性	总计
看不起和排斥	0.6%	0.8%	0.7%

续表

	女性	男性	总计
无视和冷漠以对	3.7%	3.8%	3.8%
尊重和体谅	76.6%	77.6%	77.1%
同情和友爱	19.1%	17.7%	18.4%
其他	0.1%	0.1%	0.1%
总计	100.0%	100.0%	100.0%
列总计	2271	2078	4349

Chi-square test：df = 4，卡方值为 2.028，sig = 0.731 > 0.05，所以不同性别的居民对于“您对外来的城市农民工如建筑工人、家庭保姆等，您的态度是”的回答没有显著差异。

I5 by A0

您在日常生活中与同乡人和外乡人的关系是 * 性别 Crosstabulation

	女性	男性	总计
与同乡人交往多	44.3%	41.0%	42.7%
与外乡人交往多	8.1%	10.3%	9.1%
一样多	23.1%	23.6%	23.4%
偶尔与外乡人有交往，主要与同乡人交往	24.4%	25.0%	24.7%
其他	0.1%	0.1%	0.1%
总计	100.0%	100.0%	100.0%
列总计	2275	2076	4351

Chi-square test：df = 4，卡方值为 8.510，sig = 0.075 > 0.05，所以不同性别的居民对于“您在日常生活中与同乡人和外乡人的关系是”的回答没有显著差异。

I6 by A0

您所在地区的政府对待外来人员的政策取向是 * 性别 Crosstabulation

	女性	男性	总计
不冷不热，顺其自然	46.0%	45.2%	45.6%
提高门槛，严加限制	10.7%	10.1%	10.4%
降低门槛，广泛吸收	33.4%	32.9%	33.2%
对有钱人、高级专家采取特殊政策吸引，对一般人严重加限制	9.9%	11.7%	10.7%
其他		0.2%	0.1%
总计	100.0%	100.0%	100.0%

续表

	女性	男性	总计
列总计	2174	1990	4164

Chi-square test：df = 4，卡方值为 4.809，sig = 0.307 > 0.05，所以不同性别的居民对于“所在地区的政府对待外来人员的政策取向是”的回答没有显著差异。

I7 by A0

您认为在当前的中国，读书还能不能改变命运 ＊性别 Crosstabulation

	女性	男性	总计
读书只是改变命运的一个路径	38.1%	39.2%	38.6%
读书是改变命运的主要路径	41.0%	39.8%	40.4%
读书是改变命运的唯一路径	13.0%	11.8%	12.5%
不再是改变命运的路径，没权势的人读了书照样穷	7.8%	9.0%	8.4%
其他	0.1%	0.1%	0.1%
总计	100.0%	100.0%	100.0%
列总计	2274	2078	4352

Chi-square test：df = 4，卡方值为 4.056，sig = 0.398 > 0.05，所以不同性别的居民对于“您认为在当前的中国，读书还能不能改变命运”的回答没有显著差异。

I8 by A0

您如何认识名牌大学里农村学生比例急剧减少的现象 ＊性别 Crosstabulation

	女性	男性	总计
是一种社会倒退	9.0%	10.2%	9.6%
农村教育的落后	38.2%	36.2%	37.2%
教育不公平	33.2%	33.1%	33.2%
有钱人和有权人特权的表现	13.7%	13.1%	13.4%
代际不公，社会不公的延续和加剧	4.8%	6.6%	5.7%
其他	1.1%	0.9%	1.0%
总计	100.0%	100.0%	100.0%
列总计	2259	2068	4327

Chi-square test：df = 5，卡方值为 9.135，sig = 0.104 > 0.05，所以不同性别的居民对于“您如何认识名牌大学里农村学生比例急剧减少的现象”的回答没有显著差异。

I9 by A0

您同学指出你们家乡的某一风俗习惯很落后保守，您会作出什么反应 ＊性别 Crosstabulation

	女性	男性	总计
坦然面对，承认这一风俗习惯确实落后	50.0%	54.5%	52.2%
虽然认为说得对，但是感觉他或她在批评自己的家乡，因此不自在	32.6%	28.0%	30.4%
虽然认为说得对，但是感到受到羞辱	9.6%	8.2%	8.9%
批评家乡就是批评自己，要为家乡的风俗习惯做辩护	7.7%	9.0%	8.3%
其他	0.1%	0.2%	0.2%
总计	100.0%	100.0%	100.0%
列总计	2270	2061	4331

Chi-square test：df = 4，卡方值为 16.513，sig = 0.002 < 0.05，所以不同性别的居民对于“您同学指出你们家乡的某一风俗习惯很落后保守，会作出什么反应”的回答有显著差异。

I10 by A0

如果您有机会出国，初到国外时，您交朋友会有意识地交中国朋友吗 ＊性别 Crosstabulation

	女性	男性	总计
会，认为在异国他乡找自己本国人有一种归属感	63.8%	63.6%	63.7%
不会，看缘分交朋友，不强调国籍	12.5%	13.9%	13.2%
不会，会有意识地多交外国朋友	4.5%	4.5%	4.5%
视情况而定	19.3%	18.0%	18.7%
总计	100.0%	100.0%	100.0%
列总计	2264	2079	4343

Chi-square test：df = 3，卡方值为 2.554，sig = 0.466 > 0.05，所以不同性别的居民对于“如果您有机会出国，初到国外时，您交朋友会有意识地交中国朋友吗”的回答没有显著差异。

I11 by A0

您是否愿意与不同民族的人交往 ＊性别 Crosstabulation

	女性	男性	总计
非常不愿意	2.3%	2.3%	2.3%
不太愿意	18.7%	17.3%	18.0%
比较愿意	73.5%	74.6%	74.0%
非常愿意	5.5%	5.9%	5.7%

续表

	女性	男性	总计
总计	100.0%	100.0%	100.0%
列总计	2191	2030	4221

Chi-square test：df = 3，卡方值为 1.569，sig = 0.666 > 0.05，所以不同性别的居民对于“您是否愿意与不同民族的人交往”的回答没有显著差异。

I12 by A0

您是否愿意与不同宗教信仰的人相处 ＊性别 Crosstabulation

	女性	男性	总计
非常不愿意	2.5%	3.2%	2.8%
不太愿意	24.6%	21.4%	23.1%
比较愿意	69.1%	71.1%	70.0%
非常愿意	3.7%	4.4%	4.0%
总计	100.0%	100.0%	100.0%
列总计	2167	1983	4150

Chi-square test：df = 3，卡方值为 7.909，sig = 0.048 < 0.05，所以不同性别的居民对于“您是否愿意与不同宗教信仰的人相处”的回答有显著差异。

I13 by A0

您与您的邻居平时来往多吗 ＊性别 Crosstabulation

	女性	男性	总计
非常多	18.4%	15.4%	17.0%
比较多	55.8%	55.9%	55.9%
偶尔	22.6%	24.7%	23.6%
几乎不来往	3.2%	4.0%	3.6%
总计	100.0%	100.0%	100.0%
列总计	2266	2081	4347

Chi-square test：df = 3，卡方值为 9.801，sig = 0.020 < 0.05，所以不同性别的居民对于“您与您的邻居平时来往多吗”的回答有显著差异。

I14a by A0

您在多大程度上愿意和下列群体成为邻居？农民工、进城务工人员 ＊性别 Crosstabulation

	女性	男性	总计
非常愿意	10.4%	11.2%	10.8%
比较愿意	78.1%	77.5%	77.8%
不太愿意	10.9%	10.6%	10.8%
很不愿意	0.6%	0.6%	0.6%
总计	100.0%	100.0%	100.0%
列总计	2257	2066	4323

Chi-square test：df = 3，卡方值为 0.879，sig = 0.830 > 0.05，所以不同性别的居民对于“您在多大程度上愿意和农民工、进城务工人员成为邻居”的回答没有显著差异。

I14b by A0

您在多大程度上愿意和下列群体成为邻居？商人 ＊性别 Crosstabulation

	女性	男性	总计
非常愿意	7.6%	7.8%	7.7%
比较愿意	70.6%	69.4%	70.0%
不太愿意	21.1%	21.7%	21.4%
很不愿意	0.7%	1.1%	0.9%
总计	100.0%	100.0%	100.0%
列总计	2247	2059	4306

Chi-square test：df = 3，卡方值为 2.430，sig = 0.488 > 0.05，所以不同性别的居民对于“您在多大程度上愿意和商人成为邻居 ”的回答没有显著差异。

I14c by A0

您在多大程度上愿意和下列群体成为邻居？企业家或高级管理人员 ＊性别 Crosstabulation

	女性	男性	总计
非常愿意	14.9%	14.6%	14.7%
比较愿意	72.0%	70.8%	71.4%
不太愿意	11.9%	13.4%	12.6%
很不愿意	1.2%	1.3%	1.2%
总计	100.0%	100.0%	100.0%

续表

	女性	男性	总计
列总计	2231	2053	4284

Chi-square test：df = 3，卡方值为 2. 234，sig = 0. 525 > 0. 05，所以不同性别的居民对于“您在多大程度上愿意和企业家或高级管理人员成为邻居”的回答没有显著差异。

I14d by A0

您在多大程度上愿意和下列群体成为邻居？技术工人 ＊性别 Crosstabulation

	女性	男性	总计
非常愿意	19. 3%	18. 0%	18. 7%
比较愿意	74. 4%	75. 0%	74. 7%
不太愿意	5. 7%	6. 4%	6. 0%
很不愿意	0. 5%	0. 6%	0. 6%
总计	100. 0%	100. 0%	100. 0%
列总计	2250	2065	4315

Chi-square test：df = 3，卡方值为 2. 196，sig = 0. 533 > 0. 05，所以不同性别的居民对于“您在多大程度上愿意和技术工人成为邻居”的回答没有显著差异。

I14e by A0

您在多大程度上愿意和下列群体成为邻居？教师 ＊性别 Crosstabulation

	女性	男性	总计
非常愿意	27. 1%	24. 3%	25. 8%
比较愿意	68. 4%	69. 2%	68. 8%
不太愿意	4. 2%	5. 6%	4. 9%
很不愿意	0. 3%	0. 9%	0. 6%
总计	100. 0%	100. 0%	100. 0%
列总计	2268	2072	4340

Chi-square test：df = 3，卡方值为 14. 483，sig = 0. 002 < 0. 05，所以不同性别的居民对于“您在多大程度上愿意和教师成为邻居”的回答有显著差异。

I14f by A0

您在多大程度上愿意和下列群体成为邻居？医生 ＊性别 Crosstabulation

	女性	男性	总计
非常愿意	23. 0%	21. 3%	22. 2%

续表

	女性	男性	总计
比较愿意	69.6%	69.1%	69.4%
不太愿意	6.4%	8.5%	7.4%
很不愿意	1.0%	1.0%	1.0%
总计	100.0%	100.0%	100.0%
列总计	2268	2072	4340

Chi-square test：df = 3，卡方值为 7.793，sig = 0.051 > 0.05，所以不同性别的居民对于“您在多大程度上愿意和医生成为邻居”的回答没有显著差异。

I14g by A0

您在多大程度上愿意和下列群体成为邻居？富人 ＊性别 Crosstabulation

	女性	男性	总计
非常愿意	8.0%	8.3%	8.1%
比较愿意	53.4%	52.0%	52.7%
不太愿意	32.2%	33.0%	32.6%
很不愿意	6.4%	6.6%	6.5%
总计	100.0%	100.0%	100.0%
列总计	2234	2052	4286

Chi-square test：df = 3，卡方值为 0.769，sig = 0.857 > 0.05，所以不同性别的居民对于“您在多大程度上愿意和富人成为邻居”的回答没有显著差异。

I14h by A0

您在多大程度上愿意和下列群体成为邻居？土豪 ＊性别 Crosstabulation

	女性	男性	总计
非常愿意	5.9%	6.4%	6.2%
比较愿意	47.7%	46.1%	46.9%
不太愿意	36.5%	37.0%	36.8%
很不愿意	9.9%	10.5%	10.2%
总计	100.0%	100.0%	100.0%
列总计	2228	2041	4269

Chi-square test：df = 3，卡方值为 1.426，sig = 0.699 > 0.05，所以不同性别的居民对于“您在多大程度上愿意和土豪成为邻居”的回答没有显著差异。

I14i by A0

您在多大程度上愿意和下列群体成为邻居？专家学者 ＊性别 Crosstabulation

	女性	男性	总计
非常愿意	12.7%	13.5%	13.1%
比较愿意	67.4%	65.6%	66.5%
不太愿意	16.2%	17.5%	16.8%
很不愿意	3.7%	3.3%	3.5%
总计	100.0%	100.0%	100.0%
列总计	2220	2037	4257

Chi-square test：df = 3，卡方值为 2.649，sig = 0.449 > 0.05，所以不同性别的居民对于“您在多大程度上愿意和专家学者成为邻居”的回答没有显著差异。

I14j by A0

您在多大程度上愿意和下列群体成为邻居？政府官员 ＊性别 Crosstabulation

	女性	男性	总计
非常愿意	9.9%	10.4%	10.1%
比较愿意	58.7%	56.2%	57.5%
不太愿意	26.4%	27.7%	27.0%
很不愿意	5.0%	5.8%	5.4%
总计	100.0%	100.0%	100.0%
列总计	2226	2048	4274

Chi-square test：df = 3，卡方值为 3.247，sig = 0.355 > 0.05，所以不同性别的居民对于“您在多大程度上愿意和政府官员成为邻居”的回答没有显著差异。

I14k by A0

您在多大程度上愿意和下列群体成为邻居？公众人物、演艺人士 ＊性别 Crosstabulation

	女性	男性	总计
非常愿意	5.5%	6.6%	6.0%
比较愿意	50.9%	48.8%	49.9%
不太愿意	32.9%	33.1%	33.0%
很不愿意	10.7%	11.6%	11.2%
总计	100.0%	100.0%	100.0%
列总计	2140	1993	4133

Chi-square test：df = 3，卡方值为 3.696，sig = 0.296 > 0.05，所以不同性别的居民对于“您在多大程度上愿意和公众人物、演艺人士成为邻居”的回答没有显著差异。

I15 by A0

您如何看待中国对其他落后国家的广泛援助计划 ＊性别 Crosstabulation

	女性	男性	总计
完全支持，认为这有助于提升国家形象和国际地位	32.2%	38.7%	35.4%
支持，认为我们应该帮助比我们落后的国家	35.0%	30.1%	32.6%
支持，但国家应该征求纳税人的意见	10.5%	11.9%	11.2%
不支持，因为我们国家尚存在很多贫困人口	22.2%	19.3%	20.8%
总计	100.0%	100.0%	100.0%
列总计	2122	1999	4121

Chi-square test：df = 3，卡方值为 26.009，sig = 0.000 < 0.05，所以不同性别的居民对于“您如何看待中国对其他落后国家的广泛援助计划”的回答有显著差异。

I16 by A0

您听说过一些道德模范的故事吗？您愿意像他们那样做人做事吗 ＊性别 Crosstabulation

	女性	男性	总计
知道一些，他们很了不起，应努力向他们学习	53.1%	57.4%	55.2%
知道一些，很敬佩他们，但自己学不来	27.0%	26.1%	26.6%
知道一些，我感到他们那样做有点不值得	6.6%	5.8%	6.2%
没听说过谁是道德模范和身边好人	13.3%	10.6%	12.0%
其他		0.1%	0.1%
总计	100.0%	100.0%	100.0%
列总计	2271	2083	4354

Chi-square test：df = 4，卡方值为 15.005，sig = 0.005 < 0.05，所以不同性别的居民对于“您听说过一些道德模范的故事吗？您愿意像他们那样做人做事吗”的回答有显著差异。

I17 by A0

当有陌生人走进您的单位或社区，或在车厢中与陌生人在一起时，您经常的反应是 ＊性别 Crosstabulation

	女性	男性	总计
对他/她微笑	25.9%	28.6%	27.2%
主动打招呼	10.2%	11.9%	11.0%
没有任何反应	26.2%	28.1%	27.1%

续表

	女性	男性	总计
保持警惕，防止上当	37.5%	31.3%	34.5%
其他	0.2%	0.2%	0.2%
总计	100.0%	100.0%	100.0%
列总计	2235	2041	4276

Chi-square test：df = 4，卡方值为 19.094，sig = 0.001 < 0.05，所以不同性别的居民对于“当有陌生人走进您的单位或社区，或在车厢中与陌生人在一起时，您经常的反应是”的回答有显著差异。

I18 by A0

假设您双手抱着东西走进电梯，您觉得电梯里的陌生人可能会怎样 * 性别 Crosstabulation

	女性	男性	总计
主动问您去几楼并帮您按楼层	31.6%	33.9%	32.7%
当作没看见	15.5%	14.4%	15.0%
会在您的请求下给予帮助	52.9%	51.6%	52.3%
总计	100.0%	100.0%	100.0%
列总计	2017	1850	3867

Chi-square test：df = 2，卡方值为 2.573，sig = 0.276 > 0.05，所以不同性别的居民对于“假设您双手抱着东西走进电梯，您觉得电梯里的陌生人可能会怎样”的回答没有显著差异。

J1 by A0

现在我们省正按照习近平总书记的要求，努力建设经济强、百姓富、环境美、社会文明程度高的新江苏，您对江苏实现这样的目标有信心吗 * 性别 Crosstabulation

	女性	男性	总计
很有信心	94.8%	93.8%	94.3%
没有信心	5.2%	6.2%	5.7%
总计	100.0%	100.0%	100.0%
列总计	1660	1563	3223

Chi-square test：df = 1，卡方值为 1.393，sig = 0.238 > 0.05，所以不同性别的居民对于“现在我们省正按照习近平总书记的要求，努力建设经济强、百姓富、环境美、社会文明程度高的新江苏，对江苏实现这样的目标有信心吗”的回答没有显著差异。

江苏省伦理道德评价的政治面貌差异

B1a by K8

过去一年，您对纸质报纸的使用情况是 ＊ 政治面貌 Crosstabulation

	共产党员	民主党派	共青团员	群众	总计
从不	20.5%	63.6%	38.0%	60.5%	55.4%
很少	33.2%	9.1%	45.8%	26.7%	28.7%
有时	22.7%	18.2%	10.5%	8.5%	9.9%
经常	18.4%	9.1%	4.2%	3.3%	4.7%
非常频繁	5.2%		1.5%	0.9%	1.3%
总计	100.0%	100.0%	100.0%	100.0%	100.0%
列总计	365	11	332	3603	4311

Chi-square test：df = 12，卡方值为 433.251，sig = 0.000 < 0.05，所以不同政治面貌的人群对“过去一年，您对纸质报纸使用情况是”的回答有显著差异。

B1b by K8

过去一年，您对纸质杂志的使用情况是 ＊ 政治面貌 Crosstabulation

	共产党员	民主党派	共青团员	群众	总计
从不	32.9%	63.6%	37.0%	66.7%	61.5%
很少	33.1%	9.1%	41.0%	22.7%	24.9%
有时	21.3%	9.1%	15.7%	8.0%	9.7%
经常	10.2%	9.1%	5.4%	2.2%	3.2%
非常频繁	2.5%	9.1%	0.9%	0.4%	0.7%
总计	100.0%	100.0%	100.0%	100.0%	100.0%
列总计	362	11	332	3601	4306

Chi-square test：df = 12，卡方值为 327.687，sig = 0.000 < 0.05，所以不同政治面貌的人群对“过去一年，您对纸质杂志的使用情况是”的回答有显著差异。

B1c by K8

过去一年，您对广播的使用情况是 ＊ 政治面貌 Crosstabulation

	共产党员	民主党派	共青团员	群众	总计
从不	38.8%	54.5%	47.9%	66.2%	62.5%
很少	33.2%	18.2%	31.0%	20.0%	22.0%
有时	15.1%	18.2%	11.1%	9.0%	9.7%

续表

	共产党员	民主党派	共青团员	群众	总计
经常	10.3%		8.4%	3.8%	4.7%
非常频繁	2.5%	9.1%	1.5%	0.9%	1.1%
总计	100.0%	100.0%	100.0%	100.0%	100.0%
列总计	358	11	332	3592	4293

Chi-square test：df = 12，卡方值为 159.769，sig = 0.000 < 0.05，所以不同政治面貌的人群对“过去一年，您对广播的使用情况是”的回答有显著差异。

B1d by K8

过去一年，您对电视的使用情况是 * 政治面貌 Crosstabulation

	共产党员	民主党派	共青团员	群众	总计
从不	1.4%		1.8%	1.5%	1.5%
很少	8.8%	9.1%	13.6%	6.3%	7.1%
有时	23.0%	36.4%	34.4%	21.7%	22.8%
经常	49.3%	36.4%	41.1%	49.2%	48.5%
非常频繁	17.5%	18.2%	9.1%	21.3%	20.1%
总计	100.0%	100.0%	100.0%	100.0%	100.0%
列总计	365	11	331	3602	4309

Chi-square test：df = 12，卡方值为 75.618，sig = 0.000 < 0.05，所以不同政治面貌的人群对“过去一年，您对电视的使用情况是”的回答有显著差异。

B1e by K8

过去一年，您对各种政府网站的使用情况是 * 政治面貌 Crosstabulation

	共产党员	民主党派	共青团员	群众	总计
从不	32.9%	54.5%	36.0%	70.5%	64.6%
很少	26.8%	27.3%	37.5%	18.1%	20.4%
有时	17.4%		14.8%	7.4%	8.8%
经常	20.2%		8.8%	3.5%	5.3%
非常频繁	2.8%	18.2%	3.0%	0.5%	0.9%
总计	100.0%	100.0%	100.0%	100.0%	100.0%
列总计	362	11	331	3582	4286

Chi-square test：df = 12，卡方值为 486.615，sig = 0.000 < 0.05，所以不同政治面貌的人群对“过去一年，您对各种政府网站的使用情况是”的回答有显著差异。

B1f by K8

过去一年，您对社交媒体（微博、微信、博客、播客等）的使用情况是 * 政治面貌 Crosstabulation

	共产党员	民主党派	共青团员	群众	总计
从不	15.9%	27.3%	3.9%	32.3%	28.7%
很少	6.0%		3.3%	6.0%	5.8%
有时	14.3%	36.4%	11.2%	14.2%	14.1%
经常	37.1%	18.2%	33.5%	27.5%	28.7%
非常频繁	26.6%	18.2%	48.0%	19.9%	22.7%
总计	100.0%	100.0%	100.0%	100.0%	100.0%
列总计	364	11	331	3596	4302

Chi-square test：df = 12，卡方值为 240.501，sig = 0.000 < 0.05，所以不同政治面貌的人群对“过去一年，您对社交媒体的使用情况”的回答有显著差异。

B1g by K8

过去一年，您对新媒体（如数字报纸、移动电视等）的使用情况是 * 政治面貌 Crosstabulation

	共产党员	民主党派	共青团员	群众	总计
从不	29.4%	72.7%	22.1%	52.6%	48.4%
很少	15.4%		11.5%	14.1%	14.0%
有时	17.9%	9.1%	17.3%	13.0%	13.8%
经常	26.4%		23.0%	13.2%	15.0%
非常频繁	11.0%	18.2%	26.1%	7.1%	8.9%
总计	100.0%	100.0%	100.0%	100.0%	100.0%
列总计	364	11	330	3593	4298

Chi-square test：df = 12，卡方值为 282.460，sig = 0.000 < 0.05，所以不同政治面貌的人群对“过去一年，您对新媒体的使用情况”的回答有显著差异。

B2 by K8

跟五年前相比，您觉得自己的社会经济地位有什么变化 * 政治面貌 Crosstabulation

	共产党员	民主党派	共青团员	群众	总计
上升了	71.3%	44.4%	61.5%	56.1%	57.8%
差不多	25.8%	44.4%	34.7%	38.6%	37.2%

续表

	共产党员	民主党派	共青团员	群众	总计
下降了	2.8%	11.1%	3.8%	5.2%	4.9%
总计	100.0%	100.0%	100.0%	100.0%	100.0%
列总计	356	9	288	3413	4066

Chi-square test：df = 6，卡方值为 33.984，sig = 0.000 < 0.05，所以不同政治面貌的人群对“跟五年前相比，您觉得自己的社会经济地位有什么变化”的回答有显著差异。

B3 by K8

您感觉在未来的五年中，您的生活水平将会有什么变化 * 政治面貌 Crosstabulation

	共产党员	民主党派	共青团员	群众	总计
上升很多	31.1%	10.0%	33.0%	20.1%	22.1%
略有上升	56.7%	40.0%	56.9%	58.4%	58.1%
没有变化	11.0%	40.0%	8.4%	18.2%	16.9%
略有下降	1.2%	10.0%	1.0%	2.5%	2.3%
下降很多			0.7%	0.7%	0.6%
总计	100.0%	100.0%	100.0%	100.0%	100.0%
列总计	344	10	297	3222	3873

Chi-square test：df = 12，卡方值为 71.721，sig = 0.001 < 0.05，所以不同政治面貌的人群对“您感觉在未来五年中，您的生活水平将会有什么变化”的回答有显著差异。

B4 by K8

总的来说，您觉得目前的生活幸福吗 * 政治面貌 Crosstabulation

	共产党员	民主党派	共青团员	群众	总计
非常不幸福	1.1%		1.2%	0.5%	0.6%
不太幸福	2.2%		3.0%	3.7%	3.5%
谈不上幸福不幸福	10.1%	45.5%	18.0%	19.5%	18.7%
比较幸福	67.8%	45.5%	62.5%	63.9%	64.1%
非常幸福	18.9%	9.1%	15.3%	12.4%	13.1%
总计	100.0%	100.0%	100.0%	100.0%	100.0%
列总计	366	11	333	3608	4318

Chi-square test：df = 12，卡方值为 40.597，sig = 0.000 < 0.05，所以不同政治面貌的人群对“总的来说，您觉得目前的生活幸福吗”的回答有显著差异。

B5 by K8

您对自己目前的生活状态满意吗 * 政治面貌 Crosstabulation

	共产党员	民主党派	共青团员	群众	总计
非常满意	18.6%		13.8%	10.4%	11.3%
比较满意	74.5%	81.8%	71.6%	77.0%	76.4%
不太满意	6.3%	18.2%	14.4%	12.3%	12.0%
非常不满意	0.5%		0.3%	0.3%	0.3%
总计	100.0%	100.0%	100.0%	100.0%	100.0%
列总计	365	11	327	3593	4296

Chi-square test：df = 9，卡方值为 37.345，sig = 0.000 < 0.05，所以不同政治面貌的人群对“您对自己目前的生活状况满意吗”的回答有显著差异。

B6 by K8

社会上发生的一些事情，您一般是从什么渠道最先知道 * 政治面貌 Crosstabulation

	共产党员	民主党派	共青团员	群众	总计
电视	55.7%	45.5%	26.4%	67.0%	62.9%
报纸	13.7%		1.2%	3.7%	4.3%
电台广播	1.6%		3.0%	2.2%	2.2%
微博微信等网络社交媒介	44.8%	27.3%	69.4%	38.5%	41.4%
网络	41.0%	45.5%	57.1%	26.7%	30.3%
和朋友亲友同事交谈	18.0%	45.5%	14.1%	38.1%	34.6%
单位传达	4.9%	9.1%	0.9%	0.9%	1.3%
列总计	366	11	333	3608	4318

据上表所示，不同政治面貌的人群对“社会上发生的一些事情，您一般是从什么渠道最先知道”的回答上有显著差异。

B7 by K8

从网络中获得的信息对您的思想行为有多大程度的影响 * 政治面貌 Crosstabulation

	共产党员	民主党派	共青团员	群众	总计
影响很大	30.9%		34.2%	19.0%	21.7%
有一些影响	53.8%	60.0%	50.8%	56.5%	55.7%
影响很小	11.5%	20.0%	11.4%	19.9%	18.2%
完全没有影响	3.8%	20.0%	3.7%	4.6%	4.5%

续表

	共产党员	民主党派	共青团员	群众	总计
总计	100.0%	100.0%	100.0%	100.0%	100.0%
列总计	314	10	325	2507	3156

Chi-square test：df = 9，卡方值为 74.504，sig = 0.000 < 0.05，所以不同政治面貌的人群对“从网络中获得的信息对您的思想行为有多大程度的影响”的回答有显著差异。

B8 by K8

您认为中国梦和您个人、家庭追求美好生活有多大程度的关系 * 政治面貌 Crosstabulation

	共产党员	民主党派	共青团员	群众	总计
关系很大	67.3%	27.3%	49.1%	31.4%	35.7%
关系不大	24.7%	45.5%	41.6%	39.8%	38.6%
根本没有关系	4.4%	27.3%	5.1%	9.2%	8.5%
不清楚什么是中国梦	3.6%		4.2%	19.7%	17.1%
总计	100.0%	100.0%	100.0%	100.0%	100.0%
列总计	364	11	332	3607	4314

Chi-square test：df = 9，卡方值为 263.516，sig = 0.000 < 0.05，所以不同政治面貌的人群对“您认为中国梦和个人、家庭追求美好生活的关系”的回答有显著差异。

B9 by K8

您对当前我国社会道德状况的总体满意度是 * 政治面貌 Crosstabulation

	共产党员	民主党派	共青团员	群众	总计
非常满意	7.2%		7.3%	4.3%	4.7%
比较满意	68.2%	45.5%	56.7%	70.2%	68.9%
不太满意	22.7%	54.5%	32.9%	23.7%	24.4%
非常不满意	1.9%		3.0%	1.8%	1.9%
总计	100.0%	100.0%	100.0%	100.0%	100.0%
列总计	362	11	328	3518	4219

Chi-square test：df = 9，卡方值为 37.896，sig = 0.000 < 0.05，所以不同政治面貌的人群对“您对当前我国社会道德状况的总体满意度”的回答有显著差异。

B10 by K8

您对当前我国社会人与人之间的关系的总体满意度是 * 政治面貌 Crosstabulation

	共产党员	民主党派	共青团员	群众	总计
非常满意	6.6%		6.1%	4.6%	4.9%
比较满意	69.8%	45.5%	59.4%	70.3%	69.4%
不太满意	21.7%	36.4%	32.4%	23.5%	24.1%
非常不满意	1.9%	18.2%	2.1%	1.6%	1.7%
总计	100.0%	100.0%	100.0%	100.0%	100.0%
列总计	364	11	330	3530	4235

Chi-square test：df = 9，卡方值为 22.467，sig = 0.000 < 0.05，所以不同政治面貌的人群对“您对当前我国社会人与人关系的总体满意度”的回答有显著差异。

B11 by K8

您对自己的道德状况的满意度是 * 政治面貌 Crosstabulation

	共产党员	民主党派	共青团员	群众	总计
非常满意	23.3%	9.1%	17.2%	15.5%	16.3%
比较满意	73.2%	54.5%	78.3%	78.4%	77.9%
不太满意	3.6%	9.1%	4.2%	5.7%	5.4%
非常不满意		27.3%	0.3%	0.4%	0.4%
总计	100.0%	100.0%	100.0%	100.0%	100.0%
列总计	365	11	332	3550	4258

Chi-square test：df = 9，卡方值为 219.100，sig = 0.000 < 0.05，所以不同政治面貌的人群对“您对自己道德状况满意度”的回答有显著差异。

B12 by K8

您觉得今后中国社会的道德状况会变成什么样 * 政治面貌 Crosstabulation

	共产党员	民主党派	共青团员	群众	总计
越来越差	4.6%	18.2%	5.1%	5.6%	5.5%
不变	6.3%	9.1%	7.2%	10.3%	9.7%
越来越好	83.9%	72.7%	78.3%	73.9%	75.1%
不知道	5.2%		9.3%	10.2%	9.7%
总计	100.0%	100.0%	100.0%	100.0%	100.0%

续表

	共产党员	民主党派	共青团员	群众	总计
列总计	366	11	332	3604	4313

Chi-square test：df = 9，卡方值为 26. 397，sig = 0. 002 < 0. 05，所以不同政治面貌的人群对“您觉得今后中国社会的道德状况会变成什么样”的回答有显著差异。

B13 by K8

您认为我国目前人与人之间的关系受什么影响 ＊ 政治面貌 Crosstabulation

	共产党员	民主党派	共青团员	群众	总计
电视	55. 7%	45. 5%	26. 4%	67. 0%	62. 9%
报纸	13. 7%		1. 2%	3. 7%	4. 3%
电台广播	1. 6%		3. 0%	2. 2%	2. 2%
微博、微信等网络社交媒介	44. 8%	27. 3%	69. 4%	38. 5%	41. 4%
网络	41. 0%	45. 5%	57. 1%	26. 7%	30. 3%
和朋友亲友同事交谈	18. 0%	45. 5%	14. 1%	38. 1%	34. 6%
单位传达	4. 9%	9. 1%	0. 9%	0. 9%	1. 3%
列总计	366	11	333	3608	4318

据上表所示，不同政治面貌的人群对“您认为我国目前人与人之间关系受什么影响”的回答有显著差异。

B14 by K8

对中国社会，您最担忧的问题是 ＊ 政治面貌 Crosstabulation

	共产党员	民主党派	共青团员	群众	总计
腐败不能根治	40. 1%	45. 5%	36. 2%	42. 5%	41. 8%
生态环境恶化	44. 6%	63. 6%	52. 0%	37. 9%	39. 7%
分配不公，两极分化	35. 4%		29. 2%	31. 1%	31. 2%
老无所养，未来没有把握	16. 7%	36. 4%	11. 9%	27. 2%	25. 1%
生活水平下降	9. 5%	27. 3%	12. 2%	15. 9%	15. 1%
道德滑坡，社会风气恶化	25. 1%	9. 1%	25. 8%	18. 9%	20. 0%
人际关系紧张	11. 4%		14. 6%	10. 5%	10. 8%
列总计	359	11	329	3495	4194

据上表所示，不同政治面貌的人群对“对中国社会，您最担忧的问题是”的回答有显著差异。

B15 by K8

对伦理关系和道德生活，您最向往的是 ＊ 政治面貌 Crosstabulation

	共产党员	民主党派	共青团员	群众	总计
传统社会的伦理和道德（如仁、义、礼、智、信）	64.6%	54.5%	56.1%	56.9%	57.5%
战争年代为理想而献身的革命精神（如革命烈士无私献身精神）	13.7%	18.2%	13.5%	21.1%	19.8%
新中国成立后到“文化大革命”前的大公无私的集体主义精神	9.3%	27.3%	7.1%	8.8%	8.7%
追求个人利益的市场经济下的道德	6.9%		9.5%	8.8%	8.6%
西方道德（如个人主义、实用主义、功利主义）	2.5%		9.5%	3.2%	3.6%
其他	3.0%		4.3%	1.3%	1.7%
总计	100.0%	100.0%	100.0%	100.0%	100.0%
列总计	364	11	326	3577	4278

Chi-square test：df = 15，卡方值为 83.266，sig = 0.000 < 0.05，所以不同政治面貌的人群对“对伦理关系和道德生活，您最向往的是”的回答有显著差异。

B16a by K8

您认为当前我国社会道德生活中最重要的内容是什么？第一重要 ＊ 政治面貌 Crosstabulation

	共产党员	民主党派	共青团员	群众	总计
意识形态中所提倡的社会主义道德	31.7%	9.1%	28.1%	33.0%	32.5%
中国传统道德	55.2%	63.6%	56.2%	49.5%	50.5%
西方文化影响而形成的道德	3.6%	9.1%	4.5%	5.7%	5.5%
市场经济中形成的道德	9.6%	18.2%	11.2%	11.7%	11.5%
其他				0.1%	
总计	100.0%	100.0%	100.0%	100.0%	100.0%
列总计	366	11	331	3584	4292

Chi-square test：df = 12，卡方值为 14.915，sig = 0.246 > 0.05，所以不同政治面貌的人群对“您认为当前我国社会道德生活中最重要的内容是什么？第一重要”的回答没有显著差异。

B16b by K8

您认为当前我国社会道德生活中最重要的内容是什么？第二重要 ＊ 政治面貌 Crosstabulation

	共产党员	民主党派	共青团员	群众	总计
意识形态中所提倡的社会主义道德	42.9%	70.0%	44.5%	40.5%	41.1%

续表

	共产党员	民主党派	共青团员	群众	总计
中国传统道德	27.6%	10.0%	26.8%	28.7%	28.4%
西方文化影响而形成的道德	6.7%		9.8%	10.4%	10.0%
市场经济中形成的道德	22.8%	20.0%	18.9%	20.4%	20.5%
总计	100.0%	100.0%	100.0%	100.0%	100.0%
列总计	359	10	328	3522	4219

Chi-square test：df = 9，卡方值为 12.174，sig = 0.204 > 0.05，所以不同政治面貌的人群对“您认为当前我国社会道德生活中最重要的内容是什么？第二重要”的回答没有显著差异。

B16c by K8

您认为当前我国社会道德生活中最重要的内容是什么？第三重要 * 政治面貌 Crosstabulation

	共产党员	民主党派	共青团员	群众	总计
意识形态中所提倡的社会主义道德	21.0%	10.0%	22.2%	21.7%	21.6%
中国传统道德	12.5%	30.0%	8.3%	14.5%	13.9%
西方文化影响而形成的道德	16.5%	10.0%	23.1%	16.6%	17.1%
市场经济中形成的道德	50.0%	50.0%	46.5%	47.2%	47.4%
总计	100.0%	100.0%	100.0%	100.0%	100.0%
列总计	352	10	325	3446	4133

Chi-square test：df = 9，卡方值为 19.633，sig = 0.020 < 0.05，所以不同政治面貌的人群对“您认为当前我国社会道德生活中最重要的内容是什么？第三重要”的回答有显著差异。

B17 by K8

您认为目前我国社会中伦理道德对人际关系的调节能力如何 * 政治面貌 Crosstabulation

	共产党员	民主党派	共青团员	群众	总计
良好	26.4%	9.1%	21.5%	17.8%	18.8%
一般	63.1%	27.3%	65.3%	64.5%	64.4%
很差	7.2%	45.5%	7.7%	8.9%	8.7%
几乎没有，一切都听从利益支配	3.3%	18.2%	5.5%	8.9%	8.2%
总计	100.0%	100.0%	100.0%	100.0%	100.0%
列总计	360	11	326	3435	4132

Chi-square test：df = 9，卡方值为 52.365，sig = 0.000 < 0.05，所以不同政治面貌的人群对“您认为目前我国社会中伦理道德对人际关系的调节能力如何”的回答有显著差异。

B18 by K8

您认为目前我国社会中伦理道德对个人行为的约束能力如何 * 政治面貌 Crosstabulation

	共产党员	民主党派	共青团员	群众	总计
良好	25.2%	9.1%	20.2%	17.9%	18.7%
一般	62.7%	36.4%	63.8%	63.6%	63.4%
很差	7.8%	18.2%	8.6%	10.7%	10.3%
几乎没有，一切都听从利益支配	4.2%	36.4%	7.4%	7.9%	7.6%
总计	100.0%	100.0%	100.0%	100.0%	100.0%
列总计	357	11	326	3442	4136

Chi-square test：df = 9，卡方值为 33.584，sig = 0.000 < 0.05，所以不同政治面貌的人群对“您认为目前我国社会中伦理道德对个人行为的约束能力”的回答有显著差异。

B19 by K8

您认为当今中国社会最基本的伦理冲突是 * 政治面貌 Crosstabulation

	共产党员	民主党派	共青团员	群众	总计
人与自然的冲突	19.8%	27.3%	19.3%	16.6%	17.1%
人与自身的冲突	19.5%	36.4%	19.6%	25.0%	24.1%
人与人之间的冲突	59.1%	54.5%	65.1%	62.7%	62.5%
个人与社会的冲突	50.3%	36.4%	45.6%	45.4%	45.8%
个人与政府的冲突	11.0%	18.2%	6.4%	11.7%	11.3%
列总计	364	11	327	3496	4198

据上表所示，不同政治面貌的人群对“您认为当今中国社会最基本的伦理冲突是”的回答没有显著差异。

B20a by K8

在下列关系中，您认为哪些关系对您来说最重要？第一位 * 政治面貌 Crosstabulation

	共产党员	民主党派	共青团员	群众	总计
父母与子女	71.6%	72.7%	77.5%	65.0%	66.6%
夫妇	14.8%	27.3%	8.7%	21.2%	19.7%
兄弟姐妹	0.3%		1.2%	0.4%	0.5%

续表

	共产党员	民主党派	共青团员	群众	总计
同事或同学	0.3%			0.7%	0.6%
上级或下级	0.3%		0.6%	0.3%	0.3%
师生					
人与自然的关系			0.9%	0.4%	0.4%
个人与社会	1.4%		2.4%	2.4%	2.3%
个人与国家	10.1%		5.1%	7.6%	7.6%
个人与工作单位	0.5%		0.6%	0.6%	0.6%
通过网络建立的各种“群”的关系				0.2%	0.2%
朋友	0.3%		0.6%	0.5%	0.5%
个人与自身的关系（身心和谐）	0.5%		2.4%	0.6%	0.8%
总计	100.0%	100.0%	100.0%	100.0%	100.0%
列总计	366	11	333	3612	4322

Chi-square test：df = 36，卡方值为 72.897，sig = 0.000 < 0.05，所以不同政治面貌的人群对“在下列关系中，您认为哪些关系对您来说最重要？第一位”的回答有显著差异。

B20b by K8

在下列关系中，您认为哪些关系对您来说最重要？第二位 ＊ 政治面貌 Crosstabulation

	共产党员	民主党派	共青团员	群众	总计
父母与子女	20.2%	18.2%	13.6%	24.1%	23.0%
夫妇	56.0%	63.6%	39.6%	51.7%	51.2%
兄弟姐妹	10.7%		25.1%	10.8%	11.9%
同事或同学	2.2%		4.8%	2.1%	2.3%
上级或下级	0.5%		0.9%	1.4%	1.3%
师生			1.2%	0.1%	0.2%
人与自然的关系	1.1%	9.1%	1.2%	1.1%	1.2%
个人与社会	4.1%		3.9%	2.9%	3.0%
个人与国家	2.5%		2.4%	2.7%	2.6%
个人与工作单位	0.8%		1.5%	1.1%	1.1%
通过网络建立的各种“群”的关系	0.3%			0.1%	0.1%
朋友	1.4%		4.5%	1.4%	1.6%
个人与自身的关系（身心和谐）	0.3%	9.1%	1.2%	0.6%	0.6%
总计	100.0%	100.0%	100.0%	100.0%	100.0%

续表

	共产党员	民主党派	共青团员	群众	总计
列总计	366	11	331	3610	4318

Chi-square test：df = 36，卡方值为 161. 305，sig = 0. 000 < 0. 05，所以不同政治面貌的人群对“在下列关系中，您认为哪些关系对您来说最重要？第二位”的回答有显著差异。

B20c by K8

在下列关系中，您认为哪些关系对您来说最重要？第三位 * 政治面貌 Crosstabulation

	共产党员	民主党派	共青团员	群众	总计
父母与子女	4. 6%		3. 6%	4. 3%	4. 2%
夫妇	13. 4%	9. 1%	15. 2%	12. 2%	12. 5%
兄弟姐妹	51. 9%	63. 6%	34. 3%	54. 0%	52. 3%
同事或同学	7. 4%		14. 9%	5. 7%	6. 5%
上级或下级	1. 6%		3. 3%	1. 9%	1. 9%
师生	0. 8%	18. 2%	2. 1%	0. 7%	0. 9%
人与自然的关系	1. 9%		1. 8%	2. 1%	2. 1%
个人与社会	2. 5%		3. 6%	4. 1%	3. 9%
个人与国家	4. 4%	9. 1%	5. 2%	6. 5%	6. 2%
个人与工作单位	5. 2%		3. 0%	1. 8%	2. 2%
通过网络建立的各种“群”的关系	0. 3%			0. 2%	0. 2%
朋友	5. 5%		12. 2%	5. 4%	5. 9%
个人与自身的关系（身心和谐）	0. 5%		0. 6%	1. 0%	1. 0%
其他				0. 1%	0. 1%
总计	100. 0%	100. 0%	100. 0%	100. 0%	100. 0%
列总计	366	11	329	3605	4311

Chi-square test：df = 39，卡方值为 165. 485，sig = 0. 000 < 0. 05，所以不同政治面貌的人群对“在下列关系中，您认为哪些关系对您来说最重要？第三位”的回答有显著差异。

B20d by K8

在下列关系中，您认为哪些关系对您来说最重要？第四位 * 政治面貌 Crosstabulation

	共产党员	民主党派	共青团员	群众	总计
父母与子女	1. 6%	9. 1%	1. 8%	2. 3%	2. 2%

续表

	共产党员	民主党派	共青团员	群众	总计
夫妇	1.9%		3.1%	3.9%	3.7%
兄弟姐妹	13.7%	9.1%	11.0%	13.7%	13.5%
同事或同学	24.7%	9.1%	22.1%	20.0%	20.6%
上级或下级	4.1%		2.8%	3.8%	3.8%
师生	3.0%		4.3%	3.0%	3.1%
人与自然的关系	3.0%	18.2%	3.1%	3.3%	3.3%
个人与社会	9.3%	27.3%	12.6%	10.9%	11.0%
个人与国家	7.7%		11.3%	9.8%	9.7%
个人与工作单位	8.2%		7.1%	5.4%	5.7%
通过网络建立的各种“群”的关系			0.9%	0.7%	0.7%
朋友	19.5%	27.3%	17.5%	21.4%	21.0%
个人与自身的关系（身心和谐）	2.7%		2.5%	1.5%	1.7%
其他	0.3%			0.2%	0.2%
总计	100.0%	100.0%	100.0%	100.0%	100.0%
列总计	364	11	326	3581	4282

Chi-square test：df = 39，卡方值为 49.870，sig = 0.114 > 0.05，所以不同政治面貌的人群对“在下列关系中，您认为哪些关系对您来说最重要？第四位”的回答没有显著差异。

B20e by K8

在下列关系中，您认为哪些关系对您来说最重要？第五位 ＊ 政治面貌 Crosstabulation

	共产党员	民主党派	共青团员	群众	总计
父母与子女	0.8%		0.9%	0.8%	0.8%
夫妇	1.4%		1.2%	2.1%	2.0%
兄弟姐妹	5.6%		5.5%	5.0%	5.1%
同事或同学	12.0%		12.9%	14.6%	14.2%
上级或下级	10.3%		8.0%	6.5%	6.9%
师生	5.0%	18.2%	5.8%	4.2%	4.4%
人与自然的关系	3.3%	9.1%	5.2%	3.8%	3.8%
个人与社会	10.0%	27.3%	14.2%	16.5%	15.8%
个人与国家	15.9%	45.5%	16.9%	14.1%	14.5%
个人与工作单位	8.6%		6.5%	7.1%	7.1%
通过网络建立的各种“群”的关系	3.3%		2.5%	1.3%	1.6%

续表

	共产党员	民主党派	共青团员	群众	总计
朋友	17.3%		15.1%	19.9%	19.3%
个人与自身的关系（身心和谐）	6.4%		5.2%	3.7%	4.1%
其他				0.3%	0.3%
总计	100.0%	100.0%	100.0%	100.0%	100.0%
列总计	359	11	325	3544	4239

Chi-square test：df = 39，卡方值为 73.306，sig = 0.001 < 0.05，所以不同政治面貌的人群对“在下列关系中，您认为哪些关系对您来说最重要？第五位”的回答有显著差异。

B21 by K8

您认为哪一种关系对社会秩序最具根本性意义 ＊ 政治面貌 Crosstabulation

	共产党员	民主党派	共青团员	群众	总计
家庭关系或血缘关系	24.9%	27.3%	31.0%	27.4%	27.5%
个人与社会的关系	36.4%	27.3%	39.5%	42.6%	41.8%
职业关系	5.5%	9.1%	3.0%	3.2%	3.4%
个人与国家民族的关系	28.2%	27.3%	19.5%	21.2%	21.6%
人与自然的关系	2.2%		1.8%	1.6%	1.7%
个人与自身的关系	2.7%	9.1%	5.2%	4.0%	4.0%
总计	100.0%	100.0%	100.0%	100.0%	100.0%
列总计	365	11	329	3565	4270

Chi-square test：df = 15，卡方值为 25.429，sig = 0.044 < 0.05，所以不同政治面貌的人群对“您认为哪一种关系对社会秩序最具根本性意义”的回答有显著差异。

B22 by K8

您认为哪一种关系对个人生活最具根本性意义 ＊ 政治面貌 Crosstabulation

	共产党员	民主党派	共青团员	群众	总计
家庭关系或血缘关系	52.9%	63.6%	57.0%	60.9%	59.9%
个人与社会的关系	13.7%		14.8%	16.5%	16.1%
职业关系	9.3%	9.1%	7.0%	4.0%	4.7%
个人与国家民族的关系	17.5%	27.3%	10.0%	10.7%	11.3%
人与自然的关系	1.6%		2.1%	1.5%	1.6%

续表

	共产党员	民主党派	共青团员	群众	总计
个人与自身的关系	4.9%		9.1%	6.3%	6.4%
总计	100.0%	100.0%	100.0%	100.0%	100.0%
列总计	365	11	330	3583	4289

Chi-square test：df = 15，卡方值为 54.655，sig = 0.000 < 0.05，所以不同政治面貌的人群对“您认为哪一种关系对个人生活最具根本性意义”的回答有显著差异。

B23a by K8

对于个人而言，您认为家庭、社会和国家三者的重要性程度如何？第一位 * 政治面貌 Crosstabulation

	共产党员	民主党派	共青团员	群众	总计
国家	57.0%	18.2%	41.3%	53.0%	52.4%
社会	3.6%	9.1%	3.9%	2.9%	3.1%
家庭	39.5%	72.7%	54.8%	44.0%	44.6%
总计	100.0%	100.0%	100.0%	100.0%	100.0%
列总计	365	11	332	3606	4314

Chi-square test：df = 6，卡方值为 26.760，sig = 0.000 < 0.05，所以不同政治面貌的人群对“对于个人而言，您认为家庭、社会和国家三者的重要性程度：第一位”的回答有显著差异。

B23b by K8

对于个人而言，您认为家庭、社会和国家三者的重要性程度如何？第二位 * 政治面貌 Crosstabulation

	共产党员	民主党派	共青团员	群众	总计
国家	30.4%	45.5%	42.1%	35.7%	35.8%
社会	27.9%	27.3%	22.3%	20.3%	21.1%
家庭	41.6%	27.3%	35.7%	44.0%	43.1%
总计	100.0%	100.0%	100.0%	100.0%	100.0%
列总计	365	11	328	3587	4291

Chi-square test：df = 6，卡方值为 22.025，sig = 0.001 < 0.05，所以不同政治面貌的人群对“对于个人而言，您认为家庭、社会和国家三者的重要性程度：第二位”的回答有显著差异。

B24a by K8

信息技术、网络技术的发展对伦理道德的影响 * 政治面貌 Crosstabulation

	共产党员	民主党派	共青团员	群众	总计
消极影响	16.0%	11.1%	15.5%	14.5%	14.7%
没有影响	19.3%	55.6%	15.5%	23.3%	22.4%
积极影响	64.7%	33.3%	69.0%	62.2%	62.9%
总计	100.0%	100.0%	100.0%	100.0%	100.0%
列总计	275	9	245	2578	3107

Chi-square test：df = 6，卡方值为 15.368，sig = 0.018 < 0.05，所以不同政治面貌的人群对“信息技术、网络技术的发展对伦理道德的影响”的回答有显著差异。

B24b by K8

市场经济对我国伦理道德的影响 * 政治面貌 Crosstabulation

	共产党员	民主党派	共青团员	群众	总计
消极影响	17.0%	20.0%	17.6%	16.8%	16.9%
没有影响	19.9%		15.9%	22.2%	21.5%
积极影响	63.1%	80.0%	66.5%	61.0%	61.7%
总计	100.0%	100.0%	100.0%	100.0%	100.0%
列总计	271	10	239	2635	3155

Chi-square test：df = 6，卡方值为 8.432，sig = 0.208 > 0.05，所以不同政治面貌的人群对“市场经济对我国伦理道德的影响”的回答没有显著差异。

B24c by K8

西方文化对我国伦理道德的影响 * 政治面貌 Crosstabulation

	共产党员	民主党派	共青团员	群众	总计
消极影响	28.5%	30.0%	22.2%	20.4%	21.3%
没有影响	25.3%	50.0%	18.1%	30.0%	28.7%
积极影响	46.2%	20.0%	59.7%	49.6%	50.0%
总计	100.0%	100.0%	100.0%	100.0%	100.0%
列总计	249	10	221	2294	2774

Chi-square test：df = 6，卡方值为 26.660，sig = 0.000 < 0.05，所以不同政治面貌的人群对“西方文化对我国伦理道德的影响”的回答有显著差异。

B25 by K8

如果国外报道与国家主流媒体的宣传内容不一致，您倾向于相信 * 政治面貌 Crosstabulation

	共产党员	民主党派	共青团员	群众	总计
主流媒体	71.9%	36.4%	55.0%	71.5%	70.2%
国外报道	3.9%	18.2%	4.6%	2.4%	2.8%
谁都不相信，自己判断	24.2%	45.5%	40.4%	26.1%	27.1%
总计	100.0%	100.0%	100.0%	100.0%	100.0%
列总计	356	11	307	3344	4018

Chi-square test：df = 6，卡方值为 52.862，sig = 0.000 < 0.05，所以不同政治面貌的人群对“如果国外报道与国家主流媒体的宣传内容不一致，您倾向于相信”的回答有显著差异。

B26 by K8

如果朋友圈的消息与国家主流媒体的报道不一致，您会相信哪一个 * 政治面貌 Crosstabulation

	共产党员	民主党派	共青团员	群众	总计
主流媒体	68.6%	45.5%	54.2%	62.4%	62.3%
朋友圈/亲朋圈子	6.8%	18.2%	9.9%	11.3%	10.9%
都不相信，自己比较判断	24.3%	36.4%	35.8%	25.7%	26.4%
其他	0.3%			0.5%	0.5%
总计	100.0%	100.0%	100.0%	100.0%	100.0%
列总计	366	11	332	3595	4304

Chi-square test：df = 9，卡方值为 28.390，sig = 0.001 < 0.05，所以不同政治面貌的人群对“如果朋友圈消息与国家主流媒体的报道不一致，您倾向于相信”的回答有显著差异。

C1 by K8

您认为当前中国社会个人道德素质的主要问题是 * 政治面貌 Crosstabulation

	共产党员	民主党派	共青团员	群众	总计
道德上无知	11.0%	9.1%	7.9%	9.6%	9.6%
有道德知识，但不见诸行动	81.0%	72.7%	82.1%	79.4%	79.7%
道德上既无知，也不见道德行动	8.0%	18.2%	9.7%	10.7%	10.4%
其他			0.3%	0.3%	0.3%
总计	100.0%	100.0%	100.0%	100.0%	100.0%

续表

	共产党员	民主党派	共青团员	群众	总计
列总计	363	11	329	3593	4296

Chi-square test：df = 9，卡方值为 6.312，sig = 0.708 > 0.05，所以不同政治面貌的人群对“当前中国社会个人道德素质的主要问题”的回答没有显著差异。

C2 by K8

您根据什么来判断某种行为是否符合伦理或道德 * 政治面貌 Crosstabulation

	共产党员	民主党派	共青团员	群众	总计
传统道德观念	65.2%	45.5%	62.3%	58.1%	59.0%
风俗习惯	28.8%	63.6%	22.1%	35.2%	33.7%
大多数人认同的道德规范	44.7%	63.6%	44.5%	47.4%	47.0%
当事人共同利益和意志	19.5%	18.2%	23.3%	18.3%	18.8%
自己的良心	61.6%	45.5%	65.3%	63.1%	63.1%
意识形态的要求	16.4%		17.5%	11.4%	12.3%
列总计	365	11	326	3570	4272

据上表所示，不同政治面貌的人群对“您根据什么判断某种行为是否符合伦理或道德”的回答有显著差异。

C3a by K8

我会经常关心比我不幸的人 * 政治面貌 Crosstabulation

	共产党员	民主党派	共青团员	群众	总计
完全不符合	1.4%		2.7%	3.5%	3.2%
有点符合	16.2%	27.3%	23.7%	21.1%	20.9%
一般	31.0%	45.5%	38.1%	33.8%	33.9%
比较符合	37.0%	18.2%	26.7%	32.9%	32.8%
完全符合	14.5%	9.1%	8.7%	8.6%	9.1%
总计	100.0%	100.0%	100.0%	100.0%	100.0%
列总计	365	11	333	3604	4313

Chi-square test：df = 12，卡方值为 33.176，sig = 0.001 < 0.05，所以不同政治面貌的人群对“我会经常关心比我不幸的人”的回答有显著差异。

C3b by K8

我时常会同情他人的难处 ＊ 政治面貌 Crosstabulation

	共产党员	民主党派	共青团员	群众	总计
完全不符合	1.1%		1.5%	2.3%	2.1%
有点符合	14.2%	27.3%	19.2%	21.1%	20.4%
一般	28.5%	18.2%	34.8%	32.5%	32.3%
比较符合	41.4%	45.5%	33.9%	36.7%	36.9%
完全符合	14.8%	9.1%	10.5%	7.4%	8.3%
总计	100.0%	100.0%	100.0%	100.0%	100.0%
列总计	365	11	333	3601	4310

Chi-square test：df = 12，卡方值为 41.430，sig = 0.000 < 0.05，所以不同政治面貌的人群对“我时常会同情他人的难处”的回答有显著差异。

C3c by K8

在做决定前，我会试着从每个人的立场去考虑问题 ＊ 政治面貌 Crosstabulation

	共产党员	民主党派	共青团员	群众	总计
完全不符合	2.7%		2.1%	3.5%	3.3%
有点符合	19.1%	18.2%	18.1%	19.8%	19.6%
一般	27.0%	54.5%	33.1%	37.6%	36.4%
比较符合	37.4%	18.2%	35.2%	31.3%	32.1%
完全符合	13.7%	9.1%	11.4%	7.8%	8.6%
总计	100.0%	100.0%	100.0%	100.0%	100.0%
列总计	366	11	332	3598	4307

Chi-square test：df = 12，卡方值为 37.840，sig = 0.000 < 0.05，所以不同政治面貌的人群对“在做决定前，我会试着从每个人的立场去考虑问题”的回答有显著差异。

C3d by K8

当我看到有人被利用时，时常想要保护他们 ＊ 政治面貌 Crosstabulation

	共产党员	民主党派	共青团员	群众	总计
完全不符合	2.2%		4.6%	4.6%	4.4%
有点符合	17.8%	27.3%	17.9%	22.5%	21.8%
一般	31.0%	27.3%	33.4%	38.6%	37.6%
比较符合	37.3%	36.4%	35.0%	29.0%	30.2%

续表

	共产党员	民主党派	共青团员	群众	总计
完全符合	11.8%	9.1%	9.1%	5.2%	6.0%
总计	100.0%	100.0%	100.0%	100.0%	100.0%
列总计	365	11	329	3593	4298

Chi-square test：df = 12，卡方值为57.974，sig = 0.000 < 0.05，所以不同政治面貌的人群对“当我看到有人被利用时，时常想要保护他们”的回答有显著差异。

C3e by K8

我有时会试图站在他人的角度，以更好地理解我的朋友 * 政治面貌 Crosstabulation

	共产党员	民主党派	共青团员	群众	总计
完全不符合	1.9%	9.1%	0.9%	2.9%	2.7%
有点符合	14.0%	27.3%	15.3%	20.2%	19.3%
一般	26.8%	27.3%	28.8%	33.2%	32.3%
比较符合	43.0%	27.3%	40.8%	34.8%	36.0%
完全符合	14.2%	9.1%	14.1%	8.8%	9.7%
总计	100.0%	100.0%	100.0%	100.0%	100.0%
列总计	365	11	333	3596	4305

Chi-square test：df = 12，卡方值为49.052，sig = 0.000 < 0.05，所以不同政治面貌的人群对“我有时会试图站在他人的角度，以更好地理解我的朋友”的回答有显著差异。

C3f by K8

他人的不幸通常不会给我带来很大的不安 * 政治面貌 Crosstabulation

	共产党员	民主党派	共青团员	群众	总计
完全不符合	16.2%	10.0%	12.7%	11.7%	12.2%
有点符合	18.9%	60.0%	21.7%	21.4%	21.3%
一般	30.1%		34.3%	36.6%	35.8%
比较符合	25.2%	30.0%	22.3%	25.6%	25.3%
完全符合	9.6%		9.0%	4.7%	5.5%
总计	100.0%	100.0%	100.0%	100.0%	100.0%
列总计	365	10	332	3591	4298

Chi-square test：df = 4，卡方值为45.760，sig = 0.000 < 0.05，所以不同政治面貌的人群对“他人的不幸通常不会给我带来很大的不安”的回答有显著差异。

C3g by K8

在观看电视剧或电影之后，我会感觉到自己仿佛成了其中的一个角色 ＊ 政治面貌 Crosstabulation

	共产党员	民主党派	共青团员	群众	总计
完全不符合	23.0%	9.1%	18.1%	18.5%	18.8%
有点符合	20.0%	36.4%	21.5%	20.4%	20.5%
一般	28.5%	27.3%	29.9%	32.0%	31.5%
比较符合	20.5%	27.3%	20.8%	23.1%	22.7%
完全符合	7.9%		9.7%	6.0%	6.4%
总计	100.0%	100.0%	100.0%	100.0%	100.0%
列总计	365	11	331	3580	4287

Chi-square test：df = 12，卡方值为 17.564，sig = 0.130 > 0.05，所以不同政治面貌的人群对“在观看电视剧或电影之后，我会感觉到自己仿佛成了其中的一个角色”的回答没有显著差异。

C3h by K8

当我对某人很不耐烦的时候，我通常会暂时站在他/她的位置上 ＊ 政治面貌 Crosstabulation

	共产党员	民主党派	共青团员	群众	总计
完全不符合	9.3%	18.2%	11.5%	8.0%	8.4%
有点符合	22.3%	27.3%	22.7%	24.0%	23.7%
一般	31.9%	45.5%	36.9%	36.4%	36.0%
比较符合	27.7%		20.2%	26.3%	25.9%
完全符合	8.8%	9.1%	8.8%	5.3%	5.9%
总计	100.0%	100.0%	100.0%	100.0%	100.0%
列总计	364	11	331	3589	4295

Chi-square test：df = 12，卡方值为 28.707，sig = 0.004 < 0.05，所以不同政治面貌的人群对“当我对某人很不耐烦的时候，我通常会暂时站在他/她的位置上”的回答有显著差异。

C3i by K8

读故事时会想象如果这些事情发生在自己身上，我会是怎样的感受 ＊ 政治面貌 Crosstabulation

	共产党员	民主党派	共青团员	群众	总计
完全不符合	14.9%	9.1%	10.3%	14.2%	13.9%
有点符合	18.7%	45.5%	20.3%	20.0%	20.0%

续表

	共产党员	民主党派	共青团员	群众	总计
一般	24.5%	18.2%	27.3%	34.8%	33.3%
比较符合	31.1%	27.3%	31.2%	24.9%	26.0%
完全符合	10.7%		10.9%	6.0%	6.8%
总计	100.0%	100.0%	100.0%	100.0%	100.0%
列总计	363	11	330	3556	4260

Chi-square test：df = 12，卡方值为 51.657，sig = 0.000 < 0.05，所以不同政治面貌的人群对“读故事时会想象如果这些事情发生在自己身上，我会是怎样的感受”的回答有显著差异。

C3j by K8

在批评他人之前，我会尝试想象一下如果我处于那个位置会是什么感受 * 政治面貌 Crosstabulation

	共产党员	民主党派	共青团员	群众	总计
完全不符合	3.8%		4.0%	3.6%	3.6%
有点符合	18.7%	30.0%	22.8%	18.7%	19.0%
一般	31.0%	50.0%	32.8%	37.6%	36.7%
比较符合	34.3%	20.0%	31.6%	33.4%	33.3%
完全符合	12.1%		8.8%	6.7%	7.3%
总计	100.0%	100.0%	100.0%	100.0%	100.0%
列总计	364	10	329	3586	4289

Chi-square test：df = 12，卡方值为 23.351，sig = 0.013 < 0.05，所以不同政治面貌的人群对“在批评他人之前，我会尝试想象一下如果我处于那个位置会是什么感受 ”的回答有显著差异。

C4a by K8

您认为当今中国社会最重要和最需要的德性是？第一位 * 政治面貌 Crosstabulation

	共产党员	民主党派	共青团员	群众	总计
爱（仁爱、博爱、友爱）	32.0%	9.1%	31.8%	23.7%	25.0%
义（道义、义务）	1.9%	9.1%	3.9%	3.8%	3.7%
宽容	4.1%	9.1%	4.8%	3.8%	3.9%
责任	5.7%		6.6%	5.4%	5.5%
公正	13.9%	9.1%	15.9%	14.6%	14.6%
诚信	19.1%	36.4%	12.0%	17.4%	17.1%

续表

	共产党员	民主党派	共青团员	群众	总计
忠恕（将心比心）	1.1%		1.5%	1.9%	1.8%
理智	0.3%		2.1%	0.3%	0.5%
节制	0.5%		0.3%	1.0%	0.9%
谦让	1.4%		1.2%	3.3%	2.9%
勇敢	0.5%		0.6%	1.7%	1.5%
正直	1.9%		2.4%	3.2%	3.0%
善良	5.5%		6.9%	6.8%	6.6%
孝敬	10.9%	27.3%	9.3%	12.9%	12.5%
敬业	1.1%		0.6%	0.4%	0.5%
其他				0.1%	
总计	100.0%	100.0%	100.0%	100.0%	100.0%
列总计	366	11	333	3600	4310

Chi-square test：df = 45，卡方值为 85.422，sig = 0.000 < 0.05，所以不同政治面貌的人群对“当今中国社会最重要和最需要的德性：第一位”的回答有显著差异。

C4b by K8

您认为当今中国社会最重要和最需要的德性是？第二位 ＊ 政治面貌 Crosstabulation

	共产党员	民主党派	共青团员	群众	总计
爱（仁爱、博爱、友爱）	14.5%	27.3%	13.2%	10.3%	10.9%
义（道义、义务）	17.5%	9.1%	16.8%	11.9%	12.7%
宽容	5.5%	9.1%	6.9%	6.4%	6.4%
责任	9.9%	9.1%	9.3%	7.9%	8.1%
公正	11.8%	18.2%	9.0%	13.4%	13.0%
诚信	17.5%	9.1%	17.1%	16.6%	16.7%
忠恕（将心比心）	3.0%		2.1%	2.4%	2.4%
理智	0.5%		1.8%	1.3%	1.3%
节制	1.1%		1.2%	3.0%	2.7%
谦让	0.8%		0.9%	3.4%	3.0%
勇敢	0.5%		1.8%	2.2%	2.0%
正直	3.0%		3.9%	2.7%	2.8%
善良	6.8%	9.1%	7.2%	8.7%	8.4%
孝敬	6.3%	9.1%	7.5%	8.7%	8.4%

续表

	共产党员	民主党派	共青团员	群众	总计
敬业	1.1%		1.2%	1.1%	1.1%
总计	100.0%	100.0%	100.0%	100.0%	100.0%
列总计	365	11	333	3599	4308

Chi-square test: df = 45，卡方值为 67.717，sig = 0.016 < 0.05，所以不同政治面貌的人群对“当今中国社会最重要和最需要的德性：第二位”的回答有显著差异。

C4c by K8

您认为当今中国社会最重要和最需要的德性是？第三位 * 政治面貌 Crosstabulation

	共产党员	民主党派	共青团员	群众	总计
爱（仁爱、博爱、友爱）	9.4%		10.8%	6.9%	7.4%
义（道义、义务）	9.1%		6.6%	6.5%	6.7%
宽容	17.4%	36.4%	14.7%	18.1%	17.8%
责任	13.5%	27.3%	16.8%	13.1%	13.5%
公正	6.9%		9.0%	7.8%	7.8%
诚信	12.4%	9.1%	14.1%	10.7%	11.1%
忠恕（将心比心）	2.5%		0.9%	3.6%	3.3%
理智	3.9%	9.1%	3.6%	3.7%	3.7%
节制	0.6%		0.6%	2.2%	2.0%
谦让	1.7%		1.8%	2.3%	2.2%
勇敢	2.2%	9.1%	2.7%	3.1%	3.0%
正直	4.4%		5.1%	6.0%	5.7%
善良	4.4%	9.1%	5.7%	7.3%	7.0%
孝敬	7.4%		6.0%	6.7%	6.7%
敬业	4.4%		1.5%	1.9%	2.1%
总计	100.0%	100.0%	100.0%	100.0%	100.0%
列总计	363	11	333	3593	4300

Chi-square test: df = 42，卡方值为 67.536，sig = 0.007 < 0.05，所以不同政治面貌的人群对“当今中国社会最重要和最需要的德性：第三位”的回答有显著差异。

C4d by K8

您认为当今中国社会最重要和最需要的德性是？第四位 ＊ 政治面貌 Crosstabulation

	共产党员	民主党派	共青团员	群众	总计
爱（仁爱、博爱、友爱）	6.4%		4.8%	5.7%	5.7%
义（道义、义务）	6.4%		4.5%	5.3%	5.3%
宽容	6.6%		9.3%	8.4%	8.3%
责任	20.5%	54.5%	21.3%	18.8%	19.3%
公正	10.5%		8.4%	8.3%	8.5%
诚信	11.9%		9.6%	10.3%	10.4%
忠恕（将心比心）	0.8%		3.0%	2.5%	2.4%
理智	2.5%	9.1%	5.4%	2.9%	3.1%
节制	3.0%	9.1%	1.5%	2.8%	2.7%
谦让	3.0%		3.3%	4.7%	4.4%
勇敢	1.7%	9.1%	2.1%	1.9%	1.9%
正直	6.6%	9.1%	3.9%	4.7%	4.8%
善良	9.7%		10.5%	13.1%	12.6%
孝敬	8.0%		11.1%	8.6%	8.7%
敬业	2.2%	9.1%	1.2%	1.9%	1.9%
总计	100.0%	100.0%	100.0%	100.0%	100.0%
列总计	361	11	333	3581	4286

Chi-square test：df = 42，卡方值为 58.605，sig = 0.046 < 0.05，所以不同政治面貌的人群对“当今中国社会最重要和最需要的德性：第四位”的回答有显著差异。

C4e by K8

您认为当今中国社会最重要和最需要的德性是？第五位 ＊ 政治面貌 Crosstabulation

	共产党员	民主党派	共青团员	群众	总计
爱（仁爱、博爱、友爱）	7.5%		6.3%	7.7%	7.6%
义（道义、义务）	4.7%	18.2%	6.6%	8.1%	7.7%
宽容	4.4%	9.1%	4.8%	4.2%	4.3%
责任	9.4%		8.4%	7.5%	7.7%
公正	9.4%	18.2%	11.1%	10.0%	10.0%
诚信	7.2%	18.2%	9.6%	9.1%	9.0%

续表

	共产党员	民主党派	共青团员	群众	总计
忠恕（将心比心）	3.6%		2.7%	4.2%	4.0%
理智	1.9%	9.1%	5.1%	3.4%	3.5%
节制	1.7%		1.5%	2.6%	2.5%
谦让	5.0%		3.0%	5.4%	5.1%
勇敢	3.3%	9.1%	4.5%	3.4%	3.5%
正直	8.3%		6.3%	5.9%	6.1%
善良	14.7%		12.0%	13.9%	13.8%
孝敬	13.1%	9.1%	10.8%	10.6%	10.8%
敬业	5.6%	9.1%	7.2%	4.0%	4.4%
总计	100.0%	100.0%	100.0%	100.0%	100.0%
列总计	360	11	333	3568	4272

Chi-square test：df = 42，卡方值为 50.538，sig = 0.172 > 0.05，所以不同政治面貌的人群对“当今中国社会最重要和最需要的德性：第五位”的回答没有显著差异。

C5 by K8

一个制药厂做药品销售时，出资 50 万元请您向公众介绍自己服药后的良好效果，您过去服用这药时并没有效果，但也没有发现有很大的副作用，您将如何决定 * 政治面貌 Crosstabulation

	共产党员	民主党派	共青团员	群众	总计
接受邀请，心安理得	10.4%	9.1%	6.0%	12.8%	12.1%
接受邀请，心里不安，但这笔巨款很有吸引力	11.2%	18.2%	23.5%	13.5%	14.1%
拒绝，这是虚假广告欺骗大众	77.9%	72.7%	69.6%	73.4%	73.5%
其他	0.5%		0.9%	0.2%	0.3%
总计	100.0%	100.0%	100.0%	100.0%	100.0%
列总计	366	11	332	3605	4314

Chi-square test：df = 9，卡方值为 434.904，sig = 0.000 < 0.05，所以不同政治面貌的人群对“一个制药厂做药品销售时，出资 50 万元请您向公众介绍自己服药后的良好效果，您过去服用这药时并没有效果，但也没有发现有很大的副作用，您将如何决定”的回答有显著差异。

C6 by K8

您正在申请一个重要的职位，如果具有两次以上在敬老院做义工的经历（不需要出具证据），将可能优先获得这个职位，您将如何决定 * 政治面貌 Crosstabulation

	共产党员	民主党派	共青团员	群众	总计
如实填报，没做过义工，今后多参加这类活动	80.6%	72.7%	68.1%	76.5%	76.2%
填报参加过两次义工，这机会太重要了，反正不需要出具证据	9.6%	18.2%	14.8%	15.1%	14.6%
先填报，交表之后去做两次义工	9.8%		16.9%	8.1%	8.9%
其他		9.1%	0.3%	0.3%	0.3%
总计	100.0%	100.0%	100.0%	100.0%	100.0%
列总计	366	11	332	3593	4302

Chi-square test：df = 9，卡方值为 69.912，sig = 0.000 < 0.05，所以不同政治面貌的人群对“您正在申请一个重要的职位，如果具有两次以上在敬老院做义工的经历（不需要出具证据），将可能优先获得这个职位，您将如何决定”的回答有显著差异。

C7 by K8

如果您全权代表本单位与另一单位进行项目谈判，对方要求您给予一千万元的优惠，事成之后将您正在寻找工作的女儿安排到这一单位并且获得较好职位，您将如何决定 * 政治面貌 Crosstabulation

	共产党员	民主党派	共青团员	群众	总计
拒绝，不能以公谋私	87.0%	81.8%	70.3%	76.2%	76.7%
接受，女儿前途重要，并且我有权决定	12.7%	9.1%	27.5%	23.3%	22.7%
其他	0.3%	9.1%	2.1%	0.5%	0.6%
总计	100.0%	100.0%	100.0%	100.0%	100.0%
列总计	362	11	327	3582	4282

Chi-square test：df = 6，卡方值为 533.546，sig = 0.000 < 0.05，所以不同政治面貌的人群对“如果您全权代表本单位与另一单位进行项目谈判，对方要求您给予一千万元的优惠，事成之后将您正在寻找工作的女儿安排到这一单位并且获得较好职位，您将如何决定”的回答有显著差异。

C8 by K8

现在社会上有些人不守道德反而占了便宜，您会不会效仿 * 政治面貌 Crosstabulation

	共产党员	民主党派	共青团员	群众	总计
从来不这么做	69.4%	54.5%	48.9%	52.5%	53.7%

续表

	共产党员	民主党派	共青团员	群众	总计
通常不这么做，关键时刻会这么做	15.3%	45.5%	29.7%	27.7%	26.8%
经常这么做	0.5%		0.9%	0.9%	0.9%
相信善有善报，恶有恶报，终将会善恶报应	14.8%		19.8%	18.8%	18.5%
其他			0.6%	0.1%	0.1%
总计	100.0%	100.0%	100.0%	100.0%	100.0%
列总计	366	11	333	3608	4318

Chi-square test：df = 12，卡方值为 52.337，sig = 0.000 < 0.05，所以不同政治面貌的人群对“现在社会上有些人不守道德反而占了便宜，您会不会效仿”的回答有显著差异。

C9a by K8

下列说法您是否认同：目前大多数人将政治面貌当作谋生的手段，缺乏责任感和奉献精神 * 政治面貌 Crosstabulation

	共产党员	民主党派	共青团员	群众	总计
完全不同意	3.9%		4.0%	3.3%	3.4%
不太同意	31.6%	18.2%	21.5%	31.2%	30.4%
比较同意	54.0%	72.7%	58.3%	54.7%	55.0%
完全同意	10.5%	9.1%	16.3%	10.9%	11.3%
总计	100.0%	100.0%	100.0%	100.0%	100.0%
列总计	361	11	326	3506	4204

Chi-square test：df = 9，卡方值为 20.423，sig = 0.015 < 0.05，所以不同政治面貌的人群对“下列说法您是否认同：目前大多数人将政治面貌当作谋生的手段，缺乏责任感和奉献精神”的回答有显著差异。

C9b by K8

下列说法您是否认同：企业老板剥削员工，利益关系不公正 * 政治面貌 Crosstabulation

	共产党员	民主党派	共青团员	群众	总计
完全不同意	7.0%	9.1%	3.8%	5.1%	5.2%
不太同意	37.6%	18.2%	28.8%	33.0%	33.0%
比较同意	45.8%	54.5%	51.1%	52.2%	51.6%
完全同意	9.6%	18.2%	16.3%	9.7%	10.2%
总计	100.0%	100.0%	100.0%	100.0%	100.0%
列总计	356	11	319	3432	4118

Chi-square test：df = 9，卡方值为 24.718，sig = 0.003 < 0.05，所以不同政治面貌的人群对“下列说法您是否认同：企业老板剥削员工，利益关系不公正”的回答有显著差异。

C9c by K8

下列说法您是否认同：老板和员工、上级和下级相互勾结，共同对社会不负责任 ＊ 政治面貌 Crosstabulation

	共产党员	民主党派	共青团员	群众	总计
完全不同意	13.7%	9.1%	6.2%	6.1%	6.8%
不太同意	43.4%	54.5%	43.0%	40.9%	41.3%
比较同意	34.6%	36.4%	40.1%	43.3%	42.3%
完全同意	8.3%		10.7%	9.7%	9.6%
总计	100.0%	100.0%	100.0%	100.0%	100.0%
列总计	350	11	307	3342	4010

Chi-square test：df = 9，卡方值为 36.785，sig = 0.000 < 0.05，所以不同政治面貌的人群对“下列说法您是否认同：老板和员工、上级和下级相互勾结，共同对社会不负责任”的回答有显著差异。

C9d by K8

下列说法您是否认同：是否离婚主要考虑自己的感受和利益 ＊ 政治面貌 Crosstabulation

	共产党员	民主党派	共青团员	群众	总计
完全不同意	27.7%	36.4%	19.2%	24.8%	24.7%
不太同意	50.1%	36.4%	46.0%	53.2%	52.4%
比较同意	17.4%	27.3%	26.5%	19.5%	19.9%
完全同意	4.8%		8.3%	2.4%	3.1%
总计	100.0%	100.0%	100.0%	100.0%	100.0%
列总计	357	11	313	3508	4189

Chi-square test：df = 9，卡方值为 54.864，sig = 0.000 < 0.05，所以不同政治面貌的人群对“下列说法您是否认同：是否离婚主要考虑自己的感受和利益”的回答有显著差异。

C9e by K8

下列说法您是否认同：是否离婚应该从家庭整体（包括子女）考虑 ＊ 政治面貌 Crosstabulation

	共产党员	民主党派	共青团员	群众	总计
完全不同意	1.9%		1.3%	0.9%	1.0%
不太同意	7.5%		6.1%	5.5%	5.7%
比较同意	52.5%	72.7%	51.6%	57.8%	56.9%
完全同意	38.1%	27.3%	41.1%	35.8%	36.3%

续表

	共产党员	民主党派	共青团员	群众	总计
总计	100.0%	100.0%	100.0%	100.0%	100.0%
列总计	360	11	314	3553	4238

Chi-square test：df=9，卡方值为13.364，sig=0.147>0.05，所以不同政治面貌的人群对“下列说法您是否认同：是否离婚应该从家庭整体（包括子女）考虑”的回答没有显著差异。

C9f by K8

下列说法您是否认同：婚姻是社会的事，应当兼顾社会评价和社会后果 * 政治面貌 Crosstabulation

	共产党员	民主党派	共青团员	群众	总计
完全不同意	7.8%	9.1%	9.2%	4.2%	4.9%
不太同意	22.1%	36.4%	25.8%	20.9%	21.4%
比较同意	46.9%	27.3%	46.2%	54.2%	52.9%
完全同意	23.2%	27.3%	18.8%	20.7%	20.8%
总计	100.0%	100.0%	100.0%	100.0%	100.0%
列总计	358	11	314	3505	4188

Chi-square test：df=9，卡方值为36.621，sig=0.000<0.05，所以不同政治面貌的人群对“下列说法您是否认同：婚姻是社会的事，应当兼顾社会评价和社会后果”的回答有显著差异。

C9g by K8

下列说法您是否认同：婚姻应当是自由的，如果有更满意或更合适的人就与现在的配偶离婚 * 政治面貌 Crosstabulation

	共产党员	民主党派	共青团员	群众	总计
完全不同意	49.6%	45.5%	36.6%	46.1%	45.7%
不太同意	43.7%	54.5%	47.3%	45.8%	45.7%
比较同意	6.7%		12.0%	7.0%	7.3%
完全同意			4.1%	1.1%	1.3%
总计	100.0%	100.0%	100.0%	100.0%	100.0%
列总计	359	11	317	3566	4253

Chi-square test：df=9，卡方值为43.859，sig=0.000<0.05，所以不同政治面貌的人群对“下列说法您是否认同：婚姻应当是自由的，如果有更满意或更合适的人就与现在的配偶离婚”的回答有显著差异。

C9h by K8

下列说法您是否认同：婚姻意味着责任，要考虑给对方造成什么后果，不能轻率地选择离婚 ＊ 政治面貌 Crosstabulation

	共产党员	民主党派	共青团员	群众	总计
完全不同意	1.7%	9.1%	2.2%	0.9%	1.1%
不太同意	4.1%		3.4%	3.1%	3.2%
比较同意	41.4%	72.7%	52.2%	50.8%	50.2%
完全同意	52.8%	18.2%	42.2%	45.2%	45.5%
总计	100.0%	100.0%	100.0%	100.0%	100.0%
列总计	362	11	320	3582	4275

Chi-square test：df = 9，卡方值为 27.350，sig = 0.001 < 0.05，所以不同政治面貌的人群对“下列说法您是否认同：婚姻意味着责任，要考虑给对方造成什么后果，不能轻率地选择离婚”的回答有显著差异。

C9i by K8

下列说法您是否认同：遇到困难的时候，兄弟姐妹通常都会给予力所能及的帮助 ＊ 政治面貌 Crosstabulation

	共产党员	民主党派	共青团员	群众	总计
完全不同意	1.1%		0.9%	0.6%	0.6%
不太同意	4.4%		5.6%	4.7%	4.7%
比较同意	45.0%	45.5%	51.9%	55.1%	53.9%
完全同意	49.4%	54.5%	41.7%	39.7%	40.7%
总计	100.0%	100.0%	100.0%	100.0%	100.0%
列总计	362	11	324	3580	4277

Chi-square test：df = 9，卡方值为 17.993，sig = 0.035 < 0.05，所以不同政治面貌的人群对“下列说法您是否认同：遇到困难的时候，兄弟姐妹通常都会给予力所能及的帮助”的回答有显著差异。

C9j by K8

下列说法您是否认同：无论父母对自己如何，都应当尽赡养义务 ＊ 政治面貌 Crosstabulation

	共产党员	民主党派	共青团员	群众	总计
完全不同意	0.8%		1.5%	0.5%	0.6%
不太同意	4.4%		6.4%	3.1%	3.5%
比较同意	35.3%	27.3%	35.3%	43.1%	41.8%
完全同意	59.5%	72.7%	56.8%	53.2%	54.1%
总计	100.0%	100.0%	100.0%	100.0%	100.0%

续表

	共产党员	民主党派	共青团员	群众	总计
列总计	365	11	329	3593	4298

Chi-square test：df = 9，卡方值为 27.916，sig = 0.000 < 0.05，所以不同政治面貌的人群对“下列说法您是否认同：无论父母对自己如何，都应当尽赡养义务”的回答有显著差异。

C9k by K8

下列说法您是否认同：为了家庭利益可以一定程度上牺牲国家利益 * 政治面貌 Crosstabulation

	共产党员	民主党派	共青团员	群众	总计
完全不同意	24.3%	18.2%	20.9%	16.1%	17.2%
不太同意	51.4%	27.3%	47.8%	50.8%	50.5%
比较同意	18.3%	27.3%	23.8%	26.8%	25.9%
完全同意	6.0%	27.3%	7.5%	6.3%	6.4%
总计	100.0%	100.0%	100.0%	100.0%	100.0%
列总计	350	11	320	3393	4074

Chi-square test：df = 9，卡方值为 34.700，sig = 0.000 < 0.05，所以不同政治面貌的人群对“下列说法您是否认同：为了家庭利益可以一定程度上牺牲国家利益”的回答有显著差异。

C9l by K8

下列说法您是否认同：为了国家利益可以一定程度上牺牲家庭利益 * 政治面貌 Crosstabulation

	共产党员	民主党派	共青团员	群众	总计
完全不同意	6.3%	9.1%	6.9%	4.9%	5.2%
不太同意	22.5%	36.4%	29.8%	25.3%	25.4%
比较同意	49.6%	45.5%	46.4%	51.2%	50.6%
完全同意	21.7%	9.1%	16.9%	18.6%	18.7%
总计	100.0%	100.0%	100.0%	100.0%	100.0%
列总计	351	11	319	3379	4060

Chi-square test：df = 9，卡方值为 11.668，sig = 0.233 > 0.05，所以不同政治面貌的人群对“下列说法您是否认同：为了国家利益可以一定程度上牺牲家庭利益”的回答没有显著差异。

C10 by K8

假设您的上司或老板是外国人，他侮辱了中国，您会选择 * 政治面貌 Crosstabulation

	共产党员	民主党派	共青团员	群众	总计
当面抗议	71.0%	54.5%	59.6%	66.5%	66.3%

续表

	共产党员	民主党派	共青团员	群众	总计
保持沉默	15.3%	36.4%	19.6%	18.9%	18.7%
暗地里报复	2.7%		4.8%	2.2%	2.5%
以屈求伸，背后骂几句就行了	8.7%	9.1%	12.7%	8.5%	8.9%
无所谓	2.2%		3.3%	3.9%	3.7%
总计	100.0%	100.0%	100.0%	100.0%	100.0%
列总计	366	11	332	3583	4292

Chi-square test：df = 12，卡方值为 25.656，sig = 0.012 < 0.05，所以不同政治面貌的人群对“假设您的上司或老板是外国人，他侮辱了中国，您会选择”的回答有显著差异。

C11 by K8

如果条件允许的话，您希望您的孩子生活在国内，还是到国外定居 ＊ 政治面貌 Crosstabulation

	共产党员	民主党派	共青团员	群众	总计
还是在国内生活好	66.4%	27.3%	48.3%	59.0%	58.7%
到国外定居	10.7%	27.3%	13.5%	9.0%	9.5%
走一步看一步	11.5%	36.4%	19.5%	10.4%	11.2%
没考虑过	11.5%	9.1%	18.6%	21.7%	20.5%
总计	100.0%	100.0%	100.0%	100.0%	100.0%
列总计	366	11	333	3611	4321

Chi square test：df = 9，卡方值为 69.724，sig = 0.000 < 0.05，所以不同政治面貌的人群对“如果条件允许的话，您希望您的孩子生活在国内，还是到国外定居”的回答有显著差异。

C12a by K8

您常常体验到自己身上一种“伦理感”的存在吗？人与人之间 ＊ 政治面貌 Crosstabulation

	共产党员	民主党派	共青团员	群众	总计
没有，只感受到自己实实在在的生活	16.7%	9.1%	10.5%	21.2%	19.9%
偶尔有，但主要是因为那种情况下我的利益与它高度一致	24.4%	45.5%	30.1%	31.9%	31.1%
偶尔有，是在受某种作品或生活情境的影响之后	24.7%	27.3%	31.3%	19.8%	21.2%
时常有，它是一种内在的信念	34.2%	18.2%	28.0%	27.1%	27.8%

续表

	共产党员	民主党派	共青团员	群众	总计
总计	100.0%	100.0%	100.0%	100.0%	100.0%
列总计	365	11	332	3598	4306

Chi-square test：df = 9，卡方值为 54.620，sig = 0.000 < 0.05，所以不同政治面貌的人群对“您常常体验到自己身上一种‘伦理感’的存在吗？人与人之间”的回答有显著差异。

C12b by K8

您常常体验到自己身上一种“伦理感”的存在吗？家庭 ＊ 政治面貌 Crosstabulation

	共产党员	民主党派	共青团员	群众	总计
没有，只感受到自己实实在在的生活	11.2%	18.2%	10.2%	18.8%	17.5%
偶尔有，但主要是因为那种情况下我的利益与它高度一致	11.8%	36.4%	11.7%	17.5%	16.6%
偶尔有，是在受某种作品或生活情境的影响之后	17.8%	27.3%	24.3%	15.2%	16.2%
时常有，它是一种内在的信念	59.2%	18.2%	53.8%	48.5%	49.7%
总计	100.0%	100.0%	100.0%	100.0%	100.0%
列总计	365	11	333	3598	4307

Chi-square test：df = 9，卡方值为 63.932，sig = 0.000 < 0.05，所以不同政治面貌的人群对“您常常体验到自己身上一种‘伦理感’的存在吗？家庭”的回答有显著差异。

C12c by K8

您常常体验到自己身上一种“伦理感”的存在吗？单位 ＊ 政治面貌 Crosstabulation

	共产党员	民主党派	共青团员	群众	总计
没有，只感受到自己实实在在的生活	13.2%		18.1%	22.4%	21.2%
偶尔有，但主要是因为那种情况下我的利益与它高度一致	25.3%	45.5%	29.3%	33.4%	32.4%
偶尔有，是在受某种作品或生活情境的影响之后	29.9%	36.4%	34.1%	27.1%	27.9%
时常有，它是一种内在的信念	31.6%	18.2%	18.4%	17.1%	18.4%
总计	100.0%	100.0%	100.0%	100.0%	100.0%
列总计	364	11	331	3584	4290

Chi-square test：df = 9，卡方值为 69.367，sig = 0.000 < 0.05，所以不同政治面貌的人群对“您常常体验到自己身上一种‘伦理感’的存在吗？单位”的回答有显著差异。

C12d by K8

您常常体验到自己身上一种"伦理感"的存在吗？社区、城市 ＊ 政治面貌 Crosstabulation

	共产党员	民主党派	共青团员	群众	总计
没有，只感受到自己实实在在的生活	18.4%		20.5%	22.8%	22.2%
偶尔有，但主要是因为那种情况下我的利益与它高度一致	20.1%	54.5%	27.1%	29.4%	28.5%
偶尔有，是在受某种作品或生活情境的影响之后	33.0%	36.4%	32.2%	28.0%	28.8%
时常有，它是一种内在的信念	28.6%	9.1%	20.2%	19.7%	20.5%
总计	100.0%	100.0%	100.0%	100.0%	100.0%
列总计	364	11	332	3592	4299

Chi-square test：df = 9，卡方值为36.654，sig = 0.000 < 0.05，所以不同政治面貌的人群对"您常常体验到自己身上一种'伦理感'的存在吗？社区、城市"的回答有显著差异。

C13 by K8

您常常体验到自己身上有一种道德感的存在和满足吗 ＊ 政治面貌 Crosstabulation

	共产党员	民主党派	共青团员	群众	总计
没有，只是凭自己的感觉和利益办事	8.7%	18.2%	8.7%	14.9%	13.9%
在有监督的环境中或有别人在场时有，其他环境中没有	8.7%	9.1%	9.0%	14.3%	13.4%
经常有，问心无愧、不做亏心事最重要	63.4%	54.5%	53.8%	49.6%	51.1%
没有特别的感觉，但从来不做不道德的事	18.9%	18.2%	28.5%	21.1%	21.5%
其他	0.3%			0.1%	0.1%
总计	100.0%	100.0%	100.0%	100.0%	100.0%
列总计	366	11	333	3604	4314

Chi-square test：df = 12，卡方值为52.997，sig = 0.000 < 0.05，所以不同政治面貌的人群对"您常常体验到自己身上有一种'道德感'的存在和满足吗"的回答有显著差异。

C14 by K8

您认为国家对于个人存在的意义是 ＊ 政治面貌 Crosstabulation

	共产党员	民主党派	共青团员	群众	总计
国家离我们很遥远，个人最重要	9.1%	18.2%	16.1%	22.2%	20.6%

续表

	共产党员	民主党派	共青团员	群众	总计
国家最重要，是我们的安身之地，国家富强个人才能过得好	90.9%	72.7%	83.0%	77.6%	79.1%
其他		9.1%	0.9%	0.2%	0.3%
总计	100.0%	100.0%	100.0%	100.0%	100.0%
列总计	364	11	329	3611	4315

Chi-square test：df = 6，卡方值为 79.974，sig = 0.000 < 0.05，所以不同政治面貌的人群对“您认为国家对于个人存在的意义是”的回答有显著差异。

C15 by K8

您认为对社会生活而言，个体德性和社会公正哪个更重要 * 政治面貌 Crosstabulation

	共产党员	民主党派	共青团员	群众	总计
个体德性最重要	11.2%	9.1%	9.9%	15.6%	14.8%
社会公正最重要	26.5%	54.5%	21.9%	33.6%	32.2%
二者应当统一，但二者矛盾时应先追求个体德性	24.6%	18.2%	32.7%	25.9%	26.3%
二者应当统一，但二者矛盾时应先追求社会公正	37.7%	18.2%	35.4%	24.8%	26.7%
总计	100.0%	100.0%	100.0%	100.0%	100.0%
列总计	366	11	333	3610	4320

Chi-square test：df = 9，卡方值为 66.259，sig = 0.000 < 0.05，所以不同政治面貌的人群对“您认为对社会生活而言，个体德性和社会公正哪个更重要”的回答有显著差异。

C16 by K8

在公共生活中，个人之所以要遵守道德，是因为 * 政治面貌 Crosstabulation

	共产党员	民主党派	共青团员	群众	总计
遵守道德有利于自身利益的实现	15.8%	27.3%	18.7%	21.5%	20.8%
个人是社会的一分子，应当遵守道德	41.3%	45.5%	35.5%	39.0%	39.0%
遵守道德社会才能有序和美好	40.4%	18.2%	41.6%	34.7%	35.6%
不遵守道德会被别人议论或谴责	1.9%	9.1%	3.9%	4.7%	4.4%
其他	0.5%		0.3%	0.1%	0.1%
总计	100.0%	100.0%	100.0%	100.0%	100.0%
列总计	366	11	332	3604	4313

Chi-square test：df = 12，卡方值为 27.744，sig = 0.006 < 0.05，所以不同政治面貌的人群对“在公共生活中，个人之所以要遵守道德，是因为”的回答有显著差异。

C17 by K8

关于职业劳动的说法，您最认同的是 * 政治面貌 Crosstabulation

	共产党员	民主党派	共青团员	群众	总计
职业劳动是个人和家庭谋生的手段	41.1%	36.4%	40.1%	56.8%	54.1%
职业劳动是为社会创造财富	30.7%	36.4%	21.7%	24.0%	24.4%
职业劳动是个人兴趣和价值实现的方式	27.9%	27.3%	37.7%	19.1%	21.3%
其他	0.3%		0.6%	0.2%	0.3%
总计	100.0%	100.0%	100.0%	100.0%	100.0%
列总计	365	11	332	3582	4290

Chi-square test：df = 9，卡方值为 96.267，sig = 0.000 < 0.05，所以不同政治面貌的人群对“关于职业劳动的说法，您最认同的是”的回答有显著差异。

C18a by K8

您认为造成有些人忧郁、自杀的原因是？欲望过多过大，不能知足常乐 * 政治面貌 Crosstabulation

	共产党员	民主党派	共青团员	群众	总计
未选中	67.8%	50.0%	61.1%	70.0%	69.1%
选中	32.2%	50.0%	38.9%	30.0%	30.9%
总计	100.0%	100.0%	100.0%	100.0%	100.0%
列总计	363	10	332	3580	4285

Chi-square test：df = 3，卡方值为 13.295，sig = 0.004 < 0.05，所以不同政治面貌的人群对“您认为造成有些人忧郁、自杀的原因是？欲望过多过大，不能知足常乐”的回答有显著差异。

C18b by K8

您认为造成有些人忧郁、自杀的原因是？对自己和未来没有把握 * 政治面貌 Crosstabulation

	共产党员	民主党派	共青团员	群众	总计
未选中	74.1%	80.0%	70.2%	70.5%	70.8%
选中	25.9%	20.0%	29.8%	29.5%	29.2%
总计	100.0%	100.0%	100.0%	100.0%	100.0%
列总计	363	10	332	3580	4285

Chi-square test：df = 3，卡方值为 2.570，sig = 0.463 > 0.05，所以不同政治面貌的人群对“您认为造成有些人忧郁、自杀的原因是？对自己和未来没有把握”的回答没有显著差异。

C18c by K8

您认为造成有些人忧郁、自杀的原因是？竞争激烈，工作压力过大，身心疲惫 ＊ 政治面貌 Crosstabulation

	共产党员	民主党派	共青团员	群众	总计
未选中	49.3%	50.0%	42.2%	50.2%	49.5%
选中	50.7%	50.0%	57.8%	49.8%	50.5%
总计	100.0%	100.0%	100.0%	100.0%	100.0%
列总计	363	10	332	3580	4285

Chi-square test：df = 3，卡方值为 7.837，sig = 0.049 < 0.05，所以不同政治面貌的人群对“您认为造成有些人忧郁、自杀的原因是？竞争激烈，工作压力过大，身心疲惫”的回答有显著差异。

C18d by K8

您认为造成有些人忧郁、自杀的原因是？人与人之间缺乏信任感，人际关系紧张 ＊ 政治面貌 Crosstabulation

	共产党员	民主党派	共青团员	群众	总计
未选中	68.0%	60.0%	62.7%	61.3%	61.9%
选中	32.0%	40.0%	37.3%	38.7%	38.1%
总计	100.0%	100.0%	100.0%	100.0%	100.0%
列总计	363	10	332	3580	4285

Chi-square test：df = 3，卡方值为 6.533，sig = 0.088 > 0.05，所以不同政治面貌的人群对“您认为造成有些人忧郁、自杀的原因是？人与人之间缺乏信任感，人际关系紧张”的回答没有显著差异。

C18e by K8

您认为造成有些人忧郁、自杀的原因是？有烦恼很难找到人倾诉和排解 ＊ 政治面貌 Crosstabulation

	共产党员	民主党派	共青团员	群众	总计
未选中	74.4%	50.0%	70.2%	76.3%	75.6%
选中	25.6%	50.0%	29.8%	23.7%	24.4%
总计	100.0%	100.0%	100.0%	100.0%	100.0%
列总计	363	10	332	3580	4285

Chi-square test：df = 3，卡方值为 10.039，sig = 0.018 < 0.05，所以不同政治面貌的人群对“您认为造成有些人忧郁、自杀的原因是？有烦恼很难找到人倾诉和排解”的回答有显著差异。

C18f by K8

您认为造成有些人忧郁、自杀的原因是？缺乏自我理解和自我调节能力 ＊ 政治面貌 Crosstabulation

	共产党员	民主党派	共青团员	群众	总计
未选中	74.1%	90.0%	75.0%	76.2%	75.9%
选中	25.9%	10.0%	25.0%	23.8%	24.1%
总计	100.0%	100.0%	100.0%	100.0%	100.0%
列总计	363	10	332	3580	4285

Chi-square test：df = 3，卡方值为 2.018，sig = 0.569 > 0.05，所以不同政治面貌的人群对“您认为造成有些人忧郁、自杀的原因是？缺乏自我理解和自我调节能力”的回答没有显著差异。

C18g by K8

您认为造成有些人忧郁、自杀的原因是？现代人缺乏安顿自己、化解内心矛盾的能力 ＊ 政治面貌 Crosstabulation

	共产党员	民主党派	共青团员	群众	总计
未选中	69.7%	90.0%	69.0%	75.0%	74.1%
选中	30.3%	10.0%	31.0%	25.0%	25.9%
总计	100.0%	100.0%	100.0%	100.0%	100.0%
列总计	363	10	332	3580	4285

Chi-square test：df = 3，卡方值为 10.944，sig = 0.012 < 0.05，所以不同政治面貌的人群对“您认为造成有些人忧郁、自杀的原因是？现代人缺乏安顿自己、化解内心矛盾的能力”的回答有显著差异。

C18h by K8

您认为造成有些人忧郁、自杀的原因是？缺乏道德公正，没有道德的人总是占便宜 ＊ 政治面貌 Crosstabulation

	共产党员	民主党派	共青团员	群众	总计
未选中	78.2%	80.0%	81.3%	75.7%	76.4%
选中	21.8%	20.0%	18.7%	24.3%	23.6%
总计	100.0%	100.0%	100.0%	100.0%	100.0%
列总计	363	10	332	3580	4285

Chi-square test：df = 3，卡方值为 6.184，sig = 0.103 > 0.05，所以不同政治面貌的人群对“您认为造成有些人忧郁、自杀的原因是？缺乏道德公正，没有道德的人总是占便宜”的回答没有显著差异。

C18i by K8

您认为造成有些人忧郁、自杀的原因是？缺乏理想和信念支持，精神没有寄托和归宿 ＊ 政治面貌 Crosstabulation

	共产党员	民主党派	共青团员	群众	总计
未选中	75.5%	80.0%	69.6%	78.6%	77.6%
选中	24.5%	20.0%	30.4%	21.4%	22.4%
总计	100.0%	100.0%	100.0%	100.0%	100.0%
列总计	363	10	332	3580	4285

Chi-square test：df = 3，卡方值为 15.228，sig = 0.002 < 0.05，所以不同政治面貌的人群对“您认为造成有些人忧郁、自杀的原因是？缺乏理想和信念支持，精神没有寄托和归宿”的回答有显著差异。

C18j by K8

您认为造成有些人忧郁、自杀的原因是？生活压力大 ＊ 政治面貌 Crosstabulation

	共产党员	民主党派	共青团员	群众	总计
未选中	43.3%	50.0%	39.2%	44.5%	44.0%
选中	56.7%	50.0%	60.8%	55.5%	56.0%
总计	100.0%	100.0%	100.0%	100.0%	100.0%
列总计	363	10	332	3580	4285

Chi-square test：df = 3，卡方值为 3.749，sig = 0.290 > 0.05，所以不同政治面貌的人群对“您认为造成有些人忧郁、自杀的原因是？生活压力大”的回答没有显著差异。

C18k by K8

您认为造成有些人忧郁、自杀的原因是？生活孤独无聊 ＊ 政治面貌 Crosstabulation

	共产党员	民主党派	共青团员	群众	总计
未选中	89.8%	70.0%	82.8%	91.1%	90.3%
选中	10.2%	30.0%	17.2%	8.9%	9.7%
总计	100.0%	100.0%	100.0%	100.0%	100.0%
列总计	363	10	332	3580	4285

Chi-square test：df = 3，卡方值为 28.231，sig = 0.000 < 0.05，所以不同政治面貌的人群对“您认为造成有些人忧郁、自杀的原因是？生活孤独无聊”的回答有显著差异。

C19a by K8

如果您与家庭成员之间发生重大利益冲突，您会首先选择哪种途径来解决 ＊ 政治面貌 Crosstabulation

	共产党员	民主党派	共青团员	群众	总计
诉诸法律，打官司	1.1%		1.8%	0.8%	0.9%
直接找对方沟通但得理让人，适可而止	53.4%	27.3%	59.3%	53.0%	53.4%
通过第三方（如社会机构、朋友等）从中调解，尽量不伤和气	11.0%	27.3%	12.8%	9.4%	9.9%
能忍则忍	34.4%	45.5%	26.1%	36.8%	35.8%
总计	100.0%	100.0%	100.0%	100.0%	100.0%
列总计	363	11	329	3554	4257

Chi-square test：df = 9，卡方值为 23.541，sig = 0.005 < 0.05，所以不同政治面貌的人群对“如果您与家庭成员之间发生重大利益冲突，您会首先选择哪种途径来解决”的回答有显著差异。

C19b by K8

如果您与朋友之间发生重大利益冲突，您会首先选择哪种途径来解决 ＊ 政治面貌 Crosstabulation

	共产党员	民主党派	共青团员	群众	总计
诉诸法律，打官司	1.9%		1.5%	2.4%	2.3%
直接找对方沟通但得理让人，适可而止	53.2%	45.5%	60.4%	53.2%	53.7%
通过第三方（如社会机构、朋友等）从中调解，尽量不伤和气	23.1%	45.5%	24.9%	21.4%	21.9%
能忍则忍	21.7%	9.1%	13.2%	23.0%	22.1%
总计	100.0%	100.0%	100.0%	100.0%	100.0%
列总计	359	11	333	3552	4255

Chi-square test：df = 3，卡方值为 11.165，sig = 0.011 < 0.05，所以不同政治面貌的人群对“如果您与家庭成员之间发生重大利益冲突，您会首先选择哪种途径来解决”的回答有显著差异。

C19c by K8

如果您与同事之间发生重大利益冲突，您会首先选择哪种途径来解决 ＊ 政治面貌 Crosstabulation

	共产党员	民主党派	共青团员	群众	总计
诉诸法律，打官司	3.1%		4.6%	4.1%	4.1%
直接找对方沟通但得理让人，适可而止	53.0%	50.0%	51.5%	53.7%	53.5%

续表

	共产党员	民主党派	共青团员	群众	总计
通过第三方（如社会机构、朋友等）从中调解，尽量不伤和气	30.5%	40.0%	33.9%	28.7%	29.3%
能忍则忍	13.4%	10.0%	10.1%	13.4%	13.1%
总计	100.0%	100.0%	100.0%	100.0%	100.0%
列总计	351	10	307	3364	4032

Chi-square test：df=9，卡方值为7.196，sig=0.617>0.05，所以不同政治面貌的人群对“如果您与同事之间发生重大利益冲突，您会首先选择哪种途径来解决”的回答没有显著差异。

C19d by K8

如果您与商业伙伴之间发生重大利益冲突，您会首先选择哪种途径来解决 * 政治面貌 Crosstabulation

	共产党员	民主党派	共青团员	群众	总计
诉诸法律，打官司	45.8%	30.0%	36.4%	40.5%	40.6%
直接找对方沟通但得理让人，适可而止	26.1%	20.0%	31.6%	26.3%	26.7%
通过第三方（如社会机构、朋友等）从中调解，尽量不伤和气	23.9%	50.0%	26.5%	27.8%	27.4%
能忍则忍	4.2%		5.4%	5.4%	5.3%
总计	100.0%	100.0%	100.0%	100.0%	100.0%
列总计	310	10	294	3010	3624

Chi-square test：df=9，卡方值为11.561，sig=0.239>0.05，所以不同政治面貌的人群对“如果您与商业伙伴之间发生重大利益冲突，您会首先选择哪种途径来解决”的回答没有显著差异。

C20 by K8

您认为在自己的成长中得到道德训练的最重要场所或机构是 * 政治面貌 Crosstabulation

	共产党员	民主党派	共青团员	群众	总计
家庭	24.4%	27.3%	34.8%	35.1%	34.1%
学校	27.1%	36.4%	35.4%	22.0%	23.5%
社会（如工作单位、社区等）	34.8%	27.3%	20.4%	31.8%	31.1%
国家或政府	8.2%	9.1%	2.7%	7.0%	6.8%
媒体	1.1%		1.5%	1.8%	1.7%
其他	4.4%		5.1%	2.4%	2.7%

续表

	共产党员	民主党派	共青团员	群众	总计
总计	100.0%	100.0%	100.0%	100.0%	100.0%
列总计	365	11	333	3596	4305

Chi-square test：df = 15，卡方值为 75.274，sig = 0.000 < 0.05，所以不同政治面貌的人群对“您认为在自己的成长中得到道德训练的最重要场所或机构是”的回答有显著差异。

C21 by K8

您的思想行为受什么人影响最大 ＊ 政治面貌 Crosstabulation

	共产党员	民主党派	共青团员	群众	总计
政府官员	26.5%	36.4%	12.9%	25.9%	25.0%
企业家	14.2%	18.2%	13.8%	22.1%	20.8%
演艺明星	11.7%		6.8%	7.2%	7.5%
教师	44.8%	36.4%	56.6%	44.4%	45.4%
知识精英	18.1%	9.1%	12.3%	16.2%	16.1%
公众人物	29.0%	9.1%	20.3%	27.2%	26.8%
农民	3.9%	27.3%	4.6%	8.0%	7.4%
工人	3.3%		1.2%	3.4%	3.2%
先哲先贤	18.7%	18.2%	17.8%	13.4%	14.2%
父母	69.9%	63.6%	77.5%	68.3%	69.2%
网络大 V	3.6%		4.6%	3.3%	3.4%
宗教人士	0.6%	9.1%	0.3%	0.8%	0.8%
列总计	359	11	325	3468	4163

据上表所示，不同政治面貌的人群对“您的思想行为受什么人影响最大”的回答有显著差异。

C22 by K8

影响您道德判断和道德选择的最主要的因素是 ＊ 政治面貌 Crosstabulation

	共产党员	民主党派	共青团员	群众	总计
自己的良心	72.9%	54.5%	78.9%	72.0%	72.6%
大多数人持有的观点	29.0%	27.3%	27.2%	41.0%	38.9%
公众人士和权威人物的观点	8.5%	9.1%	8.5%	6.8%	7.1%
国外媒体的观点	3.6%		2.7%	5.5%	5.1%
自己的利益	12.1%	9.1%	11.8%	15.1%	14.6%

续表

	共产党员	民主党派	共青团员	群众	总计
他人的评价	7.1%	9.1%	5.1%	6.7%	6.6%
社会后果	19.7%	18.2%	13.6%	13.5%	14.1%
大多数人认可的道德规范	22.5%	36.4%	21.5%	17.8%	18.5%
先贤教导	7.7%	9.1%	9.7%	4.8%	5.4%
“朋友圈”的观点			3.3%	2.5%	2.4%
列总计	365	11	331	3541	4248

据上表所示，不同政治面貌的人群对“影响您道德判断和道德选择的最主要的因素”的回答有显著差异。

C23 by K8

现在经常有一些网民在网络上曝光别人的隐私，您怎么看待这种行为 * 政治面貌 Crosstabulation

	共产党员	民主党派	共青团员	群众	总计
这是违法行为，应该制止	48.8%	36.4%	41.3%	43.2%	43.6%
这是不道德行为，应该进行谴责	35.7%	54.5%	36.4%	45.8%	44.2%
这是社会监督的重要途径，不必完全禁止，但需要规范和引导	14.7%	9.1%	19.6%	9.4%	10.7%
这是网民的自由，别人不应该干涉	0.8%		2.8%	1.5%	1.6%
总计	100.0%	100.0%	100.0%	100.0%	100.0%
列总计	361	11	327	3441	4140

Chi-square test：df = 9，卡方值为 55.007，sig = 0.000 < 0.05，所以不同政治面貌的人群对“现在经常有一些网民在网络上曝光别人的隐私，您怎么看待这种行为”的回答有显著差异。

C24a by K8

您最近两年是否参加过以下活动？志愿者活动 * 政治面貌 Crosstabulation

	共产党员	民主党派	共青团员	群众	总计
是	46.4%	36.4%	40.8%	12.7%	17.8%
否	53.6%	63.6%	59.2%	87.3%	82.2%
总计	100.0%	100.0%	100.0%	100.0%	100.0%
列总计	366	11	333	3608	4318

Chi-square test：df = 3，卡方值为 393.240，sig = 0.000 < 0.05，所以不同政治面貌的人群对“您最近两年是否参加过以下活动？志愿者活动”的回答有显著差异。

C24b by K8

您参加的频率：志愿者活动 ＊ 政治面貌 Crosstabulation

	共产党员	民主党派	共青团员	群众	总计
从来没有	53.6%	63.6%	59.2%	87.3%	82.2%
参加过一两次	18.0%	9.1%	26.4%	6.0%	8.6%
偶尔参加一次	17.8%	27.3%	10.8%	5.2%	6.8%
经常参加	10.7%		3.6%	1.4%	2.4%
总计	100.0%	100.0%	100.0%	100.0%	100.0%
列总计	366	11	333	3608	4318

Chi-square test：df = 9，卡方值为 471.781，sig = 0.000 < 0.05，所以不同政治面貌的人群对“您参加的频率：志愿者活动”的回答有显著差异。

C24c by K8

您最近两年是否参加过以下活动？无偿献血 ＊ 政治面貌 Crosstabulation

	共产党员	民主党派	共青团员	群众	总计
是	33.1%	27.3%	22.5%	8.8%	11.9%
否	66.9%	72.7%	77.5%	91.2%	88.1%
总计	100.0%	100.0%	100.0%	100.0%	100.0%
列总计	366	11	333	3609	4319

Chi-square test：df = 31，卡方值为 228.261，sig = 0.000 < 0.05，所以不同政治面貌的人群对“您最近两年是否参加过以下活动？无偿献血”的回答有显著差异。

C24d by K8

您参加的频率：无偿献血 ＊ 政治面貌 Crosstabulation

	共产党员	民主党派	共青团员	群众	总计
从来没有	66.9%	72.7%	77.5%	91.2%	88.1%
参加过一两次	15.3%	18.2%	13.2%	4.0%	5.7%
偶尔参加一次	13.4%	9.1%	8.4%	4.0%	5.2%
经常参加	4.4%		0.9%	0.7%	1.0%
总计	100.0%	100.0%	100.0%	100.0%	100.0%
列总计	366	11	333	3609	4319

Chi-square test：df = 9，卡方值为 247.435，sig = 0.000 < 0.05，所以不同政治面貌的人群对“您参加的频率：无偿献血”的回答有显著差异。

C24e by K8

您最近两年是否参加过以下活动？捐款、捐物 * 政治面貌 Crosstabulation

	共产党员	民主党派	共青团员	群众	总计
是	69.9%	45.5%	70.3%	37.4%	42.7%
否	30.1%	54.5%	29.7%	62.6%	57.3%
总计	100.0%	100.0%	100.0%	100.0%	100.0%
列总计	366	11	333	3609	4319

Chi-square test：df=3，卡方值为255.363，sig=0.000<0.05，所以不同政治面貌的人群对“您最近两年是否参加过以下活动？捐款、捐物”的回答有显著差异。

C24f by K8

您参加的频率：捐款、捐物 * 政治面貌 Crosstabulation

	共产党员	民主党派	共青团员	群众	总计
从来没有	30.1%	54.5%	29.7%	62.6%	57.3%
参加过一两次	24.3%	9.1%	35.1%	17.4%	19.3%
偶尔参加一次	25.1%	18.2%	22.8%	14.3%	15.9%
经常参加	20.5%	18.2%	12.3%	5.7%	7.5%
总计	100.0%	100.0%	100.0%	100.0%	100.0%
列总计	366	11	333	3609	4319

Chi-square test：df=9，卡方值为308.954，sig=0.000<0.05，所以不同政治面貌的人群对“您参加的频率：捐款、捐物”的回答有显著差异。

C25 by K8

目前中国社会的两性关系日益开放，它对社会风尚的影响是 * 政治面貌 Crosstabulation

	共产党员	民主党派	共青团员	群众	总计
是社会进步的表现	7.9%	18.2%	13.0%	11.2%	11.1%
两性关系混乱必然导致道德沦丧、污染社会风气	66.6%	36.4%	45.2%	61.8%	60.9%
个人选择，无所谓好坏	25.5%	45.5%	41.6%	26.8%	27.9%
其他			0.3%	0.2%	0.2%
总计	100.0%	100.0%	100.0%	100.0%	100.0%
列总计	365	11	332	3595	4303

Chi-square test：df=9，卡方值为48.597，sig=0.000<0.05，所以不同政治面貌的人群对“目前中国社会的两性关系日益开放，它对社会风尚的影响是”的回答有显著差异。

C26 by K8

您对一些重要事情所持的观点和回答与其他人一致的时候有多少 * 政治面貌 Crosstabulation

	共产党员	民主党派	共青团员	群众	总计
非常少	1.4%		0.6%	2.3%	2.1%
比较少	11.6%	9.1%	10.8%	10.2%	10.3%
一般	33.1%	63.6%	50.9%	50.2%	48.8%
比较多	49.2%	27.3%	34.0%	32.8%	34.3%
非常多	4.8%		3.7%	4.5%	4.5%
总计	100.0%	100.0%	100.0%	100.0%	100.0%
列总计	354	11	324	3325	4014

Chi-square test：df = 12，卡方值为52.192，sig = 0.000 < 0.05，所以不同政治面貌的人群对“您对一些重要事情所持的观点和回答与其他人一致的时候有多少”的回答有显著差异。

C27 by K8

您对待目前社会上一部分人的奢侈消费行为的回答是 * 政治面貌 Crosstabulation

	共产党员	民主党派	共青团员	群众	总计
钞票是他们自己的，他们愿意怎么花就怎么花	22.4%	36.4%	34.8%	31.8%	31.3%
他们应该遵守勤俭的传统美德，适度消费	64.8%	63.6%	43.8%	56.4%	56.2%
过度消费行为只要对别人无害，就不应干涉	12.6%		21.0%	11.6%	12.4%
其他	0.3%		0.3%	0.1%	0.2%
总计	100.0%	100.0%	100.0%	100.0%	100.0%
列总计	366	11	333	3610	4320

Chi-square test：df = 9，卡方值为48.795，sig = 0.000 < 0.05，所以不同政治面貌的人群对“您对待目前社会上一部分人的奢侈消费行为的回答是”的回答有显著差异。

C28 by K8

孝敬、礼让、仁爱、节俭等优良传统，您认为现在还需要这些吗 * 政治面貌 Crosstabulation

	共产党员	民主党派	共青团员	群众	总计
这些好传统什么时候都不能丢	90.7%	81.8%	79.9%	83.7%	84.0%

续表

	共产党员	民主党派	共青团员	群众	总计
可有可无	3.6%	18.2%	4.5%	6.6%	6.2%
已经过时，没必要讲这些	0.8%		3.6%	2.7%	2.6%
有些要，有些不要	4.9%		12.0%	7.0%	7.2%
总计	100.0%	100.0%	100.0%	100.0%	100.0%
列总计	366	11	333	3611	4321

Chi-square test：df = 9，卡方值为 32.538，sig = 0.000 < 0.05，所以不同政治面貌的人群对“孝敬、礼让、仁爱、节俭等优良传统，您认为现在还需要这些吗”的回答有显著差异。

C29 by K8

民族英雄和新时期的先进人物，您觉得他们的精神还值得在全社会大力倡导吗 * 政治面貌 Crosstabulation

	共产党员	民主党派	共青团员	群众	总计
我很佩服他们，现在社会就缺这种精神，要加大宣传	83.8%	54.5%	69.1%	70.4%	71.4%
以前知道一些，现在不太关注了	10.7%	27.3%	16.2%	22.9%	21.4%
时过境迁，这些典型的影响力越来越小了，没太多人关心了	4.7%	18.2%	14.1%	4.7%	5.4%
不知道，也不关心	0.8%		0.6%	2.0%	1.8%
总计	100.0%	100.0%	100.0%	100.0%	100.0%
列总计	365	11	333	3608	4317

Chi-square test：df = 9，卡方值为 96.087，sig = 0.000 < 0.05，所以不同政治面貌的人群对“民族英雄和新时期的先进人物，您觉得他们的精神还值得在全社会大力倡导吗”的回答有显著差异。

C30 by K8

当在公交车上遇到小偷正在偷乘客钱包时，您会选择以下哪种做法 * 政治面貌 Crosstabulation

	共产党员	民主党派	共青团员	群众	总计
马上冲上去制止	34.7%	27.3%	22.3%	21.2%	22.5%
出于害怕，装作什么都没有看到	3.3%	18.2%	5.4%	6.7%	6.4%
不敢直接与小偷对抗，但以适当方式悄悄提醒当事人或报警	57.7%	27.3%	68.1%	65.8%	65.2%
只要偷的不是我，不用多管闲事，免得惹麻烦	3.8%	18.2%	3.6%	5.6%	5.4%
其他	0.5%	9.1%	0.6%	0.6%	0.6%

续表

	共产党员	民主党派	共青团员	群众	总计
总计	100.0%	100.0%	100.0%	100.0%	100.0%
列总计	366	11	332	3604	4313

Chi-square test：df = 12，卡方值为 61.858，sig = 0.000 < 0.05，所以不同政治面貌的人群对“当在公交车上遇到小偷正在偷乘客钱包时，您会选择哪种做法”的回答有显著差异。

C31 by K8

小王知道做某件事是道德的但没去行动，哪种因素是他采取行动最大障碍 ＊ 政治面貌 Crosstabulation

	共产党员	民主党派	共青团员	群众	总计
采取行动会损害自己利益	17.4%	36.4%	21.1%	19.0%	19.1%
采取行动也难以取得预期效果	11.6%	18.2%	14.2%	17.0%	16.3%
大家都不做，我何必管闲事	14.0%	18.2%	17.2%	17.9%	17.5%
自身能力有限，心有余而力不足	43.0%	9.1%	35.2%	34.0%	34.8%
即使我不做，相信还会有别人去做	10.2%	18.2%	9.0%	8.3%	8.6%
明白就行，让别人去做吧	3.9%		2.7%	3.2%	3.2%
其他			0.6%	0.6%	0.5%
总计	100.0%	100.0%	100.0%	100.0%	100.0%
列总计	363	11	332	3581	4287

Chi-square test：df = 18，卡方值为 28.143，sig = 0.060 > 0.05，所以不同政治面貌的人群对“小王知道做某件事是道德的但没去行动，哪种因素是他采取行动最大障碍”的回答没有显著差异。

C32 by K8

当与他人发生分歧时，能否体谅宽容他人 ＊ 政治面貌 Crosstabulation

	共产党员	民主党派	共青团员	群众	总计
不宽容，必须弄清是非曲直	11.3%	9.1%	9.7%	6.7%	7.3%
偶尔	20.3%	54.5%	24.2%	27.4%	26.6%
有时	35.4%	27.3%	42.0%	44.9%	43.9%
经常	33.0%	9.1%	24.2%	21.0%	22.3%
总计	100.0%	100.0%	100.0%	100.0%	100.0%
列总计	364	11	331	3603	4309

Chi-square test：df = 9，卡方值为 52.954，sig = 0.000 < 0.05，所以不同政治面貌的人群对“当与他人发生分歧时，能否体谅宽容他人”的回答有显著差异。

C33 by K8

您认为解决当前我国的公民道德和社会风尚问题，最关键的途径是 * 政治面貌 Crosstabulation

	共产党员	民主党派	共青团员	群众	总计
加强法制	47.9%	30.0%	47.3%	44.8%	45.2%
弘扬优秀传统道德	52.1%	70.0%	43.4%	51.5%	50.9%
建设伦理道德的核心价值	21.6%	10.0%	20.5%	16.1%	16.9%
惩治官员腐败	14.0%	50.0%	19.3%	25.0%	23.7%
解决分配不公问题	13.7%	10.0%	10.5%	13.6%	13.4%
提高个人道德素质	30.1%	10.0%	39.5%	33.9%	34.0%
列总计	365	10	332	3599	4306

据上表所示，不同政治面貌的人群对“您认为解决当前我国的公民道德和社会风尚问题，最关键的途径”的回答有显著差异。

C34 by K8

您知道社会主义核心价值观吗？请您把它们选出来 * 政治面貌 Crosstabulation

	共产党员	民主党派	共青团员	群众	总计
文明	90.3%	60.0%	84.6%	81.8%	82.8%
诚信	91.4%	80.0%	93.7%	89.0%	89.6%
勇敢	24.9%	40.0%	18.7%	37.2%	34.6%
爱国	86.2%	80.0%	83.7%	78.6%	79.7%
创新	22.9%	10.0%	22.7%	31.4%	29.9%
友善	63.3%	70.0%	69.2%	50.5%	53.2%
勤劳	13.3%	10.0%	20.2%	21.2%	20.4%
列总计	362	10	331	3431	4134

据上表所示，不同政治面貌的人群对“您知道的社会主义核心价值观”的回答有显著差异。

C35 by K8

您认为社会主义核心价值观与您的工作、生活有关系吗 * 政治面貌 Crosstabulation

	共产党员	民主党派	共青团员	群众	总计
对改变社会风气有好处，每个人都应该这样做人做事	91.4%	75.0%	86.9%	85.0%	85.7%

续表

	共产党员	民主党派	共青团员	群众	总计
与个人工作、生活没关系	8.6%	25.0%	13.1%	15.0%	14.3%
总计	100.0%	100.0%	100.0%	100.0%	100.0%
列总计	348	8	312	3294	3962

Chi-square test：df = 3，卡方值为 11.546，sig = 0.009 < 0.05，所以不同政治面貌的人群对“您认为社会主义核心价值观与您的工作、生活有关系吗”的回答有显著差异。

C36 by K8

在全社会特别是青少年中开展革命传统教育，您认为有没有这个必要 * 政治面貌 Crosstabulation

	共产党员	民主党派	共青团员	群众	总计
很有必要，什么时候都不能忘本	92.3%	90.9%	87.7%	90.3%	90.3%
可有可无	4.4%		7.8%	6.0%	5.9%
没有必要，已经过时了	3.3%	9.1%	4.5%	3.7%	3.8%
总计	100.0%	100.0%	100.0%	100.0%	100.0%
列总计	366	11	332	3611	4320

Chi-square test：df = 6，卡方值为 6.183，sig = 0.403 > 0.05，所以不同政治面貌的人群对“在全社会特别是青少年中开展革命传统教育，您认为有没有这个必要”的回答没有显著差异。

C37 by K8

当您途经一场所，正遇到升国旗仪式，看到国旗在国歌声中升起的时候，您会怎么做 * 政治面貌 Crosstabulation

	共产党员	民主党派	共青团员	群众	总计
原地站立，面向国旗行注目礼	41.5%	36.4%	41.8%	20.8%	24.2%
停下来看一看	53.8%	27.3%	51.2%	67.2%	64.7%
只当没看见，该干吗干吗	4.6%	36.4%	7.0%	12.1%	11.1%
总计	100.0%	100.0%	100.0%	100.0%	100.0%
列总计	366	11	330	3608	4315

Chi-square test：df = 6，卡方值为 156.130，sig = 0.000 < 0.05，所以不同政治面貌的人群对“当您途经一场所，正遇到升国旗仪式，看到国旗在国歌声中升起的时候，您会怎么做”的回答有显著差异。

C38 by K8

今年您参加过纪念中国共产党成立96周年等主题教育活动吗 * 政治面貌 Crosstabulation

	共产党员	民主党派	共青团员	群众	总计
参加过，很受教育	34.2%	27.3%	16.1%	5.4%	8.7%
听说过，但是没有参加过	52.2%	45.5%	63.9%	64.7%	63.5%
这种活动基本都是形式大于内容	8.7%	9.1%	12.4%	10.3%	10.3%
不关心这些	4.9%	18.2%	7.6%	19.7%	17.5%
总计	100.0%	100.0%	100.0%	100.0%	100.0%
列总计	366	11	330	3611	4318

Chi-square test：df = 9，卡方值为416.485，sig = 0.000 < 0.05，所以不同政治面貌的人群对“今年您参加过纪念中国共产党成立96周年等主题教育活动吗”的回答有显著差异。

D1 by K8

您认为现代家庭关系中最令人担忧的问题是 * 政治面貌 Crosstabulation

	共产党员	民主党派	共青团员	群众	总计
只有一个孩子，对家庭的未来没把握	25.8%	27.3%	18.0%	25.5%	25.0%
独生子女难以承担养老责任，老无所养	29.4%	27.3%	26.5%	35.5%	34.2%
年轻人不愿结婚，或不愿生孩子，家族传承危机	16.5%	9.1%	15.2%	16.6%	16.5%
婚姻不稳定，年轻人缺乏守护婚姻的意识和能力	26.1%	27.3%	27.4%	25.8%	25.9%
子女尤其是独生子女缺乏责任感，孝道意识薄弱	17.6%	36.4%	14.9%	17.3%	17.2%
代沟严重，父母与子女之间难以沟通	20.7%	27.3%	25.3%	23.2%	23.2%
婆媳关系紧张	4.5%		6.7%	6.5%	6.3%
父母不民主，不能容忍差异	5.9%		11.0%	7.1%	7.3%
“啃老”现象严重	12.9%		12.2%	11.2%	11.4%
父母只培养孩子的知识和技能，忽视良好品德的养成	16.5%	18.2%	17.1%	11.6%	12.5%
两性关系过度开放	4.5%		5.5%	4.1%	4.2%
列总计	357	11	328	3471	4167

据上表所示，不同政治面貌的人群对“您认为现代家庭关系中最令人担忧的问题是”的回答没有显著差异。

D2 by K8

您对家庭的感觉是＊ 政治面貌 Drosstabulation

	共产党员	民主党派	共青团员	群众	总计
温馨幸福	30.1%	27.3%	25.6%	17.5%	19.2%
比较幸福	65.2%	54.5%	65.7%	72.5%	71.3%
不太幸福	1.6%		1.5%	3.1%	2.9%
一般，没感觉	3.0%	18.2%	6.3%	6.6%	6.3%
很不幸福，希望逃离			0.9%	0.2%	0.2%
其他				0.1%	0.1%
总计	100.0%	100.0%	100.0%	100.0%	100.0%
列总计	365	11	332	3607	4315

Chi-square test：df = 15，卡方值为 63.253，sig = 0.000 < 0.05，所以不同政治面貌的人群对“您对家庭的感觉是”的回答有显著差异。

D3a by K8

您对以下现象的态度是？不婚＊ 政治面貌 Crosstabulation

	共产党员	民主党派	共青团员	群众	总计
完全赞同	0.3%		3.0%	0.5%	0.7%
比较赞同	2.2%	9.1%	4.8%	2.8%	3.0%
中立	47.4%	45.5%	61.2%	39.5%	41.8%
比较反对	34.8%	27.3%	19.1%	38.9%	37.0%
强烈反对	15.3%	18.2%	11.8%	18.3%	17.5%
总计	100.0%	100.0%	100.0%	100.0%	100.0%
列总计	365	11	330	3588	4294

Chi-square test：df = 12，卡方值为 112.732，sig = 0.000 < 0.05，所以不同政治面貌的人群对“您对以下现象的态度是？不婚”的回答有显著差异。

D3b by K8

您对以下现象的态度是？试婚＊ 政治面貌 Crosstabulation

	共产党员	民主党派	共青团员	群众	总计
完全赞同	0.3%		1.5%	0.3%	0.4%
比较赞同	4.1%	9.1%	9.5%	3.6%	4.1%
中立	41.7%	27.3%	49.4%	35.9%	37.4%
比较反对	35.4%	36.4%	27.3%	41.6%	39.9%

续表

	共产党员	民主党派	共青团员	群众	总计
强烈反对	18.5%	27.3%	12.3%	18.5%	18.1%
总计	100.0%	100.0%	100.0%	100.0%	100.0%
列总计	362	11	326	3570	4269

Chi-square test：df = 12，卡方值为 77.976，sig = 0.000 < 0.05，所以不同政治面貌的人群对“您对以下现象的态度是？试婚”的回答有显著差异。

D3c by K8

您对以下现象的态度是？同居 * 政治面貌 Crosstabulation

	共产党员	民主党派	共青团员	群众	总计
完全赞同	0.8%		2.4%	0.6%	0.8%
比较赞同	5.3%		12.4%	4.6%	5.3%
中立	46.3%	30.0%	61.2%	45.9%	47.1%
比较反对	33.5%	10.0%	16.7%	34.9%	33.4%
强烈反对	14.1%	60.0%	7.3%	13.9%	13.5%
总计	100.0%	100.0%	100.0%	100.0%	100.0%
列总计	361	10	330	3583	4284

Chi-square test：df = 12，卡方值为 121.138，sig = 0.000 < 0.05，所以不同政治面貌的人群对“您对以下现象的态度是？同居”的回答有显著差异。

D3d by K8

您对以下现象的态度是？同性恋 * 政治面貌 Crosstabulation

	共产党员	民主党派	共青团员	群众	总计
完全赞同	0.3%		3.6%	0.3%	0.6%
比较赞同	1.1%		3.0%	0.9%	1.1%
中立	27.7%	18.2%	38.3%	16.1%	18.8%
比较反对	33.8%	36.4%	26.1%	39.9%	38.3%
强烈反对	37.1%	45.5%	28.9%	42.7%	41.2%
总计	100.0%	100.0%	100.0%	100.0%	100.0%
列总计	361	11	329	3566	4267

Chi-square test：df = 12，卡方值为 197.271，sig = 0.000 < 0.05，所以不同政治面貌的人群对“您对以下现象的态度是？同性恋”的回答有显著差异。

D3e by K8

您对以下现象的态度是？婚外恋 * 政治面貌 Crosstabulation

	共产党员	民主党派	共青团员	群众	总计
完全赞同				0. 1%	0. 1%
比较赞同	1. 1%		0. 6%	0. 5%	0. 6%
中立	9. 4%		13. 0%	6. 1%	6. 9%
比较反对	36. 6%	18. 2%	32. 6%	37. 4%	37. 0%
强烈反对	52. 9%	81. 8%	53. 8%	55. 9%	55. 5%
总计	100. 0%	100. 0%	100. 0%	100. 0%	100. 0%
列总计	363	11	331	3589	4294

Chi-square test：df = 12，卡方值为 33. 446，sig = 0. 001 < 0. 05，所以不同政治面貌的人群对“您对以下现象的态度是？婚外恋”的回答有显著差异。

D3f by K8

您对以下现象的态度是？丁克家庭 * 政治面貌 Crosstabulation

	共产党员	民主党派	共青团员	群众	总计
完全赞同	0. 3%		3. 1%	0. 3%	0. 5%
比较赞同	2. 0%		3. 8%	1. 3%	1. 5%
中立	41. 2%	27. 3%	51. 4%	29. 7%	32. 3%
比较反对	31. 4%	27. 3%	23. 2%	38. 0%	36. 3%
强烈反对	25. 1%	45. 5%	18. 5%	30. 8%	29. 4%
总计	100. 0%	100. 0%	100. 0%	100. 0%	100. 0%
列总计	347	11	319	3433	4110

Chi-square test：df = 12，卡方值为 147. 450，sig = 0. 000 < 0. 05，所以不同政治面貌的人群对“您对以下现象的态度是？丁克家庭”的回答有显著差异。

D3g by K8

您对以下现象的态度是？代孕 * 政治面貌 Crosstabulation

	共产党员	民主党派	共青团员	群众	总计
完全赞同			0. 6%	0. 2%	0. 2%
比较赞同	1. 4%		3. 1%	1. 2%	1. 3%
中立	31. 9%	11. 1%	37. 7%	25. 2%	26. 8%
比较反对	33. 0%	44. 4%	27. 2%	40. 0%	38. 4%
强烈反对	33. 6%	44. 4%	31. 5%	33. 5%	33. 3%

续表

	共产党员	民主党派	共青团员	群众	总计
总计	100.0%	100.0%	100.0%	100.0%	100.0%
列总计	351	9	324	3454	4138

Chi-square test：df = 12，卡方值为 50.080，sig = 0.000 < 0.05，所以不同政治面貌的人群对“您对以下现象的态度是？代孕”的回答有显著差异。

D4 by K8

您如何看待为了应对拆迁、征地、买房等而出现的“假离婚”现象 * 政治面貌 Crosstabulation

	共产党员	民主党派	共青团员	群众	总计
完全赞同	1.4%		1.5%	1.0%	1.1%
比较赞同	7.9%	9.1%	9.3%	9.5%	9.3%
不太赞同	44.9%	63.6%	56.5%	44.9%	45.9%
坚决反对	45.8%	27.3%	32.7%	44.6%	43.7%
总计	100.0%	100.0%	100.0%	100.0%	100.0%
列总计	356	11	324	3494	4185

Chi-square test：df = 9，卡方值为 22.337，sig = 0.008 < 0.05，所以不同政治面貌的人群对“您如何看待为了应对拆迁、征地、买房等而出现的‘假离婚’现象”的回答有显著差异。

D5 by K8

如果夫妻中需要一方为对方或家庭做出牺牲，您的回答是 * 政治面貌 Crosstabulation

	共产党员	民主党派	共青团员	群众	总计
非常不愿意	2.5%		3.9%	1.5%	1.7%
不太愿意	17.5%	18.2%	27.0%	13.6%	14.9%
比较愿意	58.3%	45.5%	54.1%	58.1%	57.8%
愿意，时常这么做	21.7%	36.4%	15.0%	26.8%	25.5%
总计	100.0%	100.0%	100.0%	100.0%	100.0%
列总计	355	11	307	3480	4153

Chi-square test：df = 9，卡方值为 66.597，sig = 0.000 < 0.05，所以不同政治面貌的人群对“如果夫妻中需要一方为对方或家庭做出牺牲，您的回答是”的回答有显著差异。

D6 by K8

在恋爱或婚姻中，您有为对方而改变自己的意识吗 ＊ 政治面貌 Crosstabulation

	共产党员	民主党派	共青团员	群众	总计
有，经常这样做	49.6%	54.5%	27.0%	46.4%	45.2%
有，但做起来有些困难	33.6%	36.4%	39.0%	33.8%	34.1%
没想过这个问题	12.7%		27.0%	16.1%	16.6%
无须改变，只有找到愿为我改变的人才是真爱	3.3%	9.1%	4.9%	3.4%	3.5%
其他	0.8%		2.1%	0.3%	0.5%
总计	100.0%	100.0%	100.0%	100.0%	100.0%
列总计	363	11	326	3599	4299

Chi-square test：df = 12，卡方值为 79.1421，sig = 0.000 < 0.05，所以不同政治面貌的人群对“在恋爱或婚姻中，您有为对方而改变自己的意识吗”的回答有显著差异。

D7 by K8

在恋爱或婚姻中，你与对方相处的原则是 ＊ 政治面貌 Crosstabulation

	共产党员	民主党派	共青团员	群众	总计
我首先对他/她好，然后希望他/她对我好	78.2%	45.5%	68.1%	68.1%	68.9%
他/她对我好，我才对他/她好	9.4%		17.5%	18.0%	17.2%
他/她对我好就行了	5.2%	27.3%	5.2%	7.3%	7.0%
总是我对他/她好，他/她对我不那么好	1.9%	9.1%	2.8%	2.0%	2.1%
他/她对我不好，我没必要对他/她好	1.4%	9.1%	2.1%	1.0%	1.2%
其他	3.9%	9.1%	4.3%	3.6%	3.7%
总计	100.0%	100.0%	100.0%	100.0%	100.0%
列总计	363	11	326	3587	4287

Chi-square test：df = 5，卡方值为 46.074，sig = 0.000 < 0.05，所以不同政治面貌的人群对“在恋爱或婚姻中，你与对方相处的原则是”的回答有显著差异。

D8 by K8

您认为生育孩子是否是一种人生义务 ＊ 政治面貌 Crosstabulation

	共产党员	民主党派	共青团员	群众	总计
是，如果大家都不生育，人种会灭绝	32.0%	27.3%	21.6%	27.2%	27.2%
是，不生孩子家族延续会中断	29.5%	45.5%	23.4%	43.9%	41.1%

续表

	共产党员	民主党派	共青团员	群众	总计
不是，但没有孩子将老无所养也过于孤独	24.8%	18.2%	34.7%	21.9%	23.1%
不是，自己觉得快乐就行，有孩子负担过重	13.2%		17.3%	6.4%	7.8%
其他	0.6%	9.1%	3.0%	0.7%	0.9%
总计	100.0%	100.0%	100.0%	100.0%	100.0%
列总计	363	11	329	3599	4302

Chi-square test：df = 12，卡方值为 162.926，sig = 0.000 < 0.05，所以不同政治面貌的人群对“你认为生育孩子是否是一种人生义务”的回答有显著差异。

D9 by K8

如果孩子面临重大问题（婚姻、升学、就业等）时，您的态度是 * 政治面貌 Crosstabulation

	共产党员	民主党派	共青团员	群众	总计
全部包办，替他们做决定或搞定	3.3%	9.1%	1.8%	3.9%	3.7%
积极建议，努力说服他们采纳	30.9%	45.5%	16.2%	27.2%	26.7%
只提建议，让他们自己选择	44.8%	36.4%	37.8%	44.6%	44.1%
不表态，免得子女将来埋怨	2.7%		0.9%	7.8%	6.8%
经常提出建议，但大多不起作用	2.2%	9.1%	2.7%	2.9%	2.8%
没孩子/孩子太小	15.6%		40.5%	13.3%	15.6%
其他	0.5%			0.3%	0.3%
总计	100.0%	100.0%	100.0%	100.0%	100.0%
列总计	366	11	333	3605	4315

Chi-square test：df = 18，卡方值为 208.883，sig = 0.000 < 0.05，所以不同政治面貌的人群对“如果孩子面临重大问题（婚姻、升学、就业等）时，您的回答”的回答有显著差异。

D10 by K8

您对子女所提出的有关人生发展方面的建议，是否经常被采纳 * 政治面貌 Crosstabulation

	共产党员	民主党派	共青团员	群众	总计
经常被采纳	17.3%	27.3%	21.2%	14.3%	14.9%
较多被采纳	67.3%	72.7%	67.1%	62.2%	62.8%
基本不采纳	14.4%		11.6%	22.5%	21.3%
从不被采纳并遭到嘲讽	1.1%			1.0%	1.0%

续表

	共产党员	民主党派	共青团员	群众	总计
总计	100.0%	100.0%	100.0%	100.0%	100.0%
列总计	284	11	146	3023	3464

Chi-square test：df=9，卡方值为 27.265，sig=0.039<0.05，所以不同政治面貌的人群对“您对子女所提出的有关人生发展方面的建议，是否经常被采纳”的回答有显著差异。

D11 by K8

您认为现在孩子价值观的形成受何种因素影响最大 ＊ 政治面貌 Crosstabulation

	共产党员	民主党派	共青团员	群众	总计
父母	66.5%	63.6%	66.5%	60.9%	61.8%
老师	50.5%	54.5%	52.2%	52.5%	52.3%
同伴	18.1%	9.1%	25.8%	28.6%	27.4%
网络、朋友圈	23.9%		27.6%	20.9%	21.6%
明星	1.6%	9.1%	3.7%	2.8%	2.8%
道德模范	14.3%	9.1%	4.0%	11.0%	10.8%
伟大人物	9.9%	18.2%	2.5%	7.9%	7.7%
列总计	364	11	322	3519	4126

据上表所示，不同政治面貌的人群对“您认为现在孩子价值观的形成受何种因素影响最大”的回答有显著差异。

D12 by K8

您认为老人是否有义务帮子女带孩子 ＊ 政治面貌

	共产党员	民主党派	共青团员	群众	总计
有，天经地义的	16.4%	18.2%	9.6%	21.7%	20.3%
没有，老人帮助带孙辈，子女应感恩	43.7%	54.5%	52.0%	42.0%	42.9%
没有义务，不过带孙辈也是天伦之乐，应该帮助带	37.4%	18.2%	31.2%	33.7%	33.8%
没想过	2.5%	9.1%	7.2%	2.6%	2.9%
总计	100.0%	100.0%	100.0%	100.0%	100.0%
列总计	366	11	333	3610	4320

Chi-square test：df=9，卡方值为 59.463，sig=0.000<0.05，所以不同政治面貌的人群对“您认为老人是否有义务帮子女带孩子”的回答有显著差异。

D13 by K8

您认为最理想的养老方式是哪种 * 政治面貌

	共产党员	民主党派	共青团员	群众	总计
敬老院、护理院等专业养老机构	16.9%	18.2%	13.2%	14.5%	14.6%
与子女同住	47.5%	9.1%	45.0%	55.5%	53.9%
自己单住，生活难以自理时找护工	13.7%	36.4%	11.1%	15.1%	14.7%
与兄弟姐妹抱团养老	6.8%	9.1%	4.8%	5.1%	5.2%
与志趣相投的人一起养老	13.9%	27.3%	24.9%	8.9%	10.6%
其他	1.1%		0.9%	0.9%	0.9%
总计	100.0%	100.0%	100.0%	100.0%	100.0%
列总计	366	11	333	3607	4317

Chi-square test：df = 15，卡方值为 105.482，sig = 0.000 < 0.05，所以不同政治面貌的人群对“您认为最理想的养老方式是哪种”的回答有显著差异。

D14 by K8

当父母一方长期生活不能自理时，主要承担照顾工作的人应该是 * 政治面貌 Crosstabulation

	共产党员	民主党派	共青团员	群众	总计
子女照顾	55.7%	63.6%	60.0%	56.6%	56.8%
父母中还有能力的另一方（老伴儿）	25.1%	36.4%	20.9%	28.9%	28.0%
雇保姆，老伴儿协助	6.0%		6.1%	4.0%	4.4%
雇保姆，子女协助	7.4%		6.7%	5.0%	5.3%
送护理机构，家人经常探望	5.7%		5.5%	5.2%	5.3%
其他			0.9%	0.2%	0.2%
总计	100.0%	100.0%	100.0%	100.0%	100.0%
列总计	366	11	330	3607	4314

Chi-square test：df = 15，卡方值为 28.729，sig = 0.017 < 0.05，所以不同政治面貌的人群对“当父母一方长期生活不能自理时，主要承担照顾工作的人应该是”的回答有显著差异。

D15 by K8

在过去的十天里，您为父母做过以下哪些事情 * 政治面貌 Crosstabulation

	共产党员	民主党派	共青团员	群众	总计
看望	27.0%	27.3%	21.3%	22.3%	23.0%
打电话	38.3%	45.5%	48.6%	32.1%	34.5%

续表

	共产党员	民主党派	共青团员	群众	总计
买东西	32.5%	18.2%	41.7%	28.2%	30.1%
陪看病	4.1%		4.5%	4.0%	4.1%
生活照料	29.0%	27.3%	25.5%	27.7%	28.1%
做家务	30.9%	27.3%	51.7%	30.7%	32.8%
谈心聊天	31.7%	54.5%	46.2%	27.6%	30.0%
给钱	4.9%		4.8%	6.6%	6.4%
外出游玩	0.3%		3.3%	1.5%	1.5%
无	3.8%		3.6%	7.2%	6.8%
父母已去世	20.2%	27.3%	2.1%	23.7%	22.2%
列总计	366	11	333	3610	4320

据上表所示，不同政治面貌的人群对“在过去的十天里，您为父母做过以下哪些事情”的回答有显著差异。

D16 by K8

您是否觉得孤独 * 政治面貌 Crosstabulation

	共产党员	民主党派	共青团员	群众	总计
经常	3.0%		3.6%	3.3%	3.3%
有时	22.1%	45.5%	37.5%	19.9%	21.5%
不太觉得	29.8%	45.5%	31.5%	33.8%	33.3%
不觉得	45.1%	9.1%	27.3%	43.0%	41.9%
总计	100.0%	100.0%	100.0%	100.0%	100.0%
列总计	366	11	333	3607	4317

Chi-square test：df = 9，卡方值为 71.897，sig = 0.000 < 0.05，所以不同政治面貌的人群对“您是否觉得孤独”的回答有显著差异。

D17 by K8

现在开展的弘扬好家风好家训活动，您认为有意义吗 * 政治面貌 Crosstabulation

	共产党员	民主党派	共青团员	群众	总计
很有意义	87.3%	54.5%	84.4%	83.1%	83.5%
可有可无	8.3%	18.2%	9.8%	10.0%	9.8%
没有必要	4.4%	27.3%	5.8%	6.9%	6.7%

续表

	共产党员	民主党派	共青团员	群众	总计
总计	100.0%	100.0%	100.0%	100.0%	100.0%
列总计	361	11	327	3475	4174

Chi-square test：df=6，卡方值为13.901，sig=0.031<0.05，所以不同政治面貌的人群对“现在开展的弘扬好家风好家训活动，您认为有意义吗”的回答有显著差异。

D18 by K8

您所在的地方发生过虐待儿童的事件吗 ＊ 政治面貌 Crosstabulation

	共产党员	民主党派	共青团员	群众	总计
经常会发生	0.8%		1.5%	0.9%	0.9%
偶尔发生	9.3%	45.5%	14.4%	6.1%	7.1%
没听说过	89.9%	54.5%	84.1%	93.0%	92.0%
总计	100.0%	100.0%	100.0%	100.0%	100.0%
列总计	365	11	333	3606	4315

Chi-square test：df=6，卡方值为60.946，sig=0.000<0.05，所以不同政治面貌的人群对“您所在的地方发生过虐待儿童的事件吗”的回答有显著差异。

D19 by K8

在大街或社区里，看到行走或生活困难的老人，您经常的反应是 ＊ 政治面貌 Crosstabulation

	共产党员	民主党派	共青团员	群众	总计
想到自己的（祖）父母或自己的未来，情不自禁地想帮助他	52.1%	36.4%	47.4%	39.8%	41.5%
出于义务责任感，想帮助他	28.2%	45.5%	26.7%	27.8%	27.8%
有同情感，但没有想帮助的冲动	17.3%	18.2%	21.0%	28.5%	27.0%
没有感觉，习以为常	2.5%		4.5%	3.6%	3.6%
其他			0.3%	0.2%	0.2%
总计	100.0%	100.0%	100.0%	100.0%	100.0%
列总计	365	11	333	3607	4316

Chi-square test：df=12，卡方值为40.620，sig=0.000<0.05，所以不同政治面貌的人群对“在大街或社区里，看到行走或生活困难的老人，您经常的反应是”的回答有显著差异。

D20 by K8

如果您的父母或兄妹偷了别人的东西，您的行为反应可能是 ＊ 政治面貌 Crosstabulation

	共产党员	民主党派	共青团员	群众	总计
批评他，但不会告发	17.2%	9.1%	20.2%	19.5%	19.3%
批评他，陪他送回原处或去承认错误	71.3%	54.5%	66.9%	61.0%	62.3%
默认，因为他得到的东西正是家庭所急需	1.6%	18.2%	2.7%	5.0%	4.6%
告发，因为出于正义感	6.8%	9.1%	5.1%	8.6%	8.2%
告发，因为可能会连累自己	0.8%		0.3%	1.6%	1.4%
不管不问，由他自己决定	2.2%	9.1%	4.5%	4.0%	3.9%
其他			0.3%	0.3%	0.3%
总计	100.0%	100.0%	100.0%	100.0%	100.0%
列总计	366	11	332	3604	4313

Chi-square test：df = 18，卡方值为 39.153，sig = 0.003 < 0.05，所以不同政治面貌的人群对“如果您的父母或兄妹偷了别人的东西，您的行为反应可能是”的回答有显著差异。

D21 by K8

当独生子女单独组成家庭后，父母和子女哪一种居住方式更好 ＊ 政治面貌 Crosstabulation

	共产党员	民主党派	共青团员	群众	总计
单独居住	31.2%	36.4%	29.7%	30.2%	30.2%
和父母同住	30.4%	36.4%	21.0%	30.7%	29.9%
和父母及祖辈共同居住	6.3%		4.5%	6.9%	6.7%
和父母靠近居住	31.8%	27.3%	44.4%	31.7%	32.6%
其他	0.3%		0.3%	0.6%	0.5%
总计	100.0%	100.0%	100.0%	100.0%	100.0%
列总计	365	11	333	3598	4307

Chi-square test：df = 12，卡方值为 29.892，sig = 0.000 < 0.05，所以不同政治面貌的人群对“当独生子女单独组成家庭后，父母和子女哪一种居住方式更好”的回答有显著差异。

D22 by K8

您是否认为把老人送到养老院是不孝行为 ＊ 政治面貌 Crosstabulation

	共产党员	民主党派	共青团员	群众	总计
是	8.5%	18.2%	10.8%	17.7%	16.4%

续表

	共产党员	民主党派	共青团员	群众	总计
相对而言，部分是	50.0%	36.4%	58.0%	43.7%	45.3%
不是	40.9%	45.5%	31.2%	38.4%	38.1%
其他	0.5%			0.2%	0.3%
总计	100.0%	100.0%	100.0%	100.0%	100.0%
列总计	364	11	333	3609	4317

Chi-square test：df=9，卡方值为46.617，sig=0.000<0.05，所以不同政治面貌的人群对“您是否认为把老人送到养老院是不孝行为”的回答有显著差异。

E1 by K8

您认为企业最重要的社会责任是什么＊ 政治面貌 Crosstabulation

	共产党员	民主党派	共青团员	群众	总计
为企业和企业股东自身赚钱	13.6%	36.4%	15.0%	19.7%	18.9%
通过依法纳税为国家积累财富	23.4%	9.1%	16.9%	21.2%	21.0%
通过诚信经营提供质量可靠的产品，满足社会大众生活需求	60.4%	45.5%	63.8%	52.7%	54.2%
为员工谋福利	1.9%	9.1%	4.0%	6.3%	5.7%
其他	0.6%		0.3%	0.1%	0.1%
总计	100.0%	100.0%	100.0%	100.0%	100.0%
列总计	359	11	326	3451	4147

Chi-square test：df=12，卡方值为43.369，sig=0.000<0.05，所以不同政治面貌的人群对“您认为企业最重要的社会责任是什么”的回答有显著差异。

E2a by K8

关于企业的说法，您的同意程度是：只要能为员工谋福利就是一个好单位＊政治面貌 Crosstabulation

	共产党员	民主党派	共青团员	群众	总计
完全同意	9.0%	27.3%	6.0%	7.8%	7.8%
比较同意	36.9%	27.3%	49.2%	49.6%	48.4%
不太同意	39.3%	36.4%	39.0%	33.9%	34.8%
完全不同意	14.8%	9.1%	5.7%	8.6%	8.9%
总计	100.0%	100.0%	100.0%	100.0%	100.0%
列总计	366	11	331	3544	4252

Chi-square test：df=9，卡方值为42.052，sig=0.000<0.05，所以不同政治面貌的人群对“只要能为员工谋福利就是一个好单位”的同意程度有显著差异。

E2b by K8

关于企业的说法，您的同意程度是：经济效益好坏是衡量企业成败的唯一标准 * 政治面貌 Erosstabulation

	共产党员	民主党派	共青团员	群众	总计
完全同意	3. 3%		4. 6%	3. 8%	3. 8%
比较同意	23. 2%	36. 4%	28. 0%	31. 9%	30. 8%
不太同意	56. 8%	63. 6%	51. 1%	54. 0%	54. 0%
完全不同意	16. 7%		16. 4%	10. 3%	11. 3%
总计	100. 0%	100. 0%	100. 0%	100. 0%	100. 0%
列总计	366	11	329	3493	4199

Chi-square test：df = 9，卡方值为 32. 988，sig = 0. 000 < 0. 05，所以不同政治面貌的人群对“经济效益好坏是衡量企业成败的唯一标准”的同意程度有显著差异。

E2c by K8

关于企业的说法，您的同意程度是：企业做慈善都是做做样子，其实还是为自己做广告 * 政治面貌 Crosstabulation

	共产党员	民主党派	共青团员	群众	总计
完全同意	3. 1%	9. 1%	5. 0%	4. 0%	4. 0%
比较同意	32. 4%	63. 6%	46. 4%	38. 5%	38. 7%
不太同意	54. 2%	27. 3%	40. 9%	47. 0%	47. 1%
完全不同意	10. 3%		7. 7%	10. 5%	10. 2%
总计	100. 0%	100. 0%	100. 0%	100. 0%	100. 0%
列总计	358	11	323	3337	4029

Chi-square test：df = 9，卡方值为 23. 414，sig = 0. 005 < 0. 05，所以不同政治面貌的人群对“企业做慈善都是做做样子，其实还是为自己做广告”的同意程度有显著差异。

E2d by K8

关于企业的说法，您的同意程度是：企业和员工之间只是合同关系，效益好就好好干，效益不好就跳槽 * 政治面貌 Crosstabulation

	共产党员	民主党派	共青团员	群众	总计
完全同意	2. 7%		1. 8%	3. 0%	2. 9%
比较同意	18. 7%	9. 1%	22. 0%	30. 4%	28. 6%
不太同意	54. 9%	81. 8%	59. 8%	49. 9%	51. 2%
完全不同意	23. 6%	9. 1%	16. 5%	16. 7%	17. 2%

续表

	共产党员	民主党派	共青团员	群众	总计
总计	100.0%	100.0%	100.0%	100.0%	100.0%
列总计	364	11	328	3512	4215

Chi-square test：df = 9，卡方值为 43.293，sig = 0.000 < 0.05，所以不同政治面貌的人群对“企业和员工之间只是合同关系，效益好就好好干，效益不好就跳槽”的同意程度有显著差异。

E2e by K8

关于企业的说法，您的同意程度是：企业不需要对员工讲什么伦理关怀，员工表现好就发奖金，不好就辞退 * 政治面貌 Crosstabulation

	共产党员	民主党派	共青团员	群众	总计
完全同意	2.2%		1.5%	2.3%	2.2%
比较同意	12.4%	18.2%	14.9%	19.4%	18.5%
不太同意	55.5%	45.5%	57.4%	56.9%	56.8%
完全不同意	29.9%	36.4%	26.1%	21.3%	22.5%
总计	100.0%	100.0%	100.0%	100.0%	100.0%
列总计	364	11	329	3529	4233

Chi-square test：df = 9，卡方值为 26.845，sig = 0.001 < 0.05，所以不同政治面貌的人群对“企业不需要对员工讲什么伦理关怀，员工表现好就发奖金，不好就辞退”的同意程度有显著差异。

E2f by K8

关于企业的说法，您的同意程度是：企业为了履行社会责任，应当放弃一些自身利益 * 政治面貌 Crosstabulation

	共产党员	民主党派	共青团员	群众	总计
完全同意	27.1%	18.2%	17.8%	22.6%	22.6%
比较同意	51.5%	27.3%	60.4%	55.5%	55.5%
不太同意	17.3%	45.5%	16.9%	17.7%	17.6%
完全不同意	4.1%	9.1%	4.9%	4.3%	4.3%
总计	100.0%	100.0%	100.0%	100.0%	100.0%
列总计	365	11	326	3528	4230

Chi-square test：df = 9，卡方值为 16.681，sig = 0.054 > 0.05，所以不同政治面貌的人群对“企业为了履行社会责任，应当放弃一些自身利益”的同意程度没有显著差异。

E2g by K8

关于企业的说法，您的同意程度是：讲信用、遵循道德规范的企业能够获得更好的利益 * 政治面貌 Crosstabulation

	共产党员	民主党派	共青团员	群众	总计
完全同意	36.1%	18.2%	32.5%	25.8%	27.2%
比较同意	45.5%	36.4%	53.8%	58.8%	57.2%
不太同意	14.6%	27.3%	11.6%	12.0%	12.3%
完全不同意	3.9%	18.2%	2.1%	3.4%	3.4%
总计	100.0%	100.0%	100.0%	100.0%	100.0%
列总计	363	11	329	3538	4241

Chi-square test：df = 9，卡方值为 41.512，sig = 0.000 < 0.05，所以不同政治面貌的人群对“讲信用、遵循道德规范的企业能够获得更好的利益”的同意程度有显著差异。

E2h by K8

关于企业的说法，您的同意程度是：企业只是一台赚钱的机器，能赚钱就行，无所谓社会责任，声誉也不重要 * 政治面貌 Crosstabulation

	共产党员	民主党派	共青团员	群众	总计
完全同意	1.9%	9.1%	1.8%	1.0%	1.1%
比较同意	7.5%	36.4%	7.9%	11.2%	10.7%
不太同意	59.9%	36.4%	53.9%	66.0%	64.4%
完全不同意	30.7%	18.2%	36.4%	21.9%	23.8%
总计	100.0%	100.0%	100.0%	100.0%	100.0%
列总计	362	11	330	3521	4224

Chi-square test：df = 9，卡方值为 67.947，sig = 0.000 < 0.05，所以不同政治面貌的人群对“企业只是一台赚钱的机器，能赚钱就行，无所谓社会责任，声誉也不重要”的同意程度有显著差异。

E2i by K8

关于企业的说法，您的同意程度是：同样的产品，国企生产的比私企的更有保障 * 政治面貌 Crosstabulation

	共产党员	民主党派	共青团员	群众	总计
完全同意	11.2%		8.2%	6.1%	6.7%
比较同意	38.3%	27.3%	36.2%	40.4%	39.9%
不太同意	42.2%	45.5%	47.5%	43.4%	43.6%
完全不同意	8.4%	27.3%	8.2%	10.1%	9.8%
总计	100.0%	100.0%	100.0%	100.0%	100.0%

续表

	共产党员	民主党派	共青团员	群众	总计
列总计	358	11	318	3404	4091

Chi-square test：df = 9，卡方值为 23.053，sig = 0.006 < 0.05，所以不同政治面貌的人群对“同样的产品，国企生产的比私企的更有保障”的同意程度有显著差异。

E3 by K8

下面哪种说法更符合或接近您的个人想法 * 政治面貌 Crosstabulation

	共产党员	民主党派	共青团员	群众	总计
个人和工作单位之间是聘用或雇用关系，通过工资和付出劳动满足彼此需求	31.7%		41.2%	44.3%	42.9%
不只是利益关系，应当还有很多情感的联系，应当共命运	41.5%	81.8%	37.6%	37.2%	37.7%
个人是单位的一分子，单位如同个人的另一个家	26.8%	18.2%	21.2%	18.4%	19.3%
其他				0.1%	0.1%
总计	100.0%	100.0%	100.0%	100.0%	100.0%
列总计	366	11	330	3584	4291

Chi-square test：df = 9，卡方值为 38.526，sig = 0.000 < 0.05，所以不同政治面貌的人群对“下面哪种说法更符合或接近您的个人想法”的回答有显著差异。

E4a by K8

您对自己所在企业履行下列责任的满意情况如何？劳动安全保障 * 政治面貌 Crosstabulation

	共产党员	民主党派	共青团员	群众	总计
非常不满意	2.6%	18.2%	2.8%	2.9%	2.9%
不太满意	19.1%	18.2%	29.0%	26.0%	25.6%
比较满意	67.8%	54.5%	61.5%	64.8%	64.8%
非常满意	10.5%	9.1%	6.6%	6.3%	6.8%
总计	100.0%	100.0%	100.0%	100.0%	100.0%
列总计	351	11	286	3144	3792

Chi-square test：df = 9，卡方值为 26.198，sig = 0.002 < 0.05，所以不同政治面貌的人群对“您对自己所在企业履行下列责任的满意情况如何？劳动安全保障”的回答有显著差异。

E4b by K8

您对自己所在企业履行下列责任的满意情况如何？员工薪酬合理＊ 政治面貌 Crosstabulation

	共产党员	民主党派	共青团员	群众	总计
非常不满意	2.6%	18.2%	4.5%	4.1%	4.0%
不太满意	25.6%	27.3%	33.2%	32.7%	32.1%
比较满意	64.6%	45.5%	55.4%	56.8%	57.4%
非常满意	7.2%	9.1%	6.9%	6.4%	6.5%
总计	100.0%	100.0%	100.0%	100.0%	100.0%
列总计	347	11	289	3149	3796

Chi-square test：df = 9，卡方值为 16.800，sig = 0.052 > 0.05，所以不同政治面貌的人群对“您对自己所在企业履行下列责任的满意情况如何？员工薪酬合理”的回答没有显著差异。

E4c by K8

您对自己所在企业履行下列责任的满意情况如何？关心员工生活＊ 政治面貌 Crosstabulation

	共产党员	民主党派	共青团员	群众	总计
非常不满意	2.6%	18.2%	6.3%	3.6%	3.7%
不太满意	28.1%	18.2%	34.2%	30.3%	30.4%
比较满意	58.8%	45.5%	51.8%	57.5%	57.2%
非常满意	10.4%	18.2%	7.7%	8.6%	8.7%
总计	100.0%	100.0%	100.0%	100.0%	100.0%
列总计	345	11	284	3134	3774

Chi-square test：df = 9，卡方值为 19.804，sig = 0.019 < 0.05，所以不同政治面貌的人群对“您对自己所在企业履行下列责任的满意情况如何？关心员工生活”的回答有显著差异。

E4d by K8

您对自己所在企业履行下列责任的满意情况如何？诚实守法经营＊ 政治面貌 Crosstabulation

	共产党员	民主党派	共青团员	群众	总计
非常不满意	1.4%	9.1%	4.5%	1.6%	1.8%
不太满意	14.2%	27.3%	18.2%	17.0%	16.8%
比较满意	69.9%	45.5%	67.7%	72.4%	71.8%
非常满意	14.5%	18.2%	9.6%	9.0%	9.5%

续表

	共产党员	民主党派	共青团员	群众	总计
总计	100.0%	100.0%	100.0%	100.0%	100.0%
列总计	346	11	291	3222	3870

Chi-square test：df = 9，卡方值为 30.648，sig = 0.000 < 0.05，所以不同政治面貌的人群对“您对自己所在企业履行下列责任的满意情况如何？诚实守法经营”的回答有显著差异。

E4e by K8

您对自己所在企业履行下列责任的满意情况如何？产品质量可靠 * 政治面貌 Crosstabulation

	共产党员	民主党派	共青团员	群众	总计
非常不满意	0.6%		2.7%	1.8%	1.8%
不太满意	16.3%	45.5%	20.3%	15.9%	16.3%
比较满意	68.9%	45.5%	69.4%	72.6%	72.0%
非常满意	14.3%	9.1%	7.6%	9.7%	9.9%
总计	100.0%	100.0%	100.0%	100.0%	100.0%
列总计	350	11	291	3217	3869

Chi-square test：df = 9，卡方值为 24.118，sig = 0.004 < 0.05，所以不同政治面貌的人群对“您对自己所在企业履行下列责任的满意情况如何？产品质量可靠”的回答有显著差异。

E4f by K8

您对自己所在企业履行下列责任的满意情况如何？环境保护措施 * 政治面貌 Crosstabulation

	共产党员	民主党派	共青团员	群众	总计
非常不满意	2.4%	18.2%	5.4%	2.7%	2.9%
不太满意	20.2%	27.3%	30.5%	26.7%	26.4%
比较满意	66.7%	45.5%	54.8%	60.0%	60.2%
非常满意	10.7%	9.1%	9.3%	10.6%	10.5%
总计	100.0%	100.0%	100.0%	100.0%	100.0%
列总计	336	11	279	3067	3693

Chi-square test：df = 9，卡方值为 26.540，sig = 0.002 < 0.05，所以不同政治面貌的人群对“您对自己所在企业履行下列责任的满意情况如何？环境保护措施”的回答有显著差异。

E4g by K8

您对自己所在企业履行下列责任的满意情况如何？慈善公益事业＊ 政治面貌 Crosstabulation

	共产党员	民主党派	共青团员	群众	总计
非常不满意	2.8%	18.2%	5.6%	3.3%	3.4%
不太满意	18.6%	27.3%	31.6%	25.1%	25.0%
比较满意	66.2%	36.4%	54.4%	60.3%	60.3%
非常满意	12.3%	18.2%	8.4%	11.3%	11.2%
总计	100.0%	100.0%	100.0%	100.0%	100.0%
列总计	317	11	250	2728	3306

Chi-square test：df = 9，卡方值为 27.403，sig = 0.001 < 0.05，所以不同政治面貌的人群对“您对自己所在企业履行下列责任的满意情况如何？慈善公益事业”的回答有显著差异。

E5 by K8

您对本地的或自己熟悉的企业家的道德状况怎么评价＊ 政治面貌 Crosstabulation

	共产党员	民主党派	共青团员	群众	总计
总体还不错	66.0%	27.3%	53.2%	53.2%	54.2%
普遍比较差	14.7%	36.4%	17.6%	15.6%	15.7%
和普通群众没有太大差别	19.4%	36.4%	29.1%	31.3%	30.1%
总计	100.0%	100.0%	100.0%	100.0%	100.0%
列总计	341	11	278	3162	3792

Chi-square test：df = 6，卡方值为 29.577，sig = 0.000 < 0.05，所以不同政治面貌的人群对“您对本地的或自己熟悉的企业家的道德状况怎么评价”的回答有显著差异。

E6a by K8

对公务员道德状况的满意度＊ 政治面貌

	共产党员	民主党派	共青团员	群众	总计
非常满意	7.7%		5.0%	3.3%	3.8%
比较满意	64.3%	45.5%	63.2%	61.2%	61.6%
不太满意	22.0%	27.3%	25.5%	31.2%	29.9%
非常不满意	6.0%	27.3%	6.3%	4.3%	4.6%
总计	100.0%	100.0%	100.0%	100.0%	100.0%
列总计	350	11	302	3365	4028

Chi-square test：df = 9，卡方值为 46.267，sig = 0.000 < 0.05，所以不同政治面貌的人群对“对公务员道德状况的满意度”的回答有显著差异。

E6b by K8

对医生道德状况的满意度＊ 政治面貌

	共产党员	民主党派	共青团员	群众	总计
非常满意	5.6%		5.9%	2.9%	3.3%
比较满意	62.3%	36.4%	62.1%	62.8%	62.7%
不太满意	26.0%	18.2%	25.2%	30.4%	29.6%
非常不满意	6.1%	45.5%	6.8%	3.9%	4.4%
总计	100.0%	100.0%	100.0%	100.0%	100.0%
列总计	358	11	322	3523	4214

Chi-square test：df = 9，卡方值为 72.214，sig = 0.000 < 0.05，所以不同政治面貌的人群对“对医生道德状况的满意度”的回答有显著差异。

E6c by K8

对教师道德状况的满意度＊ 政治面貌 Crosstabulation

	共产党员	民主党派	共青团员	群众	总计
非常满意	7.5%		9.9%	4.7%	5.3%
比较满意	65.6%	54.5%	65.5%	67.1%	66.8%
不太满意	22.8%	18.2%	19.9%	23.9%	23.5%
非常不满意	4.2%	27.3%	4.7%	4.4%	4.4%
总计	100.0%	100.0%	100.0%	100.0%	100.0%
列总计	360	11	322	3500	4193

Chi-square test：df = 9，卡方值为 35.460，sig = 0.000 < 0.05，所以不同政治面貌的人群对“对教师道德状况的满意度”的回答有显著差异。

E6d by K8

对个体工商户道德状况的满意度＊ 政治面貌 Crosstabulation

	共产党员	民主党派	共青团员	群众	总计
非常满意	4.5%	9.1%	5.3%	2.5%	2.9%
比较满意	60.7%	36.4%	62.3%	58.5%	58.9%
不太满意	29.0%	18.2%	24.6%	31.5%	30.7%
非常不满意	5.8%	36.4%	7.8%	7.5%	7.5%
总计	100.0%	100.0%	100.0%	100.0%	100.0%
列总计	359	11	321	3502	4193

Chi-square test：df = 9，卡方值为 33.572，sig = 0.000 < 0.05，所以不同政治面貌的人群对“对个体工商户道德状况的满意度”的回答有显著差异。

E7a by K8

怎么称呼周围那些经营企业或做生意发了财的人？企业家 * 政治面貌 Crosstabulation

	共产党员	民主党派	共青团员	群众	总计
未选中	77.9%	90.9%	84.4%	80.5%	80.6%
选中	22.1%	9.1%	15.6%	19.5%	19.4%
总计	100.0%	100.0%	100.0%	100.0%	100.0%
列总计	366	11	333	3609	4319

Chi-square test：df = 3，卡方值为 5.569，sig = 0.135 > 0.05，所以不同政治面貌的人群对“怎么称呼周围那些经营企业或做生意发了财的人？企业家”的回答没有显著差异。

E7b by K8

怎么称呼周围那些经营企业或做生意发了财的人？老板 * 政治面貌 Crosstabulation

	共产党员	民主党派	共青团员	群众	总计
未选中	9.6%	18.2%	16.2%	4.3%	5.7%
选中	90.4%	81.8%	83.8%	95.7%	94.3%
总计	100.0%	100.0%	100.0%	100.0%	100.0%
列总计	366	11	333	3609	4319

Chi-square test：df = 3，卡方值为 94.305，sig = 0.000 < 0.05，所以不同政治面貌的人群对“怎么称呼周围那些经营企业或做生意发了财的人？老板”的回答有显著差异。

E7c by K8

怎么称呼周围那些经营企业或做生意发了财的人？商人 * 政治面貌 Crosstabulation

	共产党员	民主党派	共青团员	群众	总计
未选中	74.0%	54.5%	78.7%	69.2%	70.3%
选中	26.0%	45.5%	21.3%	30.8%	29.7%
总计	100.0%	100.0%	100.0%	100.0%	100.0%
列总计	366	11	333	3609	4319

Chi-square test：df = 3，卡方值为 17.194，sig = 0.001 < 0.05，所以不同政治面貌的人群对“怎么称呼周围那些经营企业或做生意发了财的人？商人”的回答有显著差异。

E7d by K8

怎么称呼周围那些经营企业或做生意发了财的人？生意人＊政治面貌 Crosstabulation

	共产党员	民主党派	共青团员	群众	总计
未选中	66.7%	45.5%	68.8%	58.2%	59.7%
选中	33.3%	54.5%	31.2%	41.8%	40.3%
总计	100.0%	100.0%	100.0%	100.0%	100.0%
列总计	366	11	333	3609	4319

Chi-square test：df = 3，卡方值为 23.002，sig = 0.000 < 0.05，所以不同政治面貌的人群对“怎么称呼周围那些经营企业或做生意发了财的人？生意人”的回答有显著差异。

E7e by K8

怎么称呼周围那些经营企业或做生意发了财的人？土豪＊政治面貌 Crosstabulation

·	共产党员	民主党派	共青团员	群众	总计
未选中	88.5%	100.0%	85.6%	90.7%	90.2%
选中	11.5%		14.4%	9.3%	9.8%
总计	100.0%	100.0%	100.0%	100.0%	100.0%
列总计	366	11	333	3609	4319

Chi-square test：df = 3，卡方值为 11.423，sig = 0.010 < 0.05，所以不同政治面貌的人群对“怎么称呼周围那些经营企业或做生意发了财的人？土豪”的回答有显著差异。

E7f by K8

怎么称呼周围那些经营企业或做生意发了财的人？暴发户＊政治面貌 Crosstabulation

	共产党员	民主党派	共青团员	群众	总计
未选中	91.3%	100.0%	91.9%	89.9%	90.2%
选中	8.7%		8.1%	10.1%	9.8%
总计	100.0%	100.0%	100.0%	100.0%	100.0%
列总计	366	11	333	3609	4319

Chi-square test：df = 3，卡方值为 3.192，sig = 0.363 > 0.05，所以不同政治面貌的人群对“怎么称呼周围那些经营企业或做生意发了财的人？暴发户”的回答没有显著差异。

E8 by K8

如果您有一个不错的家庭企业，儿子或女儿缺乏经营能力或经营兴趣，难以交班，您可能选择 * 政治面貌 Crosstabulation

	共产党员	民主党派	共青团员	群众	总计
培养儿媳或女婿，交给她/他经营	35.3%	45.5%	32.0%	45.4%	43.5%
交给儿媳和女婿有风险，离婚了怎么办，还是自己撑到有第三代接管	7.4%	9.1%	4.8%	13.3%	12.1%
找一个懂经营的职业经理人，我们家庭成员做董事长	50.4%	36.4%	55.0%	32.6%	35.9%
做一天是一天，最后将钞票留给子孙，但外人不可靠，不能交给外人	6.0%	9.1%	6.6%	8.3%	8.0%
其他	0.8%		1.5%	0.3%	0.5%
总计	100.0%	100.0%	100.0%	100.0%	100.0%
列总计	365	11	331	3560	4267

Chi-square test：df = 12，卡方值为 122.516，sig = 0.000 < 0.05，所以不同政治面貌的人群对“儿子或女儿缺乏经营能力或经营兴趣，难以交班，您可能选择”的回答有显著差异。

E9 by K8

在市场上购买食品、衣物、家用电器等商品时，您觉得有安全感吗 * 政治面貌 Crosstabulation

	共产党员	民主党派	共青团员	群众	总计
有安全感，相信产品质量	35.2%	45.5%	30.3%	25.4%	26.7%
没安全感，不相信他们的标签，常担心质量问题影响自己的健康	16.1%	27.3%	10.8%	20.1%	19.1%
没安全感，担心在价格上被欺骗，要货比三家	14.2%	9.1%	9.3%	18.3%	17.2%
一般还可以，相信大商店的产品，不相信小商店和地摊货	34.2%	18.2%	49.2%	36.1%	36.9%
其他	0.3%		0.3%	0.1%	0.1%
总计	100.0%	100.0%	100.0%	100.0%	100.0%
列总计	366	11	333	3610	4320

Chi-square test：df = 12，卡方值为 67.710，sig = 0.000 < 0.05，所以不同政治面貌的人群对“在市场上购买食品、衣物、家用电器等商品时，您是否觉得有安全感吗”的回答有显著差异。

E10 by K8

您怎么看待电视、报纸和其他主流媒体上的广告 * 政治面貌 Crosstabulation

	共产党员	民主党派	共青团员	群众	总计
相信，因为是明星们推荐	8.0%	18.2%	6.6%	8.4%	8.3%
将信将疑，眼见为真	55.1%	27.3%	71.7%	49.9%	52.0%
不相信，是企业和那些明星联合起来忽悠大众	22.9%	36.4%	15.1%	30.5%	28.7%
讨厌，既欺骗大众，又占用公共媒体资源	14.0%	18.2%	6.0%	10.9%	10.8%
其他			0.6%	0.2%	0.3%
总计	100.0%	100.0%	100.0%	100.0%	100.0%
列总计	363	11	332	3604	4310

Chi-square test：df = 12，卡方值为 76.236，sig = 0.000 < 0.05，所以不同政治面貌的人群对“您怎么看待电视、报纸和其他主流媒体上的广告”的回答有显著差异。

E11 by K8

您怎么看待现在一些企业做公益和慈善 * 政治面貌 Crosstabulation

	共产党员	民主党派	共青团员	群众	总计
是做善事，把赚的公众的钱还给社会	28.8%	27.3%	25.6%	21.4%	22.4%
是在作秀，为自己树牌坊	13.7%	18.2%	14.8%	17.6%	17.1%
是做广告，把弱势群体当作宣传自己的工具	22.0%	27.3%	18.4%	26.5%	25.5%
做总比不做好，随他去吧	35.4%	18.2%	40.4%	34.3%	34.8%
其他		9.1%	0.9%	0.2%	0.3%
总计	100.0%	100.0%	100.0%	100.0%	100.0%
列总计	364	11	332	3580	4287

Chi-square test：df = 12，卡方值为 68.211，sig = 0.000 < 0.05，所以不同政治面貌的人群对“您怎么看待现在一些企业做公益和慈善”的回答有显著差异。

E12 by K8

一些政府机关、企事业单位利用权力为本单位的职工子女在入学、招工中提供特殊政策，您认为这种行为道德吗 * 政治面貌 Crosstabulation

	共产党员	民主党派	共青团员	群众	总计
为本单位人员谋福利，符合道德	10.7%	27.3%	12.7%	13.2%	13.0%
以权谋私，不道德	46.0%	18.2%	42.8%	46.3%	45.9%

续表

	共产党员	民主党派	共青团员	群众	总计
是对社会公众的不公平，严重不道德	26.6%	54.5%	27.7%	26.9%	27.0%
符合本单位员工利益，但严重侵蚀社会道德	12.1%		11.4%	6.6%	7.4%
无所谓道德不道德	4.7%		5.4%	7.0%	6.7%
总计	100.0%	100.0%	100.0%	100.0%	100.0%
列总计	365	11	332	3608	4316

Chi-square test：df = 12，卡方值为 35.637，sig = 0.000 < 0.05，所以不同政治面貌的人群对“一些政府机关、企事业单位利用权力为本单位的职工子女在入学、招工中提供特殊政策，您认为这种行为道德吗”的回答有显著差异。

E13 by K8

如果您所在的单位有一项举措可以提高集体福利并使您个人得到利益，但会造成环境污染或社会公害，您会举报吗 * 政治面貌 Crosstabulation

	共产党员	民主党派	共青团员	群众	总计
会	79.0%	54.5%	71.4%	76.0%	75.9%
不会	21.0%	45.5%	28.6%	24.0%	24.1%
总计	100.0%	100.0%	100.0%	100.0%	100.0%
列总计	366	11	332	3596	4305

Chi-square test：df = 3，卡方值为 8.339，sig = 0.040 < 0.05，所以不同政治面貌的人群对“如果您所在的单位有一项举措可以提高集体福利并使您个人得到利益，但会造成环境污染或社会公害，您会举报吗”的回答有显著差异。

E14 by K8

您认为您所工作的单位同事之间是何种关系 * 政治面貌 Crosstabulation

	共产党员	民主党派	共青团员	群众	总计
平等合作关系	81.1%	36.4%	73.2%	73.0%	73.6%
利益竞争关系	12.8%	27.3%	16.9%	15.5%	15.4%
彼此没有关系	4.4%	18.2%	5.7%	8.4%	7.9%
其他	1.6%	18.2%	4.2%	3.1%	3.1%
总计	100.0%	100.0%	100.0%	100.0%	100.0%
列总计	366	11	332	3574	4283

Chi-square test：df = 9，卡方值为 30.508，sig = 0.000 < 0.05，所以不同政治面貌的人群对“您认为您所工作的单位同事之间是何种关系”的回答有显著差异。

E15 by K8

为了单位组织的利益，你的单位是否会默认员工做违背道德的事情 * 政治面貌 Crosstabulation

	共产党员	民主党派	共青团员	群众	总计
常常	2.8%	10.0%	3.0%	3.0%	3.0%
较多	8.2%	10.0%	9.1%	7.8%	7.9%
一般	16.3%	30.0%	22.8%	26.9%	25.6%
较少	21.9%	10.0%	35.3%	24.2%	24.7%
从来没有	50.8%	40.0%	29.7%	38.1%	38.7%
总计	100.0%	100.0%	100.0%	100.0%	100.0%
列总计	319	10	232	2697	3258

Chi-square test：df = 12，卡方值为 45.282，sig = 0.000 < 0.05，所以不同政治面貌的人群对“为了单位组织的利益，你的单位是否会默认员工做违背道德的事情”的回答有显著差异。

E16a by K8

您所工作的单位是否存在如下现象：给领导干部送礼讨好 * 政治面貌 Crosstabulation

	共产党员	民主党派	共青团员	群众	总计
未选中	68.2%	72.7%	60.2%	60.5%	61.2%
选中	31.8%	27.3%	39.8%	39.5%	38.8%
总计	100.0%	100.0%	100.0%	100.0%	100.0%
列总计	362	11	327	3518	4218

Chi-square test：df = 3，卡方值为 8.969，sig = 0.030 < 0.05，所以不同政治面貌的人群对“您所工作的单位是否存在如下现象：给领导干部送礼讨好”的回答有显著差异。

E16b by K8

您所工作的单位是否存在如下现象：背后互相告恶状 * 政治面貌 Crosstabulation

	共产党员	民主党派	共青团员	群众	总计
未选中	77.9%	36.4%	79.5%	72.0%	73.0%
选中	22.1%	63.6%	20.5%	28.0%	27.0%
总计	100.0%	100.0%	100.0%	100.0%	100.0%
列总计	362	11	327	3518	4218

Chi-square test：df = 3，卡方值为 20.803，sig = 0.000 < 0.05，所以不同政治面貌的人群对“您所工作的单位是否存在如下现象：背后互相告恶状”的回答有显著差异。

E16c by K8

您所工作的单位是否存在如下现象：拉帮结派 * 政治面貌 Crosstabulation

	共产党员	民主党派	共青团员	群众	总计
未选中	82.6%	63.6%	79.2%	79.4%	79.6%
选中	17.4%	36.4%	20.8%	20.6%	20.4%
总计	100.0%	100.0%	100.0%	100.0%	100.0%
列总计	362	11	327	3518	4218

Chi-square test：df = 3，卡方值为 3.831，sig = 0.280 > 0.05，所以不同政治面貌的人群对“您所工作的单位是否存在如下现象：拉帮结派”的回答没有显著差异。

E16d by K8

您所工作的单位是否存在如下现象：为谋私利找关系走后门 * 政治面貌 Crosstabulation

	共产党员	民主党派	共青团员	群众	总计
未选中	63.8%	45.5%	62.7%	58.9%	59.6%
选中	36.2%	54.5%	37.3%	41.1%	40.4%
总计	100.0%	100.0%	100.0%	100.0%	100.0%
列总计	362	11	327	3518	4218

Chi-square test：df = 3，卡方值为 5.599，sig = 0.133 > 0.05，所以不同政治面貌的人群对“您所工作的单位是否存在如下现象：为谋私利找关系走后门”的回答没有显著差异。

E16e by K8

您所工作的单位是否存在如下现象：奖惩制度不公平 * 政治面貌 Crosstabulation

	共产党员	民主党派	共青团员	群众	总计
未选中	81.2%	54.5%	77.4%	81.4%	81.0%
选中	18.8%	45.5%	22.6%	18.6%	19.0%
总计	100.0%	100.0%	100.0%	100.0%	100.0%
列总计	362	11	327	3518	4218

Chi-square test：df = 3，卡方值为 8.200，sig = 0.042 < 0.05，所以不同政治面貌的人群对“您所工作的单位是否存在如下现象：奖惩制度不公平”的回答有显著差异。

E16f by K8

您所工作的单位是否存在如下现象：领导干部滥用职权＊政治面貌 Crosstabulation

	共产党员	民主党派	共青团员	群众	总计
未选中	79.3%	54.5%	72.5%	73.3%	73.7%
选中	20.7%	45.5%	27.5%	26.7%	26.3%
总计	100.0%	100.0%	100.0%	100.0%	100.0%
列总计	362	11	327	3518	4218

Chi-square test：df=3，卡方值为8.397，sig=0.038<0.05，所以不同政治面貌的人群对“您所工作的单位是否存在如下现象：领导干部滥用职权”的回答有显著差异。

E16g by K8

您所工作的单位是否存在如下现象：都不存在＊政治面貌 Crosstabulation

	共产党员	民主党派	共青团员	群众	总计
未选中	58.3%	81.8%	67.0%	64.2%	64.0%
选中	41.7%	18.2%	33.0%	35.8%	36.0%
总计	100.0%	100.0%	100.0%	100.0%	100.0%
列总计	362	11	327	3518	4218

Chi-square test：df=3，卡方值为7.985，sig=0.046<0.05，所以不同政治面貌的人群对“您所工作的单位是否存在如下现象：都不存在”的回答有显著差异。

E17a by K8

关于企业履行社会责任的说法，您的同意程度是：只有国企才应该履行社会责任＊政治面貌 Crosstabulation

	共产党员	民主党派	共青团员	群众	总计
完全同意	2.2%		3.7%	2.1%	2.3%
比较同意	13.0%	27.3%	14.5%	15.4%	15.2%
不太同意	59.1%	63.6%	56.6%	62.3%	61.6%
完全不同意	25.7%	9.1%	25.2%	20.2%	21.0%
总计	100.0%	100.0%	100.0%	100.0%	100.0%
列总计	362	11	325	3476	4174

Chi-square test：df=9，卡方值为16.328，sig=0.060>0.05，所以不同政治面貌的人群对“只有国企才应该履行社会责任”的同意程度没有显著差异。

E17b by K8

关于企业履行社会责任的说法，您的同意程度是：只有大企业才应该履行社会责任＊ 政治面貌 Crosstabulation

	共产党员	民主党派	共青团员	群众	总计
完全同意	1.7%		1.8%	2.2%	2.1%
比较同意	10.5%	27.3%	14.4%	15.1%	14.6%
不太同意	60.3%	54.5%	58.7%	61.3%	61.0%
完全不同意	27.5%	18.2%	25.1%	21.4%	22.2%
总计	100.0%	100.0%	100.0%	100.0%	100.0%
列总计	363	11	327	3493	4194

Chi-square test：df＝9，卡方值为 14.088，sig＝0.119＞0.05，所以不同政治面貌的人群对“只有大企业才应该履行社会责任”的同意程度没有显著差异。

E17c by K8

关于企业履行社会责任的说法，您的同意程度是：只有盈利多的企业才需要履行社会责任＊ 政治面貌 Crosstabulation

	共产党员	民主党派	共青团员	群众	总计
完全同意	1.9%		3.7%	2.2%	2.3%
比较同意	9.4%	18.2%	11.9%	16.3%	15.4%
不太同意	59.5%	63.6%	58.4%	57.8%	58.0%
完全不同意	29.2%	18.2%	26.0%	23.7%	24.3%
总计	100.0%	100.0%	100.0%	100.0%	100.0%
列总计	363	11	327	3497	4198

Chi-square test：df＝9，卡方值为 21.240，sig＝0.012＜0.05，所以不同政治面貌的人群对“只有盈利多的企业才需要履行社会责任”的同意程度有显著差异。

E17d by K8

关于企业履行社会责任的说法，您的同意程度是：污染类企业要履行更多的社会责任＊ 政治面貌 Crosstabulation

	共产党员	民主党派	共青团员	群众	总计
完全同意	26.9%	36.4%	31.1%	25.0%	25.7%
比较同意	43.4%	27.3%	43.3%	46.6%	46.0%
不太同意	22.5%	9.1%	17.7%	20.3%	20.3%
完全不同意	7.1%	27.3%	7.9%	8.0%	8.0%

续表

	共产党员	民主党派	共青团员	群众	总计
总计	100.0%	100.0%	100.0%	100.0%	100.0%
列总计	364	11	328	3518	4221

Chi-square test：df=9，卡方值为15.316，sig=0.083>0.05，所以不同政治面貌的人群对“污染类企业要履行更多的社会责任”的同意程度没有显著差异。

E17e by K8

关于企业履行社会责任的说法，您的同意程度是：小企业只要管好自己就行了，不要履行社会责任＊ 政治面貌 Crosstabulation

	共产党员	民主党派	共青团员	群众	总计
完全同意	1.6%	9.1%	1.2%	1.2%	1.3%
比较同意	6.3%		8.2%	11.3%	10.6%
不太同意	58.1%	45.5%	59.5%	61.1%	60.6%
完全不同意	34.0%	45.5%	31.1%	26.5%	27.5%
总计	100.0%	100.0%	100.0%	100.0%	100.0%
列总计	365	11	328	3482	4186

Chi-square test：df=9，卡方值为27.128，sig=0.001<0.05，所以不同政治面貌的人群对“小企业只要管好自己就行了，不要履行社会责任”的同意程度有显著差异。

E18a by K8

您觉得下列哪类单位最讲道德＊ 政治面貌 Crosstabulation

	共产党员	民主党派	共青团员	群众	总计
国有（控股）企业	21.6%	10.0%	23.1%	22.0%	22.0%
民营企业	1.2%	10.0%	3.2%	2.2%	2.2%
私营企业	0.9%	10.0%	1.1%	2.1%	2.0%
外资企业	6.7%	10.0%	6.0%	9.9%	9.3%
学校	36.9%	50.0%	45.9%	37.6%	38.2%
医院	3.7%		6.4%	2.6%	3.0%
政府机关	25.6%	10.0%	12.8%	21.0%	20.8%
民间组织	3.4%		1.4%	2.6%	2.6%
总计	100.0%	100.0%	100.0%	100.0%	100.0%
列总计	328	10	281	3011	3630

Chi-square test：df=21，卡方值为53.729，sig=0.000<0.05，所以不同政治面貌的人群对“您觉得下列哪类单位最讲道德”的回答有显著差异。

E18b by K8

您觉得下列哪类单位道德水平最差＊ 政治面貌 Crosstabulation

	共产党员	民主党派	共青团员	群众	总计
国有（控股）企业	2.5%	10.0%	3.7%	3.5%	3.4%
民营企业	11.7%	10.0%	10.8%	13.5%	13.1%
私营企业	34.5%	20.0%	39.4%	36.7%	36.7%
外资企业	3.6%		2.5%	3.3%	3.3%
学校	2.8%	20.0%	2.5%	2.7%	2.8%
医院	23.5%		16.2%	22.0%	21.7%
政府机关	6.8%	20.0%	9.1%	8.9%	8.8%
民间组织	14.6%	20.0%	15.8%	9.4%	10.3%
总计	100.0%	100.0%	100.0%	100.0%	100.0%
列总计	281	10	241	2663	3195

Chi-square test：df = 21，卡方值为 41.163，sig = 0.005 < 0.05，所以不同政治面貌的人群对“您觉得下列哪类单位道德水平最差”的回答有显著差异。

E19a by K8

关于学校的说法，您的同意程度是：学校越来越以营利为目的＊ 政治面貌 Crosstabulation

	共产党员	民主党派	共青团员	群众	总计
完全同意	13.0%	54.5%	14.5%	11.3%	11.8%
比较同意	35.6%	9.1%	43.2%	47.1%	45.7%
不太同意	39.8%	36.4%	32.7%	35.1%	35.4%
完全不同意	11.6%		9.6%	6.5%	7.2%
总计	100.0%	100.0%	100.0%	100.0%	100.0%
列总计	362	11	324	3481	4178

Chi-square test：df = 9，卡方值为 51.359，sig = 0.000 < 0.05，所以不同政治面貌的人群对“学校越来越以营利为目的”的同意程度有显著差异。

E19b by K8

关于学校的说法，您的同意程度是：学校主要传授知识和技能，培养道德不重要＊ 政治面貌 Crosstabulation

	共产党员	民主党派	共青团员	群众	总计
完全同意	2.8%		1.8%	0.6%	0.9%
比较同意	6.9%	18.2%	7.8%	8.2%	8.0%
不太同意	45.3%	36.4%	51.7%	57.3%	55.7%

续表

	共产党员	民主党派	共青团员	群众	总计
完全不同意	45.0%	45.5%	38.7%	34.0%	35.3%
总计	100.0%	100.0%	100.0%	100.0%	100.0%
列总计	362	11	333	3544	4250

Chi-square test：df=9，卡方值为46.589，sig=0.000<0.05，所以不同政治面貌的人群对“学校主要传授知识和技能，培养道德不重要”的同意程度有显著差异。

E19c by K8

关于学校的说法，您的同意程度是：学校升学率高比素质教育更重要 * 政治面貌 Crosstabulation

	共产党员	民主党派	共青团员	群众	总计
完全同意	3.0%		3.0%	1.4%	1.7%
比较同意	9.1%	10.0%	9.3%	9.3%	9.3%
不太同意	48.8%	70.0%	57.2%	54.0%	53.8%
完全不同意	39.1%	20.0%	30.4%	35.3%	35.2%
总计	100.0%	100.0%	100.0%	100.0%	100.0%
列总计	363	10	332	3542	4247

Chi-square test：df=9，卡方值为16.550，sig=0.056>0.05，所以不同政治面貌的人群对“学校升学率高比素质教育更重要”的同意程度没有显著差异。

E19d by K8

关于学校的说法，您的同意程度是：青少年儿童行为不端，主要是学校没教好 * 政治面貌 Crosstabulation

	共产党员	民主党派	共青团员	群众	总计
完全同意	1.9%		1.2%	1.2%	1.2%
比较同意	10.8%		9.7%	9.8%	9.9%
不太同意	54.7%	72.7%	63.9%	57.8%	58.1%
完全不同意	32.6%	27.3%	25.2%	31.2%	30.8%
总计	100.0%	100.0%	100.0%	100.0%	100.0%
列总计	362	11	330	3550	4253

Chi-square test：df=9，卡方值为10.155，sig=0.338>0.05，所以不同政治面貌的人群对“青少年儿童行为不端，主要是学校没教好”的同意程度没有显著差异。

E19e by K8

关于学校的说法，您的同意程度是：要想孩子培养得好，就要多给老师送礼 ＊ 政治面貌 Crosstabulation

	共产党员	民主党派	共青团员	群众	总计
完全同意	2.2%		1.2%	1.3%	1.3%
比较同意	5.5%		7.0%	5.3%	5.5%
不太同意	40.4%	9.1%	43.3%	45.4%	44.7%
完全不同意	51.8%	90.9%	48.5%	48.0%	48.5%
总计	100.0%	100.0%	100.0%	100.0%	100.0%
列总计	361	11	330	3550	4252

Chi-square test：df = 9，卡方值为 14.639，sig = 0.101 > 0.05，所以不同政治面貌的人群对“要想孩子培养的好，就要多给老师送礼”的同意程度没有显著差异。

E20 by K8

您所在单位当员工或村民受到不应该的对待时，员工或村民有没有申诉的机会 ＊ 政治面貌 Crosstabulation

	共产党员	民主党派	共青团员	群众	总计
有	83.3%	80.0%	76.9%	76.0%	77.0%
没有	16.7%	20.0%	23.1%	24.0%	23.0%
总计	100.0%	100.0%	100.0%	100.0%	100.0%
列总计	264	5	208	1806	2283

Chi-square test：df = 3，卡方值为 6.966，sig = 0.073 > 0.05，所以不同政治面貌的人群对“您所在单位当员工或村民受到不应该的对待时，员工或村民有没有申诉的机会”的回答没有显著差异。

E21 by K8

您所在单位当员工或村民受到不应该的对待时，员工或村民有没有申诉的地方或渠道 ＊ 政治面貌 Crosstabulation

	共产党员	民主党派	共青团员	群众	总计
有	84.0%	60.0%	79.3%	77.2%	78.2%
没有	16.0%	40.0%	20.7%	22.8%	21.8%
总计	100.0%	100.0%	100.0%	100.0%	100.0%
列总计	257	5	208	1736	2206

Chi-square test：df = 3，卡方值为 7.306，sig = 0.063 > 0.05，所以不同政治面貌的人群对“您所在单位当员工或村民受到不应该的对待时，员工或村民有没有申诉的地方或渠道”的回答没有显著差异。

E22 by K8

您所在单位当员工或村民受到不应该的对待时，有没有人进行过申诉＊政治面貌 Crosstabulation

	共产党员	民主党派	共青团员	群众	总计
全部会申诉	4.9%		2.8%	1.9%	2.4%
大部分会申诉	30.5%	33.3%	29.5%	18.3%	21.1%
小部分会申诉	50.4%	66.7%	50.0%	57.6%	56.0%
无人申诉	14.2%		17.6%	22.1%	20.5%
总计	100.0%	100.0%	100.0%	100.0%	100.0%
列总计	226	6	176	1341	1749

Chi-square test：df = 9，卡方值为 39.066，sig = 0.000 < 0.05，所以不同政治面貌的人群对“您所在单位当员工或村民受到不应该的对待时，有没有人进行过申诉”的回答有显著差异。

E23 by K8

您所在单位在多大程度上认真对待员工或村民的申诉＊政治面貌 Crosstabulation

	共产党员	民主党派	共青团员	群众	总计
完全不认真	4.5%		5.1%	6.6%	6.2%
不太认真	17.1%	20.0%	18.9%	20.3%	19.8%
一般	27.5%	20.0%	45.7%	38.8%	38.0%
比较认真	39.2%	60.0%	26.3%	30.1%	31.0%
非常认真	11.7%		4.0%	4.2%	5.1%
总计	100.0%	100.0%	100.0%	100.0%	100.0%
列总计	222	5	175	1362	1764

Chi-square test：df = 12，卡方值为 42.666，sig = 0.000 < 0.05，所以不同政治面貌的人群对“您所在单位在多大程度上认真对待员工或村民的申诉”的回答有显著差异。

E24 by K8

您所在单位是否有道德方面的教育或活动＊政治面貌 Crosstabulation

	共产党员	民主党派	共青团员	群众	总计
有	32.3%	27.3%	8.7%	8.8%	10.8%
没有	28.3%	36.4%	35.1%	36.3%	35.5%
不知道	39.4%	36.4%	56.2%	54.9%	53.7%
总计	100.0%	100.0%	100.0%	100.0%	100.0%

续表

	共产党员	民主党派	共青团员	群众	总计
列总计	353	11	322	3571	4257

Chi-square test：df = 6，卡方值为 189.138，sig = 0.000 < 0.05，所以不同政治面貌的人群对“您所在单位是否有道德方面的教育或活动”的回答有显著差异。

E25a by K8

对当地企业道德状况的满意度 * 政治面貌 Crosstabulation

	共产党员	民主党派	共青团员	群众	总计
非常不满意	2.3%	27.3%	2.1%	2.3%	2.4%
不太满意	19.9%	45.5%	29.5%	25.9%	25.7%
比较满意	74.6%	27.3%	64.9%	69.4%	69.4%
非常满意	3.2%		3.5%	2.4%	2.5%
总计	100.0%	100.0%	100.0%	100.0%	100.0%
列总计	342	11	285	3237	3875

Chi-square test：df = 9，卡方值为 43.898，sig = 0.000 < 0.05，所以不同政治面貌的人群对“对当地企业道德状况的满意度”的回答有显著差异。

E25b by K8

对当地医院道德状况的满意度 * 政治面貌 Crosstabulation

	共产党员	民主党派	共青团员	群众	总计
非常不满意	5.0%	27.3%	3.5%	4.2%	4.3%
不太满意	23.1%	36.4%	28.3%	29.0%	28.5%
比较满意	67.5%	36.4%	64.0%	62.7%	63.2%
非常满意	4.4%		4.2%	4.0%	4.1%
总计	100.0%	100.0%	100.0%	100.0%	100.0%
列总计	360	11	311	3477	4159

Chi-square test：df = 9，卡方值为 21.739，sig = 0.010 < 0.05，所以不同政治面貌的人群对“对当地医院道德状况的满意度”的回答有显著差异。

E25c by K8

对当地政府道德状况的满意度 * 政治面貌 Crosstabulation

	共产党员	民主党派	共青团员	群众	总计
非常不满意	3.6%	40.0%	4.1%	4.0%	4.1%

续表

	共产党员	民主党派	共青团员	群众	总计
不太满意	17.4%	20.0%	19.9%	26.9%	25.5%
比较满意	70.2%	40.0%	70.6%	63.5%	64.5%
非常满意	8.8%		5.4%	5.6%	5.9%
总计	100.0%	100.0%	100.0%	100.0%	100.0%
列总计	362	10	296	3400	4068

Chi-square test：df = 9，卡方值为 59.018，sig = 0.000 < 0.05，所以不同政治面貌的人群对“对当地政府道德状况的满意度”的回答有显著差异。

E25d by K8

对当地学校的道德状况的满意度 * 政治面貌 Crosstabulation

	共产党员	民主党派	共青团员	群众	总计
非常不满意	2.5%		4.9%	2.6%	2.7%
不太满意	12.1%	50.0%	17.9%	20.1%	19.3%
比较满意	72.9%	40.0%	69.7%	68.9%	69.2%
非常满意	12.4%	10.0%	7.5%	8.4%	8.7%
总计	100.0%	100.0%	100.0%	100.0%	100.0%
列总计	354	10	307	3420	4091

Chi-square test：df = 9，卡方值为 29.972，sig = 0.000 < 0.05，所以不同政治面貌的人群对“对当地学校的道德状况的满意度”的回答有显著差异。

E25e by K8

对当地的 NGO 组织（如红十字会等）道德状况的满意度 * 政治面貌 Crosstabulation

	共产党员	民主党派	共青团员	群众	总计
非常不满意	1.8%	10.0%	4.0%	1.9%	2.1%
不太满意	15.4%	30.0%	20.3%	18.4%	18.2%
比较满意	75.0%	60.0%	69.8%	68.4%	69.1%
非常满意	7.9%		5.9%	11.4%	10.6%
总计	100.0%	100.0%	100.0%	100.0%	100.0%
列总计	280	10	202	2237	2729

Chi-square test：df = 9，卡方值为 19.736，sig = 0.020 < 0.05，所以不同政治面貌的人群对“对当地的 NGO 组织（如红十字会等）道德状况的满意度”的回答有显著差异。

F1a by K8

您认为以下行为是否关乎道德？随地吐痰 * 政治面貌 Crosstabulation

	共产党员	民主党派	共青团员	群众	总计
有关	96.7%	90.9%	96.4%	93.1%	93.6%
无关	3.3%	9.1%	3.6%	6.9%	6.4%
总计	100.0%	100.0%	100.0%	100.0%	100.0%
列总计	364	11	333	3603	4311

Chi-square test：df = 3，卡方值为 11.965，sig = 0.008 < 0.05，所以不同政治面貌的人群对“您认为以下行为是否关乎道德？随地吐痰”的回答有显著差异。

F1b by K8

您认为以下行为是否关乎道德？插队 * 政治面貌 Crosstabulation

	共产党员	民主党派	共青团员	群众	总计
有关	96.4%	100.0%	95.2%	93.8%	94.2%
无关	3.6%		4.8%	6.2%	5.8%
总计	100.0%	100.0%	100.0%	100.0%	100.0%
列总计	364	11	332	3604	4311

Chi-square test：df = 3，卡方值为 5.505，sig = 0.138 > 0.05，所以不同政治面貌的人群对“您认为以下行为是否关乎道德？插队”的回答没有显著差异。

F1c by K8

您认为以下行为是否关乎道德？公交或地铁上大声打电话 * 政治面貌 Crosstabulation

	共产党员	民主党派	共青团员	群众	总计
有关	95.9%	81.8%	92.2%	90.3%	90.9%
无关	4.1%	18.2%	7.8%	9.8%	9.1%
总计	100.0%	100.0%	100.0%	100.0%	100.0%
列总计	364	11	332	3600	4307

Chi-square test：df = 3，卡方值为 14.411，sig = 0.002 < 0.05，所以不同政治面貌的人群对“您认为以下行为是否关乎道德？公交或地铁上大声打电话”的回答有显著差异。

F1d by K8

您认为以下行为是否关乎道德？餐馆里说话声音很大＊政治面貌 Crosstabulation

	共产党员	民主党派	共青团员	群众	总计
有关	94.8%	90.9%	91.9%	89.4%	90.0%
无关	5.2%	9.1%	8.1%	10.6%	10.0%
总计	100.0%	100.0%	100.0%	100.0%	100.0%
列总计	364	11	332	3601	4308

Chi-square test：df = 3，卡方值为 12.055，sig = 0.007 < 0.05，所以不同政治面貌的人群对“您认为以下行为是否关乎道德？餐馆里说话声音很大”的回答有显著差异。

F1e by K8

您认为以下行为是否关乎道德？在公共场所的椅子或沙发上躺着睡觉＊政治面貌 Crosstabulation

	共产党员	民主党派	共青团员	群众	总计
有关	94.5%	90.9%	89.2%	91.0%	91.2%
无关	5.5%	9.1%	10.8%	9.0%	8.8%
总计	100.0%	100.0%	100.0%	100.0%	100.0%
列总计	364	11	333	3601	4309

Chi-square test：df = 3，卡方值为 6.749，sig = 0.080 > 0.05，所以不同政治面貌的人群对“您认为以下行为是否关乎道德？在公共场所的椅子或沙发上躺着睡觉”的回答没有显著差异。

F1f by K8

您本人是否做出过这些行为？随地吐痰＊政治面貌 Crosstabulation

	共产党员	民主党派	共青团员	群众	总计
经常做	1.6%		0.9%	3.6%	3.2%
偶尔做	28.6%	45.5%	29.7%	34.4%	33.6%
从来不做	69.8%	54.5%	69.3%	62.0%	63.2%
总计	100.0%	100.0%	100.0%	100.0%	100.0%
列总计	364	11	323	3584	4282

Chi-square test：df = 6，卡方值为 20.718，sig = 0.002 < 0.05，所以不同政治面貌的人群对“您本人是否做出过这些行为？随地吐痰”的回答有显著差异。

F1g by K8

您本人是否做出过这些行为？插队 * 政治面貌 Crosstabulation

	共产党员	民主党派	共青团员	群众	总计
经常做	0.8%		1.2%	0.8%	0.8%
偶尔做	13.8%	18.2%	13.3%	16.2%	15.8%
从来不做	85.4%	81.8%	85.4%	83.0%	83.4%
总计	100.0%	100.0%	100.0%	100.0%	100.0%
列总计	363	11	323	3582	4279

Chi-square test：df = 6，卡方值为 3.844，sig = 0.698 > 0.05，所以不同政治面貌的人群对“您本人是否做出过这些行为？插队”的回答没有显著差异。

F1h by K8

您本人是否做出过这些行为？公交或地铁上大声打电话 * 政治面貌 Crosstabulation

	共产党员	民主党派	共青团员	群众	总计
经常做	1.4%		0.9%	1.1%	1.1%
偶尔做	16.5%	27.3%	17.3%	19.6%	19.2%
从来不做	82.1%	72.7%	81.7%	79.3%	79.7%
总计	100.0%	100.0%	100.0%	100.0%	100.0%
列总计	363	11	323	3578	4275

Chi-square test：df = 6，卡方值为 3.669，sig = 0.721 > 0.05，所以不同政治面貌的人群对“您本人是否做出过这些行为？公交或地铁上大声打电话”的回答没有显著差异。

F1i by K8

您本人是否做出过这些行为？餐馆里说话声音很大 * 政治面貌 Crosstabulation

	共产党员	民主党派	共青团员	群众	总计
经常做	0.8%	9.1%	1.2%	1.3%	1.3%
偶尔做	17.9%	27.3%	22.7%	19.7%	19.7%
从来不做	81.3%	63.6%	76.1%	79.0%	79.0%
总计	100.0%	100.0%	100.0%	100.0%	100.0%
列总计	364	11	322	3577	4274

Chi-square test：df = 8，卡方值为 9.143，sig = 0.166 > 0.05，所以不同政治面貌的人群对“您本人是否做出过这些行为？餐馆里说话声音很大”的回答没有显著差异。

F1j by K8

您本人是否做出过这些行为？在公共场所的椅子或沙发上躺着睡觉＊政治面貌 Crosstabulation

	共产党员	民主党派	共青团员	群众	总计
经常做	1.1%		1.9%	0.9%	1.0%
偶尔做	8.0%	54.5%	10.2%	8.0%	8.3%
从来不做	90.9%	45.5%	87.9%	91.1%	90.7%
总计	100.0%	100.0%	100.0%	100.0%	100.0%
列总计	364	11	322	3589	4286

Chi-square test：df = 6，卡方值为 36.005，sig = 0.000 < 0.05，所以不同政治面貌的人群对“您本人是否做出过这些行为？在公共场所的椅子或沙发上躺着睡觉”的回答有显著差异。

F2 by K8

入夜后，很多中老年朋友在广场上伴着录音机的音乐跳舞，产生噪声，有人向政府或物管投诉，要求阻止。对这件事您怎么看 ＊政治面貌 Crosstabulation

	共产党员	民主党派	共青团员	群众	总计
在广场上跳舞是居民的自由，不应干预	5.7%	9.1%	6.0%	8.3%	7.9%
跳舞如果破坏了别人的清静，就应该停止	19.9%	45.5%	21.6%	20.3%	20.4%
中老年人没地方活动，即便跳舞构成干扰，也应尽量容忍和理解	20.5%		22.5%	21.3%	21.2%
请跳舞者降低音量，大家相互妥协	53.3%	45.5%	48.6%	49.8%	50.0%
其他（请说明）	0.5%		1.2%	0.4%	0.5%
总计	100.0%	100.0%	100.0%	100.0%	100.0%
列总计	366	11	333	3598	4308

Chi-square test：df = 12，卡方值为 15.571，sig = 0.212 > 0.05，所以不同政治面貌的人群对“入夜后，很多中老年朋友在广场上伴着录音机的音乐跳舞，产生噪声，有人向政府或物管投诉，要求阻止。对这件事您怎么看”的回答没有显著差异。

F3a by K8

因个人认为自身受到不公正待遇而导致的社会泄愤事件，你对于下列回答的评价是：这是暴徒行为，无论何种情况下，都不应该采取暴力手段＊政治面貌 Crosstabulation

	共产党员	民主党派	共青团员	群众	总计
完全同意	42.8%	45.5%	43.0%	36.4%	37.4%

续表

	共产党员	民主党派	共青团员	群众	总计
比较同意	43.4%	45.5%	44.2%	54.2%	52.5%
不太同意	6.1%		8.8%	5.4%	5.7%
完全不同意	7.7%	9.1%	3.9%	4.0%	4.3%
总计	100.0%	100.0%	100.0%	100.0%	100.0%
列总计	362	11	330	3573	4276

Chi-square test：df = 9，卡方值为 36.927，sig = 0.000 < 0.05，所以不同政治面貌的人群对“社会泄愤行为是暴徒行为，无论何种情况下，都不应该采取暴力手段”的评价有显著差异。

F3b by K8

因个人认为自身受到不公正待遇而导致的社会泄愤事件，你对于下列回答的评价是：其他社会成员在需要的时候没有及时给予帮助，因此我们每个人都有责任 * 政治面貌 Crosstabulation

	共产党员	民主党派	共青团员	群众	总计
完全同意	19.2%	36.4%	14.0%	16.2%	16.3%
比较同意	59.7%	45.5%	62.3%	56.3%	57.0%
不太同意	18.6%	9.1%	21.3%	23.9%	23.2%
完全不同意	2.5%	9.1%	2.4%	3.5%	3.4%
总计	100.0%	100.0%	100.0%	100.0%	100.0%
列总计	365	11	329	3571	4276

Chi-square test：df = 9，卡方值为 16.972，sig = 0.049 < 0.05，所以不同政治面貌的人群对“其他社会成员在需要的时候没有及时给予帮助，因此我们每个人都有责任”的评价有显著差异。

F3c by K8

因个人认为自身受到不公正待遇而导致的社会泄愤事件，你对于下列回答的评价是：应该去报复那些给予他们不公待遇的人，而不是伤及无辜 * 政治面貌 Crosstabulation

	共产党员	民主党派	共青团员	群众	总计
完全同意	12.7%		13.9%	9.2%	9.9%
比较同意	30.3%	45.5%	35.8%	33.3%	33.3%
不太同意	39.7%	54.5%	36.4%	41.3%	40.8%
完全不同意	17.4%		13.9%	16.1%	16.0%
总计	100.0%	100.0%	100.0%	100.0%	100.0%

续表

	共产党员	民主党派	共青团员	群众	总计
列总计	363	11	330	3566	4270

Chi-square test：df=9，卡方值为18.622，sig=0.029<0.05，所以不同政治面貌的人群对“应该去报复那些给予他们不公待遇的人，而不是伤及无辜”的评价有显著差异。

F3d by K8

因个人认为自身受到不公正待遇而导致的社会泄愤事件，你对于下列回答的评价是：受到不公平待遇，应该充分相信政府，积极寻求相关部门的帮助 * 政治面貌 Crosstabulation

	共产党员	民主党派	共青团员	群众	总计
完全同意	38.1%	9.1%	21.6%	23.5%	24.5%
比较同意	51.9%	81.8%	66.8%	64.6%	63.7%
不太同意	7.5%	9.1%	8.5%	10.5%	10.1%
完全不同意	2.5%		3.0%	1.4%	1.6%
总计	100.0%	100.0%	100.0%	100.0%	100.0%
列总计	362	11	328	3562	4263

Chi-square test：df=9，卡方值为51.017，sig=0.000<0.05，所以不同政治面貌的人群对“受到不公平待遇，应该充分相信政府，积极寻求相关部门的帮助”的评价有显著差异。

F4 by K8

总的来说，您认为当今的社会公不公平 * 政治面貌 Crosstabulation

	共产党员	民主党派	共青团员	群众	总计
完全不公平	3.6%	9.1%	4.5%	5.0%	4.8%
比较不公平	27.9%	36.4%	27.5%	30.0%	29.6%
说不上公平但也不能说不公平	28.5%	54.5%	37.8%	36.9%	36.3%
比较公平	37.6%		29.0%	27.1%	28.1%
非常公平	2.5%		1.2%	1.1%	1.2%
总计	100.0%	100.0%	100.0%	100.0%	100.0%
列总计	362	11	331	3546	4250

Chi-square test：df=12，卡方值为32.275，sig=0.001<0.05，所以不同政治面貌的人群对“总的来说，您认为当今的社会公不公平”的回答有显著差异。

F5 by K8

和前几年相比，您认为目前我国社会的分配不公、两极分化现象 * 政治面貌 Crosstabulation

	共产党员	民主党派	共青团员	群众	总计
有较大改善	43.2%	27.3%	35.3%	29.0%	30.7%
没什么变化	35.3%	45.5%	36.3%	45.7%	44.1%
更加恶化	21.5%	27.3%	28.3%	25.3%	25.2%
总计	100.0%	100.0%	100.0%	100.0%	100.0%
列总计	354	11	300	3390	4055

Chi-square test：df = 6，卡方值为 38.897，sig = 0.000 < 0.05，所以不同政治面貌的人群对“和前几年相比，您认为目前我国社会的分配不公、两极分化现象”的回答有显著差异。

F6 by K8

您认为目前我国社会成员之间的收入差距有多大 * 政治面貌 Crosstabulation

	共产党员	民主党派	共青团员	群众	总计
合理，可以接受	23.0%	18.2%	14.2%	12.5%	13.6%
不合理，但可以接受	53.5%	54.5%	63.1%	55.9%	56.3%
不合理，不能接受	23.5%	27.3%	22.7%	31.6%	30.2%
总计	100.0%	100.0%	100.0%	100.0%	100.0%
列总计	357	11	317	3426	4111

Chi-square test：df = 6，卡方值为 42.725，sig = 0.000 < 0.05，所以不同政治面貌的人群对“目前我国社会成员之间的收入差距”的回答有显著差异。

F7a by K8

请问您是否同意当前的社会是人人为自己 * 政治面貌 Crosstabulation

	共产党员	民主党派	共青团员	群众	总计
完全同意	11.0%	9.1%	16.4%	15.1%	14.8%
比较同意	54.5%	81.8%	55.9%	58.7%	58.2%
不太同意	32.2%	9.1%	24.9%	24.0%	24.7%
完全不同意	2.2%		2.7%	2.3%	2.3%
总计	100.0%	100.0%	100.0%	100.0%	100.0%
列总计	363	11	329	3585	4288

Chi-square test：df = 9，卡方值为 17.578，sig = 0.040 < 0.05，所以不同政治面貌的人群对“您是否同意当前的社会是人人为自己”的回答有显著差异。

F7b by K8

请问您是否同意现在社会的大多数人是见利忘义的＊政治面貌 Crosstabulation

	共产党员	民主党派	共青团员	群众	总计
完全同意	9.6%	18.2%	11.9%	11.3%	11.2%
比较同意	38.3%	63.6%	43.3%	49.0%	47.7%
不太同意	47.4%	18.2%	41.2%	36.3%	37.6%
完全不同意	4.7%		3.7%	3.4%	3.6%
总计	100.0%	100.0%	100.0%	100.0%	100.0%
列总计	363	11	328	3577	4279

Chi-square test：df = 9，卡方值为 26.047，sig = 0.002 < 0.05，所以不同政治面貌的人群对“您是否同意现在社会的大多数人是见利忘义的”的回答有显著差异。

F7c by K8

请问您是否同意现在社会是一个物欲横流的社会＊政治面貌 Crosstabulation

	共产党员	民主党派	共青团员	群众	总计
完全同意	13.3%	36.4%	15.0%	14.3%	14.3%
比较同意	43.4%	54.5%	56.6%	48.5%	48.7%
不太同意	35.9%	9.1%	26.9%	33.5%	33.1%
完全不同意	7.5%		1.5%	3.7%	3.8%
总计	100.0%	100.0%	100.0%	100.0%	100.0%
列总计	362	11	327	3514	4214

Chi-square test：df = 9，卡方值为 34.841，sig = 0.000 < 0.05，所以不同政治面貌的人群对“您是否同意现在社会是一个物欲横流的社会”的回答有显著差异。

F7d by K8

请问您是否同意当前大多数人都是以集体利益为重＊政治面貌 Crosstabulation

	共产党员	民主党派	共青团员	群众	总计
完全同意	5.8%	18.2%	4.9%	5.3%	5.3%
比较同意	36.3%	45.5%	30.5%	37.3%	36.7%
不太同意	52.4%	36.4%	58.2%	52.2%	52.6%
完全不同意	5.5%		6.5%	5.2%	5.3%

续表

	共产党员	民主党派	共青团员	群众	总计
总计	100.0%	100.0%	100.0%	100.0%	100.0%
列总计	361	11	325	3539	4236

Chi-square test：df=9，卡方值为11.709，sig=0.230>0.05，所以不同政治面貌的人群对“您是否同意当前大多数人都是以集体利益为重”的回答没有显著差异。

F7e by K8

请问您是否同意当前大多数人都是家庭利益至上＊政治面貌 Crosstabulation

	共产党员	民主党派	共青团员	群众	总计
完全同意	13.3%	18.2%	15.3%	17.7%	17.2%
比较同意	61.9%	72.7%	62.9%	63.2%	63.1%
不太同意	21.5%	9.1%	19.3%	17.0%	17.5%
完全不同意	3.3%		2.5%	2.1%	2.2%
总计	100.0%	100.0%	100.0%	100.0%	100.0%
列总计	362	11	326	3574	4273

Chi-square test：df=9，卡方值为12.293，sig=0.197>0.05，所以不同政治面貌的人群对“您是否同意当前大多数人都是家庭利益至上”的回答没有显著差异。

F7f by K8

请问您是否同意当前的社会是个金钱至上的社会＊政治面貌 Crosstabulation

	共产党员	民主党派	共青团员	群众	总计
完全同意	16.3%	18.2%	19.1%	20.2%	19.8%
比较同意	46.0%	54.5%	50.5%	51.9%	51.3%
不太同意	33.9%	27.3%	28.0%	25.0%	26.0%
完全不同意	3.9%		2.4%	2.9%	2.9%
总计	100.0%	100.0%	100.0%	100.0%	100.0%
列总计	363	11	329	3572	4275

Chi-square test：df=9，卡方值为17.190，sig=0.046<0.05，所以不同政治面貌的人群对“您是否同意当前的社会是个金钱至上的社会”的回答有显著差异。

F7g by K8

请问您是否同意现在社会守道德的人大都吃亏，不守道德的人占便宜＊政治面貌 Crosstabulation

	共产党员	民主党派	共青团员	群众	总计
完全同意	5.8%	20.0%	8.0%	9.3%	8.9%
比较同意	34.6%	60.0%	41.8%	44.4%	43.4%
不太同意	51.2%	20.0%	43.7%	41.8%	42.7%
完全不同意	8.3%		6.5%	4.6%	5.0%
总计	100.0%	100.0%	100.0%	100.0%	100.0%
列总计	361	10	323	3530	4224

Chi-square test：df = 9，卡方值为 33.473，sig = 0.000 < 0.05，所以不同政治面貌的人群对“您是否同意现在社会守道德的人大都吃亏，不守道德的人占便宜”的回答有显著差异。

F7h by K8

请问您是否同意现在社会中好人有好报，恶人终归会受到惩罚＊政治面貌 Crosstabulation

	共产党员	民主党派	共青团员	群众	总计
完全同意	15.8%	10.0%	17.6%	17.8%	17.6%
比较同意	54.6%	70.0%	50.8%	54.7%	54.4%
不太同意	26.0%	10.0%	27.6%	24.0%	24.4%
完全不同意	3.6%	10.0%	4.0%	3.5%	3.5%
总计	100.0%	100.0%	100.0%	100.0%	100.0%
列总计	361	10	323	3564	4258

Chi-square test：df = 9，卡方值为 6.584，sig = 0.680 > 0.05，所以不同政治面貌的人群对“您是否同意现在社会中好人有好报，恶人终归会受到惩罚”的回答没有显著差异。

F7i by K8

请问您是否同意人们的生活水平越高，就越幸福＊政治面貌 Crosstabulation

	共产党员	民主党派	共青团员	群众	总计
完全同意	17.4%	36.4%	16.4%	19.1%	18.8%
比较同意	43.9%	54.5%	47.4%	52.2%	51.1%
不太同意	34.8%	9.1%	32.8%	26.1%	27.3%
完全不同意	3.9%		3.3%	2.6%	2.8%

续表

	共产党员	民主党派	共青团员	群众	总计
总计	100. 0%	100. 0%	100. 0%	100. 0%	100. 0%
列总计	362	11	329	3595	4297

Chi-square test：df = 9，卡方值为 25. 686，sig = 0. 002 < 0. 05，所以不同政治面貌的人群对“您是否同意人们的生活水平越高，就越幸福”的回答有显著差异。

F7j by K8

请问您是否同意我们的社会中道德能够很好地约束人们的行为 * 政治面貌 Crosstabulation

	共产党员	民主党派	共青团员	群众	总计
完全同意	12. 2%	27. 3%	8. 8%	11. 3%	11. 2%
比较同意	52. 2%	45. 5%	50. 6%	54. 4%	53. 9%
不太同意	32. 8%	18. 2%	38. 1%	31. 4%	32. 0%
完全不同意	2. 8%	9. 1%	2. 4%	2. 9%	2. 9%
总计	100. 0%	100. 0%	100. 0%	100. 0%	100. 0%
列总计	360	11	328	3534	4233

Chi-square test：df = 9，卡方值为 12. 388，sig = 0. 192 > 0. 05，所以不同政治面貌的人群对“您是否同意我们的社会中道德能够很好地约束人们的行为”的回答没有显著差异。

F7k by K8

请问您是否同意现有的规范和习俗能够很好地调节人与人的关系 * 政治面貌 Crosstabulation

	共产党员	民主党派	共青团员	群众	总计
完全同意	10. 1%	9. 1%	7. 9%	9. 1%	9. 1%
比较同意	58. 1%	72. 7%	54. 0%	55. 6%	55. 8%
不太同意	28. 4%	18. 2%	36. 0%	31. 7%	31. 7%
完全不同意	3. 4%		2. 1%	3. 5%	3. 4%
总计	100. 0%	100. 0%	100. 0%	100. 0%	100. 0%
列总计	356	11	328	3526	4221

Chi-square test：df = 9，卡方值为 7. 924，sig = 0. 542 > 0. 05，所以不同政治面貌的人群对“您是否同意现有的规范和习俗能够很好地调节人与人的关系”的回答没有显著差异。

F71 by K8

请问您是否同意现在社会大多数人都有荣辱感＊政治面貌 Crosstabulation

	共产党员	民主党派	共青团员	群众	总计
完全同意	9.6%	10.0%	7.1%	6.3%	6.6%
比较同意	57.2%	70.0%	60.1%	55.9%	56.3%
不太同意	30.7%	10.0%	29.4%	33.5%	32.9%
完全不同意	2.5%	10.0%	3.4%	4.3%	4.1%
总计	100.0%	100.0%	100.0%	100.0%	100.0%
列总计	355	10	323	3490	4178

Chi-square test：df=9，卡方值为14.397，sig=0.109>0.05，所以不同政治面貌的人群对“您是否同意现在社会大多数人都有荣辱感”的回答没有显著差异。

F8 by K8

您听说过或参加过道德讲堂吗＊政治面貌 Crosstabulation

	共产党员	民主党派	共青团员	群众	总计
参加过	25.7%	27.3%	12.3%	5.0%	7.3%
听说过，但没参加过	51.9%	54.5%	54.1%	42.0%	43.8%
没听说过	22.4%	18.2%	33.6%	53.1%	48.9%
总计	100.0%	100.0%	100.0%	100.0%	100.0%
列总计	366	11	333	3611	4321

Chi-square test：df=6，卡方值为313.079，sig=0.000<0.05，所以不同政治面貌的人群对“您听说过或参加过道德讲堂吗”的回答有显著差异。

F9 by K8

如果您参加过道德讲堂，您觉得开展这样的活动有意义吗＊政治面貌 Crosstabulation

	共产党员	民主党派	共青团员	群众	总计
很有意义	96.7%	100.0%	78.0%	97.1%	94.5%
可有可无	3.3%		22.0%	2.3%	5.1%
没有必要				0.6%	0.3%
总计	100.0%	100.0%	100.0%	100.0%	100.0%
列总计	92	3	41	175	311

Chi-square test：df=6，卡方值为28.218，sig=0.000<0.05，所以不同政治面貌的人群对“如果您参加过道德讲堂，您觉得开展这样的活动有意义吗”的回答有显著差异。

F10 by K8

您对您生活的地方（您所在的社区）社会公德状况满意吗＊政治面貌 Crosstabulation

	共产党员	民主党派	共青团员	群众	总计
非常满意	19.3%		5.3%	5.5%	6.7%
比较满意	64.4%	45.5%	66.9%	75.9%	74.1%
不太满意	14.4%	45.5%	24.4%	17.2%	17.6%
非常不满意	1.9%	9.1%	3.4%	1.3%	1.5%
总计	100.0%	100.0%	100.0%	100.0%	100.0%
列总计	362	11	320	3380	4073

Chi-square test：df = 9，卡方值为 132.810，sig = 0.000 < 0.05，所以不同政治面貌的人群对“对生活的地方（您所在的社区）社会公德状况满意吗”的回答有显著差异。

F11a by K8

当前社会坑蒙拐骗现象的严重程度如何＊政治面貌 Crosstabulation

	共产党员	民主党派	共青团员	群众	总计
非常不严重	9.7%		7.5%	6.4%	6.7%
比较不严重	47.4%	54.5%	34.8%	40.4%	40.6%
比较严重	35.2%	27.3%	46.4%	39.8%	39.8%
非常严重	7.8%	18.2%	11.3%	13.4%	12.8%
总计	100.0%	100.0%	100.0%	100.0%	100.0%
列总计	361	11	319	3577	4268

Chi-square test：df = 9，卡方值为 28.595，sig = 0.001 < 0.05，所以不同政治面貌的人群对“当前社会坑蒙拐骗现象的严重程度如何”的回答有显著差异。

F11b by K8

当前社会人际关系冷漠，见危不救的严重程度如何＊政治面貌 Crosstabulation

	共产党员	民主党派	共青团员	群众	总计
非常不严重	5.8%		4.3%	4.6%	4.7%
比较不严重	45.5%	27.3%	38.3%	44.1%	43.7%
比较严重	41.9%	63.6%	48.8%	42.2%	42.7%
非常严重	6.9%	9.1%	8.6%	9.1%	8.9%
总计	100.0%	100.0%	100.0%	100.0%	100.0%

续表

	共产党员	民主党派	共青团员	群众	总计
列总计	363	11	326	3579	4279

Chi-square test：df = 9，卡方值为 10. 865，sig = 0. 001 < 0. 05，所以不同政治面貌的人群对“当前社会人际关系冷漠，见危不救的严重程度如何”的回答有显著差异。

F11c by K8

当前社会诚信缺乏，不讲信用的严重程度如何 * 政治面貌 Crosstabulation

	共产党员	民主党派	共青团员	群众	总计
非常不严重	6. 9%	9. 1%	4. 0%	4. 6%	4. 8%
比较不严重	47. 0%	45. 5%	42. 7%	41. 7%	42. 2%
比较严重	36. 7%	36. 4%	43. 3%	43. 8%	43. 1%
非常严重	9. 4%	9. 1%	10. 1%	9. 9%	9. 9%
总计	100. 0%	100. 0%	100. 0%	100. 0%	100. 0%
列总计	362	11	328	3593	4294

Chi-square test：df = 9，卡方值为 10. 574，sig = 0. 306 > 0. 05，所以不同政治面貌的人群对“当前社会诚信缺乏，不讲信用的严重程度如何”的回答没有显著差异。

F11d by K8

当前社会人与人之间缺乏信任，社会安全度低的严重程度如何 * 政治面貌 Crosstabulation

	共产党员	民主党派	共青团员	群众	总计
非常不严重	6. 9%	9. 1%	6. 1%	4. 2%	4. 6%
比较不严重	42. 4%	27. 3%	33. 1%	33. 9%	34. 5%
比较严重	39. 4%	45. 5%	48. 2%	49. 1%	48. 2%
非常严重	11. 3%	18. 2%	12. 6%	12. 9%	12. 8%
总计	100. 0%	100. 0%	100. 0%	100. 0%	100. 0%
列总计	363	11	326	3580	4280

Chi-square test：df = 9，卡方值为 22. 563，sig = 0. 007 < 0. 05，所以不同政治面貌的人群对“当前社会人与人之间缺乏信任，社会安全度低的严重程度如何”的回答有显著差异。

F11e by K8

当前社会缺乏公德，如公共场所大声喧哗、随地吐痰等的严重程度如何＊政治面貌 Crosstabulation

	共产党员	民主党派	共青团员	群众	总计
非常不严重	7.1%		4.3%	4.9%	5.0%
比较不严重	56.0%	10.0%	44.5%	52.2%	51.9%
比较严重	29.9%	60.0%	43.0%	35.3%	35.5%
非常严重	6.9%	30.0%	8.2%	7.6%	7.7%
总计	100.0%	100.0%	100.0%	100.0%	100.0%
列总计	364	10	328	3586	4288

Chi-square test：df = 9，卡方值为 29.510，sig = 0.001 < 0.05，所以不同政治面貌的人群对“当前社会缺乏公德，如公共场所大声喧哗、随地吐痰等的严重程度如何”的回答有显著差异。

F11f by K8

当前社会自私自利，损人利己的严重程度如何＊政治面貌 Crosstabulation

	共产党员	民主党派	共青团员	群众	总计
非常不严重	9.9%		5.6%	5.0%	5.5%
比较不严重	46.6%	30.0%	43.2%	45.2%	45.1%
比较严重	38.0%	60.0%	44.7%	41.3%	41.3%
非常严重	5.5%	10.0%	6.5%	8.5%	8.1%
总计	100.0%	100.0%	100.0%	100.0%	100.0%
列总计	363	10	322	3576	4271

Chi-square test：df = 9，卡方值为 23.452，sig = 0.005 < 0.05，所以不同政治面貌的人群对“当前社会自私自利，损人利己的严重程度如何”的回答有显著差异。

F11g by K8

当前社会缺乏公正心和正义感的严重程度如何＊政治面貌 Crosstabulation

	共产党员	民主党派	共青团员	群众	总计
非常不严重	7.8%	9.1%	6.1%	4.8%	5.2%
比较不严重	45.7%	18.2%	41.8%	43.6%	43.6%
比较严重	35.5%	63.6%	45.1%	41.4%	41.2%
非常严重	11.1%	9.1%	7.0%	10.2%	10.0%
总计	100.0%	100.0%	100.0%	100.0%	100.0%
列总计	361	11	328	3569	4269

Chi-square test：df = 9，卡方值为 17.414，sig = 0.043 < 0.05，所以不同政治面貌的人群对“当前社会缺乏公正心和正义感的严重程度如何”的回答有显著差异。

F11h by K8

当前社会私欲膨胀，物欲横流的严重程度如何 * 政治面貌 Crosstabulation

	共产党员	民主党派	共青团员	群众	总计
非常不严重	7.2%		5.8%	3.8%	4.3%
比较不严重	38.5%	27.3%	32.0%	39.5%	38.8%
比较严重	42.4%	54.5%	50.5%	43.8%	44.2%
非常严重	11.9%	18.2%	11.7%	12.9%	12.7%
总计	100.0%	100.0%	100.0%	100.0%	100.0%
列总计	361	11	325	3512	4209

Chi-square test：df = 9，卡方值为 20.360，sig = 0.016 < 0.05，所以不同政治面貌的人群对“当前社会私欲膨胀，物欲横流的严重程度如何”的回答有显著差异。

F11i by K8

当前社会缺乏羞耻感的严重程度如何 * 政治面貌 Crosstabulation

	共产党员	民主党派	共青团员	群众	总计
非常不严重	8.8%		6.5%	5.3%	5.7%
比较不严重	54.3%	20.0%	48.0%	49.9%	50.1%
比较严重	28.9%	50.0%	38.5%	36.8%	36.3%
非常严重	8.0%	30.0%	7.1%	8.0%	7.9%
总计	100.0%	100.0%	100.0%	100.0%	100.0%
列总计	363	10	325	3534	4232

Chi-square test：df = 9，卡方值为 24.623，sig = 0.003 < 0.05，所以不同政治面貌的人群对“当前社会缺乏羞耻感的严重程度如何”的回答有显著差异。

F11j by K8

当前社会干部贪污受贿，以权谋利的严重程度如何 * 政治面貌 Crosstabulation

	共产党员	民主党派	共青团员	群众	总计
非常不严重	6.5%		2.6%	2.3%	2.7%
比较不严重	43.5%	36.4%	36.5%	31.2%	32.7%
比较严重	37.9%	45.5%	43.3%	47.4%	46.3%
非常严重	12.1%	18.2%	17.6%	19.0%	18.3%
总计	100.0%	100.0%	100.0%	100.0%	100.0%

续表

	共产党员	民主党派	共青团员	群众	总计
列总计	354	11	307	3418	4090

Chi-square test：df = 9，卡方值为 52.793，sig = 0.000 < 0.05，所以不同政治面貌的人群对“当前社会干部贪污受贿，以权谋利的严重程度如何”的回答有显著差异。

F11k by K8

当前社会生活奢侈，铺张浪费的严重程度如何 * 政治面貌 Crosstabulation

	共产党员	民主党派	共青团员	群众	总计
非常不严重	9.1%		3.4%	3.3%	3.8%
比较不严重	48.9%	45.5%	45.3%	40.5%	41.6%
比较严重	32.3%	36.4%	42.5%	41.3%	40.6%
非常严重	9.7%	18.2%	8.8%	15.0%	14.1%
总计	100.0%	100.0%	100.0%	100.0%	100.0%
列总计	362	11	320	3492	4185

Chi-square test：df = 9，卡方值为 57.644，sig = 0.000 < 0.05，所以不同政治面貌的人群对“当前社会生活奢侈，铺张浪费的严重程度如何”的回答有显著差异。

F11l by K8

当前社会干部不作为，扯皮推诿的严重程度如何 * 政治面貌 Crosstabulation

	共产党员	民主党派	共青团员	群众	总计
非常不严重	8.5%		4.2%	2.4%	3.0%
比较不严重	40.7%	27.3%	32.6%	29.3%	30.5%
比较严重	37.6%	27.3%	43.3%	47.8%	46.5%
非常严重	13.3%	45.5%	19.9%	20.5%	19.9%
总计	100.0%	100.0%	100.0%	100.0%	100.0%
列总计	354	11	307	3418	4090

Chi-square test：df = 9，卡方值为 76.421，sig = 0.000 < 0.05，所以不同政治面貌的人群对“当前社会干部不作为，扯皮推诿的严重程度如何”的回答有显著差异。

F12a by K8

您怎么看待周围那些经营企业或做生意发了财的人：他们自己有本事，应该发财 * 政治面貌 Crosstabulation

	共产党员	民主党派	共青团员	群众	总计
未选中	28.1%	45.5%	24.7%	22.3%	23.1%

续表

	共产党员	民主党派	共青团员	群众	总计
选中	71.9%	54.5%	75.3%	77.7%	76.9%
总计	100.0%	100.0%	100.0%	100.0%	100.0%
列总计	366	11	332	3603	4312

Chi-square test：df = 3，卡方值为 9.980，sig = 0.019 < 0.05，所以不同政治面貌的人群对“您怎么看待周围那些经营企业或做生意发了财的人：他们自己有本事，应该发财”的回答有显著差异。

F12b by K8

您怎么看待周围那些经营企业或做生意发了财的人：尊重他们，他们为社会做了贡献 * 政治面貌 Crosstabulation

	共产党员	民主党派	共青团员	群众	总计
未选中	37.7%	18.2%	48.2%	47.9%	47.0%
选中	62.3%	81.8%	51.8%	52.1%	53.0%
总计	100.0%	100.0%	100.0%	100.0%	100.0%
列总计	366	11	332	3603	4312

Chi-square test：df = 3，卡方值为 17.808，sig = 0.000 < 0.05，所以不同政治面貌的人群对“您怎么看待周围那些经营企业或做生意发了财的人：尊重他们，他们为社会做了贡献”的回答有显著差异。

F12c by K8

您怎么看待周围那些经营企业或做生意发了财的人：没什么了不起，他们常用不正当手段发财 * 政治面貌 Crosstabulation

	共产党员	民主党派	共青团员	群众	总计
未选中	94.8%	100.0%	97.6%	93.6%	94.0%
选中	5.2%		2.4%	6.4%	6.0%
总计	100.0%	100.0%	100.0%	100.0%	100.0%
列总计	366	11	332	3603	4312

Chi-square test：df = 3，卡方值为 9.819，sig = 0.020 < 0.05，所以不同政治面貌的人群对“您怎么看待周围那些经营企业或做生意发了财的人：没什么了不起，他们常用不正当手段发财”的回答有显著差异。

F12d by K8

您怎么看待周围那些经营企业或做生意发了财的人：是土豪，没文化，没教养 * 政治面貌 Crosstabulation

	共产党员	民主党派	共青团员	群众	总计
未选中	94.5%	90.9%	93.1%	92.5%	92.7%

续表

	共产党员	民主党派	共青团员	群众	总计
选中	5.5%	9.1%	6.9%	7.5%	7.3%
总计	100.0%	100.0%	100.0%	100.0%	100.0%
列总计	366	11	332	3603	4312

Chi-square test：df=3，卡方值为2.260，sig=0.520>0.05，所以不同政治面貌的人群对“您怎么看待周围那些经营企业或做生意发了财的人：是土豪，没文化，没教养”的回答没有显著差异。

F12e by K8

您怎么看待周围那些经营企业或做生意发了财的人：是他们运气好 * 政治面貌 Crosstabulation

	共产党员	民主党派	共青团员	群众	总计
未选中	88.3%	90.9%	83.7%	80.5%	81.4%
选中	11.7%	9.1%	16.3%	19.5%	18.6%
总计	100.0%	100.0%	100.0%	100.0%	100.0%
列总计	366	11	332	3603	4312

Chi-square test：df=3，卡方值为15.191，sig=0.002<0.05，所以不同政治面貌的人群对“您怎么看待周围那些经营企业或做生意发了财的人：是他们运气好”的回答有显著差异。

F12f by K8

您怎么看待周围那些经营企业或做生意发了财的人：有钱没钱，这都是命 * 政治面貌 Crosstabulation

	共产党员	民主党派	共青团员	群众	总计
未选中	88.8%	90.9%	88.0%	82.0%	83.1%
选中	11.2%	9.1%	12.0%	18.0%	16.9%
总计	100.0%	100.0%	100.0%	100.0%	100.0%
列总计	366	11	332	3603	4312

Chi-square test：df=3，卡方值为17.497，sig=0.001<0.05，所以不同政治面貌的人群对“您怎么看待周围那些经营企业或做生意发了财的人：有钱没钱，这都是命”的回答有显著差异。

F12g by K8

您怎么看待周围那些经营企业或做生意发了财的人：天道不公，希望他们明天就破产 * 政治面貌 Crosstabulation

	共产党员	民主党派	共青团员	群众	总计
未选中	99.2%	100.0%	100.0%	98.9%	99.0%

续表

	共产党员	民主党派	共青团员	群众	总计
选中	0.8%			1.1%	1.0%
总计	100.0%	100.0%	100.0%	100.0%	100.0%
列总计	366	11	332	3603	4312

Chi-square test：df = 3，卡方值为 3.772，sig = 0.287 > 0.05，所以不同政治面貌的人群对“您怎么看待周围那些经营企业或做生意发了财的人：天道不公，希望他们明天就破产”的回答没有显著差异。

F13a by K8

企业损害社会利益，如污染环境、以虚假广告误导公众等严重程度如何 * 政治面貌 Crosstabulation

	共产党员	民主党派	共青团员	群众	总计
非常不严重	3.1%		3.9%	2.3%	2.5%
比较不严重	45.0%	36.4%	36.1%	37.5%	38.0%
比较严重	35.7%	45.5%	48.7%	44.5%	44.1%
非常严重	16.1%	18.2%	11.3%	15.7%	15.4%
总计	100.0%	100.0%	100.0%	100.0%	100.0%
列总计	353	11	310	3415	4089

Chi-square test：df = 9，卡方值为 19.617，sig = 0.020 < 0.05，所以不同政治面貌的人群对“企业损害社会利益，如污染环境、以虚假广告误导公众等严重程度如何”的回答有显著差异。

F13b by K8

娱乐界以丑闻、绯闻炒作，污染社会风气严重程度如何 * 政治面貌 Crosstabulation

	共产党员	民主党派	共青团员	群众	总计
非常不严重	2.1%		1.6%	1.4%	1.4%
比较不严重	25.3%	10.0%	22.7%	22.0%	22.3%
比较严重	54.1%	70.0%	57.4%	57.9%	57.6%
非常严重	18.5%	20.0%	18.3%	18.7%	18.6%
总计	100.0%	100.0%	100.0%	100.0%	100.0%
列总计	340	10	317	3158	3825

Chi-square test：df = 9，卡方值为 4.499，sig = 0.876 > 0.05，所以不同政治面貌的人群对“娱乐界以丑闻、绯闻炒作，污染社会风气严重程度如何”的回答没有显著差异。

F13c by K8

媒体缺乏社会责任，炒作新闻严重程度如何 * 政治面貌 Crosstabulation

	共产党员	民主党派	共青团员	群众	总计
非常不严重	3.5%	9.1%	0.9%	1.5%	1.6%
比较不严重	23.8%	9.1%	20.1%	24.3%	23.8%
比较严重	50.3%	54.5%	61.1%	51.4%	52.1%
非常严重	22.4%	27.3%	17.9%	22.9%	22.5%
总计	100.0%	100.0%	100.0%	100.0%	100.0%
列总计	340	11	319	3168	3838

Chi-square test：df=9，卡方值为25.059，sig=0.003<0.05，所以不同政治面貌的人群对“媒体缺乏社会责任，炒作新闻严重程度如何”的回答有显著差异。

F13d by K8

社会财富分配不公，贫富悬殊过大严重程度如何 * 政治面貌 Crosstabulation

	共产党员	民主党派	共青团员	群众	总计
非常不严重	2.2%		2.8%	0.9%	1.2%
比较不严重	26.9%		20.4%	18.1%	19.0%
比较严重	43.1%	63.6%	54.2%	46.0%	46.4%
非常严重	27.8%	36.4%	22.6%	35.1%	33.5%
总计	100.0%	100.0%	100.0%	100.0%	100.0%
列总计	360	11	323	3529	4223

Chi-square test：df=9，卡方值为52.420，sig=0.000<0.05，所以不同政治面貌的人群对“社会财富分配不公，贫富悬殊过大严重程度如何”的回答有显著差异。

F13e by K8

教师不尽职严重程度如何 * 政治面貌 Crosstabulation

	共产党员	民主党派	共青团员	群众	总计
非常不严重	11.6%	9.1%	9.8%	7.9%	8.3%
比较不严重	54.6%	45.5%	60.3%	55.2%	55.6%
比较严重	27.7%	18.2%	22.8%	27.8%	27.4%
非常严重	6.1%	27.3%	7.1%	9.1%	8.7%
总计	100.0%	100.0%	100.0%	100.0%	100.0%
列总计	361	11	325	3546	4243

Chi-square test：df=9，卡方值为20.056，sig=0.018<0.05，所以不同政治面貌的人群对“教师不尽职严重程度如何”的回答有显著差异。

F13f by K8

医生不守政治面貌道德严重程度如何 * 政治面貌 Crosstabulation

	共产党员	民主党派	共青团员	群众	总计
非常不严重	8.6%		7.7%	7.8%	7.8%
比较不严重	54.6%	9.1%	58.3%	50.1%	51.0%
比较严重	27.4%	63.6%	24.4%	32.7%	31.7%
非常严重	9.4%	27.3%	9.6%	9.4%	9.4%
总计	100.0%	100.0%	100.0%	100.0%	100.0%
列总计	361	11	324	3560	4256

Chi-square test：df = 9，卡方值为 25.785，sig = 0.002 < 0.05，所以不同政治面貌的人群对“医生不守政治面貌道德严重程度如何”的回答有显著差异。

F13g by K8

公众人物用知名度攫取财富严重程度如何 * 政治面貌 Crosstabulation

	共产党员	民主党派	共青团员	群众	总计
非常不严重	3.9%		4.5%	2.8%	3.0%
比较不严重	42.5%	30.0%	32.3%	33.9%	34.5%
比较严重	35.6%	30.0%	44.8%	43.5%	42.9%
非常严重	18.0%	40.0%	18.4%	19.7%	19.5%
总计	100.0%	100.0%	100.0%	100.0%	100.0%
列总计	334	10	310	3190	3844

Chi-square test：df = 9，卡方值为 19.118，sig = 0.024 < 0.05，所以不同政治面貌的人群对“公众人物用知名度攫取财富严重程度如何”的回答有显著差异。

F13h by K8

两性关系过度开放导致婚姻不稳定严重程度如何 * 政治面貌 Crosstabulation

	共产党员	民主党派	共青团员	群众	总计
非常不严重	3.7%		3.5%	2.2%	2.4%
比较不严重	46.4%	20.0%	37.8%	38.4%	39.0%
比较严重	40.2%	50.0%	45.4%	43.5%	43.4%
非常严重	9.7%	30.0%	13.3%	15.9%	15.2%
总计	100.0%	100.0%	100.0%	100.0%	100.0%

续表

	共产党员	民主党派	共青团员	群众	总计
列总计	351	10	315	3367	4043

Chi-square test：df = 9，卡方值为 22. 503，sig = 0. 007 < 0. 05，所以不同政治面貌的人群对“两性关系过度开放导致婚姻不稳定严重程度如何”的回答有显著差异。

F13i by K8

年轻人缺乏责任感，不孝敬父母严重程度如何 * 政治面貌 Crosstabulation

	共产党员	民主党派	共青团员	群众	总计
非常不严重	6. 6%	10. 0%	5. 9%	6. 0%	6. 1%
比较不严重	59. 0%	30. 0%	51. 2%	51. 8%	52. 3%
比较严重	27. 7%	60. 0%	35. 1%	31. 7%	31. 7%
非常严重	6. 6%		7. 8%	10. 5%	10. 0%
总计	100. 0%	100. 0%	100. 0%	100. 0%	100. 0%
列总计	361	10	322	3515	4208

Chi-square test：df = 9，卡方值为 17. 967，sig = 0. 036 < 0. 05，所以不同政治面貌的人群对“年轻人缺乏责任感，不孝敬父母严重程度如何”的回答有显著差异。

F14 by K8

您是否知道您生活的社区（村）有社区公约、村规民约 * 政治面貌 Crosstabulation

	共产党员	民主党派	共青团员	群众	总计
知道有	73. 6%	36. 4%	41. 4%	48. 9%	50. 4%
知道没有	4. 9%	36. 4%	7. 8%	9. 3%	8. 8%
不知道有没有	21. 4%	27. 3%	50. 8%	41. 9%	40. 8%
总计	100. 0%	100. 0%	100. 0%	100. 0%	100. 0%
列总计	364	11	333	3598	4306

Chi-square test：df = 6，卡方值为 106. 169，sig = 0. 000 < 0. 05，所以不同政治面貌的人群对“您是否知道您生活的社区（村）有社区公约、村规民约”的回答有显著差异。

F15a by K8

您周围的人在日常生活中遵守步行、骑车不闯红灯的规则吗 * 政治面貌 Crosstabulation

	共产党员	民主党派	共青团员	群众	总计
不遵守	6. 8%	36. 4%	10. 2%	7. 4%	7. 7%

续表

	共产党员	民主党派	共青团员	群众	总计
基本遵守	60.1%	63.6%	62.2%	69.3%	67.9%
自觉遵守	33.1%		27.6%	23.3%	24.4%
总计	100.0%	100.0%	100.0%	100.0%	100.0%
列总计	366	11	333	3611	4321

Chi-square test：df = 6，卡方值为 38.230，sig = 0.000 < 0.05，所以不同政治面貌的人群对“您周围的人在日常生活中遵守步行、骑车不闯红灯的规则吗”的回答有显著差异。

F15b by K8

您周围的人在日常生活中遵守乘车、购物自觉排队的规则吗 * 政治面貌 Crosstabulation

	共产党员	民主党派	共青团员	群众	总计
不遵守	3.0%	18.2%	6.6%	3.5%	3.8%
基本遵守	63.9%	72.7%	63.1%	73.2%	71.6%
自觉遵守	33.1%	9.1%	30.3%	23.3%	24.6%
总计	100.0%	100.0%	100.0%	100.0%	100.0%
列总计	366	11	333	3611	4321

Chi-square test：df = 6，卡方值为 40.680，sig = 0.000 < 0.05，所以不同政治面貌的人群对“您周围的人在日常生活中遵守乘车、购物自觉排队的规则吗”的回答有显著差异。

F15c by K8

您周围的人在日常生活中遵守文明游览的规则吗 * 政治面貌 Crosstabulation

	共产党员	民主党派	共青团员	群众	总计
不遵守	3.3%	9.1%	8.1%	3.4%	3.8%
基本遵守	63.4%	72.7%	64.6%	76.5%	74.5%
自觉遵守	33.3%	18.2%	27.3%	20.1%	21.7%
总计	100.0%	100.0%	100.0%	100.0%	100.0%
列总计	366	11	333	3609	4319

Chi-square test：df = 6，卡方值为 63.194，sig = 0.000 < 0.05，所以不同政治面貌的人群对“周围的人在日常生活中遵守文明游览的规则吗”的回答有显著差异。

F15d by K8

您周围的人在日常生活中遵守社区公约、村规民约吗 * 政治面貌 Crosstabulation

	共产党员	民主党派	共青团员	群众	总计
不遵守	5.2%	18.2%	5.1%	3.1%	3.4%
基本遵守	61.8%	72.7%	67.5%	78.2%	76.0%
自觉遵守	33.0%	9.1%	27.4%	18.8%	20.6%
总计	100.0%	100.0%	100.0%	100.0%	100.0%
列总计	364	11	332	3593	4300

Chi-square test：df = 6，卡方值为 70.713，sig = 0.000 < 0.05，所以不同政治面貌的人群对“您周围的人在日常生活中遵守社区公约、村规民约的规则吗”的回答有显著差异。

F16a by K8

您对下列关于网络的说法是否赞同：网络是个虚拟空间，不受现实生活中的道德规范约束 * 政治面貌 Crosstabulation

	共产党员	民主党派	共青团员	群众	总计
非常不赞同	40.0%	27.3%	41.4%	33.0%	34.2%
不太赞同	45.2%	72.7%	46.2%	52.1%	51.1%
比较赞同	11.5%		11.4%	12.1%	12.0%
非常赞同	3.3%		0.9%	2.8%	2.7%
总计	100.0%	100.0%	100.0%	100.0%	100.0%
列总计	365	11	333	3543	4252

Chi-square test：df = 9，卡方值为 22.594，sig = 0.007 < 0.05，所以不同政治面貌的人群对“网络是个虚拟空间，不受现实生活中的道德规范约束”的同意程度有显著差异。

F16b by K8

您对下列关于网络的说法是否赞同：人肉搜索侵犯个人隐私，应该杜绝 * 政治面貌 Crosstabulation

	共产党员	民主党派	共青团员	群众	总计
非常不赞同	3.9%		3.6%	3.2%	3.3%
不太赞同	11.6%	18.2%	14.4%	10.2%	10.7%
比较赞同	51.9%	54.5%	55.6%	64.0%	62.3%
非常赞同	32.6%	27.3%	26.4%	22.5%	23.7%
总计	100.0%	100.0%	100.0%	100.0%	100.0%
列总计	362	11	333	3541	4247

Chi-square test：df = 9，卡方值为 32.564，sig = 0.000 < 0.05，所以不同政治面貌的人群对“人肉搜索侵犯个人隐私，应该杜绝”的同意程度有显著差异。

F16c by K8

您对下列关于网络的说法是否赞同：明知网络谣言仍转发的，应该受到惩罚＊政治面貌 Crosstabulation

	共产党员	民主党派	共青团员	群众	总计
非常不赞同	4.4%		1.8%	2.0%	2.2%
不太赞同	8.0%		6.9%	7.9%	7.8%
比较赞同	49.2%	72.7%	54.7%	62.9%	61.1%
非常赞同	38.5%	27.3%	36.6%	27.2%	28.9%
总计	100.0%	100.0%	100.0%	100.0%	100.0%
列总计	364	11	333	3566	4274

Chi-square test：df = 9，卡方值为 44.999，sig = 0.000 < 0.05，所以不同政治面貌的人群对“明知网络谣言仍转发的，应该受到惩罚”的同意程度有显著差异。

F17 by K8

假如您走在街上被陌生人不小心踩到并发出“哎哟”一声后，您认为对方会做何种反应＊政治面貌 Crosstabulation

	共产党员	民主党派	共青团员	群众	总计
用言语或手势表达歉意	90.8%	66.7%	90.7%	82.2%	83.5%
不会有任何表示	6.4%	11.1%	7.7%	13.2%	12.2%
反而说你大惊小怪	2.8%	22.2%	1.5%	4.7%	4.3%
总计	100.0%	100.0%	100.0%	100.0%	100.0%
列总计	357	9	324	3441	4131

Chi-square test：df = 6，卡方值为 38.498，sig = 0.000 < 0.05，所以不同政治面貌的人群对“假如您走在街上被陌生人不小心踩到并发出‘哎哟’一声后，您认为对方会做何种反应”的回答有显著差异。

F18 by K8

您觉得您周围大多数人工作生活的精神状态怎么样＊政治面貌 Crosstabulation

	共产党员	民主党派	共青团员	群众	总计
精神饱满、积极向上	52.2%	18.2%	33.9%	48.1%	47.3%
安于现状、按部就班	46.4%	81.8%	62.8%	50.1%	50.8%
精神萎靡、无所事事	1.4%		3.3%	1.9%	1.9%
总计	100.0%	100.0%	100.0%	100.0%	100.0%
列总计	366	11	333	3607	4317

Chi-square test：df = 6，卡方值为 34.250，sig = 0.000 < 0.05，所以不同政治面貌的人群对“您觉得您周围大多数人工作生活的精神状态怎么样”的回答有显著差异。

F19a by K8

这些现象在您身边常见吗？占卜算命 * 政治面貌 Crosstabulation

	共产党员	民主党派	共青团员	群众	总计
经常见到	9.0%	18.2%	15.0%	8.3%	8.9%
偶尔见到	50.5%	63.6%	54.7%	49.7%	50.2%
没见到	40.4%	18.2%	30.3%	42.0%	40.9%
总计	100.0%	100.0%	100.0%	100.0%	100.0%
列总计	366	11	333	3610	4320

Chi-square test：df = 6，卡方值为 29.846，sig = 0.000 < 0.05，所以不同政治面貌的人群对“这些现象在您身边常见吗？占卜算命”的回答有显著差异。

F19b by K8

这些现象在您身边常见吗？操办喜事比富斗阔 * 政治面貌 Crosstabulation

	共产党员	民主党派	共青团员	群众	总计
经常见到	10.4%	27.3%	16.5%	13.4%	13.4%
偶尔见到	49.3%	54.5%	48.0%	41.4%	42.6%
没见到	40.3%	18.2%	35.4%	45.2%	43.9%
总计	100.0%	100.0%	100.0%	100.0%	100.0%
列总计	365	11	333	3610	4319

Chi-square test：df = 6，卡方值为 23.673，sig = 0.001 < 0.05，所以不同政治面貌的人群对“这些现象在您身边常见吗？操办喜事比富斗阔”的回答有显著差异。

F19c by K8

这些现象在您身边常见吗？在父母生前不尽孝却对父母的丧事大操大办 * 政治面貌 Crosstabulation

	共产党员	民主党派	共青团员	群众	总计
经常见到	9.6%	36.4%	13.5%	8.7%	9.2%
偶尔见到	44.4%	36.4%	43.8%	41.3%	41.7%
没见到	46.0%	27.3%	42.6%	50.0%	49.0%
总计	100.0%	100.0%	100.0%	100.0%	100.0%
列总计	365	11	333	3610	4319

Chi-square test：df = 6，卡方值为 22.979，sig = 0.001 < 0.05，所以不同政治面貌的人群对“这些现象在您身边常见吗？在父母生前不尽孝却对父母的丧事大操大办”的回答有显著差异。

F19d by K8

这些现象在您身边常见吗？赌博或变相赌博＊政治面貌 Crosstabulation

	共产党员	民主党派	共青团员	群众	总计
经常见到	12.1%	45.5%	18.9%	15.2%	15.3%
偶尔见到	54.0%	27.3%	54.1%	47.1%	48.2%
没见到	34.0%	27.3%	27.0%	37.7%	36.6%
总计	100.0%	100.0%	100.0%	100.0%	100.0%
列总计	365	11	333	3609	4318

Chi-square test：df = 6，卡方值为 29.342，sig = 0.000 < 0.05，所以不同政治面貌的人群对“这些现象在您身边常见吗？赌博或变相赌博”的回答有显著差异。

F19e by K8

这些现象在您身边常见吗？封建迷信活动＊政治面貌 Crosstabulation

	共产党员	民主党派	共青团员	群众	总计
经常见到	8.2%	9.1%	9.9%	5.3%	5.9%
偶尔见到	34.9%	54.5%	37.5%	31.8%	32.6%
没见到	56.9%	36.4%	52.6%	62.9%	61.5%
总计	100.0%	100.0%	100.0%	100.0%	100.0%
列总计	364	11	333	3610	4318

Chi-square test：df = 6，卡方值为 27.906，sig = 0.000 < 0.05，所以不同政治面貌的人群对“这些现象在您身边常见吗？封建迷信活动”的回答有显著差异。

F19f by K8

这些现象在您身边常见吗？非法宗教活动＊政治面貌 Crosstabulation

	共产党员	民主党派	共青团员	群众	总计
经常见到	2.5%	9.1%	2.4%	1.1%	1.4%
偶尔见到	14.2%	36.4%	14.1%	10.7%	11.3%
没见到	83.3%	54.5%	83.5%	88.2%	87.3%
总计	100.0%	100.0%	100.0%	100.0%	100.0%
列总计	365	11	333	3607	4316

Chi-square test：df = 6，卡方值为 27.439，sig = 0.000 < 0.05，所以不同政治面貌的人群对“这些现象在您身边常见吗？非法宗教活动”的回答有显著差异。

F20 by K8

您认为目前我国社会中道德和幸福的现实关系是 * 政治面貌 Crosstabulation

	共产党员	民主党派	共青团员	群众	总计
总体上道德和幸福能够一致，能惩恶扬善	79.5%	30.0%	75.2%	71.8%	72.6%
有道德讲伦理的人大都吃亏，不守道德的人更能讨便宜	17.1%	60.0%	19.6%	22.6%	22.0%
道德与幸福没有关系，能挣钱有发展无论怎样行动都行	3.4%	10.0%	5.1%	5.6%	5.4%
总计	100.0%	100.0%	100.0%	100.0%	100.0%
列总计	356	10	311	3384	4061

Chi-square test：df = 6，卡方值为 20.673，sig = 0.002 < 0.05，所以不同政治面貌的人群对“您认为目前我国社会中道德和幸福的现实关系是”的回答有显著差异。

F21a by K8

您在所在单位，有没有一种亲切和踏实的感觉 * 政治面貌 Crosstabulation

	共产党员	民主党派	共青团员	群众	总计
有	44.9%	27.3%	26.5%	28.5%	29.7%
还可以	50.4%	54.5%	61.1%	61.4%	60.5%
没有	4.7%	18.2%	12.3%	10.1%	9.8%
总计	100.0%	100.0%	100.0%	100.0%	100.0%
列总计	365	11	332	3593	4301

Chi-square test：df = 6，卡方值为 51.216，sig = 0.000 < 0.05，所以不同政治面貌的人群对“您在所在单位，有没有一种亲切和踏实的感觉”的回答有显著差异。

F21b by K8

您在所在社区/村，有没有一种亲切和踏实的感觉 * 政治面貌 Crosstabulation

	共产党员	民主党派	共青团员	群众	总计
有	41.9%		31.5%	29.8%	30.9%
还可以	53.7%	72.7%	59.2%	64.1%	62.9%
没有	4.4%	27.3%	9.3%	6.0%	6.2%
总计	100.0%	100.0%	100.0%	100.0%	100.0%

续表

	共产党员	民主党派	共青团员	群众	总计
列总计	365	11	333	3606	4315

Chi-square test：df = 6，卡方值为 41.029，sig = 0.000 < 0.05，所以不同政治面貌的人群对“您在所在社区/村，有没有一种亲切和踏实的感觉”的回答有显著差异。

F21c by K8

您在所在城市，有没有一种亲切和踏实的感觉 * 政治面貌 Crosstabulation

	共产党员	民主党派	共青团员	群众	总计
有	38.9%		30.2%	28.2%	29.2%
还可以	55.3%	81.8%	61.9%	64.2%	63.3%
没有	5.8%	18.2%	7.9%	7.6%	7.5%
总计	100.0%	100.0%	100.0%	100.0%	100.0%
列总计	365	11	331	3603	4310

Chi-square test：df = 6，卡方值为 24.513，sig = 0.000 < 0.05，所以不同政治面貌的人群对“您在所在城市，有没有一种亲切和踏实的感觉”的回答有显著差异。

F22 by K8

您认为您目前的状况是 * 政治面貌 Crosstabulation

	共产党员	民主党派	共青团员	群众	总计
生活富裕，但不感到幸福和快乐	2.5%		3.3%	2.0%	2.1%
生活富裕，幸福也快乐	15.8%	18.2%	9.9%	9.3%	9.9%
生活小康，幸福且快乐	59.3%	63.6%	59.9%	56.8%	57.3%
生活小康，但不感到幸福和快乐	6.0%	18.2%	7.2%	6.5%	6.5%
生活清贫，幸福且快乐	15.0%		17.8%	21.5%	20.6%
生活贫困，既不幸福也不快乐	1.4%		1.8%	3.9%	3.5%
总计	100.0%	100.0%	100.0%	100.0%	100.0%
列总计	366	11	332	3612	4321

Chi-square test：df = 15，卡方值为 42.036，sig = 0.000 < 0.05，所以不同政治面貌的人群对“您认为您目前的状况是”的回答有显著差异。

F23 by K8

最近这些年，您的生活水平对幸福感的影响是怎样的＊政治面貌 Crosstabulation

	共产党员	民主党派	共青团员	群众	总计
生活水平提高了，但幸福感和快乐感降低了	8.2%	9.1%	15.7%	7.1%	7.9%
生活水平提高了，幸福感和快乐感提高了	70.2%	81.8%	60.2%	61.5%	62.2%
生活水平没变，幸福感和快乐感提高了	14.5%		15.4%	24.2%	22.6%
生活水平没变，幸福感和快乐感降低了	6.6%	9.1%	6.6%	4.6%	4.9%
生活水平下降，但幸福感和快乐感提高了	0.5%		0.9%	0.8%	0.8%
生活水平下降，幸福感和快乐感也降低了			1.2%	1.9%	1.6%
总计	100.0%	100.0%	100.0%	100.0%	100.0%
列总计	366	11	332	3609	4318

Chi-square test：df = 15，卡方值为 71.439，sig = 0.000 < 0.05，所以不同政治面貌的人群对“最近这些年，您的生活水平对幸福感的影响是怎样的”的回答有显著差异。

F24a by K8

近十年来，您认为下列哪一类人获得的利益最多＊政治面貌 Crosstabulation

	共产党员	民主党派	共青团员	群众	总计
工人	0.6%		0.6%	0.5%	0.5%
农民	2.8%		3.4%	1.4%	1.7%
公务员	10.7%		7.5%	12.4%	11.9%
国有企业的经营管理者	12.1%	10.0%	8.8%	10.2%	10.2%
集体企业的经营管理者	2.5%		1.3%	2.1%	2.1%
私营企业家	24.9%		27.9%	20.9%	21.8%
外商、境外来大陆的投资者	12.7%	10.0%	14.1%	9.4%	10.0%
个体户	4.8%		3.1%	5.4%	5.2%
私营、外资企业中的管理人员	9.3%	20.0%	6.9%	6.6%	6.9%
专家学者、专业技术人员	4.2%	20.0%	5.0%	6.2%	6.0%
政府官员	14.4%	40.0%	20.7%	24.5%	23.4%
其他	0.8%		0.6%	0.2%	0.3%
总计	100.0%	100.0%	100.0%	100.0%	100.0%
列总计	354	10	319	3399	4082

Chi-square test：df = 33，卡方值为 78.080，sig = 0.000 < 0.05，所以不同政治面貌的人群对“近十年来，您认为下列哪一类人获得的利益最多”的回答有显著差异。

F24b by K8

近十年来，您认为下列哪一类人获得的利益最少 * 政治面貌 Crosstabulation

	共产党员	民主党派	共青团员	群众	总计
工人	23.8%		21.5%	24.8%	24.4%
农民	67.6%	90.0%	71.5%	70.6%	70.4%
公务员	1.4%		0.6%	0.6%	0.7%
国有企业的经营管理者	0.3%		0.3%	0.4%	0.4%
集体企业的经营管理者	0.6%			0.3%	0.3%
私营企业家	1.4%		0.9%	0.4%	0.5%
外商、境外来大陆的投资者				0.3%	0.3%
个体户	1.9%	10.0%	2.5%	1.1%	1.3%
私营、外资企业中的管理人员				0.4%	0.3%
专家学者、专业技术人员	1.7%		1.2%	0.5%	0.7%
政府官员	1.4%		1.5%	0.4%	0.6%
其他				0.1%	0.1%
总计	100.0%	100.0%	100.0%	100.0%	100.0%
列总计	361	10	326	3507	4204

Chi-square test：df = 33，卡方值为 53.961，sig = 0.012 < 0.05，所以不同政治面貌的人群对“近十年以来，您认为下列哪一类人获得的利益最少”的回答有显著差异。

F25 by K8

您认为弱势群体产生的最主要原因是 * 政治面貌 Crosstabulation

	共产党员	民主党派	共青团员	群众	总计
制度不合理，社会关怀不够	40.8%	54.5%	42.4%	39.3%	39.7%
收入分配不公	43.0%	18.2%	43.0%	48.8%	47.8%
机会不平等	30.9%	18.2%	30.3%	34.5%	33.8%
弱势群体自己不努力	23.7%	27.3%	17.0%	20.4%	20.4%
缺乏生存技能	34.4%	36.4%	33.0%	35.3%	35.0%
列总计	363	11	330	3523	4227

据上表所示，不同政治面貌的人群对“您认为弱势群体产生的最主要原因”的回答没有显著差异。

F26 by K8

我们经常看到一些老人或流浪者在垃圾桶中找东西，弄得满身污物，您认为我们是否应该改造城市的垃圾桶，如调整垃圾桶的角度、集中放矿泉水瓶等，以为他们提供方便＊政治面貌 Crosstabulation

	共产党员	民主党派	共青团员	群众	总计
应该，社会有义务为他们提供一种有尊严的生活	85.2%	72.7%	89.5%	84.2%	84.7%
不应该，这些人本来就与城市不和谐	9.6%	18.2%	6.0%	10.3%	9.9%
做这样的事不值得，应该将钱花到更重要的地方	4.9%	9.1%	3.6%	5.2%	5.1%
其他	0.3%		0.9%	0.3%	0.3%
总计	100.0%	100.0%	100.0%	100.0%	100.0%
列总计	366	11	332	3592	4301

Chi-square test：df = 9，卡方值为 13.125，sig = 0.157 > 0.05，所以不同政治面貌的人群对“您认为我们是否应该改造城市的垃圾桶，以为老人及流浪者提供方便”的回答没有显著差异。

F27 by K8

对当今中国社会，您更担忧哪种问题＊政治面貌 Crosstabulation

	共产党员	民主党派	共青团员	群众	总计
坑蒙拐骗，不守信用	34.2%	18.2%	27.5%	31.7%	31.5%
人与人之间互不信任，相互提防，没有安全感	48.5%	72.7%	54.1%	45.2%	46.2%
可信任的人很少，遇到问题难以找到人倾诉和帮助	13.7%	9.1%	17.5%	18.8%	18.3%
其他	3.6%		0.9%	4.3%	4.0%
总计	100.0%	100.0%	100.0%	100.0%	100.0%
列总计	365	11	331	3603	4310

Chi-square test：df = 9，卡方值为 25.299，sig = 0.003 < 0.05，所以不同政治面貌的人群对“对当今中国社会，您更担忧哪种问题”的回答有显著差异。

F28 by K8

您觉得大多数人都是可以相信的吗？如果 1 分代表“大多数人都可以相信”，5 分代表“对其他人都应该小心防备”，您会选几分＊政治面貌 Crosstabulation

	共产党员	民主党派	共青团员	群众	总计
大多数人都可以相信	15.6%		9.3%	8.9%	9.5%

续表

	共产党员	民主党派	共青团员	群众	总计
2	33.1%	27.3%	33.4%	34.3%	34.1%
3	42.3%	45.5%	41.9%	41.9%	41.9%
4	7.4%	27.3%	13.0%	13.2%	12.7%
对其他人都应小心防备	1.6%		2.4%	1.8%	1.8%
总计	100.0%	100.0%	100.0%	100.0%	100.0%
列总计	366	11	332	3607	4316

Chi-square test：df = 12，卡方值为 28.844，sig = 0.004 < 0.05，所以不同政治面貌的人群对“您觉得大多数人都是可以相信的吗”的回答有显著差异。

F29a by K8

您对下面这些人的信任程度如何？您的家人 * 政治面貌 Crosstabulation

	共产党员	民主党派	共青团员	群众	总计
完全信任	80.3%	72.7%	74.7%	81.9%	81.2%
比较信任	19.4%	27.3%	25.0%	17.7%	18.5%
不太信任	0.3%		0.3%	0.3%	0.3%
根本不信任				0.1%	0.1%
总计	100.0%	100.0%	100.0%	100.0%	100.0%
列总计	366	11	332	3609	4318

Chi-square test：df = 9，卡方值为 12.251，sig = 0.200 > 0.05，所以不同政治面貌的人群对“您对下面这些人的信任程度如何？您的家人”的回答没有显著差异。

F29b by K8

您对下面这些人的信任程度如何？您的邻居 * 政治面貌 Crosstabulation

	共产党员	民主党派	共青团员	群众	总计
完全信任	14.8%	18.2%	11.2%	12.0%	12.2%
比较信任	77.3%	72.7%	73.1%	80.0%	79.2%
不太信任	7.9%	9.1%	14.8%	7.4%	8.0%
根本不信任			0.9%	0.6%	0.5%
总计	100.0%	100.0%	100.0%	100.0%	100.0%
列总计	365	11	331	3596	4303

Chi-square test：df = 9，卡方值为 28.292，sig = 0.001 < 0.05，所以不同政治面貌的人群对“您对下面这些人的信任程度如何？您的邻居”的回答有显著差异。

F29c by K8

您对下面这些人的信任程度如何？外地人 * 政治面貌 Crosstabulation

	共产党员	民主党派	共青团员	群众	总计
完全信任	1.4%		0.6%	1.0%	1.0%
比较信任	23.7%		14.7%	19.6%	19.5%
不太信任	63.1%	70.0%	67.9%	57.0%	58.4%
根本不信任	11.7%	30.0%	16.8%	22.5%	21.1%
总计	100.0%	100.0%	100.0%	100.0%	100.0%
列总计	358	10	327	3518	4213

Chi-square test：df = 9，卡方值为 39.332，sig = 0.000 < 0.05，所以不同政治面貌的人群对“您对下面这些人的信任程度如何？外地人”的回答有显著差异。

F29d by K8

您对下面这些人的信任程度如何？陌生人 * 政治面貌 Crosstabulation

	共产党员	民主党派	共青团员	群众	总计
完全信任	1.1%		0.3%	0.7%	0.7%
比较信任	8.4%		5.8%	8.0%	7.9%
不太信任	63.5%	50.0%	63.2%	55.3%	56.6%
根本不信任	27.0%	50.0%	30.7%	36.0%	34.9%
总计	100.0%	100.0%	100.0%	100.0%	100.0%
列总计	356	10	326	3496	4188

Chi-square test：df = 9，卡方值为 21.187，sig = 0.012 < 0.05，所以不同政治面貌的人群对“您对下面这些人的信任程度如何？陌生人”的回答有显著差异。

F29e by K8

您对下面这些人的信任程度如何？外国人 * 政治面貌 Crosstabulation

	共产党员	民主党派	共青团员	群众	总计
完全信任	1.2%		0.6%	0.8%	0.8%
比较信任	12.5%		11.5%	10.8%	11.0%
不太信任	60.5%	50.0%	65.4%	55.2%	56.5%
根本不信任	25.8%	50.0%	22.4%	33.3%	31.8%
总计	100.0%	100.0%	100.0%	100.0%	100.0%
列总计	337	10	312	3190	3849

Chi-square test：df = 9，卡方值为 24.835，sig = 0.003 < 0.05，所以不同政治面貌的人群对“您对下面这些人的信任程度如何？外国人”的回答有显著差异。

F29f by K8

您对下面这些人的信任程度如何？同事或同学 * 政治面貌 Crosstabulation

	共产党员	民主党派	共青团员	群众	总计
完全信任	6.9%	18.2%	5.5%	7.0%	6.9%
比较信任	82.9%	45.5%	83.3%	79.2%	79.8%
不太信任	9.1%	36.4%	10.0%	12.6%	12.2%
根本不信任	1.1%		1.2%	1.1%	1.1%
总计	100.0%	100.0%	100.0%	100.0%	100.0%
列总计	363	11	330	3551	4255

Chi-square test：df = 9，卡方值为 16.034，sig = 0.066 > 0.05，所以不同政治面貌的人群对“您对下面这些人的信任程度如何？同事或同学”的回答没有显著差异。

F29g by K8

您对下面这些人的信任程度如何？您的上司或领导 * 政治面貌 Crosstabulation

	共产党员	民主党派	共青团员	群众	总计
完全信任	8.9%	9.1%	4.1%	7.2%	7.1%
比较信任	78.3%	45.5%	70.6%	75.6%	75.4%
不太信任	12.2%	36.4%	23.1%	16.0%	16.3%
根本不信任	0.6%	9.1%	2.2%	1.3%	1.3%
总计	100.0%	100.0%	100.0%	100.0%	100.0%
列总计	360	11	320	3424	4115

Chi-square test：df = 9，卡方值为 33.111，sig = 0.000 < 0.05，所以不同政治面貌的人群对“您对下面这些人的信任程度如何？您的上司或领导”的回答有显著差异。

F29h by K8

您对下面这些人的信任程度如何？您的朋友 * 政治面貌 Crosstabulation

	共产党员	民主党派	共青团员	群众	总计
完全信任	17.5%	9.1%	17.2%	14.6%	15.0%
比较信任	78.9%	72.7%	78.6%	81.4%	81.0%
不太信任	3.6%	9.1%	2.4%	3.5%	3.4%
根本不信任		9.1%	1.8%	0.5%	0.6%

续表

	共产党员	民主党派	共青团员	群众	总计
总计	100.0%	100.0%	100.0%	100.0%	100.0%
列总计	365	11	332	3594	4302

Chi-square test：df = 9，卡方值为 29.565，sig = 0.001 < 0.05，所以不同政治面貌的人群对“您对下面这些人的信任程度如何？您的朋友”的回答有显著差异。

F30 by K8

您是否同意“在这个社会上，您一不小心别人就会想办法占您的便宜”＊政治面貌 Crosstabulation

	共产党员	民主党派	共青团员	群众	总计
非常不同意	6.3%		1.8%	4.2%	4.2%
比较不同意	37.1%	36.4%	24.8%	27.0%	27.7%
说不上同意不同意	27.5%	45.5%	35.9%	30.7%	30.9%
比较同意	27.7%	18.2%	34.4%	34.8%	34.1%
非常同意	1.4%		3.1%	3.3%	3.1%
总计	100.0%	100.0%	100.0%	100.0%	100.0%
列总计	364	11	326	3537	4238

Chi-square test：df = 12，卡方值为 36.729，sig = 0.000 < 0.05，所以不同政治面貌的人群对“您是否同意‘在这个社会上，您一不小心别人就会想办法占您的便宜’”的回答有显著差异。

F31 by K8

您对所生活的地方道德建设满意吗＊政治面貌 Crosstabulation

	共产党员	民主党派	共青团员	群众	总计
满意	16.1%		8.6%	11.2%	11.4%
基本满意	77.6%	72.7%	82.2%	79.1%	79.2%
不满意	6.4%	27.3%	9.2%	9.7%	9.4%
总计	100.0%	100.0%	100.0%	100.0%	100.0%
列总计	361	11	315	3494	4181

Chi-square test：df = 6，卡方值为 18.745，sig = 0.005 < 0.05，所以不同政治面貌的人群对“您对所生活的地方道德建设满意吗”的回答有显著差异。

F32a by K8

您对下面群体的信任程度如何？商人＊政治面貌 Crosstabulation

	共产党员	民主党派	共青团员	群众	总计
完全信任	1.7%		1.6%	1.3%	1.4%
比较信任	44.8%	25.0%	39.8%	45.2%	44.7%
不太信任	50.4%	62.5%	55.3%	48.0%	48.8%
根本不信任	3.1%	12.5%	3.4%	5.5%	5.2%
总计	100.0%	100.0%	100.0%	100.0%	100.0%
列总计	359	8	322	3514	4203

Chi-square test：df＝9，卡方值为13.544，sig＝0.140＞0.05，所以不同政治面貌的人群对“您对下面群体的信任程度如何？商人”的回答没有显著差异。

F32b by K8

您对下面群体的信任程度如何？单位领导/社区（村）干部＊政治面貌 Crosstabulation

	共产党员	民主党派	共青团员	群众	总计
完全信任	9.4%		3.8%	4.3%	4.7%
比较信任	69.7%	33.3%	65.9%	63.5%	64.2%
不太信任	17.9%	22.2%	26.9%	29.0%	27.9%
根本不信任	3.0%	44.4%	3.4%	3.1%	3.2%
总计	100.0%	100.0%	100.0%	100.0%	100.0%
列总计	363	9	320	3531	4223

Chi-square test：df＝9，卡方值为84.319，sig＝0.000＜0.05，所以不同政治面貌的人群对“您对下面群体的信任程度如何？单位领导/社区（村）干部”的回答有显著差异。

F32c by K8

您对下面群体的信任程度如何？公务员＊政治面貌 Crosstabulation

	共产党员	民主党派	共青团员	群众	总计
完全信任	10.4%		6.3%	6.8%	7.0%
比较信任	64.1%	30.0%	59.7%	61.5%	61.6%
不太信任	21.3%	50.0%	29.2%	28.3%	27.8%
根本不信任	4.2%	20.0%	4.8%	3.4%	3.6%
总计	100.0%	100.0%	100.0%	100.0%	100.0%
列总计	357	10	315	3511	4193

Chi-square test：df＝9，卡方值为26.226，sig＝0.002＜0.05，所以不同政治面貌的人群对“您对下面群体的信任程度如何？公务员”的回答有显著差异。

F32d by K8

您对下面群体的信任程度如何？教师＊政治面貌 Crosstabulation

	共产党员	民主党派	共青团员	群众	总计
完全信任	15.7%	18.2%	11.5%	11.5%	11.8%
比较信任	67.8%	36.4%	72.1%	70.7%	70.5%
不太信任	13.5%	18.2%	14.2%	15.7%	15.4%
根本不信任	3.0%	27.3%	2.1%	2.1%	2.3%
总计	100.0%	100.0%	100.0%	100.0%	100.0%
列总计	363	11	330	3585	4289

Chi-square test：df = 9，卡方值为 40.399，sig = 0.000 < 0.05，所以不同政治面貌的人群对“您对下面群体的信任程度如何？教师”的回答有显著差异。

F32e by K8

您对下面群体的信任程度如何？警察＊政治面貌 Crosstabulation

	共产党员	民主党派	共青团员	群众	总计
完全信任	20.9%	9.1%	24.0%	19.9%	20.3%
比较信任	62.9%	27.3%	63.2%	66.7%	66.0%
不太信任	12.6%	36.4%	10.0%	11.4%	11.5%
根本不信任	3.6%	27.3%	2.7%	2.0%	2.2%
总计	100.0%	100.0%	100.0%	100.0%	100.0%
列总计	364	11	329	3583	4287

Chi-square test：df = 9，卡方值为 48.947，sig = 0.000 < 0.05，所以不同政治面貌的人群对“您对下面群体的信任程度如何？警察”的回答有显著差异。

F32f by K8

您对下面群体的信任程度如何？医生＊政治面貌 Crosstabulation

	共产党员	民主党派	共青团员	群众	总计
完全信任	13.4%	9.1%	11.2%	10.0%	10.4%
比较信任	64.4%	36.4%	68.7%	66.9%	66.7%
不太信任	18.6%	18.2%	16.7%	20.3%	19.9%
根本不信任	3.6%	36.4%	3.3%	2.8%	3.0%
总计	100.0%	100.0%	100.0%	100.0%	100.0%
列总计	365	11	329	3589	4294

Chi-square test：df = 9，卡方值为 50.376，sig = 0.000 < 0.05，所以不同政治面貌的人群对“您对下面群体的信任程度如何？医生”的回答有显著差异。

F32g by K8

您对下面群体的信任程度如何？法官 * 政治面貌 Crosstabulation

	共产党员	民主党派	共青团员	群众	总计
完全信任	18.2%	9.1%	21.0%	16.5%	16.9%
比较信任	71.0%	54.5%	67.0%	71.4%	71.0%
不太信任	9.1%	27.3%	10.2%	10.7%	10.6%
根本不信任	1.7%	9.1%	1.9%	1.4%	1.5%
总计	100.0%	100.0%	100.0%	100.0%	100.0%
列总计	362	11	324	3541	4238

Chi-square test：df = 9，卡方值为 13.933，sig = 0.125 > 0.05，所以不同政治面貌的人群对“您对下面群体的信任程度如何？法官”的回答没有显著差异。

F32h by K8

您对下面群体的信任程度如何？农民 * 政治面貌 Crosstabulation

	共产党员	民主党派	共青团员	群众	总计
完全信任	9.4%	18.2%	10.5%	11.6%	11.4%
比较信任	80.7%	63.6%	74.0%	76.5%	76.7%
不太信任	9.4%	9.1%	14.9%	10.4%	10.7%
根本不信任	0.6%	9.1%	0.6%	1.4%	1.3%
总计	100.0%	100.0%	100.0%	100.0%	100.0%
列总计	363	11	323	3586	4283

Chi-square test：df = 9，卡方值为 17.806，sig = 0.037 < 0.05，所以不同政治面貌的人群对“您对下面群体的信任程度如何？农民”的回答有显著差异。

F32i by K8

您对下面群体的信任程度如何？工人 * 政治面貌 Crosstabulation

	共产党员	民主党派	共青团员	群众	总计
完全信任	8.3%	9.1%	6.8%	11.0%	10.4%
比较信任	78.4%	54.5%	76.0%	76.2%	76.3%
不太信任	12.5%	27.3%	16.3%	11.6%	12.1%
根本不信任	0.8%	9.1%	0.9%	1.2%	1.2%
总计	100.0%	100.0%	100.0%	100.0%	100.0%
列总计	361	11	325	3574	4271

Chi-square test：df = 9，卡方值为 21.611，sig = 0.010 < 0.05，所以不同政治面貌的人群对“您对下面群体的信任程度如何？工人”的回答有显著差异。

F32j by K8

您对下面群体的信任程度如何？专家学者＊政治面貌 Crosstabulation

	共产党员	民主党派	共青团员	群众	总计
完全信任	12.5%	10.0%	8.3%	10.4%	10.4%
比较信任	63.1%	40.0%	64.8%	63.7%	63.7%
不太信任	22.5%	30.0%	25.1%	22.7%	22.9%
根本不信任	1.9%	20.0%	1.9%	3.2%	3.0%
总计	100.0%	100.0%	100.0%	100.0%	100.0%
列总计	360	10	315	3363	4048

Chi-square test：df = 9，卡方值为 17.362，sig = 0.043 < 0.05，所以不同政治面貌的人群对“您对下面群体的信任程度如何？专家学者”的回答有显著差异。

F32k by K8

您对下面群体的信任程度如何？演艺娱乐圈＊政治面貌 Crosstabulation

	共产党员	民主党派	共青团员	群众	总计
完全信任	1.2%	9.1%	1.0%	1.7%	1.6%
比较信任	28.7%	18.2%	30.8%	35.0%	34.1%
不太信任	56.3%	54.5%	51.7%	46.3%	47.7%
根本不信任	13.8%	18.2%	16.6%	16.9%	16.6%
总计	100.0%	100.0%	100.0%	100.0%	100.0%
列总计	334	11	302	3074	3721

Chi-square test：df = 9，卡方值为 19.711，sig = 0.020 < 0.05，所以不同政治面貌的人群对“您对下面群体的信任程度如何？演艺娱乐圈”的回答有显著差异。

F32l by K8

您对下面群体的信任程度如何？公众人物＊政治面貌 Crosstabulation

	共产党员	民主党派	共青团员	群众	总计
完全信任	4.1%		2.9%	3.1%	3.2%
比较信任	46.4%	40.0%	46.4%	48.0%	47.7%
不太信任	40.8%	50.0%	43.5%	39.9%	40.3%
根本不信任	8.6%	10.0%	7.2%	9.0%	8.8%
总计	100.0%	100.0%	100.0%	100.0%	100.0%
列总计	338	10	306	3131	3785

Chi-square test：df = 9，卡方值为 4.024，sig = 0.910 > 0.05，所以不同政治面貌的人群对“您对下面群体的信任程度如何？公众人物”的回答没有显著差异。

F33 by K8

您在生活中经常买到假冒伪劣商品吗＊政治面貌 Crosstabulation

	共产党员	民主党派	共青团员	群众	总计
经常	3.7%	9.1%	4.1%	5.3%	5.1%
偶尔	72.6%	27.3%	73.8%	68.1%	68.8%
没有	23.6%	63.6%	22.1%	26.6%	26.1%
总计	100.0%	100.0%	100.0%	100.0%	100.0%
列总计	347	11	317	3325	4000

Chi-square test：df = 6，卡方值为 16.449，sig = 0.0127 < 0.05，所以不同政治面貌的人群对“您在生活中经常买到假冒伪劣商品吗”的回答有显著差异。

F34 by K8

您在购物、就医、理财等方面经常遇到虚假广告吗＊政治面貌 Crosstabulation

	共产党员	民主党派	共青团员	群众	总计
经常	14.0%	22.2%	18.4%	14.3%	14.7%
偶尔	64.3%	11.1%	60.2%	57.1%	57.9%
没有	21.6%	66.7%	21.4%	28.6%	27.5%
总计	100.0%	100.0%	100.0%	100.0%	100.0%
列总计	342	9	309	3243	3903

Chi-square test：df = 6，卡方值为 25.030，sig = 0.000 < 0.05，所以不同政治面貌的人群对“您在购物、就医、理财等方面经常遇到虚假广告吗”的回答有显著差异。

F35 by K8

如果在路边看到一个老人摔倒，您的反应是＊政治面貌 Crosstabulation

	共产党员	民主党派	共青团员	群众	总计
立即扶起	49.9%	36.4%	33.8%	36.7%	37.6%
等有证人时再扶	23.6%	54.5%	25.7%	27.7%	27.3%
先拍照，再扶起	12.1%		18.7%	11.3%	11.9%
不扶，避免惹是生非	3.3%	9.1%	9.4%	9.8%	9.2%
报警	10.1%		11.8%	13.8%	13.3%
其他	1.1%		0.6%	0.7%	0.7%
总计	100.0%	100.0%	100.0%	100.0%	100.0%

续表

	共产党员	民主党派	共青团员	群众	总计
列总计	365	11	331	3609	4316

Chi-square test：df = 15，卡方值为 58. 7665，sig = 0. 000 < 0. 05，所以不同政治面貌的人群对“如果在路边看到一个老人摔倒，您的反应是”的回答有显著差异。

F36 by K8

我们都听说过或见证过好心人救助老人却反被诬陷。假如您是这位好心人，您会 * 政治面貌 Crosstabulation

	共产党员	民主党派	共青团员	群众	总计
我是多管闲事，下次再也不会帮助别人了	11. 5%		15. 1%	25. 3%	23. 3%
我正直善良真心待人，对得起良知和良心	48. 4%	45. 5%	42. 5%	42. 6%	43. 1%
下次还是会伸出援手，但是会提高警惕，注意保护自己	39. 9%	54. 5%	42. 2%	31. 9%	33. 4%
其他	0. 3%		0. 3%	0. 2%	0. 2%
总计	100. 0%	100. 0%	100. 0%	100. 0%	100. 0%
列总计	366	11	332	3602	4311

Chi-square test：df = 9，卡方值为 59. 586，sig = 0. 000 < 0. 05，所以不同政治面貌的人群对“我们都听说过或见证过好心人救助老人却反被诬陷。假如您是这位好心人，您会”的回答有显著差异。

F37a by K8

您对下列群体的伦理道德整体状况的满意度？政府官员 * 政治面貌 Crosstabulation

	共产党员	民主党派	共青团员	群众	总计
非常不满意	7. 0%	63. 6%	8. 2%	4. 7%	5. 3%
比较不满意	27. 5%	9. 1%	35. 2%	37. 0%	36. 0%
比较满意	59. 9%	27. 3%	52. 6%	55. 6%	55. 7%
非常满意	5. 6%		3. 9%	2. 7%	3. 0%
总计	100. 0%	100. 0%	100. 0%	100. 0%	100. 0%
列总计	357	11	304	3463	4135

Chi-square test：df = 9，卡方值为 104. 267，sig = 0. 000 < 0. 05，所以不同政治面貌的人群对“您对下列群体的伦理道德整体状况的满意度？政府官员”的回答有显著差异。

F37b by K8

您对下列群体的伦理道德整体状况的满意度？一般公务员 * 政治面貌 Crosstabulation

	共产党员	民主党派	共青团员	群众	总计
非常不满意	2.5%	27.3%	5.2%	4.0%	4.0%
比较不满意	27.2%	36.4%	29.7%	32.1%	31.5%
比较满意	64.0%	36.4%	61.1%	60.4%	60.7%
非常满意	6.2%		3.9%	3.5%	3.7%
总计	100.0%	100.0%	100.0%	100.0%	100.0%
列总计	356	11	306	3455	4128

Chi-square test：df = 9，卡方值为 29.143，sig = 0.001 < 0.05，所以不同政治面貌的人群对“您对下列群体的伦理道德整体状况的满意度？一般公务员”的回答有显著差异。

F37c by K8

您对下列群体的伦理道德整体状况的满意度？企业家 * 政治面貌 Crosstabulation

	共产党员	民主党派	共青团员	群众	总计
非常不满意	2.9%	9.1%	2.7%	2.5%	2.6%
比较不满意	25.1%	63.6%	31.2%	28.8%	28.8%
比较满意	65.4%	27.3%	63.4%	63.2%	63.3%
非常满意	6.6%		2.7%	5.4%	5.3%
总计	100.0%	100.0%	100.0%	100.0%	100.0%
列总计	347	11	298	3381	4037

Chi-square test：df = 9，卡方值为 17.102，sig = 0.047 < 0.05，所以不同政治面貌的人群对“您对下列群体的伦理道德整体状况的满意度？企业家”的回答有显著差异。

F37d by K8

您对下列群体的伦理道德整体状况的满意度？演艺娱乐界 * 政治面貌 Crosstabulation

	共产党员	民主党派	共青团员	群众	总计
非常不满意	9.6%	20.0%	11.9%	10.8%	10.8%
比较不满意	47.3%	50.0%	44.9%	42.5%	43.2%
比较满意	38.9%	20.0%	39.8%	43.0%	42.3%
非常满意	4.2%	10.0%	3.4%	3.7%	3.8%

续表

	共产党员	民主党派	共青团员	群众	总计
总计	100.0%	100.0%	100.0%	100.0%	100.0%
列总计	332	10	294	2960	3596

Chi-square test：df = 9，卡方值为 7.650，sig = 0.570 > 0.05，所以不同政治面貌的人群对“您对下列群体的伦理道德整体状况的满意度？演艺娱乐界”的回答没有显著差异。

F37e by K8

您对下列群体的伦理道德整体状况的满意度？教师 * 政治面貌 Crosstabulation

	共产党员	民主党派	共青团员	群众	总计
非常不满意	4.4%	27.3%	3.4%	1.9%	2.3%
比较不满意	18.4%	9.1%	18.0%	18.8%	18.7%
比较满意	67.0%	45.5%	69.0%	69.8%	69.5%
非常满意	10.2%	18.2%	9.6%	9.5%	9.5%
总计	100.0%	100.0%	100.0%	100.0%	100.0%
列总计	364	11	323	3564	4262

Chi-square test：df = 9，卡方值为 43.900，sig = 0.000 < 0.05，所以不同政治面貌的人群对“您对下列群体的伦理道德整体状况的满意度？教师”的回答有显著差异。

F37f by K8

您对下列群体的伦理道德整体状况的满意度？青少年 * 政治面貌 Crosstabulation

	共产党员	民主党派	共青团员	群众	总计
非常不满意	1.7%	9.1%	3.1%	1.9%	2.0%
比较不满意	18.2%	18.2%	17.6%	16.0%	16.3%
比较满意	72.0%	54.5%	72.7%	70.5%	70.7%
非常满意	8.1%	18.2%	6.6%	11.7%	11.0%
总计	100.0%	100.0%	100.0%	100.0%	100.0%
列总计	357	11	319	3540	4227

Chi-square test：df = 9，卡方值为 17.570，sig = 0.041 < 0.05，所以不同政治面貌的人群对“您对下列群体的伦理道德整体状况的满意度？青少年”的回答有显著差异。

F37g by K8

您对下列群体的伦理道德整体状况的满意度？弱势群体＊政治面貌 Crosstabulation

	共产党员	民主党派	共青团员	群众	总计
非常不满意	2.0%		3.4%	2.3%	2.3%
比较不满意	24.6%	30.0%	21.2%	21.2%	21.5%
比较满意	70.7%	70.0%	73.1%	74.8%	74.3%
非常满意	2.6%		2.4%	1.7%	1.8%
总计	100.0%	100.0%	100.0%	100.0%	100.0%
列总计	345	10	297	3324	3976

Chi-square test：df = 9，卡方值为 6.865，sig = 0.651 > 0.05，所以不同政治面貌的人群对“您对下列群体的伦理道德整体状况的满意度？弱势群体”的回答没有显著差异。

F37h by K8

您对下列群体的伦理道德整体状况的满意度？自由职业者＊政治面貌 Crosstabulation

	共产党员	民主党派	共青团员	群众	总计
非常不满意	0.9%		2.1%	1.6%	1.6%
比较不满意	21.4%	36.4%	19.9%	17.9%	18.4%
比较满意	74.7%	54.5%	75.9%	76.8%	76.5%
非常满意	3.0%	9.1%	2.1%	3.7%	3.5%
总计	100.0%	100.0%	100.0%	100.0%	100.0%
列总计	336	11	291	3228	3866

Chi-square test：df = 9，卡方值为 10.176，sig = 0.336 > 0.05，所以不同政治面貌的人群对“您对下列群体的伦理道德整体状况的满意度？自由政治面貌者”的回答没有显著差异。

F37i by K8

您对下列群体的伦理道德整体状况的满意度？农民＊政治面貌 Crosstabulation

	共产党员	民主党派	共青团员	群众	总计
非常不满意	2.0%		0.9%	1.7%	1.6%
比较不满意	12.3%	9.1%	11.4%	10.5%	10.7%
比较满意	78.5%	63.6%	80.1%	77.2%	77.5%
非常满意	7.3%	27.3%	7.6%	10.7%	10.2%

续表

	共产党员	民主党派	共青团员	群众	总计
总计	100.0%	100.0%	100.0%	100.0%	100.0%
列总计	358	11	316	3564	4249

Chi-square test：df = 12，卡方值为 12.222，sig = 0.201 > 0.05，所以不同政治面貌的人群对“您对下列群体的伦理道德整体状况的满意度？农民”的回答没有显著差异。

F37j by K8

您对下列群体的伦理道德整体状况的满意度？商人 * 政治面貌 Crosstabulation

	共产党员	民主党派	共青团员	群众	总计
非常不满意	1.4%		1.9%	2.6%	2.5%
比较不满意	28.5%	18.2%	32.8%	31.1%	30.9%
比较满意	66.8%	54.5%	63.1%	62.3%	62.7%
非常满意	3.3%	27.3%	2.2%	4.0%	3.9%
总计	100.0%	100.0%	100.0%	100.0%	100.0%
列总计	361	11	314	3522	4208

Chi-square test：df = 9，卡方值为 23.736，sig = 0.005 < 0.05，所以不同政治面貌的人群对“您对下列群体的伦理道德整体状况的满意度？商人”的回答有显著差异。

F37k by K8

您对下列群体的伦理道德整体状况的满意度？工人 * 政治面貌 Crosstabulation

	共产党员	民主党派	共青团员	群众	总计
非常不满意	0.6%		0.6%	1.1%	1.0%
比较不满意	13.1%	18.2%	11.0%	11.4%	11.6%
比较满意	82.5%	72.7%	83.4%	81.0%	81.3%
非常满意	3.9%	9.1%	5.0%	6.5%	6.2%
总计	100.0%	100.0%	100.0%	100.0%	100.0%
列总计	359	11	319	3556	4245

Chi-square test：df = 9，卡方值为 7.539，sig = 0.581 > 0.05，所以不同政治面貌的人群对“您对下列群体的伦理道德整体状况的满意度？工人”的回答没有显著差异。

F37l by K8

您对下列群体的伦理道德整体状况的满意度？专家学者 * 政治面貌 Crosstabulation

	共产党员	民主党派	共青团员	群众	总计
非常不满意	2.0%	10.0%	1.3%	1.5%	1.6%
比较不满意	19.9%	50.0%	18.4%	16.5%	17.0%
比较满意	69.4%	30.0%	72.7%	74.0%	73.4%
非常满意	8.7%	10.0%	7.6%	8.0%	8.1%
总计	100.0%	100.0%	100.0%	100.0%	100.0%
列总计	356	10	304	3388	4058

Chi-square test：df = 9，卡方值为 18.059，sig = 0.034 < 0.05，所以不同政治面貌的人群对“您对下列群体的伦理道德整体状况的满意度？专家学者”的回答有显著差异。

F37m by K8

您对下列群体的伦理道德整体状况的满意度？医生 * 政治面貌 Crosstabulation

	共产党员	民主党派	共青团员	群众	总计
非常不满意	4.4%	36.4%	5.2%	3.0%	3.4%
比较不满意	23.2%	18.2%	20.7%	22.4%	22.3%
比较满意	66.9%	36.4%	68.5%	68.2%	68.1%
非常满意	5.5%	9.1%	5.6%	6.4%	6.2%
总计	100.0%	100.0%	100.0%	100.0%	100.0%
列总计	362	11	324	3563	4260

Chi-square test：df = 9，卡方值为 44.518，sig = 0.000 < 0.05，所以不同政治面貌的人群对“您对下列群体的伦理道德整体状况的满意度？医生”的回答有显著差异。

F38 by K8

下列哪些因素可能影响人际关系紧张？ * 政治面貌 Crosstabulation

	共产党员	民主党派	共青团员	群众	总计
社会资源缺乏，引发恶性竞争	27.5%	9.1%	29.5%	22.5%	23.5%
过度宣扬竞争意识	18.2%	9.1%	18.5%	23.7%	22.8%
社会财富分配不公，贫富差距过大	35.8%	27.3%	36.8%	33.2%	33.7%
个人主义盛行	19.6%	18.2%	20.4%	22.7%	22.2%
缺乏爱心	26.2%	27.3%	20.7%	25.0%	24.8%

续表

	共产党员	民主党派	共青团员	群众	总计
缺乏相互理解和沟通的意识和能力	19.3%	18.2%	22.2%	16.5%	17.2%
制度安排不公正，机会不平等	24.2%	45.5%	21.9%	24.3%	24.2%
以权谋私，官员腐败	22.0%	36.4%	26.4%	24.4%	24.4%
缺乏道德信用	24.0%	27.3%	23.7%	26.7%	26.2%
人与人、人与社会之间缺乏信任	35.5%	9.1%	35.9%	36.4%	36.2%
传统伦理瓦解，社会缺乏统一的价值观	9.6%	36.4%	11.2%	7.5%	8.1%
一切诉诸利益或法律，人际关系缺乏伦理调节的机制和能力	3.9%		5.2%	4.8%	4.7%
列总计	363	11	329	3527	4230

据上表所示，不同政治面貌的人群对“下列哪些因素可能影响人际关系紧张”的回答有显著差异。

F39 by K8

您认为在现代中国社会实际奉行的道德价值是 * 政治面貌 Crosstabulation

	共产党员	民主党派	共青团员	群众	总计
义利合一，用符合道德的方式谋利	65.5%	45.5%	63.8%	58.3%	59.3%
见利忘义，唯利是图	24.2%	27.3%	28.2%	32.0%	31.0%
不计较利害得失，道德至上	10.3%	27.3%	7.7%	9.5%	9.5%
其他			0.3%	0.2%	0.2%
总计	100.0%	100.0%	100.0%	100.0%	100.0%
列总计	359	11	323	3495	4188

Chi-square test，df = 9，卡方值为 17.525，sig = 0.041 < 0.05，所以不同政治面貌的人群对“您认为在现代中国社会实际奉行的道德价值是”的回答有显著差异。

F40 by K8

对形成我国当前各种新型伦理关系和道德观念，哪些因素影响最大 * 政治面貌 Crosstabulation

	共产党员	民主党派	共青团员	群众	总计
网络和媒体	73.8%	54.5%	78.4%	54.0%	57.8%
政府	63.8%	90.9%	53.6%	62.1%	61.7%
大学及其文化	19.7%	27.3%	28.8%	21.1%	21.6%
市场	30.2%	9.1%	32.3%	40.8%	39.1%

续表

	共产党员	民主党派	共青团员	群众	总计
企业	16.5%	18.2%	12.2%	26.0%	24.0%
社会团体	15.7%		20.7%	22.2%	21.4%
列总计	351	11	319	3273	3954

据上表所示，不同政治面貌的人群对“对形成我国当前各种新型伦理关系和道德观念，哪些因素影响最大”的回答有显著差异。

F41 by K8

对当前我国伦理关系和道德风尚造成最大负面影响的因素是 * 政治面貌 Crosstabulation

	共产党员	民主党派	共青团员	群众	总计
传统文化的崩坏	38.2%	45.5%	41.4%	37.5%	37.9%
外来文化的冲击	34.3%	27.3%	31.6%	36.5%	35.9%
市场经济导致的个人主义	24.9%	18.2%	28.8%	26.8%	26.8%
网络技术的发展	29.1%	27.3%	24.8%	21.2%	22.2%
分配不公，两极分化	32.1%	27.3%	34.4%	38.4%	37.5%
以权谋私，官员腐败	23.5%	45.5%	26.1%	27.1%	26.7%
其他	0.3%			0.2%	0.2%
列总计	361	11	326	3385	4083

据上表所示，不同政治面貌的人群对“对当前我国伦理关系和道德风尚造成最大负面影响的因素”的回答没有显著差异。

F42 by K8

造成当今不良道德风尚的最主要原因是 * 政治面貌 Crosstabulation

	共产党员	民主党派	共青团员	群众	总计
以权谋私，官员腐败	55.0%	80.0%	61.2%	60.2%	59.8%
企业不讲诚信和损害社会利益	29.2%	30.0%	27.8%	39.9%	38.0%
学校道德教育功能弱化	31.7%	20.0%	26.6%	24.1%	24.9%
家庭伦理功能弱化	16.1%	40.0%	11.6%	18.0%	17.4%
个人缺乏道德自觉	49.4%	60.0%	52.6%	46.6%	47.4%
分配不公，两极分化	32.5%	10.0%	32.1%	35.0%	34.5%
社会的不良影响	44.4%	30.0%	48.6%	39.6%	40.7%
列总计	360	10	327	3442	4139

据上表所示，不同政治面貌的人群对“造成当今不良道德风尚的最主要原因”的回答有显著差异。

F43a by K8

导致当前医患关系紧张的主要原因是 * 政治面貌 Crosstabulation

	共产党员	民主党派	共青团员	群众	总计
医生缺乏职业道德，对病人不负责任	33.0%	54.5%	32.9%	38.2%	37.4%
医疗制度不合理，看病难看病贵	52.1%	36.4%	46.5%	46.7%	47.1%
医生腐败，不送红包不认真看病	9.6%		13.8%	11.5%	11.5%
“医闹”，病人蓄意闹事	4.5%	9.1%	6.8%	3.4%	3.7%
其他	0.8%			0.3%	0.3%
总计	100.0%	100.0%	100.0%	100.0%	100.0%
列总计	355	11	325	3471	4162

Chi-square test：df = 12，卡方值为 25.853，sig = 0.011 < 0.05，所以不同政治面貌的人群对“导致当前医患关系紧张的主要原因是”的回答有显著差异。

F43b by K8

导致当前医患关系紧张的次要原因是 * 政治面貌 Crosstabulation

	共产党员	民主党派	共青团员	群众	总计
医生缺乏职业道德，对病人不负责任	39.6%	36.4%	37.8%	38.8%	38.7%
医疗制度不合理，看病难看病贵	29.9%	36.4%	31.4%	32.5%	32.2%
医生腐败，不送红包不认真看病	17.9%	27.3%	15.6%	19.6%	19.1%
“医闹”，病人蓄意闹事	11.7%		14.3%	9.0%	9.6%
其他	0.9%		1.0%	0.1%	0.3%
总计	100.0%	100.0%	100.0%	100.0%	100.0%
列总计	341	11	315	3378	4045

Chi-square test：df = 12，卡方值为 26.919，sig = 0.008 < 0.05，所以不同政治面貌的人群对“导致当前医患关系紧张的次要原因是”的回答有显著差异。

F44 by K8

您是否曾经与医生（医院）发生过矛盾或纠纷 * 政治面貌 Crosstabulation

	共产党员	民主党派	共青团员	群众	总计
是	4.4%	10.0%	4.8%	3.2%	3.4%
否	95.6%	90.0%	95.2%	96.8%	96.6%
总计	100.0%	100.0%	100.0%	100.0%	100.0%

续表

	共产党员	民主党派	共青团员	群众	总计
列总计	365	10	333	3611	4319

Chi-square test：df = 3，卡方值为 4. 866，sig = 0. 182 > 0. 05，所以不同政治面貌的人群对“您是否曾经与医生（医院）发生过矛盾或纠纷”的回答没有显著差异。

F45a by K8

您采取了哪些方式来解决医患纠纷？与医院协商 * 政治面貌 Crosstabulation

	共产党员	民主党派	共青团员	群众	总计
未选中	64. 7%	50. 0%	40. 0%	48. 1%	49. 3%
选中	35. 3%	50. 0%	60. 0%	51. 9%	50. 7%
总计	100. 0%	100. 0%	100. 0%	100. 0%	100. 0%
列总计	17	2	15	108	142

Chi-square test：df = 3，卡方值为 2. 191，sig = 0. 534 > 0. 05，所以不同政治面貌的人群对“您采取了哪些方式来解决医患纠纷？与医院协商”的回答没有显著差异。

F45b by K8

您采取了哪些方式来解决医患纠纷？寻求卫生局的调解或介入 * 政治面貌 Crosstabulation

	共产党员	民主党派	共青团员	群众	总计
未选中	94. 1%	100. 0%	73. 3%	77. 8%	79. 6%
选中	5. 9%		26. 7%	22. 2%	20. 4%
总计	100. 0%	100. 0%	100. 0%	100. 0%	100. 0%
列总计	17	2	15	108	142

Chi-square test：df = 3，卡方值为 3. 300，sig = 0. 348 > 0. 05，所以不同政治面貌的人群对“您采取了哪些方式来解决医患纠纷？寻求卫生局的调解或介入”的回答没有显著差异。

F45c by K8

您采取了哪些方式来解决医患纠纷？医学鉴定 * 政治面貌 Crosstabulation

	共产党员	民主党派	共青团员	群众	总计
未选中	94. 1%	100. 0%	66. 7%	91. 7%	89. 4%
选中	5. 9%		33. 3%	8. 3%	10. 6%

续表

	共产党员	民主党派	共青团员	群众	总计
总计	100.0%	100.0%	100.0%	100.0%	100.0%
列总计	17	2	15	108	142

Chi-square test：df = 3，卡方值为 9.431，sig = 0.024 < 0.05，所以不同政治面貌的人群对“您采取了哪些方式来解决医患纠纷？医学鉴定”的回答有显著差异。

F45d by K8

您采取了哪些方式来解决医患纠纷？司法诉讼 * 政治面貌 Crosstabulation

	共产党员	民主党派	共青团员	群众	总计
未选中	76.5%	50.0%	80.0%	87.0%	84.5%
选中	23.5%	50.0%	20.0%	13.0%	15.5%
总计	100.0%	100.0%	100.0%	100.0%	100.0%
列总计	17	2	15	108	142

Chi-square test：df = 3，卡方值为 3.418，sig = 0.332 > 0.05，所以不同政治面貌的人群对“您采取了哪些方式来解决医患纠纷？司法诉讼”的回答没有显著差异。

F45e by K8

您采取了哪些方式来解决医患纠纷？寻求媒体曝光 * 政治面貌 Crosstabulation

	共产党员	民主党派	共青团员	群众	总计
未选中	88.2%	100.0%	86.7%	90.7%	90.1%
选中	11.8%		13.3%	9.3%	9.9%
总计	100.0%	100.0%	100.0%	100.0%	100.0%
列总计	17	2	15	108	142

Chi-square test：df = 3，卡方值为 0.536，sig = 0.911 > 0.05，所以不同政治面貌的人群对“您采取了哪些方式来解决医患纠纷？寻求媒体曝光”的回答没有显著差异。

F45f by K8

您采取了哪些方式来解决医患纠纷？信访 * 政治面貌 Crosstabulation

	共产党员	民主党派	共青团员	群众	总计
未选中	88.2%	100.0%	100.0%	94.4%	94.4%
选中	11.8%			5.6%	5.6%

续表

	共产党员	民主党派	共青团员	群众	总计
总计	100.0%	100.0%	100.0%	100.0%	100.0%
列总计	17	2	15	108	142

Chi-square test：df = 3，卡方值为 2.218，sig = 0.528 > 0.05，所以不同政治面貌的人群对“您采取了哪些方式来解决医患纠纷？信访”的回答没有显著差异。

F45g by K8

您采取了哪些方式来解决医患纠纷？寻求第三方医疗纠纷调解委员会调解 * 政治面貌 Crosstabulation

	共产党员	民主党派	共青团员	群众	总计
未选中	76.5%	50.0%	86.7%	90.7%	88.0%
选中	23.5%	50.0%	13.3%	9.3%	12.0%
总计	100.0%	100.0%	100.0%	100.0%	100.0%
列总计	17	2	15	108	142

Chi-square test：df = 3，卡方值为 5.680，sig = 0.128 > 0.05，所以不同政治面貌的人群对“您采取了哪些方式来解决医患纠纷？寻求第三方医疗纠纷调解委员会调解”的回答没有显著差异。

F45h by K8

您采取了哪些方式来解决医患纠纷？直接找医生或医院算账 * 政治面貌 Crosstabulation

	共产党员	民主党派	共青团员	群众	总计
未选中	82.4%	100.0%	66.7%	80.6%	79.6%
选中	17.6%		33.3%	19.4%	20.4%
总计	100.0%	100.0%	100.0%	100.0%	100.0%
列总计	17	2	15	108	142

Chi-square test：df = 3，卡方值为 2.196，sig = 0.533 > 0.05，所以不同政治面貌的人群对“您采取了哪些方式来解决医患纠纷？直接找医生或医院算账”的回答没有显著差异。

F46 by K8

某些患者会在手术前给医生红包，您认为送红包的主要理由是 * 政治面貌 Crosstabulation

	共产党员	民主党派	共青团员	群众	总计
不相信医生能平等地对待每个病人，送红包能提高关注度，必须送	25.1%	36.4%	31.2%	26.5%	26.8%

续表

	共产党员	民主党派	共青团员	群众	总计
医生很辛苦，送红包是表示尊敬和感谢	11.1%	18.2%	8.9%	9.2%	9.4%
大家都送，我不送会吃亏，不送心里不踏实	21.3%	18.2%	20.1%	20.7%	20.7%
送红包能让医生对我更用心，但我不会这么做	25.4%	18.2%	25.5%	20.2%	21.0%
大家都送红包，事实上无助于提高治疗效果，我不会这么做	15.7%	9.1%	11.5%	15.7%	15.3%
想送，但我没有能力送	1.5%		2.9%	7.7%	6.8%
总计	100.0%	100.0%	100.0%	100.0%	100.0%
列总计	343	11	314	3302	3970

Chi-square test：df = 15，卡方值为 42.625，sig = 0.000 < 0.05，所以不同政治面貌的人群对“某些患者会在手术前给医生红包，您认为送红包的主要理由是”的回答有显著差异。

G1 by K8

和前几年相比，您认为目前我国官员腐败现象有什么变化 * 政治面貌 Crosstabulation

	共产党员	民主党派	共青团员	群众	总计
有很大改善	18.8%	18.2%	14.1%	11.2%	12.1%
有较大改善	64.1%	63.6%	62.9%	63.6%	63.6%
没什么变化	15.1%	9.1%	20.1%	21.3%	20.6%
更加恶化	0.8%	9.1%	1.9%	3.3%	3.0%
其他	1.1%		1.0%	0.6%	0.7%
总计	100.0%	100.0%	100.0%	100.0%	100.0%
列总计	357	11	313	3371	4052

Chi-square test：df = 12，卡方值为 34.247，sig = 0.001 < 0.05，所以不同政治面貌的人群对“和前几年相比，您认为目前我国官员腐败现象有什么变化”的回答有显著差异。

G2a by K8

您认为干部当官的目的是？为国家与社会做贡献 * 政治面貌 Crosstabulation

	共产党员	民主党派	共青团员	群众	总计
未选中	59.8%	90.9%	67.0%	69.0%	68.1%
选中	40.2%	9.1%	33.0%	31.0%	31.9%

续表

	共产党员	民主党派	共青团员	群众	总计
总计	100.0%	100.0%	100.0%	100.0%	100.0%
列总计	358	11	324	3451	4144

Chi-square test：df = 3，卡方值为 15.600，sig = 0.001 < 0.05，所以不同政治面貌的人群对“您认为干部当官的目的是？为国家与社会做贡献”的回答有显著差异。

G2b by K8

您认为干部当官的目的是？为人民服务，为百姓做好事做实事 * 政治面貌 Crosstabulation

	共产党员	民主党派	共青团员	群众	总计
未选中	34.1%	45.5%	48.5%	53.8%	51.6%
选中	65.9%	54.5%	51.5%	46.2%	48.4%
总计	100.0%	100.0%	100.0%	100.0%	100.0%
列总计	358	11	324	3451	4144

Chi-square test：df = 3，卡方值为 51.861，sig = 0.000 < 0.05，所以不同政治面貌的人群对“您认为干部当官的目的是？为人民服务，为百姓做好事做实事”的回答有显著差异。

G2c by K8

您认为干部当官的目的是？为家庭增光，光宗耀祖 * 政治面貌 Crosstabulation

	共产党员	民主党派	共青团员	群众	总计
未选中	74.0%	54.5%	76.9%	65.8%	67.4%
选中	26.0%	45.5%	23.1%	34.2%	32.6%
总计	100.0%	100.0%	100.0%	100.0%	100.0%
列总计	358	11	324	3451	4144

Chi-square test：df = 3，卡方值为 24.977，sig = 0.000 < 0.05，所以不同政治面貌的人群对“您认为干部当官的目的是？为家庭增光，光宗耀祖”的回答有显著差异。

G2d by K8

您认为干部当官的目的是？为自己升官发财 * 政治面貌 Crosstabulation

	共产党员	民主党派	共青团员	群众	总计
未选中	67.9%	45.5%	60.8%	46.9%	49.8%
选中	32.1%	54.5%	39.2%	53.1%	50.2%

续表

	共产党员	民主党派	共青团员	群众	总计
总计	100.0%	100.0%	100.0%	100.0%	100.0%
列总计	358	11	324	3451	4144

Chi-square test：df = 3，卡方值为 74.298，sig = 0.000 < 0.05，所以不同政治面貌的人群对“您认为干部当官的目的是？为自己升官发财”的回答有显著差异。

G2e by K8

您认为干部当官的目的是？没特殊目的，一个稳定而待遇高的职业而已 * 政治面貌 Crosstabulation

	共产党员	民主党派	共青团员	群众	总计
未选中	76.8%	72.7%	71.3%	80.4%	79.4%
选中	23.2%	27.3%	28.7%	19.6%	20.6%
总计	100.0%	100.0%	100.0%	100.0%	100.0%
列总计	358	11	324	3451	4144

Chi-square test：df = 3，卡方值为 16.906，sig = 0.001 < 0.05，所以不同政治面貌的人群对“您认为干部当官的目的是？没特殊目的，一个稳定而待遇高的职业而已”的回答有显著差异。

G3 by K8

与前几年相比，您对政府官员的信任度有什么变化 * 政治面貌 Crosstabulation

	共产党员	民主党派	共青团员	群众	总计
信任度提高了	55.7%	27.3%	36.0%	40.9%	41.8%
更加不信任	6.8%	36.4%	7.2%	8.9%	8.6%
没什么变化	37.4%	36.4%	56.8%	50.0%	49.4%
其他				0.2%	0.2%
总计	100.0%	100.0%	100.0%	100.0%	100.0%
列总计	366	11	333	3607	4317

Chi-square test：df = 9，卡方值为 49.296，sig = 0.000 < 0.05，所以不同政治面貌的人群对“与前几年相比，您对政府官员的信任度有什么变化”的回答有显著差异。

G4 by K8

在生活中或媒体上看到政府官员时，您首先想到的是 * 政治面貌 Crosstabulation

	共产党员	民主党派	共青团员	群众	总计
公仆，为老百姓谋福利	35.8%	18.2%	15.9%	16.4%	18.0%
官僚，根本不了解我们的情况	16.3%	45.5%	23.7%	19.7%	19.8%
有权有势的人	19.8%	18.2%	24.0%	28.4%	27.3%
有本事的人	10.2%	9.1%	9.6%	9.2%	9.3%
领导，决定我们命运的人	7.2%		9.3%	9.5%	9.3%
贪官	3.9%		7.2%	9.1%	8.5%
惹不起，但躲得起的人	1.4%	9.1%	2.7%	2.7%	2.6%
遇到大事可以信任的人	3.0%		4.5%	3.4%	3.4%
其他	2.5%		3.0%	1.5%	1.7%
总计	100.0%	100.0%	100.0%	100.0%	100.0%
列总计	363	11	333	3599	4306

Chi-square test：df = 24，卡方值为 115.847，sig = 0.000 < 0.05，所以不同政治面貌的人群对“在生活中或媒体上看到政府官员时，您首先想到的是”的回答有显著差异。

G5 by K8

您觉得当前我国政府官员道德问题最严重的是 * 政治面貌

	共产党员	民主党派	共青团员	群众	总计
贪污受贿	47.1%	63.6%	62.0%	57.2%	56.8%
以权谋私	64.2%	72.7%	64.8%	67.0%	66.7%
生活作风腐败	27.9%	45.5%	37.7%	35.2%	34.8%
官僚主义	21.2%	18.2%	18.8%	19.4%	19.5%
平庸，不作为，只保护自己不解决实际问题	41.6%	27.3%	32.7%	36.7%	36.7%
乱作为，搞政绩工程折腾百姓	30.5%	27.3%	25.3%	23.2%	24.0%
铺张浪费	9.3%	9.1%	10.8%	12.4%	12.0%
拉帮结派	8.7%	9.1%	7.4%	9.6%	9.3%
骄横跋扈，欺压百姓	5.5%		4.3%	6.0%	5.8%
列总计	344	11	324	3396	4075

据上表所示，不同政治面貌的人群对“您觉得当前我国政府官员最严重的道德问题”的回答没有显著差异。

G6 by K8

政府在制定政策和决策时充分考虑到伦理道德方面的要求了吗 * 政治面貌 Crosstabulation

	共产党员	民主党派	共青团员	群众	总计
有考虑，能够从日常生活中感受到	42.2%	9.1%	31.5%	32.0%	32.8%
有考虑，能够从政策文件中体会到	33.4%	45.5%	29.1%	29.7%	30.0%
只是口头上说说，没有实质性行动	20.5%	27.3%	30.0%	29.1%	28.4%
没有考虑，政策制度都是从自己的政绩和富人的利益着想	3.6%	18.2%	8.5%	9.0%	8.5%
其他	0.3%		0.9%	0.3%	0.3%
总计	100.0%	100.0%	100.0%	100.0%	100.0%
列总计	365	11	330	3549	4255

Chi-square test：df = 12，卡方值为 40.670，sig = 0.000 < 0.05，所以不同政治面貌的人群对“政府在制定政策和决策时充分考虑到伦理道德方面的要求了吗”的回答有显著差异。

G7a by K8

残疾人、留守儿童、孤寡老人等弱势群体需要来自全社会的关爱与帮助，您认为本地区做得怎么样？社区提供的服务 * 政治面貌 Crosstabulation

	共产党员	民主党派	共青团员	群众	总计
很好	16.7%	18.2%	10.4%	6.3%	7.5%
比较好	73.4%	27.3%	68.1%	72.1%	71.8%
不太好	9.9%	54.5%	19.9%	20.4%	19.5%
很差			1.6%	1.2%	1.1%
总计	100.0%	100.0%	100.0%	100.0%	100.0%
列总计	353	11	307	3479	4150

Chi-square test：df = 9，卡方值为 85.356，sig = 0.000 < 0.05，所以不同政治面貌的人群对“残疾人、留守儿童、孤寡老人等弱势群体需要来自全社会的关爱与帮助，您认为本地区做得怎么样？社区提供的服务”的回答有显著差异。

G7b by K8

残疾人、留守儿童、孤寡老人等弱势群体需要来自全社会的关爱与帮助，您认为本地区做得怎么样？周围人的尊重和关爱 * 政治面貌 Crosstabulation

	共产党员	民主党派	共青团员	群众	总计
很好	15.2%	9.1%	11.9%	9.7%	10.3%
比较好	73.3%	45.5%	70.2%	73.9%	73.5%
不太好	10.2%	36.4%	17.2%	15.2%	15.0%

续表

	共产党员	民主党派	共青团员	群众	总计
很差	1.4%	9.1%	0.6%	1.1%	1.1%
总计	100.0%	100.0%	100.0%	100.0%	100.0%
列总计	363	11	319	3536	4229

Chi-square test：df = 9，卡方值为 29.230，sig = 0.001 < 0.05，所以不同政治面貌的人群对“残疾人、留守儿童、孤寡老人等弱势群体需要来自全社会的关爱与帮助，您认为本地区做得怎么样？周围人的尊重和关爱”的回答有显著差异。

G7c by K8

残疾人、留守儿童、孤寡老人等弱势群体需要来自全社会的关爱与帮助，您认为本地区做得怎么样？社会服务机构提供专业化服务 * 政治面貌 Crosstabulation

	共产党员	民主党派	共青团员	群众	总计
很好	13.8%	9.1%	10.0%	9.0%	9.5%
比较好	57.9%	27.3%	50.9%	56.1%	55.8%
不太好	23.9%	27.3%	34.9%	29.7%	29.6%
很差	4.3%	36.4%	4.2%	5.2%	5.1%
总计	100.0%	100.0%	100.0%	100.0%	100.0%
列总计	347	11	289	3266	3913

Chi-square test：df = 9，卡方值为 39.508，sig = 0.000 < 0.05，所以不同政治面貌的人群对“残疾人、留守儿童、孤寡老人等弱势群体需要来自全社会的关爱与帮助，您认为本地区做得怎么样？社会服务机构提供专业化服务”的回答有显著差异。

G7d by K8

残疾人、留守儿童、孤寡老人等弱势群体需要来自全社会的关爱与帮助，您认为本地区做得怎么样？政府实施的社会援助 * 政治面貌 Crosstabulation

	共产党员	民主党派	共青团员	群众	总计
很好	17.1%		9.5%	9.4%	10.1%
比较好	61.3%	27.3%	57.9%	61.3%	61.0%
不太好	19.9%	45.5%	30.2%	25.7%	25.6%
很差	1.7%	27.3%	2.5%	3.6%	3.4%
总计	100.0%	100.0%	100.0%	100.0%	100.0%
列总计	351	11	285	3273	3920

Chi-square test：df = 9，卡方值为 53.278，sig = 0.000 < 0.05，所以不同政治面貌的人群对“残疾人、留守儿童、孤寡老人等弱势群体需要来自全社会的关爱与帮助，您认为本地区做得怎么样？政府实施的社会援助”的回答有显著差异。

G7e by K8

残疾人、留守儿童、孤寡老人等弱势群体需要来自全社会的关爱与帮助，您认为本地区做得怎么样？公益与慈善事业 * 政治面貌 Crosstabulation

	共产党员	民主党派	共青团员	群众	总计
很好	13.0%	10.0%	9.9%	8.5%	9.0%
比较好	62.2%	20.0%	56.0%	61.7%	61.2%
不太好	21.0%	10.0%	30.4%	25.9%	25.8%
很差	3.7%	60.0%	3.7%	3.8%	4.0%
总计	100.0%	100.0%	100.0%	100.0%	100.0%
列总计	347	10	273	3079	3709

Chi-square test：df = 9，卡方值为 97.024，sig = 0.000 < 0.05，所以不同政治面貌的人群对“残疾人、留守儿童、孤寡老人等弱势群体需要来自全社会的关爱与帮助，您认为本地区做得怎么样？公益与慈善事业”的回答有显著差异。

G7f by K8

残疾人、留守儿童、孤寡老人等弱势群体需要来自全社会的关爱与帮助，您认为本地区做得怎么样？志愿者帮助 * 政治面貌 Crosstabulation

	共产党员	民主党派	共青团员	群众	总计
很好	13.6%		10.1%	10.0%	10.3%
比较好	63.6%	33.3%	55.4%	62.0%	61.6%
不太好	20.2%	66.7%	29.7%	24.7%	24.7%
很差	2.6%		4.7%	3.4%	3.4%
总计	100.0%	100.0%	100.0%	100.0%	100.0%
列总计	346	9	276	3054	3685

Chi-square test：df = 9，卡方值为 22.435，sig = 0.008 < 0.05，所以不同政治面貌的人群对“残疾人、留守儿童、孤寡老人等弱势群体需要来自全社会的关爱与帮助，您认为本地区做得怎么样？志愿者帮助”的回答有显著差异。

G8 by K8

现在有的地方建了“好人馆”“好人广场”“好人公园”，您认为有必要为好人树碑立传吗？ * 政治面貌 Crosstabulation

	共产党员	民主党派	共青团员	群众	总计
很有必要，可以让更多的人知道他们、学习他们	87.0%	54.5%	78.5%	81.9%	82.0%
可有可无	5.8%	27.3%	13.4%	10.5%	10.4%
没有必要	7.2%	18.2%	8.1%	7.6%	7.7%
总计	100.0%	100.0%	100.0%	100.0%	100.0%

续表

	共产党员	民主党派	共青团员	群众	总计
列总计	361	11	321	3451	4144

Chi-square test：df = 6，卡方值为 17. 505，sig = 0. 008 < 0. 05，所以不同政治面貌的人群对“您认为有必要为好人树碑立传吗”的回答有显著差异。

G9 by K8

党中央出台了一系列治国理政的新举措，给社会生活带来了什么变化 * 政治面貌 Crosstabulation

	共产党员	民主党派	共青团员	群众	总计
社会在向好的方面发展，对未来生活更有信心	73. 5%	45. 5%	54. 1%	57. 7%	58. 7%
目前没看出有什么影响	12. 6%	18. 2%	21. 6%	20. 2%	19. 6%
虽然出台了一些政策，感觉解决不了什么问题	12. 6%	27. 3%	17. 4%	15. 1%	15. 1%
不关心这些，说不清楚	1. 4%	9. 1%	6. 6%	7. 0%	6. 5%
其他			0. 3%	0. 1%	0. 1%
总计	100. 0%	100. 0%	100. 0%	100. 0%	100. 0%
列总计	366	11	333	3607	4317

Chi-square test：df = 12，卡方值为 48. 362，sig = 0. 000 < 0. 05，所以不同政治面貌的人群对“党中央出台了一系列治国理政的新举措，给社会生活带来了什么变化”的回答有显著差异。

G10a by K8

以下政策措施对促进社会公平有效果吗？就业政策 * 政治面貌 Crosstabulation

	共产党员	民主党派	共青团员	群众	总计
有较大效果	16. 0%	9. 1%	10. 4%	6. 9%	8. 0%
有点效果	66. 8%	36. 4%	62. 8%	67. 2%	66. 8%
没有效果	14. 3%	54. 5%	24. 5%	24. 1%	23. 4%
更不公平	2. 6%		2. 3%	1. 4%	1. 6%
大大加剧了不公平	0. 3%			0. 3%	0. 3%
总计	100. 0%	100. 0%	100. 0%	100. 0%	100. 0%
列总计	349	11	298	3317	3975

Chi-square test：df = 12，卡方值为 60. 289，sig = 0. 000 < 0. 05，所以不同政治面貌的人群对“以下政策措施对促进社会公平有效果吗？就业政策”的回答有显著差异。

G10b by K8

以下政策措施对促进社会公平有效果吗？教育政策 * 政治面貌 Crosstabulation

	共产党员	民主党派	共青团员	群众	总计
有较大效果	14.6%	9.1%	14.7%	10.2%	11.0%
有点效果	68.9%	45.5%	66.5%	68.5%	68.3%
没有效果	10.9%		12.5%	16.2%	15.4%
更不公平	3.1%	45.5%	5.4%	3.1%	3.4%
大大加剧了不公平	2.5%		1.0%	2.0%	2.0%
总计	100.0%	100.0%	100.0%	100.0%	100.0%
列总计	357	11	313	3405	4086

Chi-square test：df = 12，卡方值为 84.550，sig = 0.000 < 0.05，所以不同政治面貌的人群对“以下政策措施对促进社会公平有效果吗？教育政策”的回答有显著差异。

G10c by K8

以下政策措施对促进社会公平有效果吗？医疗卫生政策 * 政治面貌 Crosstabulation

	共产党员	民主党派	共青团员	群众	总计
有较大效果	19.2%	9.1%	14.3%	11.6%	12.4%
有点效果	61.1%	27.3%	64.5%	60.5%	60.8%
没有效果	13.3%		13.1%	21.7%	20.2%
更不公平	3.6%	27.3%	5.6%	3.7%	3.9%
大大加剧了不公平	2.8%	36.4%	2.5%	2.5%	2.6%
总计	100.0%	100.0%	100.0%	100.0%	100.0%
列总计	360	11	321	3480	4172

Chi-square test：df = 12，卡方值为 107.645，sig = 0.000 < 0.05，所以不同政治面貌的人群对“以下政策措施对促进社会公平有效果吗？医疗卫生政策”的回答有显著差异。

G10d by K8

以下政策措施对促进社会公平有效果吗？低保政策 * 政治面貌 Crosstabulation

	共产党员	民主党派	共青团员	群众	总计
有较大效果	25.1%		15.6%	12.5%	13.8%

续表

	共产党员	民主党派	共青团员	群众	总计
有点效果	59.9%	36.4%	69.2%	60.2%	60.8%
没有效果	10.3%	9.1%	9.2%	20.9%	19.0%
更不公平	2.9%	45.5%	3.4%	4.4%	4.3%
大大加剧了不公平	1.8%	9.1%	2.7%	2.0%	2.1%
总计	100.0%	100.0%	100.0%	100.0%	100.0%
列总计	339	11	295	3242	3887

Chi-square test：df = 12，卡方值为 125.381，sig = 0.000 < 0.05，所以不同政治面貌的人群对“以下政策措施对促进社会公平有效果吗？低保政策”的回答有显著差异。

G10e by K8

以下政策措施对促进社会公平有效果吗？房地产政策 * 政治面貌 Crosstabulation

	共产党员	民主党派	共青团员	群众	总计
有较大效果	10.1%		6.4%	4.5%	5.2%
有点效果	43.9%	9.1%	41.1%	43.9%	43.6%
没有效果	25.8%	45.5%	31.2%	31.8%	31.2%
更不公平	14.5%		12.8%	12.3%	12.5%
大大加剧了不公平	5.6%	45.5%	8.5%	7.4%	7.4%
总计	100.0%	100.0%	100.0%	100.0%	100.0%
列总计	337	11	282	2949	3579

Chi-square test：df = 12，卡方值为 52.796，sig = 0.000 < 0.05，所以不同政治面貌的人群对“以下政策措施对促进社会公平有效果吗？房地产政策”的回答有显著差异。

G10f by K8

以下政策措施对促进社会公平有效果吗？拆迁安置政策 * 政治面貌 Crosstabulation

	共产党员	民主党派	共青团员	群众	总计
有较大效果	11.6%	9.1%	8.6%	5.3%	6.2%
有点效果	49.8%		46.8%	46.3%	46.5%
没有效果	20.4%	36.4%	23.0%	27.2%	26.2%
更不公平	10.0%	9.1%	10.0%	13.0%	12.5%
大大加剧了不公平	8.2%	45.5%	11.5%	8.2%	8.6%

续表

	共产党员	民主党派	共青团员	群众	总计
总计	100.0%	100.0%	100.0%	100.0%	100.0%
列总计	329	11	269	2805	3414

Chi-square test：df = 12，卡方值为 58.080，sig = 0.000 < 0.05，所以不同政治面貌的人群对“以下政策措施对促进社会公平有效果吗？拆迁安置政策”的回答有显著差异。

G11 by K8

如果遭遇重大公共事件，您相信政府公布的信息和采取的措施吗 * 政治面貌 Crosstabulation

	共产党员	民主党派	共青团员	群众	总计
相信，大都是可靠的，比网络流传的可靠	81.0%	60.0%	72.4%	71.9%	72.7%
不相信，都是安抚百姓的策略措施	10.2%	30.0%	11.7%	14.8%	14.2%
将信将疑，走一步看一步	8.8%	10.0%	15.9%	13.2%	13.0%
其他				0.1%	
总计	100.0%	100.0%	100.0%	100.0%	100.0%
列总计	363	10	333	3607	4313

Chi-square test：df = 9，卡方值为 19.886，sig = 0.019 < 0.05，所以不同政治面貌的人群对“如果遭遇重大公共事件，您相信政府公布的信息和采取的措施吗”的回答有显著差异。

G12a by K8

政府推动或倡导的下列活动效果如何？文明城市创建 * 政治面貌 Crosstabulation

	共产党员	民主党派	共青团员	群众	总计
完全没效果	1.9%	18.2%	2.8%	1.7%	1.8%
效果较差	10.5%	9.1%	13.4%	13.8%	13.4%
效果较好	61.5%	54.5%	65.6%	67.9%	67.1%
效果很好	26.0%	18.2%	18.1%	16.7%	17.6%
总计	100.0%	100.0%	100.0%	100.0%	100.0%
列总计	361	11	320	3450	4142

Chi-square test：df = 9，卡方值为 39.446，sig = 0.000 < 0.05，所以不同政治面貌的人群对“政府推动或倡导的下列活动效果如何？文明城市创建”的回答有显著差异。

G12b by K8

政府推动或倡导的下列活动效果如何？学雷锋活动＊政治面貌 Crosstabulation

	共产党员	民主党派	共青团员	群众	总计
完全没效果	3.4%	9.1%	6.2%	2.0%	2.5%
效果较差	13.6%	27.3%	20.3%	19.1%	18.7%
效果较好	63.0%	45.5%	61.4%	65.6%	65.0%
效果很好	20.1%	18.2%	12.1%	13.3%	13.8%
总计	100.0%	100.0%	100.0%	100.0%	100.0%
列总计	354	11	306	3253	3924

Chi-square test：df = 9，卡方值为 42.510，sig = 0.000 < 0.05，所以不同政治面貌的人群对“政府推动或倡导的下列活动效果如何？学雷锋活动”的回答有显著差异。

G12c by K8

政府推动或倡导的下列活动效果如何？典型人物的宣传＊政治面貌 Crosstabulation

	共产党员	民主党派	共青团员	群众	总计
完全没效果	2.9%		3.6%	1.8%	2.1%
效果较差	12.8%	40.0%	21.4%	19.1%	18.8%
效果较好	61.2%	50.0%	61.4%	60.9%	60.9%
效果很好	23.0%	10.0%	13.6%	18.2%	18.2%
总计	100.0%	100.0%	100.0%	100.0%	100.0%
列总计	343	10	308	3137	3798

Chi-square test：df = 9，卡方值为 24.143，sig = 0.004 < 0.05，所以不同政治面貌的人群对“政府推动或倡导的下列活动效果如何？典型人物的宣传”的回答有显著差异。

G12d by K8

政府推动或倡导的下列活动效果如何？志愿服务的倡导和推广＊政治面貌 Crosstabulation

	共产党员	民主党派	共青团员	群众	总计
完全没效果	3.7%	11.1%	2.7%	1.8%	2.0%
效果较差	15.5%	33.3%	21.8%	18.7%	18.7%
效果较好	60.9%	55.6%	63.9%	60.2%	60.5%
效果很好	19.8%		11.6%	19.4%	18.7%

续表

	共产党员	民主党派	共青团员	群众	总计
总计	100.0%	100.0%	100.0%	100.0%	100.0%
列总计	348	9	294	3072	3723

Chi-square test：df=9，卡方值为 26.103，sig=0.002<0.05，所以不同政治面貌的人群对“政府推动或倡导的下列活动效果如何？志愿服务的倡导和推广”的回答有显著差异。

G12e by K8

政府推动或倡导的下列活动效果如何？反腐倡廉的举措 * 政治面貌 Crosstabulation

	共产党员	民主党派	共青团员	群众	总计
完全没效果	3.7%	11.1%	4.9%	4.2%	4.2%
效果较差	11.0%	33.3%	18.6%	19.7%	18.9%
效果较好	57.6%	44.4%	60.9%	57.7%	57.9%
效果很好	27.7%	11.1%	15.6%	18.4%	19.0%
总计	100.0%	100.0%	100.0%	100.0%	100.0%
列总计	354	9	307	3324	3994

Chi-square test：df=9，卡方值为 32.819，sig=0.000<0.05，所以不同政治面貌的人群对“政府推动或倡导的下列活动效果如何？反腐倡廉的举措”的回答有显著差异。

G12f by K8

政府推动或倡导的下列活动效果如何？《公民道德建设实施纲要》的推进 * 政治面貌 Crosstabulation

	共产党员	民主党派	共青团员	群众	总计
完全没效果	4.5%	22.2%	4.0%	1.6%	2.1%
效果较差	10.3%	22.2%	18.8%	19.2%	18.4%
效果较好	64.8%	44.4%	60.4%	63.6%	63.4%
效果很好	20.3%	11.1%	16.8%	15.5%	16.1%
总计	100.0%	100.0%	100.0%	100.0%	100.0%
列总计	310	9	250	2749	3318

Chi-square test：df=9，卡方值为 49.709，sig=0.000<0.05，所以不同政治面貌的人群对“政府推动或倡导的下列活动效果如何？《公民道德建设实施纲要》的推进”的回答有显著差异。

G13 by K8

您对我们正在走的中国特色社会主义道路怎么看 * 政治面貌 Crosstabulation

	共产党员	民主党派	共青团员	群众	总计
充满信心，因为它可以给中国带来繁荣富强	71.3%	27.3%	50.2%	52.1%	53.5%
不太了解，但相信这条路能够让老百姓都过上好日子	21.0%	45.5%	33.6%	35.6%	34.2%
表示怀疑，走这条路究竟怎么样，现在还说不清楚	6.8%	27.3%	12.0%	7.9%	8.1%
走什么样的路，跟我没关系	0.8%		4.2%	4.3%	4.0%
其他				0.1%	0.1%
总计	100.0%	100.0%	100.0%	100.0%	100.0%
列总计	366	11	333	3599	4309

Chi-square test：df = 12，卡方值为 69.666，sig = 0.000 < 0.05，所以不同政治面貌的人群对“您对我们正在走的中国特色社会主义道路怎么看”的回答有显著差异。

G14 by K8

每个人都希望我们的国家越来越好，我们的生活越来越好。党的十八大提出，到 2020 年全面建成小康社会，到本世纪中叶建成社会主义现代化国家，您认为这样的目标能实现吗 * 政治面貌 Crosstabulation

	共产党员	民主党派	共青团员	群众	总计
相信一定能实现	47.1%	30.0%	32.8%	40.1%	40.1%
有困难，但只要努力还是能实现的	47.1%	60.0%	57.1%	49.3%	49.8%
不可能实现	3.0%	10.0%	4.0%	3.0%	3.1%
说不清楚，跟我没关系	2.5%		6.1%	7.5%	6.9%
其他	0.3%			0.1%	0.1%
总计	100.0%	100.0%	100.0%	100.0%	100.0%
列总计	363	10	329	3559	4261

Chi-square test：df = 12，卡方值为 30.228，sig = 0.003 < 0.05，所以不同政治面貌的人群对“到本世纪中叶建成社会主义现代化国家，您认为这样的目标能实现吗”的回答有显著差异。

G15 by K8

您对您周围的党员干部道德状况怎么评价 * 政治面貌 Crosstabulation

	共产党员	民主党派	共青团员	群众	总计
总体还不错	70.5%	27.3%	51.2%	49.5%	51.4%

续表

	共产党员	民主党派	共青团员	群众	总计
普遍比较差	11.5%	54.5%	21.7%	19.6%	19.1%
和普通群众没有太大差别	18.0%	18.2%	27.1%	31.0%	29.5%
总计	100.0%	100.0%	100.0%	100.0%	100.0%
列总计	356	11	295	3323	3985

Chi-square test：df = 6，卡方值为 67.783，sig = 0.000 < 0.05，所以不同政治面貌的人群对“您对您周围的党员干部道德状况怎么评价”的回答有显著差异。

G16 by K8

您认为当前官员的勤政作为是怎样的 * 政治面貌 Crosstabulation

	共产党员	民主党派	共青团员	群众	总计
努力作为，成绩显著	38.8%	20.0%	27.6%	23.1%	24.9%
努力作为，成绩一般	49.3%	60.0%	53.0%	53.7%	53.3%
行政不作为	8.4%	10.0%	16.5%	18.5%	17.4%
行政乱作为	3.5%	10.0%	2.9%	4.7%	4.4%
总计	100.0%	100.0%	100.0%	100.0%	100.0%
列总计	345	10	279	3065	3699

Chi-square test：df = 9，卡方值为 54.840，sig = 0.000 < 0.05，所以不同政治面貌的人群对“您认为当前官员的勤政作为是怎样的”的回答有显著差异。

G17 by K8

您到政府部门办事，首先选择的方法是 * 政治面貌 Crosstabulation

	共产党员	民主党派	共青团员	群众	总计
找亲朋好友帮忙办理	9.5%	18.2%	14.4%	12.8%	12.7%
找政府中的熟人办理	23.5%	45.5%	33.9%	23.6%	24.4%
送红包	0.8%		0.6%	1.0%	0.9%
直接找相关职能部门办理	66.1%	36.4%	50.2%	62.5%	61.8%
其他			1.0%	0.2%	0.2%
总计	100.0%	100.0%	100.0%	100.0%	100.0%
列总计	357	11	313	3384	4065

Chi-square test：df = 12，卡方值为 37.052，sig = 0.000 < 0.05，所以不同政治面貌的人群对“您到政府部门办事，首先选择的方法是”的回答有显著差异。

H1 by K8

您认为近五年来，您所在地区政府的环境保护工作做得怎么样 * 政治面貌 Crosstabulation

	共产党员	民主党派	共青团员	群众	总计
片面注重经济发展，忽视了环境保护工作	21.9%	18.2%	23.7%	16.6%	17.6%
重视不够，环保投入不足	21.3%	63.6%	24.0%	26.4%	25.8%
虽尽了努力，但效果不佳	10.1%		11.9%	14.9%	14.2%
尽了很大努力，有一定成效	34.6%	9.1%	34.3%	34.4%	34.3%
取得了很大的成绩	12.1%	9.1%	6.1%	7.8%	8.0%
总计	100.0%	100.0%	100.0%	100.0%	100.0%
列总计	356	11	312	3403	4082

Chi-square test：df = 12，卡方值为 41.202，sig = 0.000 < 0.05，所以不同政治面貌的人群对“您认为近五年来，您所在地区政府的环境保护工作做得怎么样”的回答有显著差异。

H2a by K8

在最近的一年里，您是否从事过？垃圾分类投放 * 政治面貌 Crosstabulation

	共产党员	民主党派	共青团员	群众	总计
从不	25.4%	54.5%	22.3%	48.8%	44.8%
偶尔	42.1%	18.2%	47.3%	37.4%	38.5%
经常	32.5%	27.3%	30.4%	13.8%	16.7%
总计	100.0%	100.0%	100.0%	100.0%	100.0%
列总计	366	11	332	3610	4319

Chi-square test：df = 6，卡方值为 203.106，sig = 0.000 < 0.05，所以不同政治面貌的人群对“在最近的一年里，您是否从事过？垃圾分类投放”的回答有显著差异。

H2b by K8

在最近的一年里，您是否从事过？与自己的亲戚朋友讨论环保问题 * 政治面貌 Hrosstabulation

	共产党员	民主党派	共青团员	群众	总计
从不	24.3%	27.3%	26.4%	49.7%	45.7%
偶尔	53.6%	45.5%	60.4%	40.4%	43.1%
经常	22.1%	27.3%	13.2%	9.9%	11.2%
总计	100.0%	100.0%	100.0%	100.0%	100.0%
列总计	366	11	333	3610	4320

Chi-square test：df = 6，卡方值为 163.976，sig = 0.000 < 0.05，所以不同政治面貌的人群对“在最近的一年里，您是否从事过？与自己的亲戚朋友讨论环保问题”的回答有显著差异。

H2c by K8

在最近的一年里，您是否从事过？采购日常用品时自己带购物篮或购物袋 * 政治面貌 Crosstabulation

	共产党员	民主党派	共青团员	群众	总计
从不	13.2%	18.2%	20.5%	24.1%	22.8%
偶尔	43.8%	63.6%	46.1%	45.9%	45.8%
经常	43.0%	18.2%	33.4%	30.0%	31.3%
总计	100.0%	100.0%	100.0%	100.0%	100.0%
列总计	365	11	332	3609	4317

Chi-square test：df = 6，卡方值为 38.310，sig = 0.000 < 0.05，所以不同政治面貌的人群对“在最近的一年里，您是否从事过？采购日常用品时自己带购物篮或购物袋”的回答有显著差异。

H2d by K8

在最近的一年里，您是否从事过？优先选择公交、步行等绿色出行方式 * 政治面貌 Crosstabulation

	共产党员	民主党派	共青团员	群众	总计
从不	11.5%	18.2%	11.7%	20.3%	18.8%
偶尔	36.3%	45.5%	40.5%	39.9%	39.6%
经常	52.2%	36.4%	47.7%	39.9%	41.5%
总计	100.0%	100.0%	100.0%	100.0%	100.0%
列总计	366	11	333	3604	4314

Chi-square test：df = 6，卡方值为 40.129，sig = 0.000 < 0.05，所以不同政治面貌的人群对“在最近的一年里，您是否从事过？优先选择公交、步行等绿色出行方式”的回答有显著差异。

H2e by K8

在最近的一年里，您是否从事过？为环境保护捐款 * 政治面貌 Crosstabulation

	共产党员	民主党派	共青团员	群众	总计
从不	51.4%	72.7%	52.9%	78.4%	74.1%
偶尔	37.7%	18.2%	38.7%	18.6%	21.8%
经常	10.9%	9.1%	8.4%	3.0%	4.1%
总计	100.0%	100.0%	100.0%	100.0%	100.0%
列总计	366	11	333	3602	4312

Chi-square test：df = 6，卡方值为 226.640，sig = 0.000 < 0.05，所以不同政治面貌的人群对“您在最近的一年里，您是否从事过？为环境保护捐款”的回答有显著差异。

H2f by K8

在最近的一年里，您是否从事过？主动关注环境方面的信息报道和宣传教育 * 政治面貌 Crosstabulation

	共产党员	民主党派	共青团员	群众	总计
从不	43.7%	63.6%	45.2%	74.2%	69.3%
偶尔	42.3%	18.2%	44.0%	20.7%	24.3%
经常	13.9%	18.2%	10.8%	5.1%	6.3%
总计	100.0%	100.0%	100.0%	100.0%	100.0%
列总计	366	11	332	3609	4318

Chi-square test：df=6，卡方值为251.006，sig=0.000<0.05，所以不同政治面貌的人群对“在最近的一年里，您是否从事过？主动关注环境方面的信息报道和宣传教育”的回答有显著差异。

H2g by K8

在最近的一年里，您是否从事过？积极参加民间环保团体举办的环保活动 * 政治面貌 Crosstabulation

	共产党员	民主党派	共青团员	群众	总计
从不	54.9%	54.5%	62.0%	82.4%	78.5%
偶尔	34.4%	36.4%	31.0%	14.6%	17.6%
经常	10.7%	9.1%	6.9%	3.0%	3.9%
总计	100.0%	100.0%	100.0%	100.0%	100.0%
列总计	366	11	332	3609	4318

Chi-square test：df=6，卡方值为217.717，sig=0.000<0.05，所以不同政治面貌的人群对“在最近的一年里，您是否从事过？积极参加民间环保团体举办的环保活动”的回答有显著差异。

H2h by K8

在最近的一年里，您是否从事过？积极参加要求解决环境问题的投诉、上诉 * 政治面貌 Crosstabulation

	共产党员	民主党派	共青团员	群众	总计
从不	65.8%	72.7%	66.3%	85.3%	82.2%
偶尔	26.6%	27.3%	27.7%	12.3%	14.7%
经常	7.7%		6.0%	2.4%	3.1%
总计	100.0%	100.0%	100.0%	100.0%	100.0%
列总计	365	11	332	3609	4317

Chi-square test：df=6，卡方值为155.037，sig=0.000<0.05，所以不同政治面貌的人群对“在最近的一年里，您是否从事过？积极参加要求解决环境问题的投诉、上诉”的回答有显著差异。

H3 by K8

如果您的周围有一片森林，政府将成材的树林砍伐下来办木材厂，将极大提高您的收入，但将破坏环境，您会支持这一决定吗＊ 政治面貌 Crosstabulation

	共产党员	民主党派	共青团员	群众	总计
支持，对大家有好处	9.6%		7.3%	8.8%	8.7%
反对，这是发子孙财，破坏生态	72.7%	90.9%	66.8%	70.2%	70.2%
不支持也不反对，政府决定	17.5%	9.1%	26.0%	20.9%	21.0%
其他	0.3%			0.1%	0.1%
总计	100.0%	100.0%	100.0%	100.0%	100.0%
列总计	366	11	331	3609	4317

Chi-square test：df = 9，卡方值为 12.991，sig = 0.163 > 0.05，所以不同政治面貌的人群对“如果您的周围有一片森林，政府将成材的树林砍伐下来办木材厂，将极大提高您的收入，但将破坏环境，您会支持这一决定吗”的回答没有显著差异。

H4 by K8

如果要办一个化工厂，您是这个厂的持股职工，化工厂的排污管将未经处理的污水排向下游地区，给下游地区造成污染，您会支持这个决定吗＊ 政治面貌 Crosstabulation

	共产党员	民主党派	共青团员	群众	总计
支持，我们不会受污染	7.1%		5.1%	6.9%	6.7%
反对，这是嫁祸于人	82.2%	72.7%	82.8%	75.1%	76.3%
不支持也不反对，成了可分红，不成是领导的责任	10.4%	27.3%	12.1%	17.9%	16.9%
其他	0.3%			0.1%	0.1%
总计	100.0%	100.0%	100.0%	100.0%	100.0%
列总计	365	11	331	3604	4311

Chi-square test：df = 9，卡方值为 24.544，sig = 0.004 < 0.05，所以不同政治面貌的人群对“如果要办一个化工厂，您是这个厂的持股职工，化工厂的排污管将未经处理的污水排向下游地区，给下游地区造成污染，您会支持这个决定吗”的回答有显著差异。

H5 by K8

您认为造成生态环境问题的最主要原因是 * 政治面貌

	共产党员	民主党派	共青团员	群众	总计
企业唯利是图，造成环境污染	29.9%	27.3%	34.9%	32.4%	32.3%
政府缺乏生态意识，政策失当	34.0%	36.4%	27.1%	32.5%	32.2%
个人缺乏环保意识	18.6%	9.1%	15.7%	18.1%	18.0%
当代人自私自利，不顾未来和子孙利益	17.3%	27.3%	21.7%	16.3%	16.8%
其他	0.3%		0.6%	0.7%	0.6%
总计	100.0%	100.0%	100.0%	100.0%	100.0%
列总计	365	11	332	3602	4310

Chi-square test：df = 12，卡方值为 13.190，sig = 0.355 > 0.05，所以不同政治面貌的人群对“您认为造成生态环境问题的最主要原因是”的回答没有显著差异。

H6 by K8

如果环境保护主管部门邀请您参加座谈会或听证会，听取对环境保护相关事项或者活动的意见和建议，您是否会出席 * 政治面貌 Crosstabulation

	共产党员	民主党派	共青团员	群众	总计
会	85.5%	54.5%	78.3%	65.2%	67.9%
不会	14.5%	45.5%	21.7%	34.8%	32.1%
总计	100.0%	100.0%	100.0%	100.0%	100.0%
列总计	344	11	295	3217	3867

Chi-square test：df = 3，卡方值为 75.419，sig = 0.000 < 0.05，所以不同政治面貌的人群对“如果环境保护主管部门邀请您参加座谈会或听证会，您是否会出席”的回答有显著差异。

H7 by K8

若您所在社区参加“绿色社区”创建活动，您是否会积极参与 * 政治面貌 Crosstabulation

	共产党员	民主党派	共青团员	群众	总计
会	90.1%	81.8%	87.2%	70.4%	73.4%
不会	9.9%	18.2%	12.8%	29.6%	26.6%
总计	100.0%	100.0%	100.0%	100.0%	100.0%
列总计	343	11	288	3215	3857

Chi-square test：df = 3，卡方值为 92.459，sig = 0.000 < 0.05，所以不同政治面貌的人群对“若您所在社区参加‘绿色社区’创建活动，您是否会积极参与”的回答有显著差异。

I1 by K8

如果您周围有很多外国人，您愿意和他们建立什么样的关系＊政治面貌 Crosstabulation

	共产党员	民主党派	共青团员	群众	总计
愿意做朋友	61.7%	45.5%	66.1%	35.8%	40.4%
愿意做兄弟姐妹	4.1%		6.0%	4.4%	4.5%
不愿意来往，得提防他们	1.9%		1.5%	3.3%	3.0%
偶尔交往，仅限于礼节性的	14.2%	36.4%	16.2%	14.8%	14.9%
无法和他们来往，存在语言、文化、习俗等障碍	17.2%	18.2%	10.2%	41.4%	36.9%
其他	0.8%			0.3%	0.3%
总计	100.0%	100.0%	100.0%	100.0%	100.0%
列总计	366	11	333	3608	4318

Chi-square test：df = 15，卡方值为 253.783，sig = 0.000 < 0.05，所以不同政治面貌的人群对“如果您周围有很多外国人，您愿意和他们建立什么样的关系”的回答有显著差异。

I2 by K8

您更愿意过春节还是圣诞节＊政治面貌 Crosstabulation

	共产党员	民主党派	共青团员	群众	总计
圣诞节	0.5%		0.9%	0.5%	0.5%
春节	79.7%	54.5%	70.6%	83.8%	82.4%
两个都愿意过	18.6%	27.3%	26.1%	14.5%	15.8%
两个都不想过	1.1%	18.2%	2.4%	1.2%	1.3%
总计	100.0%	100.0%	100.0%	100.0%	100.0%
列总计	365	11	333	3610	4319

Chi-square test：df = 9，卡方值为 65.109，sig = 0.000 < 0.05，所以不同政治面貌的人群对“您更愿意过春节还是圣诞节”的回答有显著差异。

I3 by K8

您同意中国人与外国人通婚吗＊政治面貌 Crosstabulation

	共产党员	民主党派	共青团员	群众	总计
非常同意	7.5%		8.4%	2.6%	3.5%
比较同意	70.4%	27.3%	74.6%	67.8%	68.4%

续表

	共产党员	民主党派	共青团员	群众	总计
不太同意	19.8%	63.6%	17.0%	24.2%	23.3%
强烈反对	2.4%	9.1%		5.5%	4.8%
总计	100.0%	100.0%	100.0%	100.0%	100.0%
列总计	334	11	311	3228	3884

Chi-square test：df = 9，卡方值为 88.215，sig = 0.000 < 0.05，所以不同政治面貌的人群对“您同意中国人与外国人通婚吗”的回答有显著差异。

I4 by K8

对外来的城市农民工如建筑工人、家庭保姆等，您的态度是 * 政治面貌 Crosstabulation

	共产党员	民主党派	共青团员	群众	总计
看不起和排斥	0.5%	9.1%	0.9%	0.6%	0.6%
无视和冷漠以对	3.6%	9.1%	2.7%	3.9%	3.8%
尊重和体谅	83.3%	63.6%	82.9%	76.0%	77.1%
同情和友爱	12.6%	18.2%	13.2%	19.4%	18.4%
其他			0.3%	0.1%	0.1%
总计	100.0%	100.0%	100.0%	100.0%	100.0%
列总计	365	11	333	3603	4312

Chi-square test：df = 12，卡方值为 34.354，sig = 0.001 < 0.05，所以不同政治面貌的人群对“对外来的城市农民工如建筑工人、家庭保姆等，您的态度”的回答有显著差异。

I5 by K8

您在日常生活中与同乡人和外乡人的关系是 * 政治面貌 Crosstabulation

	共产党员	民主党派	共青团员	群众	总计
与同乡人交往多	40.5%	36.4%	35.3%	43.7%	42.7%
与外乡人交往多	9.6%	18.2%	13.0%	8.7%	9.1%
一样多	31.8%	18.2%	29.9%	21.9%	23.3%
偶尔与外乡人有交往，主要与同乡人交往	17.5%	27.3%	21.8%	25.6%	24.7%
其他	0.5%			0.1%	0.1%
总计	100.0%	100.0%	100.0%	100.0%	100.0%
列总计	365	11	331	3605	4312

Chi-square test：df = 12，卡方值为 48.418，sig = 0.000 < 0.05，所以不同政治面貌的人群对“您在日常生活中与同乡人和外乡人的关系是”的回答有显著差异。

I6 by K8

您所在地区的政府对待外来人员的政策取向是＊ 政治面貌 Crosstabulation

	共产党员	民主党派	共青团员	群众	总计
不冷不热，顺其自然	44.8%	45.5%	50.8%	45.2%	45.6%
提高门槛，严加限制	8.8%	18.2%	10.7%	10.5%	10.4%
降低门槛，广泛吸收	34.8%		28.1%	33.6%	33.2%
对有钱人、高级专家采取特殊政策吸引，对一般人严加限制	11.6%	27.3%	10.1%	10.6%	10.7%
其他		9.1%	0.3%	0.1%	0.1%
总计	100.0%	100.0%	100.0%	100.0%	100.0%
列总计	353	11	317	3451	4132

Chi-square test：df = 12，卡方值为 107.875，sig = 0.000 < 0.05，所以不同政治面貌的人群对“您所在地区的政府对待外来人员的政策取向是”的回答有显著差异。

I7 by K8

您认为在当前的中国，读书还能不能改变命运＊ 政治面貌 Crosstabulation

	共产党员	民主党派	共青团员	群众	总计
读书只是改变命运的一个路径	45.1%	27.3%	54.1%	36.6%	38.7%
读书是改变命运的主要路径	43.7%	45.5%	28.8%	41.1%	40.4%
读书是改变命运的唯一路径	7.1%		6.6%	13.6%	12.5%
不再是改变命运的路径，没权势的人读了书照样穷	3.8%	27.3%	10.5%	8.6%	8.4%
其他	0.3%			0.1%	0.1%
总计	100.0%	100.0%	100.0%	100.0%	100.0%
列总计	366	11	333	3605	4315

Chi-square test：df = 12，卡方值为 81.276，sig = 0.000 < 0.05，所以不同政治面貌的人群对“您认为在当前的中国，读书还能不能改变命运”的回答有显著差异。

I8 by K8

您如何认识名牌大学里农村学生比例急剧减少的现象＊ 政治面貌 Crosstabulation

	共产党员	民主党派	共青团员	群众	总计
是一种社会倒退	10.4%	9.1%	6.9%	9.8%	9.6%

续表

	共产党员	民主党派	共青团员	群众	总计
农村教育的落后	37.4%	9.1%	37.8%	37.2%	37.2%
教育不公平	34.3%	54.5%	31.2%	33.4%	33.3%
有钱人和有权人特权的表现	9.3%	9.1%	12.9%	13.8%	13.3%
代际不公，社会不公的延续和加剧	7.7%	18.2%	10.2%	4.9%	5.6%
其他	0.8%		0.9%	1.0%	1.0%
总计	100.0%	100.0%	100.0%	100.0%	100.0%
列总计	364	11	333	3584	4292

Chi-square test：df = 15，卡方值为 33.912，sig = 0.004 < 0.05，所以不同政治面貌的人群对“您如何认识名牌大学里农村学生比例急剧减少的现象”的回答有显著差异。

I9 by K8

您同学指出你们家乡的某一风俗习惯很落后保守，您会作出什么反应 * 政治面貌 Crosstabulation

	共产党员	民主党派	共青团员	群众	总计
坦然面对，承认这一风俗习惯确实落后	54.7%	54.5%	58.1%	51.1%	51.9%
虽然认为说得对，但是感觉他或她在批评自己的家乡，因此不自在	28.3%	27.3%	28.9%	30.9%	30.5%
虽然认为说得对，但是感到受到羞辱	10.2%	9.1%	4.5%	9.3%	9.0%
批评家乡就是批评自己，要为家乡的风俗习惯做辩护	6.6%	9.1%	8.1%	8.6%	8.4%
其他	0.3%		0.3%	0.2%	0.2%
总计	100.0%	100.0%	100.0%	100.0%	100.0%
列总计	364	11	332	3589	4296

Chi-square test：df = 12，卡方值为 14.918，sig = 0.246 > 0.05，所以不同政治面貌的人群对“您同学指出你们家乡的某一风俗习惯很落后保守，您会作出什么反应”的回答没有显著差异。

I10 by K8

如果您有机会出国，初到国外时，您交朋友会有意识地交中国朋友吗 * 政治面貌 Crosstabulation

	共产党员	民主党派	共青团员	群众	总计
会，认为在异国他乡找自己本国人有一种归属感	76.2%	36.4%	68.5%	62.0%	63.6%
不会，看缘分交朋友，不强调国籍	12.0%	45.5%	17.7%	12.7%	13.1%

续表

	共产党员	民主党派	共青团员	群众	总计
不会，会有意识地多交外国朋友	1.9%	9.1%	3.0%	4.9%	4.5%
视情况而定	9.8%	9.1%	10.8%	20.4%	18.8%
总计	100.0%	100.0%	100.0%	100.0%	100.0%
列总计	366	11	333	3597	4307

Chi-square test：df = 9，卡方值为 69.480，sig = 0.000 < 0.05，所以不同政治面貌的人群对“如果您有机会出国，初到国外时，您交朋友会有意识地交中国朋友吗”的回答有显著差异。

I11 by K8

您是否愿意与不同民族的人交往 * 政治面貌 Crosstabulation

	共产党员	民主党派	共青团员	群众	总计
非常不愿意	2.2%		1.6%	2.4%	2.3%
不太愿意	7.8%	18.2%	12.1%	19.6%	18.0%
比较愿意	77.9%	72.7%	75.8%	73.5%	74.1%
非常愿意	12.0%	9.1%	10.6%	4.5%	5.6%
总计	100.0%	100.0%	100.0%	100.0%	100.0%
列总计	358	11	322	3496	4187

Chi-square test：df = 9，卡方值为 81.478，sig = 0.000 < 0.05，所以不同政治面貌的人群对“您是否愿意与不同民族的人交往”的回答有显著差异。

I12 by K8

您是否愿意与不同宗教信仰人相处 * 政治面貌 Crosstabulation

	共产党员	民主党派	共青团员	群众	总计
非常不愿意	3.6%		3.9%	2.7%	2.8%
不太愿意	15.0%	18.2%	21.5%	23.8%	22.8%
比较愿意	72.4%	72.7%	69.7%	70.1%	70.3%
非常愿意	8.9%	9.1%	4.9%	3.4%	4.0%
总计	100.0%	100.0%	100.0%	100.0%	100.0%
列总计	359	11	307	3438	4115

Chi-square test：df = 9，卡方值为 40.163，sig = 0.000 < 0.05，所以不同政治面貌的人群对“您是否愿意与不同宗教信仰的人相处”的回答有显著差异。

I13 by K8

您与您的邻居平时来往多吗＊ 政治面貌 Crosstabulation

	共产党员	民主党派	共青团员	群众	总计
非常多	16.7%	18.2%	13.0%	17.3%	16.9%
比较多	55.6%	63.6%	45.6%	56.8%	55.9%
偶尔	23.3%	18.2%	33.8%	22.7%	23.6%
几乎不来往	4.4%		7.6%	3.2%	3.6%
总计	100.0%	100.0%	100.0%	100.0%	100.0%
列总计	365	11	331	3601	4308

Chi-square test：df = 9，卡方值为 43.327，sig = 0.000 < 0.05，所以不同政治面貌的人群对“您与您的邻居平时来往多吗”的回答有显著差异。

I14a by K8

您在多大程度上愿意和下列群体成为邻居：农民工、进城务工人员＊ 政治面貌 Crosstabulation

	共产党员	民主党派	共青团员	群众	总计
非常愿意	9.9%		7.7%	11.1%	10.7%
比较愿意	74.6%	72.7%	71.9%	78.8%	77.9%
不太愿意	14.9%	18.2%	19.1%	9.6%	10.8%
很不愿意	0.6%	9.1%	1.2%	0.5%	0.6%
总计	100.0%	100.0%	100.0%	100.0%	100.0%
列总计	362	11	324	3587	4284

Chi-square test：df = 9，卡方值为 54.805，sig = 0.000 < 0.05，所以不同政治面貌的人群对“您在多大程度上愿意和下列群体成为邻居：农民工、进城务工人员”的回答有显著差异。

I14b by K8

您在多大程度上愿意和下列群体成为邻居：商人＊ 政治面貌 Crosstabulation

	共产党员	民主党派	共青团员	群众	总计
非常愿意	4.7%		6.5%	8.2%	7.7%
比较愿意	72.2%	50.0%	71.0%	70.0%	70.2%
不太愿意	22.0%	50.0%	21.6%	21.0%	21.2%
很不愿意	1.1%		0.9%	0.9%	0.9%
总计	100.0%	100.0%	100.0%	100.0%	100.0%

续表

	共产党员	民主党派	共青团员	群众	总计
列总计	363	10	324	3572	4269

Chi-square test：df = 9，卡方值为 11. 937，sig = 0. 217 > 0. 05，所以不同政治面貌的人群对“您在多大程度上愿意和下列群体成为邻居：商人”的回答没有显著差异。

I14c by K8

您在多大程度上愿意和下列群体成为邻居：企业家或高级管理人员 * 政治面貌 Crosstabulation

	共产党员	民主党派	共青团员	群众	总计
非常愿意	14. 4%	9. 1%	12. 7%	15. 1%	14. 8%
比较愿意	71. 0%	72. 7%	73. 9%	71. 3%	71. 5%
不太愿意	13. 3%	18. 2%	12. 4%	12. 4%	12. 5%
很不愿意	1. 4%		0. 9%	1. 2%	1. 2%
总计	100. 0%	100. 0%	100. 0%	100. 0%	100. 0%
列总计	362	11	322	3552	4247

Chi-square test：df = 9，卡方值为 2. 603，sig = 0. 978 > 0. 05，所以不同政治面貌的人群对“您在多大程度上愿意和下列群体成为邻居：企业家或高级管理人员”的回答没有显著差异。

I14d by K8

您在多大程度上愿意和下列群体成为邻居：技术工人 * 政治面貌 Crosstabulation

	共产党员	民主党派	共青团员	群众	总计
非常愿意	17. 7%	27. 3%	14. 7%	19. 3%	18. 8%
比较愿意	75. 7%	45. 5%	76. 5%	74. 5%	74. 7%
不太愿意	5. 2%	27. 3%	8. 3%	5. 7%	5. 9%
很不愿意	1. 4%		0. 6%	0. 5%	0. 6%
总计	100. 0%	100. 0%	100. 0%	100. 0%	100. 0%
列总计	362	11	327	3577	4277

Chi-square test：df = 9，卡方值为 22. 351，sig = 0. 008 < 0. 05，所以不同政治面貌的人群对“您在多大程度上愿意和下列群体成为邻居：技术工人”的回答有显著差异。

I14e by K8

您在多大程度上愿意和下列群体成为邻居：教师＊ 政治面貌 Crosstabulation

	共产党员	民主党派	共青团员	群众	总计
非常愿意	27.5%	45.5%	25.4%	25.7%	25.9%
比较愿意	67.6%	45.5%	68.3%	68.9%	68.7%
不太愿意	4.1%	9.1%	5.4%	4.8%	4.8%
很不愿意	0.8%		0.9%	0.5%	0.6%
总计	100.0%	100.0%	100.0%	100.0%	100.0%
列总计	364	11	331	3596	4302

Chi-square test：df = 9，卡方值为 5.521，sig = 0.787 > 0.05，所以不同政治面貌的人群对“您在多大程度上愿意和下列群体成为邻居：教师”的回答没有显著差异。

I14f by K8

您在多大程度上愿意和下列群体成为邻居：医生 ＊政治面貌 Crosstabulation

	共产党员	民主党派	共青团员	群众	总计
非常愿意	22.5%	36.4%	24.8%	22.0%	22.3%
比较愿意	70.6%	63.6%	69.8%	69.1%	69.3%
不太愿意	6.0%		4.2%	7.9%	7.5%
很不愿意	0.8%		1.2%	1.0%	1.0%
总计	100.0%	100.0%	100.0%	100.0%	100.0%
列总计	364	11	331	3595	4301

Chi-square test：df = 9，卡方值为 10.082，sig = 0.344 > 0.05，所以不同政治面貌的人群对“您在多大程度上愿意和下列群体成为邻居：医生”的回答没有显著差异。

I14g by K8

您在多大程度上愿意和下列群体成为邻居：富人＊ 政治面貌 Crosstabulation

	共产党员	民主党派	共青团员	群众	总计
非常愿意	6.7%	9.1%	11.3%	8.0%	8.2%
比较愿意	58.1%	63.6%	56.1%	51.9%	52.8%
不太愿意	29.9%	9.1%	27.0%	33.4%	32.6%
很不愿意	5.3%	18.2%	5.5%	6.6%	6.4%

续表

	共产党员	民主党派	共青团员	群众	总计
总计	100.0%	100.0%	100.0%	100.0%	100.0%
列总计	358	11	326	3554	4249

Chi-square test：df = 9，卡方值为 18.624，sig = 0.029 < 0.05，所以不同政治面貌的人群对“您在多大程度上愿意和下列群体成为邻居：富人”的回答有显著差异。

I14h by K8

您在多大程度上愿意和下列群体成为邻居：土豪 * 政治面貌 Crosstabulation

	共产党员	民主党派	共青团员	群众	总计
非常愿意	5.1%	27.3%	11.7%	5.7%	6.2%
比较愿意	47.9%	27.3%	49.7%	46.7%	47.0%
不太愿意	36.6%	27.3%	30.2%	37.3%	36.7%
很不愿意	10.4%	18.2%	8.3%	10.2%	10.1%
总计	100.0%	100.0%	100.0%	100.0%	100.0%
列总计	355	11	324	3544	4234

Chi-square test：df = 9，卡方值为 33.550，sig = 0.000 < 0.05，所以不同政治面貌的人群对“您在多大程度上愿意和下列群体成为邻居：土豪”的回答有显著差异。

I14i by K8

您在多大程度上愿意和下列群体成为邻居：专家学者 * 政治面貌 Crosstabulation

	共产党员	民主党派	共青团员	群众	总计
非常愿意	17.8%	36.4%	16.3%	12.3%	13.1%
比较愿意	66.1%	36.4%	68.7%	66.4%	66.5%
不太愿意	14.2%	27.3%	13.5%	17.5%	16.9%
很不愿意	1.9%		1.5%	3.8%	3.5%
总计	100.0%	100.0%	100.0%	100.0%	100.0%
列总计	360	11	326	3522	4219

Chi-square test：df = 9，卡方值为 29.307，sig = 0.001 < 0.05，所以不同政治面貌的人群对“您在多大程度上愿意和下列群体成为邻居：专家学者”的回答有显著差异。

I14j by K8

您在多大程度上愿意和下列群体成为邻居：政府官员 * 政治面貌 Crosstabulation

	共产党员	民主党派	共青团员	群众	总计
非常愿意	15.6%		16.5%	9.1%	10.2%
比较愿意	57.5%	54.5%	59.1%	57.3%	57.5%
不太愿意	23.9%	18.2%	22.0%	27.8%	27.0%
很不愿意	3.1%	27.3%	2.4%	5.8%	5.4%
总计	100.0%	100.0%	100.0%	100.0%	100.0%
列总计	360	11	328	3537	4236

Chi-square test：df = 9，卡方值为 54.010，sig = 0.000 < 0.05，所以不同政治面貌的人群对“您在多大程度上愿意和下列群体成为邻居：政府官员”的回答有显著差异。

I14k by K8

您在多大程度上愿意和下列群体成为邻居：公众人物、演艺人士 * 政治面貌 Crosstabulation

	共产党员	民主党派	共青团员	群众	总计
非常愿意	7.3%	27.3%	12.6%	5.2%	6.0%
比较愿意	46.1%	36.4%	50.9%	50.1%	49.8%
不太愿意	39.0%	9.1%	27.6%	33.0%	33.0%
很不愿意	7.6%	27.3%	8.9%	11.7%	11.1%
总计	100.0%	100.0%	100.0%	100.0%	100.0%
列总计	356	11	326	3403	4096

Chi-square test：df = 9，卡方值为 55.432，sig = 0.000 < 0.05，所以不同政治面貌的人群对“您在多大程度上愿意和下列群体成为邻居：公众人物、演艺人士”的回答有显著差异。

I15 by K8

您如何看待中国对其他落后国家的广泛援助计划 * 政治面貌 Crosstabulation

	共产党员	民主党派	共青团员	群众	总计
完全支持，认为这有助于提升国家形象和国际地位	48.8%	45.5%	36.4%	33.7%	35.3%
支持，认为我们应该帮助比我们落后的国家	28.3%	27.3%	32.1%	33.3%	32.7%
支持，但国家应该征求纳税人的意见	10.5%	9.1%	17.4%	10.7%	11.2%

续表

	共产党员	民主党派	共青团员	群众	总计
不支持，因为我们国家尚存在很多贫困人口	12.5%	18.2%	14.0%	22.3%	20.8%
总计	100.0%	100.0%	100.0%	100.0%	100.0%
列总计	361	11	321	3393	4086

Chi-square test：df = 9，卡方值为 59.305，sig = 0.000 < 0.05，所以不同政治面貌的人群对“您如何看待中国对其他落后国家的广泛援助计划”的回答有显著差异。

I16 by K8

您听说过一些道德模范的故事吗？您愿意像他们那样做人做事吗 * 政治面貌 Crosstabulation

	共产党员	民主党派	共青团员	群众	总计
知道一些，他们很了不起，应努力向他们学习	72.4%	50.0%	64.6%	52.5%	55.1%
知道一些，很敬佩他们，但自己学不来	17.2%	40.0%	27.9%	27.4%	26.6%
知道一些，我感到他们那样做有点不值得	4.6%	10.0%	4.2%	6.6%	6.3%
没听说过谁是道德模范和身边好人	5.7%		3.3%	13.4%	11.9%
其他				0.1%	0.1%
总计	100.0%	100.0%	100.0%	100.0%	100.0%
列总计	366	10	333	3606	4315

Chi-square test：df = 12，卡方值为 89.007，sig = 0.000 < 0.05，所以不同政治面貌的人群对“您听说过一些道德模范的故事吗，您愿意像他们那样做人做事吗”的回答有显著差异。

I17 by K8

当有陌生人走进您的单位或社区，或在车厢中与陌生人在一起时，您经常的反应是 * 政治面貌 Crosstabulation

	共产党员	民主党派	共青团员	群众	总计
对他/她微笑	40.5%	27.3%	35.9%	25.2%	27.3%
主动打招呼	18.2%	18.2%	13.8%	10.0%	11.0%
没有任何反应	21.2%	36.4%	29.8%	27.2%	26.9%
保持警惕，防止上当	19.8%	18.2%	20.6%	37.4%	34.5%
其他	0.3%			0.2%	0.2%

续表

	共产党员	民主党派	共青团员	群众	总计
总计	100.0%	100.0%	100.0%	100.0%	100.0%
列总计	363	11	326	3538	4238

Chi-square test：df = 12，卡方值为 117.608，sig = 0.000 < 0.05，所以不同政治面貌的人群对“当有陌生人走进您的单位或社区，或在车厢中与陌生人在一起时，您经常的反应是”的回答有显著差异。

I18 by K8

假设您双手抱着东西走进电梯，您觉得电梯里的陌生人可能会怎样 * 政治面貌 Crosstabulation

	共产党员	民主党派	共青团员	群众	总计
主动问您去几楼并帮您按楼层	47.3%	44.4%	35.8%	30.6%	32.6%
当作没看见	8.6%	11.1%	17.9%	15.3%	14.9%
会在您的请求下给予帮助	44.1%	44.4%	46.3%	54.1%	52.6%
总计	100.0%	100.0%	100.0%	100.0%	100.0%
列总计	349	9	313	3161	3832

Chi-square test：df = 6，卡方值为 48.591，sig = 0.000 < 0.05，所以不同政治面貌的人群对“假设您双手抱着东西走进电梯，您觉得电梯里的陌生人可能会怎样”的回答有显著差异。

J1 by K8

现在我们省正按照习近平总书记的要求，努力建设经济强、百姓富、环境美、社会文明程度高的新江苏，您对江苏实现这样的目标有信心吗 * 政治面貌 Crosstabulation

	共产党员	民主党派	共青团员	群众	总计
很有信心	97.4%	55.6%	92.9%	94.2%	94.3%
没有信心	2.6%	44.4%	7.1%	5.8%	5.7%
总计	100.0%	100.0%	100.0%	100.0%	100.0%
列总计	309	9	254	2619	3191

Chi-square test：df = 3，卡方值为 31.641，sig = 0.000 < 0.05，所以不同政治面貌的人群对“现在我们省正按照习近平总书记的要求，努力建设经济强、百姓富、环境美、社会文明程度高的新江苏，您对江苏实现这样的目标有信心吗”的回答有显著差异。